建筑工程知识普及丛书

学 技 术

——懂施工操作

骆中钊　张智希　莫晶晶　编著

中国林业出版社

图书在版编目(CIP)数据

学技术：懂施工操作 / 骆中钊，张智希，莫晶晶编著.
—北京：中国林业出版社，2012.1
(建筑工程知识普及丛书)
ISBN 978-7-5038-6406-3

Ⅰ. ①学… Ⅱ. ①骆… ②张… ③莫…
Ⅲ. ①建筑工程—工程施工—技术—基本知识
Ⅳ. ①TU74

中国版本图书馆 CIP 数据核字(2011)第 242199 号

中国林业出版社·环境园林图书出版中心
责任编辑：何增明 张 华
电话：010-83226967 传真：010-83227584

出版 中国林业出版社
(100009 北京西城区刘海胡同 7 号)
E-mail shula5@163.com
网址 http://lycb.forestry.gov.cn
发行 新华书店北京发行所
印刷 北京昌平百善印刷厂
版次 2012 年 1 月第 1 版
印次 2012 年 1 月第 1 次
开本 880mm×1230mm 1/32
印张 18
字数 552 千字

定价 39.00 元

前　言

改革开放30多年来，是新中国成立以来我国城乡发展和建设最快的时期，基本建设有了巨大发展，建筑工程的规模和数量都呈上升趋势。为适应这种建设步伐和提高工程质量的要求，社会急需大量懂技术的建筑工人和技术人员广大农村知识青年已成为我国建筑业的生力军。鉴于这种发展趋势，急需对进入或准备进入建筑市场的广大农村知识青年进行培训。特组织编制了包括《学看图——懂工程语言》《学预算——懂造价管理》《学技术——懂施工操作》的“建筑工程知识普及”丛书，旨在为广大农村知识青年和青年建筑工人普及建筑工程知识，并为开拓自学成才之路提供帮助。

建筑业是国民经济的重要支柱产业。建筑工程的施工技术，是其最为重要的组成部分。我国的建筑技术，在历史上有着辉煌的成就，古代建筑营造法式是人类建筑史的瑰宝。新中国成立60多年来，随着社会主义建设事业发展，建筑施工技术也得到了不断地发展。建筑工程的施工技术涉及到建筑材料、房屋构造、建筑结构、地基处理、建筑机械、施工组织、工程计量和计价以及给建筑设备等专业的知识，它们既有着密切相互关系，又有着相互制约的影响。

本书是“建筑工程知识普及”丛书中的一册，书中特以通俗易懂的文字、图文并重，深入浅出地把建筑工程施工技术中最基本的土方工程、砌体工程、混凝土和钢筋混凝土工程、楼（地）面及屋顶工程、脚手架及运输设施、建筑装修及门窗工程以及给排水工程、采暖通风工程、建筑电气工程等分章进行全面地简明介绍。

书中内容丰富，通俗易懂，可供广大农村知识青年和青年建筑工人阅读，也可作为大专院校相关专业师生教学参考书。

在本书编写过程中，得到很多领导、专家、学者和同行的关心和帮助，张惠芳、骆伟、陈磊、冯惠玲、骆毅、王灿彬、王晓波、陈培春、谭炳华、薛冉等参加了本书的编著。借此致以衷心的感谢。

限于水平，不足之处，敬请广大读者批评指正。

骆中钊

2011年夏于北京什刹海畔滋善轩

目　　录

1
土方工程

1.1 土方开挖、回填与压实

1.1.1 基坑(槽)土方量计算

(1)基坑土方量计算

由图1-1可知，基坑土方量V、可按拟柱体(两平行平面为底的多面体)体积公式计算，即

$$V = \frac{H}{6}(F + 4F_0 + F')$$

式中 H——基坑深度(m)；

F、F'、F_0——基坑上底、下底、1/2H截面处面积(m^2)。

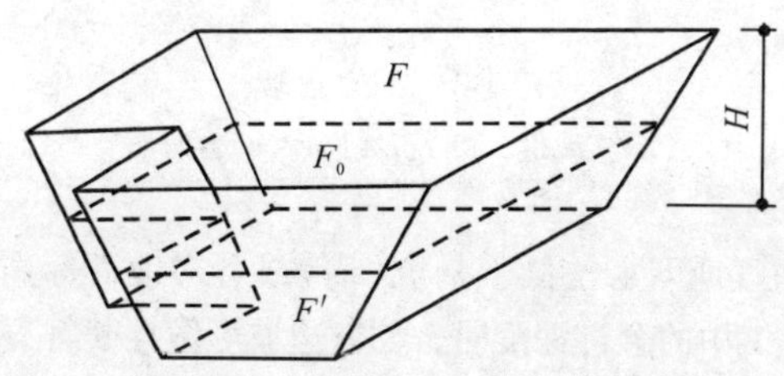

图1-1 基坑土方量计算简图

(2)基槽土方量计算

由图1-2可知，若基槽横断面形状、尺寸有变化，其土方量可沿其长度方向分段，按上式计算，总土方量为各段之和；若基槽横断面、尺寸不变，其土方量为横断面面积与基槽长度之积。

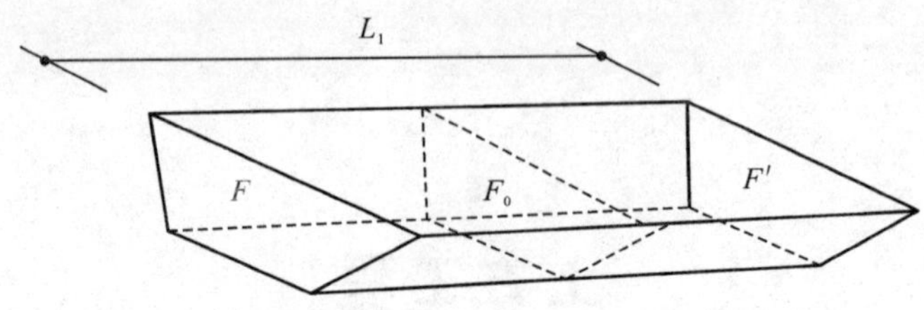

图 1-2 基槽土方量计算简图

1.1.2 土方边坡

(1)边坡

土方边坡坡度 $i = H/B = 1 \times B/H = 1/m$，坡度系数 $m = B/H$，即当边坡高为 H 时，边坡宽度为 $B = mH$。土方边坡大小应根据土质条件、挖填方高度、地下水位、排水情况、施工方法、留置时间、坡顶荷载、相邻建筑的情况等因素综合考虑确定。边坡可做成直线形、折线形、台阶形(见图 1-3)。

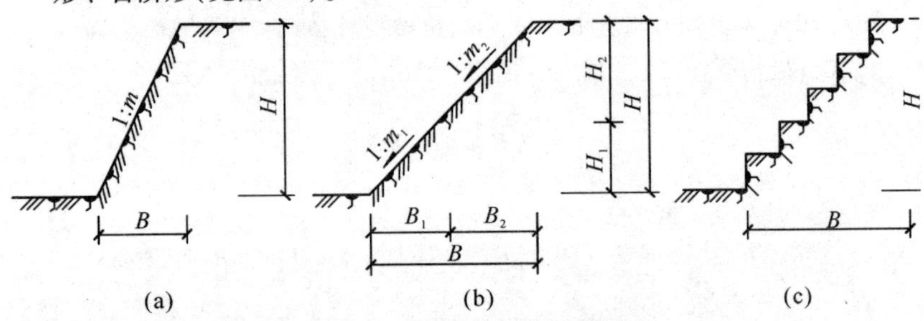

图 1-3 土方边坡

(a)直线形；(b)折线形；(c)台阶形

(2)放坡规定

土质均匀且地下水位低于基坑(槽)或管沟地面标高，其挖土深度不超过表 1-1 中的容许深度时，挖方边坡可做直壁面不加支撑。

表1-1 基坑(槽)和管沟不加支撑时容许深度 (m)

项次	土的种类	容许深度
1	密实、中密的砂子和碎石类土(充填物为砂土)	1.00
2	硬塑、可塑的粉质黏土及粉土	1.25
3	硬塑、可塑的黏土和碎石土(充填物为黏性土)	1.50
4	坚硬的黏土	2.00

土质均匀且地下水位低于基坑(槽)或管沟地面标高，挖方深度在5m以内时，不加支撑的边坡最陡坡度应符合表1-2的规定。

表1-2　深度在5m以内的基坑(槽)、管沟边坡的最陡坡度(不加支撑)

土的类别	边坡坡度		
	坡顶无荷载	坡顶有静载	坡顶有动载
中密的砂土	1:1.00	1:1.25	1:1.50
中密的碎石类土(充填物为砂土)	1:0.75	1:1.00	1:1.25
硬塑的粉土	1:0.67	1:0.75	1:1.00
中密的碎石类土(充填物为黏性土)	1:0.50	1:0.67	1:0.75
硬塑的粉质黏土、黏土	1:0.33	1:0.50	1:0.67
老黄土	1:0.10	1:0.25	1:0.33
软土(经井点降水后)	1:1.00	—	—

注：1)静载指堆土或材料等，动载指机械挖土或汽车运输作业等。静载或动载应距挖方边缘0.8m以外，堆土或材料高度不宜超过1.5m；

2)当有成熟经验时，可不受本表限制；

3)使用时间较长的临时性挖方边坡坡度应符合表1-3规定。

表1-3　使用时间较长的临时性挖方边坡坡度值

土的类别		容许边坡值	
		坡高在5m以内	坡高在5~10m
砂土(不含细砂、粉砂)		1:1.15~1:1.10	1:1.00~1:1.5
黏性土及粉土	坚　硬	1:0.75~1:1.00	1:1.00~1:1.25
	硬　塑	1:1.00~1:1.25	1:1.25~1:1.5
碎石土	密　实	1:0.35~1:0.50	1:0.50~1:0.75
	中　密	1:0.50~1:0.75	1:0.75~1:1.00
	稍　密	1:0.75~1:1.00	1:1.00~1:1.25

注：1)使用时间较长的临时性挖方是指使用时间超过一年的临时工程、临时道路等的挖方；

2)应考虑地区性水文气象等条件，结合具体情况适用；

3)表中碎石土的充填物为坚硬或硬塑状态的黏性土、粉土；对于砂土或充填物为砂土的碎石土，其边坡坡度容许值均按自然休止角确定；

4)混合土可参照表中相近的土执行；

5)永久性土工构筑物挖方的边坡坡度应符合表1-4规定。

表1-4 永久性土工构筑物挖方的边坡坡度

挖土性质	边坡坡度
在天然湿度及层理均匀、不易膨胀和黏土、粉质黏土和砂土(不包括细砂、粉砂)内挖方，深度不超过3m	1:1.0~1:1.25
土质同上，深度为3~12m	1:1.25~1:1.50
干燥地区内土质结构未经破坏的干燥黄土及类黄土，深度不超过12m	1:0.10~1:1.25
在碎石土和泥灰岩土内的挖方，深度不超12m，根据土的性质、层理特性和挖方深度确定	1:0.50~1:1.50
在风化岩内的挖方，根据岩石性质、风化程度、层理特性和挖方深度确定	1:0.20~1:1.50
在微风化岩石内的挖方，岩石无裂缝且无倾向挖方坡脚的岩层	1:0.10
在未风化的完整石内的挖方	直立的

地质条件良好、土质均匀的路堑边坡坡度可按表1-5采用。

表1-5 路堑边坡坡度

土或岩石种类	边坡最大高度(m)	路堑边坡坡度
一般土	18	1:0.50~1:1.50
黄土及类黄土	18	1:0.10~1:1.25
砾、碎石土	18	1:0.50~1:1.50
风化岩石	18	1:0.50~1:1.50
一般岩石	—	1:0.10~1:0.50
坚石	—	1:0.10~直立壁

(3)挖方方法

①边坡开挖

场地边坡开挖应采取沿等高线自上而下分层分段依次进行。在边坡上采取多台阶同时开挖时，上台阶应比下台阶开挖进深不少于30m，以防塌方。

边坡台阶开挖应做一定坡势，以利泄水。边坡下部设有护脚及排水沟时，在边坡修完后应立即处理台阶的反响排水坡，进行护脚矮墙和排水沟的砌筑和疏通，以孢子永恒地面不被冲刷和影响边坡稳定的范围内不积水，否则应采取临时性排水措施。

②基坑(槽)开挖

基坑(槽)开挖应先进行测量定位，抄平放线，定出开挖宽度，按放线分块(段)分层挖土。根据土质和水文情况，采取在四侧或两侧直立开挖或放坡，以保证施工操作安全。坑槽上部应有排水措施，防止地面水流入冲刷边坡，导致塌方和破坏基土。

1.1.3 土方回填

土方回填是利用土料经过开挖、运输、推铺和压实等工序来完成，使填土达到一定的密实度以满足对稳定、防渗、沉降等不同的要求。因此，除必须根据工程性质选择适宜的土料外，其中一个关键工作就是在土料摊铺后必须进行很好的压实。因为土经过压实后，密度增加，可以提高其承载能力，增加土体的稳定性，减少其渗透性和沉降变形。

(1) 回填施工

①施工技术要求

a. 回填应具备的条件

基底处理：当设计对基底处理有具体规定时，按设计要求进行处理。当设计对基底处理无具体规定时，应按现行规范进行处理。填方基底处理应做好隐蔽工程验收，重要内容应画图表示，基底处理经中间验收合格后才能进行填方和压实。

找平验收：经中间验收合格的填方区域场地应基本平整并有2%坡度有利排水，填方区域有陡于1/5的坡度时，应控制好阶宽不小于1m的阶梯形台阶，台阶面口严禁上抬，防止造成台阶上积水。

填方范围：应根据填方的用途进行粗放线，永久性填方的边坡坡度按设计要求施工放线，粗放线的范围长和宽用下法计算放测。粗放线应为：

$$h \times b = [b + b_1 + (2 \sim 3)\text{m}] \times [h + h_1 + (2 \sim 3)\text{m}]$$

式中 b——设计要求永久填方的宽度；

h——设计要求永久填方的长度；

b_1——填方高度乘设计规定的填方坡度；

h_1——填方长度乘设计规定的填方坡度。

2～3m——粗放线的余量考虑边坡坡脚填实质量不均匀而增加的。

较长时间的临时性填方粗放线应按如下原则放测：

填方高度在10m以内，边坡坡度取1∶1.5，假定填方高度为10m。粗放线应为：

$$h \times b = [b + 10 \times 0.5 + (2 \sim 3)\text{m}] \times [h + 10 \times 0.5 + (2 \sim 3)\text{m}]$$

填方高度在10m以上时，填方上部的10m边坡坡度取1∶1.5，填方10m以下边坡坡度取1∶1.75。假定填方高度为15m粗放线应为：

$$h \times b = [b + 10 \times 0.5 + 5 \times 0.75 + (2 \sim 3)\text{m}] \times [h + 10 \times 0.5 + 5 \times 0.75 + (2 \sim 3)\text{m}]$$

b. 填方土料的选择

填方土料的要求：填方土料应符合设计规定。当设计无规定时，填方土料按现行规范执行。土料含水量的大小，直接影响到夯实(碾压)遍数和夯实(碾压)麟量，在夯实(碾压)前应预试验，以得到符合密实度要求条件下的最优含水量和最少夯实(或碾压)遍数。含水量过小，夯实(碾压)不实；含水量过大，则易成橡皮土。各种土的最优含水量和最大干密度参考数值见表1-6。

表1-6 土的最优含水量和最大干密度参考表

土的种类	变动范围	
	最优含水量(%)(重量比)	最大干密度(g/cm³)
砂土	8～12	1.80～1.88
黏土	19～23	1.58～1.70
粉质黏土	12～15	1.85～1.95
粉土	16～22	1.61～1.80

注：当有成熟经验时，可不受本表限制。

填方土料的选择：为保证填筑工程质量，必须正确选择填方土料。碎石类土、砂土和爆破石渣，可用作表层以下的土料。含水量符合压实要求的黏性土，可用作各层土料。碎块草皮和有机质含量大于8%的土，仅能用于无压实要求的填筑工程。淤泥和淤泥质土一般不能用作土料，但在软土或沼泽地区经过处理使含水量符合压实要求后，可用于填筑工程中的次要部位。

填筑工程宜尽量选用同类土填筑。如采用不同透水性的土填筑时，必须将透水性较大的土层置于透水性较小的土层之下。

土料应接近水平地分层填筑。对于倾斜的地面，应先将斜坡挖成阶梯状，然后才分层填筑，以防填土横向移动。

②填土施工方法

a. 人工填土法

由场地最低部位开始，由一端向另一端自下而上分层铺填，每层虚铺厚度，砂质土不大于30cm，黏性土20cm，用人工木夯夯实；用打夯机械夯实时不大于30cm。

深、浅坑相连时，应先填深坑，夯实、拍平后与浅坑全面分层填夯。若分段填筑，交接填成阶梯形。墙基、管道回填，在两侧用细土同时回填、夯实。

人工夯填土用60~80kg的木夯或铁、石夯，由4~8人拉绳，2人扶夯，举高不小于0.5m，一夯压半夯，按次序进行。

较大面积人工回填用打夯机夯实，两机平行时其间距不得小于3m，在同一夯行路线上，前后间距不得小于10m。

b. 机械填土法

推土机填土：由下而上分层铺填，每层厚度不大于0.3m。大坡度推填土，不得居高临下不分层次一次推填。推土机回填，可采取分堆集中，一次运送方法，分段距离约为10~15m，以减少运土损失量。土方推至填方部位时，应提起一次铲刀，成堆卸土，并向前行驶0.5~1.0m，利用推土机后退时将土刮平。用推土机来回行驶进行碾压，履带应重叠一半。填土程序宜采用纵向铺填顺序，从挖土区段至填土区段，以40~60m距离为宜。

铲运机填土：铲运机铺土，铺填土区段，长度不宜小于20m，宽度不宜小于8m。铺土分层进行，每次铺土厚度不大于30~50cm；每层铺土后利用空车返回时将地表面刮平。填土程序尽量采取横向或纵向分层卸土，以利行驶时初步压实。

自卸汽车填土法：自卸汽车为成堆卸土，须配以推土机推开摊平；每层的铺土厚度不大于30~50cm；填土可利用汽车行驶作部分压实工作；汽车不能在虚土上行驶，卸土推平和压实工作须采取分段交叉进行。

(2)填土压实

①静作用压实机械

根据静压压实原理利用滚碾的重量对填土表面施加静压力来将土压实。这类压实机械称为静作用压路机。按照牵引行驶方式可分为拖式和自行式两种。按滚筒的构造特点可分为光面碾、非光面碾和充气轮胎碾三种。非光面碾按其凸出物的形状又可分为羊足碾、凸块碾和格栅碾等。

②冲击压实机械

利用重物下落的冲击作用夯实土料。夯实机械既可压实黏性土，也可压实无黏性土。重型夯实机是利用起重机改装而成，它将重达2~4t的夯板(用混凝土或铸铁制成)吊起，使其自由落下夯击填料，使其密实。小型夯实机有爆炸夯、蛙式夯等多种，其特点是尺寸小、质量轻、多用于小面积夯实作业。夯锤冲击地面一次，同时带动机身前移一步。蛙式夯压实时，每层铺土厚度为250mm，每层压实3~4遍。

③振动压实机械

振动压实机械是在静作用压实机械上增设激振装置，工作时利用机械的静压力和激振力的共同作用压实土料。其与静作用压实机械相比，单位线压力大，压实深度可比同重力级静作用压实机械大1.5~2.5倍，结构质量轻，外形尺寸小，与同级静作用压实机械相比，工作时可增大碾压厚度，并减少碾压遍数，故生产效率高。

振动压实机械可分振动板和振动碾两大类。振动板主要用于狭窄场地的小量填方压实工作，大体积填方的压实都有振动碾。

振动碾又称振动压路机，按滚碾形状有振动羊足碾、振动凸块碾等。按行走方式有拖式、自行式和手扶式三种。

(3)土料压实

①压实方法

a. 静压压实：它是依靠压实机械的静态重力作用来压实土料。土颗粒在静压力作用下产生位移，使结构紧密。但土颗粒在运动过程中，会受到摩擦力的作用阻止其运动，随着静载荷的增加，颗粒间的摩擦力也增大。

b. 冲击压实：它是依靠机械自由落体产生的冲击力作用来压实土料。当冲击力产生的压力被传入土料中时，土颗粒产生运动，使土体密实。载荷相同时，冲击作用的影响深度要比静压作用的影响深度大，故冲击压实比静压压实的压实效果好。

c. 振动压实：它是依靠机械的振动机构产生的激振力作用来使土料密实。振动使土颗粒润的摩擦力基本消失，土颗粒在振动中重新排列，小的土颗粒充填到大颗粒土间的孔隙中，使主料的密实度提高。

②影响土料压实效果的主要因素

影响土料压实效果的主要因素有：土料的种类、土料的颗粒级配、土料的含水量以及压实机械的类型与性能等。

a. 土料的种类：黏性土因其塑性指数高，在外力作用下压实时，应力在土体内的传递速度和土体的变形速度均较缓慢，排水较困难，需要较长时间的加荷和较多的压实遍次方能压实。

b. 土料的颗粒级配：颗粒级配良好的土料，因小颗粒能充填到大颗粒的孔隙中去，比较容易压实。而颗粒粒径单一的土料则难以压实。

c. 土料的含水量：土料的含水量对压实效果的影响很大，用同样的压实方法，压实不同含水量的同类土，所得到的密度(以干密度表示)各不相同。对于黏性土，短时间的加压并不能将水排出，故被压缩的孔隙只是空气所占有的孔隙。因而，含水量愈大，被水所充填的孔隙愈多，可被压缩的孔隙便愈少，可能达到的干密度便愈小，土料得不到压实。但在土料被压实过程中，水又起着润滑的作用，可减小土颗粒之间的摩阻力。因此，如果土料较干燥，含水量过小，则由于土颗粒间的摩阻力较大，土料也不易被压实，所得的干密度值也较小。故在一定外力作用下，含水量过高过低，都达不到最优的压实效果。只有在某一定的含水量下，压实效果才最好，能取得最大的干密度。与这个能取得最大干密度相对应的含水量称为最优含水量。土料的最优含水量和相应的最大干密度可由室内击实试验或室外压实试验取得。由于室内击实试验方法与现场各种压实机械的压实条件不同，故二者所测得的最优含水量并不完全一致，如图1-4所示。从图中可看出，静力压实的最优含水量比室内击实试验测得的最优含水量低

1% ~1.5%，而气胎碾碾压的最优含水量则要比室内击实试验测得的最优含水量高 1% ~1.5%。

为了保证黏性土填料在压实过程中的含水量与最优含水量之差在 -4% ~2% 控制范围之内(当设计压实系数为 0.9 晾晒，也可掺入干土或吸水性填料；如含水量偏低，则应采取预先洒水润湿，增加压实遍数或使用大功能压实机械等措施。

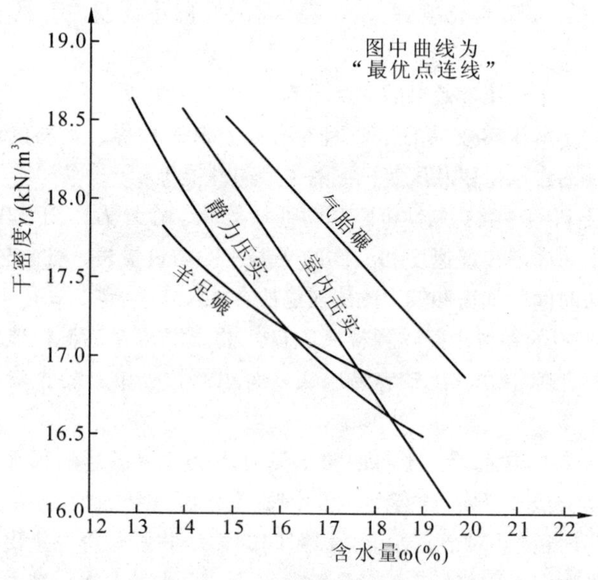

图 1-4　压实方法的比较

d. 压实功能：压实机械压实土所做的功称为压实功能。在室内做击实试验时，是将土样预先制备数个不同含水量的试样，每个试样分几层装入一定容积的击实筒内，每层用一定重量和落高的击锤，锤击一定击数。其压实(击实)功能按下式计算：

$$E_c = \frac{W_R \cdot H \cdot N_B \cdot N_L}{V}$$

式中　E_c——压实功能(kJ/m³)；

W_R——锤的重力(kN)；

H——锤落高(m)；

N_B——每层击实次数；

N_L——层数；

V——击实筒体积(m^3)。

对于现场填土碾压的压实功能是用填土的密度与室内标准功能击实密度的比值来衡量，其值以下式表示：

$$C = \frac{\gamma_f}{\gamma_c}$$

式中 C——密度比；

γ_f——填土重度(kN/m^3)；

γ_c——用现场填土的土样(保持原有含水量不变)做室内标准功能击实的重度(kN/m^3)。

若 $C>1$，表示现场填土压实功能大于室内标准击实功能；若 $C<1$，表示现场填土压实功能小于室内标准击实功能。

土的压实最大干密度、最优含水量与压实功能有关，随着压实功能的增加，最大干密度增加，最优含水量则减小。但当压实功能超过某一定值后，最大干密度便增加不大了。

e. 压实机械的类型与性能：不同性质的土料应采用与之相适应的压实机械才能获得最大的密实度。对于黏性土料，以采用具有静压和揉搓作用的压实机械为好。对于砂砾料则以采用具有振动作用的压实机械为宜。

瞬时循环荷重的特征可用下列三个参数表示，即：最大应力(σ_{max})、应力变化速度(v_a)和应力持续时间(t)。几种压实机械瞬时循环荷童的近似参数见表1-7。

表1-7 几种压实机械的瞬时循环荷重参数

压实机械	最大应力 σ_{max}(kPa)	应力变化速度 v_σ(MPa/s)	应力持续时间 t(s)
平碾	700～1200	2.8～30	0.04～0.25
夯板	500～1800	45～200	0.008～0.011
振动板	30～90	1～9	0.01～0.03

瞬时循环荷重参数及其重复次数对土的压实效果有重要影响。而这些参数值与压实机械类型、重量等有关，也与运行速度有关。因为行车速度快慢直接影响应力变化速度和应力持续时间。当应力变化速度增加时，土的变形则减小，压实效果降低，所以压实土时，必须控

制压实机械的行车速度。

压实机械重量直接与荷重参数的最大应力有关，选择压实机械时，应控制压实机械作用于填土表面的最大应力不超过土压实后的极限强度，否则，压实土层内部将产生剪切破坏。通常最大应力取土极限强度的80% ~90% 效果最好。

1.2 地基处理与加固

当基础直接建造在未经加固的天然土层上时，这种地基称为天然地基。当天然地基不能满足建(构)筑物对地基承载力和变形的要求时，可采用桩基础或对地基进行处理，经过加固处理形成的地基称为人工地基。人工地基依其性状大致可分为三类：均质地基、双层地基和复合地基(见图 1-5)。

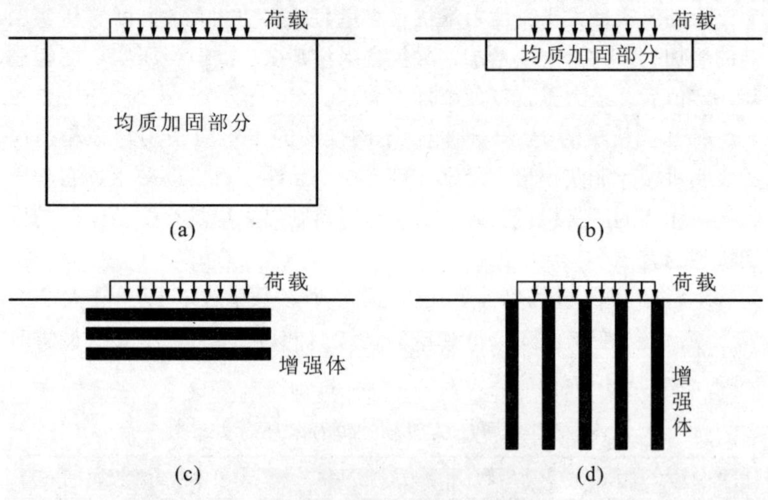

图 1-5　人工地基的分类

(a)均质人工地基；(b)双层地基；(c)水平向增强体复合地基；(d)竖向增强体复合地基

人工地基中的均质地基是指天然地基在地基处理过程中加固区土体性质得到全面改良，加固区土体的物理力学性质基本上是相同的，加固的区域，无论是平面范围与深度上都已满足一定的要求。其示意图如图 1-5(a)所示。例如均质的天然地基采用预压法形成的人工地基。在预压排水固结过程中，加固区范围内地基土体中孔隙比减小、抗剪强度提高、压缩性减小，加固区内土体性质比较均匀。若采用预压法处理的加固区域与荷载作用面积相应的平面范围和压缩层厚度相比较也已满足一定要求，则这种人工地基可视为均质地基。均质人工地基承载力和变形计算方法基本上与均质天然地基的计算方法相同。

人工地基中的双层地基是指天然地基经地基处理形成的均质加固区的厚度与荷载作用面积或者与压缩层厚度相比较小时，在荷载作用影响区内，地基由两层性质相差较大的土体组成。双层地基示意图如图 1-5(b)所示。采用换填垫层法或表层压(夯)实法处理形成的人工地基，通常可归属于双层地基。双层人工地基承载力和变形计算方法基本上与天然双层地基的计算方法相同。

复合地基是指天然地基在地基处理过程中部分土体得到增强，或被置换，或在天然地基中设置加筋材料，加固区是由基体(天然地基土体或被改良的天然地基土体)和增强体两部分组成的人工地基。在复合地基中，基体和增强体共同承担荷载的作用。根据地基中增强体的方向又可分为水平向增强体复合地基和竖向增强体复合地基。其示意图如图 1-5(c)和 1-5(d)所示。目前在建筑工程中，竖向增强体复合地基应用较广泛。

与采用桩基础比较，地基处理更加方便灵活，且造价较低。加之随着地基处理设计水平的提高、施工工艺的改进和施工设备的更新，我国地基处理技术发展很快，对于各种软弱地基及特殊土地基，经过地基处理后，一般均能满足建造大型、重型或高层建筑的要求。由于地基处理的适用范围进一步扩大，地基处理项目的增多，用于地基处理的费用在工程建设投资中所占比重不断增大。因而，地基处理在工程建设中的作用日益突出。地基处理的施工必须认真贯彻执行国家的技术经济政策，做到安全适用、技术先进、经济合理、确保质量、保护环境。

1.2.1 换填垫层法施工

(1)换填垫层法

换填垫层法是挖去地表浅层软弱土层或不均匀土层，回填坚硬、较粗粒径的材料，并夯压密实，形成垫层的地基处理方法。换填垫层可依换填材料不同，分为碎石垫层、砂垫层、灰土垫层、粉煤灰垫层等。图 1-6 是换填垫层法常用的几种断面形式。

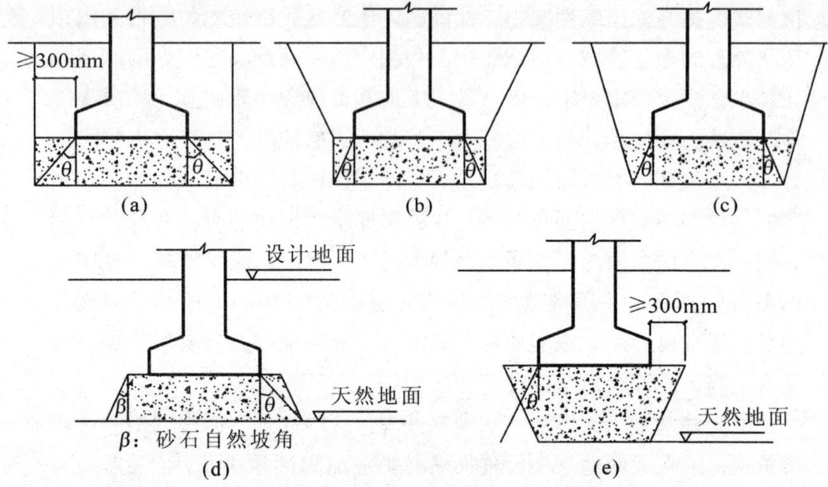

图1-6 常用垫层断面形式

(a)矩形；(b)倒梯形+矩形；(c)倒梯形；(d)天然地面上梯形；(e)天然地面上倒梯形

由于换填垫层施工简便，因此广泛应用于中小型工程浅层地基处理中。

换填垫层的作用是：提高持力层的承载力，并将建筑物基底压力扩散到垫层以下的软弱土层，使软弱地基土中所受压力减小到该软弱地基土的承载力容许范围内，从而满足承载力要求；垫层置换了软弱土层，从而可以减少地基的变形量；当采用砂石垫层时，可以加速软土层的排水固结；调整不均匀地基的刚度，减少地基的不均匀变形；改善浅层土不良工程特性，如消除或部分消除地基土的湿陷性、胀缩性或冻胀性以及粉细砂振动液化等。

适用于浅层软弱地基(如淤泥、淤泥质土、素填土、杂填土等)及不均匀地基(局部沟、坑、古井、古墓、局部过软、过硬土层)的处理；当软弱土层厚度较大，不能全部挖除换填时，也可以采用换填垫层。

(2)换填垫层法的施工步骤

①填料配制

人工配制的垫层材料应拌和均匀，并应检查填料的配比及施工含水量，雨季及冬季施工做好防雨及防冻措施。

②垫层施工

垫层施工应根据不同的换填材料选择施工机械。粉质黏土、灰土宜采用平碾、振动碾或羊足碾，中小型工程也可采用蛙式夯、柴油夯。砂石等宜用振动碾。粉煤灰宜采用平碾、振动碾、平板振动器、蛙式夯。矿渣宜采用平板振动器或平碾，也可采用振动碾。

为获得最佳夯压效果，宜采用垫层材料的最优含水量 ω_{op} 作为施工控制含水量。对于粉质黏土和灰土，现场可控制在最优含水量 ω_{op} ±2%的范围内；当使用振动碾压时，可适当放宽下限范围值，即控制在最优含水量 ω_{op} 的 -6% ~2%范围内。最优含水量可按现行国家标准《土工试验方法标准》GB/T50123 中轻型击实试验的要求求得。在缺乏试验资料时，也可近似取0.6倍液限值；或按照经验采用塑限 ω_p ±2%的范围值作为施工含水量的控制值。粉煤灰垫层不应采用浸水饱和施工法，其施工含水量应控制在最优含水量 ω_{op} ±4%的范围内。若土料湿度过大或过小，应分别予以晾晒、翻松。掺加吸水材料或洒水湿润以调整土料的含水量。对于砂石料则可根据施工方法不同按经验控制适宜的施工含水量，即当用平板式振动器时可取15% ~20%；当用平碾或蛙式夯时可取8% ~12%；当用插入式振动器时宜为饱和。对于碎石及卵石应充分浇水湿透后夯压。

换填垫层的施工方法、分层铺填厚度、每层压实遍数等应根据垫层材料、施工机械设备及设计要求等通过现场试验确定，以求获得最佳夯压效果。在不具备试验条件的场合也可参照建工及水电部门的经验数值，按表1-8选用。对于存在软弱下卧层的垫层，应针对不同施工机械设备的重量、碾压强度、振动力等因素，确定垫层底层的铺填厚度，使既能满足该层的压密条件，又能防止破坏及扰动下卧软弱土的结构。

铺筑垫层前，应先进行验槽，检查垫层底面土质、标高、尺寸及轴线位置。垫层施工应分层进行，每层施工后应随即进行质量检验，检验合格后方可进行上层垫层施工。

垫层压实方法及施工参数汇总见表1-8。

表1-8 垫层压实方法及施工参数

垫层材料	压实方法		施工机具	每层铺筑厚度(mm)	施工时最佳含水量(%)	施工要点及夯压遍数	质量标准		备注
							λ_c	ρ_d(t/m^3)	
砂石垫层	平振法		平板式振动器(1.55~2.2kN)	150~250	15~20	用平板式振动器往复振捣,不少于8~12遍	0.94~0.97	砂垫层 1.6~1.7	不宜使用细砂或含泥量较大的砂所铺筑的砂地基
	插振法		插入式振动器	200~500 或振动器插入深度	饱和	1. 振动间距依机械振幅定 2. 不应插入下卧黏土层 3. 振后孔洞用砂填塞		1.7	同上
	水撼法		四齿钢叉:齿长300mm,齿距80mm,木柄长900mm	250	浸水饱和	1. 用钢叉摇撼捣实 2. 叉点间距100mm 3. 注水出砂面			湿陷性黄土及膨胀土地区不得使用
	夯实法	机械	蛙式夯(重200kg)	200~250	8~12	3~4遍			
		人工	木夯(重40kg,落距400~500mm)	150~200	8~12	一夯压半夯全面夯实			
	碾压法		平碾(8~12t)	200~300	8~12,碎石及卵石应充分浇水湿润	往复碾压,不少于6~8遍			1. 适用于大面积施工的砂和砂石地基 2. 应控制碾压速度
			羊足碾(5-16t)	200~350		8~16遍			
			振动碾(8~15t)	600~1300		6~8遍			
	振动压密		5t振动压密机	500~700	8~12	6~10遍			
			10t振动压密机	1000~1200		6~8遍			

（续）

垫层材料	压实方法	施工机具	每层铺筑厚度(mm)	施工时最佳含水量(%)	施工要点及夯压遍数	质量标准		备注
						λ_c	ρ_d(t/m^3)	
粉质黏土	碾压法	平碾	200~300	ω_{op} ±2%	6~8遍	粉质黏土：0.94~0.97；灰土:0.95	1.55~1.65	1. ω_{op}应按轻型击实试验确定或取 $\omega_{op}=0.6\omega_L$ 2. 控制碾压速度
		羊足碾	200~350		8~16遍			
		振动碾(8~15t)	600~1300	ω_{op} −6% ~2%	6~8遍			
灰土	夯实法	蛙式夯、柴油夯、木夯	200~250	ω_{op} ±2%	4~6遍			
粉煤灰垫层	碾压法	平碾	200~300	ω_{op} ±4%，底层稍低于 ω_{op}	6~8遍	0.90~0.95		1. 不应采用浸水饱和施工法 2. 应控制碾压速度 3. 施工时气温不低于0℃
		振动碾(2~4t)	200~300		4~6遍			
		振动碾(8~15t)	600~1300		大面积施工时，先用履带式机具初压1~2遍，然后用中重型振动碾碾压3~4遍，最后用平碾碾压1~2遍			
	平振法	平板式振动器	150~250		遍数按试验确定			
	夯实法	蛙式夯	200~250		不少于3~4遍			
矿渣垫层	平振法	平板振动器	200~250	15~20	遍数按试验确定			1. 质量标准用最后两遍压实的压陷差小于2mm控制 2. 应控制碾压速度
	碾压法	平碾	200~300	8~12	10~12遍			
		振动碾(2~4t)	≤350	8~12	遍数按试验确定，每平方米振压时间不少于1min			
		振动碾(8~15t)	600~1300	8~12	6~8			

注：1）在地下水位以下的地基，其最下层铺筑厚度可比上表数值略有增加（+50mm）；

2）机械碾压速度：一般平碾2km/h；羊足碾3km/h；振动碾2km/h；振动压实机0.5km/h；

3）土夹石垫层施工要求依碎石含量参考表中相近土料执行。

③施工注意事项

a. 当垫层底部存在古井、古墓、洞穴、旧基础、暗塘等软硬不均的部位时，应根据建筑对不均匀沉降的要求予以处理，并经检验合格后，方可铺填垫层。

对垫层底部的下卧层中存在的软硬不均点，要根据其对垫层稳定及建筑物安全的影响确定处理方法。对不均匀沉降要求不高的一般性建筑，当下卧层中不均点范围小，埋藏很深，处于地基压缩层范围以外，且四周土层稳定时，对该不均点可不做处理。否则，应予挖除并根据与周围土质及密实度均匀一致的原则分层回填并夯压密实，以防止下卧层的不均匀变形对垫层及上部建筑产生危害。

b. 基坑开挖时应避免坑底土层受扰动，可保留约200mm厚的土层暂不挖去，待铺填垫层前再分段挖至设计标高，并随即用换填材料铺填。严禁扰动垫层下的软弱土层，防止其被践踏、受冻或受水浸泡。在碎石或卵石垫层底部宜设置150~300mm厚的砂垫层或铺一层土工织物，以防止软弱土层表面的局部破坏。

c. 垫层施工时必须作好边坡防护，防止基坑边坡坍土混入垫层。

d. 换填垫层施工应注意基坑排水，除采用水撼法施工砂垫层外，不得在浸水条件下施工，必要时应采用降低地下水位的措施。

e. 在同一栋建筑下，垫层底面宜设在同一标高上，并应尽量保持垫层厚度相同；对于厚度不同的垫层，为防止垫层厚度突变，基坑底土面应挖成阶梯或斜坡搭接，并按先深后浅的顺序进行垫层施工，搭接处应夯压密实；在垫层较深部位施工时，应注意控制和调整该部位的压实系数，以防止或减少由于地基处理厚度不同所引起的差异变形。

f. 粉质黏土及灰土垫层分段施工时，不得在柱基、墙角及承重窗间墙下接缝。上下两层的缝距不得小于500mm。接缝处应夯压密实。

为保证灰土施工控制的含水量不致变化，拌和均匀后的灰土应在当日使用。灰土夯实后，在短时间内水稳性及硬化均较差，易受水浸而膨胀疏松，影响灰土的夯压质量。因此，灰土夯压密实后 3 天内不得受水浸泡。

g. 粉煤灰垫层铺填后宜当天压实，分层碾压验收后，应及时铺填土层或封层，防止干燥或扰动使碾压层松胀密实度下降及扬起粉尘污染。同时应禁止车辆碾压通行。

h. 垫层竣工验收合格后，应及时进行基础施工与基坑回填。

1.2.2 夯实法施工

(1)重锤夯实法

重锤夯实法是利用起重机械将重锤提到一定高度，自由落下，以重锤自由下落的冲击能来夯实浅层地基。经过多次重复提起、落下，使地基表面形成一层较为均匀密实的硬壳层，从而提高地基承载力，减少地基变形。

①施工设备

a. 夯锤：其形状宜采用截头圆锥体，可用 C20 以上钢筋混凝土制作，其底部可填充废铁并设置钢底板使重心降低。常用夯锤质量约在 1.5 ~ 3.0t 之间，锤底面静压力可控制在 15 ~ 20kPa。夯锤形状见图 1-7，锤底直径 D 一般为 1.0 ~ 1.5m。夯锤落距宜大于 4m，一般采用 4 ~ 6m。

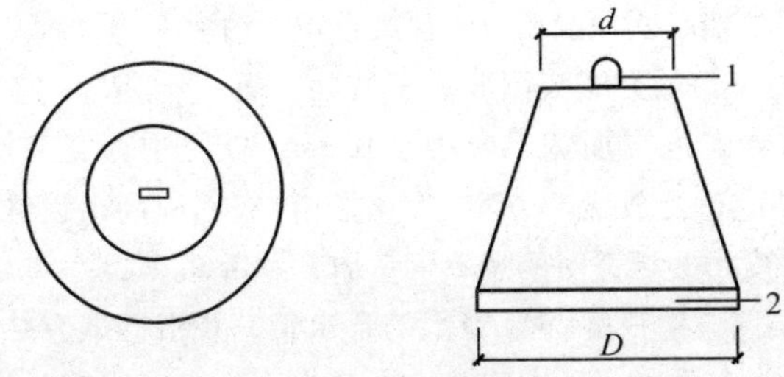

图 1-7 夯锤

1—吊环；2—钢板

b. 起重设备：宜用带有摩擦式卷扬机的起重机，当采用自动脱钩装置时，起重能力应大于锤重 1.5 倍；直接用钢丝绳悬吊夯锤时，应大于锤重 3 倍。

②适用范围及加固效果

a. 重锤夯实适用于处理地下水位距地表(夯实面)0.8m 以上稍湿

的杂填土、黏性土、砂土、湿陷性黄土和分层填土等地基，在有效夯实深度内存在软黏土层时不宜采用。因为饱和软黏土在瞬间冲击力作用下孔隙水不易排出，很难夯实。

b. 重锤夯实的影响深度及加固效果与夯锤质量、锤底直径、落距、夯打遍数及土质条件等因素有关。一般需要通过现场试夯来确定。根据一些地区的经验，当锤质量为1.5～3.0t，落距为4～6m时，重锤夯实的有效加固深度约为1～2m，承载力可达100～150kPa。

c. 夯实效果与土的含水量关系十分密切，只有在土处于最佳含水量的条件下，才能得到最好的夯实效果。如含水量很大，夯击时会出现橡皮土等不良现象。此外，施工宜尽量避免在雨季进行。

③施工要点

a. 重锤夯实正式施工前，应在现场选点试夯。试夯前，应进行补充勘察，了解夯前土层性状；试夯中，应观测记录夯坑底土层沉降量；夯后应进行取土或触探试验，对比夯实前后土层密实度、含水量、湿陷性等的变化以及有效处理深度，为进行重锤夯实处理地基提供设计施工参数。当试夯达不到设计要求的密实度和加固深度时，应适当增加落距和击次，必要时可增加锤重再行试夯。

b. 采用重锤夯实分层填土地基时，每层的虚铺厚度应通过试夯确定。每层虚铺厚度一般相当于锤底直径，约为1～1.5m。

c. 基坑(槽)的夯实范围应大于基础底面。开挖时，坑(槽)每边比设计要求夯实范围加宽不宜小于0.3m，以便于夯实工作的进行。坑(槽)边坡应适当放缓。夯实前，坑(槽)底面应高出设计标高，预留土层的厚度可为试夯时的总下沉量加5～10cm。

d. 夯实前应检查坑(槽)中土的含水量，并根据试夯结果决定是否需要加水。如欲加水，则需待水全部渗入土中一昼夜后方可夯击。若土的表面含水量过大，夯击成软塑状态时，可采取铺撒吸水材料(干土、碎砖、生石灰等)、换土或其他有效措施处理。分层填土时，应取用含水量相当于最优含水量的土料。如土料含水量较低，宜加水至最优含水量。每层土铺填后应及时夯实。

e. 在基坑(槽)的周边应作好排水设施，防止坑(槽)受水浸泡。

f. 在条形基槽和大面积基坑内夯击时，宜按一夯挨一夯顺序进行；在独立柱基基坑内夯击时，一般采用先周边后中间或先外后里的方法进行；同一基坑底面标高不同时，应按先深后浅的顺序逐层夯实。

夯实宜分 2 ~ 3 遍进行，累计夯击 10 ~ 15 次，最后二击夯沉量，对砂土不应超过 5 ~ 10mm，对细粒土不应超过 10 ~ 20mm。

g. 冬季施工时，必须保证地基在不受冻的状态下进行夯击。

h. 当夯击振动对邻近建筑物、设备及施工中的砌筑工程和混凝土浇筑工程产生有害影响时，必须采取有效的预防措施。

(2)强夯法

强夯法又名动力固结法或动力压实法。这种方法是反复将夯锤(质量一般为 10 ~ 40t)提到一定高度使其自由落下(落距一般为 10 ~ 40m)，给地基以冲击和振动能量，从而提高地基的承载力并降低其压缩性，改善地基性能；由于强夯法具有加固效果显著、适用土类广、设备简单、施工方便、节省劳力、施工期短、节约材料、施工文明和施工费用低等优点，其缺点是施工时噪音和振动较大，因而不宜在人口密集的城市内使用。

①夯锤

当锤质量为 8 ~ 12t 时，宜用钢板作外壳，内部焊接钢筋骨架后灌筑 C30 混凝土制成，当锤质量大于 12t 时，宜用钢或铸铁锤或用钢板、铸钢作成组合式的夯锤，以便于使用和运输。夯锤底面有圆形和方形两种，圆形不易旋转，定位方便，稳定性和重合性好，采用较广；锤底面积宜按土的性质和锤重确定，锤底静压力值可取 25 ~ 40kPa，对于粗颗粒土(砂土和碎石土)选用较大值；对于细颗粒土(黏性土或淤泥质土)宜取较小值。常用锤底面积为 3 ~ 6m^2，同时应控制夯锤的高宽比，以免产生偏锤现象。锤质量可取 10 ~ 40t，一般为 8t、10t、12t、16t、25t。夯锤中宜设 2 ~ 6 个直径 250 ~ 300mm 上下贯通的排气孔，以利空气迅速排出，减小起锤时锤底与土面间形成真空产生的强吸附力和夯锤下落时的空气阻力，以保证夯击能的有效性。夯锤规格见表 1-9。

表1-9 夯锤规格表

质量(t)	底面形状	底面积(m^2)	静压力(kPa)	高宽比	排气孔	材料
10 ~ 40	圆形(常用) 方形	3 ~ 6	25 ~ 40	1:2 ~ 1:3	2 ~ 6 个 ϕ250 ~ 300mm	钢筋砼、钢、铸铁

②起重设备

由于履带式起重机重心低、稳定性好、行走方便，多使用起重量为15t、20t、25t、30t、50t的履带式起重机（带摩擦离合器），见图1-8。亦可采用专用三角起重架或龙门架作起重设备。当履带式起重机起重能力不够时，为增大机械设备的起重能力和提升高度，防止落锤时臂杆回弹，亦可采取加钢辅助人字桅杆或龙门架的方法，以加大起重能力。起重机械的起重能力：当直接用钢丝绳悬吊夯锤时应大于夯锤的3~4倍；当采用自动脱钩装置，起重能力取大于1.5倍锤重。

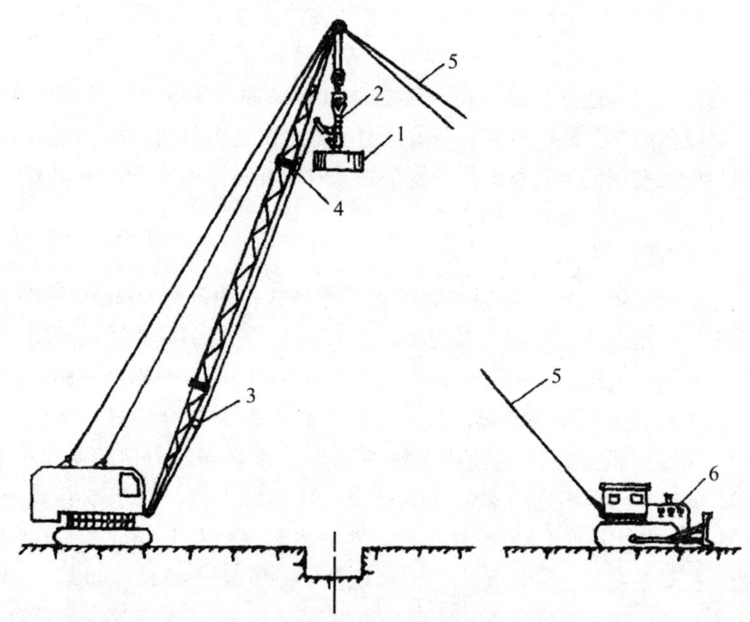

图1-8　用履带式起重机吊夯锤进行强夯

1—夯锤；2—自动脱钩器；3—拉绳；4—废轮胎；5—锚拉绳接推土机；6—推土机锚锭

③脱钩装置

采用履带式起重机作强夯起重设备，有条件时，可采用单根钢丝绳提升夯锤，夯锤下落时，钢丝绳随之下落，夯击工效较高，但需使用起重能力大的起重机，工地难以解决，国内目前使用较多的是通过动滑轮组用脱钩装置来起落夯锤。脱钩装置要求有足够的强度，使用灵活，脱钩快速、安全。常用工地自制自动脱钩器由吊环、耳板、锁环、吊钩等组成(见图 1-9)，系由钢板焊接制成。拉绳一端固定在锁柄上，另一端穿过转向滑轮，固定在悬臂杆底部横轴上，当夯锤起吊到要求高度，开钩拉绳随即拉开锁柄，脱钩装置开启，夯锤便自动脱钩下落，同时可控制每次夯击落距一致，可自动复位，使用灵活方便，也较安全可靠。

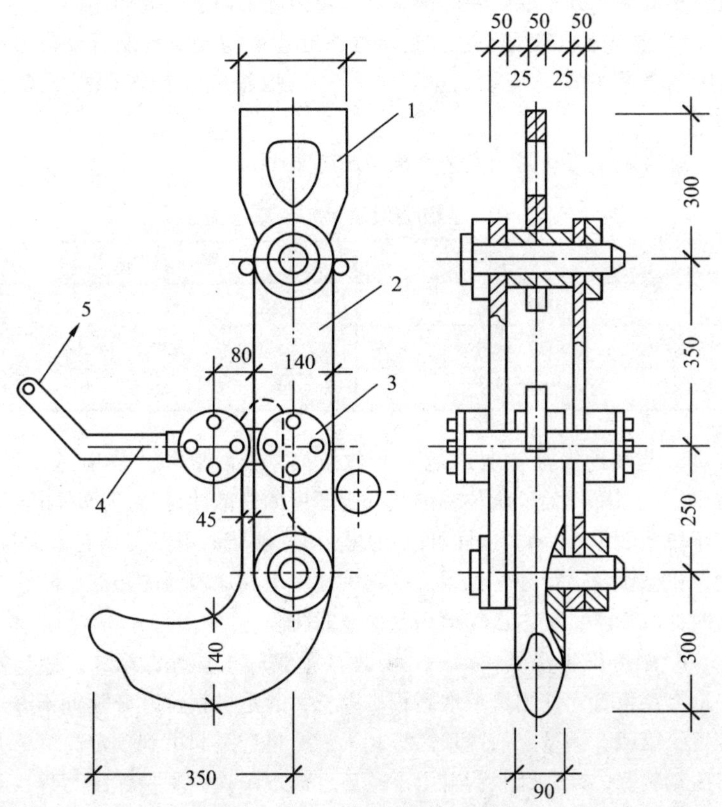

图 1-9　自动脱钩器

1—吊环；2—耳板；3—循环轴辊；4—锁环；5—拉绳

(3)锚系设备

当用起重机起吊夯锤时，为防止夯锤突然脱钩使起重臂后倾和减小对臂杆的振动，应用 T_1-100 型推土机一台设在起重机的前方作地锚(见图1-9)，在起重机臂杆的顶部与推土机之间用两根钢丝绳连系锚锭。钢丝绳与地面的夹角不大于30°，推土机还可用于夯完后作表土推平、压实等辅助性工作。当用起重三脚架、龙门架或起重机加辅助桅杆起吊夯锤时，则不用设锚系设备。

①施工要点

a. 施工前应查明场地范围内的地下构筑物和各种地下管线的位置及标高等，并采取必要的措施，以免因施工而造成损坏。

b. 当强夯施工所产生的振动对邻近建筑物或精密仪器设备会产生有害的影响时，应设置监测点，并采取挖隔振沟等隔振或防振措施。

强夯施工振动影响安全距离可参考表1-10。

表1-10　强夯施工振动影响安全距离

单击夯击能(kN·m)	安全距离(m)
1000	≥15
5000	≥30
6000	≥40

c. 当场地表土软弱或地下水位较高，夯坑底积水影响施工时，宜采用人工降低地下水位或铺填一定厚度的松散性材料，使地下水位低于坑底面以下2m。这样可以在地表形成硬层，用以支承起重设备，确保机械设备通行和施工，又可加大地下水和地表面的距离，防止夯击时夯坑积水，坑内或场地积水应及时排除。

d. 强夯施工步骤：第一，清理并平整施工场地；第二，标出第一遍夯点位置，并测量场地高程；第三，起重机就位，夯锤置于夯点位置；第四，测量夯前锤顶高程；第五，将夯锤起吊到预定高度，开启脱钩装置，待夯锤脱钩自由下落后，放下吊钩，测量锤顶高程，若发现因坑底倾斜而造成夯锤歪斜时，应及时将坑底整平；第六，重复第五个步骤，按设计规定的夯击次数及控制标准，完成一个夯点的夯击；换夯点，重复步骤第三至第六，完成第一遍全部夯点的夯击；用推土机将夯坑填平，并测量场地高程；在规定的间隔时间后，按上述步骤逐次完成全部夯击遍数，最后用低能量满夯，将场地表层松土夯实，并测量夯后场地高程。

e. 施工过程中应有专人负责下列监测工作：若夯锤使用过久，往往因底面磨损而使质量减少，落距未达设计要求，也将影响单击夯击能，所以开夯前应检查夯锤质量和落距，以确保单击夯击能量符合设计要求；由于夯点放线错误情况常有发生，因此在每一遍夯击前，应对夯点放线进行复核，夯完后检查夯坑位置，发现偏差或漏夯应及时纠正；按设计要求检查每个夯点的夯击次数和每击的夯沉量。

f. 由于强夯施工的特殊性，施工中所采用的各项参数和施工步骤是否符合设计要求，在施工结束后往往很难进行检查，所以要求在施工过程中对各项参数和施工情况进行详细记录。

②安全措施

a. 因强夯设备机组高大、稳定性较差，所以施工场地要平坦，道路要坚实、平整，不得高洼不平或软硬不均，或有虚填坑洞和浅层墓坑。

b. 起重机应支垫平稳，遇软弱地基，需用长枕木或路基板支垫。提升夯锤前应卡牢回转刹车，以防夯锤起吊后吊机转动失稳，发生倾翻事故。

c. 采用履带式起重机进行强夯时，为减轻起重机臂杆在夯锤落下时的晃动、反弹和避免机架倾覆，宜在吊臂端部设置撑杆系统或在起重机前端设安全缆风绳。为防止起吊夯锤或脱钩时，夯锤或吊钩、自动脱钩器碰冲起重机臂杆，应在臂杆适当高度位置绑挂汽车废轮胎加以保护。

d. 强夯开机前，应检查起重机各部位是否正常和钢丝绳有无磨损等情况；强夯时应随时注意检查机具的工作状态，经常维修和保养，发现异常和不安全情况，应及时处理。

e. 强夯机械应停稳，并将夯锤对好坑位后，方可进行作业，起吊夯锤时要平稳，速度应均匀，夯锤、自动脱钩器不得碰冲起重臂杆。

③质量检验

a. 施工前应检查夯锤质量、尺寸，落距控制手段，排水设施及被夯地基的土质。

b. 施工中应检查落距、夯击遍数、夯点位置、夯击范围；施工过程中的各项测试数据和施工记录，不符合设计要求时应补夯或采取其他有效措施。

c. 施工后结束后，检查被夯地基的强度并进行承载力检验；强夯处理后的地基竣工验收承载力检验，应在施工结束后间隔一定时间方能进行，对于碎石土和砂土地基，其间隔时间可取7～14天；粉土和黏性土地基可取14～28天；强夯处理后的地基竣工验收时，承载力检验应采用原位测试和室内土工试验。如：静力触探、动力触探、标准贯入以及载荷试验等。竣工验收承载力检验的数量，应根据场地复杂程度和建筑物的重要性确定，对于简单场地上的一般建筑物，每个建筑地基的载荷试验检验点不应少于3点：对于复杂场地或重要建筑地基应增加检验点数。

d. 强夯地基质量检验标准应符合表1-11的规定。

表1-11　强夯地基质量检验标准

项	序	检查项目	允许偏差或允许值		检查方法
			单位	数值	
主控项目	1	地基强度	设计要求		按规定方法
	2	地基承载力	设计要求		按规定方法
一般项目	1	夯锤落距	mm	±300	钢索设标志
	2	锤重	kg	±100	称重
	3	夯击遍数及顺序	设计要求		计数法
	4	夯点间距	mm	±500	用钢尺量
	5	夯击范围（超出基础范围距离）	设计要求		用钢尺量
	6	前后两遍间歇时间	设计要求		

1.2.3　复合地基加固法施工

复合地基是指天然地基在地基处理过程中部分土体得到加强或被置换，或在天然地基中设置加筋材料。加固区是由基体（天然地基土体或被改良的天然地基土体）和增强体两部分组成的人工地基。在荷载作用下，基体和增强体共同承担荷载。根据地基中增强体方向又可分为水平向增强体复合地基和竖向增强体复合地基。

复合地基通常由桩（增强体）、桩间土（基体）和褥垫层组成（见图1-10）。

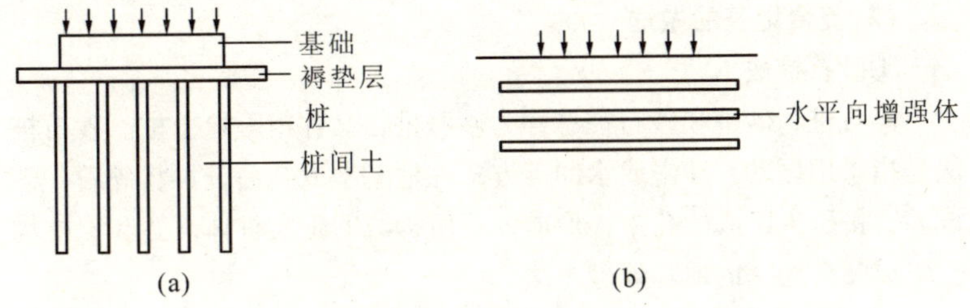

图 1-10 复合地基的形式

(a)竖向增强体复合地基；(b)水平向增强体复合地基

(1)复合地基分类

复合地基可以根据其增强体的不同特点进行分类如下：

①按增强体材料：分为散体材料(砂石、矿渣、渣土等)、石灰土、水泥土、混凝土及土工合成材料等；

②按增强体黏结性：分为无黏结性(散体材料)和黏结性两大类，其中黏结性的又可根据黏结性的大小分为：低黏结强度(石灰、灰土等)、中等黏结强度(水泥土)、高等黏结强度(混凝土、CFG 桩等)；

③按增强体相对刚度：分为柔性(如石灰、灰土)、半刚性(水泥土)、刚性(混凝土、CFG 桩等)；

④按增强体方向：分为竖向、斜向和水平向(如加筋土复合地基)三种；

⑤按增强体形式：分为单一型(桩身材料、断面尺寸、长度相等)[见图 1-10(a)]、复合型(如混凝土芯水泥土组合桩复合地基)[见图 1-11(a)]、多桩型(如碎石—CFG 桩复合地基等)[见图 1-11(b)]、长短桩结合型[见图 1-11(c)]。

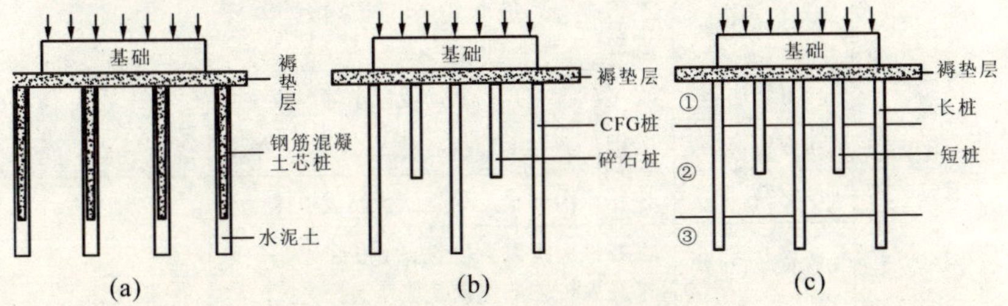

图 1-11 复合地基的不同类型

(a)混凝土芯水泥土组合桩复合地基；(b)多桩型复合地基

(c)同一桩体材料、不同桩长组成的复合地基

(2)复合地基的做法

①砂石桩法

碎石桩、砂桩和砂石桩总称为砂石桩，又称粗颗粒土桩。砂石桩法是指采用振动、冲击或水冲等方式在地基中成孔后，再将碎石、砂或砂石挤压入已成的孔中，形成砂石所构成的密实桩体，并和原桩周土组成复合地基的地基处理方法。

a. 砂石桩法施工

(a)施工方法及施工机械

砂石桩施工方法分类见表1-12。

表1-12　砂石桩施工方法分类

<table>
<tr><th>分类</th><th>施工方法</th><th>成桩工艺</th><th>适用土类</th></tr>
<tr><td rowspan="4">挤密法</td><td>振冲挤密法</td><td>采用振冲器振动水冲成孔，再振动密实填料成桩，并挤密桩间土</td><td rowspan="4">砂性土、非饱和黏性土、以炉灰、炉渣、建筑垃圾为主的杂填土，松散的素填土</td></tr>
<tr><td>沉管夯扩法</td><td>采用沉管成孔，振动或锤击填料，并进行夯扩成桩，挤密桩间土</td></tr>
<tr><td>干振法</td><td>采用振孔器成孔，再用振孔器振动密实填料成桩，并挤密桩间土</td></tr>
<tr><td>柱锤冲扩法</td><td>采用柱锤冲击成孔，分层填料夯实成桩，并挤密桩间土</td></tr>
<tr><td rowspan="2">置换法</td><td>振冲置换法</td><td>采用振冲器振动水冲成孔，再振动密实填料成桩</td><td rowspan="2">饱和黏性土</td></tr>
<tr><td>钻孔锤击法</td><td>采用沉管及钻孔取土方法成孔，锤击填料成桩</td></tr>
<tr><td rowspan="3">排土法</td><td>振动气冲法</td><td>采用压缩气体成孔，振动或锤击填料成桩</td><td rowspan="3">饱和软黏土</td></tr>
<tr><td>沉管法</td><td>采用沉管成孔，振动或锤击填料成桩</td></tr>
<tr><td>强夯置换法</td><td>采用强夯夯击填料成桩</td></tr>
<tr><td rowspan="3">其他方法</td><td>水泥碎石桩法</td><td>在碎石内加水泥和膨润土制成桩体</td><td rowspan="3">饱和软黏土</td></tr>
<tr><td>裙围碎石桩法</td><td>在群桩周围设置刚性的(混凝土)裙围来约束桩体的侧向鼓胀</td></tr>
<tr><td>袋装碎石桩法</td><td>将碎石装入土工聚合物袋而制成桩体，土工聚合物可约束桩体的侧向鼓胀</td></tr>
</table>

目前，砂石桩施工多采用振动沉管、锤击沉管或冲击成孔等成桩法。当用于消除粉细砂及粉土液化时，多用振动沉管成桩法。

施工机械：砂石桩的施工，应选用与处理深度相适应的机械。可用的砂石桩施工机械类型很多(见表1-13)，除专用机械外还可利用一般的打桩机改装。砂石桩机械主要可分为两类，即锤击式砂石桩机和振动式砂石桩机(见图1-12)。此外，也有用振捣器或叶片状加密机，但应用较少。

表1-13 常用成孔机械的性能

分类	型号名称	技术性能		适用桩径直径(cm)	最大桩孔深度(m)	备注
		锤重(t)	落距(cm)			
柴油锤打桩机	D_1-6	0.6	187	30~35	5~6.5	安装在拖拉机或履带式吊车上行走
	D_1-12	1.2	170	35~45	6~7	
	D_1-18	1.8	210	45~57	6~8	
	D_1-25	2.5	250	50~60	7~9	
电动落锤	电动落锤打桩机	0.75~1.5	10~20	30~45	6~7	
振动沉桩机	7~8t振动沉桩机	激振力70~80kN		30~35	5~6	安装在拖拉机或履带式吊车上行走
	10~15t振动沉桩机	激振力100~150kN		35~40	6~7	
	15~20t振动沉桩机	激振力150~200kN		40~50	7~8	
冲击成孔机	—	卷筒提升力(kN)	冲击力(kN)	—	—	轮胎式行走
	YKC-30	30	25	50~60	>10	
	YKC-20	15	10	40~50	>10	

用垂直上下振动的机械施工的称为振动沉管成桩法，用锤击式机械施工成桩的称为锤击沉管成桩法，锤击沉管成桩法的处理深度可达10m。砂石桩机通常包括桩机架、桩管及桩尖、提升装置、挤密装置(振动锤或冲击锤)、上料设备及检测装置等部分。为了使砂石有效地排出或使桩管容易打入，高能量的振动砂石桩机配有高压空气或水的喷射装置，同时配有自动记录桩管贯入深度、提升量、压入量、管

内砂石位置及变化(灌砂石及排砂石量)，以及电机电流变化等检测装置。

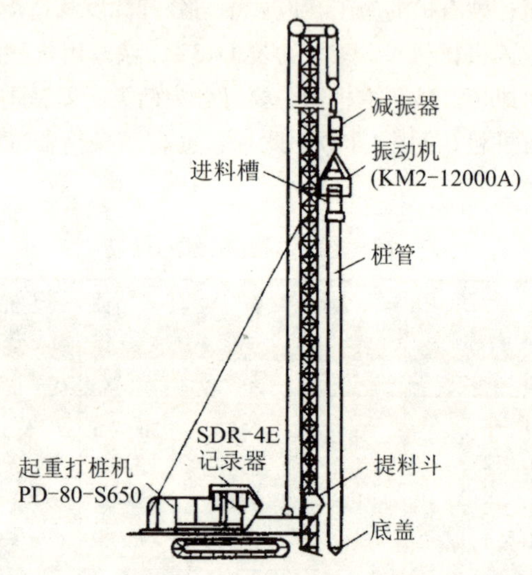

图 1-12 振动式砂石桩机

成桩工艺试验：不同的施工机具及施工工艺用于处理不同的地层会有不同的处理效果。常遇到设计与实际情况不符或者处理质量不能达到设计要求的情况，因此施工前在现场的成桩试验具有重要的意义。

通过现场成桩试验检验设计要求和确定施工工艺及施工控制要求，包括填砂石量、提升高度、挤压时间等。为了满足试验及检测要求，试验桩的数量应不少于 7 ~ 9 个。正三角形布置至少要 7 个(即中间 1 个，周围 6 个)；正方形布置至少要 9 个(3 排 3 列每排每列各 3 个)。如发现问题，则应及时会同设计人员调整设计或改进施工。

(b)振动沉管成桩法施工要点

振动沉管成桩法可分为一次拔管法、逐步拔管法、重复压拔管法等，目前采用分段填料逐步拔管法较多。

成桩步骤：第一，移动桩机及导向架，把桩管及桩尖对准桩位；施工时桩位水平偏差不应大于 0. 3 倍套管外径；套管垂直度偏差不应大于1%；第二，启动振动锤，把桩管下到预定的深度；第三，向桩管内投入规定数量的砂石料(根据施工试验的经验，为了提高施工效率，装砂石也可在桩管下到便于装料的位置时进行)；第四，把桩管提升一定的高度(下砂石不顺利时提升高度不超过1~2m)，提升时桩尖自动打开，桩管内的砂石料流入孔内；第五，降落桩管，利用振动及桩尖的挤压作用使砂石密实；第六，重复第四、第五两工序，桩管上下运动，砂石料不断补充，砂石桩不断增高；第七，桩管提至地面，砂石桩完成。

成桩质量控制：振动沉管成桩法施工应根据沉管和挤密情况，控制填砂石量、提升高度和速度、挤压次数和时间、电机的工作电流等。

施工中，电机工作电流的变化反映挤密程度及效率。电流达到一定不变值，继续挤压将不会产生挤密效能。施工中不可能及时进行效果检测，因此按成桩过程的各项参数对施工进行控制是重要的环节，必须予以重视，有关记录是质量检验的重要资料。

施工场地土层可能不均匀，土质多变，处理效果不能直接看到，也不能立即测出。为了保证施工质量，使在土层变化的条件下施工质量也能达到标准，应在施工中进行详细的观测和记录。观测内容包括桩管下沉随时间的变化；灌砂石量预定数量与实际数量；桩管提升和挤压的全过程(提升、挤压、砂桩高度的形成随时间的变化)等。有自动检测记录仪器的砂石桩机施工中可以直接获得有关的资料，无此设备时需由专人测读记录。根据桩管下沉时间曲线可以估计土层的松软变化随时掌握投料数量。

桩尖结构选择：施工中应选用能顺利出料和有效挤压桩孔内砂石料的桩尖结构。当采用活瓣桩靴时，对砂土和粉土地基宜选用尖锥型；对黏性土地基宜选用平底型；一次性桩尖可采用混凝土锥形桩尖。

(c)锤击沉管成桩法施工要点

锤击沉管施工的机械设备主要有蒸汽或柴油打桩机、起重机或简易打桩机，以及底部开口的外管及底部封口的芯管或柱锤等组成。

锤击法施工有单管法和双管法两种，单管法难以发挥挤密作用，故一般宜用双管法。

双管法施工工艺可分为内击沉管法及双管压实法，内击沉管法与弗兰克桩工艺相似，具体要求如下：

成桩步骤：第一，将内外管安放在预定的桩位上，将用作桩塞的砂石投入外管底部；第二，以内管做锤冲击砂石塞，靠摩擦力将外管打入预定深度，也可用柱锤代替内管冲击；第三，固定外管将砂石塞击入土中；第四，提内管并向外管内投入砂石料；第五，边提外管边用内管将管内砂石击出夯实；第六，重复第四、第五步骤；第七，外管拔出地面，砂石桩完成。

若采用双管压实法，应采用打桩机将内外管同时沉入至预定深度，分层填料，同步夯击内管和外管将填料压实，该法用于易塌孔松软土层效果较好。

成桩质量控制：锤击沉管成桩法质量控制要点是分段填料量及相应成桩长度，其他施工控制和检测记录参照振动法施工的有关规定。

(d)施工顺序

以挤密为主的砂石桩施工时，应间隔(跳打)进行，并宜由外侧向中间推进；对黏性土地基，砂石桩主要起置换作用，为了保证设计的置换率，宜从中间向外围或隔排施工；在既有建(构)筑物邻近施工时，为了减少对邻近既有建(构)筑物的振动影响，应背离建(构)筑物方向进行。

砂石桩施工后，应将基底标高下的松散层挖除或夯压密实，随后铺设并压实砂石垫层。

b. 质量检验标准

砂石桩质量检验和《建筑地基基础工程施工质量验收规范》(GB50202-2002)有关要求进行。

施工前应检查砂石料的含泥量及有机质含量、样桩的位置等。

施工中检查每根砂石桩的桩位、灌料量、标高、垂直度等。

应在施工期间及施工结束后，检查砂石桩的施工记录。对沉管法，尚应检查套管往复挤压振动次数与时间、套管升降幅度和速度、每次填砂石料量等项施工记录。

砂石桩施工的沉管时间、各深度段的填砂石量、提升及挤压时间等是施工控制的重要手段，这些资料本身就可以作为评估施工质量的重要依据，再结合抽检便可以较好地作出质量评价。

施工结束后，应检验被加固地基的强度或承载力。

施工后应间隔一定时间方可进行质量检验。对饱和黏性土地基应待孔隙水压力消散后进行，间隔时间不宜少于 28 天；对粉土、砂土和杂填土地基，不宜少于 7 天。

由于在制桩过程中原状土的结构受到不同程度的扰动，强度会有所降低，饱和土地基在桩周围一定范围内，土的孔隙水压力上升；待休置一段时间后，孔隙水压力会消散，强度会逐渐恢复。恢复期的长短是根据土的性质而定。原则上应待孔压消散后进行检验。黏性土孔隙水压力的消散需要的时间较长，砂土则很快。根据实际工程经验规定对饱和黏性土为 28 天，粉土、砂土和杂填土可适当减少。对非饱和土不存在此问题，一般在桩施工后 3 ~ 5 天即可进行。

砂石桩的施工质量检验可采用单桩载荷试验，对桩体可采用动力触探试验检测，对桩间土可采用标准贯入、静力触探、动力触探或其他原位测试等方法进行检测。桩间土质量的检测位置应在等边三角形或正方形的中心。检测数量不应少于桩孔总数的 2%。

砂石桩处理地基最终是要满足承载力、变形或抗液化的要求，标准贯入、静力触探以及动力触探可直接提供检测资料，所以可用这些测试方法检测砂石桩及其周围土的挤密效果。

应在桩位布置的等边三角形或正方形中心进行砂石桩处理效果检测。由于该处挤密效果较差，只要该处挤密达到要求，其他位置就一定会满足要求。此外，由该处检测的结果还可判明桩间距是否合理。

如处理可液化地层时，可按标准贯入击数来衡量砂性土的抗液化性，使砂石桩处理后的地基实测标准贯入击数大于临界贯入击数。这种液化判别方法只考虑了桩间土的抗液化能力，而未考虑砂石桩的作用，因而在设计上是偏于安全的。

砂石桩地基竣工验收时，承载力检验应采用复合地基载荷试验。

复合地基载荷试验数量不应少于总桩数的 0.5%，且每个单体建筑不应少于 3 点。

质量检验标准：砂石桩地基的质量检验标准应符合表 1-14 的规定。

表1-14 砂石桩地基的质量检验标准

项	序	检查项目	允许偏差或允许值		检查方法
			单位	数值	
主控项目	1	灌料量	%	≥95	实际用砂量与计算体积比
	2	地基强度	设计要求		按规定方法
	3	地基承载力	设计要求		按规定方法
一般项目	1	砂石料的含泥量	%	≤5	试验室测定
	2	砂石料的有机质含量	%	≤5	焙烧法
	3	桩位	mm	≤0.3d	用钢尺量
	4	砂桩标高	mm	±150	水准仪
	5	垂直度	%	≤1.5	经纬仪检查桩管垂直度

②柱锤冲扩桩法

a. 柱锤冲扩桩法施工

(a)概述

柱锤冲扩桩法由沧州市机械施工有限公司、河北工业大学等单位从1989年开始进行开发研究，并先后通过省级和建设部鉴定，1994年获河北省科技进步三等奖，1996年列入建设部科技成果重点推广计划，至今采用柱锤冲扩桩复合地基的有沧州、黄骅、泊头、衡水、天津、河南以及山东等省市。现已完成数百个工程，处理地基面积近100万m^2，建筑面积近400万m^2，取得了良好的技术经济效益和社会效益。

本技术是在土桩、灰土桩、重锤夯实法及强夯置换法的基础上发展起来的。实施柱锤冲扩桩复合地基主要是采用直径200~600mm、长1~5m、重1~5t的柱状凹底重锤(简称柱锤)，提升5~10m高、无导向、自动脱钩、自由落下、将地基土层冲击成孔、反复几次达到设计深度；边填料(渣土或碎砖三合土)边用柱锤夯实形成桩体，并与桩间土共同工作形成复合地基。

上述作用依不同土类而有明显区别。对地下水位以上杂填土、素填土、粉土及可塑状态黏性土、黄土等，在冲孔过程中成孔质量较好，无坍孔及缩颈现象，孔内无积水，成桩过程中地面不隆起甚至下沉，经检测孔底及桩间土在成孔及成桩过程中得到挤密，试验表明挤密土影响范围约为 2～3 倍桩径。其加固功效相当于孔内深层强夯。而对地下水位以下饱和松软土层冲孔时坍孔严重，有时甚至无法成孔，因此在地下水位以下饱和松软土层中应用时，其加固机理主要是置换及生石灰的水化和胶凝作用。

柱锤冲扩桩法适用于处理杂填土、粉土、黏性土、素填土和黄土等地基，对地下水位以下饱和松软土层，应通过现场试验确定其适用性。当采用上述柱锤冲孔夯扩成桩法，桩身填料为碎砖三合土或渣土时，地基处理深度不宜超过 6m，复合地基承载力特征值不宜超过 160kPa。当桩身填料为灰土、水泥混合土等黏结性材料时，f_{spk}值依试验结果或当地经验确定，可不受 160kPa 限制。

对于地下水位以下饱和松软土层，由于冲孔时坍孔严重，桩身质量较难保证，因此应慎用；有施工经验时可以采用填料复打成孔或加套管进行施工；有条件时也可先降水再夯扩成桩；对于厚度不大的软弱土层(≤3m)也可采用整式置换进行处理。

当采用套管成桩时，桩长依采用设备确定，地基处理深度可大于 6m。

(b)施工前准备工作

正式施工前施工单位应具备下列文件资料：工程地质详细勘察资料(包括加固深度内松软土层的动力触探资料)；建筑物总平面布桩图及室内地面标高；柱锤冲扩桩桩位平面布置图及设计施工说明；施工前应编制施工组织设计，对机械配置、人员组织、场地布置、施工顺序、进度、工期、质量、安全及季节性施工措施等进行合理安排；应具有根据总平面图设置的永久性或半永久性建筑物方位及标高控制桩。

施工前应整平场地，清除地上及地下障碍物。当表层土过于松软时应碾压夯实。场地整平后，桩顶设计标高以上应预留 0.5～1.0m 厚土层。试成桩时发现孔内积水较多且坍孔严重时；宜采取措施降低地下水位。桩位放线定位前应按幢号设置建筑物轴线定位点和水准基点，并采取妥善措施加以保护。根据桩位设计图在施工现场布设桩位，桩位布置与设计图误差不得大于 50mm，并经监理复验后方可开工，在施工过程中还应随时进行检查校验。成桩前应测量场地整平标高，并根据设计要求及动力触探结果计算成桩深度及桩长。施工过程中还应测量地面标高变化并随时调整成桩深度。设专用料场进行集中拌料，桩身填料质量及配合比应符合设计要求。

(c)施工机械

有柱锤、起重机、脱钩装置及其他机具。

柱锤：柱锤冲扩桩法宜用直径300～500mm、长度2～6m、质量1～8t的柱状锤(柱锤)进行施工。《建筑地基处理技术规范》JGJ79-2002建议采用的柱锤及自动脱钩装置为沧州市机械施工有限公司的产品。目前生产上采用的系列柱锤如表1-15所示：

表1-15 柱锤明细表

序号	规格			锤底形状	锤底静压力(kPa)
	直径(mm)	长度(m)	质量(t)		
1	325	2～6	1.0～4.0	凹底形	120～480
2	377	2～6	1.5～5.0	凹底形	134～447
3	500	2～6	3.0～9.0	凹底形	153～459

注：1)封顶或拍底时，可采用质量2～10t的扁平重锤进行；
2)有经验地区锤型可按当地经验采用。

柱锤可用钢材制作或用钢板为外壳内部浇筑混凝土制成，也可用钢管为外壳内部浇铸铁制成。为了适应不同工程的要求，钢制柱锤可制成装配式，由组合块和锤顶两部分组成，使用时用螺栓连成整体，调整组合块数(一般0.5t/块)，即可按工程需要组合成不同质量和长度的柱锤。

锤型选择应按土质软硬、处理深度及成桩直径经试成桩后加以确定，采用自动脱钩装置时，柱锤长度不宜小于处理深度。

起重机：可选用8～30t自行杆起重机、步履式夯扩桩机或其他专用机具设备，采用自动脱钩装置，起重能力应通过计算或现场试验确定(按锤重及成孔时地基对柱锤的吸附力确定)，一般不应小于锤重2～4倍。

脱钩装置：要求有足够的强度，使用灵活，当柱锤提升到预定高度时，能自动脱钩下落。

其他机具：为了便于土料的运输及拌和，应配置翻斗汽车、铲车、推土机、手推车等机具。为了计算填料量及成桩深度，尚应配置量方料斗及长度不小于成孔深度的量尺(也可在柱锤上焊上标尺进行测量)。

柱锤冲扩桩法施工可按下列步骤进行:

第一,清理平整施工场地,布置桩位;

第二,施工机具就位,使柱锤对准桩位;

第三,根据土质及地下水情况可分别采用下述三种成孔方式:

冲击成孔:将柱锤提升一定高度,自动脱钩下落冲击土层,如此反复冲击,接近设计成孔深度时,可在孔内填少量粗骨料继续冲击,直到孔底被夯密实。

填料冲击成孔:成孔时出现缩径或坍孔时,可分次填入碎砖和生石灰块,边冲击边将填料挤入孔壁及孔底,当孔底接近设计成孔深度时,夯入部分碎砖挤密桩端土。

复打成孔:当坍孔严重难以成桩时,可提锤反复冲击至设计孔深,然后分次填入碎砖和生石灰块,待孔内生石灰吸水膨胀、桩间土性质有所改善后,再进行二次冲击复打成孔。

当采用上述方法仍难以成孔或成孔速度较慢时,也可采用套管成孔,即采用步履式夯扩桩机用柱锤边冲孔边将套管压入土中,直至桩底设计标高。当采用套管成孔(桩)时,应适当加大柱锤长度,或采用钢丝绳直接升降。有施工经验地区也可采用其他方法成孔,如振动或冲击沉管,螺旋钻取土成孔等。

第四,用标准料斗或运料车将拌和好的填料分层填入桩孔夯实。当采用套管成孔时,边分层填料夯实,边将套管拔出。

锤的质量、锤长、落距、分层填料量、分层夯填度、夯击次数、总填料量等应根据试验或按当地经验确定。每个桩孔应夯填至桩顶设计标高以上至少0.5m,其上部桩孔宜用原槽土夯封。施工中应作好记录,并对发现的问题及时进行处理。

第五,施工机具移位,重复上述步骤进行下一根桩施工。

成桩顺序依土质情况决定。当采用夯扩挤密法成桩时,可采用自外向内成桩,当采用夯扩置换法成桩或成桩时地面隆起严重时,应采用自内向外或间隔成桩。

基槽开挖后,应进行晾槽拍底或碾压,随后铺设垫层并压实。

b. 质量检验标准

柱锤冲扩桩复合地基质量检验标准可参考表1-16进行:

表1-16　柱锤冲扩桩复合地基质量检验标准

项	序	检查项目	允许偏差或允许值		检查方法
			单位	数值	
主控项目	1	地基承载力	设计要求		按规定的方法
	2	桩长	mm	-200	测桩孔深度及标高
	3	填料量	%	≥95	实际填料量与计算用料量比
	4	桩身密实度	设计要求		重型动力触探
一般项目	1	材料配比	设计要求		现场取样
	2	骨料粒径	mm	≤120	目测或尺量
	3	桩孔垂直度	%	≤1.5	用垂球或经纬仪
	4	桩位偏差	mm	$d/2$（d 为桩径）	用钢尺量
	5	桩径	mm	-100	用钢尺量
	6	槽底桩间土	设计要求		轻型动力触探(1~2m)

施工前应对柱锤规格（质量、长度、直径）、填料质量及配合比、桩孔放样位置等做检查。

施工过程中应对成孔深度、孔底密实度、桩身填料夯实情况等进行检查，并对照预定的施工工艺标准，对每根桩进行质量评定，对质量有怀疑的工程桩应用重型动力触探进行自检。

施工后应对桩身及桩间土密实度及复合地基承载力进行检验，具体要求如下：

冲扩桩施工结束后7~14天内，对桩身及桩间土进行抽样检验，可采用重型动力触探进进行，并对处理后桩身质量及复合地基承载力作出评价。检验点数可按冲扩桩总数的2%计。每一单体工程桩身及桩间土总检验点数均不应少于6点。

采用柱锤冲扩桩法处理的地基，其承载力是随着时间增长而逐步提高的，因此要求在施工结束后休止7~14天再进行检验，实践证明这样不仅方便施工也是相对安全的。对非饱和土和粉土休止时间可适当缩短。

桩身及桩间土密实度检验宜优先采用重型动力触探进行。检验点应随机抽样并经设计或监理认定，检测点不少于总桩数的2%且不少于6组（即同一检测点桩身及桩间土分别进行检验）。当土质条件复杂时，应加大检验数量。

柱锤冲扩桩复合地基质量评定主要是地基承载力大小及均匀程度。复合地基承载力与桩身及桩间土动力触探击数的相关关系，应经对比试验按当地经验确定。实践表明采用柱锤冲扩桩法处理的土层往往上部及下部稍差而中间较密实，因此有必要时可分层进行评价。

柱锤冲扩桩地基竣工验收时，承载力检验应采用复合地基载荷试验。检验数量为总桩数的 0.5%，且每一个单体工程不应少于 3 点。载荷试验应在成桩 14 天后进行。

基槽开挖后，应检查桩位、桩径、桩数、桩顶密实度及槽底土质情况。如发现漏桩、桩位偏差过大、桩头及槽底土质松软等质量问题，应采取补救措施。

基槽开挖检验的重点是桩顶密实度及槽底土质情况。由于柱锤冲扩桩法施工工艺的特点是冲孔后自下而上成桩，即由下往上对地基进行加固处理，由于顶部上覆压力小，容易造成桩顶及槽底土质松动，而这部分又是直接持力层，因此应加强对桩顶特别是槽底以下 1m 厚范围内土质的检验，检验方法可采用轻便触探进行。桩位偏差不宜大于 1/2 桩径，桩径负偏差不宜大于 100mm，桩数应满足设计要求。

③石灰桩法

a. 石灰桩法概述：石灰桩法是指由生石灰与粉煤灰等掺和料拌和均匀，在孔内分层夯实形成竖向增强体，并与桩间土组成复合地基的地基处理方法。

(a)工法简介：石灰桩是指桩体材料以生石灰为主要固化剂的低黏结强度桩，属低强度和桩体可压缩的柔性桩。

石灰桩的桩体材料由生石灰(块状或粉状)和掺和料(粉煤灰、炉渣、火山灰、矿渣、黏性土等常用掺和料以及少量附加剂如石膏、水泥等)组成。掺和料可因地制宜选用上述材料中的某一种。附加剂仅在为提高桩体强度或在地下水渗透速度较大时采用。

早期的石灰桩采用纯生石灰作桩体材料，当桩体密实度较差时，常出现桩中心软化，即所谓的“糖心”现象。20 世纪 80 年代初期，我国已开始在石灰桩中加入火山灰、粉煤灰等掺和料。实践证明掺和料可以充填生石灰的空隙，有效发挥生石灰的膨胀挤密作用，还可节约生石灰。同时含有活性物质（SiO_2、Al_2O_3）的掺和料有利于提高桩身强度。80年代末期，随着应用石灰桩的单位的增多，有的将使用掺和料的桩叫做“二灰桩”、“双灰桩”等等。按照最早使用掺和料的江苏、浙江、湖北等地以及国外的习惯，考虑命名的科学性，在此仍将上述桩叫做石灰桩。

石灰桩使用大量的掺和料，而掺和料不可能保持干燥，掺和料与生石灰混合后很快发生吸水膨胀反应，在机械施工中极易堵管。所以日本采用旋转套管法施工时，桩体材料仍为纯生石灰，未加掺和料的石灰桩造价高，桩体强度偏低。

我国是研究应用石灰桩最早的国家。在20世纪50年代初期，天津地区已开展了石灰桩的研究。其目的是利用生石灰吸水膨胀挤密桩间土的原理加固饱和软土或淤泥。尔后很多大专院校、科研、设计及施工单位相继进行了石灰桩的研究和应用。1987年建设部下达了石灰桩成桩工艺及设计计算的重点研究课题计划，由湖北省建筑科学研究设计院、中国建筑科学研究院地基所、江苏省建筑设计院承担课题研究。经过系统的室内大型模拟试验、现场测试，对石灰桩的作用机理、承载特性以及计算方法进行了较为全面地研究、分析和总结。提出了石灰桩水下硬化的机理及复合地基加固层的减载效应等新观点，根据石灰桩复合地基变形场的性状提出了承载力及变形的计算方法，进一步完善了石灰桩复合地基的理论与实践。

目前，全国已有包括台湾在内的近20个省市自治区有石灰桩研究应用的历史，用石灰桩处理地基的建（构）筑物超过1000栋。石灰桩还用于既有建筑物地基加固、路基加固、大面积堆载场地加固以及基坑边坡工程之中，取得了良好的社会效益和经济效益，是一项具有我国特色的地基处理工艺。

石灰桩法具有如下的技术特点：能使软土迅速固结，对淤泥等超软土的加固效果独特；可大量使用工业废料，社会效益显著；造价低廉；设备简单，可就地取材，便于推广；施工速度快。

（b）加固机理：石灰桩的加固机理分为物理和化学两个方面。

物理方面有成孔中挤密桩间土、生石灰吸水膨胀挤密桩间土、桩和地基土的高温效应、置换作用、桩对桩间土的遮拦作用、排水固结作用以及加固层的减载效应。

化学方面有桩身材料的胶凝反应、石灰与桩周土的化学反应（离子化作用、离子交换—水胶连结作用、固结反应、碳酸化反应等）。

所谓加固层的减载效应，是指以石灰桩的轻质材料（掺和料为粉煤灰时桩身材料饱和重度为 14kN/m^{3}左右）置换重度大的土，使加固层自重减轻，减少了桩底下卧层顶面的附加压力。此种特性在深厚的软土中具有重要意义，此时石灰桩可能作成“悬浮桩”而沉降小于其他地基处理工艺。

所谓桩对桩间土的遮拦作用，系指由于密集的石灰桩群对桩间土的约束，使桩间土整体稳定性和抗剪强度增加，在荷载作用下不易发生整体剪切破坏，复合土层处于不断的压密过程，复合地基具有很高的安全度。同时由于土对石灰桩的约束，使石灰桩身抗压强度增大，在桩身产生较大压缩变形时不破坏，桩顶应力随荷载增大呈线性增大。荷载试验表明，桩身压缩量为桩长的 4%，膨胀变形为桩直径的 2.5% 时，桩身未产生破坏。综上所述石灰桩对软弱土的加固作用主要表现在以下几个方面：

成孔挤密：其挤密作用与土的性质有关。在杂填土中，由于其粗颗粒较多，故挤密效果较好；黏性土中，渗透系数小的，挤密效果较差。

吸水作用：实践证明，1kg 纯氧化钙消化成为熟石灰可吸水 0.32kg。对石灰桩桩体，在一般压力下吸水量约为 65% ~70%。根据石灰桩吸水总量等于桩间土降低的水总量，可得出软土含水量的降低值。

膨胀挤密：生石灰具有吸水膨胀作用，在压力 50 ~ 100kPa 时，膨胀量为 20% ~30%。膨胀的结果使桩周土挤密。

发热脱水：1kg 氧化钙在水化时可产生 280J 热量，桩身温度可达 200 ~300℃。使土产生一定的气化脱水，从而导致土中含水量下降、孔隙比减小、土颗粒靠拢挤密，在所加固区的地下水位也有一定的下降，并促使某些化学反应形成，如水化硅酸钙的形成。

离子交换：软土中钠离子与石灰中的钙离子发生置换，改善了桩间土的性质，并在石灰桩表层形成一个强度很高的硬层。

以上这些作用，使桩间土的强度提高、对饱和粉土和粉细砂还改善了其抗液化性能。

置换作用：软土为强度较高的石灰桩所代替，从而增加了复合地基承载力，其复合地基承载力的大小，取决于桩身强度与置换率大小。

(c)适用范围：石灰桩法适用于处理饱和黏性土、淤泥、淤泥质土、素填土和杂填土等地基；用于地下水位以上的土层时，宜增加掺和料的含水量并减少生石灰用量，或采取土层浸水等措施。

石灰桩与灰土桩不同，可用于地下水位以下的土层，用于地下水位以上的土层时，如土中含水量过低，则生石灰水化反应不充分，桩身强度降低，甚至不能硬化。此时采取减少生石灰用量和增加掺和料含水量的办法，经实践证明是有效的。

石灰桩不适用于地下水下的砂类土。

b. 石灰桩法施工

(a)桩身材料配比：对重要工程或缺少经验的地区，施工前应进行桩身材料配合比、成桩工艺及复合地基承载力试验。桩身材料配合比试验应在现场地基土中进行。

石灰桩可就地取材，各地生石灰、掺和料及土质均有差异，因此在无经验的地区应进行材料配比试验。由于生石灰膨胀作用，其强度与侧限有关，条件允许时，配比试验宜在现场地基土中进行。

(b)桩身填料要求：石灰材料应选用新鲜生石灰块，有效氧化钙含量不宜低于70%，粒径不应大于70mm，含粉量(即消石灰)不宜超过15%。

生石灰块的膨胀率大于生石灰粉，同时生石灰粉易污染环境。为了使生石灰与掺和料反应充分，应将块状生石灰粉碎，其粒径30～50mm为佳，最大不宜超过70mm。

掺和料应保持适当的含水量，使用粉煤灰或炉渣时含水量宜控制在30%左右。掺和料含水量过少则不易夯实，过大时在地下水位以下易引起冲孔(放炮)。

石灰桩身密实度是质量控制的重要指标，由于周围土的约束力不同，配比也不同，桩身密实度的定量控制指标难以确定，桩身密实度的控制宜根据施工工艺的不同凭经验控制。无经验的地区应进行成桩工艺试验确定密实度的施工控制指标。可在成桩7～10天时用轻便触探(N_{10})进行对比检测。

(c)施工工艺：石灰桩施工可采用洛阳铲或机械成孔。机械成孔分为沉管和螺旋钻成孔。成桩时可采用人工夯实、机械夯实、沉管反插、螺旋反压等工艺。填料时必须分段压(夯)实，人工夯实时每段填料厚度不应大于400mm。管外投料或人工成孔填料时应采取措施减小地下水渗入孔内的速度，成孔后填料前应排除孔底积水。要求桩身填料充盈系数$\beta \geqslant 1.5 \sim 2.0$($\beta = \frac{\text{实际填料量}}{\text{桩孔体积}}$)。具体方法如下：

沉管法：采用沉管灌注桩机(振动或打入式)，分为管外投料法和管内投料法。管外投料法系采用特制活动钢桩尖，将套管带桩尖振(打)入土中至设计标高，拔管时活动桩尖自动落下一定距离，使空气进入桩孔，避免产生负压塌孔。将套管拔出后分段填料，用套管反插使桩料密实。此种施工方法成桩深度不宜大于8m，桩径的控制较困难。管内投料法适用于饱和软土区，其工艺流程类似沉管灌注桩，需使用预制桩尖，而且桩身材料中掺和料的含水量应很小，避免和生石灰反应膨胀堵管，或者采用纯生石灰块。管内夯击法采用“建新桩”式的管内夯击工艺。在成孔前将管内填入一定数量的碎石，内击式锤将套管打至设计深度后，提管，冲击出管内碎石，分层投入石灰桩料，用内击锤分层夯实。内击锤重1～1.5t，成孔深度不大于10m。

长螺旋钻法：采用长螺旋钻机施工，螺旋钻杆钻至设计深度后提钻，除掉钻杆螺片之间的土，将钻杆再插入孔内，将拌和均匀的石灰桩料堆在孔口钻杆周围，反方向旋转钻杆，利用螺旋将孔口桩料输送入孔内，在反转过程中钻杆螺片将桩料压实。

利用螺旋钻机施工的石灰桩质量好，桩身材料密实度高，复合地基承载力可达200kPa以上，但在饱和软土或地下水渗透严重、孔壁不能保持稳定时，不宜采用。

人工洛阳铲成孔法：利用特制的洛阳铲，人工挖孔、投料夯实，是湖北省建筑科学研究设计院试验成功并广泛应用的一种施工方法。由于洛阳铲在切土、取土过程中对周围土体扰动很小，在软土甚至淤泥中均可保持孔壁稳定。

这种简易的施工方法避免了振动和噪声，能在极狭窄的场地和室内作业，大量节约能源，特别是造价很低、工期短、质量可靠，适用的范围较大。

人工洛阳铲挖孔法主要受到深度的限制，一般情况下桩长不宜超过6m，穿过地下水下的砂类土及塑性指数小于10的粉土则难以成孔。当在地下水位以下或穿过杂填土成孔时需要熟练的工人操作。

施工方法：利用图1-13所示两种洛阳铲人工成孔，孔径随意。当遇杂填土时，可用钢钎将杂物冲破，然后用洛阳铲取出。当孔内有水时，熟练的工人可在水下取土，并保证孔径的标准。洛阳铲的尺寸可变，软土地区用直径大的，杂填土及硬土时用直径小的。

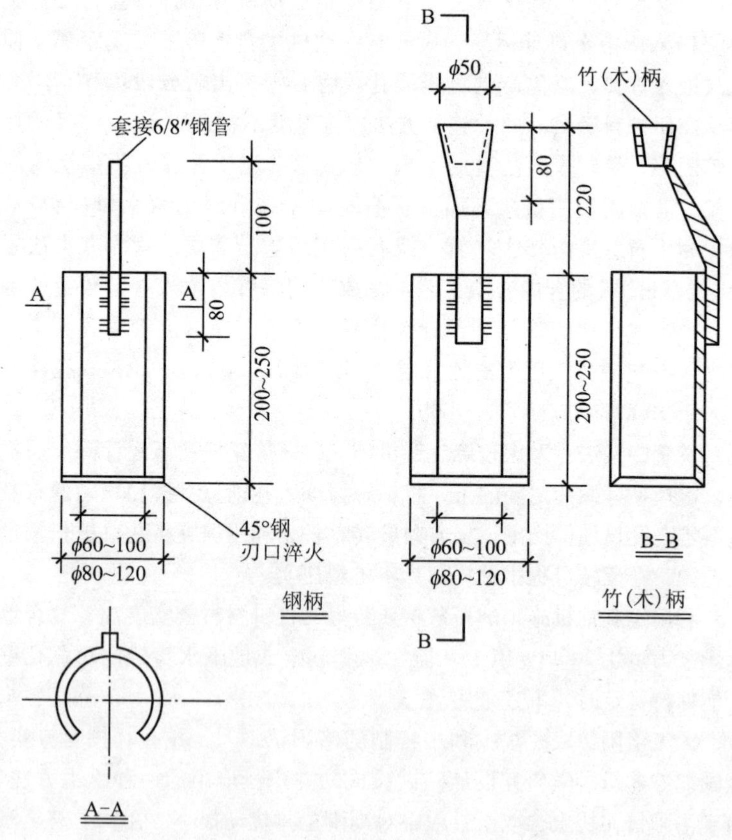

图1-13　洛阳铲构造

已成的桩孔经验收合格后，将生石灰和掺和料用斗车运至孔口分开堆放。准备工作就绪后，用小型污水泵(功率1.1kW，扬程8～10m)将孔内水排干。立即在铁板上按配合比拌和桩料，每次拌和的数量为0.3～0.4m桩长的用料量，拌匀后填入孔内，用图1-14所示铁夯夯击密实。

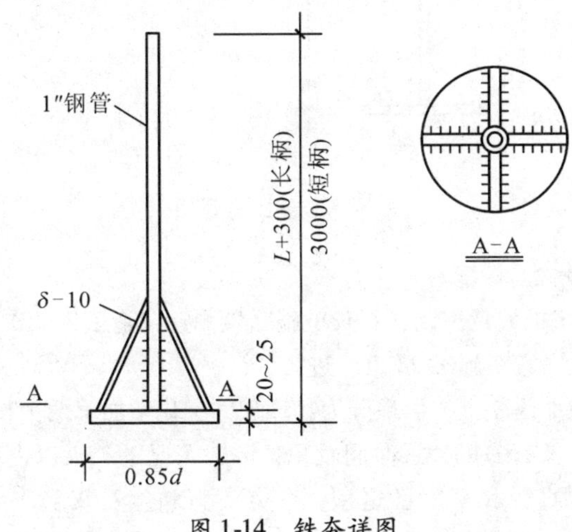

图1-14 铁夯详图

夯实时，3人持夯，加力下击，夯重在30kg左右即可保证夯击质量。夯过重则使用不便。也可改用小型卷扬机吊锤或灰土桩夯实机夯实。

工艺流程：定位→人工洛阳铲成孔→孔径孔深检查→孔内抽水→孔口拌和桩料→下料→夯实→再下料→再夯实……→封口填土→夯实。

技术安全措施：在成孔过程中一般不宜抽排孔内水，以免塌孔；每次人工夯击次数不少于10击，从夯击声音可判断是否夯实；每次填料厚度不宜大于40cm；孔底泥浆必须清除，可采用长柄勺挖出，浮泥厚度不得大于15cm，或夯填碎石挤密；填料前孔内水必须抽干。遇有孔口或下部土层往孔内流水时，应采取措施隔断水流，确保夯实质量；桩顶应高出基底标高10cm左右；为保证桩孔的标准，用图1-15所示的量孔器逐孔进行检查验收。量孔器柄上带有刻度，在检查孔径的同时，检查孔深。

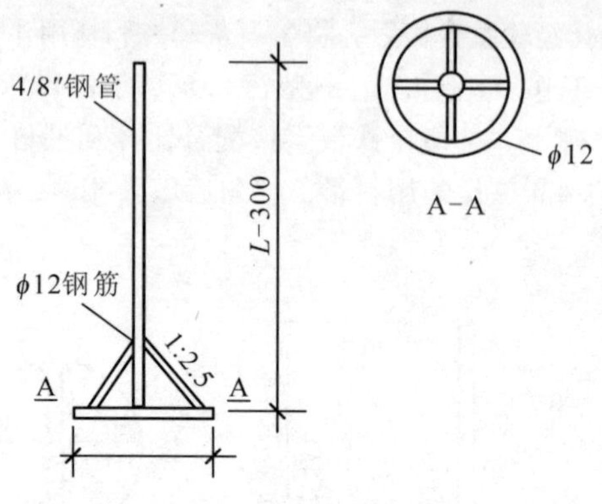

图 1-15 量孔器详图

c. 质量检验标准

(a)石灰桩质量控制：石灰桩施工检测宜在施工 7～10 天时进行；竣工验收检测宜在施工 28 天后进行。

石灰桩加固软土的机理分为物理加固和化学加固两个作用，物理作用(吸水、膨胀)的完成时间较短，一般情况下 7 天以内均可完成。此时桩身的直径和密度已定型，在夯实力和生石灰膨胀力作用下，7～14 天桩身已具有一定的强度。而石灰桩的化学作用则速度缓慢，桩身强度的增长可延续 3 年甚至 5 年。考虑到施工的需要，目前将一个月龄期的强度视为桩身设计强度，7～10 天龄期的强度约为设计强度的 60% 左右。龄期 7～10 天时，石灰桩身内部仍维持较高的温度(30～50℃)，采用静力触探检测时应考虑温度对探头精度的影响。

施工检测可采用静力触探、动力触探或标准贯入试验。检测部位为桩中心及桩间土，每两点为一组。检测组数不少于总桩数的 15% 。

在取得载荷试验与静力触探检测对比经验的条件下，也可采用静力触探估算复合地基承载力。关于桩体强度的确定，可取 0.1 p_s为桩体比例极限，这是经过桩体取样在试验机上作抗压试验求得比例极限与原位静力触探 p_s值对比的结果。但仅适用于掺和料为粉煤灰、炉渣的情况。

地下水以下的桩底存在动水压力，夯实也不如桩的中上部，因此其桩身强度较低。桩的顶部由于覆盖压力有限，桩体强度也有所降低。因此石灰桩的桩体强度沿桩长变化，中部最高，顶部及底部较差。

试验证明当底部桩身具有一定强度时，由于化学反应的结果，其后期强度可以提高，但当7～10天比贯入阻力很小（p_s值小于1MPa）时，其后期强度的提高有限。

石灰桩桩身质量检验标准参见表1-17。

表1-17 石灰桩桩身质量检验标准

天然地基承载力标准值f_{ak}（kPa）	桩身p_s值（MPa）		
	不合格	合格	良
$f_{ak}<70$	<2.0	2.0～3.5	3.5以上
$f_{ak}>70$	<2.5	2.5～4.0	4.0以上

p_s值不合格的桩，参考施工记录确定补桩范围，在施工结束前完成补桩，如用N_{10}轻便触探检验，以每10击相当于$p_s=1$MPa按上表换算。

石灰桩地基竣工验收时，承载力检验应采用复合地基载荷试验。

载荷试验数量宜为地基处理面积每200m^{2}左右布置一个点，且每一单体工程不应少于3点。

（b）质量检验标准：石灰桩质量检验标准可参考表1-18进行。

表1-18 石灰桩质量检验标准

项目	序号	检查项目	允许偏差或允许值		检查方法
			单位	数值	
主控项目	1	地基承载力	设计要求		按规定的方法
	2	石灰及掺和料质量	设计要求		检查产品合格证，抽样送检
	3	桩长	mm	±200	测桩孔深或沉管长度
	4	桩身密实度	设计要求		静力或动力触探
一般项目	1	桩位偏差	mm	施工50d，验收0.5d	用钢尺量
	2	桩孔直径	mm	±20	用钢尺量
	3	垂直度	%	1.5	用经纬仪测桩管或垂球
	4	混合料含水量（与设计值比）	%	±2	抽样检验
	5	填料量	%	≥95	实际用量与计算用量比

④水泥土搅拌法

a. 水泥土搅拌法概述

(a)工法简介：以水泥作为固化剂的主剂，通过特制的深层搅拌机械，将固化剂和地基土强制搅拌，使软土硬结成具有整体性、水稳定性和一定强度桩体的地基处理方法。水泥土搅拌法分为深层搅拌法和粉体喷搅法。

深层搅拌法是使用水泥浆作为固化剂的水泥土搅拌法。简称湿法；粉体喷搅法是使用干水泥粉作为固化剂的水泥土搅拌法。简称干法。

水泥浆搅拌法最早在美国研制成功，称为Mixed-in-PlacePile(简称MIP法)，国内1977年由冶金部建筑研究总院和交通部水运规划设计院进行了室内试验和机械研制工作，于1978年底制造出国内第一台SJB-1型双搅拌轴中心管输浆的搅拌机械。并由江阴市江阴振冲器厂成批生产(目前SJB-2型加固深度可达18m)。1980年初在上海宝钢三座卷管设备基础的软土地基加固工程中首次获得成功。1980年初天津市机械施工公司与交通部一航局科研所利用日本进口螺旋钻孔机械进行改装，制成单搅拌轴和叶片输浆型搅拌机，1981年在天津造纸厂蒸煮锅改造扩建工程中获得成功。

粉体喷射搅拌法最早由瑞典人Kjeld Paus于1967年提出了使用石灰搅拌桩加固15m深度范围内软土地基的设想，并于1971年瑞典Linden-Alimat公司在现场制成第一根用石灰粉和软土搅拌成的桩，1974年获得粉喷技术专利，生产出的专用机械，其桩径500mm、加固深度15m。我国由铁道部第四勘测设计院于1983年用DPP-100型汽车钻改装成国内第一台粉体喷射搅拌机，并使用石灰作为固化剂，应用于铁路涵洞加固。1986年开始使用水泥作为固化剂，应用于房屋建筑的软土地基加固。1987年铁道部第四设计院和上海探矿机械厂制成GPP-5型步履式粉喷机，成桩直径500mm，加固深度12.5m。当前国内粉喷机的成桩直径一般在500~700mm范围，深度一般可达15m。

水泥土搅拌法加固软土技术具有其独特优点：最大限度地利用了原土；搅拌时无振动、无噪音、和无污染，可在密集建筑群中进行施工，对周围原有建筑物及地下沟管影响很小；根据上部结构的需要，可灵活地采用柱状、壁状、格栅状和块状等加固型式；与钢筋混凝土桩基相比，可节约钢材并降低造价。

(b)适用范围：水泥土搅拌法分为深层搅拌法(以下简称湿法)和粉体喷搅法(以下简称干法)。水泥土搅拌法适用于处理正常固结的淤泥与淤泥质土、粉土、饱和黄土、素填土、黏性土以及无流动地下水的饱和松散砂土等地基。当地基土的天然含水量小于30%(黄土含水量小于25%)、大于70%或地下水的pH值小于4时不宜采用干法。冬期施工时，应注意负温对处理效果的影响。

水泥土搅拌法用于处理泥炭土、有机质土、塑性指数I_P大于25的黏土、地下水具有腐蚀性时以及无工程经验的地区，必须通过现场试验确定其适用性。

有经验地区也可采用石灰固化剂。石灰固化剂一般适用于黏土颗粒含量大于20%，粉粒及黏粒含量之和大于35%，黏土的塑性指数大于10，液性指数大于0.7，土的pH值为4~8，有机质含量小于11%，土的天然含水量大于30%的偏酸性的土质加固。

b. 水泥土搅拌法施工

(a)施工设备：深层搅拌机械按固化剂的状态不同分为浆液深层搅拌桩机和粉体喷射深层搅拌桩机；根据搅拌轴数分为单轴和多轴深层搅拌桩机。

(b)施工前准备工作：水泥土搅拌法施工现场事先应予以平整，必须清除地上和地下的障碍物。遇有明浜、池塘及洼地时应抽水和清淤，回填黏性土料并予以压实，不得回填杂填土或生活垃圾。

水泥土搅拌桩施工前应根据设计进行工艺性试桩，数量不得少于2根。当桩周为成层土时，应对相对软弱土层增加搅拌次数或增加水泥掺量。

(c)施工步骤：水泥土搅拌法施工步骤由于湿法和干法的施工设备不同而略有差异。其主要步骤为：搅拌机械就位、调平；施工中应保持搅拌机底盘水平和导向架垂直，搅拌桩的垂直偏差不得超过1%；桩位放线定位偏差不得大于20~50mm；预搅下沉至设计加固深度；边喷浆(粉)、边搅拌提升直至预定的停浆(灰)面；重复搅拌下沉至设计加固深度；根据设计要求，喷浆(粉)或仅搅拌提升直至预定的停浆(灰)面；关闭搅拌机械。

在预(复)搅下沉时，也可采用喷浆(粉)的施工工艺，但必须确保最后一次喷浆后全桩长上下至少再重复搅拌一次。

(d)施工具体要求：竖向承载搅拌桩施工时，停浆(灰)面应高于桩顶设计标高300~500mm。在开挖基坑时，应将搅拌桩顶端施工质量较差的桩段用人工挖除。

搅拌头翼片的枚数、宽度、与搅拌轴的垂直夹角、搅拌头的回转数、提升速度应相互匹配，以确保加固深度范围内土体的任何一点均能经过20次以上的搅拌。

深层搅拌机施工时，搅拌次数越多，则拌和越为均匀，水泥土强度也越高，但施工效率就降低。试验证明，当加固范围内土体任一点的水泥土经过20次以上的拌和，基本上就能达到相对均匀。每遍搅拌次数由下式计算：

$$N = \frac{h\cos\beta \sum Z}{V} \cdot n$$

式中 h——搅拌叶片的宽度(m)；

β——搅拌叶片与搅拌轴的垂直夹角(°)；

$\sum Z$——搅拌叶片的总枚数；

n——搅拌头的回转数(rev/min)；

V——搅拌头的升降速度(m/min)。

湿法：所使用的水泥应过筛，制备好的浆液不得离析，泵送必须连续。拌制水泥浆液的罐数、水泥和外掺剂用量以及泵送浆液的时间等应有专人记录；喷浆量及搅拌深度必须采用经国家计量部门认证的监测仪器进行自动记录。

由于搅拌机械通常采用定量泵输送水泥浆，转速大多又是恒定的，因此灌入地基中的水泥量完全取决于搅拌机喷浆的提升速度和复喷次数，施工过程中不能随意变更，并应保证水泥浆能定量不间断供应。采用自动记录是为了最大程度的降低人为因素影响施工质量，由于固化剂从灰浆泵到达搅拌机械的出浆口需通过较长的输浆管，必须考虑水泥浆到达桩端的泵送时间。一般可通过试成桩确定其输送时间。

搅拌机喷浆提升的速度和次数必须符合施工工艺的要求，并应有专人记录。

搅拌桩施工记录是检查搅拌桩施工质量和判明事故原因的基本依

据，因此对每一延米的施工情况均应如实及时记录，不得事后回忆补记。

施工中要随时检查自动计量装置的制桩记录，对每根桩的水泥用量、成桩过程(下沉、喷浆提升和复搅等时间)进行详细检查，质检员应根据制桩记录，对照标准施工工艺，对每根桩进行质量评定。喷浆提升速度不宜大于0.5m/min。

当水泥浆液到达出浆口后，应喷浆搅拌30s，在水泥浆与桩端土充分搅拌后，再开始提升搅拌头，以确保搅拌桩底与土体充分搅拌均匀，达到较高的强度。

搅拌机预搅下沉时不宜冲水，当遇到硬土层下沉太慢时，方可适量冲水，但应考虑冲水对桩身强度的影响。

凡成桩过程中，由于电压过低或其他原因造成停机使成桩工艺中断时，应将搅拌机下沉至停浆点以下0.5m，等恢复供浆时再喷浆提升继续制桩；凡中途停止输浆3h以上者，将会使水泥浆在整个输浆管路中凝固，因此必须排清全部水泥浆，清洗管路。

壁状加固时，相邻桩的施工时间间隔不宜超过24h(水泥土终凝前)。如间隔时间太长，与相邻桩无法搭接时，应采取局部补桩或注浆等补强措施。

干法：水泥土搅拌法(干法)喷粉施工机械必须配置经国家计量部门确认的具有能瞬时检测并记录出粉量的粉体计量装置及搅拌深度自动记录仪。搅拌头每旋转一周，其提升高度不得超过16mm。当搅拌头到达设计桩底以上1.5m时，应立即开启喷粉机提前进行喷粉作业。当搅拌头提升至地面下500mm时，喷粉机应停止喷粉。固化剂从料罐到喷灰口有一定的时间延迟，严禁在没有喷粉的情况下进行钻机提升作业。成桩过程中因故停止喷粉，应将搅拌头下沉至停灰面以下1m处，待恢复喷粉时再喷粉搅拌提升。如此操作是为了防止断桩。需在地基土天然含水量小于30%土层中喷粉成桩时，应采用地面注水搅拌工艺。

如不及时在地面浇水，将使水泥土水化不完全，造成桩身强度降低，有条件时也可采用预先浸水增湿。

(e)施工中常见问题及处理：水泥土搅拌桩施工中常见问题及处理方法见表1-19。

表1-19 施工中常见问题和处理方法

常见问题	发生原因	处理方法
预搅下沉困难，电流值高，电机跳闸	①电压偏低 ②土质硬，阻力太大 ③遇大石块、树根等障碍物	①调高电压 ②适量冲水或浆液 ③挖除障碍物
搅拌机下不到预定深度，但电流不高	土质黏性大，搅拌机自重不够	增加搅拌机自重或开动加压装置
喷浆未到设计桩顶面（或底部桩端）标高，集料斗浆液已排空	①投料不准确 ②灰浆泵磨损漏浆 ③灰浆泵输浆量偏大	①重新标定投料量 ②检修灰浆泵 ③重新标定灰浆输浆量
喷浆到设计位置集料斗中剩浆液过多	①拌浆加水过量 ②输浆管路部分阻塞	①重新标定拌浆用水量 ②清洗输浆管路
输浆管堵塞爆裂	①输浆管内有水泥结块 ②喷浆口球阀间隙太小	①拆洗输浆管 ②使喷浆口球阀间隙适当
搅拌钻头和混合土同步旋转	①灰浆浓度过大 ②搅拌叶片角度不适宜	①重新标定浆液水灰比 ②调整叶片角度或更换钻头

c. 质量检验标准

（a）质量控制：施工结束后，应检查桩体强度、桩体直径及地基承载力。进行强度检验时，对承重水泥土搅拌桩应取90天后的试件；对支护水泥土搅拌桩应取28天后的试件。水泥土搅拌桩的施工质量检验方法：成桩7天后，采用浅部开挖桩头（深度宜超过停浆面下0.5m），目测检查搅拌的均匀性，量测成桩直径。检查量为总桩数的5%。本条措施属自检范围。各施工机组应对成桩质量随时检查，及时发现问题，及时处理。开挖检查仅仅是浅部桩头部位，目测其成桩大致情况。成桩后3天内，可用轻型动力触探（N_{10}）检查每米桩身的均匀性。检验数量为施工总桩数的1%，且不少于3根。

竖向承载水泥土搅拌桩地基竣工验收时，承载力检验应采用复合地基载荷试验和单桩载荷试验。载荷试验必须在桩身强度满足试验荷载条件时，并宜在成桩28天后进行。检验数量为桩总数的0.5%～1%，且每项单体工程不应少于3点。

经触探和载荷试验检验后对桩身质量有怀疑时，应在成桩28天后，用双管单动取样器钻取芯样，制成试块，作抗压强度检验，进行桩身实际强度测定。为保证试块尺寸，钻孔直径不宜小于108mm。

检验数量为施工总桩数的0.5%，且不少于3根。

对相邻桩搭接要求严格的工程，应在成桩15天后，选取数根桩进行开挖，检查搭接情况。

基槽开挖后，应检验桩位、桩数与桩顶质量，如不符合设计要求，应采取有效补强措施。

(b)质量检验标准：水泥土搅拌桩地基质量检验标准应符合下表1-20的规定。

表1-20 水泥土搅拌桩地基质量检验标准

项	序	检查项目	允许偏差或允许值		检查方法
			单位	数值	
主控项目	1	水泥及外掺剂质量	设计要求		查产品合格证书或抽样送检
	2	水泥用量	参数指标		查看流量计
	3	桩体强度	设计要求		按规定办法
	4	地基承载力	设计要求		按规定办法
一般项目	1	机头提升速度	m/min	≤0.5	量机头上升距离及时间
	2	桩底标高	mm	±200	测机头深度
	3	桩顶标高	mm	+100/-50	水准仪(最上部500mm不计入)
	4	桩位偏差	mm	<50	用钢尺量
	5	桩径		<0.04d	用钢尺量，d为桩径
	6	垂直度	%	≤1.5	经纬仪
	7	搭接	mm	>200	用钢尺量
	8	水灰比	设计要求		测浆液比重

注：表中桩位偏差<50mm过于严格，作为竣工验收标准建议采用100~200mm。

⑤高压喷射注浆法(旋喷桩法)

a. 高压喷射注浆法概述

高压喷射注浆法是指用高压水泥浆通过钻杆由水平方向的喷嘴喷出，形成喷射流，以此切割土体并与土拌和形成水泥土加固体的地基处理方法。

高压喷射注浆法20世纪60年代后期创始于日本，它是利用钻机把带有喷嘴的注浆管钻进至土层的预定位置后，以高压设备使浆液或水成为20～40MPa的高压射流从喷嘴中喷射出来，冲击破坏土体，同时钻杆以一定速度渐渐向上提升，将浆液与土粒强制搅拌混合，浆液凝固后，在土中形成一个固结体。

我国于1975年首先在铁道部门进行了单管法的试验和应用，1977年冶金部建筑研究总院在宝钢工程中首次应用三重管法喷射注浆获得成功，1986年该院又开发成功高压喷射注浆的新工艺——干喷法，并取得国家专利。至今，我国在土建工程中广泛应用了高压喷射注浆法。

b. 施工

(a)施工设备：高压喷射注浆施工的主要机具包括钻孔机械和喷射注浆设备两大类。对不同的喷射方式，所使用的施工机具类型和数量也不同。表1-21为国内高压喷射注浆法的主要施工机具一览表：

表1-21 国内高压喷射注浆法的主要施工机具一览表

序号	设备名称	常用型号	主要性能	施工方法				
				单管	二重管	三重管	多重管	多孔管
1	钻机	XY系列，SH-30，SPJ-300，GJ-150，GQ-80，76型振动钻机，GD-2型旋喷钻机		○	○	○	○	○
2	高压泥浆泵	SNC-H300水泥注浆车，Y-2型液压泵，PP-120型注浆泵	泵量80～230L/min，泵压20～30MPa	○	○			○
3	高压水泵	3D2-S，3XB，3W-6B，3W-7B	泵量80～250L/min，泵压20～40MPa			○	○	○
4	空气压缩机	YV-3/8，ZWY-6/7，W-9/7，LGY20-10/7，BH-6/7	风量3～10m^3/min，风压0.7～0.8MPa		○	○		○
5	普通泥浆泵	BW系列，SGB系列，HB80，YGB5-10，WJG80	泵量90～150L/min，泵压2～7MPa			○	○	○
6	泥浆搅拌机	NJ-600，WJ80，JS300，JJS-2B，JJS-10，ZJ-400，WJG80		○	○	○	○	○
7	真空泵						○	○

（续）

序号	设备名称	常用型号	主要性能	施工方法				
				单管	二重管	三重管	多重管	多孔管
8	单管			○				
9	二(重)管				○			
10	三(重)管					○		
11	多重管						○	
12	多孔管							○
13	超声波传感器						○	
14	高压胶管		ϕ19～22mm	○	○	○	○	○

(b)施工要点：施工前，应对照设计图纸核实设计孔位处有无妨碍施工和影响安全的障碍物。如遇有上水管、下水管、电缆线、煤气管、人防工程、旧建筑基础和其他地下埋设物等障碍物影响施工时，则应与有关单位协商清除或搬移障碍物或更改设计孔位。施工前应检查注浆材料配比及高压喷射设备性能。

高压喷射注浆的全过程为钻机就位、钻孔、置入注浆管、高压喷射注浆和拔出注浆管冲洗等基本工序。

钻机就位：钻机安放在设计的孔位上并应保持垂直，施工时旋喷管的允许倾斜度不得大于1.5%。

钻孔：单管旋喷常使用76型旋转振动钻机，钻进深度可达30m以上，适用于标准贯入击数小于40的砂土和黏性土层。

贯入喷射管：贯入喷射管是将喷管插入地层预定的深度。使用76型振动钻机钻孔时，插管与钻孔两道工序合二为一，即钻孔完成时插管作业同时完成。如使用地质钻机，钻孔完毕必须拔出岩芯管，并换上旋喷管插入到预定深度。在插管过程中，为防止泥砂堵塞喷嘴，可边射水、边插管，水压力一般不超过1MPa。若压力过高，则易将孔壁射塌。

喷射作业：当喷射注浆管贯入土中，喷嘴达到设计标高时，即可喷射注浆。在喷射注浆参数达到规定值后，随即分别按旋喷、定喷或摆喷的工艺要求，提升喷射管，由下而上喷射注浆。当注浆管不能一次提升完成而需分数次卸管时，卸管后喷射的搭接长度不得小于100mm，以保证固结体的整体性。

拔管和冲洗：喷射施工完毕后，应把注浆管等机具设备冲洗干净，管内机内不得残存水泥浆。通常把浆液换成水，在地面上喷射，以便把泥浆泵、注浆管和软管内的浆液全部排除。

移动机具：将钻机等机具设备移到新孔位上。

高压喷射注浆的施工参数应根据土质条件、加固要求通过试验或根据工程经验确定，并在施工中严格加以控制。常用的高压喷射注浆技术参数见表1-22。

表1-22 通常采用的高压喷射注浆技术参数

技术参数		单管法	二重管法	三重管法
水	压力(MPa)	—	—	20~30
	流量(L/min)	—	—	80~120
	喷嘴孔径(mm)	—	—	2~3.2
	喷嘴个数	—	—	1~2
空气	压力(MPa)	—	0.7	0.5~0.7
	流量(m^3/min)	—	1~2	0.5~2
	喷嘴间隙(mm)	—	1~2	1~3
浆液	压力(MPa)	20	20	0.5~3
	流量(L/min)	80~120	80~120	70~150
	喷嘴孔径(mm)	2~3	2~3	8~14
	喷嘴个数	2	1~2	1~2
注浆管	提升速度(cm/min)	20~25	10~20	7~14
	旋转速度(r/min)	约20	10~20	11~18
	外径(mm)	42、50	42、50、75	75、90

(c)质量控制：施工结束后，应检验桩体强度、平均直径、桩身中心位置、桩体质量及承载力等。桩体质量及承载力检验应在施工结束后28天进行。

高压喷射注浆可根据工程要求和当地经验采用开挖检查、取芯(常规取芯或软取芯)、标准贯入试验、载荷试验或围井注水试验等方法进行检验，并结合工程测试、观测资料及实际效果综合评价加固效果。

检验点应布置在下列部位：有代表性的桩位；施工中出现异常情况的部位；地基情况复杂，可能对高压喷射注浆质量产生影响的部位。

检验点的数量为施工孔数的1%，并不应少于3点。质量检验宜在高压喷射注浆结束28天后进行。

竖向承载旋喷桩地基竣工验收时，承载力检验应采用复合地基载荷试验和单桩载荷试验。载荷试验必须在桩身强度满足试验条件时，并宜在成桩28天后进行。检验数量为桩总数的0.5%～1%，且每项单体工程不应少于3点。

(d)质量检验标准：高压喷射注浆地基质量检验标准应符合表1-23的规定。

表1-23 高压喷射注浆地基质量检验标准

项	序	检查项目	允许偏差或允许值		检查方法
			单位	数值	
主控项目	1	水泥及外掺剂质量	符合出厂要求		查产品合格证书或抽样送检
	2	水泥用量	设计要求		查看流量表及水泥浆水灰比
	3	桩体强度或完整性检验	设计要求		按规定方法
	4	地基承载力	设计要求		按规定方法
一般项目	1	钻孔位置	mm	≤50	用钢尺量
	2	钻孔垂直度	%	≤1.5	经纬仪测钻杆或实测
	3	孔深	mm	±200	用钢尺量
	4	注浆压力	按设定参数指标		查看压力表
	5	桩体搭接	mm	>200	用钢尺量
	6	桩体直径	mm	≤50	开挖后用钢尺量
	7	桩身中心允许偏差		≤0.2d	开挖后桩顶下500mm处用钢尺量，d为桩径

2
砌体工程

2.1 砖砌体工程

2.1.1 砌筑用砖

砌筑用砖系指以黏土、工业废料或其他地方资源为主要原料，以不同工艺制造的，用于砌筑承重和非承重构件的砖。

(1)烧结普通砖

烧结普通砖根据尺寸偏差、外观质量、泛霜和石灰爆裂分为优等品、一等品、合格品三个质量等级。优等品砖应无泛霜；一等品砖不允许出现中等泛霜现象；合格品砖不允许出现严重泛霜现象。优等品砖不允许出现最大破坏尺寸大于 2mm 的爆裂区域；一等品砖最大破坏尺寸大于 2mm，且小于等于 10mm 的爆裂区域，每组样砖不准多于 15 处，大于 10mm 的爆裂区域不准出现；合格品砖最大破坏尺寸大于 2mm 且小于等于 15mm 的爆裂区域，每组样砖不准多于 15 处，其中大于 10mm 的不准多于 7 处。其外观质量见表 2-1；烧结普通砖的尺寸偏差见表 2-2。

表2-1　烧结普通砖外观质量　(mm)

项目		优等品	一等品	二等品
两条面高差度	不大于	2	3	5
变曲	不大于	2	3	5
杂质凸出高度	不大于	2	3	5
缺棱掉角的三个破坏尺寸	不得同时大于	15	20	30

（续）

项目	优等品	一等品	二等品
裂纹长度 不大于 a. 大面上宽度方向及其延伸到条面的长度 b. 大面上长度方向及其延伸到顶面的长度或条顶面上水平裂纹的长度	70 100	70 100	110 150
完整面 不得少于	一条面和一顶面	一条面和一顶面	—
颜色	基本一致	—	—

注：凡有下列缺陷之一者，不能称为完整面：

1）缺损在条面或顶面上造成的破坏尺寸同时大于10mm×10mm；

2）条面或顶面上裂纹宽度大于1mm，其长度超过30mm；

3）压陷、黏底、焦花在大面、条面上的凹陷或凸出超过2mm，区域尺寸同时大于20mm×30mm。

表2-2 烧结普通砖的尺寸偏差 （mm）

公称尺寸	优等品		一等品		合格品	
	样本平均偏差	样本极差≤	样本平均偏差	样本极差≤	样本平均偏差	样本极差≤
240	±2.0	8	±2.5	8	±3.0	8
115	±1.5	6	±2.0	6	±2.5	7
53	±1.5	4	±1.6	5	±2.0	6

（2）烧结多孔砖

烧结多孔砖根据尺寸偏差、外观质量、强度等级和物理性能分为优等品、一等品和合格品三个等级，烧结多孔砖的构造如图2-1，烧结多孔砖的孔洞见表2-3，其外观质量指标见表2-4，其尺寸允许偏差见表2-5。

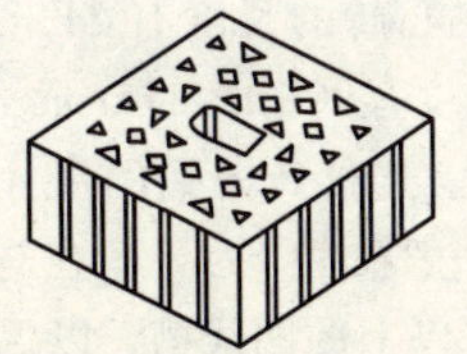
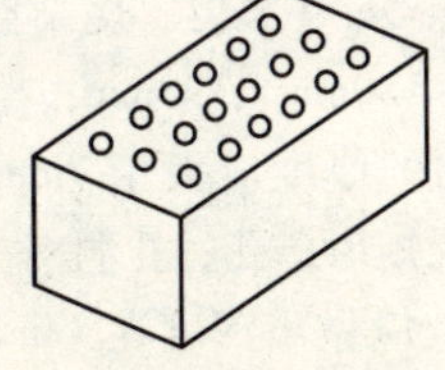
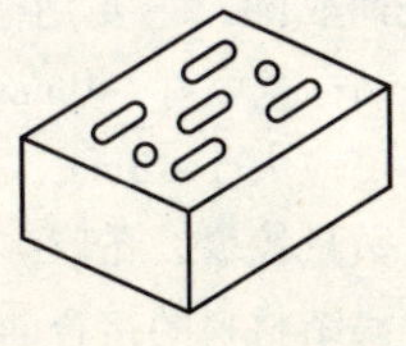

图2-1 烧结多孔砖

表2-3 烧结多孔砖孔洞规定 (mm)

圆孔直径	非圆孔内切圆直径	手抓孔
≤22	≤15	(30～40)×(75～85)

表2-4 烧结多孔砖外观质量 (mm)

项目	优等品	一等品	二等品
颜色(一条面和一顶面)	基本一致	—	—
完整面不得少于	一条面和一顶面	一条面和一顶面	—
缺棱掉角的三个破坏尺寸 不得同时大于	15	20	30
裂纹长度不大于 a. 大面上深入孔壁15mm以上宽度方向及其延伸到条面的长度 b. 大面上深入孔壁15mm以上长度方向及其延伸到顶面上的长度 c. 条顶面上的水平裂纹	 80 80 100	 100 120 120	 120 140 140
杂质在砖面上造成的凸出高度	3	4	5
欠火砖和酥砖	不允许		

表2-5 烧结多孔砖尺寸允许偏差 (mm)

尺寸	尺寸允许偏差		
	优等品	一等品	合格品
240、190	±4	±5	±7
115	±3	±4	±5
90	±2	±4	±4

(3)烧结空心砖

烧结空心砖(见图2-2)是以黏土、页岩、煤矸石为主要原料，经焙烧而成的，主要用于非承重部位。烧结空心砖的长度有240mm、290mm；宽度有140mm、180mm、190mm；高度有90mm、115mm。壁的厚度应大于10mm，肋的厚度应大于7mm。这种砖的孔的尺寸较大，数量较少，孔形多为矩形条孔，孔洞率一般在30%以上。在与砂浆等黏结材料的接合面上应做出深度在1mm以上的凹线槽，以保证砌体的黏结强度。

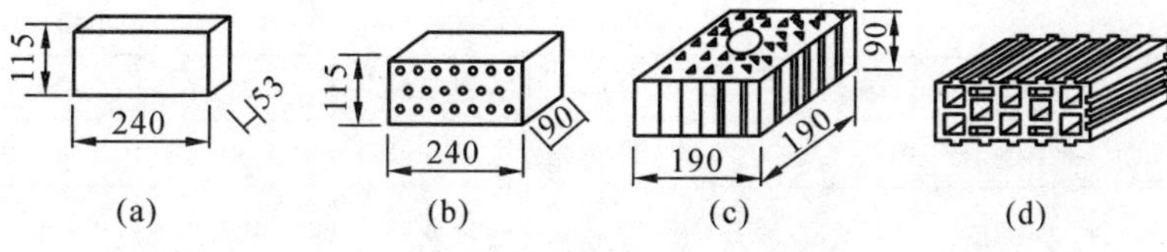

图 2-2

(a)烧结普通砖；(b)烧结小型多孔砖；(c)烧结多孔砖；(d)烧结空心砖

烧结空心砖密度分为800、900、1100三个级别，密度级别见表2-6，每个密度级别根据孔洞及其排数、尺寸偏差、外观质量、强度等级和物理性能分为优等品、一等品和合格品三个等级，其尺寸允许偏差见表2-7；其外观质量见表2-8。

表2-6 烧结空心砖密度级别 (kg/m^3)

密度级别	5块密度平均值
800	≤800
900	801～900
1100	901～1100

表2-7 烧结空心砖尺寸偏差 (mm)

尺寸	尺寸允许偏差		
	优等品	一等品	合格品
>200	±4	±5	±7
200～100	±3	±4	±5
<100	±3	±4	±4

表2-8 烧结空心砖外观质量 (mm)

项目	优等品	一等品	二等品
弯曲 不大于	3	4	5
缺棱掉角的三个破坏尺寸 不得同时大于	15	30	40
未贯穿裂纹长度 不大于 大面上宽度方向及其延伸到条面上的长度 大面上长度方向或条面上水平方向的长度	不允许 不允许	100 120	140 160
贯穿裂纹长度 不大于 a. 大面上宽度方向及其延伸到条面上长度 b. 壁、肋沿长度方向、宽度方向及其水平方向的长度	不允许 不允许	60 60	80 80

（续）

项目		优等品	一等品	二等品
肋、壁内残缺长度	不大于	不允许	60	80
完整面	不少于	一条面和一顶面	一条面和一顶面	—
欠火砖和酥砖		不允许		

注：凡有下列缺陷之一者，不能称为完整面：

1）缺损在条面或顶面上造成的破坏尺寸同时大于20mm×30mm；

2）条面或顶面上裂纹宽度大于1mm，其长度超过70mm；

3）压陷、黏底、焦花在大面、条面上的凹陷或凸出超过2mm，区域尺寸同时大于20mm×30mm。

（4）粉煤灰砖

粉煤灰砖根据外观质量、强度、抗冻性和干燥收缩分为优等品（A）、一等品（B）、合格品（C）。外观质量见表2-9，强度等级见第一篇表。粉煤灰砖的干燥收缩值：优等品应不大于0.60mm/m，一等品应不大于0.75mm/m，合格品应不大于0.85mm/m。

表2-9　粉煤灰砖外观质量　（mm）

项目	指标		
	优等品	一等品	合格品
尺寸允许偏差不超过 长度 宽度 高度	 ±4 ±3 ±3	 ±3 ±3 ±3	 ±4 ±4 ±3
对应高度差不大于	1	2	3
每一缺棱掉角的最小破坏尺寸不大于	10	15	25
完整面不少于	两条面和一顶面或二顶面和一条面	一条面和一顶面	一条面和一顶面
裂纹长度不大于 a. 大面上宽度方向的裂纹（包括延伸到条面上的长度） b. 其他裂纹	 30 50	 50 70	 70 100
层裂	不允许		

2.1.2 砌筑施工工艺

(1)砖墙砌筑的组砌形式

一块砖有三个两两相等的面，最大的面叫作大面，较细长的一面叫条面，短的一面叫丁面。砖砌入墙体后，条面朝向操作者的叫顺砖，丁面朝向操作者的叫丁砖。

普通砖墙厚度有半砖、一砖、一砖半和二砖等，用普通黏土砖砌筑的砖墙，其组砌形式通常有一顺一丁、三顺一丁和梅花丁等(见图2-3)。烧结多孔砖宜采用一顺一丁、梅花丁和全顺的砌筑形式(见图2-4)，上下皮垂直灰缝相互错开1/4砖长。

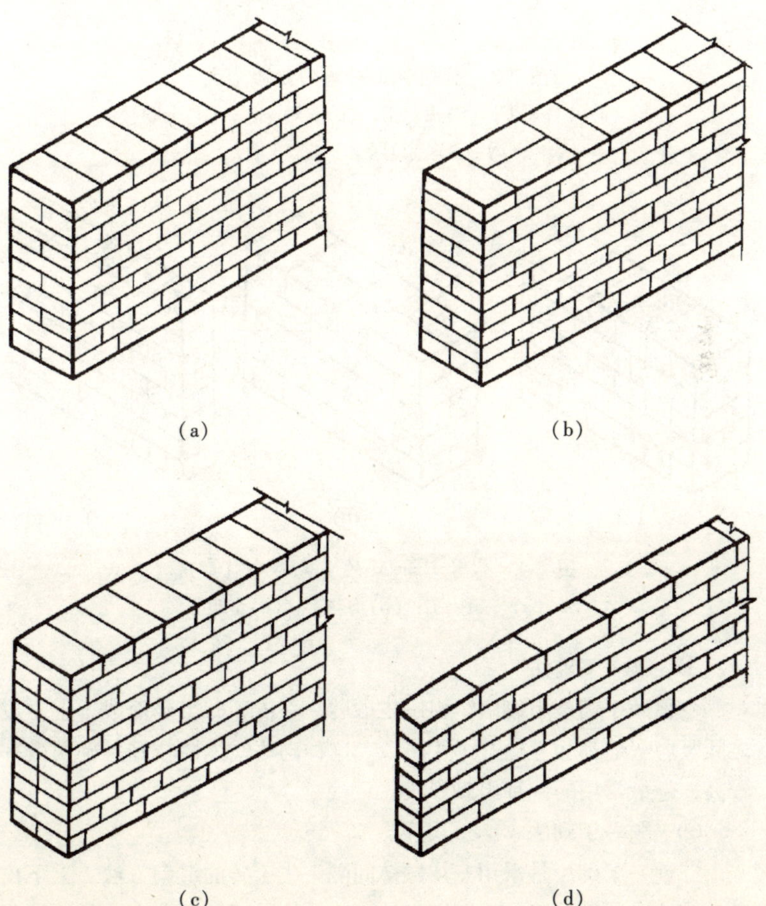

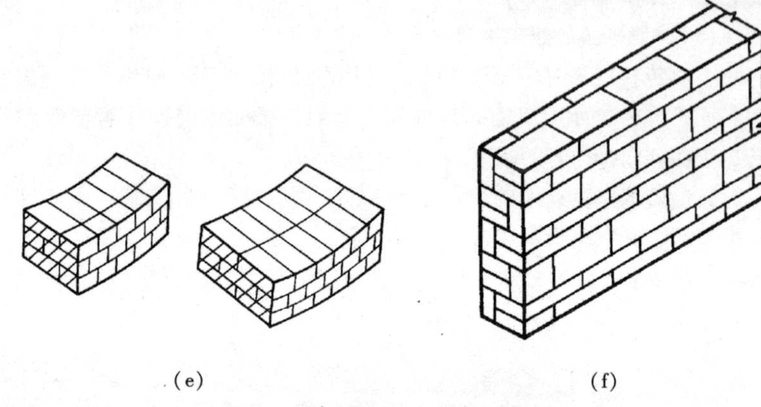

（e）　　（f）

图 2-3　普通黏土砖墙的组砌形式

（a）一顺一丁；（b）梅花丁；（c）三顺一丁；（d）全顺；

（e）全丁；（f）两平一侧(18 墙)

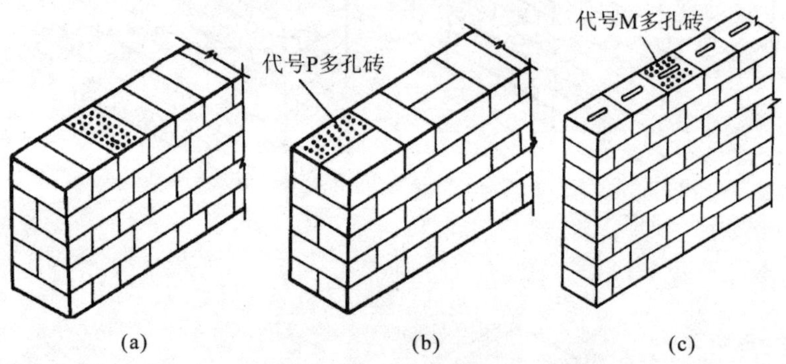

(a)　　(b)　　(c)

图 2-4　代号 P 和 M 的多孔砖砌筑形式

（a）一顺一丁；（b）梅花丁；（c）全顺

①一顺一丁砌法

也称满丁满条组砌法，由一皮顺砖、一皮丁砖组砌而成，上下皮之间竖向灰缝都相互错开 1/4 砖长。这种砌法整体性较好且砌筑效率较高，是最常用的一种组砌形式。

②三顺一丁砌法

三顺一丁砌法是采用三皮顺砖间隔一皮丁砖的组砌方法。上下皮顺砖搭接半砖长，丁砖与顺砖搭接 1/4 砖长，同时要求山墙与檐墙的丁砖层不在同一皮砖上，以利于错缝搭接。

这种砌法砌筑效率高，墙面易平整，多用于混水墙。

③梅花丁砌法

是在同一皮砖上采用两块顺砖夹一块丁砖的砌法，上下两皮砖的竖向灰缝错开 1/4 砖长。这种砌法整体性较好，灰缝整齐美观，但砌筑效率较低。

④其他砌法

全顺砌法：全部采用顺砖砌筑，每皮砖上下搭接 1/2 砖长，适用于半砖墙的砌筑。

全丁砌法：全部采用丁砖砌筑，每皮砖上下搭接 1/4 砖长，适用于圆形烟囱与窨井的砌筑。

两平一侧砌法：当设计要求砌 180mm 或 300mm 厚砖墙时，可采用此砌法，即连砌两皮顺砖或丁砖，然后贴一层侧砖（条面朝下）。丁砖层上下皮搭接 1/4，顺砖层上下皮搭接 1/2 砖长。每砌两皮砖以后，将平砌砖和侧砖里外互换，即可组成两平一侧砌体。

(2)砖砌体砌筑工艺过程

砖砌体砌筑工艺过程包括找平、放线、摆砖、立皮数杆，盘角、挂线、砌砖和清理等工序。

①找平放线

在砌筑首层或楼层墙体之前，应先将基础防潮层或楼面上的灰砂泥土等杂物清理清理干净，并用水泥砂浆或豆石混凝土找平，使墙底面标高符合设计要求，上下层外墙应无明显接缝。找平后，即可进行墙身放线。

首层墙身放线，以龙门板上定位钉为标志拴上白线并挂紧，拉出纵横墙的轴线，然后用吊锤将轴线投放到基础顶面上，并据此轴线弹出纵横墙的内外边线，然后标出门窗洞口的位置线。如图 2-5 所示。

对无龙门板的内隔墙，可从建筑物一侧外墙轴线处用钢尺量出各内墙的轴线位置，再量出墙身宽度，并弹出墨线。

对楼层的墙身弹线，当首层楼墙身砌至设计标高后，安装完预制钢筋混凝土楼板后或现浇钢筋混凝土楼板达到设计强度 75% 后，在砌二层砖墙前应将轴线、标高由首层引测到二层，并应保证以上各层墙身轴线重合。

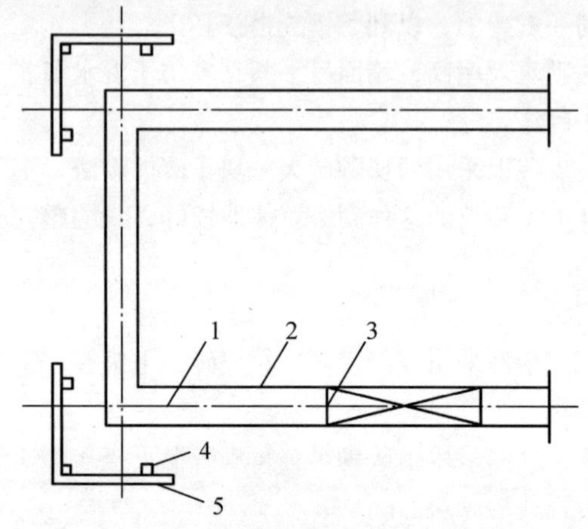

图 2-5　墙身放线

1—轴线；2—内墙边线；3—窗口位置线；4—龙门柱；5—龙门板

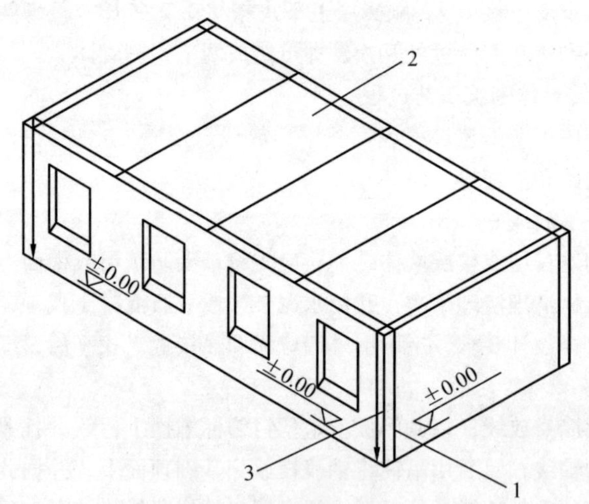

图 2-6　楼层轴线的引测

1—线锤；2—等二层楼板；3—轴线

龙门板上的轴线应用经纬仪引测到首层外墙墙面做出标记。用水准仪把龙门板上的±0.000线引测到内、外墙角，并在墙面+0.500m处画出水平线称其为50线。二层或二层以上的各层轴线，可用经纬仪或线锤将首层墙上的轴线投测到各楼层上，再用钢尺量出各道墙宽边线，并弹出墨线；各层的门窗洞口和窗间墙一般也从下层用线锤吊上来，使上下各层对齐，保持在同一垂直线上。楼层轴线的引测，如图 2-6 所示。

②立皮数杆

皮数杆是画有洞口标高、砖行、灰缝厚、插铁埋件、过梁、楼板位置的木杆。经验线符合设计图纸尺寸要求，应根据标高立皮数杆。皮数杆一般设置在墙的转角及纵横墙交接处，间距宜在 15m 以内，如图 2-7 所示。

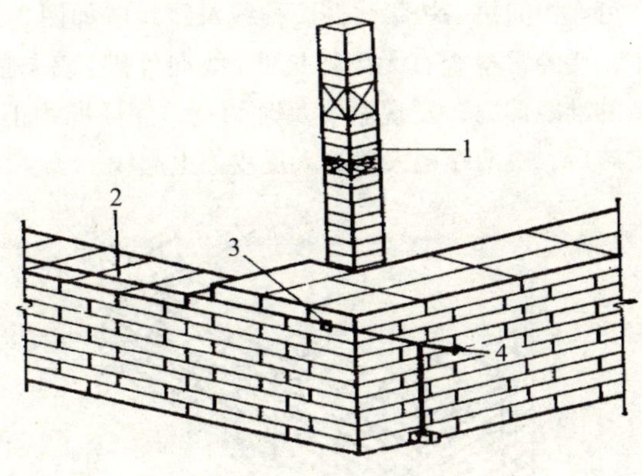

图 2-7　皮数杆

1—皮数杆；2—准线；3—竹片；4—铁钉

皮数杆应钉于木桩上或绑在已扎好钢筋的构造柱上，皮数杆需用水准仪统一竖立，要求垂直、标高准确，同一道墙上的皮数杆在同一平面内。对照图纸核对皮数杆上的皮厚、窗台、门窗过梁、圈梁、雨篷、楼板等标高位置准确无误后，方可进行砌筑施工。

③摆砖撂底

是指在放线的基面上按选定的组砌方式用干砖试摆，使墙的砌筑保证门窗洞口和墙垛等处符合砖的模数，满足上下搭接错缝的要求，减少砍砖数量，保证灰缝均匀，组砌得当。摆砖一般在房屋外纵墙方向摆顺砖，在山墙方向摆顶砖，从一个大角摆到另一个大角，在转角的位置处为了错缝应采用七分头，顺着顺砖排列。砖与砖间留 10mm 缝隙。

④盘角挂线

皮数杆通常立在墙角等部位，墙角砖层厚度与皮数杆相吻合且双向垂直是墙体质量的必要保证，为此，砌墙先从墙角开始，按标准要求先砌起几皮砖，俗称把大角或立头角，即盘角。盘角用的砖要整齐方正，七分头规整一致，头角垂直，砌砖时放平撂正。做到“三层一吊，五层一靠”，及时核检盘角后，经检查垂直，即可把准线挂在墙角处，此墙边准线是作为砌筑中间墙体的依据，以保证墙面平整。一般二四墙采用单面挂线，三七墙可采用单面或双面挂线，四九墙以上则应采用双面挂线。

准线应挂在墙角处，挂线时两端应固定拴牢且绷紧。为防止准线过长塌线，可在中间垫一块腰线砖。挂线及腰线砖如图 2-8 所示。在砌筑工程中，要经常检查有无砌体抗线(线向外拱)或塌腰以及风吹等因素导致的准线偏离，发现后要及时纠正，保证准线正确的位置。每砌完一皮砖后，由两端把大角的人逐皮往上起线。

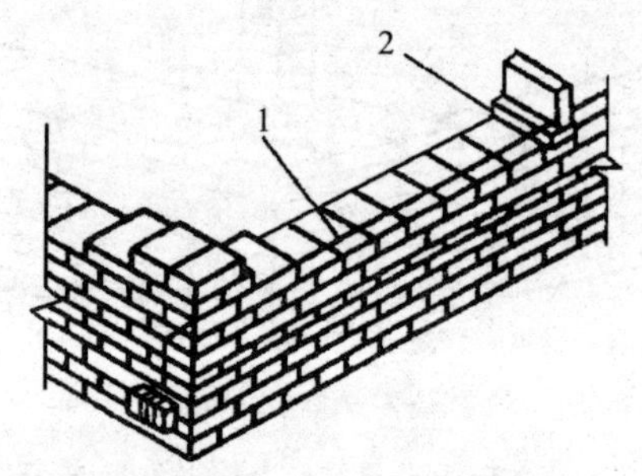

图 2-8 挂线及腰线砖

1—小线；2—腰线砖

⑤砌砖

砌砖经长期砌砖实践，已经总结出成熟的技术经验，被称为“二三八一”砌砖法，即二种步法、三种身法、八种铺浆法和一种挤浆动作。这种砌砖法促使砌砖动作实现科学化、标准化，从而达到降低劳动强度，提高砌筑质量和效率的目的。

⑥勾缝

勾缝是砌清水墙的最后一道工序，具有保护墙面和增加墙面美观的作用。内墙面可采用砌筑砂浆随砌随勾缝，称为原浆勾缝；外墙面应待砌完整个墙体后，再用细沙拌制 1∶1.5 的水泥砂浆或加色砂浆勾缝，称加浆勾缝。

砌体的砌筑要符合施工质量验收规范和操作规程的要求，做到横平竖直、灰浆饱满、上下错缝、接槎可靠。

2.1.3 砌砖操作方法

(1)"三一"砌砖法

三一砌砖法又称满铺满挤砌砖法，是指采用一铲灰、一块砖、一挤揉的砌砖方法。具体操作顺序如下所述。

①铲灰取砖

操作时，操作者应顺墙斜站，砌筑方向应由前向后或由左至右退着砌，这样便于对前边已砌好的墙进行检查。铲灰时，取灰量应根据灰缝厚度，以够砌筑一块砖的需要量为准，右手拿铲，左手拿砖，当右手从灰浆桶中铲起一铲灰时，左手顺手取一块砖。

②铺灰

铺灰手法是甩浆，即将大铲上的灰准确地甩在要砌砖的位置上，甩浆有正手甩浆和反手甩浆。甩浆法甩出砂浆的厚度应使摊铺面积正好能砌一块砖，不要铺得超过已砌完的砖太多，否则先铺的灰由于砖吸水分会变稠，不利于下一块砖揉挤。砌完砖应将灰缝缩入墙内10~12mm，即所说砌缩口灰，砂浆不铺到边，预留出勾缝深度。

③挤揉

当砂浆铺好后，左手拿砖在离已砌好的砖约30~40mm处，开始平放并将砖稍稍蹭着灰面，把灰挤一点到砖顶头的立缝里，然后把砖揉一揉。顺手用大铲把挤出墙面上的灰刮起来，甩到前面立缝中或灰桶中。这些动作要连贯、快速。揉砖的目的，是使砂浆饱满并与砖更好地黏结，并同时摆正。砂浆稀或铺得薄时砖要轻揉；砂浆稠或铺得厚时则要用力揉，可前后或左右揉，将砖揉到上齐准线下跟砖棱，把砖摆正为准。做到"上跟线，下跟棱，左右相跟要对平"。

"三一"砌砖法是一种最常用的基本手法，该法灰缝饱满，黏结好，整体性好，强度高，且易保持墙面清洁，但通常都是单人操作，操作过程要取砖、铲灰、铺灰，转身、弯腰的动作较多，劳动强度大，砌筑效率较低。

(2)坐浆砌砖法

坐浆砌砖法又称摊尺砌砖法，是指先在墙面上铺1m长的砂浆，用摊尺找平，然后在铺设好的砂浆上砌砖的一种方法，如图 2-9 所示。

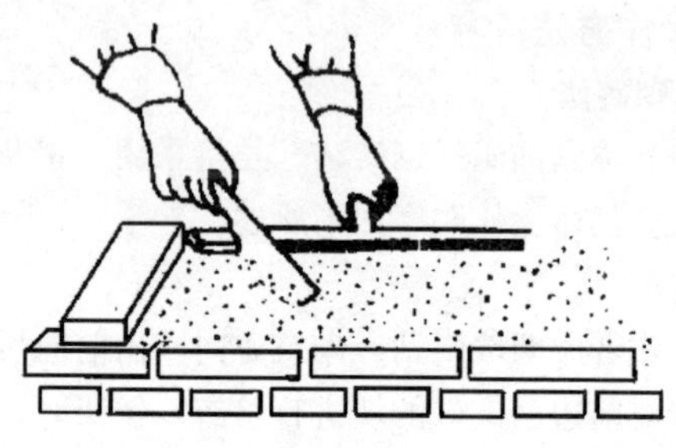

图 2-9 坐浆砌砖法

坐浆砌砖法的步骤为：通常使用瓦刀，操作时用灰勺和大铲舀砂浆，并均匀地倒在墙上，然后左手拿摊尺靠在墙的边棱上，右手用瓦刀把砂浆刮平。砌砖时左手拿砖，右手用瓦刀在砖的头缝处打上砂浆，随即砌上砖并压实。砌完一段铺灰长度后，将瓦刀放在最后砌完的砖上，转身再舀灰，如此逐段铺砌。每次砂浆摊铺长度应看气温高低、砂浆种类及砂浆稠度而定，不宜超过 1m，否则会影响砂浆与砖的黏结力。

(3) 刮浆砌砖法

刮浆砌砖法是指在砌砖时，先用瓦刀将砂浆打在砖黏结面上和砖的灰缝处，然后将砖用力按在墙上的方法。

刮浆法有两种手法，一种是刮满刀灰，将砖底满抹砂浆；另一种是将砖底四边刮上砂浆，而中间留空，此种方法因灰浆不易饱满，降低砌体强度。故砌砖时一般应采用满刀灰刮浆法。

刮浆法具体操作方法：通常使用瓦刀，操作时右手拿瓦刀，左手拿砖，先用左手正手拿砖用瓦刀把砂浆刮在砖的侧面，然后再左手反手拿砖用瓦刀抹满砖的大面，并在另一侧刮上砂浆，要刮布均匀，中间不要留有空隙，四周可以稍厚一些，中间稍薄些。与墙上已砌好的砖接触的头缝即碰头灰也要刮上砂浆。当砖块刮好砂浆后，放在墙上，挤压至准线平齐。如有挤出墙面的砂浆须用瓦刀刮下填于头缝内。

这种方法砌筑的砖墙因砂浆刮得均匀，灰缝饱满，所以砖墙质量较好，但工效较低，通常仅用于铺砌砂浆有困难的部位，如砌平拱、弧拱、窗台虎头砖、花墙、炉灶、空斗墙等。

(4)砖砌体质量要求及保证措施

砖砌体的质量要求可用十六字概括为：横平竖直、砂浆饱满、组砌得当、接槎可靠。

①横平竖直

横平，即要求每一皮砖必须在同一水平面上，每块砖必须摆平。为此，首先应将基础或楼面找平，砌筑时严格按皮数杆层层挂，水平准线并要拉紧，每块砖按准线砌平。

竖直，即要求砌体表面轮廓垂直平整，且竖向灰缝垂直对齐。因而在砌筑过程中要随时用线锤和托线板进行检查，做到“三皮一吊、五皮一靠”，以保证砌筑质量。

②砂浆饱满

砂浆的饱满程度对砌体强度影响较大。砂浆不饱满，一方面造成砖块间黏结不紧密，使砌体整体性差，另一方面使砖块不能均匀传力。水平灰缝不饱满会引起砖块局部受弯、受剪而致断裂，所以为保证砌体的抗压强度，要求水平灰缝的砂浆饱满度不得小于80%。竖向灰缝的饱满度对一般以承压为主的砌体的强度影响不大，但对砌体抗剪强度有明显影响。因而对于受水平荷载或偏心荷载的砌体，饱满的竖向灰缝可提高砌体的抗横向能力。况且竖缝砂浆饱满可避免砌体透风、漏水，且保温性能好。施工时竖缝宜采用挤浆或加浆方法，不得出现透明缝，严禁用水冲浆灌缝。

③组砌得当

为保证砌体的强度和稳定性，各种砌体均应按一定的组砌形式砌筑。其基本原则是上下错缝、内外搭砌，错缝长度一般不应小于60mm，并避免墙面和内缝中出现连续的竖向通缝，同时还应考虑砌筑方便和少砍砖。

④接槎可靠

接槎是指先砌筑的砌体与后砌筑的砌体之间的接合。接槎方式合理与否对砌体的整体性影响很大，特别在地震区，接槎质量将直接影响到房屋的抗震能力，故应给予足够的重视。

砌基础时，内外墙的砖基础应同时砌起。如因特殊情况不能同时砌起时，应留置斜槎，斜槎的长度不应小于斜槎高度。

⑤砖砌筑

操作要领概括为：“横平竖直，注意选砖，灰缝均匀，砂浆饱满，上下错缝，咬槎严密；上跟线，下跟棱，不游丁，不走缝”。还要注意以下注意事项。

a. 润砖：常温下，应在砌筑前 1～2 天浇水润砖，以各面浸入深度 15mm 为宜，太干的砖会过多的吸收砂浆的水分，不仅难于操作，还会降低砌筑强度；湿砖表面水分过多，表面的水膜增加砂浆水分，增大砂浆流动性，砌砖后灰缝过薄，且砂浆容易流淌，降低砌筑强度，影响墙面美观。

b. 选砖：同批砖外观质量有优劣，同一砖四面的颜色平整度也不完全相同，应该根据砌体部位不同，选配适宜的砖面。清水墙选砖尤为重要。应选取规格一致，颜色相同，光滑方整的砖面放在外面，方可保证墙面整齐美观。

选砖的要领是：“执一备二眼观三”。具体操作是用手掌托起砖块，在掌上旋转或翻转，观察和选定完好的砖面，用于所砌墙体部位。同时，在取砖时，对第二、三块砖也应预选。

c. 放砖：砖块在墙面上必须平整均匀，严禁倾斜，砌筑时应均匀水平的放置砖块，避免形成鱼鳞墙，影响美观。

d. 跟线穿墙：砌砖一定要跟线，要遵循“上跟线，下跟棱，左右相跟要对平”的口诀，即砖的上棱边应距线 1mm 左右，下棱边要与下皮已砌的砖棱平，左右前后位置要准确。

穿墙是指从上面第一块砖往下穿看到底，每皮砖都要在同一平面上，如有出入，及时修理纠正。

e. 自检：一般砌三层砖要用线锥吊大角，五皮砖用靠尺检查墙面垂直平整度，即所谓的“三层一吊、五层一靠”。

当砌到一步架时，要用托线板全面检查垂直及平整度，墙体大角应绝对垂直平整，若有偏差，及时纠正，严禁砸撬墙体。

f. 及时划缝：砌清水墙应随砌随划缝，划缝深度为 8～10mm，划缝应深浅一致，划缝完后用笤帚清扫干净，混水墙应随砌随刮净舌头灰。

g. 保持清洁，文明操作：铺灰挤浆时应保持墙面清洁，切勿掉、扔砖头，随时收起落地灰，做到活完脚底清。

2.1.4　各类砖砌体施工

砖砌体是由砖与砂浆组砌而成的，以烧结普通砖使用最为广泛。下面主要讨论烧结普通砖（以下简称砖）砌体的组砌方法。

(1)砖基础施工

①砖基础的组成

砖基础是用砖与砂浆组砌而成，由墙基和大放脚两部分组成。墙基与墙身同厚。大放脚可分为等高式和间隔式两种砌筑形式，如图2-10所示。等高式是每两皮一收，每边各收进6cm，即1/4砖长。间隔式也称为不等高式，是两皮一收与一皮一收相间隔，每边也各收进6cm，即1/4砖长。

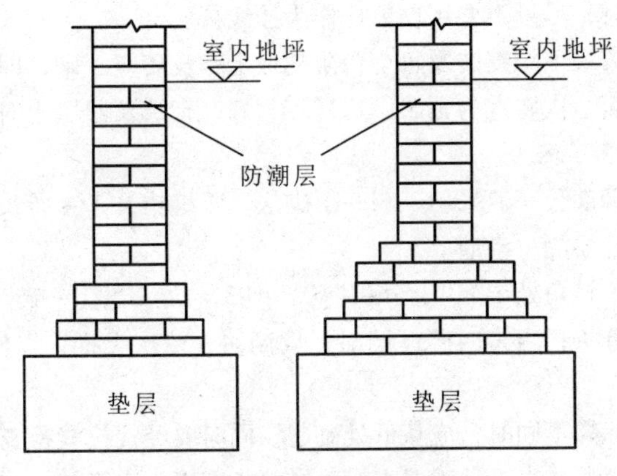

图2-10　砖基础示意图

大放脚的底宽由设计确定。大放脚各皮的宽度应为半砖长的整数倍（包括灰缝）。

在大放脚下面为基础垫层，垫层一般用灰土、碎砖三合土或混凝土等。墙基顶面为防潮层，位置在底层室内地面以下一皮砖处。

②砖基础的组砌

砌筑前，应先将基础垫层表面的砂浆和杂物清除干净，并浇水湿润。基础垫层表面如有局部不平，高差超过20mm时应用细石混凝土找平，不得仅用砂浆找平，并用水准仪进行找平，检查垫层顶面是否与设计标高相符合。

砌筑基础前，必须用钢尺校核放线尺寸，允许偏差不应超过表2-10的规定。

用方木或角钢制作的皮数杆应设在转角处、交接处及有高差的地方，并进行抄平，使杆上所示±0.000的标高线与设计的±0.000标高相一致。基础皮数杆上应标明大放脚的皮数、退台、基础底标高、顶标高以及防潮层的位置等。

摞底也叫排砖，是在砌筑基础前，先用干砖试摆，以确定排砖方法和错缝位置。排砖摞底后，可按皮数杆先在转角及交接处砌部分砖，每次砌筑高度不应超过5皮，然后再在其间拉线砌中间部分，砌转角及交接处砖时应随砌随靠平吊直，并应拉通线，240mm厚墙采用单面挂线，370mm以上墙则采用双面挂线，以确保基础砌体横平竖直。挂线时，尽量不要用皮数杆作为挂线杆。

大放脚最下一皮砖及每个台阶的最上一皮砖应丁砌，即退台的每个台阶上面一皮砖宜为顶砖，这样传力好，砌筑及回填土时，不易将退台砖碰掉。

大放脚部分一般采用一顺一丁砌法，竖缝错开1/4砖长，十字及丁字接头处要隔皮砌通。

大放角转角处要放“七分头”砖，即3/4砖，当为一砖半厚墙时，放三块七分头；当为两砖厚墙时，放四块；依次类推，以使竖缝上、下错开。

基底标高不同时，应从低处砌起，同时要经常拉线检查，以保证砌体平直通顺。当设计无要求时，搭接长度不应小于基础扩大部分的高度。

基础上的预留洞口和预埋件等应按设计的标高和位置在砌筑时留置或预埋，位置要准确，不得事后打凿。宽度超过300mm的洞口，应设拱或过梁。

在沉降缝两侧的基础按要求分开砌筑，缝的宽度要一致，缝中不能落入杂物如砂浆和废砖。先砌的一侧应把舌头灰刮掉，后砌的一侧应采用缩口灰的方法，避免砂浆落入沉降缝，影响自由沉降。

抹防潮层前应将基础墙顶面清扫干净并将活动砖修好，洒水湿润随即抹防水砂浆。如设计无具体要求，宜用1∶2.5的水泥砂浆加适量的防水剂铺设，其厚度一般为20mm，位置在底层室内地坪以下一皮砖处，即离底层室内地面下60mm处。也可用60mm、C20细石混凝土做防潮层，或用120~240mm、C20混凝土地梁代防潮层。

基础大放脚砌至墙身时，应拉线检查轴线及边线，确保基础墙身位置正确，同时要对照皮数杆的砖层及标高，如出现高低差时，应在水平灰缝中逐渐调整，使墙体层数与皮数杆一致。

砌完基础后，应及时回填，基础墙两侧的回填土应同时进行，否则未填土一侧应加支撑；回填土运输时，禁止在墙顶上推车运土，以免损坏墙顶。回填土的施工，应符合施工质量验收规范的要求。

表2-10 放线尺寸的允许偏差

长度L、宽度B(m)	允许偏差(mm)	长度L、宽度B(m)	允许偏差(mm)
L(或B)≤30	±5	60<L(或B)≤90	±15
30<L(或B)≤60	±10	L(或B)>90	±20

(2)实心砖墙

①砌筑前的准备

a. 砌筑前，先将砌筑部位清理干净，洒水湿润；

b. 根据放出的墙身中心线及边线排砖撂底；

c. 在墙体转角处及交接处立皮数杆，间距不超过15m；

d. 砌墙前应先盘角，每次盘角砌筑高度不超过5皮，并及时吊靠，发现偏差及时纠正；

e. 盘角砌筑完成后，才可正式挂线砌墙。砌一砖厚及以下墙，可单面挂线，其余必须双面挂线；

②砌筑时的注意事项

砌砖操作方法宜采用“三一”砌砖法，即“一铲灰、一块砖、一挤揉”，采用铺浆法操作时，铺浆长度不得超过750mm；气温超过30℃时，铺浆长度不得超过500mm。

砖砌体水平灰缝砂浆饱满度不得低于80%，竖向灰缝宜采用挤浆或加浆方法，使其砂浆饱满，严禁用水冲浆灌缝。

砖墙转角处，每皮砖均需加砌七分头砖。当采用一顺一丁砌筑形式时，七分头砖的顺面方向依次砌顺砖，丁面方向依次砌丁砖。

砖墙的丁字交接处，横墙的端头隔皮加砌七分头砖，纵墙隔皮砌通。当采用一顺一丁砌筑形式时，七分头砖丁面方向依次砌丁砖。

砖墙的十字交接处，应隔皮纵横墙砌通，交接处内角的竖缝应上下相互错开 1/4 砖长。

每层承重墙的最上一皮砖，应用整砖丁砌，在梁或梁垫下面及挑檐、腰线等处，也应用整砖丁砌。

宽度小于 1m 的窗间墙，应选用整砖砌筑，半砖和破损的砖应分散使用在受力较小的墙体中，小于 1/4 砖块体积的碎砖不能使用。

搁置预制梁、板的砌体顶面应找平，安装时应坐浆。当设计无具体要求时，应采用 1:5. 5 的水泥砂浆。

墙体工作段的分段位置，宜设在伸缩缝、沉降缝、防震缝、构造柱或门窗洞口处。相邻工作段的高度差，不得超过一个楼层的高度，也不宜大于 4m。砌体临时间断处的高度差，不得超过一步脚手架的高度。

伸缩缝、沉降缝、防震缝中，不得夹有砂浆、碎砖和其他杂物。穿过变形缝的管道应有补偿装置。

房屋相邻部分高差较大时，应先砌高层部分，以尽量减少可能发生的墙体变形。

尚未施工楼板或屋面的墙或柱，当可能遇到大风时，其允许自由高度不得超过表 2-11 的规定。如超过表中限值时，必须采用临时支撑等有效措施。

表2-11　墙和柱的允许自由高度

墙(柱)厚(cm)	墙和柱的允许自由高度(m)					
	砌体容重 >1600kg/m^3（石墙、实心砖墙）			砌体容重 1300～1600kg/m^3（空心砖墙、空斗墙）		
	风载(10N/m^2)			风载(10N/m^2)		
	30（大致相当于7级风）	40（大致相当于8级风）	60（大致相当于9级风）	30（大致相当于7级风）	40（大致相当于8级风）	60（大致相当于9级风）
19	—	—	—	1.4	1.1	0.7
24	2.8	2.1	1.4	2.2	1.7	1.1
37	5.2	3.9	2.6	4.2	3.2	2.1
49	8.6	6.5	4.3	7.0	5.2	3.5
62	14.0	10.5	7.0	11.4	8.6	5.71

注：1）本表适用于施工处相对标高（H）在10m范围内的情况。如10m＜H≤15m，15m＜H≤20m时，表中的允许自由高度应分别乘以0.9、0.8的系数；如H＞20m时，应通过抗倾覆验算确定其允许自由高度。

2）当所砌筑的墙有横墙或其他结构与其连接，而且间距小于表列限值的2倍时，砌筑高度可不受本表的限制。

③保证整体性的措施

砖墙的转角处和交接处应同时砌筑。对不能同时砌筑而又必须留置的临时间断处，应砌成斜槎，斜槎长度不应小于斜槎高度的2/3，如图2-11所示。如留斜槎确有困难，除转角处外，也可留直槎，但必须做成阳槎，并加设拉结筋，拉结筋的数量为每120mm增厚放置1根 $\phi 6$ 的钢筋，间距沿墙高不得超过500mm，埋入长度从墙的留槎处算起，每边均不应小于500mm，末端应有90°弯钩，如图2-12所示。抗震设防地区建筑物的临时间断处不得留直槎。

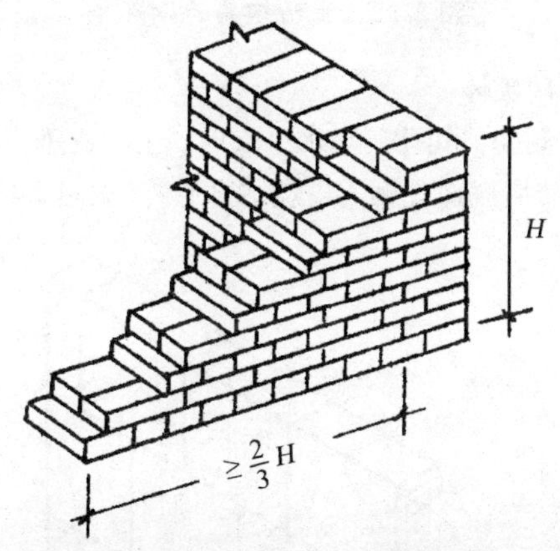

图2-11 斜槎的留置

隔墙与承重墙或柱不同时砌筑而又不留成斜槎时，可从承重墙或柱中引出阳槎，或于墙或柱的灰缝中预埋拉结筋，其做法与直槎相同，但每道墙不得少于2根。

框架结构房屋的填充墙，应与框架中的预埋筋拉结，隔墙和填充墙的顶面一皮砖宜用侧砖斜砌挤紧。

墙体抗震拉结筋的位置、规格、数量、间距、长度、弯钩等均应按设计要求留置，不得错放漏放。

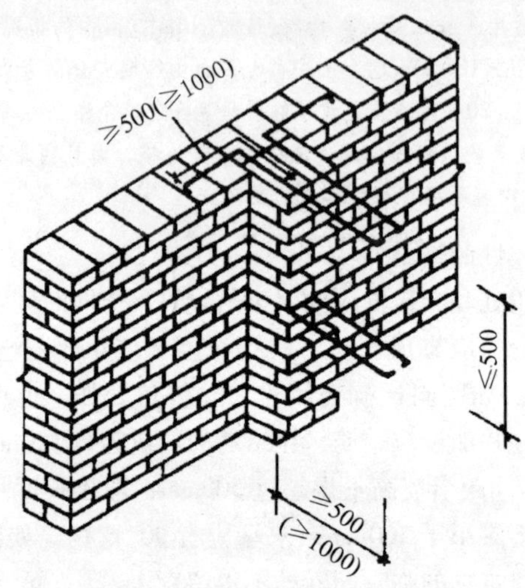

图 2-12　拉结钢筋的设置

④烧结空心砖砌体

空心砖墙应侧砌，其孔洞呈水平方向，上下皮垂直灰缝相互错开1/2 砖长。空心砖墙底部宜砌 3 皮烧结普通砖(见图 2-13)。

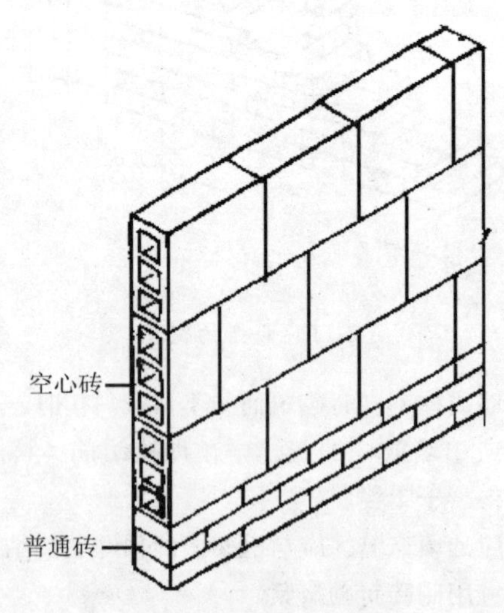

图 2-13　空心砖墙

空心砖墙与烧结普通砖交接处，应以普通砖墙引出不小于240mm长与空心砖墙相接，并与隔2皮空心砖高在交接处的水平灰缝中设置2ϕ6钢筋作为拉结筋，拉结钢筋在空心砖墙中的长度不小于空心砖长加240mm（见图2-14）。

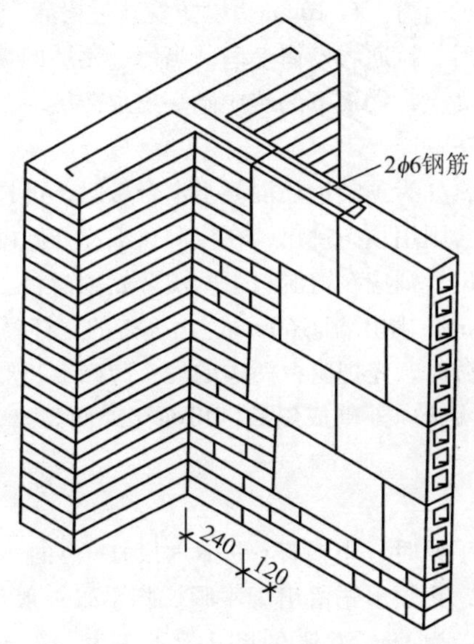

图2-14　空心砖墙与普通砖墙交接

空心砖墙的转角处，应用烧结普通砖砌筑，砌筑长度角边不小于240mm。

空心砖墙砌筑不得留置斜槎或直槎，中途停歇时，应将墙顶砌平。在转角处、交接处，空心砖与普通砖应同时砌起。

空心砖墙中不得留置脚手眼，不得对空心砖进行砍凿。

⑤门窗洞口及窗间墙砌法

当墙体砌到窗台标高时，应对立好的窗框进行检查。如窗框为后塞口时，应在墙面上按图画出分口线，留置窗洞。

砌窗间墙应拉通线，对称砌筑，并注意顶顺咬合，避免通缝。当先立门窗框时，墙与门窗框应留3mm缝隙，并把门窗框上下走头砌入墙中卡紧，将门窗固定。当门窗为后塞口时，应在两边墙中砌入防腐木砖，门窗洞口两侧的预埋木砖，应先做好防腐处理；埋置时应小头在外，大头在内；洞口高度在 1.2m 以内时，每边放 2 块；洞口高度在 1.2 ~ 2m 时，每边放 3 块；高度在 2 ~ 3m 时，每边放 4 块。预埋木砖的部位一般在距洞口上下边四皮砖处的中间均匀分布。钢门窗安装的预留孔、硬架支撑，暖卫管道均应按设计要求预留，不得事后剔凿。窗间墙应高出门窗上口 10mm，以防安装过梁后下沉压推。

安装完过梁后，拉通线砌窗上墙。当每一楼层的墙体砌完后，砖墙应处于同一标高上，楼板下的砖应砌一皮顶砖层。

⑥窗台的砌法

窗台的做法，如为预制钢筋混凝土窗台板时，可抹水泥砂浆后铺设，若为砖砌窗台则用顶砖挑出，在窗洞口下皮开始砌筑。

若用侧砖挑出，则应在窗洞口下两皮开始砌窗台。窗台砌砖应过分口线 60 ~ 120mm，挑出墙面 60mm，出檐砖的立缝要打碰头灰。

窗台砌虎头砖时，先把窗台两边的虎头砖砌上，然后拉一根小线再砌内侧砖。虎头砖向外砌成斜坡，里面比外面高出 20 ~ 30mm，以利于排水。

⑦脚手眼

采用单挑脚手架时，小横杆（也称六尺杠子）的一端要搭入砖墙上，故在砌墙时，必须预先留出脚手眼。脚手眼一般从 1.5m 高处开始预留，水平间距为 1m，孔眼的尺寸上下各为一丁砖，中间为一顺砖，呈十字形，深度为一砖。孔眼的上面再砌三皮砖，用以保护砌好的砖。钢管单排脚手眼，可留一丁砖大小。

补砌施工脚手眼时灰缝应饱满密实，不得用干砖填塞。不得在下列部位中设置脚手眼：

a. 120mm 厚墙、料石清水墙和独立柱；

b. 过梁上与过梁成 60°角的三角形范围及过梁净跨度 1/2 的高度范围内；

c. 宽度小于 1m 的窗间墙；

d. 砌体门窗洞口两侧 200mm（石砌体为 300mm）和转角处 450mm（石砌体为 600mm）范围内；

e. 梁或梁垫下及其左右 500mm 范围内；

f. 设计不允许设置脚手眼的部位。

(3) 砖拱

门窗洞口上的砖砌拱多见于清水墙，立面形式主要有平拱和弧拱，图2-15为斜砖平拱、2-16为砖砌弧拱。拱高240mm和365mm，拱厚等于墙厚。砖拱要求砖的规格标准，颜色均匀，强度等级MU7.5以上，无掉角缺棱。砂浆要求和易性好，强度等级M5以上。

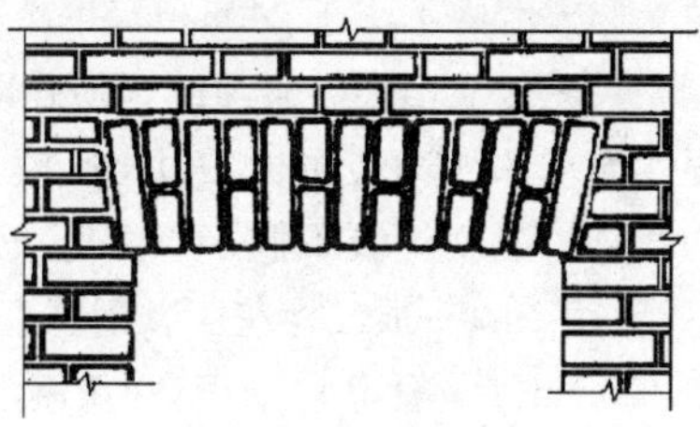

图2-15　斜砖平拱

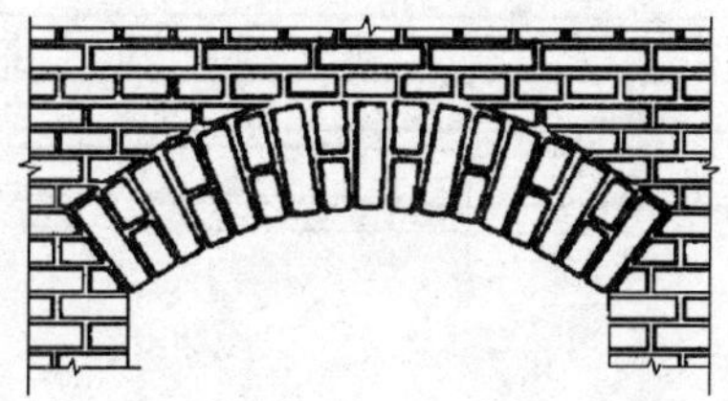

图2-16　砖砌弧拱

砖平拱主要有立砖平拱和斜砖平拱两种。

①立砖平拱的两端没有坡度，砌墙至拱脚时，退出20~30mm的错台，在拱底处支设模板，模板中部应有1%的起拱。砖的块数必须为单数，并在模板上画出砖和灰缝的位置和宽度，砌时挂线，从两边对称向中间挤砌，每块砖要对准模板上的画线，中间的最后一块砖应两面抹灰，向下挤放。

②斜砖平拱砌筑方法基本同立砖平拱，只是拱脚两边的墙端砌成1:4~1:5斜度的斜面，灰口为上宽下窄的楔形，拱顶灰缝宽度不大于15mm，拱底灰口宽度不小于5mm。

③砖弧拱构造与砖平拱相同，但外形呈圆弧形。砌筑时从两侧向中间砌，灰缝呈上宽下窄的放射状，拱顶灰缝宽度不大于25mm，拱底灰缝宽度不小于5mm；若采用加工好的楔形砖砌筑，灰缝厚度应上下一致，控制在8~10mm。砖拱底部的模板，应在砂浆达到其设计强度的50%以上时，才能拆除。

(4)钢筋砖过梁的砌法

当砖砌的门窗洞口平口时，搭放支撑胎模，中间起拱1%，洒水湿润，上铺30mm厚的1∶3水泥砂浆层，把钢筋埋入砂浆中，钢筋两端弯成直角弯钩向上伸入墙内不小于240mm，并置于浆缝内。第一皮应砌成顶砖，每砌完一皮砖应用稀砂浆灌缝，使砂浆密实饱满。当砂浆强度达到设计强度50%以上时方可拆除过梁底模。

在过梁范围内，砖的强度等级不低于MU10，砂浆的强度等级不低于M5，砌筑形式宜用一顺一顶或梅花丁，钢筋直径应由计算确定。水平间距应不大于120mm，一般不宜少于2ϕ6钢筋。构造如图2-17所示。

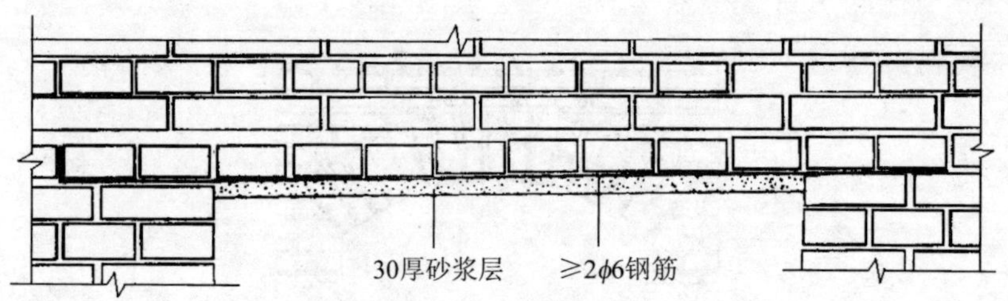

图2-17　钢筋砖过梁

(5)钢筋混凝土构造柱的施工

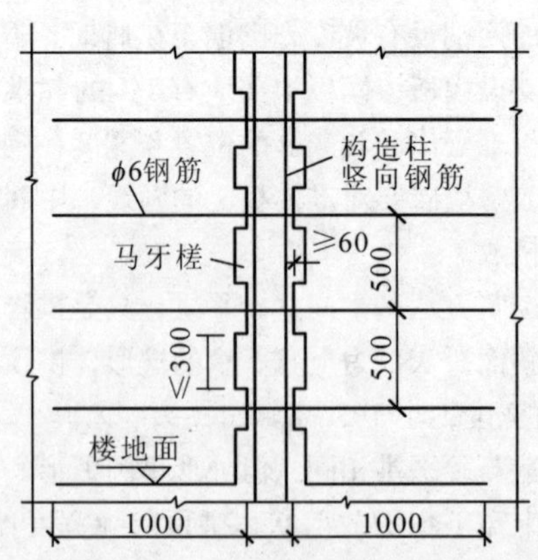

图2-18　砖墙的马牙槎布置

砌筑砖墙时，应在设计规定的部位预留构造柱的豁槎，称为马牙槎。按结构构造规定每个马牙槎沿高度方向的尺寸不宜超过300mm(5皮砖高)，每个马牙槎退进应不小于60mm(见图2-18)，故可留五进五退的大马牙槎。

构造柱必须牢固地生根于基础或圈梁上，砌筑墙体时应保证构造柱截面尺寸，构造柱最小截面可采用240mm×180mm。纵向钢筋可采用4ϕ12的钢筋；箍筋间距不宜大于250mm，且在柱上下端宜适当加密。

构造柱与圈梁连接处，构造柱的纵筋应穿过圈梁，保证构造柱纵筋上下贯通。

砖墙与构造柱连接处，应按要求砌入拉结钢筋，拉结钢筋的数量为每120mm墙厚放置一根ϕ6钢筋，间距沿墙高不得超过500mm，每边伸入墙内均不应小于1000mm，且钢筋末端应做成90°弯钩(见图2-19)。

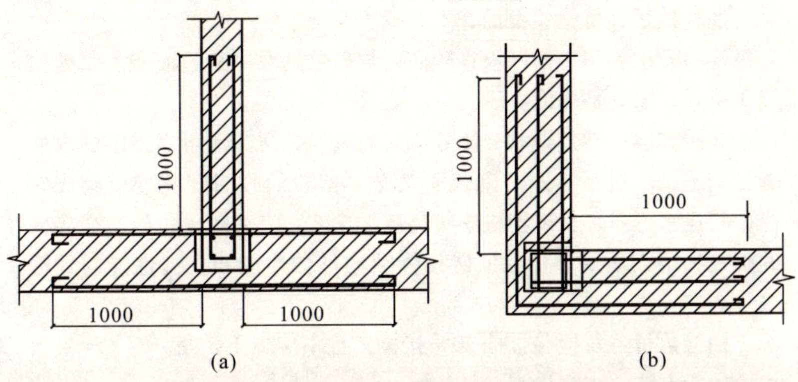

图2-19 砖墙与构造柱水平拉结钢筋的布置
(a)T字接头处；(b)转角处

构造柱在浇筑混凝土前，应清除干净钢筋上的干砂浆块，清除柱内碎砖杂物，支好模板，分层浇筑混凝土，并振捣密实。构造柱的混凝土强度等级不应低于C20，钢筋宜用HRB钢筋，钢筋混凝土保护层厚度宜为20mm，且不小于15mm。

2.1.5 砖砌体质量控制与检验

(1)主控项目

①砖和砂浆的强度等级必须符合设计要求。砖和砂浆的强度等级

符合设计要求是保证砌体受力性能的基础，因此必须合格。烧结普通砖检验批数量的确定，应参考砌体检验批划分的基本数量（$250m^3$砌体）；多孔砖、灰砂砖、粉煤灰砖检验批数量的确定均按产品标准决定。

抽检数量：每一生产厂家的砖到现场后，按烧结砖15万块、多孔砖5万块、灰砂砖及粉煤灰砖10万块各为一验收批，抽检数量为1组。砂浆试块检验数量：每一检验批且不超过$250m^3$砌体的各种类型及强度等级的砌筑砂浆，每台搅拌机至少抽检一次。

检验方法：查砖和砂浆试块试验报告。

②砌体水平灰缝的砂浆饱满度不得小于80%。水平灰缝砂浆饱满度不小于80%的规定沿用已久，根据四川省建筑科学研究院试验结果，当水泥混合砂浆水平灰缝饱满度达到73.6%时，则可满足设计规范所规定的砌体抗压强度值。有特殊要求的砌体，指设计中对砂浆饱满度提出明确要求的砌体。

抽检数量：每检验批抽查不应少于5处。

检验方法：用百格网检查砖底面与砂浆的黏结痕迹面积。每处检测3块砖，取其平均值。

③砖砌体的转角处和交接处应同时砌筑，严禁无可靠措施的内外墙分砌施工。对不能同时砌筑而又必须留置的临时间断处应砌成斜槎，斜槎水平投影长度不应小于高度的2/3。砖砌体转角处和交接处的砌筑和接槎质量，是保证砖砌体结构整体性能和抗震性能的关键之一。

抽检数量：每检验批抽20%接槎，且不应少于5处。

检验方法：观察检查。

④非抗震设防及抗震设防烈度为6度、7度地区的临时间断处，当不能留斜槎时，除转角处外，可留直槎，但直槎必须做成凸槎。留直槎处应加设拉结钢筋，拉结钢筋的数量为每120mm墙厚放置1ϕ6拉结钢筋（120mm厚墙放置2ϕ6拉结钢筋），间距沿墙高不应超过500mm；埋入长度从留槎处算起每边均不应小于500mm，对抗震设防烈度6度、7度的地区，不应小于1000mm；末端应有90°弯钩，如图2-19所示。对抗震设计烈度为6度、7度地区的临时间断处，允许留直槎并按规定加设拉结钢筋，这主要是从实际出发，在保证施工质量的前提下，留直槎加设拉结钢筋时，其连接性能较留斜槎时降低有限，

对抗震设计烈度不高的地区允许采用留直槎加设拉结钢筋是可行的。

多孔砖砌体根据砖规格尺寸，留置斜槎的长高比一般为1∶2。

抽检数量：每检验批抽20%接槎，且不应少于5处。

检验方法：观察和尺量检查。

合格标准：留槎正确，拉结钢筋设置数量、直径正确，竖向间距偏差不超过100mm，留置长度基本符合规定。

⑤砖砌体的位置及垂直度允许偏差应符合表2-12的规定。

表2-12 砖砌体的位置及垂直度允许偏差

项次	项目			允许偏差(mm)	检验方法
1	轴线位置偏移			10	用经纬仪和尺检查或用其他测量仪器检查
2	垂直度	每层		5	用2m托线板检查
		全高	≤10m	10	用经纬仪、吊线和尺检查，或用其他测量仪器检查

抽检数量：轴线查全部承重墙柱；外墙垂直度全高查阳角，不应少于4处，每层每20m查一处；内墙按有代表性的自然间抽10%，但不应少于3间，每间不应少于2处，柱不少于5根。

(2)一般项目

①砖砌体组砌方法应正确，上下错缝，内外搭砌，砖柱不得采用包心砌法。

抽检数量：外墙每20m抽查一处，每处3～5m，且不应少于3处；内墙按有代表性的自然间抽10%，且不应少于3间。

检验方法：观察检查。

合格标准：除符合本条要求外，清水墙、窗间墙无通缝；混水墙中长度大于或等于300mm的通缝每间不超过3处，且不得位于同一面墙体上。

②砖砌体的灰缝应横平竖直，厚薄均匀。水平灰缝厚度宜为10mm，但不应小于8mm，也不应大于12mm。灰缝横平竖直，厚薄均匀，既是对砌体表面美观的要求，尤其是清水墙，又有利于砌体均匀传力。

抽检数量：每步脚手架施工的砌体，每20m抽查1处。

检验方法：用尺量 10 皮砖砌体高度折算。

③砖砌体的一般尺寸允许偏差应符合表 2-13 的规定。砖砌体一般尺寸偏差，虽对结构的受力性能和结构安全性不会产生重要影响，但对整个建筑物的施工质量、经济性、简便性、建筑美观和确保有效使用面积产生影响，故施工中对其偏差也应予以控制。

表2-13　砖砌体一般尺寸允许偏差

<table>
<tr><th>项次</th><th colspan="2">项目</th><th>允许偏差（mm）</th><th>检验方法</th><th>检验数量</th></tr>
<tr><td>1</td><td colspan="2">基础顶面和楼面标高</td><td>±15</td><td>用水平仪和尺检查</td><td>不应少于5处</td></tr>
<tr><td rowspan="2">2</td><td rowspan="2">表面平整度</td><td>清水墙、柱</td><td>5</td><td rowspan="2">用2m靠尺和楔形塞尺检查</td><td rowspan="2">有代表性自然间10%，但不应少于3间，每间不应少于2处</td></tr>
<tr><td>混水墙、柱</td><td>8</td></tr>
<tr><td>3</td><td colspan="2">门窗洞口高、宽（后塞口）</td><td>±5</td><td>用尺检查</td><td>检验批洞口的10%，但不应少于5处</td></tr>
<tr><td>4</td><td colspan="2">外墙上下窗口偏移</td><td>20</td><td>以底层窗口为准用经纬仪或吊线检查</td><td>检验批的10%，且不应少于5处</td></tr>
<tr><td rowspan="2">5</td><td rowspan="2">水平灰缝平直度</td><td>清水墙</td><td>7</td><td rowspan="2">拉10m线和尺检查</td><td rowspan="2">有代表性自然间10%，但不应少于3间，每间不应少于2处</td></tr>
<tr><td>混水墙</td><td>10</td></tr>
<tr><td>6</td><td colspan="2">清水墙游丁走缝</td><td>20</td><td>吊线和尺检查，以每层第一皮砖为准</td><td>有代表性自然间10%，但不应少于3间，每间不应少于2处</td></tr>
</table>

2.2 混凝土小型空心砌块砌体工程

2.2.1 施工准备

小砌块应按现行国家标准混凝土小型空心砌块及出厂合格证进行验收，必要时可现场取样进行检验。装卸小砌块时严禁倾卸丢掷并应堆放整齐。堆放小砌块应符合下列要求：运到现场的小砌块应分规格型号、分强度等级堆放，堆垛上应设标志，堆放现场必须预先夯实平整并作好排水；小砌块的堆放高度不宜超过 1.6m，并不得着地堆放；堆垛之间应保持适当的通道。

施工前，应用钢尺校核房屋的放线尺寸，并按照图纸要求弹好墙体轴线、中心线或墙体边线。砌块砌筑前，应根据建筑物的平面、立面图绘制小砌块排列图(如图 2-20 所示)，计算出各种规格砌块的数量。排列时应根据小砌块规格、灰缝厚度和宽度、过梁与圈梁的高度、预留洞大小、门窗洞口尺寸、芯柱或构造柱位置、开关管线插座敷设部位等进行对孔错缝搭接排列，并以主规格小砌块为主辅以相应的配套块。

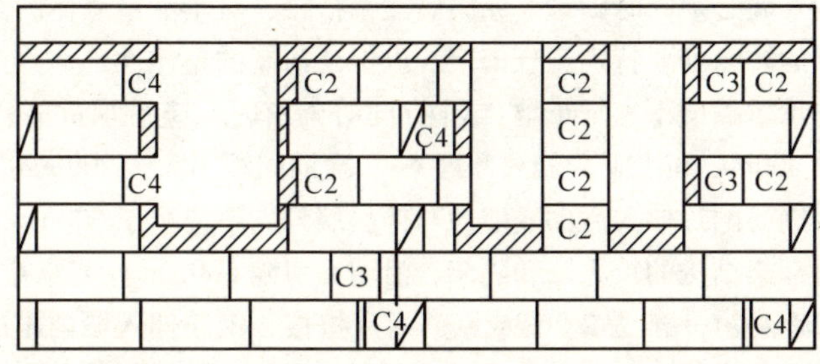

图 2-20 砌块排列图

2.2.2 砌块墙体施工

小型砌块的施工方法同砖砌体施工方法一样，主要是手工砌筑。

施工要点：

①砌筑应从转角或定位砌块处开始。

②砌筑时应尽量采用主规格 390mm × 190mm × 190mm 小砌块，辅以相应的配套块。

③小砌块砌筑应逐块砌筑，随铺随砌，砌体灰缝应横平竖直。水平灰缝需用坐浆法满铺小砌块全部壁肋或多排孔小砌块的封底面；竖向灰缝应将小砌块段面朝上铺满砂浆再上墙挤紧。全部灰缝均应铺填砂浆，水平灰缝的砂浆饱满度不得低于 90%，竖缝的砂浆饱满度不得低于 80%，竖缝凹槽部位应用砌筑砂浆填实，砌筑中不得出现瞎缝、透明缝。砌体的水平灰缝厚度和竖直灰缝宽度应为 10mm，控制在 8 ~ 12mm。砌筑时的铺灰长度不得超过 800mm，严禁用水冲浆灌缝。当缺少辅助规格小砌块时，墙体通缝不应超过两皮。

④砌清水墙面应随砌随勾缝，并要求光滑、密实、平整。拉结钢筋或网片必须放置于灰缝和芯柱内，不得漏放，其外露部分不得随意弯折。

⑤小砌块搭接：小砌块墙体砌筑形式必须每皮顺砌，应对孔错缝搭砌，竖缝错开长度应不小于砌块长度的 1/2。个别情况下因设计原

因无法对孔砌筑时，可错孔砌筑，搭接长度不应小于90mm。使用多排孔小砌块砌筑墙体时，无对孔要求，但应错缝搭砌，普通混凝土搭接长度不应小于90mm，轻骨料混凝土小砌块错缝长度不应小于120mm。墙体的个别部位不能满足上述要求时，应在水平灰缝中设置$\phi 4$拉结钢筋或钢筋网片，网片两端距离该垂直灰缝各不小于400mm。

内外墙必须同时砌筑，纵横墙交错搭接，对于承重墙体的交接处和外墙的转角处要特别注意搭接，以保证房屋的整体性。

非承重隔墙不与承重墙(或柱)同时砌筑时，应沿承重墙(或柱)高每隔400mm在水平灰缝内预埋$\phi 4$、横筋间距不大于200mm的钢筋点焊，钢筋网片伸入后砌隔墙内与伸出墙外均不应小于600mm。

对框架结构的填充墙和隔墙，沿墙高每隔600mm应与承重墙(或柱)预埋钢筋(一般为2$\phi 6$)或钢筋网片拉接，钢筋伸入墙内不应小于600mm。当填充墙砌至顶面最后一皮与上部结构的接触处，宜用实心小砌块斜砌楔紧。对设计规定的洞口管道沟槽和预埋件等应在砌筑时预留或预埋。

拉结钢筋或网片必须放置于灰缝和芯柱内，不得漏放，其外露部分不得随意弯折。

空心砌块墙的转角处，纵、横墙砌块应相互搭砌，即纵、横墙砌块均应隔皮端面露头。砌块墙的T字交接处，应使横墙砌块隔皮端面露头，为避免出现通缝，纵墙在交接处改砌两块辅助规格小砌块(尺寸为290mm×190mm×190mm，一端开口)，所有露端面用水泥砂浆抹平。如图2-21、图2-22所示。

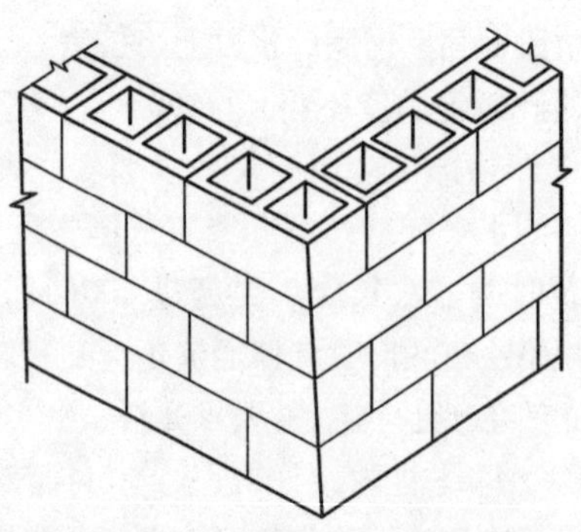

图2-21　混凝土空心砌块墙转角砌法

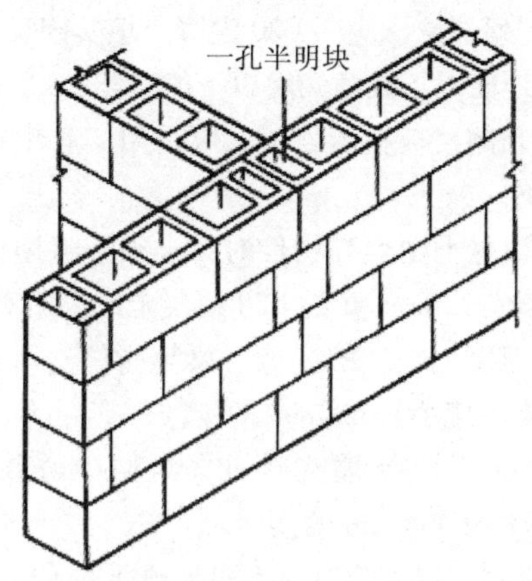

图 2-22　混凝土空心砌块墙 T 字交接处砌法

墙转角处和纵横墙交接处应同时砌筑。墙体临时间断处应设在门窗洞口边并砌成斜槎，斜槎长度不应小于其高度的 2/3(一般按一步脚手架高度控制)。如留斜槎有困难，除外墙转角处及抗震设防地区墙体临时间断处不应留直槎外，可从墙面伸出砌成阴阳槎，并沿墙高每三皮砌块，设拉结筋或钢筋网片，接槎部位宜延至门窗洞口。如图 2-23 所示。

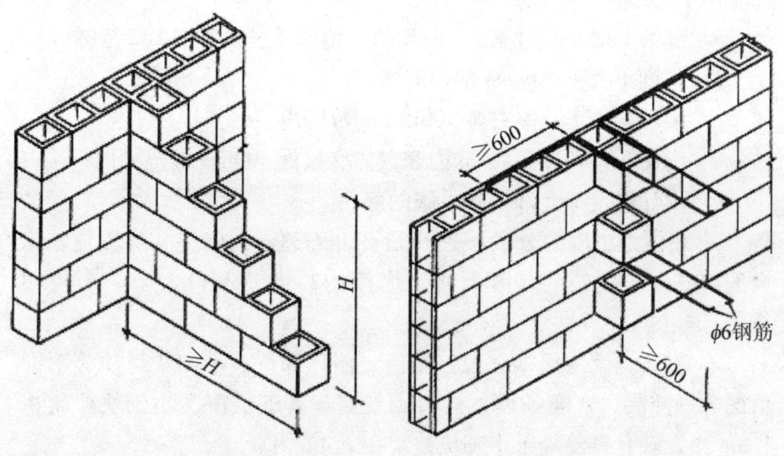

图 2-23　小砌块砌体斜槎和直槎

⑥在墙体的下列部位，应用C20混凝土填实砌块的孔洞：

a. 底层室内地面以下或防潮层以下的砌体；

b. 无圈梁的预制楼板支承面下，应采用实心小砌块或用C20混凝土填实一皮砌块；

c. 墙上现浇混凝土圈梁等构件时，必须把将用作梁底模的一皮小砌块孔洞预先填实140mm高的C20混凝土或采用实心小砌块。

d. 没有设置混凝土垫块的屋架、梁等构件支承面下，高度不应小于600mm，长度不应小于600mm的砌体；

e. 挑梁支承面下内外墙交接处，距墙中心线每边不应小于300mm，高度不应小于600mm的砌体。

⑦对设计规定的洞口、管道、沟槽和预埋件等应在砌筑时预留或预埋，不得在已砌筑的墙体打洞和凿槽，在小砌块墙体中不得预留水平沟槽。

⑧水电管线的敷设安装必须按小砌块排列图要求与土建施工的进度密切配合，严禁事后凿槽打洞。

⑨小砌块砌体砌筑时应采用双排外脚手架或里脚手架，墙体内不宜设脚手眼，如必须设置时可用辅助规格190mm×190mm×190mm小砌块侧砌，利用其孔洞作脚手眼，砌体完工后用C15混凝土填实。但在墙体下列部位不得设置脚手眼：

a. 过梁上部，与过梁成60°角的三角形及过梁跨度1/2范围内；

b. 宽度不大于800mm的窗间墙；

c. 梁和梁垫下及左右各500mm的范围内；

d. 门窗洞口两侧200mm内和砌体交接处400mm的范围内；

e. 设计规定不允许设脚手眼的部位。

f. 墙体施工段的分段位置宜设在伸缩缝、沉降缝、防震缝、门窗洞口或构造柱处。砌体相邻工作段的高度差不得大于一个楼层或4m。

g. 砌筑高度应根据气温、风压、墙体部位及小砌块材质等不同情况分别控制，常温条件下的日砌筑高度普通混凝土小砌块控制在1.8m内，轻骨料混凝土小砌块控制在2.4m内。

2.2.3 芯柱及圈梁设置

芯柱是按设计要求设置在小型混凝土空心砌块墙的转角处和交

接处，在这些部位的砌块孔洞中浇入素混凝土，称素混凝土芯柱；插入钢筋并浇入混凝土而形成钢筋混凝土芯柱。设置钢筋混凝土芯柱是提高多层砌体房屋抗震能力的一种重要措施，为此在《建筑抗震设计规范》中都有具体的规定，施工中应尤加注意，以保证房屋的抗震性能。

(1)墙体的下列部位宜设置芯柱

①在外墙转角、楼梯间四角的纵横墙交接处的3个孔洞，宜设置素混凝土芯柱；

② 5层及5层以上的房屋，应在上述部位设置钢筋混凝土芯柱。

在6～8度抗震设防的建筑物中，应按芯柱位置要求设置钢筋混凝土芯柱；对医院、教学楼等横墙较少的房屋，应根据房屋增加一层的层数，按表2-14的要求设置芯柱。

表2-14 抗震设防区小砌块房屋芯柱设置要求

<table>
<tr><th colspan="3">房屋层数</th><th rowspan="2">设置部位</th><th rowspan="2">设置数量</th></tr>
<tr><th>6度</th><th>7度</th><th>8度</th></tr>
<tr><td>四、五</td><td>三、四</td><td>二、三</td><td>外墙转角，楼梯间四角；大房间内外墙交接处；隔15m或单元横墙与外纵墙交接处</td><td rowspan="2">外墙转角，灌实3个孔；内外墙交接处，灌实4个孔</td></tr>
<tr><td>六</td><td>五</td><td>四</td><td>外墙转角，楼梯间四角；大房间内外墙交接处，山墙与内纵墙交接处，隔开间横墙(轴线)与外纵墙交接处</td></tr>
<tr><td>七</td><td>六</td><td>五</td><td>外墙转角，楼梯间四角；各内墙(轴线)与外纵墙交接处；8、9度时，内纵墙与横墙(轴线)交接处和洞口两侧</td><td>外墙转角，灌实5个孔；内外墙交接处，灌实4个孔；内墙交接处，灌实4～5个孔；洞口两侧各灌实1个孔</td></tr>
<tr><td></td><td>七</td><td>六</td><td>同上；横墙内芯柱间距不宜大于2m</td><td>外墙转角，灌实7个孔；内外墙交接处，灌实5个孔；内墙交接处，灌实4～5个孔；洞口两侧各灌实1个孔</td></tr>
</table>

注：外墙转角、内外墙交接处、楼电梯间四角等部位，应允许采用钢筋混凝土构造柱替代部分芯柱。

1）芯柱截面不宜小于 120mm×120mm；

2）芯柱应伸入室外地面下 500mm 或与埋深小于 500mm 的基础圈梁相连；

3）替代芯柱的构造柱，最小截面为 190mm×190mm。

（2）芯柱的构造要求

①芯柱截面不宜小于 120mm×120mm，宜用不低于 C20 的细石混凝土浇灌。

②钢筋混凝土芯柱每孔内插竖筋不应小于 1ϕ10，底部应伸入室内地面下 500mm 或与基础圈梁锚固，顶部与屋盖圈梁锚固。

③芯柱应沿房屋的全高贯通，并与各层圈梁整体现浇，可采用图 2-24 所示的做法。

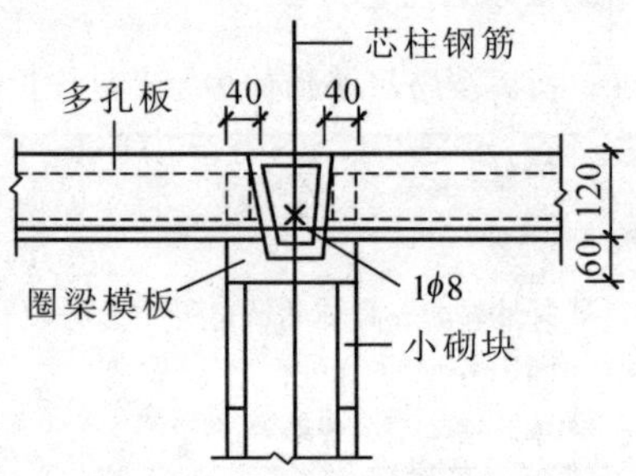

图 2-24 芯柱贯穿楼板的构造

④在钢筋混凝土芯柱处，沿墙高每隔 600mm 应设 ϕ4 钢筋网片拉结，每边伸入墙体不小于 600mm（见图 2-25）。

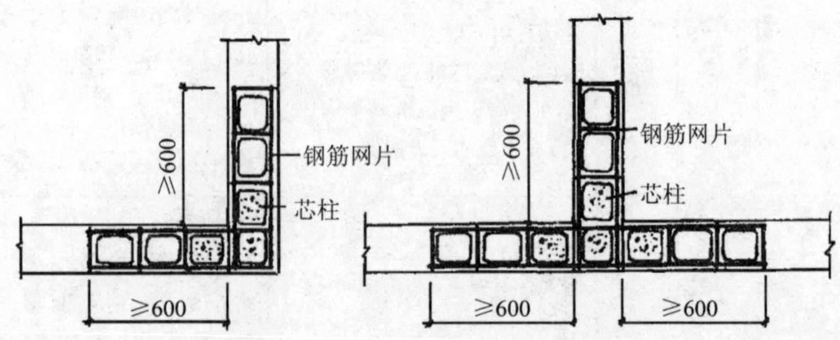

图 2-25 钢筋混凝土芯柱处拉筋

(3)小砌块房屋中替代芯柱的钢筋混凝土构造柱应符合的构造要求

①构造柱最小截面可采用190mm×190mm，纵向钢筋宜采用4ϕ12，筋筋间距不宜大于250mm，且在柱上下端宜适当加密；7度时超过5层、8度时超过4层和9度时，构造柱纵向钢筋宜采用4ϕ14，箍筋间距不应大于200mm；外墙转角的构造柱可适当加大截面及配筋。

②构造柱与砌块墙连接处应砌成马牙槎，与构造柱相邻的砌块孔洞，6度时宜填实，7度时应填实，8度时应填实并插筋；沿墙高每隔600mm应设拉结钢筋网片，每边伸入墙内不宜小于1m。

③构造柱与圈梁连接处，构造柱的纵筋应穿过圈梁，保证构造柱纵筋上下贯通。

④构造柱可不单独设置基础，但应伸入室外地面下500mm，或与埋深小于500mm的基础圈梁相连。

(4)芯柱施工

芯柱混凝土的施工工艺：

清除芯孔内杂物→放芯柱钢筋→从底部开口砌块绑扎钢筋→用水冲洗芯孔→封闭底部砌块的开口→孔底浇适量素水泥浆→定量浇灌芯柱混凝土→振捣芯柱混凝土

①芯柱部位宜采用不封底的通孔小砌块，当采用半封底小砌块时，砌筑前必须打掉孔洞毛边。

在楼(地)面砌筑第一皮小砌块时，在芯柱部位，应采用开口小砌块或U形小砌块砌筑，以砌出操作孔，在操作孔侧面宜预留连通孔，必须清除芯柱孔洞内的杂物及削掉孔内凸出的砂浆，用水冲洗干净，校正钢筋位置并绑扎或焊接固定后，方可浇灌混凝土。

②芯柱钢筋应与基础或基础梁中的预埋钢筋连接，上下楼层的钢筋可在楼板面上搭接，搭接长度不应小于40d(d为钢筋直径)。

③砌完一个楼层高度后，应连续浇灌芯柱混凝土。每浇灌400~500mm捣实一次，或边浇灌边捣实。浇灌混凝土前，先注入适量水泥砂浆；严禁灌满一个楼层后再捣实，宜采用插入式混凝土振动器捣实；混凝土坍落度不应小于50mm。砌筑砂浆强度达到1.0MPa以上方可浇灌芯柱混凝土。芯柱施工中应设专人检查，对混凝土灌入量认可之后方可继续施工。

④如采用槽形小砌块作圈梁模壳时，其底部必须留出芯柱通过的孔洞，楼板在芯柱部位应留缺口保证芯柱贯通。

⑤浇捣后的芯柱混凝土上表面，应低于最上一皮砌块表面（上口）50～80mm，以使圈梁与芯柱交接处形成一个暗键或上下层混凝土得以结合密实，加强抗震能力。

(5)小砌块房屋的现浇钢筋混凝土圈梁应按表2-15的要求设置，圈梁宽度不应小于190mm，配筋不应少于4 ϕ 12，箍筋间距不应大于200mm。

表2-15　小砌块房屋现浇钢筋混凝土圈梁设置要求

墙　类	设置部位	设置数量
外墙和内纵墙	屋盖处及每层楼盖处	屋盖处及每层楼盖处
内横墙	同上；屋盖处沿所有横墙；楼盖处间距不应大于7m；构造柱对应部位	同上；各层所有横墙

2.2.4　混凝土小型空心砌体质量控制与检验

(1)主控项目

①小砌块和砂浆的强度等级必须符合设计要求。小砌块砌体施工时，小砌块和砂浆的强度等级是砌体力学性能能否满足设计要求的最基本条件。

抽检数量：每一生产厂家，每1万块小砌块至少应抽检一组。用于多层建筑基础和底层的小砌块抽检数量不应少于2组。砂浆试块的抽检数量：每一检验批且不超过250m^3砌体的各种类型及强度等级的砌筑砂浆，每台搅拌机应至少抽检一次。

检验方法：查小砌块和砂浆试块试验报告。

②砌体水平灰缝的砂浆饱满度，应按净面积计算不得低于90%；竖向灰缝饱满度不得小于80%；竖向缝凹槽部位应用砌筑砂浆填实，不得出现瞎缝、透明缝。小砌块砌体施工时，对砂浆饱满度的要求，严于砖砌体的规定。

抽检数量：每检验批不应少于3处。

检验方法：用专用百格网检测小砌块与砂浆黏结痕迹，每处检测3块小砌块，取其平均值。

③墙体转角处和纵横墙交接处应同时砌筑。临时间断处应砌成斜

槎，斜槎水平投影长度不应小于高度的2/3。

抽检数量：每检验批抽20%接槎，且不应少于5处。

检验方法：观察检查。

④砌体的轴线偏移和应符合表2-16的规定。

表2-16 砌块砌体位置及垂直度允许偏差和检验方法

<table>
<tr><th>项次</th><th colspan="3">项 目</th><th>允许偏差(mm)</th><th>检验方法</th></tr>
<tr><td>1</td><td colspan="3">轴线位置偏移</td><td>10</td><td>用经纬仪或拉线和尺量检查</td></tr>
<tr><td rowspan="3">2</td><td rowspan="3">垂直度</td><td colspan="2">每层</td><td>5</td><td>用2m托线板检查</td></tr>
<tr><td rowspan="2">全高</td><td>≤10m</td><td>10</td><td rowspan="2">用经纬仪或吊线和尺量检查</td></tr>
<tr><td>>10m</td><td>20</td></tr>
</table>

(2)一般项目

①砌体的水平灰缝厚度和竖向灰缝宽度宜为10mm，但不应大于12mm，也不应小于8mm。小砌块水平灰缝厚度和竖向灰缝宽度的规定，与砖砌体一致，这样也便于施工检查。多年施工经验表明，此规定是合适的。

抽检数量：每层楼的检测点不应少于3处。

检验方法：用尺量5皮小砌块的高度和2m砌体长度折算。

②小砌块砌体的一般尺寸允许偏差应符合表2-17中的规定。

表2-17 砌块砌体一般尺寸允许偏差和检验方法

<table>
<tr><th>项次</th><th colspan="2">项 目</th><th>允许偏差(mm)</th><th>检验方法</th><th>抽检数量</th></tr>
<tr><td>1</td><td colspan="2">基础顶面或楼面标高</td><td>±15</td><td>用水准仪和尺量检查</td><td>不应少于5处</td></tr>
<tr><td rowspan="2">2</td><td rowspan="2">表面平整度</td><td>清水墙、柱</td><td>5</td><td rowspan="2">用2m靠尺和楔形塞尺检查</td><td rowspan="2">有代表性自然间10%，但不应少于3间，每间不应少于2处</td></tr>
<tr><td>混水墙、柱</td><td>8</td></tr>
<tr><td>3</td><td colspan="2">门窗洞口高、宽(后塞口)</td><td>±5</td><td>用尺检查</td><td>检验批洞口的10%，且不应少于5处</td></tr>
<tr><td>4</td><td colspan="2">外墙上下窗口偏移</td><td>20</td><td>以底层窗口为准用经纬仪或吊线检查</td><td>检验批的10%，且不应少于5处</td></tr>
<tr><td rowspan="2">5</td><td rowspan="2">水平灰缝平直度</td><td>清水墙</td><td>7</td><td rowspan="2">拉10m线和尺检查</td><td rowspan="2">有代表性自然间10%，但不应少于3间，每间不应少于2处</td></tr>
<tr><td>混水墙</td><td>10</td></tr>
</table>

2.3 石砌体工程

2.3.1 毛石砌筑

毛石砌体应采用铺浆法砌筑。砂浆必须饱满，叠砌面的黏灰面积(即砂浆饱满度)应大于80%。

毛石砌体宜分皮卧砌，各皮石块间应利用毛石自然形状经敲打修整使能与先砌毛石基本吻合、搭砌紧密；毛石应上下错缝，内外搭砌，不得采用外面侧立毛石中间填心的砌筑方法；中间不得有铲口石(尖石倾斜向外的石块)、斧刃石(尖石向下的石块)和过桥石(仅在两端搭砌的石块)，见图2-26。

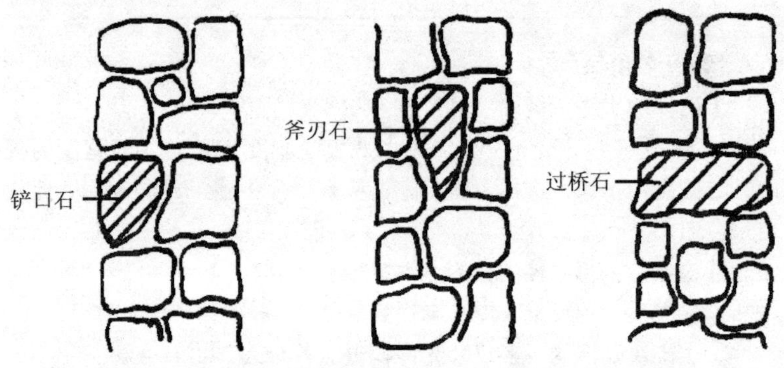

图2-26 铲口石、斧刃石、过桥石

毛石砌体的灰缝厚度宜为20～30mm，石块间不得有相互接触现象。石块间较大的空隙应先填塞砂浆后用碎石块嵌实，不得采用先摆碎石块后塞砂浆或干填碎石块的方法。

(1)毛石基础的砌筑

毛石基础是乱毛石或平毛石与水泥混合砂浆或水泥砂浆砌成的基础形式，毛石基础可作为墙下条形基础或柱下条形基础。

砌筑前应检查基槽尺寸和垫层标高，清理槽内杂物，如垫层干燥应洒水润湿。当基底无垫层、基础直接坐落在天然地基上时，基槽底应修理平整。

毛石基础断面形状有矩形、阶梯形和梯形。基础顶面宽度应比墙基宽度大200mm，即每边宽100mm。阶梯形基础每阶高度不小于300mm，每阶伸出宽度不宜大于200mm，上级阶梯的石块应至少压砌下级阶梯石块的 1/2，相邻阶梯的毛石应相互错缝搭砌(见图 2-27)。

毛石基础的转角处、交接处应用较大的平毛石同时砌筑，对不能同时砌筑而又必须留置的临时间断处，应砌成斜槎，斜槎面上不得铺砂浆。临时间断处的高度差不得超过 1. 2m。

毛石基础的最上一皮，宜选用较大的毛石砌筑。基础墙中的洞口应预先留出，不得砌后再凿。毛石基础每日的砌筑高度不应超过 1. 2m。

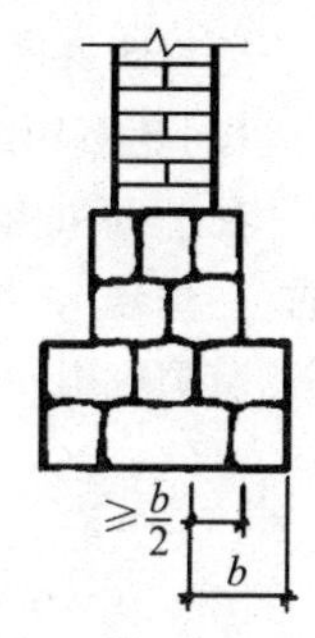

图 2-27　阶梯形毛石基础

为保证砌体整体性，毛石基础必须设置拉结石。拉结石应均匀分布。毛石基础同皮内每隔 2m 左右设置一块。拉结石长度，若基础宽度等于或小于 400mm，应与基础宽度相等；若基础宽度大于 400mm，可用两块拉结石内外搭接，搭接长度不应小于 150mm，且其中一块拉结石长度不应小于基础宽度的 2/3。

(2) 毛石墙的砌筑

毛石墙是用乱毛石或平毛石与水泥混合砂浆或水泥砂浆砌成的灰缝不规则的墙体，厚度应不小于 350mm。

砌筑前应根据墙的位置与厚度，在基础顶面上放线，并立皮数杆、挂线。

毛石墙的第一皮，应用较大的平毛石砌筑；转角处和洞口处应用棱角比较整齐、边角是直角的角石砌筑；内外墙丁接处，应用较为平整的长方形石块，并具有合适的尺寸，使其在纵横墙中上下皮能相互咬住槎；每个楼层墙体的最上一皮，宜用较大的毛石砌筑。

整个墙体应分皮砌筑，每皮高大致 300 ~ 400mm。每砌一步架，要大致找平一次，砌至楼层高度时，应全面找平，以达到顶面平整。

毛石墙的转角处和交接处应同时砌筑。对不能同时砌筑而又必须留置的临时间断处，应砌成踏步槎。

毛石墙必须设置拉结石。拉结石应均匀分布，相互错开。一般每 0. 7m^2 墙面至少设置一块，且同皮内拉结石的中距不应大于 2m。拉结石的长度，如墙厚等于或小于 400mm，应与墙厚相等；如墙厚大于 400mm，可用两块拉结石内外搭接，搭接长度不应小于 150mm，且其中一块拉结石长度不应小于墙厚的 2/3。

毛石墙每日砌筑高度，不应超过1.2m。

(3)毛石和烧结普通砖的组合墙的砌筑

在毛石和烧结普通砖的组合墙中，毛石砌体与砖砌体应同时砌筑，并每隔4~6皮砖用2~3皮丁砖与毛石砌体拉结砌合，两种砌体间的空隙应用砂浆填满(见图2-28)。

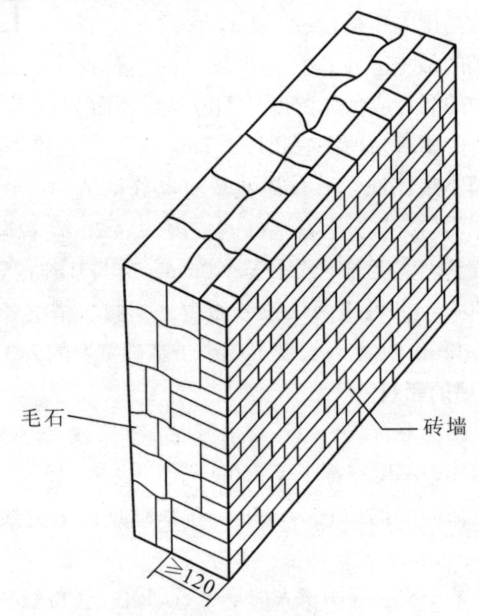

图2-28　毛石和砖组合墙

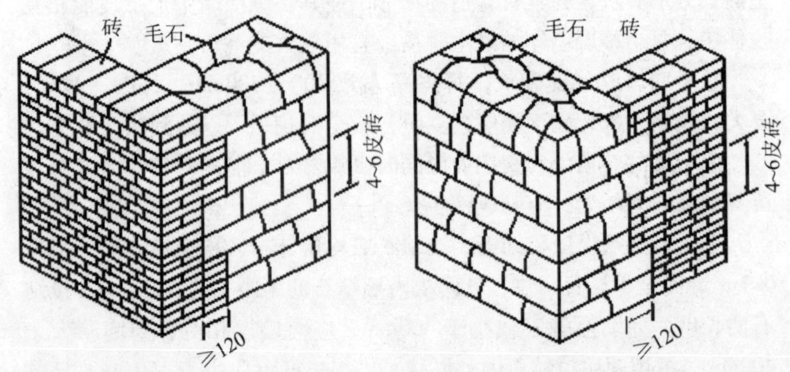

图2-29　转角处毛石墙和砖墙相接

毛石墙和砖墙相接的转角处和交接处应同时砌筑。

转角处应自纵墙（或横墙）每隔4～6皮砖高度引出不小于120mm与横墙（或纵墙）相接（见图2-29）。

交接处应自纵墙每隔4～6皮砖高度引出不小于120mm与横墙相接（见图2-30）。

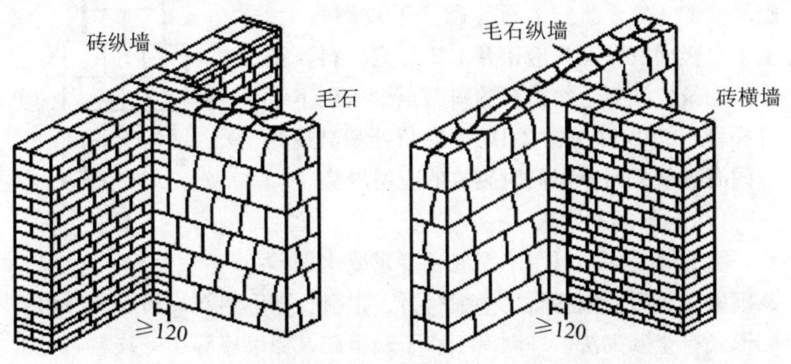

图2-30　交接处毛石墙和砖墙相接

2.3.2　料石砌筑

料石砌体应采用铺浆法砌筑，料石应放置平稳，砂浆必须饱满。砂浆铺设厚度应略高于规定灰缝厚度，其高出厚度，细料石、半细料石宜为3～5mm；粗料石、毛料石宜为6～8mm。

料石砌体的灰缝厚度，细料石砌体不宜大于5mm；半细料石砌体不宜大于10mm；粗料石和毛料石砌体不宜大于20mm。

料石砌体的水平灰缝和竖向灰缝的砂浆饱满度均应大于80%。

料石砌体上下皮料石的竖向灰缝应相互错开，错开长度应不小于料石宽度的1/2。

(1)料石基础的砌筑

料石基础是用毛料石或粗料石与水泥混合砂浆或水泥砂浆砌成的基础形式，可作为墙下条形基础或柱下条形基础。其断面形状有矩形和阶梯形，阶梯形基础每阶伸出宽度不宜大于200mm（见图2-31）。

料石基础主要有两种组砌方法：

①丁顺叠砌

一皮丁石与一皮顺石相互叠加组砌而成，先丁后顺，竖向灰缝错开1/2石宽。

②丁顺组砌

同皮石中用1～3块顺石和1块丁石交替相隔砌成。

丁石长度为基础宽度，顺石厚度一般为基础厚度的1/3，上皮丁石应砌于下皮顺石上，上下皮竖向灰缝至少应错开1/2石宽。料石基础的砌筑应注意上级阶梯的料石至少压砌下级阶梯料石的1/3（见图2-31），转角处和交接处应同时砌筑，对不能同时砌筑的应留斜槎。

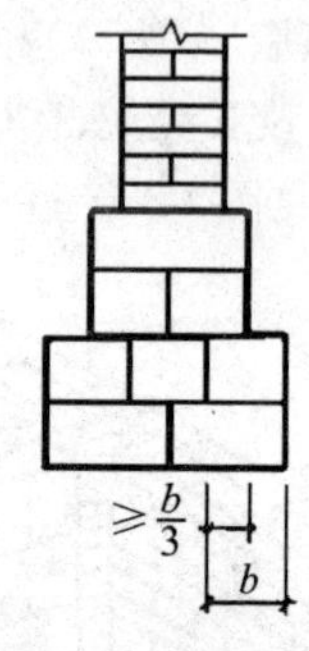

图2-31 料石基础

（2）料石墙的砌筑

料石墙是用料石与水泥混合砂浆或水泥砂浆砌成，料石用细料石、半细料石、粗料石和毛料石均可。料石墙组砌形式有全顺砌法、一顺一丁和丁顺组砌，当墙厚等于一块料石宽度时，可采用全顺砌筑形式[见图2-32（a）]；当墙厚等于两块料石宽度时，可采用一顺一丁或丁顺组砌的砌筑形式。一顺一丁是一皮顺石与一皮丁石相隔砌成，上下皮竖缝相互错开1/2石宽[见图2-32（b）]；丁顺组砌是同皮内1～2块顺石与一块丁石相隔砌成，丁石中距不大于2m，上皮丁石坐中于下皮顺石，上下皮竖缝相互错开至少1/2石宽[见图2-32（c）]。

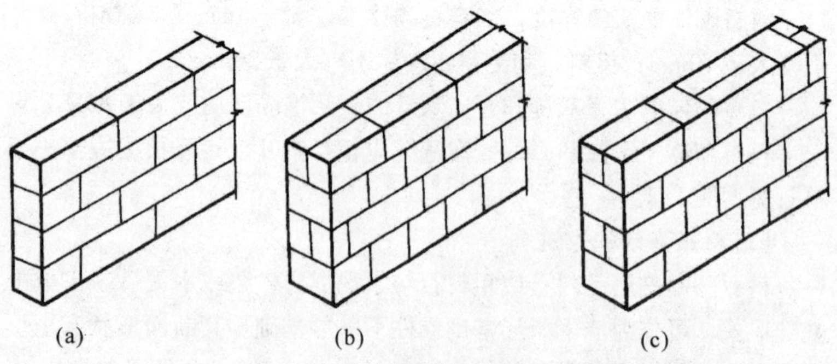

图2-32 料石墙砌筑形式

（a）全顺砌法；（b）一顺一丁；（c）丁顺组砌

在料石和毛石或砖的组合墙中，料石砌体和毛石砌体或砖砌体应同时砌筑，并每隔2～3皮料石层用丁砌层与毛石砌体或砖砌体拉结砌合。丁砌料石的长度宜与组合墙厚度相同(见图2-33)。

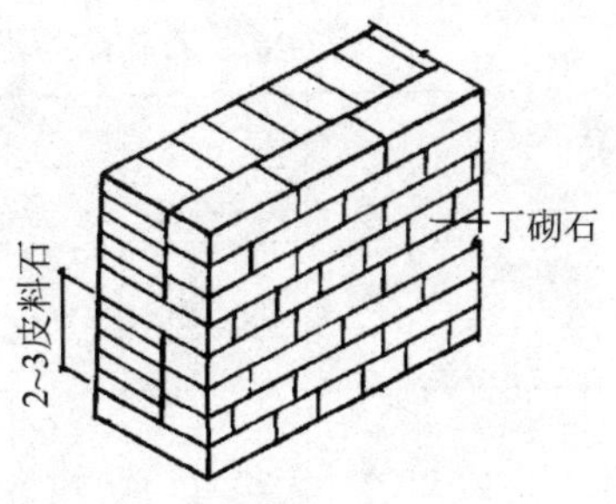

图2-33 料石和砖的组合墙

2.3.3 石砌体工程质量控制与检验

石砌体质量分为合格和不合格两个等级。

石砌体质量合格应符合以下规定：

主控项目应全部符合规定；一般项目应有80%及以上的抽检处符合规定，或偏差值在允许偏差范围以内。

(1)主控项目

①石材及砂浆强度等级必须符合设计要求。石砌体是由石材和砌筑砂浆砌筑而成，其力学性能能否满足设计要求，石材及砂浆强度等级起到决定性的作用。

抽检数量：同一产地的石材至少应抽检一组。砂浆试块抽检数量：每一检验批且不超过250m^3砌体的各种类型及强度等级的砌筑砂浆，每台搅拌机应至少抽检一次。

检验方法：料石检查产品质量证明书，石材、砂浆检查试块试验报告。

②砂浆饱满度不应小于80%。砂浆饱满度的大小直接影响石砌体力学性能、整体性和耐久性，因此对石砌体的砂浆饱满度作了规定。

抽检数量：每步架抽查不应少于1处。

检验方法：观察检查。

③石砌体的轴线位置及垂直度允许偏差应符合表2-18的规定。石砌体的轴线位置及垂直度偏差将直接影响结构的安全性，因此有必要把这两项允许偏差列入主控项目。

抽检数量：外墙，按楼层(或4m高以内)每20m抽查1处，每处3延长米，但不应少于3处；内墙，按有代表性的自然间抽查10%，但不应少于3间，每间不应少于2处，柱子不应少于5根。

表2-18 石砌体的轴线位置及垂直度允许偏差 (mm)

<table>
<tr><th rowspan="4">项次</th><th rowspan="4" colspan="2">项目</th><th colspan="7">允许偏差</th><th rowspan="4">检验方法</th></tr>
<tr><th colspan="2">毛石砌体</th><th colspan="5">料石砌体</th></tr>
<tr><th rowspan="2">基础</th><th rowspan="2">墙</th><th colspan="2">毛料石</th><th colspan="2">粗料石</th><th>细料石</th></tr>
<tr><th>基础</th><th>墙</th><th>基础</th><th>墙</th><th>墙、柱</th></tr>
<tr><td>1</td><td colspan="2">轴线位置</td><td>20</td><td>15</td><td>20</td><td>15</td><td>15</td><td>10</td><td>10</td><td>用经纬仪和尺检查，或用其他测量仪器检查</td></tr>
<tr><td rowspan="2">2</td><td rowspan="2">墙面垂直度</td><td>每层</td><td></td><td>20</td><td></td><td>20</td><td></td><td>10</td><td>7</td><td rowspan="2">用经纬仪、吊线和尺检查或用其他测量仪器检查</td></tr>
<tr><td>全高</td><td></td><td>30</td><td></td><td>30</td><td></td><td>25</td><td>20</td></tr>
</table>

(2)一般项目

①石砌体的一般尺寸允许偏差应符合表2-19的规定。检验方法“用水准仪和尺检查”要求具体明确，便于工程质量验收。砌体厚度项目中的毛石基础、毛料石基础和粗料石基础增加了下限为“0”的控制，即不允许出现负偏差，这一规定将大大增加基础工程的安全可靠性。

表2-19 石砌体的一般尺寸允许偏差

<table>
<tr><th rowspan="3">项次</th><th rowspan="3" colspan="2">项目</th><th colspan="7">允许偏差(mm)</th><th rowspan="3">检验方法</th></tr>
<tr><th colspan="2">毛石砌体</th><th colspan="5">料石砌体</th></tr>
<tr><th>基础</th><th>墙</th><th>基础</th><th>墙</th><th>基础</th><th>墙</th><th>墙、柱</th></tr>
<tr><td>1</td><td colspan="2">基础和墙砌体顶面标高</td><td>±25</td><td>±15</td><td>±25</td><td>±15</td><td>±15</td><td>±15</td><td>±10</td><td>用水准仪和尺检查</td></tr>
<tr><td>2</td><td colspan="2">砌体厚度</td><td>+30</td><td>+20
-10</td><td>+30</td><td>+20
-10</td><td>+15</td><td>+10
-5</td><td>+10
-5</td><td>用尺检查</td></tr>
<tr><td rowspan="2">3</td><td rowspan="2">表面平整度</td><td>清水墙、柱</td><td>—</td><td>20</td><td>—</td><td>20</td><td>—</td><td>10</td><td>5</td><td rowspan="2">细料石用2m靠尺和楔形塞尺检查，其他用两直尺垂直于灰缝拉2m线和尺检查</td></tr>
<tr><td>混水墙、柱</td><td>—</td><td>20</td><td>—</td><td>20</td><td>—</td><td>15</td><td>—</td></tr>
<tr><td>4</td><td colspan="2">清水墙水平灰缝平直度</td><td>—</td><td>—</td><td>—</td><td>—</td><td>—</td><td>10</td><td>5</td><td>拉10m线和尺检查</td></tr>
</table>

抽检数量：外墙，按楼层(4m 高以内)每 20m 抽查 1 处，每处 3 延长米，但不应少于 3 处；内墙，按有代表性的自然间抽查 10%，但不应少于 3 间，每间不应少于 2 处，柱子不应少于 5 根。

②石砌体的组砌形式应符合下列规定：

a. 内外搭砌，上下错缝，拉结石、丁砌石交错设置；

b. 毛石墙拉结石每 0.7m^2墙面不应少于 1 块。

该规定是为了保证砌体的整体性及砌体内部的拉结作用。

抽检数量：外墙，按楼层(或 4m 高以内)每 20m 抽查 1 处，每处 3 延长米，但不应少于 3 处；内墙，按有代表性的自然间抽查 10%，但不应少于 3 间。

检验方法：观察检查。

2.4 填充砖砌体工程

2.4.1 填充墙砌筑用砖及填充墙施工

①当填充墙采用烧结多孔砖、烧结空心砖砌筑时，为了使砂浆和块体之间黏结牢固，应使块材提前 2 天浇水湿润；蒸压加气混凝土砌块砌筑时，应向砌筑面适量浇水。

②砖砌体的灰缝应横平竖直，厚薄均匀，并应填满砂浆，竖缝不得出现透明缝、瞎缝。空心砖、轻骨料混凝土小型空心砌块的砌体灰缝应为 8～12mm；蒸压加气混凝土砌块砌体的水平灰缝厚度及竖向灰缝宽度分别宜为 15mm 和 20mm。

③用轻骨料混凝土小型空心砌块或蒸压加气混凝土砌块砌筑墙体时，墙底部应砌烧结普通砖或多孔砖，或普通混凝土小型空心砌块等，其高度不宜小于 200mm。

④砌体采用烧结空心砖时，其品种、规格必须符合设计要求，砌筑时应上下错缝，蒸压加气混凝土砌块搭砌长度不应小于砌块长度的 1/3；轻骨料混凝土小型空心砌块搭砌长度不应小于 90mm；竖向通缝不应大于 2 皮；转孔方向应符合设计要求，无设计要求时，宜将转孔置于水平位置；管线留置在无设计要求时，可采用弹线定位后凿槽或开槽，不得采用斩砖与留槽。

⑤当填充墙砌至接近梁板底时，应留一定的空隙，在抹灰前采用侧砖或立砖或砌块斜砌挤紧，其倾斜度宜为 60°左右，砌筑砂浆应

饱满。

⑥填充墙与框架柱之间缝隙应采用砂浆填实。

⑦填充墙拉结筋设置：砌筑填充墙时，必须把预埋在柱中的拉结筋砌入墙内，砌入墙内的拉结筋位置应设置正确、平直，其外露部分在施工中不得随意弯折；拉结筋的规格、数量、间距、长度应符合设计要求。如无设计要求，拉结筋沿墙高按不超过@500mm设置，伸入砖墙的锚固长度为每边不小于500mm，120mm厚的砌体水平方向上设置一根ϕ6拉结筋，240mm厚以上的砌体水平方向设置2ϕ6拉结筋，末段应有90°弯钩；填充墙与承重墙或柱的交接处，应沿墙高1m左右，设置2ϕ6拉结筋，伸入墙内长度不少于500mm。

2.4.2 质量控制与检验

(1)主控项目

砖、砌块和砌筑砂浆的强度等级应符合设计要求。

检验方法：检查砖或砌块的产品合格证书、产品性能检测报告和砂浆试块试验报告。

(2)一般项目

①填充墙砌体一般尺寸的允许偏差应符合表2-20的规定。根据填充墙砌体的非结构受力特点出发，将轴线位移和垂直度允许偏差纳入一般项目验收。

抽检数量：对表中1、2项，在检验批的标准间中随机抽查10%，但不应少于3间；大面积房间和楼道按两个轴线或每10延长米按一标准间计数。每间检验不应少于3处。对表中3、4项，在检验批中抽检10%，且不应少于5处。

表2-20 填充墙砌体一般尺寸允许偏差

项次	项目		允许偏差(mm)	检验方法
1	轴线位移		10	用尺检查
	垂直度	小于或等于3m	5	用2m托线板或吊线、尺检查
		大于3m	10	
2	表面平整度		8	用2m靠尺和楔形塞尺检查
3	门窗洞口高、宽(后塞口)		±5	用尺检查
4	外墙上、下窗口偏移		20	用经纬仪或吊线检查

②蒸压加气混凝土砌块砌体和轻骨料混凝土小型空心砌块砌体不应与其他块材混砌。加气混凝土砌块砌体和轻骨料混凝土小砌块砌体的干缩较大，为防止或控制砌体干缩裂缝的产生，做出“不应混砌”的规定。但对于因构造需要的墙底部、墙顶部、局部门、窗洞口处，可酌情采用其他块材补砌。

抽检数量：在检验批中抽检20%，且不应少于5处。

检验方法：外观检查。

③填充墙砌体的砂浆饱满度及检验方法应符合表2-21的规定。填充墙砌体的砂浆饱满度虽直接影响砌体的质量，但不涉及结构的重大安全，故将其检查列入一般项目验收。

表2-21 填充墙砌体的砂浆饱满度及检验方法 （%）

<table>
<tr><th>砌体分类</th><th>灰缝</th><th>饱满度及要求</th><th>检验方法</th></tr>
<tr><td rowspan="2">空心砖砌体</td><td>水平</td><td>≥80</td><td rowspan="4">采用百格网检查块材底面砂浆的黏结痕迹面积</td></tr>
<tr><td>垂直</td><td>填满砂浆，不得有透明缝、瞎缝、假缝</td></tr>
<tr><td rowspan="2">加气混凝土砌块和轻骨料混凝土小砌块砌体</td><td>水平</td><td>≥80</td></tr>
<tr><td>垂直</td><td>≥80</td></tr>
</table>

抽检数量：每步架子不少于3处，且每处不应少于3块。

④填充墙砌体留置的拉结钢筋或网片的位置应与块体皮数相符合。拉结钢筋或网片应置于灰缝中，埋置长度应符合设计要求，竖向位置偏差不应超过一皮高度。此条规定是为了保证填充墙砌体与相邻的承重结构(墙或柱)有可靠的连接。

抽检数量：在检验批中抽检20%，且不应少于5处。

检验方法：观察和用尺量检查。

⑤填充墙砌筑时应错缝搭砌，蒸压加气混凝土砌块搭砌长度不应小于砌块长度的1/3；轻骨料混凝土小型空心砌块搭砌长度不应小于90mm；竖向通缝不应大于2皮。错缝，即上、下皮块体错开摆放，此种砌法为搭砌，以增强砌体的整体性。

抽检数量：在检验批的标准间中抽查10%，且不应少于3间。

检查方法：观察和用尺检查。

⑥填充墙砌体的灰缝厚度和宽度应正确。空心砖、轻骨料混凝

土小型空心砌块的砌体灰缝应为8～12mm。蒸压加气混凝土砌块砌体的水平灰缝厚度及竖向灰缝宽度分别宜为15mm和20mm。加气混凝土砌块尺寸比空心砖、轻骨料混凝土小砌块大，故对其砌体水平灰缝厚度和竖向灰缝宽度的规定稍大一些。灰缝过厚和过宽，不仅浪费砌筑砂浆，而且砌体灰缝的收缩也将加大，不利砌体裂缝的控制。

抽检数量：在检验批的标准间中抽查10%，且不应少于3间。

检查方法：用尺量5皮空心砖或小砌块的高度和2m砌体长度折算。

⑦填充墙砌至接近梁、板底时，应留一定空隙，待填充墙砌筑完并应至少间隔7d后，再将其补砌挤紧。填充墙砌完后，砌体还将产生一定变形，施工不当，不仅会影响砌体与梁或板底的紧密结合，还会产生结合部位的水平裂缝。

抽检数量：每验收批抽10%填充墙片(每两柱间的填充墙为一墙片)，且不应少于3片墙。

检验方法：观察检查。

2.5 砌筑砂浆

2.5.1 砂浆的制备及性能

(1)砂浆的制备

砂浆现场拌制时，各组分材料应采用重量计量。水泥、有机塑化剂、冬期施工中掺用的氯盐等不超过±2%；砂、石灰膏、粉煤灰、生石灰粉等不超过±5%。其中，石灰膏使用时的用量，应按试配时的稠度与使用的稠度予以调整，即用计算所得的石灰膏用量乘以换算系数，该系数见表2-22。同时还应对砂的含水率进行测定，并考虑其砂浆组成材料的影响。

表2-22 石灰膏不同稠度时的换算系数

石灰膏稠度(mm)	120	110	100	90	80	70	60	50	40	30
换算系数	1.00	0.99	0.97	0.95	0.93	0.92	0.90	0.88	0.87	0.86

水泥砂浆和水泥混合砂浆拌和时间不得少于2min，水泥粉煤灰

砂浆和掺加外加剂的砂浆不得少于3min，掺加有机塑化剂的砂浆应为3～5min。砂浆应随拌随用，水泥砂浆应在拌成后3h内用完，水泥混合砂浆则应在4h内用完，如气温超过30℃时，应分别在2h和3h内用完，对掺加缓凝剂的砂浆其使用时间可根据具体情况延长。时间应作强度检验，每一楼层或250m^{3}砌体中的各种标号的砂浆，每台搅拌机应至少检查一次，每次应制作一组试块(每组6块)，砂浆标号或配合比变更时，还应制作试块。

(2)建筑砂浆的和易性

①砂浆的流动性

砂浆流动性又称稠度，表示砂浆在重力或外力作用下流动的性能。砂浆流动性的大小用“稠度值”表示，通常用砂浆稠度测定仪测定。砂浆流动性选择可参考表2-23。

表2-23　砌筑砂浆的稠度　(mm)

项次	砌体种类	砂浆稠度
1	烧结普通砖砌体	70～90
2	轻骨料混凝土小型砌块砌体	60～90
3	烧结多孔砖、空心砖砌体	60～80
4	烧结普通砖平拱式过梁空斗墙、筒拱普通混凝土小型砌块砌体、加气混凝土砌块砌体	50～70
5	石砌体	30～50

②砂浆的保水性

砂浆保水性是指砂浆能保持水分的能力。即指搅拌好的砂浆在运输、停放、使用过程中，水与胶凝材料及骨料分离快慢的性质。保水性良好的砂浆水分不易流失，易于摊铺成均匀密实的砂浆层；反之，保水性差的砂浆，在施工过程中容易泌水、分层离析、水分流失，使流动性变坏，不易施工操作；同时由于水分易被砌体吸收，影响水泥正常硬化，从而降低了砂浆黏结强度。

砂浆保水性以“分层度”表示，用砂浆分层度测量仪测定。保水性良好的砂浆，其分层度值较小，一般分层度以10～20mm为宜，在此范围内砌筑或抹面均可使用。对于分层度为0的砂浆，虽然保水性好，无分层现象，但往往胶凝材料用量过多，或砂过细，致使砂浆干缩较大，易发生干缩裂缝，尤其不宜作抹面砂浆；分层度大于 20mm 的砂浆，保水性不良，不宜采用。砌筑砂浆的分层度不应大于 30mm。

(3) 砂浆的强度

①砂浆的强度等级

砂浆的强度等级是边长 70.7mm 试块在标准养护条件下，28 天龄期的抗压强度，分 M15、M10、M7.5、M5、M2.5 等五个等级。

②试块取样

施工中进行砂浆试验取样时，应在搅拌机出料口、砂浆运送车或砂浆槽中至少从 3 个不同部位随机集取。

每一楼层或 250m^3 砌体中的各种强度等级的砂浆，每台搅拌机应至少检查一次，每次至少应制作一组试块(每组 6 块)。如砂浆强度等级或配合比变更时，还应制作试块。基础砌体可按一个楼层计。

③强度要求

a. 同品种、同强度等级砂浆各组试块的平均强度不小于 $f_{m,k}$；

b. 任意一组试块的强度不小于 0.75$f_{m,k}$。

注：砂浆强度按单位工程内同品种、同强度等级砂浆为同一验收批。当单位工程中同品种、同强度等级砂浆按取样规定，仅有一组试块时，其强度不应低于 $f_{m,k}$。具体数值见表 2-24。

表2-24 砌筑砂浆强度等级

强度等级	龄期 28 天抗压强度(MPa)	
	各组平均值不小于	最小一组平均值不小于
15	15	11.25
M10	10	7.5
M7.5	7.5	5.63
M5	5	3.75
M2.5	2.5	1.88

2.5.2 砂浆配合比计算和确定

砌筑砂浆应满足施工和易性的要求，保证设计强度，还应尽可能节约水泥，降低成本。

砂浆中各种原材料的比例称为砂浆的配合比。砌筑砂浆要根据工程类别及砌体部位的设计要求选择砂浆的标号；再按该标号确定配合比。砂浆的配合比应采用质量比，并应最后由试验确定。如砂浆的组成材料(胶凝材料、掺和料、集料)有变更，其配合比应重新确定。

(1)水泥混合砂浆配合比计算

水泥砂浆配合比计算，应按下列步骤进行：

①计算砂浆试配强度$f_{m,0}$

砂浆的试配强度应按下式计算：

$$f_{m,0} = f_2 + 0.645\sigma$$

式中　$f_{m,0}$——砂浆的试配强度，精确至0.1MPa；

f_2——砂浆抗压强度平均值，精确至0.1MPa；

σ——砂浆现场强度标准差，精确至0.01MPa。

当有统计资料时，砂浆现场强度标准差σ应按下式计算：

$$\sigma = \sqrt{\frac{\sum_{i=1}^{n} f_{m,i}^2 - n\mu f_m^2}{n-1}}$$

式中　$f_{m,i}$——统计周期内同一品种砂浆第i组试件的强度(MPa)；

$n\mu f_m$——统计周期内同一品种砂浆n组试件强度的平均值(MPa)；

n——统计周期内同一品种砂浆试件的总组数，$n \geqslant 25$。

当不具有近期统计资料时，砂浆现场强度标准差σ可按表2-25取用。

表2-25　砂浆强度标准差σ选用值　(MPa)

施工水平	砂浆强度等级					
	M2.5	M5	M7.5	M10	M15	M20
优良	0.50	1.00	1.50	2.00	3.00	4.00
一般	0.62	1.25	1.88	2.50	3.75	5.00
较差	0.75	1.50	2.25	3.00	4.50	6.00

②计算水泥用量Q_c

每立方米砂浆中的水泥用量，应按下式计算：

$$Q_c = \frac{1000(f_{m,0} - \beta)}{\alpha \times f_{ce}}$$

式中 Q_c——每立方米砂浆的水泥用量，精确至1kg；

$f_{m,0}$——砂浆的试配砂浆，精确至0.1MPa；

f_{ce}——水泥的实测强度，精确至0.1MPa；

α、β——砂浆的特征系数，其中 $\alpha=3.03$，$\beta=15.09$。

在无法取得水泥的实测强度值时，可按下式计算 f_{ce}：

$$f_{ce} = \gamma_c \times f_{ce,k}$$

式中 $f_{ce,k}$——水泥强度等级对应的强度值；

γ_c——水泥强度等级值的富余系数，该值应按实际统计资料确定。无统计资料时 γ_c 可取1.0。

③计算掺加料用量 Q_D

水泥混合砂浆的掺加料用量应按下式计算：

$$Q_D = Q_A - Q_C$$

式中 Q_D——每立方米砂浆的掺加料用量，精确至1kg；石灰膏、黏土膏使用时的稠度为(120±5)mm；

Q_c——每立方米砂浆的水泥用量，精确至1kg；

Q_A——每立方米砂浆中水泥和掺加料的总量，精确至1kg；宜在300~350kg之间。

④确定砂用量 Q_s

每立方米砂浆中的砂用量，应按干操状态(含水率小于0.5%)的堆积密度值作为计算值(kg)。含水率为0的过筛净砂，每立方米砂浆用0.9m³砂子，含水率为2%的中砂，每立方米砂浆中的用砂量为1m³。含水率大于2%的砂，应酌情增加用砂量。

⑤选用用水量 Q_s

每立方米砂浆中的用水量，根据砂浆稠度等要求可选用240~310kg。用水量中不包括石灰膏或黏土膏中的水。当采用细砂或粗砂时，用水量分别取上限或下限；砂浆稠度小于70mm时，用水量可小于下限；施工现场气候炎热或干燥季节，可酌量增加用水量。通过试拌，以满足砂浆的强度和流动性要求来确定用水量。

(2)水泥砂浆配合比选用

水泥砂浆材料用量可按表2-26选用。

表2-26 每立方米水泥砂浆材料用量 (kg)

砂浆强度等级	每立方米砂浆水泥用量	每立方米砂浆砂用量	每立方米砂浆用水量
M2.5、M5	200~230	$1m^3$ 砂的堆积密度值	270~330
M7.5、M10	220~280		
M15	280~340		
M20	340~400		

注：1)此表水泥强度等级为32.5级，大于32.5级水泥用量宜取下限；
2)根据施工水平合理选择水泥用量；
3)当采用细砂或粗砂时，用水量分别取上限或下限；
4)稠度小于70mm时，用水量可小于下限；
5)施工现场气候炎热或干燥季节，可酌量增加用水量。

(3)配合比试配、调整与确定

试配时应采用工程中实际使用的材料，应采用机械搅拌。搅拌时间，应自投料结束算起，对水泥砂浆和水泥混合砂浆，不得少于120s；对掺用粉煤灰和外加剂的砂浆，不得少于180s。

按计算或查表所得配合比进行试拌时，应测定砂浆拌和物的稠度和分层度，当不能满足要求时，应调整材料用量，直到符合要求为止。然后确定为试配时的砂浆基准配合比。

试配时至少应采用三个不同的配合比，其中一个为基准配合比，其他配合比的水泥用量应按基准配合比分别增加及减少10%。在保证稠度、分层度合格的条件下，可将用水量或掺加料用量作相应调整。

对三个不同的配合比进行调整后，应按现行行业标准《建筑砂浆基本性能试验方法》(JGJ70)的规定成型试件，测定砂浆强度；并选定符合试配强度要求且水泥用量最少的配合比作为砂浆配合比。

2.6 冬季施工

2.6.1 砌体工程冬季施工的基本要求

砌体工程的冬期施工方法，有外加剂法、暖棚法和冻结法等。由于掺外加剂砂浆在负温条件下强度可以持续增长，砌体不会发生沉降变形，施工工艺简单，因此砖石工程的冬期施工，应以外加剂法为主。对地下工程或急需使用的工程，可采用暖棚法。对保温、绝缘、装饰等方面有特殊要求的工程可采用冻结法，混凝土小型空心砌块不得采用冻结法施工；加气混凝土砌块承重墙及围护外墙不宜冬期施工。

砌体工程冬期施工，由于气温低给施工带来诸多不便，必须采取一些必要的冬期施工技术措施来确保工程质量，同时又要保证常温施工情况下的一些工程质量要求。所以冬期施工砌体工程的质量验收既要符合本章要求，还要符合《建筑工程施工质量验收规范》各章的要求及国家现行标准《建筑工程冬期施工规程》(JGJ-104)的规定。

砌体工程在冬期施工过程中，只有加强管理和采取必要的技术措施才能保证工程质量符合要求。因此，砌体工程冬期施工应有完整的冬期施工方案。

冬期施工所用材料应符合下列要求：

①石灰膏、电石膏等如遭受冻结，应经融化后方可使用。

②拌制砂浆用砂，不得含有冰块和大于10mm的冻结块。

③普通砖、空心砖、灰砂砖、混凝土小型空心砌块、加气混凝土砌块和石材在砌筑前应清除表面污物、冰雪等，不得使用遭水浸和受冻后的砖或砌块。

④砂浆宜优先采用普通硅酸盐水泥拌制，冬期砌筑不得使用无水泥拌制的砂浆。

⑤拌和砂浆时水的温度不得超过80℃，砂的温度不得超过40℃。

⑥冬期砌筑砂浆的稠度，宜比常温施工时适当增加。可通过增加石灰膏或黏土膏的办法来解决。具体要求如表2-27。

表2-27　冬期砌筑砂浆的稠度　(cm)

砌体种类	稠度
砖砌体	8~13
人工砌的毛石砌体	4~6
振动的毛石砌体	2~3

水泥砂浆组成材料的加热温度，也可用表2-28进行近似计算。

表2-28 水泥砂浆组成材料加热温度计算表 (℃)

水温	砂浆温度（当砂的含水率为下列数值时）				砂的温度	砂浆温度（当砂的含水率为下列数值时）				水泥温度	砂浆温度
	0	1%	2%	3%		0	1%	2%	3%		
1	0.44	0.42	0.40	0.38	-10	-4.4	-4.7	-4.8	-5.1	-10	-1.1
10	4.4	4.2	4.0	3.8	-5	-2.0	-2.1	-2.4	-2.6	-5	-0.5
15	6.6	6.3	6.0	5.7	0	0	0	0	0	0	0
20	8.8	8.4	8.0	7.6	5	2.2	2.4	2.6	2.8	5	0.5
25	11.1	10.5	10.0	9.5	10	4.4	4.7	4.9	5.1		
30	13.2	12.6	12.0	11.4	15	6.6	7.1	7.4	8.2		
35	15.6	14.7	14.0	13.3	20	8.8	9.4	9.8	11.2		
40	17.6	16.8	16.0	15.2	25	11.1	11.8	12.2	13.3		
45	19.8	18.9	18.0	17.1	30	13.2	14.1	14.7	15.3		
50	22.0	21.0	20.0	19.0	35	15.6	16.5	27.1	18.4		
55	24.3	23.1	22.0	20.9	40	17.6	18.8	19.6	20.4		
60	26.4	25.2	24.0	22.8							
65	28.7	27.3	26.0	24.7							
70	30.8	29.4	28.0	26.6							
75	33.5	30.4	30.0	28.5							
80	35.2	36.6	32.0	30.4							

水的加热方法，当有供汽条件时，可将蒸汽直接通入水箱，也可用铁桶等烧水；砂子可用蒸汽排管、火坑加热，也可将汽管插入砂内直接送汽。直接通汽需注意砂的含水率的变化。采用蒸汽排管或火坑加热时，可在砂上浇些温水(加水量不超过5%)，以免冷热不均，也可加快加热速度。砂不得在钢板上灼炒。水、砂的温度应经常检查，每小时不少于一次。温度计停留在砂内的时间不应少于3min，在水内停留时间不应少于1min。

为了避免砂浆拌和时因砂和水过热造成水泥假凝现象，拌和砂浆宜采用两步投料法。即将水、砂先行搅拌，再加水泥一起拌和。冬季搅拌砂浆的时间应适当延长，一般要比常温期增加0.5~1倍。

冬期施工时，可在砂浆中按一定比例掺入微沫剂，掺量一般为水泥质量的0.005%~0.01%。微沫剂在使用前应用水稀释均匀，水温不宜低于70℃，浓度以5%～10%为宜，并应在一周内使用完毕，必须采用机械搅拌，拌和时间自投料计起为3～5min。

砂浆使用温度应符合下列规定：

①采用掺外加剂法时，不应低于+5℃。

②采用氯盐砂浆法时，不应低于+5℃。

③采用暖棚法时，不应低于+5℃。

④采用冻结法当室外空气温度分别为0～-10℃、-11～-25℃、-25℃以下时，砂浆使用最低温度分别为10℃、15℃、20℃。

本条规定主要是考虑在砌筑过程中砂浆能保持良好的流动性，从而可保证较好的砂浆饱满度和黏结强度。冻结法施工中砂浆使用最低温度所规定是参照《建筑工程冬期施工规程》(JGJ104-97)而确定的。

砂浆在搅拌后的温度可按下式计算：

$$T_p=[0.9(m_{ce}T_{ce}+0.5m_1T_1+m_{sa}T_{sa})+4.2T_w(m_w-0.5m_1-w_{sa}m_{sa})]\div[4.2(m_w+0.5m_1)+0.9(m_{ce}+0.5m_1+m_{sa})]$$

式中 T_p——砂浆在搅拌后的温度(℃)；

m_w、m_{ce}、m_1、m_{sa}——水、水泥、石灰膏、砂的用量(kg)；

T_w、T_{ce}、T_1、T_{sa}——水、水泥、石灰膏、砂的温度(℃)；

w_{sa}——砂的含水率。

砂浆在搅拌、运输和砌筑过程中的热损失，可按表2-29和表2-30所列的数据进行估算。

表2-29 砂浆搅拌时之热量损失表 (℃)

搅拌机搅拌时之温度	10	15	20	25	30	35	40
搅拌时之热损失(设周围温度+5℃)	2.0	2.5	3.0	3.5	4.0	4.5	5.0

注：1)对于掺氯盐的砂浆，搅拌温度不宜超过35℃。

2)当周围环境温度高于或低于+5℃时，应将此数减或增于搅拌温度中再查表。如环境温度为0℃，原定搅拌时温度为20℃，损失应改为3.5℃。

表2-30 砂浆运输和砌筑时热量损失表 (℃)

温度差	10	15	20	25	30	35	40	45	50	55
一次运输之损失	–	–	0.60	0.75	0.90	1.00	1.25	1.50	1.75	2.00
砌筑时损失	1.5	2.0	2.5	3.0	3.5	4.0	4.5	5.0	5.5	6.0

注：1）运输损失系按保温车体考虑；砌筑时损失系按"三一"砌砖法考虑。

2）温度差系指当时大气温度与砂浆温度的差值。

采取以下措施减少砂浆在搅拌、运输、存放过程中的热量损失：

①砂浆的搅拌应在采暖的房间或保温棚内进行，环境温度不可低于5℃；冬期施工砂浆要随拌随运（直接倾入运输车内），不可积存和二次倒运。

②在安排冬期施工方案时，应把缩短运距作为搅拌站设置的重要因素之一考虑。

当用手推车输送砂浆时，车体应加保温装置，如图2-34所示。

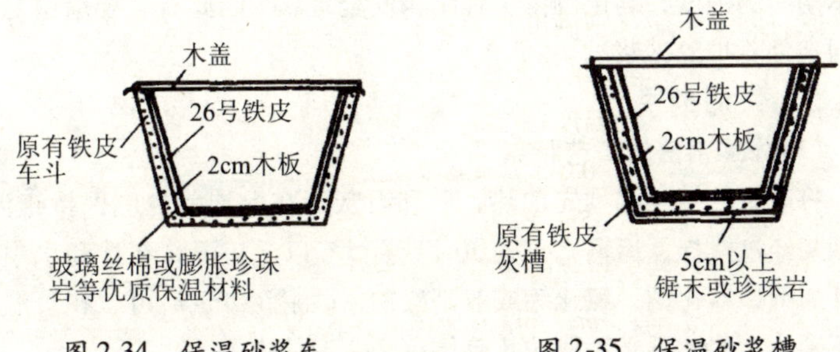

图2-34　保温砂浆车　　　　图2-35　保温砂浆槽

③冬期砂浆应储存在保温灰槽中，如图2-35所示。砂浆应随拌随用，砂浆的储存时间对于普通砂浆和掺外加剂砂浆分别不宜超过15min或20min。

④保温槽和运输车应及时清理，每日下班后用热水清洗，以免冻结。

严禁使用已遭冻结的砂浆，不准以热水掺入冻结砂浆内重新搅拌使用，也不宜在砌筑时向砂浆内掺水使用。

普通砖、多孔砖和空心砖在气温高于0℃条件下砌筑时，应浇水湿润。在气温低于、等于0℃条件下砌筑时，可不浇水，但必须增大砂浆稠度。抗震设防烈度为9度的建筑物，普通砖、多孔砖和空心砖无法浇水湿润时，如无特殊措施，不得砌筑。

砌砖宜采用"三一砌砖法"，即一铲灰、一块砖、一挤揉。若采用铺灰器时，铺灰长度要尽量缩短，防止砂浆温度降低太快。

砖砌体的水平和垂直灰缝的平均厚度不可大于10mm，个别灰缝的厚度也不可小于8mm，施工时要经常检查灰缝的厚度和均匀性。

每天收工前，将垂直灰缝填满，上面不铺灰浆，同时用草帘等保温材料将砌体上表面加以覆盖。第二天上班时，应先将砖石表面的霜雪扫净，然后再继续砌筑。

砌毛石基础时，砌体应紧靠槽壁，或在砌筑过程中随时用未冻土、炉渣等填塞沟槽的空隙。

冬期施工砂浆试块的留置，除应按常温规定要求外，尚应增应不少于2组与砌体同条件养护的试块，分别用于检验各龄期强度和转入常温28天的砂浆强度。

冬期低温施工对砂浆强度影响较大，为了获得砌体中砂浆在自然养护期间的强度，确保砌体工程结构安全可靠，因此有必要增留与砌体同条件养护的砂浆试块。

2.6.2 外加剂法

(1)外加剂法的工艺特点

将砂浆的拌和水预先加热，砂和石灰膏在搅拌前也应保持正温，使砂浆经过搅拌、运输，于砌筑时具有5℃以上正温。在拌和水中掺入外加剂如氯化钠、氯化钙或亚硝酸钠，砂浆在砌筑后可以在负温条件下硬化，因此不必采取防止砌体沉降变形的措施。

(2)掺盐砂浆法施工注意事项

①砂浆中的氯盐掺量

可参考表2-31。

表2-31　砂浆中氯盐掺量(占拌和水重%)

项次	氯盐种类	砌体种类	日最低气温(℃)			
			等于或高于 -10	-11 ~ -15	-16 ~ -20	-21 ~ -25
1	氯化钠(单盐)	砖、砌块	3	5	7	—
		石	4	7	10	—
2	氯化钠	砖、砌块	—	—	5	7
	氯化钙		—	—	2	3

注：1)掺盐量以无水盐计；

2)氯化钠和氯化钙复合时的比例为1:1。

②盐类的掺法

掺盐量以无水氯化钠、氯化钙计。盐类应先溶解于水，然后投入搅拌，加盐量可根据表2-32和表2-33以密度计掌握。如在砂浆中掺加微沫剂时，应先加盐类溶液后再加微沫剂溶液。

表2-32 食盐溶液浓度与密度对照表

无水 NaCl 含量(kg)			20℃时的溶液密度(g/cm^3)
在1kg溶液中	在1L溶液中	在1kg水中	
0.01	0.010	0.010	1.0053
0.02	0.020	0.020	1.0125
0.03	0.031	0.031	1.0196
0.04	0.041	0.042	1.0268
0.05	0.052	0.053	1.0340
0.06	0.062	0.064	1.0413
0.07	0.073	0.075	1.0486
0.08	0.084	0.087	1.0559
0.09	0.096	0.099	1.0633
0.10	0.107	0.111	1.0707
0.11	0.119	0.124	1.0782
0.12	0.130	0.136	1.0857
0.13	0.142	0.149	1.0933
0.14	0.154	0.163	1.1008
0.15	0.166	0.176	1.1085
0.16	0.179	0.190	1.1162
0.17	0.191	0.205	1.1241
0.18	0.204	0.220	1.1319
0.19	0.217	0.235	1.1398
0.20	0.230	0.250	1.1478
0.21	0.243	0.266	1.1559
0.22	0.256	0.282	1.1639
0.23	0.270	0.299	1.1722
0.24	0.283	0.316	1.1804
0.25	0.297	0.333	1.1888
0.26	0.311	0.351	1.1972

表2-33 氯化钙溶液浓度与密度对照表

无水 $CaCl_2$ 含量(kg)			20℃时的溶液密度(g/cm^3)
在1kg溶液中	在1L溶液中	在1kg水中	
0.01	0.010	0.010	1.0070
0.02	0.020	0.020	1.0148
0.04	0.041	0.042	1.0316
0.06	0.063	0.064	1.0486
0.08	0.085	0.087	1.0659
0.10	0.108	0.111	1.0835
0.12	0.132	0.136	1.1015
0.14	0.157	0.163	1.1198
0.16	0.182	0.190	1.1386
0.18	0.208	0.220	1.1578
0.20	0.236	0.250	1.1775
0.22	0.263	0.282	1.1968
0.24	0.292	0.316	1.2175
0.26	0.322	0.351	1.2382
0.28	0.353	0.389	1.2597
0.30	0.384	0.429	1.2816
0.35	0.468	0.538	1.3373
0.40	0.558	0.667	1.3957

③如设计无特殊要求，砂浆的强度等级应按常温施工时提高一级。

④氯盐对钢筋有腐蚀作用

当用掺盐砂浆砌筑配筋砖砌体时，可参考以下办法对钢筋采取防腐措施：采用掺盐砂浆时，砌体中配置的钢筋及钢预埋件应作防腐处理。采取防腐的做法有：

a. 涂刷沥青漆：其比例为30号沥青:10号沥青:汽油＝1:1:2。

b. 涂刷樟丹二道：干燥后就可砌筑，施工时注意表面不可擦伤。

c. 涂刷防锈涂料：其比例为水泥∶亚硝酸钠∶甲基硅醇钠∶水 = 100∶6∶2∶30。配制时，先用约三分之二的水溶解亚硝酸钠，在与水泥拌和后再加入甲基硅醇钠，搅拌 3 ~ 5min，剩余的水根据稠度情况酌量加入。配好的涂料涂刷在钢筋表面约 1.5mm 厚，待干燥后即可使用。

⑤普通砖在正温度条件下砌筑时，砖应适当浇水湿润，可用喷壶随浇随砌。在负温度下砌筑时砖不浇水，但砖表面的灰砂、冰雪必须清除，并适当增大砂浆稠度。抗震设防烈度为 9 度及 9 度以上的建筑物，普通砖、多孔砖和空心砖均不得以干砖砌筑。

⑥对不适宜掺加氯盐的工程，采用冻结法、暖棚法等方法。

⑦日最低气温低于-20℃时，砌石不宜施工。

⑧冬期施工时，每日砌筑后，应在砌体上表面覆盖保温材料。

⑨掺盐砂浆法的质量要求

掺盐砂浆的配制，一定按当天气温情况，砌体部位严格控制掺盐量；掺盐砂浆的出罐温度不宜超过 35℃，使用时最低温度不应小于 5℃；盐溶液的配制应设专人负责，用比重计随时测定溶液的浓度，掌握不同比重的溶液的盐含量；不准用增加微沫剂掺量的方法来改善砂浆的和易性，以防增加掺量会降低砂浆强度；掺盐砂浆应有良好的和易性；砂浆配比计量要准确，以重量比为主，对水泥、有机塑化剂掺量误差控制在 ±2% 以内；砂、石灰膏、粉煤灰等掺量误差控制在 ±5% 以内。

2.6.3 暖棚法

暖棚法是利用简易结构和廉价的保温材料，将需要砌筑的砌体和工作面临时封闭起来，棚内加热，使砌体在正温条件下砌筑和养护。暖棚法成本高、热效低、劳动效率不高，因此宜少采用。一般在地下工程、挡土墙以及量小又急需使用或局部修复的砌休，可考虑采用暖棚法施工。

暖棚的加热，可优先采用热风装置，如用天然气、焦炭炉等，必须注意安全防火。

用暖棚法施工时，砖石和砂浆在砌筑时的温度均不得低于 5℃，而距所砌结构底面 0.5m 处的气温也不得低于 5℃。主要目的是保证砌体中砂浆具有一定温度有利于其强度增长。

砌体在暖棚内的养护时间，根据暖棚内的温度，按表 2-34 确定。

表2-34 暖棚法砌体的养护时间

暖棚内温度(℃)	5	10	15	20
养护时间(天)	≥6	≥5	≥4	≥3

砌筑条形基础或类似结构时，暖棚的构造可参考图2-36。

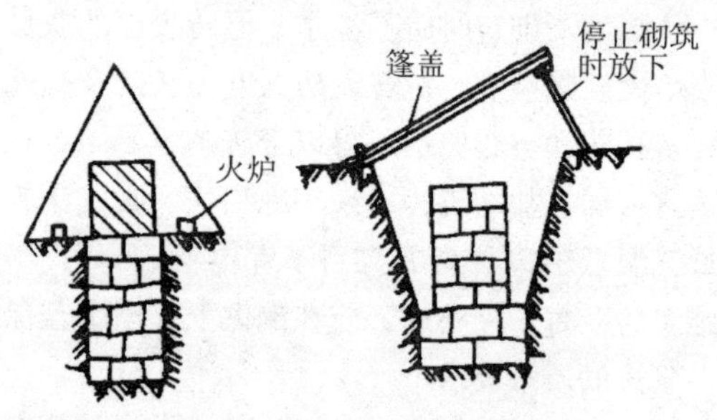

图2-36 暖棚施工示意图

砌体暖棚法施工，近似于常温施工与养护，为有利于砌体强度的增长，暖棚内尚应保持一定的温度。砂浆强度达到强度的30%，即达到了砂浆允许受冻临界强度值，再拆除暖棚时，遇到负温度也不会因其强度损失。表中给出的最少养护期是根据砂浆等级和养护温度与强度增长之间的关系确定的，并限于未掺盐的砂浆，如果施工要求强度有较快增长，可以延长养护时间或提高棚内养护温度以满足施工进度要求。

2.7 砌体加固和裂缝处理

2.7.1 砌体结构的加固技术和方法

(1)砌体结构的加固技术

砖砌体结构墙体由砖和砂浆两种脆性材料组成，其变形能力很差。在地震作用下，即使产生不大的层间位移，也会引起墙体开裂，位移稍许加大，墙体抗水平力的能力就会有较大的降低，甚至引起墙局部倒塌。因此，加固的重点应放在增加砌体的变形能力方面，使其既有较高的抗剪强度，又能在砌体出现较大变形时，墙体仍有一定的抗水平力的能力，以保证整体房屋不倒塌。

砖砌体结构房屋的纵、横墙空间整体共同工作，主要依靠楼屋盖等水平传力结构的刚度。如果楼屋盖刚度不大，而抗震墙间距过大，势必不能保证在其平面内较好地传递水平地震力，从而降低整体房屋的抗震能力。因此，加固的重点也应探讨是否有可能增加抗震墙，或采取措施加强平面传力结构的强度和刚度。

加固结构的受力性能与一般未经加固的普通结构的受力性能有较大差异。其特点主要体现在：

首先，加固结构属二次受力结构，加固前原结构已经载荷受力(即第一次受力)，尤其是当结构因承载能力不足而进行加固时，截面应力、应变水平一般都很高。然而，新加部分在加固后并不立即分担荷载，而是在新增荷载，即第二次加载时，才开始受力。这样，整个加固结构在其后的第二次载荷受力过程中，新加部分的应力、应变始终滞后于原结构的累计应力、应变，原结构的累计应力、应变值始终高于新加部分的应力、应变值，原结构达极限状态时，新加部分的应力应变可能还很低。在遭到破坏时，新加部分可能达不到自身的极限状态，其潜力得不到充分发挥。

其次，加固结构属二次组合结构，新、旧两部分结构存在整体工作共同受力问题。整体工作的关键，主要取决于结合面的构造处理及施工作法。由于结合面混凝土的黏结强度一般远远低于混凝土本身强度，因此，在总体承载力上二次组合结构一般比一次整浇结构要低。

加固结构受力特征的上述差异，决定了各类结构加固计算分析和构造处理，不能完全沿用普通结构概念进行设计。

加固结构共同工作问题：加固结构受力，尤其是当结构临近破坏时，结合面会出现拉、压、弯、剪等复杂应力，特别是受弯或偏压构件的剪应力，有时相当大。加固结构新、旧两部分整体工作的关键，主要在于结合面能否有效地传递和承担这些应力，而且变形不能过大。结合面传递压力，主要是剪力和拉力。由于黏结强度低，且离散性大，结合面混凝土所具有的黏结抗剪和抗拉能力有时远不能满足受剪和受拉承载力要求，如梁、柱采用后浇混凝土加固时，尚需配置一定数量的贯通结合面的剪切——摩擦筋，利用钢筋所产生的被动剪切——摩擦力来抵抗结合面所出现的剪力和拉力。

(2)结构的加固方法

结构的加固方法可以分成两大类，即直接加固法和间接加固法。

①直接加固法

直接加固法：通过一些技术措施，直接提高构件截面的承载力和刚度等，目前常用的直接加固法有以下几种。

加大截面加固法：采用与原有构件同类的材料，通过增大截面的面积，提高构件的承载能力和刚度，达到对原构件进行加固的目的。如在原有钢筋混凝土柱的周边，浇筑一层钢筋混凝土围套，通过采取一些有效技术措施保证新旧钢筋混凝土形成整体，这样就可以提高柱的承载能力和刚度。又如在原有钢屋架下弦杆的位置处，增设一根钢拉杆，并采取措施使两者共同工作，达到对屋架下弦进行加固的目的。

加大截面加固法是一种传统的加固方法，也是一种非常有效的加固方法。该方法可以用来提高构件的抗弯、抗压、抗剪、抗拉等能力，同时也可以用来修复已经损伤的混凝土截面，提高其耐久性，可以广泛地用于各种构件的加固。但是这种加固方法一般对原有构件的截面尺寸有一定程度的增加，使原有的使用建筑空间变小。另外，由于一般采用传统的施工方法，尤其是对钢筋混凝土结构的加固，施工周期长，对在用建筑的使用环境有较严重的影响。一般在加固期间，建筑是不能正常使用的。

外包钢加固法：把型钢或钢板等材料包在被加固(钢筋混凝土)构件的外侧，通过外包钢与原有构件的共同作用，提高构件的承载能力和刚度，达到加固的目的。如在钢筋混凝土或砖柱的四角，设置角钢，并用缀板将角钢连成一体，采取一些技术措施保证角钢参与工作，这样就起到了对柱子的加固作用。外包钢加固一般视外包钢与被加固构件的连接情况分为干式外包和湿式外包。对除在构件的端部处，外包钢与被加固构件之间无任何连接或虽然塞有水泥砂浆但不能确保结合面有效传递剪力的外包钢加固构件，称为干式外包加固。此时，外包钢体系和被加固构件独立工作。当在外包钢与被加固构件之间填入胶凝材料，确保结合面有效传递剪力，使外包钢与被加固构件形成整体，共同变形时，这种外包钢加固称为湿式外包加固。

外包钢法可在基本不增大原构件尺寸的情况下提高构件的承载力，增强构件的刚度和延性。由于采用型钢材料，施工周期相对较短，占用空间也不大，比较广泛地应用于不允许增大截面尺寸，而又需要较大幅度提高承载力的轴心受压和小偏心受压构件，适用于对混凝土梁、柱、屋架及砖窗间墙的加固。外包钢加固也可以用于受弯构件或大偏心受压构件的加固，但宜采用湿式外包钢加固。但该加固方法的用钢量较大，加固费用较高。

外部粘贴加固：用黏结剂将钢板或纤维增强复合材料等粘贴到构件需要加固的部位上，以提高构件承载力和刚度的一种加固方法。如在钢筋混凝土受弯构件的受拉区粘贴钢板或纤维布，外贴钢板或纤维布起到了受拉钢筋的作用，因此可以提高构件的抗弯能力和刚度。又如在混凝土柱截面周边粘贴封闭钢板或纤维箍，在提高柱抗剪承载能力的同时，还可以约束核心混凝土，提高混凝土的强度和构件的延性。目前外部粘贴加固法主要有粘钢加固法和纤维加固法两种。

注浆加固法：采用压力，把具有较好粘接性能的材料注入被加固构件内部的空隙中，以提高被加固构件的完整性、密实性，提高材料的强度。该方法在混凝土或砌体结构的裂缝等内部缺陷的修复加固以及地基加固中广泛应用。

②间接加固法

间接加固法：根据原有结构体系的客观条件，通过一些技术措施，改变结构传力途径，减少被加固构件的荷载效应，目前常用的间接加固法有以下几种：

增设构件加固法：是在原有构件之间增加新的构件，如两榀屋架间加设一榀新屋架，在两根梁之间增加一道新梁，在两根柱子之间增加一个新柱等，以减少原有构件的受荷面积，减少荷载效应，达到结构加固的目的。该方法实施时不破坏原有结构，施工易于操作，但是由于增加了新构件，对原有建筑的建筑功能可能会有影响。所以该方法一般适合于生产厂房或增加构件后不影响使用要求的民用建筑梁柱等的加固。

增设支点加固法：在梁、板等构件上增设支点，在柱子、屋架之间增设支撑构件，减少结构构件的计算跨度(长度)，减少荷载效应，发挥构件潜力，增加结构的稳定性，达到结构加固的目的。按照支撑结构的受力性能，增设支点加固法分为刚性支点加固法和弹性支点加固法。在刚性支点加固法中，新增支点的变形相对被加固构件的变形而言非常小，可以近似视为不动支点，例如在梁的中间设置一个支撑柱，该柱通过受压把荷载传递给基础，由于支撑构件受压，所以变形非常小。在弹性支点加固法中，新增支点的变形较大，不能忽略不计。例如在梁的中间，沿其垂直方向设置一道梁，该新加梁通过受弯把荷载传递到两端的支撑结构上，由于支撑构件受弯，变形较大。

增加结构整体性加固法：通过增设支撑等一些构造措施使多个结构构件形成整体，共同工作。由于整体结构破坏的概率明显小于单个构件，因此在不加固原有构件中任一构件的情况下，整体结构可靠度提高了，达到了结构加固的目的。

改变结构刚度比加固法：是对采取一些局部措施，改变原有结构的刚度比，调整结构在荷载作用下的内力分布，改善结构受力状况，达到加固的目的。该方法一般多用于提高结构抗水平作用的能力。

卸载加固法：采用新型轻质材料置换原有建筑分隔和装饰材料，如用轻质墙板置换原有砖隔墙等，通过减少荷载提高结构的可靠性，达到结构加固的目的。

③砌体加固方法

对房屋进行抗震加固，从整体上提高结构的抗震安全性，是提高其抗震能力的最有效的方法。目前，主要的加固的方法有：

灌浆法和喷射修补法：灌浆法包括压力灌浆、化学灌浆等方法，它是用空气压缩机或手持泵将黏合剂灌入墙体裂缝内，将开裂墙体重新黏合在一起。由于黏合剂的强度远大于砌筑砖墙的强度，所以对于开裂不很严重的砌体用灌浆法修补后，承载力可以恢复如初，且较为经济。

钢筋网水泥砂浆面层加固法：它是把需要加固的砖墙表面除去粉刷层后，两面附设 $\phi 4 \sim 8$ 的钢筋网片，然后抹水泥砂浆的加固方法。由于通常对墙体作双面加固，故俗称夹板墙。其优点与钢筋混凝土面层加固法相近，但提高承载力不如前者；适用于砌体墙的加固，有时也用于钢筋混凝土面层加固带壁柱墙时两侧穿墙箍筋的封闭。目前，钢筋网水泥浆法常用于下列情况的加固：

a. 因施工质量差，而使砖墙承载力普遍达不到设计要求；

b. 窗间墙等局部墙体达不到设计要求；

c. 因房屋加层或超载而引起砖墙承载力的不足；

d. 因火灾或地震而使整片墙承载力或刚度不足等。

下述情况不宜采用钢筋网水泥浆法进行加固：

a. 孔径大于15mm的空心砖墙及厚度为240mm的空斗砖墙；

b. 砌筑砂浆标号小于M0.4的墙体；

c. 因墙体严重油污不易消除，不能保证抹面砂浆黏结质量的墙体。

钢筋混凝土面层加固法：其优点是可以较大幅度提高砖墙的承载能力、抗弯刚度及墙体延性，改变其自振频率，使正常使用阶段的性能得到一定的改善；施工工艺简单、适应性强，砌体加固后承载力有较大提高，并具有成熟的设计和施工经验；适用于原墙没有裂缝并以剪切为主的实心砖墙、多孔(孔径不大于15mm)空心砖墙和240mm厚的空斗砖墙。

增设扶壁柱加固法：该法属于加大截面加固法的一种。其优点亦与钢筋混凝土面层加固法相近。

加大截面加固法：主要用于砌体承载能力不足，但砌体尚未压裂，或仅有轻微裂缝，而且要求扩大截面面积情况。一般的独立砖柱、砖壁柱、窗间墙和其他承重墙的承载能力不足时，均可采用此法加固。

外部粘钢加固法：该法属于传统加固方法，是一种用胶粘剂把钢板粘贴在墙体开裂部分的加固方法。常用的胶粘剂以环氧树脂为主。这种加固方法优点是施工简便快速、现场工作量和湿作业少，对生产和生活影响小，几乎不改变构件的外形和内部使用空间，却能大大提高墙体的抗剪承载力和正常使用阶段的性能，受力较为可靠；适用于不允许增大原构件截面尺寸，却又要求大幅度提高截面承载力的砌体的加固。

结构构造性加固法：主要用于砌体承载能力严重不足，砌体碎裂严重可能倒塌的情况。对砌体结构进行构造性加固的方法主要有：

a. 增加横墙：对于空旷房屋增加足够刚度的横墙，其间距不超过《砌体结构设计规范》(GB50003-2001)的规定，将房屋的静力计算方案由弹性改为刚性。

b. 砖柱承重改为砖墙承重：原为砖柱承重的仓库、厂房或大房间，因砖柱承载能力严重不足而改为砖墙承重，成为小开间建筑。

c. 托梁换柱：主要用于独立砖柱承载力严重不足时，先加设临时支撑，卸除砖柱荷载，然后，根据计算确定新砌砖柱的材料强度和截面尺寸，并在柱梁下增设梁垫。

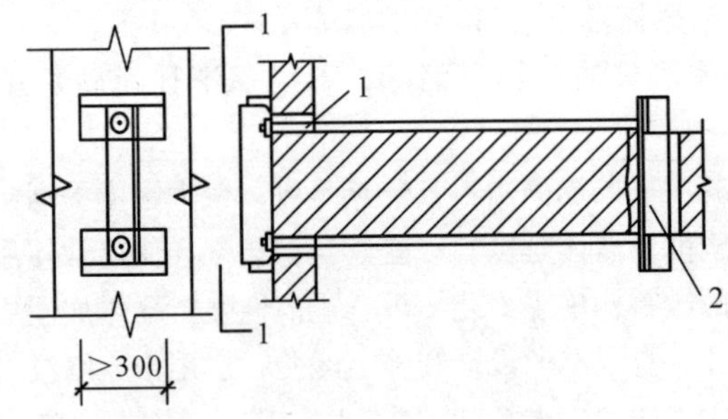

图 2-37　纵横墙局部拉结加固

1—墙钻孔穿拉杆后用 1:1 水泥砂浆堵塞；2—C20 细石混凝土

d. 托梁加柱：主要在大梁下的窗间墙承载能力严重不足时使用。其步骤是：首先设临时支撑，然后根据《混凝土结构设计规范》(GB50010-2002)的规定，并考虑全部荷载均由新加的钢筋混凝土柱承担的原则，计算确定所加柱的截面和配筋；部分拆除原有砖墙，接槎口成锯齿形(见图 2-37)；然后，绑扎钢筋、支模和浇混凝土。此外，还应注意验算地基基础的承载力，若不足则还应扩大基础。

2.7.2 加固方法的施工要点

(1)水泥灌浆方法

水泥灌浆主要用于砌体裂缝的补强加固，常用的灌浆方法有重力灌浆和压力灌浆两种。

①重力灌浆法

利用浆液自重灌入砌体裂缝中以达到补强的目的。其施工要点：

清理裂缝，形成灌浆通路；

表面封缝，用 1:2 水泥砂浆(内加促凝剂)将墙面裂缝封闭，形成灌浆空间；

设置灌浆口，在灌浆入口处凿去半块砖，埋设灌浆口(见图 2-38)；

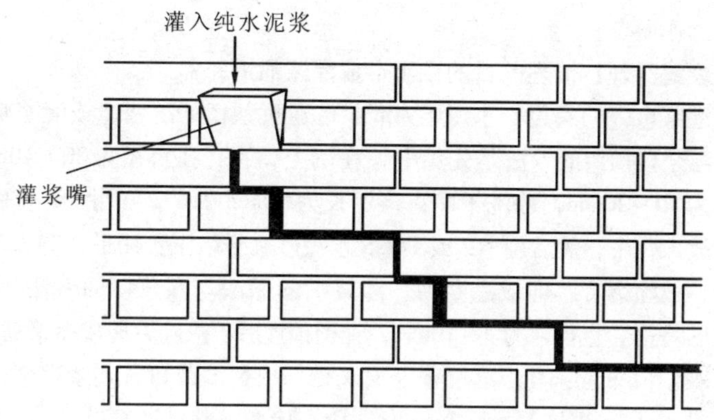

图 2-38 重力灌浆示意图

冲洗裂缝，用灰水比为 1:10 的纯水泥浆冲洗并检查裂缝内浆液流动情况；

灌浆，在灌浆口灌入灰水比为 3:7 或 2:8 的纯水泥浆，灌满并养护一定时间后，拆除灌浆口再继续对补强处局部养护。

效果检验：清华大学的研究人员曾先将砌体试件压裂、灌浆补强后，再对砌体进行压力试验，能达到或超过原砌体强度，效果尚好。

②压力灌浆法

应用灰浆泵把浆液压入裂缝中以达到补强的目的。这种方法通过在实践过程中使用验证修补效果良好。

压力灌浆工艺流程：见图 2-39。

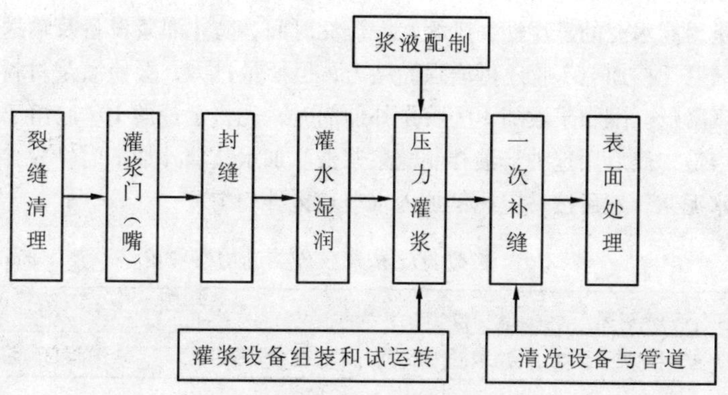

图 2-39 工艺流程

操作要点：

裂缝清理：清理的目的在于形成灌浆通道；

灌浆口(嘴)留设：水泥压力灌浆可通过预留的灌浆口或灌浆嘴进行。灌浆口预留的方法是先用电钻在墙上钻孔，孔直径为30~40mm，孔深为10~20mm，冲洗干净；再用长为40mm的1/2英寸[①]钢管做芯子，放入孔中；然后用1:2或1:2.5水泥砂浆封堵压实抹平，待砂浆初凝后，拔除钢管芯即成灌浆口。灌浆嘴的做法与灌浆口的做法相似，不同的是钢管直径常为5~10mm，管子预埋后不拔除，即成灌浆嘴；

灌浆口布置：在裂缝端部及交叉处均应留灌浆口，其余灌浆口的间距见表2-35当墙厚≥370mm时，应在墙两面都设灌浆口；

表2-35　灌浆口间距参考表　(mm)

裂缝宽度	<1	1~5	>5
灌浆口间距	200~300	300~400	400~500

封缝：清除裂缝附近的抹灰层，冲洗干净后用1:2或1:2.5水泥砂浆封堵裂缝表面，形成灌浆空间；

灌水湿润：在封缝砂浆达到一定强度后，用灰浆泵将水压入灌浆口，压力为0.2~0.3MPa(也可将自来水直接注入灌浆口)，使灌浆通道畅通；

浆液配制：灌浆浆液可参考表2-36选用水泥灌浆浆液中需掺入悬浮型外加剂，常用的有107胶(聚乙烯醇缩甲醛)和水玻璃等。其目的是提高水泥的悬浮性，延缓水泥沉淀时间，防止灌浆设备及输送系统堵塞。掺加107胶还可增强黏结力，但掺量过大，会使灌浆材料的强度降低。配制浆液加107胶作外加剂时，先将定量的107胶溶于水成溶液，然后用这种溶液拌制灌浆浆液。加水玻璃外加剂时，先拌好纯水泥浆，然后按一定比例加入水玻璃搅拌均匀；

表2-36　裂缝宽度和浆液种类选用参考表　(mm)

裂缝宽度	0.3~1.0	1.0~5.0	>5.0
浆液种类	纯水泥稀浆	纯水泥稠浆	水泥混合砂浆

① 1英寸=2.54cm

灌浆设备组装：常用灰浆泵或自制灌浆设备(见图 2-40)。单位时间内空气压缩机容量为 0.6m^3/min，压力为 0.4 ~ 0.6MPa，压浆罐容量为 15L 左右，耐压 0.6MPa；

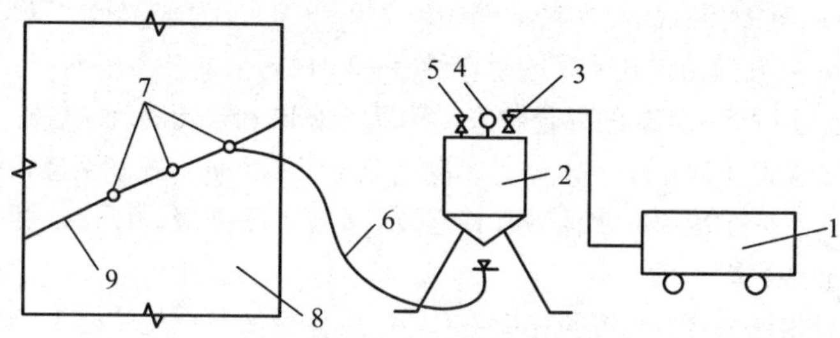

图 2-40 灌浆装置示意图

1—空气压缩机；2—压浆罐；3—进气阀；4—压力表；5—进浆口；6—输送管；7—灌浆嘴；8—墙；9—墙裂缝

压力灌浆：灌浆顺序自下而上进行，压力为 0.2 ~ 0.25MPa，当附近灌浆口流出浆液或被灌口停止进浆后，方可停灌。当墙面局部漏浆时，可停灌 15min 或用快硬水泥砂浆封堵后再灌。在靠近基础或空心板处灌入大量浆液后仍未灌满时，应增大浆液浓度或停 1 ~ 2h 再灌；

二次补灌：全部灌完后，停 30min 再进行二次补灌，提高灌装密实度；

表面处理：封堵灌浆口或拆除(切断)灌浆嘴，表面清理抹平。

(2)扶壁柱加固

扶壁柱加固法是工程中最常用的砖墙加固方法，这种方法能提高砖墙的承载力和稳定性。根据使用材料的不同，扶壁柱加固法分为砖扶壁柱法和混凝土扶壁柱法两种。

①砖扶壁柱法

加固工艺及构造：

常用的砖扶壁柱形式如图 2-41 所示，其中图 2-41(a)和(b)表示单面增设的砖扶壁柱，图 2-41(c)和(d)表示双面增设的砖扶壁柱。

增设的扶壁柱与原砖墙的连接，可采用插筋法和挖镶法。

插筋法的连接情况见图 2-41 中的(a)，(b)，(c)。具体做法如下：

a. 将新、旧砌体间的粉刷层剥去，并冲洗干净。

b. 在砖墙的灰缝中打入 ϕ^b4 或 ϕ^b6 的连接插筋；如果打入插筋有困难，可用电钻钻孔，然后将插筋打入。插筋的水平间距应小于120mm[见图 2-41(a)]，竖向间距以 240～300mm 为宜[图 2-41(b)]。

c. 在开口边绑扎 ϕ^b3 的封口筋[图 2-41(c)]。

d. 用 M5～M10 的混合砂浆，MU7.5 级以上的砖砌筑扶壁柱。扶壁柱的宽度不应小于240mm，厚度不应小于125mm。在砌至楼板底或梁底时，应采用膨胀水泥砂浆补塞最后 5 层水平灰缝，以保证补强砌体有效地发挥作用。

挖镶法的连接情况见图 2-41(d)。具体做法是：先将墙上的顶砖挖去，然后在砌两侧新壁柱时，将“镶砖”镶入。在旧墙内镶砖时，灰浆中最好掺入适量膨胀水泥，以保证镶砖与旧墙之间上下顶紧。砖扶壁柱的间距及数量，由计算确定。

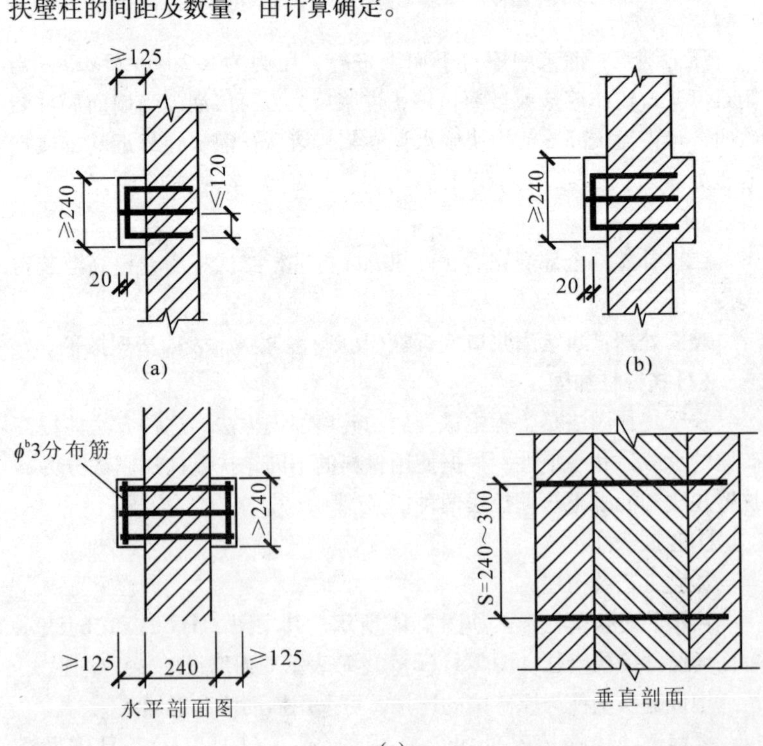

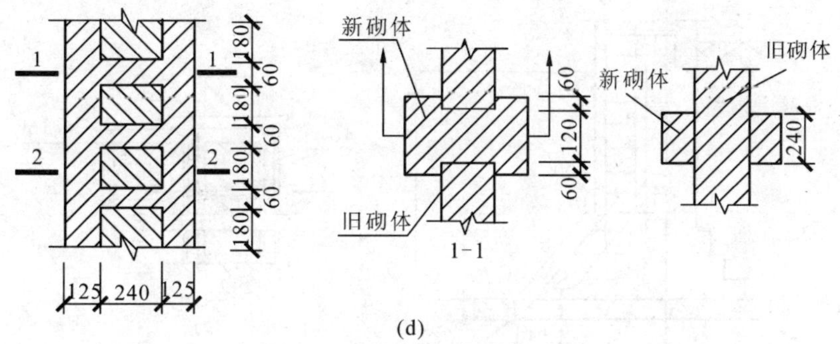

(d)

图 2-41 砖扶壁柱形式

(a)在无壁柱砖墙灰缝中打入连接插筋；(b)在有壁砖墙灰缝中打入连接钢筋；
(c)在开口边绑扎封口筋；(d)挖镶法构造

②混凝土扶壁柱加固

混凝土扶壁柱加固工艺及构造的形式如图 2-42 所示，它可以帮助原砖墙承担较多的荷载。混凝土扶壁柱与原墙的连接是十分重要的。对于原带有壁柱的墙，新、旧柱间可采用图 2-42(a)所示的连接方法，它与砖扶壁柱的连接基本相同。当原墙厚度小于 240mm 时，"U"型连接筋应穿透墙体并进行弯折。

③砌体结构的加固技术

图 2-42(e)所示的加固形式能较多地提高原墙体的承载力；图 2-42(a)，(b)，(c)所示的"U"型箍筋的竖向间距不应大于 240mm，纵筋直径不宜小于 12mm；图 2-42(d)和(e)所示为销键连接法。销键的纵向间距不应大于 1m。混凝土扶壁柱用 C15 ~ C20 级混凝土，截面宽度不宜小于 250mm，厚度不宜少于 70mm。

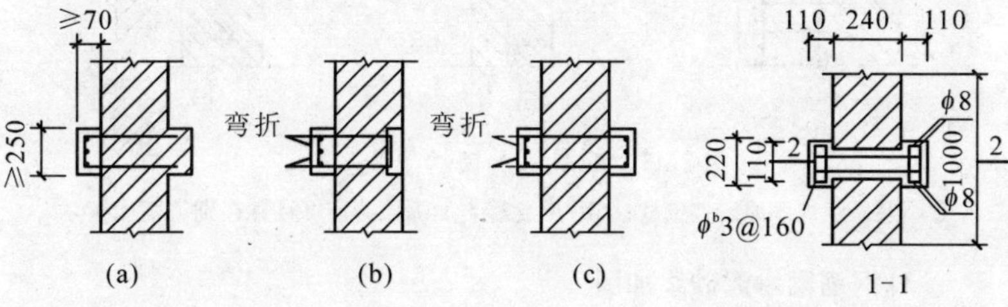

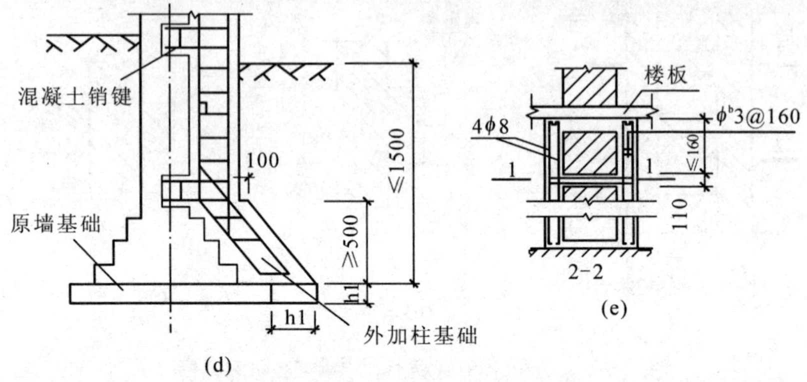

图 2-42 混凝土扶壁柱法加固砖墙

(a)带壁柱砖墙单侧加新柱；(b)无壁柱砖墙单侧加新柱；

(c)无壁柱砖墙双侧加新柱；(d)基础销键连接法；(e)墙体销键连接法

用混凝土加固原砖墙壁柱的方法见图 2-43。补浇的混凝土最好采用喷射法施工。为了减小现场工作量，对图 2-41(a)所示的原砖墙壁柱的加固，可采用 2 个开口箍和 1 个闭口箍间隔放置的办法。开口箍应插入原墙砖缝内，深度不小于 120mm，闭口箍在穿过墙体后再弯折。当插入箍筋有困难时，可先用电钻钻孔，再将箍筋插入。纵筋的直径不得小于 8mm。

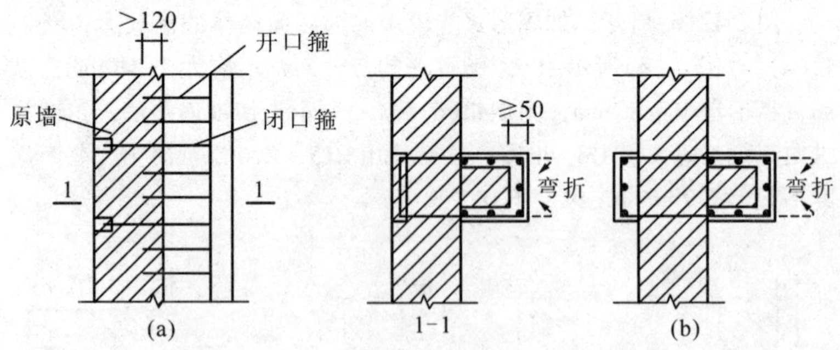

图 2-43 混凝土加固砖墙扶壁柱

(a)用混凝土加固原砖墙壁柱；(b)用混凝土加固原砖墙壁柱并在别侧增加新柱

(3)钢筋网水泥砂浆加固

①加固工艺及构造

钢筋网水泥浆法加固砖墙，是指把需加固的砖墙表面除去粉刷层后，两面附设 φ4～8 的钢筋网片，然后喷射砂浆（或细石混凝土）的加固方法（如图 2-44、图 2-45 所示）。由于通常对墙体作双面加固，所以加固后的墙俗称为夹板墙。夹板墙可以较大幅度地提高砖墙的承载力、抗侧刚度以及墙体延性。

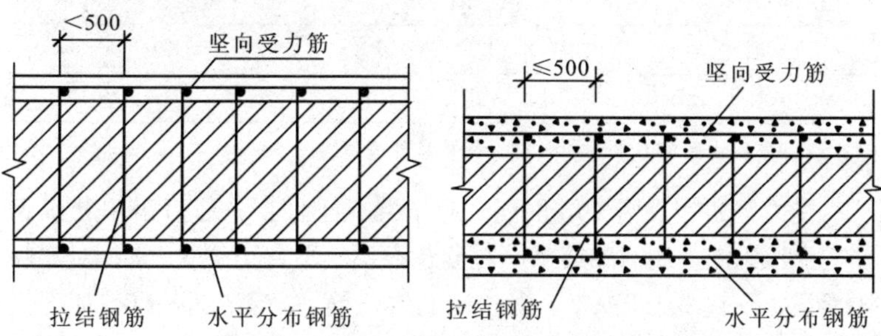

图 2-44　钢丝网水泥法加固的砖墙

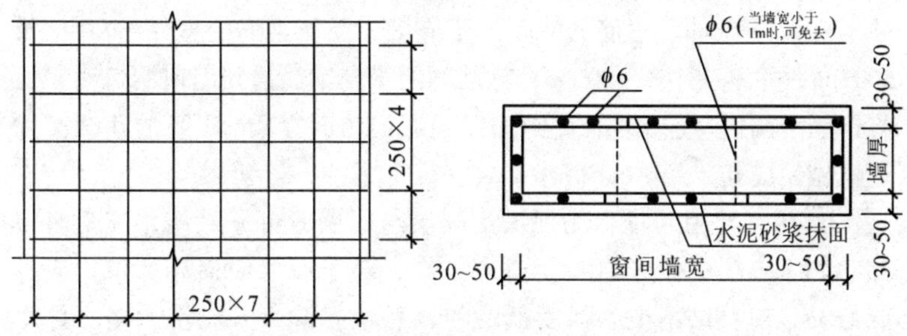

图 2-45　钢筋网水泥砂浆加固窗间墙

a. 构造要求：采用水泥砂浆面层加固时，厚度宜为 20～30mm；采用钢筋网水泥砂浆面层加固时，厚度宜为 30～45mm；当面层厚度大于 45mm 时，其面层宜采用细石混凝土；面层水泥砂浆强度等级宜为 M7.5～M15，面层混凝土强度等级宜采用 C15 或 C20。

钢筋网需用 φ4～6 穿墙"S"筋与墙体固定。"S"筋间距不应大于 500mm，对于单面加固的墙体，其钢筋网可用 φ4"U"形筋钉入墙内（代替"S"筋），与墙体固定。为加强钢筋网与墙体的固定，必要时在中间还可以增设 φ4 的"U"形筋铁钉钉入墙体砖缝内。

受力钢筋的保护层厚度，不应小于表 2-37 中的数值，受力钢筋距砌体表面的距离，不应小于5mm。

表2-37 保护层厚度(mm)

构件类别	环境条件	
	室内正常环境	露天或室内潮湿环境
墙	15	25
柱	25	35

注：当柱的面层为水泥砂浆时，保护层厚度可减小5mm。

受力钢筋宜采用Ⅰ级钢筋；对于混凝土面层，亦可采用Ⅱ级钢筋。受压钢筋一侧的配筋率，对砂浆面层，不宜小于0.1%；对混凝土面层，不宜小于0.2%。受拉钢筋的配筋率，不应小于0.1%。受力钢筋的直径不应小于8mm。钢筋的净间距，不应小于30mm。

箍筋(横向筋)的直径，不宜小于4mm及受压钢筋直径的0.2倍，并不宜大于6mm。箍筋的间距，不应大于受压钢筋的直径的20倍及500mm，并不应小于120mm；钢筋网的横向钢筋遇到门窗洞口时，宜将钢筋沿洞边弯成90°的直钩加以锚固；墙面穿墙“S”筋的孔洞必须用机械钻成孔。

b. 施工注意事项：为保护加固层与原墙面可靠黏结，施工时应注意如下事项：做好原墙面清理工作，对于原墙面损坏部位，应拆除修补；对黏结不牢、强度低的粉刷层应铲除，并刷洗干净；抹水泥砂浆前，应先湿润墙面；水泥砂浆需分层抹，每层厚度不大于15mm；水泥砂浆应在环境温度为50℃以上时进行施工并认真做好养护工作。

(4)构造柱进行抗震加固

在保证构造柱与墙体可靠连接的前提下，二者组成一个共同作用的整体，即构造柱墙体，而不是两个构件的组合。

在多层砖房中，由构造柱与圈梁一起形成对墙体的约束作用，可以增大建筑物的延性，防止或延缓建筑物在地震时发生突然倒塌，或减轻建筑物的破坏程度，提高建筑物的抗侧移能力。因而，设置构造柱主要是一种防倒塌措施，并不能保证砖房不出现任何损坏，这是构造柱设计的基本思想。所以，在抗震规范中规定，根据烈度和房屋层数等条件，在砌体结构中须设置钢筋混凝土构造柱作为抗震构造措施，以提高墙体的变形能力。

进行抗震加固设计时，钢筋混凝土构造柱要与圈梁、拉杆形成抗震加固体系。具体措施为：

在横墙与纵墙交接处外边及外墙转角处设构造柱，并用圈梁和拉杆将其拉紧。如加固房屋已有圈梁或为现浇钢筋混凝土楼(屋)盖时，可不再增设钢拉杆和圈梁，但构造柱与原有圈梁或现浇钢筋混凝土楼(屋)盖必须采取可靠拉结。构造柱、拉杆和圈梁正好在三个方向把整个房屋“箍”起来，从而使砖混结构墙体的抗剪强度、变形能力和整体性得到加强。因此，这是一种既有总体，也有局部的加固方法。

一般构造柱应设置在内外墙交接处和外墙转角处(应在同一轴线横墙两端的内外墙交接处同时设置)。并且尽可能对称设置，间距均匀，大小均匀，同时要注意建筑立面的美观以及和周围建筑相协调。

拉杆在整个体系中发挥着重要作用，能较好地保证构造柱对墙体的约束作用，进行内力重分布，阻止砌体开裂变形，从而提高墙体的变形能力和抗倒塌能力。拉杆是通过拉住构造柱起作用，因而拉杆拉力不应超过一根外加柱的抗剪能力，为充分发挥外加柱的作用，设计拉杆时，应尽量使拉杆与一根外加柱的抗剪能力相匹配。

加固墙体的抗剪强度验算可按抗震设计规范的规定进行计算。地震荷载的计算公式和参数均与抗震设计规范相同，只是安全系数可按鉴定标准有关规定选取。

对加固房屋，如能做到外加构造柱、圈梁、拉杆等构件与墙体有牢固的拉结，保证直至破坏时，柱与墙不脱开，则构造柱与新建房屋的构造柱相比，可以起到相同的作用，因此构造柱等构件与墙体的联结措施是十分关键的环节。早期加固工程中，构造柱大都采用钢筋混凝土销键与墙连接。但销键的混凝土在施工中很难灌满孔洞，且不易填实，难保质量；又由于做销键要在原砖墙上凿洞，墙体被损伤严重。因此，现在很多加固工程中已采用压浆锚杆技术。不过锚杆的力度有限，难以保证构造柱与墙体的可靠连接。所以，构造柱与墙体如何保证可靠连接，仍是构造柱抗震加固中尚待解决的问题。

(5)结构构造性加固

①材料要求

砌体扩大部分的砖强度等级与原砌体的相同，砂浆强度比原有的提高1级且不低于M2.5。

②连接构造

扩大砌体截面加固法，通常考虑新、旧砌体共同承受荷载。因此，加固效果取决于两者之间的连接状况，常用的连接构造有下述两种：

a. 砖槎连接：原有砌体每隔4皮砖高，剔凿出1个深为120mm的槽，扩大部分砌体与这预留槽连接，新、旧砌体形成锯齿形连接(见图2-46)。

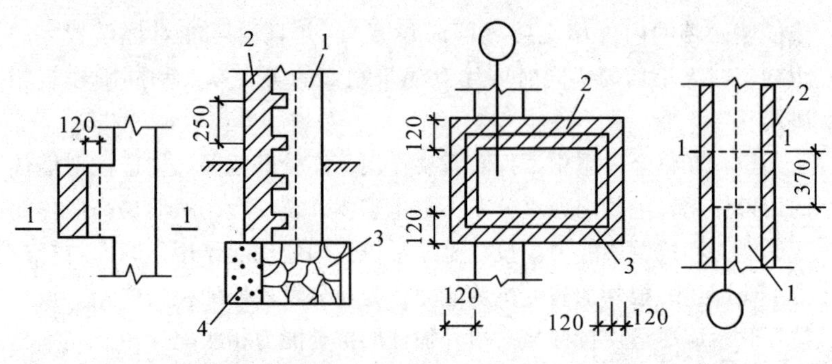

图2-46 砖槎连接构造

图2-47 钢筋连接构造

b. 钢筋连接：原有砌体每隔6皮砖高钻洞或凿开1块砖用M5砂浆锚固$\phi 6$钢筋，将新、旧砌体连接在一起(见图2-47)。

2.7.3 砌体裂缝的处理和加固

(1)裂缝类型及其形成的原因分析

砌体结构房屋裂缝的形态与产生的原因有较强的对应关系，大致分为温度收缩裂缝、应力集中裂缝、受力裂缝、地基不均匀沉降引起的裂缝等。

①温度裂缝

砌体结构温度裂缝因出现的部位不同，其形状也有较大的差异，在内纵墙和内横墙上，如为“升温裂缝”，其形状多呈正八字形，如为“降温裂缝”，其裂缝形状多呈倒八字形；在顶层山墙或伸缩缝处的墙体，多数呈水平裂缝，少数为斜向裂缝，且多发生在圈梁下部；

在纵墙上多在门窗洞口处，形成斜向、水平裂缝。如图 2-48 所示。

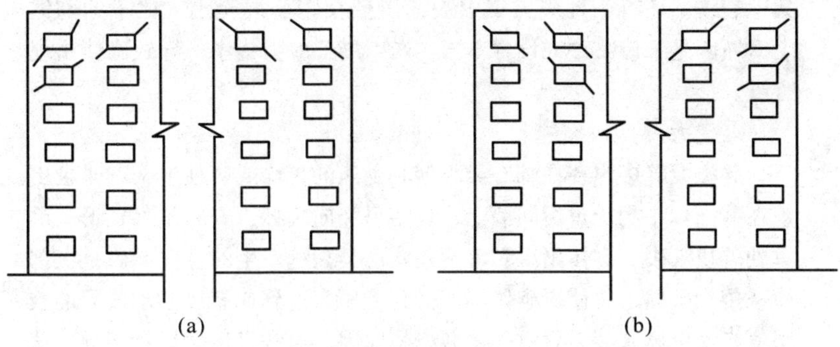

图 2-48 温度裂缝形态

(a)正“八”字形裂缝；(b)倒“八”字形裂缝

通常砌体结构的温度裂缝与下列因素有关：

a. 砌体结构伸缩缝的最大间距超出了现行规范的规定，导致局部温度应力超限；

b. 砌体结构顶层屋盖(特别是钢筋混凝土屋盖)的保温隔热未达到现行建筑节能设计标准的要求，导致屋盖出现较大的温度差。如在夏季阳光照射下，屋面和墙体之间存在一定的温差。屋面最高温度可达 40～50℃，而顶层外墙平均最高温度约为 30～35℃。屋面和顶层外墙存在 10～15℃的温差，两者的温差可能引起墙体开裂；

c. 屋盖、楼盖与砌体相互间的约束较大，使得砌体膨胀受阻，造成砌体出现较大的附加温度应力；

d. 两种线膨胀系数差异较大的承重结构体系之间，未留能适应温度变形差的缝隙；

e. 墙体内外或上下之间出现过大的温度差，导致温度应力或温度变形超限。

②应力集中裂缝

此类裂缝多在砌体结构相对薄弱部位出现，如门洞口上部、窗洞口上下部及混凝土大梁下部的墙体上。其裂缝多为斜向，少部分为竖向和水平方向裂缝。实验应力分析表明，在荷载、收缩或温度作用下，在门窗洞口处产生局部应力集中，其主拉应力约呈 45°斜向分布，该处拉应力最大值往往超过弹性均匀分布拉应力的 2～3 倍，当局部应力集中产生的拉应力超过砌体的主拉应力极限值时，就出现了应力集中裂缝。还有一种应力集中裂缝出现在钢筋混凝土大梁下的砌体上，原因是未设梁垫或设置不当，产生局部应力集中，导致砌体出现裂缝。

③受力(应力)裂缝

此类裂缝多出现在轴心或小偏心受压的砖垛或砖柱上，有时也出现在截面较小的承重窗间墙上，且多呈竖向裂缝，有时呈枣核形，严重处砖块断裂，砌体出现剥落现象。这类裂缝产生的主要原因是上部荷载传至砌体上，使得砌体局部受到的压力达到或超过其承载力的极限值，使砌体开裂。导致上述裂缝的原因，通常是由于设计不周、截面过小；功能改变导致超载；砖、砌块或砌筑砂浆强度未达到设计要求；砌筑质量低劣等因素造成的。

④地基不均匀沉降裂缝

一般在建筑物下部，由下往上发展，呈“八”字、倒“八”字、水平及竖缝。当长条形的建筑物中部沉降过大，则在房屋两端由下往上的倒“八”字形缝，且首先在窗对角处开裂；反之，当两端沉降过大，则形成的两端由下往上的倒“八”字形缝，也首先在窗对角开裂，还可在底层中部窗台处开裂形成由上至下竖缝；当纵横墙交点处沉降过大，则在窗台下角形成上宽下窄的竖缝，有时还有沿窗台下角的水平缝；当外纵横凹凸设计时，由于一侧的不均匀沉降，还可导致在此处产生水平推力而组成力偶，从而导致此交接处的竖缝。

除此之外，还有如混凝土构件变形导致的砌体裂缝。如当挑梁上填充墙、梁相继同步施工致使挑梁挠度过大，其上砌体产生内低外高斜裂缝及外纵墙之间的竖裂缝；当砌体本身承载力不足，如砖柱承载不足时在下部1/3高度处出现的竖裂缝。当砌体构造要求不良，如施工洞留置和拉结筋放置不当造成的洞边缝；施工质量差造成的缝，如砌体通缝、灰缝砂浆不饱满、含水率掌握不当、脚手眼设置不当、砌块组织不当、由混凝土的收缩和施工的缺陷所引起的裂缝，电器和设备专业预埋线管处的裂缝等。这些裂缝形态各异，必须对症防治。

(2)砌体结构裂缝的防治措施

砌体结构裂缝应以预防为主，一旦出现裂缝，应首先判明裂缝产生的原因，然后采取相应的措施来对症防治。

①温度裂缝的防治

控制此类裂缝应遵循下列准则：

a. 首先应按现行国家《建筑节能标准》做好屋面的保温与隔热，以减少温差，从而降低砌体的温度应力，此项措施是控制砌体结构温度裂缝的最根本措施。其次是适当减少水平阻力系数，即适当减少顶板与墙体的约束作用，对减少砌体结构温度应力也有一定效果。例如对非地震区，在顶板圈梁与墙体间设置滑动层，即采用"放"的方法；对地震区可采取加强房屋顶层端部的构造措施：例如加钢筋混凝土抗裂柱、砌体内配筋或加混凝土配筋带以及提高砌筑砂浆强度等，即采用"抗"的措施；

b. 建筑物温度伸缩缝的间距应满足《砌体结构设计规范》(GB50003-2001)第6.3.1条的规定外，宜在建筑物墙体的适当部位设置控制缝，控制缝的间距不宜大于30m；

c. 根据保温层材料不同的膨胀性能及做法，在保温层长向中部及保温层与女儿墙或凸出屋面的外墙之间，如水箱间、楼梯间等，应留适当的缝隙，并填塞弹性嵌缝膏；

d. 保温层或隔热层的铺设，宜延伸至挑檐板的尽端；

e. 顶层屋面板下设置现浇混凝土圈梁时，应沿内外墙拉通，房屋两端圈梁下的墙体内宜适当设置水平钢筋；

f. 顶层墙体有门窗等洞口时，在过梁上的水平灰缝内设置2~3道焊接钢筋网片或2ϕ6钢筋，并应伸入过梁两端墙内不小于600mm；

g. 房屋顶层端部墙体内适当增设构造柱；

h. 顶层及女儿墙砂浆强度等级不低于M5。

②应力集中裂缝的防治

控制此类裂缝应遵循下列准则：

a. 在门窗洞口两侧增设抗裂柱，或钢筋混凝土门窗框；对于混凝土小型空心砌块砌体，则在洞口两侧设芯柱；

b. 如为混水墙也可在门窗洞口处设置45°斜向焊接网片或加强钢筋，并用U形筋将斜筋固定在墙体上，再做外抹灰；

c. 支承在墙上的钢筋混凝土大梁下部应设置梁垫。

③受力(应力)裂缝

控制此类裂缝应遵循下列准则：精心设计、精心施工；不得随意改变使用功能和结构受力状态。

④地基不均匀沉降裂缝

a. 合理设置沉降缝将房屋划分若干个刚度较好的单元，或将沉降不同的部分分隔开一定距离，其间可设置能自由沉降的悬挑结构；

b. 合理地布置承重墙体，应尽量将纵墙拉通，尽量做到不转折或少转折。避免在中间或某些部位断开，使它能起到调整不均匀沉降的作用。同时每隔一定距离设置一道横墙，与内外纵横连接，以加强房屋的空间刚度，进一步调整沿纵向的不均匀沉降；

c. 加强上部结构的刚度和整体性，提高整体的稳定性和整体刚度，减少建筑物端部的门、窗洞口，设置钢筋混凝土圈梁，尤其是要加强地圈梁的刚度；

d. 加强对地基的检测，发现有不良地基应及时妥善处理，然后才能进行基础施工；

e. 房屋体形应力求简单，横墙间距不宜过大；

f. 合理安排施工顺序，宜先建较重单元，后建较轻单元。

⑤其他裂缝的控制准则

a. 设计时按抗震规范要求设计并适当提高砂浆标号；

b. 施工时严格要求，施工人员需上岗前开碰头会进行技术交底并有上岗证；

c. 建筑材料需合格；

d. 严格按照验收规范进行施工和监督，特别在进行填充墙方面施工时，施工单位和监理单位不能疏忽；

e. 墙体上下温差不能太大，在温差较大暴露于大气中的墙体应设置混凝土配筋带或配筋砖带，遇有窗洞口处可设置钢筋混凝土窗框。总之，砌体结构出现裂缝是一种较为普遍的现象。由于温差和材质因素产生的裂缝较为普遍，而以沉降、超载导致的裂缝产生的危害较大，其危害性和处理方法也不能一概而论，在具体处理时务必正确区分，对症防治，并尽可能做到防患于未然。

(3)砌体裂缝处理与加固

当裂缝较细、裂缝数量较少，但裂缝已基本稳定时，可采用灌浆加固方法。

裂缝较宽但数量不多时，可在与裂缝相交的灰缝中，用高强度等级砂浆和细钢筋填缝，也可用块体嵌补法，即在裂缝两端及中部用钢筋混凝土楔子加固。楔子可与墙体等厚，或为墙体厚度的1/2或2/3。见图2-49。

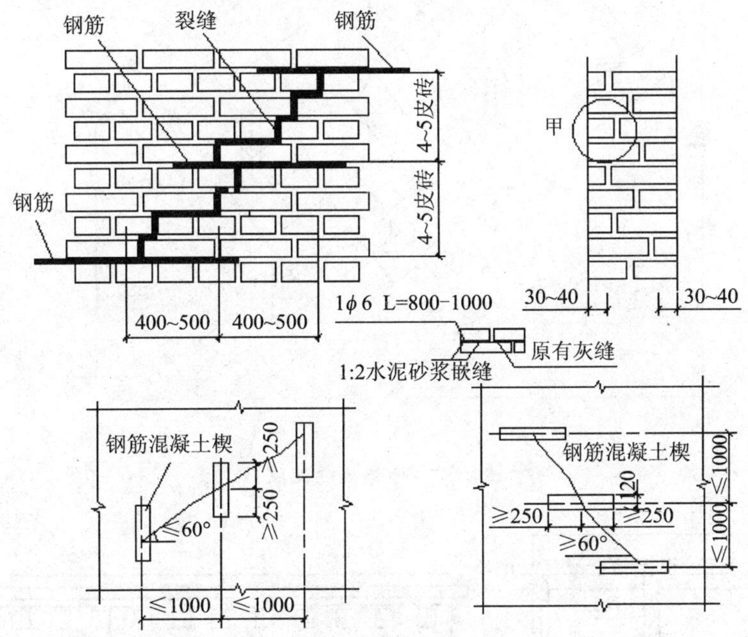

图2-49 墙体裂缝处理一

当裂缝较多时，可在局部钢筋网外抹水泥砂浆予以加固，如图2-50所示。钢筋网可用力ϕ6@100～300(双向)或ϕ4@100～200，两边钢丝网用ϕ8@300～600(梅花状)或ϕ6@200～400的"S"形钢筋拉结。施工前墙体抹灰应刮干净，抹水泥砂浆前应将砌体抹湿，抹水泥砂浆后应养护至少7天。

墙体因受水平推力、不均匀沉降、温度变化引起伸缩等原因而发生外闪现象，墙体产生较大的裂缝或使外纵墙与内横墙拉结不良，可用钢筋或型钢拉杆予以加固，见图2-51。

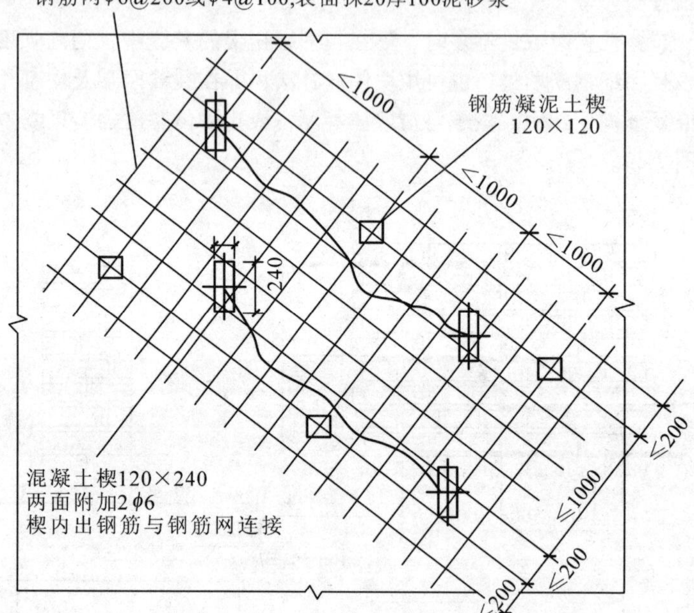

图 2-50　墙体裂缝处理二

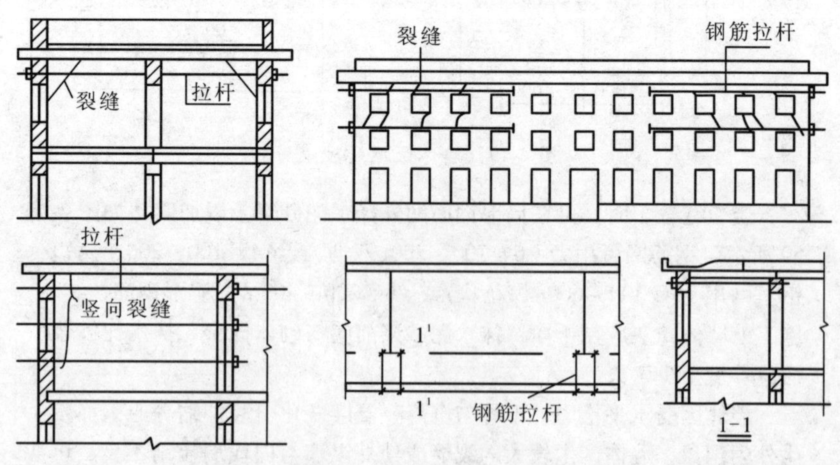

图 2-51　墙体裂缝处理三

如采用钢筋拉杆，宜通长拉结，并沿墙两边设置。较长的拉杆中间应加法螺丝，以便拧紧拉杆。拉杆接长时应采用焊接。露在墙外的拉杆或垫板螺帽，可适当处理。拉杆和垫板都要涂防锈漆。在拉结水平层处，可以增设外圈梁，以增强加固效果。钢筋的直径可采用：当一开间加一道拉杆时为 2 ϕ16（房屋进深 5 ~ 7m），2 ϕ18（房屋进深 8 ~ 10m），2 ϕ20（房屋进深 11 ~ 14m）；当每 3 开间加一道拉杆时为 2 ϕ22（房屋进深 5 ~ 7m），2 ϕ25（房屋进深为 8 ~ 10m），2 ϕ28（房屋进深11 ~ 14m）。

其相应的垫板尺寸可按表 2-38 取值。

表2-38 垫板尺寸选用表 （mm）

直径	16	18	20	22	25	28
角钢垫板	90 × 90 × 8	100 × 100 × 10	125 × 125 × 10	同左	140 × 140 × 12	160 × 160 × 14
槽钢垫板	100 × 48	100 × 48	120 × 53	140 × 58	160 × 58	同左
方形垫板	80 × 80 × 80	90 × 90 × 9	100 × 100 × 10	110 × 110 × 11	130 × 130 × 13	140 × 140 × 14

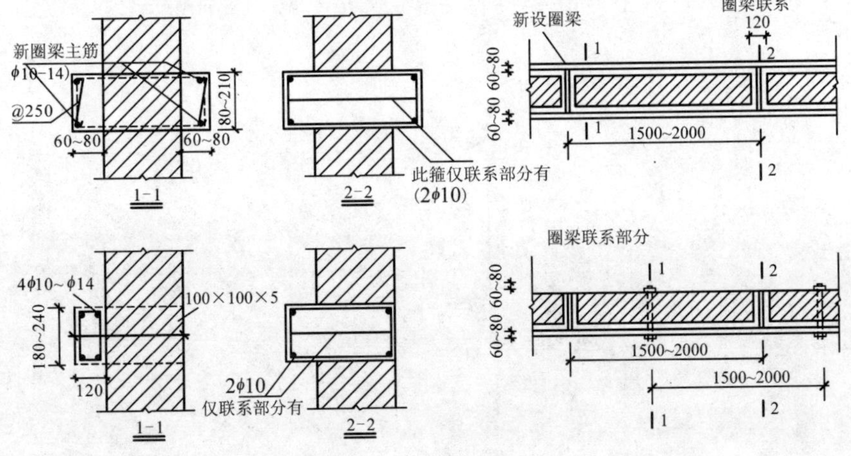

图 2-52 墙体加圈梁

墙体开裂比较严重时，为了增加房屋的整体刚性，可以在房屋墙体一侧或两侧增设钢筋混凝土圈梁。圈梁采用的混凝土强度等级为 C15 ~ C20，截面面积至少为 120mm × 180mm，配筋可采用 4 ϕ10 ~ 4

ϕ14，箍筋ϕ6@200～250；每隔1.5～2.5m应有牛腿（或螺栓、锚固件等）伸进墙内与墙拉结好，并承受圈梁自重。浇筑圈梁时应将墙面凿毛、湿水，以加强黏结。具体做法见图2-52。

对砌体过梁的裂缝，可采取增设钢筋2ϕ16，填补高强度砂浆（M10以上），或增加钢筋混凝土过梁的方法。

3

混凝土和钢筋混凝土工程

3.1 混凝土工程

3.1.1 混凝土的拌制

(1)混凝土搅拌机

混凝土搅拌机按其工作原理，可分为自落式和强制式两大类，见表3-1。

表3-1 搅拌机的分类

	鼓筒式	锥形成转出料式	锥形颂翻出料式
自落式	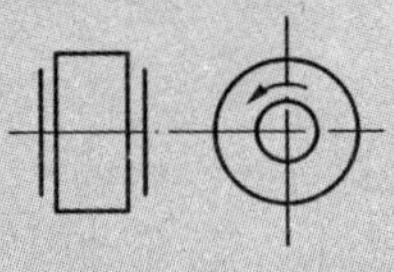	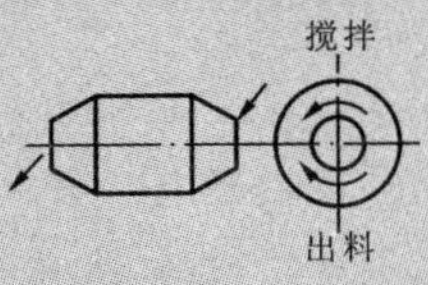 搅拌 出料	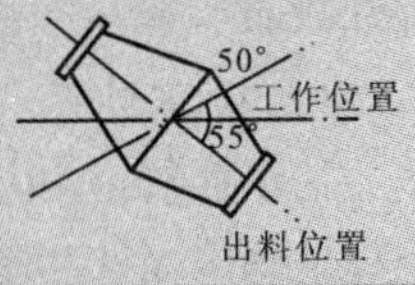 50° 工作位置 55° 出料位置
强制式	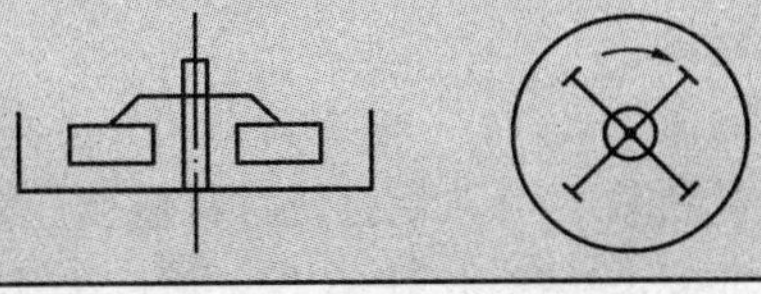		

自落式搅拌机由内壁装有叶片的旋转鼓筒组成，其工作原理为重力交流掺和机理。当搅拌筒绕水平轴旋转时，装入筒内的物料被叶片提升到一定高度后自由落下，物料下落时具有较大的动能，且各物料颗粒下落的时间、速度、落点和滚动距离不同。从而使物料颗粒相互穿插、渗透、扩散，最后达到均匀混合的目的。自落式混凝土搅拌机用于搅拌塑性混凝土。自落式搅拌机按搅拌筒的形状和出料方式的不同，可分为鼓筒式、双锥式等若干种。

强制式混凝土搅拌机工作原理为这种搅拌机中有转动叶片，这些不同角度和位置的叶片转动时通过物料，克服了物料的惯性、摩擦力和黏滞力，强制其产生环向、径向、竖向运动。而叶片通过后的空间又由翻越叶片的物料所充满。这种由叶片强制物产生剪切位移而达到均匀混合的机理，称为剪切搅拌机理。强制式搅拌机分为立轴式与卧轴式。宜于搅拌干硬性混凝土和轻骨料混凝土。

选择搅拌机时要根据工程量大小、混凝土的坍落度、骨料尺寸等而定。既要满足技术上的要求，又要考虑经济效果及节约能源。

搅拌机的主要工艺参数为工作容量。工作容量可以用进料容量或出料容量表示。

进料容量又称为干料容量，是指该型号搅拌机可装入的各种体积之和。搅拌机每次搅拌出混凝土的体积称为出料容量。出料容量与进料容量之比称为出料系数。即

出料系数 = 出料容量/进料容量

出料系数一般取 0.65。

例如 J1-400A 型混凝土搅拌机，进料容星为 400L，出料容量为 260L，即每次可装入干料体积 400L，每次可搅拌出混凝土 260L，即 $0.26m^3$。

(2)搅拌制度

为了拌制出均匀优质的混凝土，除合理地选择搅拌机外，还必须正确地确定搅拌制度，即一次投料量、搅拌时间和投料顺序等。

①一次投料量

不同类型的搅拌机都有一定的进料容量。搅拌机不宜超载过多，如自落式搅拌机超载 10%，就会使材料在搅拌筒内无充分的空间进行掺和，影响混凝土拌和物的均匀性，并且在搅拌过程中混凝土会从筒中溅出。故一次投料量宜控制在搅拌机的额定容量以下。但亦不可装料过少，否则会降低搅拌机的生产率。施工配料就是根据施工配合比以及施工现场搅拌机的型号，确定现场搅拌时原材料的一次投料量。搅拌时一次投料量要根据搅拌机的出料容量来确定。

按上例，已知条件不变，采用 400L 混凝土搅拌机，求搅拌时的一次投料量。

400L 混凝土搅拌机每次可搅拌混凝土：

$$400 \times 0.65 = 260L = 0.26m^3$$

则搅拌时一次投料量为：

水泥：285 ×0. 26 =74. 1kg(取 75kg，一袋半水泥)

砂：75 ×2. 35 = 176. 25kg

石子：75 ×4. 51 =338. 25kg

水：75 ×0. 63 – 75 ×2. 28 ×0. 03 – 75 ×4. 47 ×0. 01 =47. 25 – 5. 13 – 3. 35 =38. 77kg

搅拌混凝土时，根据计算出的各组成材料的一次投料量、按重量投料。

②搅拌时间

从原材料全部投入搅拌筒时起到开始卸出时止所经历的时间称为搅拌时间。为获得混合均匀、强度和工作性能都能满足要求的混凝土，所需的最短搅拌时间称最短时间。混凝土搅拌的最短时间见表 3-2。

表3-2　混凝土搅拌的最短时间s

混凝土的坍落度(mm)	搅拌机机型	搅拌机容量(L)		
		<250	250 ~ 500	>500
不大于 30	自落式	90	120	150
	强制式	60	90	120
大于 30	自落式	90	90	120
	强制式	60	60	90

注：掺有外加剂，搅拌时间应适当延长。

③投料顺序

确定原料投入搅拌筒内的顺序应从提高搅拌质量、减少机械的磨损和混凝土的黏罐现象、减少水泥飞扬、降低电耗以及提高生产率等方面综合考虑。按照原材料加入搅拌筒内的投料顺序的不同，常用的有一次投料法和两次投料法等。

一次投料法是将砂、石、水泥装入料斗，一次投入搅拌机内，同时加水进行搅拌。为了减少水泥的飞扬和粘罐现象，对自落式搅拌机，常采用的投料顺序是：先倒砂子(或石子)，再倒水泥，然后倒入石子(或砂子)，将水泥夹在砂、石之间，最后加水搅拌。

二次投料法又分为预拌水泥砂浆和预拌水泥净浆法。预拌水泥砂浆法是将水泥、砂和水加入搅拌筒内进行搅拌，成为均匀的水泥砂浆后，再加入石子搅拌成均匀的混凝土。预拌水泥净浆法是先将水泥和水充分搅拌成均匀的水泥净浆后，再加入砂和石子搅拌成混凝土。试验表明，二次投料法的混凝土与一次投料法相比，混凝土强度可提高约15%。在强度相同的情况下，可节约水泥15%～20%。

水泥裹砂法又称SEC法，是日本研究的混凝土搅拌工艺。采用这种方法拌制的混凝土称SEC混凝土，又称造壳混凝土。该法的搅拌程序是：先加一定量的水，将砂表面的含水量调节到某一规定的数值后，再将石子加入与湿砂拌匀，然后将全部水泥投入，与润湿后的砂、石拌和，使水泥在砂、石表面形成一层低水灰比的水泥浆壳(此过程称为“成壳”)，最后将剩余的水和外加剂加入，搅拌成混凝土。试验表明，采用SEC法制备的混凝土与一次投料法相比较，强度可以提高20%～30%，混凝土不易产生离析现象，泌水少，工作性好。用裹砂石法搅拌工艺可使混凝土强度提高10%～20%，或节约水泥5%～10%。在我国推广这种新工艺，有巨大的经济效益。

3.1.2 混凝土的运输

(1)对混凝土运输的要求

混凝土由拌制地点运往浇筑地点有多种运输方法：选用时应根据建筑物的结构特点、混凝土的总运输量与每日所需的运输量水平及垂直运输的距离、现有设备的情况以及气候、地形与道路条件等因素综合考虑。不论采用何种运输方式，都应满足下列要求：

①在运输过程中应保持混凝土的均匀性，避免产生分离、泌水、砂浆流失、流动性减小等现象。混凝土运至浇筑地点，应符合浇筑时规定的坍落度。

②混凝土应以最少的转载次数和最短的时间，从搅拌地点运至浇筑地点，使混凝土在初凝前浇筑完毕。

③混凝土的运输应保证混凝土的灌筑量。对于采用滑升模板施工的工程和不允许留施工缝的大体积混凝土的浇筑，混凝土的运输必须保证其浇筑工作能连续进行。

(2)混凝土的运输方法

混凝土运输分为地面运输、垂直运输和楼地面运输3种情况。

①混凝土地面运输

如果采用预拌(商品)混凝土，运输距离较远时，多采用自卸汽车或混凝土搅拌运输车。混凝土如来自工地搅拌站，则多用载重 1t 的小型机动翻斗车，近距离亦用双轮手推车，有时也用皮带运输机。

混凝土搅拌运输车是长距离运输混凝土的工具(见图 3-1)。

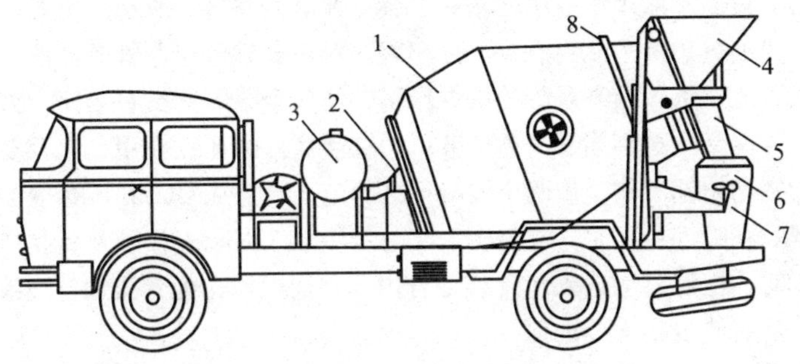

图 3-1 混凝土搅拌运输车外形示意图

1—搅拌筒；2—轴承座；3—水箱；4—进料斗；5—卸料槽；6—引料槽；7—托轮；8—轮圈

②混凝土垂直运输

混凝土垂直运输多采用塔式起重机、混凝土泵、快速提升斗和井架等。用塔式起重时，混凝土多放在吊斗中，这样可直接浇筑。

塔式起重机既能完成混凝土的垂直运输，又能完成一定的水平运输，在其工作幅度内，能直接将混凝土从装料地点吊升到浇筑地点送入模板内，中间不需转运，在现浇混凝土工程施工中应用广泛。

采用井架作垂直运输时，常把混凝土装在双轮手推车内推送到井架升降平台上(每次可装 2 ~ 4 台手推车)，提升到楼层上，再将手推车沿铺在楼面上的跳板推到浇筑地点。

③混凝土楼面运输

混凝土楼面运输一般以双轮手推车为主。也可用小型机动翻斗车，如用混凝土泵，则用布料杆布料。

3.1.3 混凝土泵送

混凝土泵是在压力推动下沿管道输送混凝土的一种设备。它能一次连续完成混凝土的水平运输和自由运输，配以布料杆还可以进行混凝土的浇筑。它具有工效高、劳动强度低、施工现场文明等特点，是发展较快的一种混凝土运输方法。泵送混凝土的主要设备。

(1)混凝土泵

混凝土泵按其机动性，可分为固定式泵、装有行走轮胎可牵引转移的混凝土泵(拖式混凝土泵)和装在载重汽车底盘上的汽车式混凝土泵。目前一般采用液压柱塞式混凝土泵，如图3-2所示。主要由两个液压油缸、两个混凝土缸、分配阀、料斗、Y形连通管及液压系统组成。通过液压控制系统的操纵作用，使两个分配阀交替启闭。液压油缸与混凝土缸相连通，通过液压油缸活塞杆的往复作用，以及要配阎的密切协同动作，使两个混凝土缸轮流交替完成吸入和压送混凝土冲程。在吸入冲程时，混凝土缸筒由料斗吸入混凝土拌和物；在压送冲程时，把混凝土送入Y形连通管内，并通过输送配管压送至浇筑地点，从而使混凝土排出。

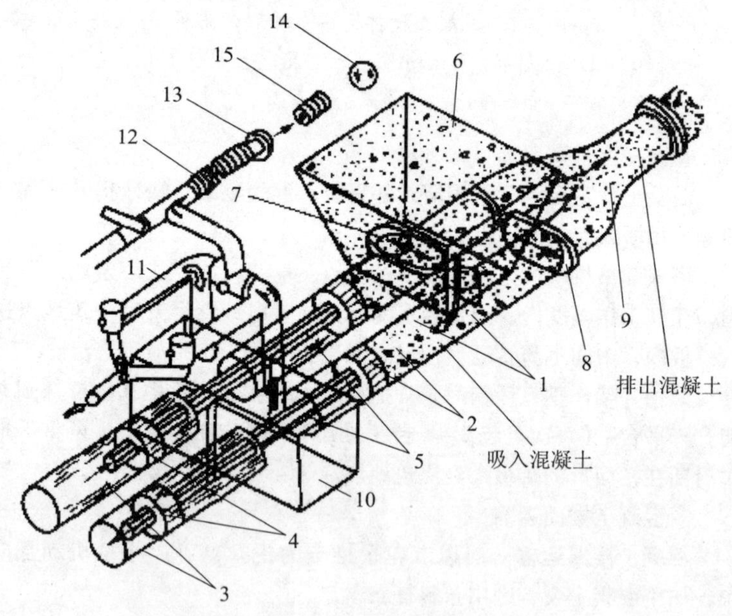

图3-2 柱塞式混凝土泵工作原理图

1—混凝土缸；2—混凝土活塞；3—液压缸；4—液压活塞；
5—活塞杆；6—受料斗；7—吸入端水平片阀；8—排出端竖直片阀；
9—Y形输送管；10—水箱；11—水洗装置；12—水洗用高压软管；
13—水洗用法兰；14—棉球；15—清洗塞

(2)混凝土输送管

输送管是混凝土泵送设备的重要组成部分。管道配置与敷设是否合理，直接影响到泵送效率，有时甚至影响泵送作业的顺利完成。泵送混凝土的输送管道由耐磨锰钢无缝钢管制成，包括直管、弯管、接头管及锥形管(过渡管)等各种管件，有时在输送管末端配有软管，以利于混凝土浇筑和布料。

(3)泵送混凝土施工

①在编制施工组织设计和绘制施工总平面图时，应妥善选定混凝土泵或布料杆的合适位置。当与混凝土搅拌运输车配套使用时，要使混凝土搅拌运输车便于进出施工现场，便于就位向混凝土泵喂料，能满足铺设混凝土输送管道的各项具体要求，在整个施工过程中，尽可能减少迁移次数；混凝土泵机的基础应坚实可靠，无坍塌，不得有不均匀沉降，就位后应固定牢靠。

②混凝土泵的输送能力应满足施工速度的要求；混凝土的供应必须保证输送混凝土的泵能连续工作，故混凝土搅拌站的供应能力至少应比混凝土泵的工作能力高约20%。另外，必须考虑混凝土浇筑时间的运输情况，防止因为交通堵塞而造成混凝土无法及时运至的问题。

③输送管道的布置原则是尽量使输送距离最短，故输送管线宜直，转弯宜缓，接头应严密。

④泵送混凝土前，应先泵送清水清洗管道。再按规定程序试泵，待运转正常后再交付使用。启动泵机的程序是：启动料斗搅拌叶片→将润滑浆(水泥素浆)注入料斗→打开截止阀→开动混凝土泵→将润滑浆泵入输送管道→往料斗内装入混凝土并进行泵送。

⑤在泵送作业过程中，要经常注意检查料斗的充盈情况，不允许出现完全泵空的现象，以免空气进入泵内，防止活塞出现干磨现象。

3.1.4 混凝土的浇筑

混凝土的浇筑工作包括布料摊平、捣实、抹平修整等工序。浇筑工作的好坏对于混凝土的密实性与耐久性，结构的整体性及构件外形的正确性，都有决定性的影响，因此是混凝土工程施工中保证工程质量的关键性工作。

(1)混凝土浇筑的一般规定

在混凝土浇筑前，应检查模板的标高、位置、尺寸、强度和刚度是否符合要求，接缝是否严密；检查钢筋和预埋件的位置、数量和保护层厚度等，并将检查结果填入隐蔽工程记录表中；清除模板内的杂物和钢筋上的油污；对模板的缝隙和孔洞应予堵严；对木模板应浇水湿润，但不得有积水。

混凝土的浇筑，应由低处往高处分层浇筑。每层的厚度应根据捣实的方法、结构的配筋情况等因素确定，且不应超过表3-3的规定。

表3-3 混凝土浇筑层厚度 (mm)

<table>
<tr><th colspan="2">捣实混凝土的方法</th><th>浇筑层的厚度</th></tr>
<tr><td colspan="2">插入式振捣</td><td>振捣器作用部分长度的1.25倍</td></tr>
<tr><td colspan="2">表面振动</td><td>200</td></tr>
<tr><td rowspan="3">人工捣固</td><td>在基础、无筋混凝土或配备筋稀疏的结构中</td><td>250</td></tr>
<tr><td>在梁、墙板、柱结构中</td><td>200</td></tr>
<tr><td>在配筋密列的结构中</td><td>150</td></tr>
<tr><td rowspan="2">轻骨料混凝土</td><td>插入式振捣</td><td>300</td></tr>
<tr><td>表面振动(振动时需加荷)</td><td>200</td></tr>
</table>

在浇筑竖向结构混凝土前，应先在底部填以50～100mm厚与混凝土内砂浆成分相同的水泥砂浆；浇筑中不得发生离析现象；当浇筑高度超过3m时，应采用串筒、溜管或振动溜管使混凝土下落。

在一般情况下，梁和板的混凝土应同时浇筑。较大尺寸的梁(梁的高度大于1m)拱和类似的结构，可单独浇筑。

在浇筑与柱和墙连成整体的梁和板时，应在柱和墙浇筑完毕后停歇1～1.5h，使混凝土拌和物初步沉实后，再继续浇筑上面的梁板结构的混凝土。

在混凝土浇筑过程中，应经常观察模板、支架、钢筋、预埋件和预留孔洞的情况，当发现有变形、移位时，应及时采取措施进行处理。

混凝土浇筑后，必须保证混凝土均匀密实，充满模板整个空间；新、旧混凝土结合良好；拆模后，混凝土表面平整光洁。

为保证混凝土的整体性，浇筑混凝土应连续进行。当必须间歇时，其间歇时间宜缩短，并应在前层混凝土凝结之前将次层混凝土浇筑完毕。间歇的最长时间与所用的水泥品种、混凝土的凝结条件以及是否掺用促凝或缓凝型外加剂等因素有关。而混凝土连续浇筑的允许间歇时间则应由混凝土的凝结时间而定。混凝土运输、浇筑及间歇的全部时间不得超过表3-4的规定，若超过时，应留设施工缝。

表3-4 混凝土运输、浇筑和间歇的允许时间(min)

混凝土强度等级	气温	
	不高于25℃	高于25℃
不高于C30	210	180
高于C30	180	150

注：当混凝土中掺有促凝或缓凝型外加剂时，其允许时间应根据实验结果确定。

(2)施工缝的留置

如果由于技术上的原因或设备、人力的限制，混凝土的浇筑不能连续进行，中间的间歇时间需超过混凝土的初凝时间，则应留置施工缝。施工缝的留设位置应事先确定。该处新旧混凝土的结合力较差，是结构中的薄弱环节，因此，施工缝宜留置在结构受剪力较小且便于施工的部位。施工缝的留设位置应符合下列规定：

①柱施工缝宜留置在基础的顶面、梁和吊车梁牛腿的下面、无梁楼板柱帽的下面(见图3-3)。

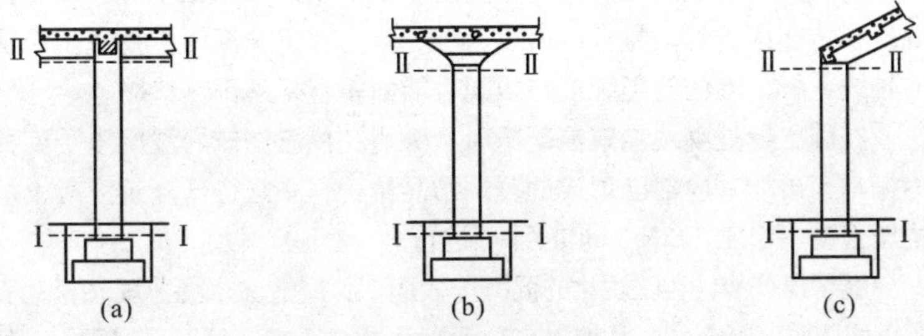

图3-3 柱子施工缝位置

(a)留置在基础顶面和梁的下面；(b)留置在基础顶面和无梁楼板柱帽的下面；(c)留置在基础顶面和屋面板的下面；

②与板连成整体的大截面梁，施工缝应留置在板底面以下20~30mm处。当板下有梁托时，施工缝应留置在梁托下部。

③单向板施工缝可留置在平行于板的短边的任何位置。

④有主次梁的楼板宜顺着次梁方向浇筑，施工缝应留置在次梁跨度的中间1/3范围内，见图3-4。

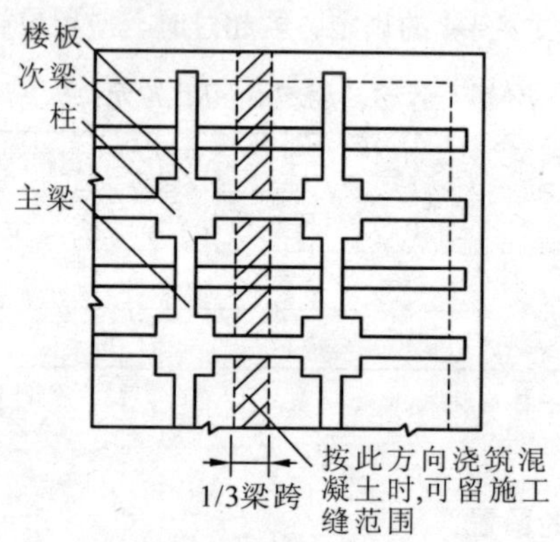

图3-4 有主次梁的楼板施工缝位置

⑤墙施工缝留置在门洞口过梁跨中1/3范围内，也可留在纵横墙的交接处。

⑥双向受力板、大体积混凝土结构、拱、穹拱、薄壳、蓄水池、斗仓、多层钢架及其他结构复杂的工程，施工缝的位置应按设计要求留置。

施工缝所形成的截面应与结构所产生的轴向压力相垂直，以发挥混凝土传递压力好的特性。所以，柱、梁的施工缝截面应垂直于结构的轴线，板、墙的施工缝应与板面、墙面垂直，不得留斜搓。

在施工缝处继续浇筑混凝土时，为避免使已浇筑的混凝土受到外力振动而破坏其内部已形成的凝结结晶结构，必须待已浇筑混凝土的抗压强度不小于1.2N/mm^{2}时才可进行。

继续浇筑前，在已硬化的混凝土表面上，应清除水泥薄膜和松动石子以及软弱混凝土层，并加以充分湿润和冲洗干净，且不得有积水。然后，宜先在施工缝处铺一层水泥浆或与混凝土内成分相同的水泥砂浆，即可继续浇筑混凝土。混凝土应细致捣实，使新旧混凝土紧密结合。

(3)混凝土的捣实

混凝土的振捣分为人工振捣和机械振捣。

人工振捣是利用捣棍或插钎等对混凝土进行夯、插，使之密实成型。只有在采用塑性混凝土，而且缺少机械或工程量不大时才采用人工捣实。

采用机械捣实混凝土，早期强度高，可以加快模板的周转，提高生产率，并能获得高质量的混凝土，应尽可能采用。

振动捣实机械按其工作方式不同可分为内部振动器、表面振动器、外部振动器等几种。

①内部振动器

又称插入式振动器，是施工现场使用最多的一种，适用于基础、柱、梁、墙等深度或厚度较大的结构构件的混凝土捣实。

插入式振动器的工作部分是振动棒，是一个棒状空心圆柱体，内部安装偏心振子。在电动机驱动下，由于偏心振子的振动，棒体产生高频微幅的机械振动。工作时，将振动棒插入混凝土中，通过棒体将振动能传给混凝土，其振动密实的效率高。

根据振动棒激振原理的不同，插入式振动器分为偏心轴式和行星滚锥式(简称行星式)两种。为使上下层混凝土结合成整体，振动棒插入下层混凝土的深度不应小于5cm。振动棒插点间距要均匀排列，以免漏振。振实普通混凝土的移动间距，不宜大于振捣器作用半径的1.5倍；捣实轻骨料混凝土的移动间距，不宜大于其作用半径；振捣器与模板的距离，不应大于其作用半径的1/2，并避免碰撞钢筋、模板、芯管、吊环、预埋件等。各插点的布置方式有行列式与交错式两种(见图3-5)。振动棒在各插点的振动时间应视混凝土表曲呈水平不显著下沉、不再出现气泡、表面泛出水泥浆为止。

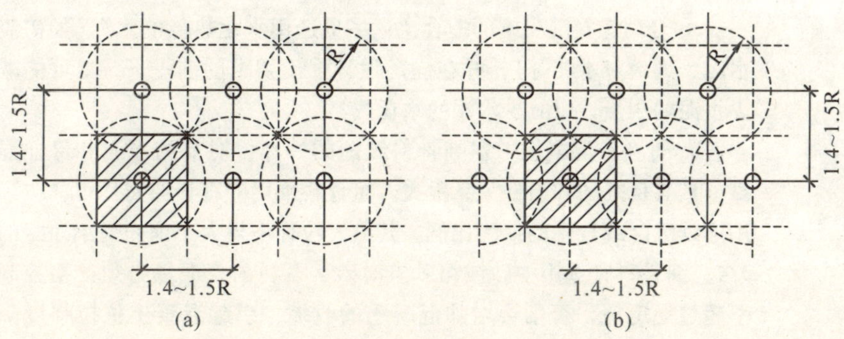

图3-5 内部振捣器振捣混凝土布置示意图

(a)行列式；(b)交错式

②表面振动器

又称平板振动器，是由带偏心块的电动机和平板组成。平板振动器是放在混凝土表面进行振捣，适用于振捣楼板、地面、板形构件和薄壳等薄壁构件。

③外部振动器

又称附着式振动器，它是直接固定在模板上，利用带偏心块的振动器产生的振动力，通过模板传递给混凝土，达到振实的目的。适用于振捣断面较小或钢筋较密的柱、梁、墙等构件。

(4)大体积混凝土的浇筑

①大体积混凝土的温度裂缝

大体积混凝土的温度裂缝分为两种：表面裂缝和贯穿裂缝。

混凝土随着温度的变化而发生膨胀或收缩，称为温度变形。对大体积混凝土施工阶段来说，裂缝是由于温度变形而引起的，在混凝土浇筑初期，水泥产生大量的水化热，使混凝土的温度很快上升。而大体积混凝土结构物一般断面较厚，且表面散热条件好，热量可向大气中散发；而混凝土内部由于散热条件较差，水化热聚集在内部不易散失，因此产生内外温度差，形成内约束。结果在混凝土内部产生压应力，面层产生拉应力。当拉应力超过混凝土该龄期的抗拉强度时，混凝土表面就产生裂缝。工程实践表明，混凝土内部的最高温度多数发生在混凝土浇筑后的最初3～5d。大体积混凝土常见的裂缝大多数是发生在早期的不同深度的表面裂缝。

②防止大体积混凝土裂缝的技术措施

a. 合理选择混凝土的配合比：尽量选用水化热低的水泥(如矿渣水泥、火山灰水泥等)，并在满足设计强度要求的前提下，尽可能减少水泥的用量，以减少水泥的水化热。

b. 骨料：混凝土中粗细骨料级配的好坏，对节约水泥和保证混凝土具有良好的和易性关系很大。粗骨料采用碎石和卵石均可，应采用连续级配或合理的掺配比例。其最大粒径不得大于钢筋最小净距的3/4。细骨料宜选用中砂或粗砂。对砂、石料的含泥量必须严格控制不超过规定值，否则会增加混凝土的收缩，引起混凝土抗拉强度降低，对混凝土的抗裂不利，因此，石子的含泥量不得超过1%，砂子的含量不得超过3%。

c. 外掺加剂的应用：在混凝土掺入外加剂或外掺料，可以减少水泥用量，降低混凝土的温升，改善混凝土的和易性和坍落度，满足可泵性的要求。常用的外加剂有木质素磺酸钙，它属于阴离子表面活性剂，对水泥颗粒有明显的分散效应，并能使水的表面张力降低而引起加气作用。在泵送混凝土中掺入水量0.2%～0.3%的外掺加剂，不仅使混凝土的和易性有明显的改善，同时可减少10%的拌和水，节约10%左右的水泥，从而降低了水化热。在混凝土中掺入少量磨细的粉煤灰(粉煤灰的掺量一般以15%～25%为宜)，可以减少水泥的用量；并可改善混凝土的和易性，对降低混凝土的水化热有良好的作用，同时还有明显的经济效益。

如在混凝土中掺入适量的微膨胀剂或膨胀水泥，可使混凝土得到补偿收缩，减少混凝土的温度应力。

d. 大体积混凝土的浇筑：应根据整体连续浇筑的要求，结合结构尺寸的大小、钢筋疏密、混凝土供应条件等具体的情况，合理分段分层进行。可选用以下三种方案(见图3-6)：

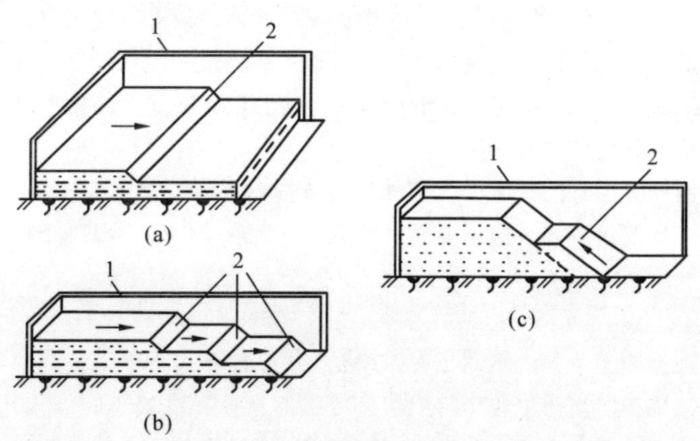

图3-6 大体积混凝土浇筑方案

(a)全面分层；(b)分段分层；(c)斜面分层

1—模板；2—浇筑面

全面分层：图3-6(a)为全面分层浇筑方案。在整个模板内，将结构分成若干个厚度相等的浇筑层，浇筑区的面积即为结构平面面积。浇筑混凝土时从短边开始，沿长边方向进行浇筑，要求在逐层浇筑过程中，第二层混凝土要在第一层混凝土初凝前浇筑完毕。为此要求每层浇筑都要有一定的速度(称浇筑强度)，其浇筑强度可按下式计算：

$$Q=\frac{HF}{T_1-T_2}$$

式中 Q——混凝土浇筑强度(m^3/h)；

H——混凝土分层浇筑时的厚度，应符合表2-29的要求(m)；

F——混凝土浇筑区的面积(m^2)；

T_1——混凝土的初凝时间(h)；

T_2——混凝土的终凝时间(h)。

如果按上式计算所得的浇筑强度很大，相应需要配备的混凝土搅拌机和运输、振捣设备量也较大。所以，全面分层方案一般适用于平面尺寸不大的结构。

分段分层：图3-6(b)为分段分层方案。当采用全面分层方案时浇筑强度很大。现场混凝土搅拌机、运输和振捣设备均不能满足施工要求时，可采用分段分层方案。浇筑混凝土时结构沿长边方向分成若干段，分段浇筑。每一段浇筑工作从底层开始，当第一层混凝土浇筑一段长度后，便回头浇筑第二层，当第二层浇筑一段长度后，回头浇筑第三层，如此向前呈阶梯形推进。分段分层方案适于结构厚度不大而面积或长度较大时采用。

斜面分层：图3-6(c)为斜面分层方案。采用斜面分层方案时，混凝土一次浇筑到顶，由于混凝土自然流淌而形成斜面。混凝土振捣工作从浇筑层下端开始逐渐上移。斜面分层方案多用于长度较大的结构。

根据施工季节的不同，大体积混凝土的施工可分别采用降温法和保温法施工。夏季主要用降温法施工，即在搅拌混凝土时掺入冰水，一般温度可控制在5～10℃。在浇筑混凝土后采用冷水养护降温，但要注意水温和混凝土温度之差不超过20℃，或采用覆盖材料养护。冬季可以采用保温法施工，利用保温模板和保温材料防止冷空气侵袭，以达到减少混凝土内外温差的目的。

3.1.5 混凝土的养护

(1)混凝土的养护方法

混凝土的养护方法很多，常用的是对混凝土试块的标准条件下的养护，对预制构件的热养护，对一般现浇混凝土结构的自然养护。

混凝土在温度为(20±3)℃、相对湿度为90%以上的潮湿环境或水中的条件下进行的养护，称为标准养护。

为了加速混凝土的硬化过程，对混凝土进行加热处理，将其置于较高温度条件下进行硬化的养护，称为热养护。常用的热养护方法是蒸汽养护。

(2)混凝土的自然养护

混凝土在常温下(平均气温不低于5℃)采用适当的材料覆盖混凝土，并采取浇水润湿、防风防干、保温防冻等措施所进行的养护，称为自然养护。自然养护分洒水养护和喷涂薄膜养生液养护两种。混凝土的自然养护应符合下列规定：

应在混凝土浇筑完毕后的12h以内对混凝土加以覆盖并保湿养护，当日平均气温低于5℃时，不得浇水。

混凝土的浇水养护时间：对采用硅酸盐水泥、普通硅酸盐水泥或矿渣硅酸盐水泥拌制的混凝土，不得少于7天；对掺用缓凝型外加剂或有抗渗性要求的混凝土，不得少于14天；采用其他品种水泥时，混凝土的养护时间应根据所采用水泥的技术性能确定。

浇水次数应能保持混凝土处于润湿状态。混凝土的养护用水应与拌制用水相同。

采用塑料布覆盖养护时，混凝土敞露的全部表面应覆盖严密，并应保持塑料布内有凝结水。

混凝土强度达到1.2N/mm^{2}前，不得在其上踩踏或安装模板及支架。

3.1.6 混凝土工程质量检验

(1)混凝土在拌制、浇筑和养护过程中的质量检查

首次使用的混凝土配合比应进行开盘鉴定，其工作性能应满足设计要求。开始生产时应至少留置一组标准养护试件作强度试验，以验证配合比。

混凝土组成材料的用量，每工作班至少抽查两次，要求每盘称量偏差在允许范围之内。

每工作班混凝土拌制前，应测定砂、石含水率，并根据测试结果调整材料用量，提出施工配合比。

混凝土的搅拌时间，应随时检查。

在施工过程中，还应对混凝土运输浇筑及间歇的全部时间、施工缝和后浇带的位置、养护制度进行检查。

(2)混凝土强度检查

为了检查混凝土强度等级是否达到设计要求，或混凝土是否已达到拆模、起吊强度及预应力构件混凝土是否达到张拉、放张预应力筋时所规定的强度，应制作试块，做抗压强度试验。

①检查混凝土是否达到设计强度等级

混凝土抗压强度(立方强度)是检查结构或构件混凝土是否达到设计强度等级的依据。其检查方法是，制作边长为150mm的立方体试块，在温度为(20±3)℃和相对湿度为90%以上的潮湿环境或水中的标准条件下，经28天养护后试验确定。试验结果，作为核算结构或构件的混凝土强度是否达到设计要求的依据。

混凝土试块应用钢模制作，试块尺寸、数量应符合下列规定：

a. 试块的最小尺寸，应根据骨料的最大粒径，按下列规定选定：骨料的最大粒径≤30mm，选用100mm的立方体；骨料的最大粒径≤40mm，选用150mm的立方体；骨料的最大粒径≤60mm，选用200mm的立方体。

b. 当采用非标准尺寸的试块时，应将抗压强度折算成标准试块强度，其折算系数分别为：边长为100mm的立方体试块-0.95；边长为200mm的立方体试块-1.05。

c. 用作评定结构或构件混凝土强度质量的试块，应在浇筑地点随机取样制作。检验评定混凝土强度用的混凝土试块组数，应按下列规定留置：每拌制100盘且不超过100m^3的同配合比的混凝土，其取样不得少于一次；每工作班拌制的同配合比的混凝土不足100盘时，其取样不得少于两次；当一次连续浇筑超过1000m^3时，同一配合比的混凝土每200m^3取样不得少于一次；每一楼层，同一配合比的混凝土，取样不得少于一次；每次取样应至少留置一组(3个)标准试件。

②检查施工各阶段混凝土的强度

为了检查结构或构件的拆模、出厂、吊装、张拉、放张及施工期间临时负荷的需要，尚应留置与结构或构件同条件养护的试块。试块的组数可按实际需要确定。

③混凝土强度验收评定标准

混凝土强度应分批进行验收。同一验收批的混凝土应由强度等级相同、龄期相同以及生产工艺和配合比基本相同的混凝土组成。每一验收批的混凝土强度，应以同批内全部标准试件的强度代表值来评定。

每组(三块)试块应在同盘混凝土中取样制作，其强度代表值按下述规定确定：取三个试块试验结果的平均值，作为该组试块的强度代表值；当三个试块中的最大或最小的强度值与中间值相比超过15%时，取中间值代表该组的混凝土试块的强度；当三个试块中的最大和最小的强度值与中间值相比均超过中间值的15%时，其试验结果不应作为评定的依据。

根据混凝土生产情况，在混凝土强度检验评定时，按以下三种情况进行：混凝土的生产条件在较长时间内能保持一致，且同一品种混凝土的强度变异性能保持稳定时，由连续的三组试块代表一个验收批，其强度同时满足下列要求：

$$m_{f_{cu}} \geq f_{cu,k} + 0.7\sigma_0 \qquad f_{cu,\min} \geq f_{cu,k} - 0.7\sigma_0$$

当混凝土强度等级不高于C20时，强度的最小值尚应满足下式要求：

$$f_{cu,\min} \geq 0.85 f_{cu,k}$$

当混凝土强度等级高于C20时，强度的最小值尚应满足下式要求：

$$f_{cu,\min} \geq 0.9 f_{cu,k}$$

式中　$m_{f_{cu}}$ ——同一验收批混凝土立方体抗压强度平均值(MPa)；

$f_{cu,k}$ ——混凝土立方体抗压强度标准值(MPa)；

$f_{cu,\min}$ ——同一验收批混凝土立方体抗压强度最小平均值(MPa)；

σ_0 ——验收批混凝土立方体抗压强度的标准差(MPa)。应根据前一检验期内(检验期不应超过3个月，强度数据总批数不得小于15)同一品种混凝土试块的强度数据按下式确定：

$$\sigma_0 = \frac{0.59}{m} \sum \Delta f_{cu,i}$$

式中　$f_{cu,i}$—— 第 i 批试件立方体抗压强度中最大值与最小值之差；

m——用以确定该验收批混凝土立方体抗压强度标准值的数据总批数。

当混凝土的生产条件不能满足上面的规定或在前一个检验期内的同一品种混凝土没有足够的数据用以确定验收混凝土立方体抗压强度标准差时，应由不少于10组的试块代表一个验收批，其强度同时满足下列要求：

$$m_{f_{cu}} - \lambda_1 S_{f_{cu}} \geqslant 0.9 f_{cu,k} \qquad f_{cu,\min} \geqslant \lambda_2 f_{cu,k}$$

式中　λ_1、λ_2——合格判定系数，按表3-5选用；

$S_{f_{cu}}$——同一验收批混凝土立方体抗压强度的标准差，当 $S_{f_{cu}}$ 的计算值小于 $0.06 f_{cu,k}$ 时，取 $f_{cu,k} = 0.06 S_{f_{cu}}$。

混凝土立方体抗压强度的标准差 S_{fcu} 可按下式计算：

$$S_{f_{cu}} = \sqrt{\frac{\sum f_{cu,i}^{\ 2} - n^2 \mu f_{cu}^{\ 2}}{n-1}}$$

式中　$f_{cu,i}$—— 第 i 组混凝土抗压强度值（MPa）；

n——同一个验收批混凝土试块的组数；

μf_{cu}——n 组混凝土试件强度的平均值（MPa）。

表3-5　合格判定系数

试块组数	10～14	15～24	≥25
λ_1	1.70	1.65	1.60
λ_2	0.90	0.85	

对零星生产的预制构件的混凝土或现场搅拌的批量不大的混凝土，可采用非统计法评定，此时，验收批混凝土的强度必须同时满足下列要求：

$$m_{f_{cu}} \geqslant 1.15 f_{cu,k} \qquad f_{cu,\min} \geqslant 0.95 f_{cu,k}$$

（3）现浇混凝土结构的外观检查

①外观质量的一般规定

现浇结构的外观质量缺陷，应由监理（建设）单位、施工单位等各方根据其对结构性能和施工性能影响的严重程度，按表3-6确定。

表3-6 现浇结构外观的主要质量缺陷

名 称	现 象	严重缺陷	一般缺陷
露 筋	构件内钢筋未被混凝土包裹而外露	纵向受力钢筋有露筋	其他钢筋有少量露筋
蜂 窝	混凝土表面缺少水泥砂浆而形成石子外露	构件主要受力部位有蜂窝	其他部位有少量蜂窝
孔 洞	混凝土中孔穴深度和长度均超过保护层厚度	构件主要受力部位有孔洞	其他部位有少量孔洞
夹 渣	混凝土中夹有杂物且深度超过保护层厚度	构件主要受力部位有夹渣	其他部位有少量夹渣
疏 松	混凝土中局部不密实	构件主要受力部位有疏松	其他部位有少量疏松
裂 缝	缝隙从混凝土表面延伸至混凝土内部	构件主要受力部位有影响结构性能或使用功能的裂缝	其他部位有少量不影响结构性能或使用功能的裂缝
连接部位缺陷	构件连接处混凝土缺陷及连接钢筋、连接件松动	连接部位有影响结构传力性能的缺陷	连接部位有基本不影响结构传力性能的缺陷
外形缺陷	缺棱掉角、棱角不直、翘曲不平、飞边凸肋等	清水混凝土构件有影响使用功能或装饰效果的外形缺陷	其他混凝土构件有不影响使用功能的外形缺陷
外表缺陷	构件表面麻面、掉皮、起砂、玷污等	具有重要装饰效果的清水混凝土构件有外表缺陷	其他混凝土构件有不影响使用功能的外表缺陷

现浇结构拆模后，应由监理(建设)单位、施工单位对外观质量和尺寸偏差进行检查，做出记录，并应及时按施工技术方案对缺陷进行处理。

现浇结构的外观质量不应有严重缺陷。对已出现的严重缺陷，应由施工单位提出技术处理方案，并经监理(建设)单位认可后进行处理。对经处理的部位，应重新检查验收。

现浇结构的外观质量不宜有一般缺陷。对已出现的一般缺陷，应由施工单位按技术处理方案进行处理，并重新检查验收。

②尺寸偏差

现浇结构不应有影响结构性能和使用功能的尺寸偏差。混凝土设备基础不应有影响结构性能和设备安装的尺寸偏差。

对超过尺寸允许偏差且影响结构性能和安装、使用功能的部位，应由施工单位提出技术处理方案，并经监理（建设）单位认可后进行处理。对经处理的部位，应重新检查验收。

现浇结构和混凝土设备基础拆模后的尺寸偏差应符合表 3-7、表 3-8 的规定。

表3-7　现浇结构尺寸允许偏差和检验方法

<table>
<tr><th colspan="3">项目</th><th>允许偏差（mm）</th><th>检验方法</th></tr>
<tr><td rowspan="4">轴线位置</td><td colspan="2">基础</td><td>15</td><td rowspan="4">钢尺检查</td></tr>
<tr><td colspan="2">独立基础</td><td>10</td></tr>
<tr><td colspan="2">墙、柱、梁</td><td>8</td></tr>
<tr><td colspan="2">剪力墙</td><td>5</td></tr>
<tr><td rowspan="3">垂直度</td><td rowspan="2">层高</td><td>≤5m</td><td>8</td><td>经纬仪或吊线、钢尺检查</td></tr>
<tr><td>>5m</td><td>10</td><td>经纬仪或吊线、钢尺检查</td></tr>
<tr><td colspan="2">全　高（H）</td><td>H/1000 且≤30</td><td>经纬仪、钢尺检查</td></tr>
<tr><td rowspan="2">标　高</td><td colspan="2">层　高</td><td>±10</td><td rowspan="2">水准仪或拉线、钢尺检查</td></tr>
<tr><td colspan="2">全　高</td><td>±30</td></tr>
<tr><td colspan="3">截　面　尺　寸</td><td>+8，-5</td><td>钢尺检查</td></tr>
<tr><td rowspan="2">电梯井</td><td colspan="2">井筒长、宽对定位中心线</td><td>+25，0</td><td>钢尺检查</td></tr>
<tr><td colspan="2">井筒全高（H）垂直度</td><td>H/1000 且≤30</td><td>经纬仪、钢尺检查</td></tr>
<tr><td colspan="3">表　面　平　整　度</td><td>8</td><td>2m 靠尺和塞尺检查</td></tr>
<tr><td rowspan="3">预埋设施中心线位置</td><td colspan="2"></td><td>10</td><td rowspan="3">钢尺检查</td></tr>
<tr><td colspan="2"></td><td>5</td></tr>
<tr><td colspan="2"></td><td>5</td></tr>
<tr><td colspan="3">预留洞中心线位置</td><td>15</td><td>钢尺检查</td></tr>
</table>

注：检查轴线、中心线位置时，应沿纵、横两个方向量测，并取其中的较大值。

表3-8 混凝土设备基础尺寸允许偏差和检验方法

<table>
<tr><th colspan="2">项 目</th><th>允许偏差(mm)</th><th>检验方法</th></tr>
<tr><td colspan="2">坐标位置</td><td>20</td><td>钢尺检查</td></tr>
<tr><td colspan="2">不同平面的标高</td><td>0，-20</td><td>水准仪或拉线、钢尺检查</td></tr>
<tr><td colspan="2">平面外形尺寸</td><td>±20</td><td>钢尺检查</td></tr>
<tr><td colspan="2">凸台上平面外形尺寸</td><td>0，-20</td><td>钢尺检查</td></tr>
<tr><td colspan="2">凹穴尺寸</td><td>+20，0</td><td>钢尺检查</td></tr>
<tr><td rowspan="2">平面水平度</td><td>每 米</td><td>5</td><td>水平尺、塞尺检查</td></tr>
<tr><td>全 长</td><td>10</td><td>水准仪或拉线、钢尺检查</td></tr>
<tr><td rowspan="2">垂直度</td><td>每 米</td><td>5</td><td rowspan="2">经纬仪或吊线、钢尺检查</td></tr>
<tr><td>全 长</td><td>10</td></tr>
<tr><td rowspan="2">预埋地脚螺栓</td><td>标高(顶部)</td><td>+20，0</td><td>水准仪或拉线、钢尺检查</td></tr>
<tr><td>中心距</td><td>±2</td><td>钢尺检查</td></tr>
<tr><td rowspan="3">预埋地脚螺栓孔</td><td>中心线位置</td><td>10</td><td>钢尺检查</td></tr>
<tr><td>深 度</td><td>+20，0</td><td>钢尺检查</td></tr>
<tr><td>孔垂直度</td><td>10</td><td>吊线、钢尺检查</td></tr>
<tr><td rowspan="4">预埋活动地脚螺栓锚板</td><td>标高</td><td>+20，0</td><td>水准仪或拉线、钢尺检查</td></tr>
<tr><td>中心线位置</td><td>5</td><td>钢尺检查</td></tr>
<tr><td>带槽锚板平整度</td><td>5</td><td>钢尺、塞尺检查</td></tr>
<tr><td>带螺纹孔锚板平整度</td><td>2</td><td>钢尺、塞尺检查</td></tr>
</table>

(4)现浇结构常见外观质量缺陷原因与修理方法有如下几种

①露筋

露筋是指混凝土内部纵筋或箍筋局部裸露在结构构件表面。产生露筋的原因是：钢筋保护层垫块过少或漏放，或振捣时位移，致使钢筋紧贴模板；结构构件截面小，钢筋过密，石子卡在钢筋上，使水泥浆不能充满钢筋周围，混凝土配合比不当，产生离析，靠模板部位缺浆或漏浆；混凝土保护层太小或保护层处混凝土漏振或振捣不实；木模板未浇水润湿，吸水黏结或拆模过早，以致缺棱、掉角，导致露筋。修整时，对表面露筋，应先将外露钢筋上的混凝土残渣及铁锈刷洗干净后，在表面抹1:2或1:2.5的水泥砂浆，将露筋部位抹平；当露筋较深时，应凿去薄弱混凝土和凸出的颗粒，洗刷干净后，用比原混凝土强度等级高一级的细石混凝土填塞压实，并加强养护。

②蜂窝

蜂窝是指结构构件表面混凝土由于砂浆少、石子多、局部出现酥松等原因，造成石子之间出现类似蜂窝状的孔洞。造成蜂窝的主要原因是：材料计量不准确，造成混凝土配合比不当；混凝土搅拌时间不够，未拌和均匀，和易性差，振捣不密实或漏振，或振捣时间不够；下料不当或下料过高，未设使石子集中的串筒，使混凝土产生离析等。如混凝土出现小蜂窝，可用水洗刷干净后，用1:2或1:2.5的水泥砂浆抹平压实；对于较大的蜂窝，应凿去蜂窝处薄弱松散的颗粒，刷洗干净后，再用比原混凝土强度等级高一级的骨料混凝土填塞，并仔细捣实；较深的蜂窝，如清除困难，可埋压浆管、排气管，表面抹砂浆或灌筑混凝土封闭后，进行水泥压浆处理。

③孔洞

孔洞是指混凝土结构内部有尺寸较大的空隙，局部没有混凝土或蜂窝特别大，钢筋局部或全部裸露。产生孔洞的原因是：混凝土严重离析，砂浆分离，石子成堆，严重跑浆，又未进行振捣；混凝土一次下料过多、过厚、下料过高，振动器振动不到，形成松散孔洞；在钢筋较密的部位，混凝土下料受阻，或混凝土内掉入工具、木块、泥块、冰块等杂物，混凝土被卡住。混凝土若出现孔洞，应与有关单位共同研究，制定补强方案后方可处理。一般修补方法是将孔洞周围的松散混凝土和软弱浆膜凿除，用压力水冲洗，充分润湿后用比原混凝土强度等级高一级的细石混凝土仔细浇灌、捣实。为避免新旧混凝土接触面上出现收缩裂缝，细石混凝土的水灰比宜控制在0.5以内，并可掺入水泥用量的万分之一的铝粉。

④裂缝

结构构件在施工过程中由于各种原因在结构构件上产生纵向的、横向的、斜向的、竖向的、水平的、表面的、深进的或贯穿的各类裂缝。裂缝的深度、部位和走向随产生的原因而异，裂缝宽度、深度和长度不一，无规律性，有的受温度、湿度变化的影响闭合或扩大。裂缝的修补方法，按具体情况而定，对于结构构件承载力无影响的一般性细小裂缝，可将裂缝部位清洗干净后，用环氧浆液灌缝或表面涂刷封闭；如裂缝开裂较大时，应沿裂缝凿“八”字形凹槽，洗净后用1:2或1:2.5的水泥砂浆抹补，或干后用环氧胶泥嵌补；由于温度、干燥收缩、徐变等结构变形变化引起的裂缝，对结构承载力影响不大，可视情况采用环氧胶泥或防腐蚀涂料涂刷裂缝部位，或加贴玻璃丝布进行表面封闭处理；对有结构整体、防水防渗要求的结构裂缝，应根据裂缝宽度、深度等情况，采用水泥压力灌浆或化学注浆的方法进行裂缝修补，或表面封闭与注浆同时使用；严重裂缝将明显降低结构刚度，应根据情况采用预应力加固或用钢筋混凝土围套、钢套箍或结构胶黏剂粘贴钢板加固等方法处理。

3.2 钢筋工程

钢筋的制作与绑扎是钢筋混凝土结构施工中的一个重要的施工步骤，钢筋工也是钢筋混凝土结构施工中的一个重要工种，钢筋材质及制作的质量直接影响到钢筋混凝土结构的工程质量。本章从钢筋的品种和检验、钢筋的加工、钢筋的连接、钢筋的绑扎与安装及钢筋混凝土构件配筋构造要求这几个方面来介绍钢筋工程，使大家对钢筋的制作与绑扎方法能够更好地理解与应用，更好地保证钢筋混凝土结构中钢筋工程的施工质量。

3.2.1 钢筋品种和性能

(1)钢筋的品种

①钢筋按生产加工工艺划分

钢筋按生产加工工艺可分两类：热轧钢筋和冷加工钢筋(冷轧带肋钢筋、冷轧扭钢筋、冷拔螺旋钢筋)。

热轧钢筋是经热轧成型并自然冷却的成品钢筋，分为热轧光圆钢筋和热轧带肋钢筋两种。热轧光圆钢筋应符合国家标准《钢筋混凝土用热轧光圆钢筋》(GB13013-1991)的规定。热轧带肋钢筋应符合国家标准《钢筋混凝土用热轧带肋钢筋》(GB1499-1998)的规定。冷轧带肋钢筋是热轧圆盘条经冷轧或冷拔减径后在其表面冷轧成三面或两面有肋的钢筋。冷轧带肋钢筋应符合国家标准《冷轧带肋钢筋》(GB13788-1992)的规定。冷轧带肋钢筋的外形见图3-7。肋呈月牙型，三面肋沿钢筋横截面周围上均匀分布，其中有一面必须与另两面反向。

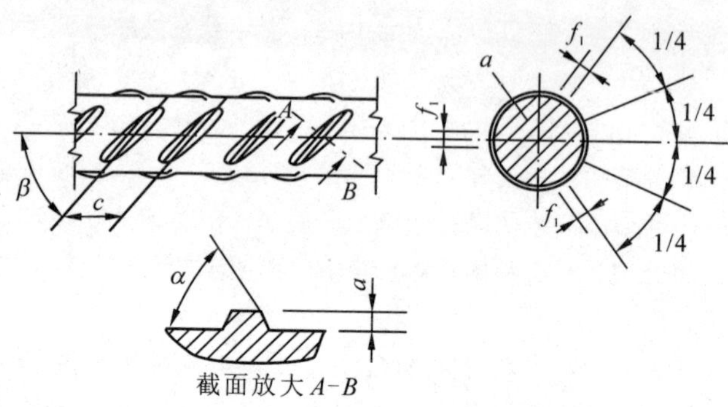

图 3-7 冷轧带肋钢筋表面及截面形状

冷轧扭钢筋是用低碳钢钢筋(含碳量低于 0.25%)经冷轧扭工艺制成，这种钢筋具有较高的强度，而且有足够的塑性，与混凝土黏结性能优异，代替 HPB235 级钢筋可节约钢材约 30%。一般用于预制钢筋混凝土圆孔板、叠合板中的预制薄板以及现浇钢筋混凝土楼板等。冷轧扭钢筋应符合行业标准《冷轧扭钢筋》(JG3046-1998)的规定。

冷拔螺旋钢筋是热轧圆盘条经冷拔后在表面形成连续螺旋槽的钢筋。山东省地方标准《冷拔螺旋钢筋混凝土中小型受弯构件设计与施工暂行规定》(DBJ14-BG3-96)，可供参考。

冷拔螺旋钢筋的外形见图 3-8。冷拔螺旋钢筋生产，可利用原有的冷拔设备，只需增加一个专用螺旋装置与陶瓷模具。该钢筋具有强度适中、握裹力强、塑性好、成本低等优点，可用于钢筋混凝土构件中的受力钢筋，以节约钢材；用于预应力空心板可提高延性，改善构件使用性能。

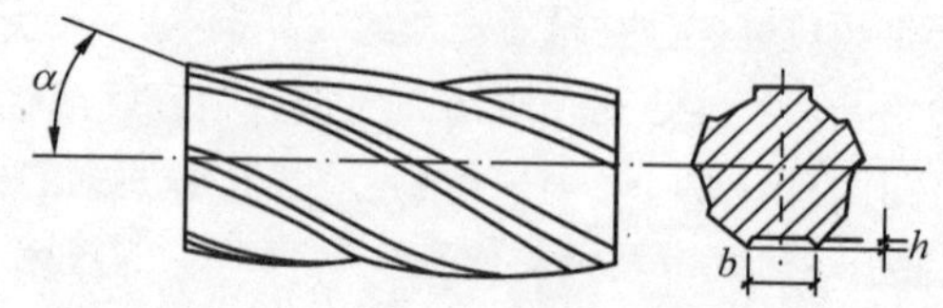

图 3-8 冷拔螺旋钢筋

②钢筋按供应方式划分

为便于运输，通常将直径为 6 ~ 10mm 的钢筋卷成圆盘，称盘条钢筋；将直径大于 12mm 的钢筋轧成 6 ~ 12m 长一根，称直条或定尺钢筋。

③钢筋按强度划分

热轧钢筋的强度等级由原来的 I 级、II 级、III 级和 IV 级更改为按照屈服强度(MPa)分为 HPB235、HRB335、HRB400 及 RRB400 等，级别越高，其强度及硬度越高，塑性逐级降低。

《混凝土结构设计规范》(GB50010-2002)第 4. 2. 1 条规定：普通钢筋宜采用热轧带肋钢筋 HRB400 级和 HRB335 级，也可采用热轧光圆钢筋 HPB235 和余热处理钢筋 RRB400 级；并在条文说明中提倡用 HRB400 级(即新 III 级)钢筋作为我国钢筋混凝土结构的主力钢筋，但是由于 HRB400 级钢筋的连接费用较高，一度限制了其在实际工程中的使用。由于采用高强度钢筋能够有效地降低钢筋混凝土结构中的钢筋用量，并且随着国家对节能减排的要求越来越高，钢筋混凝土结构采用高强度钢筋已经成为了一种趋势，某些省市已经出台政策，限制 HPB235 及 HRB335 级钢筋的使用，可以预料，在不远的将来 HRB400 钢筋会得到更为广泛的应用。

④钢筋按直径大小划分

钢筋按直径大小可分为钢丝(直径 3 ~ 5mm)、细钢筋(直径 6 ~ 10mm)、中粗钢筋(12 ~ 20mm)和粗钢筋(直径大于 20mm)。

此外，按钢筋在结构中作用的不同可分为受力钢筋、架立钢筋和分布钢筋。

(2)钢筋的性能

①钢筋的力学性能

热轧钢筋具有软钢性质，有明显的屈服点，其应力—应变图见图 3-9。从图中可以看出，在应力达到 a 点之前，应力与应变成正比，呈弹性工作状态，a 点的应力值 σp 称为比例极限；在应力超过 a 点之后，应力与应变不成比例，有塑性变形，当应力达到 b 点，钢筋到达了屈服阶段，应力值保持在某一数值附近上、下波动而应变继续增加，取该阶段最低点 c 点的应力值称为屈服点 σs；超过屈服阶段后，应力与应变又呈上升状态，直至最高点 d，称为强化阶段，d 点的应力值称为抗拉强度(强度极限)σb；从最高点 d 至断裂点 e′钢筋产生颈缩现象，荷载下降，伸长增大，很快被拉断。

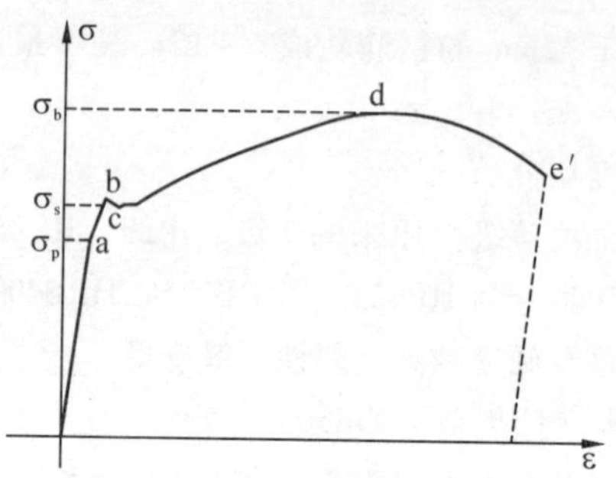

图 3-9　热轧钢筋的应力—应变图

钢筋的延性通常用拉伸试验测得的伸长率表示。影响延性的主要因素是钢筋材质。热轧低碳钢筋强度虽低但延性好。随着加入合金元素和碳当量加大，强度提高但延性减小。对钢筋进行热处理和冷加工同样可提高强度，但延性降低。

常用钢筋的力学性能见表 3-9 和表 3-10 所示。

表3-9　普通钢筋强度标准值

种　类		符号	d(mm)	f_k (N/mm²)
热轧钢筋	HPB 235(Q235)	φ	8～2	235
	HRB 335(20MnSi)	Φ	8～20	335
	HRB 400(20MnSiV、20MnSiNb、20MnTi)	Φ	6～50	400
	RRB 400(20MnSi)	$Φ^R$	8～40	400

注：1）热轧钢筋直径 d 系指公称直径；

2）当采用直径大于 40mm 的钢筋时，应有可靠的工程经验。

表3-10　钢筋弹性模量　(N/mm²)

种　类	E_s
HPB 235 级钢筋	2.1×10^5
HRB 335 级钢筋、HRB 400 级钢筋、RRB 400 级钢筋、热处理钢筋	2.0×10^5
消除应力钢丝、螺旋肋钢丝、刻痕钢丝	2.05×10^5
钢绞线	1.95×10^5

注：必要时钢纹线可采用实测的弹性模量。

②钢筋的冷弯性能

钢筋冷弯是考核钢筋的塑性指标，也是钢筋加工所需的，钢筋弯折、做弯钩时应避免钢筋裂缝和折断。低强的热轧钢筋冷弯性能较好，强度较高的稍差，冷加工钢筋的冷弯性能最差。

③钢筋的焊接性能

钢材的可焊性是指被焊钢材在采用一定焊接材料、焊接工艺条件下，获得优质焊接接头的难易程度，也就是钢材对焊接加工的适应性。它包括以下两个方面：

a. 工艺焊接性：也就是接合性能，指在一定焊接工艺条件下焊接接头中出现各种裂纹及其他工艺缺陷的敏感性和可能性。这种敏感性和可能性越大，则其工艺焊接性越差。

b. 使用焊接性：是指在一定焊接条件下焊接接头对使用要求的适应性，以及影响使用可靠性的程度。这种适应性和使用可靠性越大，则其使用焊接性越好。

3.2.2 钢筋检验

钢筋进场应有出厂质量证明书或实验报告，并按照品种、批号及直径分批验收，验收内容包括钢筋标牌和外观检查，并按照有关规定取样，进行机械性能试验。进场后钢筋在运输和储存时，不得损坏标志，并应根据品种、规格按批分别挂牌堆放，并标明数量。

(1) 主控项目

钢筋进场时，应按现行国家标准《钢筋混凝土用热轧带肋钢筋》(GB1499-1998)等的规定抽取试件作为力学性能检验，其质量必须符合有关标准的规定。

检查数量：按进场的批次和产品的抽样检验方案确定。

检验方法：检查产品合格证、出厂检验报告和进场复验报告。

对有抗震设防要求的框架结构，其纵向受力钢筋的强度应满足设计要求；当设计无具体要求时，对一、二级抗震等级，检验所得的强度实测值应符合：钢筋的抗拉强度实测值与屈服强度实测值的比值不应小于1.25，钢筋的屈服强度实测值与强度标准值的比值不应大于1.3这两项规定。

检查数量：按进场的批次和产品的抽样检验方案确定。

检验方法：检查产品合格证、出厂检验报告和进场复验报告。

当发现钢筋脆断、焊接性能不良或力学性能显著不正常等现象时，应对该批钢筋进行化学成分检验或其他专项检验。

(2)一般项目

钢筋应平直、无损伤，表面不得有裂纹、油污、颗粒状或片状老锈。

检查数量：进场时和使用前全数检查。

检查方法：观察。

(3)热轧钢筋检验

热轧钢筋进场时，应按批进行检查和验收。每批由同一牌号、同一炉罐号、同一规格的钢筋组成，重量不大于60t。允许由同一牌号、同一冶炼方法、同一浇铸方法的不同炉罐号组成混合批，但各炉罐号含碳量之差不得大于0.02%，含锰量之差不大于0.15%。

①外观检查

从每批钢筋中抽取5%进行外观检查，钢筋表面不得有裂纹、结疤和折叠。钢筋表面允许有凸块，但不得超过横肋的高度，钢筋表面上其他缺陷的深度和高度不得大于所在部位尺寸的允许偏差。

钢筋可按实际重量或公称重量交货。当钢筋按实际重量交货时，应随机抽取10根(6m长)钢筋称重，如重量偏差大于允许偏差，则应与生产厂交涉，以免损害用户利益。

②力学性能试验

从每批钢筋中任选两根钢筋，每根取两个试件分别进行拉伸试验(包括屈服点、抗拉强度和伸长率)和冷弯试验。

拉伸、冷弯、反弯试验试件不允许进行车削加工。计算钢筋强度时，采用公称横截面面积。反弯试验时，经正向弯曲后的试件应在100℃温度下保温不少于30min，经自然冷却后再进行反向弯曲。当供方能保证钢筋的反弯性能时，正弯后的试件也可在室温下直接进行反向弯曲。

如有一项试验结果不符合规范要求，则从同一批中另取双倍数量的试件重作各项试验。如仍有一个试件不合格，则该批钢筋为不合格品。

对热轧钢筋的质量有疑问或类别不明时，在使用前应作拉伸和冷弯试验。根据试验结果确定钢筋的类别后，才允许使用。抽样数量应根据实际情况确定。这种钢筋不宜用于主要承重结构的重要部位。

余热处理钢筋的检验同热轧钢筋。

(4)冷轧带肋钢筋检验

冷轧带肋钢筋进场时，应按批进行检查和验收。每批由同一钢号、同一规格和同一级别的钢筋组成，重量不大于50t。

①外观检查

每批抽取5%(但不少于5盘或5捆)进行外形尺寸、表面质量和重量偏差的检查。检查结果应符合规范的要求，如其中有一盘(捆)不合格，则应对该批钢筋逐盘或逐捆检查。

②力学性能试验

钢筋的力学性能应逐盘、逐捆进行检验。从每盘或每捆取两个试件，一个作拉伸试验，一个作冷弯试验。试验结果如有一项指标不符合规范的要求，则该盘钢筋判为不合格；对每捆钢筋，尚可加倍取样复验判定。

(5)冷轧扭钢筋检验

冷轧扭钢筋进场时，应分批进行检查和验收。每批由同一钢厂、同一牌号、同一规格的钢筋组成，重量不大于10t。当连续检验10批均为合格时检验批重量可扩大一倍。

①外观检查

从每批钢筋中抽取5%进行外形尺寸、表面质量和重量偏差的检查。钢筋表面不应有影响钢筋力学性能的裂纹、折叠、结疤、压痕、机械损伤或其他影响使用的缺陷。钢筋的压扁厚度和节距、重量等应符合规范的要求。当重量负偏差大于5%时，该批钢筋判定为不合格。当仅轧扁厚度小于或节距大于规定值，仍可判为合格，但需降直径规格使用，例如公称直径为ϕ14降为ϕ12。

②力学性能试验

从每批钢筋中随机抽取3根钢筋，各取一个试件。其中，两个试件作拉伸试验，一个试件作冷弯试验。试件长度宜取偶数倍节距，且不应小于4倍节距，同时不小于500mm。当全部试验项目均符合规范的要求，则该批钢筋判为合格。如有一项试验结果不符合规范的要求，则应加倍取样复检判定。

3.2.3 钢筋的加工

钢筋的加工过程包括除锈、调直、切断、镦头、弯曲、焊接、机械连接和绑扎等。

(1)钢筋除锈

钢筋的表面应洁净。油渍、漆污和用锤敲击时能剥落的浮皮、铁锈等应在使用前清除干净。在焊接前，焊点处的水锈应清除干净。

钢筋的除锈，一般可通过以下两个途径：一是在钢筋冷拉或钢丝调直过程中除锈，对大量钢筋的除锈较为经济省力；二是用机械方法除锈，此外，还可采用手工除锈(用钢丝刷、砂盘)、喷砂和酸洗除锈等。在除锈过程中发现钢筋表面的氧化铁皮鳞落现象严重并已损伤钢筋截面，或在除锈后钢筋表面有严重的麻坑、斑点伤蚀截面时，应降级使用或剔除不用。

(2)钢筋调直

①钢筋调直机

钢筋调直机的技术性能，见表3-11。图3-10为GT3/8型钢筋调直机外形。

表3-11 钢筋调直机技术性能

机械型号	钢筋直径(mm)	调直速度(m/min)	断料长度(mm)	电机功率(kW)	外形尺寸(mm)长×宽×高	机重(kg)
GT3/8	3~8	40、65	300~6500	9.25	1854×741×1400	1280
GT6/12	6~12	36、54、72	300~6500	12.6	1770×535×1457	1230

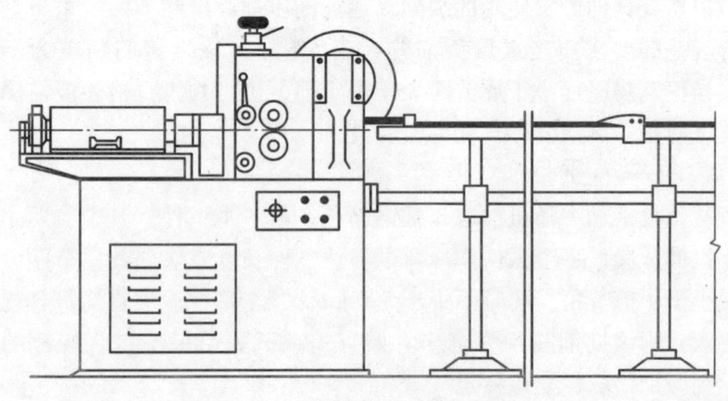

图3-10 GT3/8型钢筋调直机

应当注意：冷拔钢丝和冷轧带肋钢筋经调直机调直后，其抗拉强度一般要降低10% ~15%。使用前应加强检验，按调直后的抗拉强度选用。如果钢丝抗拉强度降低过大，则可适当降低调直筒的转速和调直块的压紧程度。

②卷扬机拉直设备

卷扬机拉直设备，如图 3-11 所示。两端采用地锚承力。滑轮组回程采用荷重架，标尺量伸长。该法设备简单，宜用于施工现场或小型构件厂。

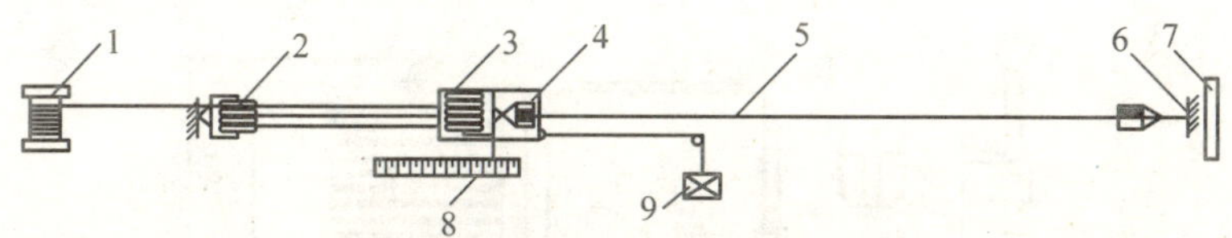

图 3-11 卷扬机拉直设备布置

1—卷扬机；2—滑轮组；3—冷拉小车；4—钢筋夹具；5—钢筋；6—地锚；7—防护壁；8—标尺；9—荷重架

(3)钢筋切断

①钢筋切断机

钢筋切断机的技术性能，见表 3-12。图 3-12 与图 3-13 为钢筋切断机外形。

表3-12 钢筋切断机技术性能

机械型号	钢筋直径(mm)	每分钟切断次数	切断力(kN)	工作压力(N/mm^2)	电机功率(kW)	外形尺寸(mm)长×宽×高	重量(kg)
GQ40	6 ~40	40	-	-	3.0	1150×430×750	600
GQ40B	6 ~40	40	-	-	3.0	1200×490×570	450
GQ50	6 ~50	30	-	-	5.5	1600×690×915	950
DYQ32B	6 ~32	-	320	45.5	3.0	900×340×380	145

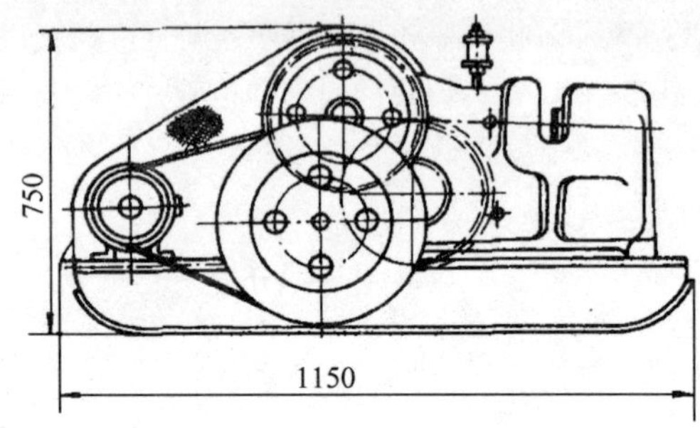

图 3-12 GQ40 型钢筋切断机

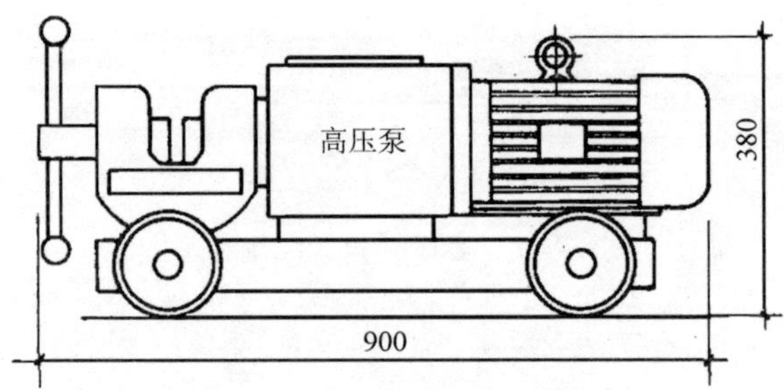

图 3-13 DYQ32B 电动液压切断机

②手动液压切断器

手动液压切断器，如图 3-14 所示。型号为 GJ5Y-16，切断力 80kN，活塞行程为30mm，压柄作用力220N，总重量65kg，可切断直径 16mm 以下的钢筋。这种机具体积小、重量轻、操作简单、便于携带。

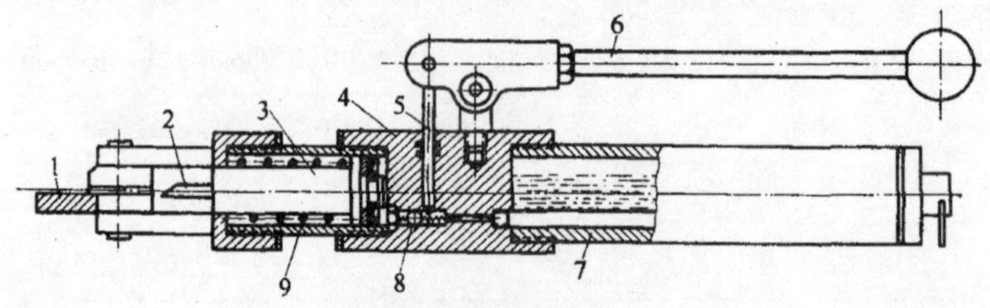

图 3-14 手动液压切断器

1—滑轴；2—刀片；3—活塞；4—缸体；5—柱塞；6—压杆；7—储油筒；8—吸油阀；9—回位弹簧

(4)钢筋弯曲

①钢筋弯钩和弯折的有关规定

a. 受力钢筋：HPB235 级钢筋末端应作 180°弯钩，其弯心直径 D 不应小于钢筋直径 d 的 2.5 倍，弯钩的弯后平直部分长度不应小于钢筋直径 d 的 3 倍，如图 3-15 所示。

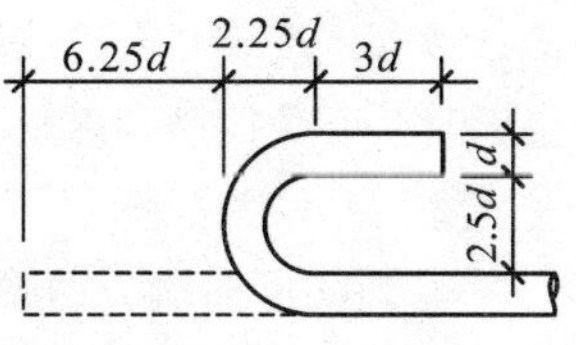

图 3-15　钢筋半圆弯钩简图

钢筋作不大于 90°的弯折时[图 3-16(a)]，弯折处的弯心直径 D 不应小于钢筋直径 d 的 5 倍。当设计要求钢筋末端需作 135°弯钩时[图 3-16(b)]，HRB335 级、HRB400 级钢筋的弯心直径 D 不应小于钢筋直径 d 的 4 倍，弯钩的弯后平直部分长度应符合设计要求。

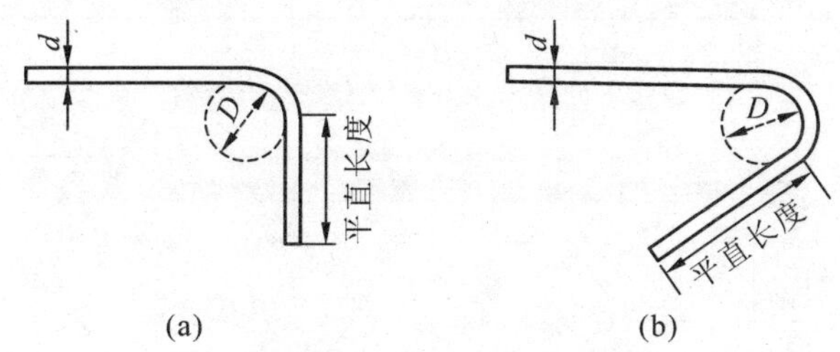

图 3-16　受力钢筋弯折

(a)90°弯钩；(b)135°弯钩

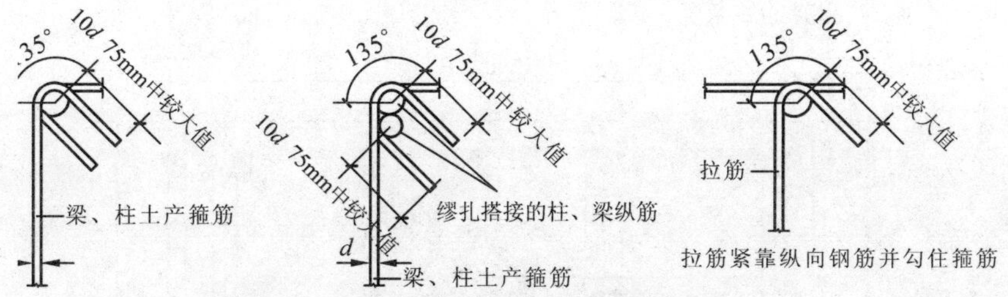

图 3-17　有抗震要求时箍筋及拉筋弯钩做法

b. 箍筋：除焊接封闭环式箍筋外，箍筋的末端应作弯钩。弯钩形式应符合设计要求；当设计无具体要求时，应符合下列规定：箍筋弯钩的弯弧内直径应不小于受力钢筋的直径 d；箍筋弯钩的弯折角度：对一般结构，不应小于 90°；对有抗震等要求的结构应为 135°。箍筋弯后的平直部分长度：对一般结构，不宜小于箍筋直径 d 的 5

倍；对有抗震等要求的结构，不应小于箍筋直径 d 的 10 倍。有抗震要求时箍筋及拉筋弯钩做法见图 3-17 所示。

②机具设备

a. 钢筋弯曲机：钢筋弯曲机的技术性能，见表 3-13，图 3-18 为 GW-40 型钢筋弯曲机外形。

表3-13　钢筋弯曲机技术性能

弯曲机类型	钢筋直径（mm）	弯曲速度（r/min）	电机功率（kW）	外形尺寸(mm) 长×宽×高	重量(kg)
GW32	6～32	10/20	2.2	875×615×945	340
GW40	6～40	5	3.0	1360×740×865	400
GW40A	6～40	0	3.0	1050×760×828	450
GW50	25～50	2.5	4.0	1450×760×800	580

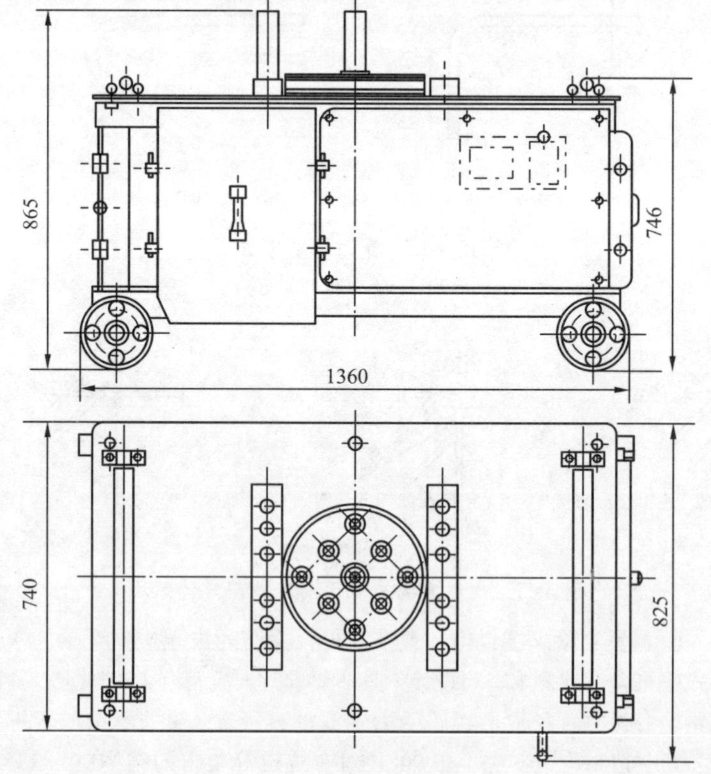

图 3-18　GW-40 型钢筋弯曲机

b. 手工弯曲工具：在缺机具设备条件下，也可采用手摇扳手弯制钢筋、卡盘与扳头弯制粗钢筋。手动弯曲工具的尺寸，详见表3-14与表3-15。

表3-14 手摇扳手主要尺寸 (mm)

项次	钢筋直径	a	b	c	d
1	φ6	500	18	16	16
2	φ8～10	600	22	18	20

表3-15 卡盘与扳头(横口扳手)主要尺寸 (mm)

项次	钢筋直径	卡盘			扳头			
		a	b	c	d	e	h	L
1	φ12～16	50	80	20	22	18	40	1200
2	φ18～22	65	90	25	28	24	50	1350
3	φ25～32	80	100	30	38	34	76	2100

(5)钢筋下料

钢筋加工前应根据图样进行配料计算，算出各种钢筋的下料长度、总根数及钢筋总重量，然后编制钢筋配料单，作为钢筋备料、加工的依据。

结构施工图中注明的钢筋尺寸是钢筋的外轮廓尺寸(即从钢筋的外皮到外皮量得的尺寸)，称为钢筋的外包尺寸。在钢筋制备安装后，也是按外包尺寸验收。

钢筋在制备前是按直线下料，如果下料长度按外包尺寸总和进行计算，则加工后钢筋的尺寸必然大于设计要求的外包尺寸，这是因为钢筋在弯曲时，外皮伸长，内皮缩短，只有中轴线长度不变，钢筋的外包尺寸和轴线长度之间存在一个差值，称为“量度差值”，按外包尺寸总和下料是不准确的。只有钢筋的直线段部分，其外包尺寸等于轴线长度，二者无量度差值。因此，钢筋下料时，其下料长度应为各段外包尺寸之和减去弯曲处的量度差值，再加上两端弯钩的增长值。

直钢筋下料长度 = 构件长度 - 保护层厚度 + 弯钩增加长度

弯起钢筋下料长度 = 直段长度 + 斜段长度 - 量度差值 + 弯钩增加长度

箍筋下料长度 = 箍筋周长 - 量度差值 + 弯钩增加长度

上述钢筋需要搭接的话，还应增加钢筋搭接长度。

①钢筋中部弯曲处的量度差值

钢筋弯曲后一是在弯曲处内皮收缩、外皮延伸、轴线长度不变；二是在弯曲处形成圆弧。钢筋的量度方法是沿直线量外包尺寸见图 3-19；因此，弯起钢筋的量度尺寸大于下料尺寸，两者之间的差值称为量度差值。

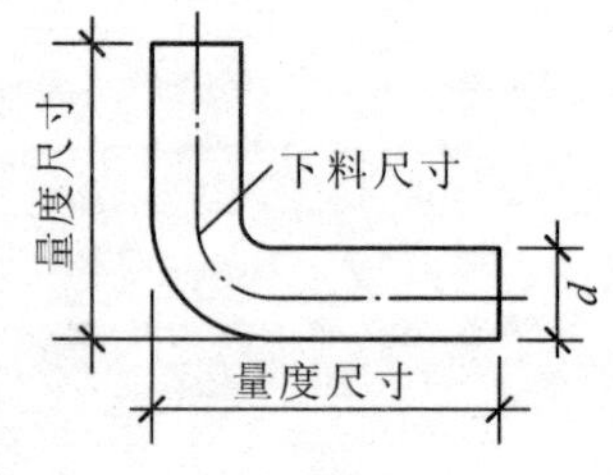

图 3-19 钢筋弯曲时的度量方法

钢筋中部弯曲处的量度差值与钢筋弯心直径及弯曲角度有关。弯起钢筋中间部位弯折处的弯心直径 D，不小于钢筋直径 d 的 5 倍，如图 3-20 所示。

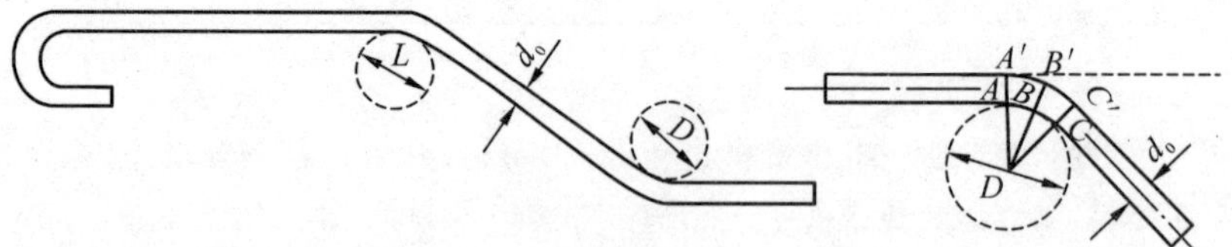

图 3-20 钢筋弯折处量度差值计算简图

当 $D=5d$ 时，弯折处的外包尺寸为：

$$A'B'+B'C'=2A'B'=2\left(\frac{D}{2}+d\right)\mathrm{tg}\,\frac{\alpha}{2}=2\left(\frac{5d}{2}+d\right)\mathrm{tg}\,\frac{\alpha}{2}=7d\mathrm{tg}\,\frac{\alpha}{2}$$

钢筋弯折处中线长度 ABC 为：

$$ABC=(D+d)\cdot\frac{2\pi}{360^\circ}=(5d+d)\cdot\frac{2\pi}{360^\circ}=6d\pi\,\frac{\alpha}{360}$$

则弯折处量度差值为：

$$7d\mathrm{tg}\frac{\alpha}{2}-6\pi d\frac{\alpha}{360}=(7\mathrm{tg}\frac{\alpha}{2}-6\pi\frac{\alpha}{360})d$$

由上式，当弯曲 45°时，即以 $\alpha=45°$代入。

量度差为：

$$(7\mathrm{tg}\frac{45°}{2}-6\pi\frac{45°}{360°})d=(7\times0.414-6\times3.14\times\frac{1}{8})d$$
$$=(2.898\times2.355)d=0.543d$$

取为 0.5d；

同理，当弯折 30°时，量度差值为 0.306d，取 0.3d；

当弯折 60°时，量度差值为 0.90d，取 1d；

当弯折 90°时，量度差值为 2.29d，取 2d；

当弯折 135°时，量度差值为 3d。

②钢筋末端弯钩时下料长度的增长值

Ⅰ级钢筋末端需要作 180°弯钩，其圆弧弯心直径 D 不应小于钢筋直径 d 的 2.5 倍，平直部分长度不宜小于钢筋直径 d 的 3 倍(用于轻骨料混凝土结构时，其弯心直径 D 不应小于钢筋直径 d 的 3.5 倍)，如图 3-21 所示。

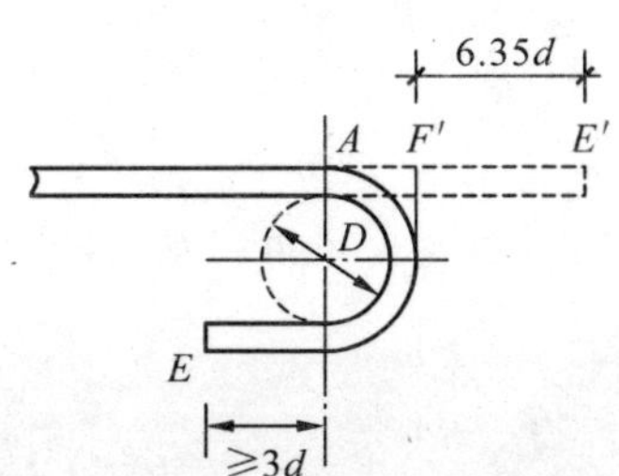

图 3-21　钢筋末端 180°弯钩示意图

当弯曲直径 $D=2.5d$ 时：

$$\mathrm{AE}'=\frac{\pi}{2}(2.5d+d)+3d=8.5d$$

钢筋的外包尺寸是 A 量到 F'：

$$AF'=\frac{D}{2}+d=\frac{1}{2}(2.5d)+d=2.25d$$

故每一个 180°弯钩，钢筋下料时应增加的长度(增长值)为：

$$AE'-AF'=8.5d-2.25d=6.25d\text{(包括量度差值)}$$

在生产实践中，由于实际弯心直径与理论弯心直径有时不一致，钢筋粗细和机具条件不同等而影响平直部分的长短(手工弯钩时平直部分可适当加长，机械弯钩时可适当缩短)，因此在实际配料计算时，对弯钩增加长度常根据具体条件，采用经验数据，见表3-16。

表3-16　180°弯钩增加长度参考表(用机械弯)　(mm)

钢筋直径	≤6	8～10	12～18	20～28	32～36
一个弯钩长度	40	$6d$	$5.5d$	$5d$	$4.5d$

当无抗震要求箍筋弯90°弯钩时，下料长度增长值可按图3-22计算。

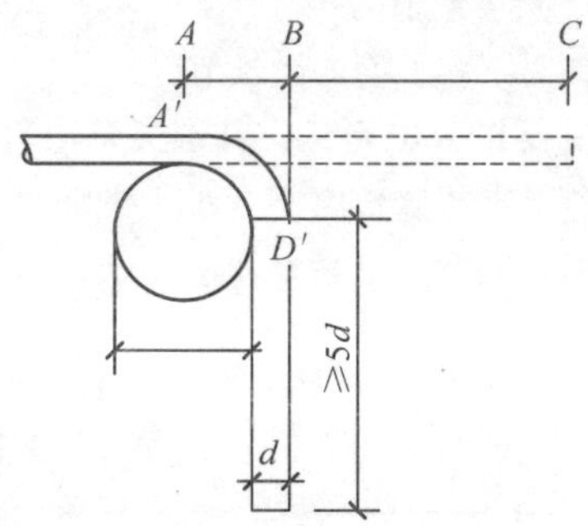

图3-22　箍筋端部90°弯钩计算简图

一个弯钩增长值为：

$$AC-AB=(A'D'+5d)-\frac{D}{2}+d=\frac{\pi}{4}(D+d)+5d-\frac{D}{2}+d$$

$$=0.785D+0.785d+5d-0.5D-d$$

$$=0.285D+4.785d$$

可近似取$0.3D+5d$。

式中　D——弯钩的弯曲直径，应大于受力钢筋直径，且不小于箍筋直径的5倍；

d——箍筋直径。

当有抗震要求箍筋弯135°弯钩时下料长度增长值可按图3-23计算。

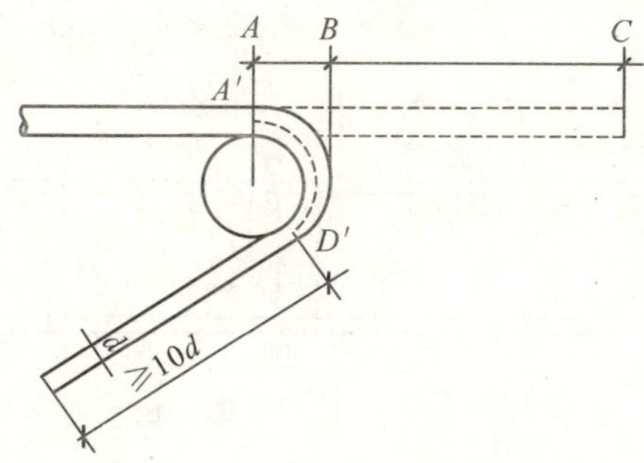

图 3-23 箍筋端部 135°弯钩计算简图

一个弯钩增长值为:

$$AC-AB=(A'D'+10d)-\frac{D}{2}+d$$

$$=\frac{135°}{360°}\pi(D+d)+10d-\frac{D}{2}+d$$

$$=1.18(D+d)+10d-\frac{D}{2}+d$$

$$=1.18D+1.18d+10d-0.5D-d$$

$$=0.68D+10.18d$$

可近似取 $0.7D+10d$ 。

式中 D——弯钩的弯曲直径，应大于受力钢筋直径，且不小于箍筋直径的 5 倍;

d—箍筋直径。

计算箍筋下料长度时，一个弯钩增长值可按上式计算，也可查表 3-17 取近似值。

表3-17 箍筋两个弯钩下料增长值 (mm)

受力钢筋直径	90°/90°弯钩					135°/135°弯钩				
	箍筋直径					箍筋直径				
≤25	70	80	100	120	140	140	160	200	240	280
>25	80	100	120	140	150	160	180	210	260	300

例题：某建筑物一层共有 10 根编号为 L-1 的梁(见图 3-24)，试计算各钢筋下料长度并绘制钢筋配料单。

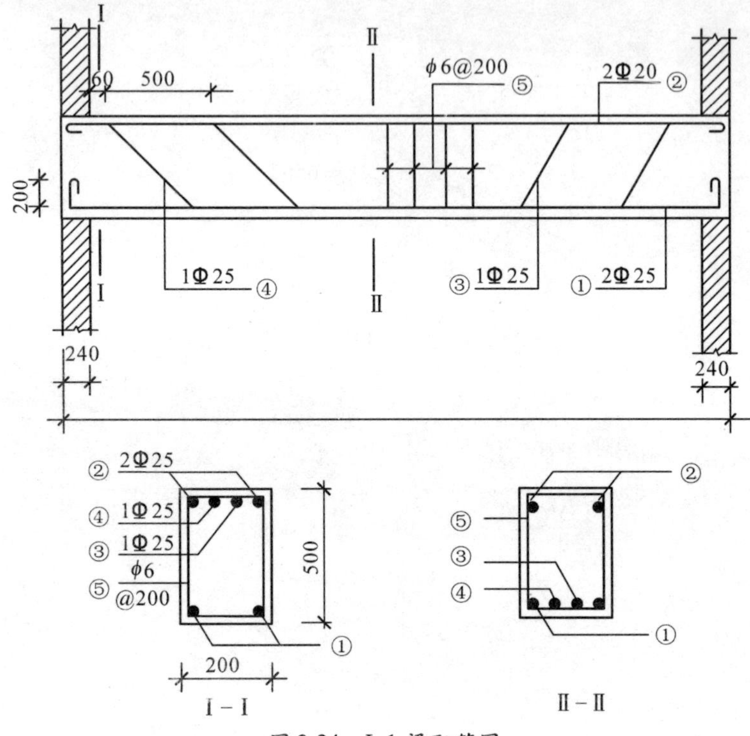

图 3-24 L-1 梁配筋图

解：钢筋保护层取 25mm

①号钢筋外包尺寸：$6240+2\times200-2\times25=6590$mm

下料长度：$6590-2\times2d+2\times6.25d=6590-2\times2\times25+2\times6.25\times25=6802$mm

②号钢筋外包尺寸：$6240-2\times25=6190$mm

下料长度：$6190+2\times6.25d=6190+2\times6.25\times12=6340$mm

③号弯起钢筋外包尺寸分段计算：

端面平直段长度：$240+50+500-25=765$mm

斜段长：$(500-2\times25)\times1.414=636$mm

中间直段长：$6240-2\times(240+50+500+450)=3760$mm

外包尺寸为：$(765+636)\times2-3760=6562$mm

下料长度：$6562-4\times0.5\times d+2\times6.25d=6562-4\times0.5\times25+2\times6.25\times25=6824$mm

④号弯起钢筋外包尺寸分段计算：

端部平直段长度：$240+50-25=265$mm

斜段长同③号钢筋为：636mm

中间直段长：$6240-2\times(240+50-450)=4760$mm

外包尺寸：$(265+636)\times2-4760=6562$mm

下料长度：$6562-4\times0.5d+2\times6.25d=6562-4\times0.5\times25+2\times6.25\times25=6824$mm

⑤号箍筋外包尺寸：宽度为 $200-2\times25+2\times6=162$mm

高度为：$500-2\times25+2\times6=462$mm

外包尺寸为：$(162+462)\times2=1248$mm

⑤号筋端部为两个90°/90°弯钩，主筋直径为25mm，箍筋直径为6mm，查表3-17两个弯钩增长值为80mm。

⑥号筋下料长度 $1248-3\times2d+80=1248-3\times2\times6-80=1292$mm

钢筋配料计算完毕，填写配料单见表3-18。

表3-18 例题的钢筋配料单

项次	构件名称	简图	直径(mm)	钢号	下料长度(mm)	单位根数	合计根数	重量(kg)
1	L$_1$ 梁 共10根	200 6240 200	25	$\underline{\phi}$	6802	2	20	523.75
2		6240	12	ϕ	6340	2	20	112.6
3		765 636 4760 636 765	25	$\underline{\phi}$	6824	1	10	262.72
4		265 4760 636 265	25	$\underline{\phi}$	6824	1	10	262.72
5		202 462 502 162	6	ϕ	1292	32	320	92.78
6	合计	ϕ6 4694.78kg；ϕ12 112.6kg；$\underline{\phi}$25 1049.19kg；						

列入加工计划的配料单，将每一编号的钢筋制作一块料牌，作为钢筋加工的依据与钢筋安装的标志。钢筋配料单和料牌，应严格校核，必须准确无误，以免返工浪费。

(6)钢筋加工允许偏差

钢筋加工完毕后应对钢筋的形状与尺寸进行检查，检查方法可采用目测结合钢尺量测，按每工作班同一类型钢筋、同一加工设备抽查不应少于3件。钢筋加工的形状与尺寸应符合设计要求，其偏差应符合表3-19的要求。

表3-19 钢筋加工的允许偏差 （mm）

项目	允许偏差
受力钢筋顺长度方向全长的净尺寸	±10
弯起钢筋的弯折位置	±20
箍筋内的净尺寸	±5

3.2.4 钢筋的连接

(1)焊接连接

钢筋焊接常用方法有电弧焊、闪光对焊、电阻点焊和电渣压力焊。此外，还有气压焊、埋弧压力焊等。钢筋焊接方法分类及适用范围，见表3-20。钢筋焊接质量检验，应符合行业标准《钢筋焊接及验收规程》(JGJ18-96)和《钢筋焊接接头试验方法标准》(JGJ/T7-2001)的规定。

表3-20 钢筋焊接方法分类及适用范围 （mm）

<table>
<tr><th colspan="2" rowspan="2">焊接方法</th><th rowspan="2">接头形式</th><th colspan="2">适用范围</th></tr>
<tr><th>钢级级别</th><th>钢筋直径</th></tr>
<tr><td colspan="2">电阻点焊</td><td></td><td>HPB235级、HRB335级
冷轧带肋钢筋
冷拔光圆钢筋</td><td>6~14
5~12
4~5</td></tr>
<tr><td colspan="2">电阻点焊</td><td> 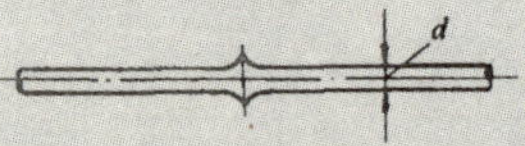d</td><td>HPB235级、HRB335级
及HRB400级、RRB400级</td><td>10~40
10~25</td></tr>
<tr><td rowspan="3">电弧焊</td><td>帮条双面焊</td><td> 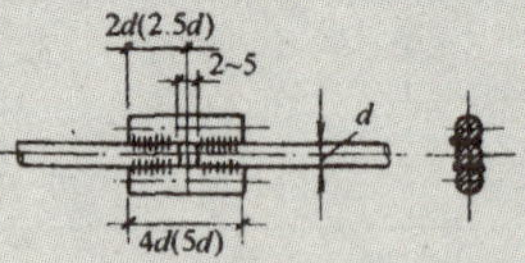2d(2.5d)
2~5
d
4d(5d)</td><td>HPB235级、HRB335级
及HRB400级、RRB400级</td><td>10~40
10~25</td></tr>
<tr><td>帮条单面焊</td><td> 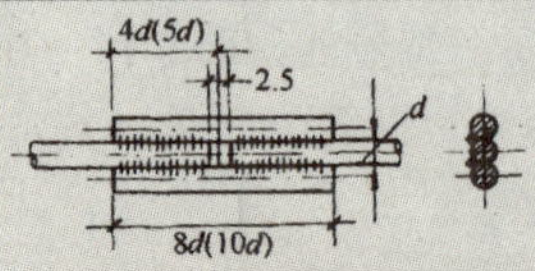4d(5d)
2.5
d
8d(10d)</td><td>HPB235级、HRB335级
及HRB400级、RRB400级</td><td>10~40
10~25</td></tr>
<tr><td>搭接双面焊</td><td> 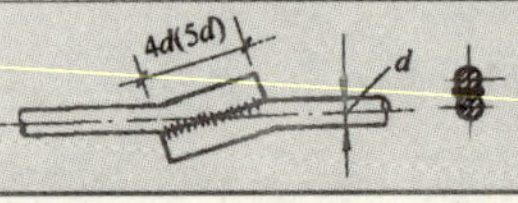4d(5d)
d</td><td>HPB235级、HRB335级
及HRB400级、RRB400级</td><td>10~40
10~25</td></tr>
</table>

（续）

焊接方法		接头形式	适用范围	
			钢级级别	钢筋直径
电弧焊	搭接单面焊		HPB235 级、HRB335 级 及 HRB400 级、RRB400 级	10 ~ 40 10 ~ 25
	熔槽帮条焊		HPB235 级、HRB335 级 及 HRB400 级、RRB400 级	20 ~ 40 20 ~ 25
	剖口平焊		HPB235 级、HRB335 级 及 HRB400 级、RRB400 级	18 ~ 40 18 ~ 25
	剖口立焊		HPB235 级、HRB335 级 及 HRB400 级、RRB400 级	18 ~ 40 18 ~ 25
	钢筋与钢板搭接焊		HPB235 级与 HRB335 级	8 ~ 40
	预埋件角焊		HPB235 级与 HRB335 级	6 ~ 25
	预埋件穿孔塞焊		HPB235 级与 HRB335 级	20 ~ 25
电渣压力焊			HPB235 级与 HRB335 级	14 ~ 40
气压焊			HPB235 级、HRB335 级 HRB400 级	14 ~ 40
预埋件埋弧压力焊			HPB235 级与 HRB335 级	6 ~ 25

注：1）表中的帮条或搭接长度值，不带括弧的数值用于 HPB235 级钢筋，括号中的数值用于 HRB335 级、HRB400 级及 RRB400 级钢筋；

2）电阻电焊时，适用范围内的钢筋直径系指较小钢筋的直径。

钢筋焊接的一般规定如下：

①电渣压力焊应用于柱、墙等现浇混凝土结构中竖向受力钢筋的连接；不得用于梁、板等构件中水平钢筋的连接。

②在工程开工或每批钢筋正式焊接前，应进行施工现场条件下的焊接性能试验。合格后，方可正式生产。

③钢筋焊接施工之前，应清除钢筋或钢板焊接部位和与电极接触的钢筋表面上的锈斑油污、杂物等；钢筋端部若有弯折、扭曲时，应予以矫直或切除。

④进行电阻点焊、闪光对焊、电渣压力焊或埋弧压力焊时，应随时观察电源电压的波动情况。对于电阻点焊或闪光对焊，当电源电压下降大于5%、小于8%时，应采取提高焊接变压器级数的措施；当大于或等于8%时，不得进行焊接。对于电渣压力焊或埋弧压力焊，当电源电压下降大于5%时，不宜进行焊接。

⑤从事钢筋焊接施工的相关人员应经过专业技术培训且拥有相应的专业技能资格认证，以保证钢筋的焊接质量。并且应经常对其进行安全生产教育，制定和实施安全技术措施，加强焊工的劳动保护，防止发生烧伤、触电、火灾、爆炸以及烧坏焊接设备等事故。

⑥焊机应经常维护保养和定期检修，确保正常使用。

(2)焊接方法

①电弧焊

电弧焊是利用弧焊机使焊条与焊件之间产生高温电弧，使焊条和电弧燃烧范围内的焊件熔化，待其凝固后便形成焊缝或接头，如图3-25所示。其应用较广，如整体式钢筋混凝土结构中钢筋的接长、装配式钢筋接头、钢筋骨架焊接及钢筋与钢板的焊接等。

钢筋电弧焊包括帮条焊、搭接焊、坡口焊等接头型式。焊接时应符合下列要求：应根据钢筋级别、直径、接头形式和焊接位置，选择焊条、焊接工艺和焊接参数；焊接时，引弧应在垫板、帮条或形成焊缝的部位进行，不得烧伤主筋；焊接地线与钢筋应接触紧密；焊接过程中应及时清渣，焊缝表面应光滑，焊缝余高应平缓过渡，弧坑应填满。

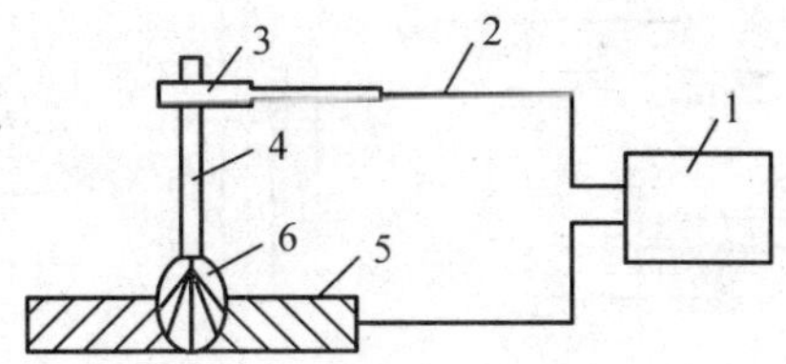

图 3-25 电弧焊示意图

1—电源；2—导线；3—焊钳；4—焊条；5—钢筋；6—接头

电弧焊的接头形式有搭接接头(见图 3-26)、帮条接头(见图 3-27)、坡口(剖口)接头(见图 3-28)等。无论哪种接头形式，都必须保证所连接钢筋的轴线在一条直线上。

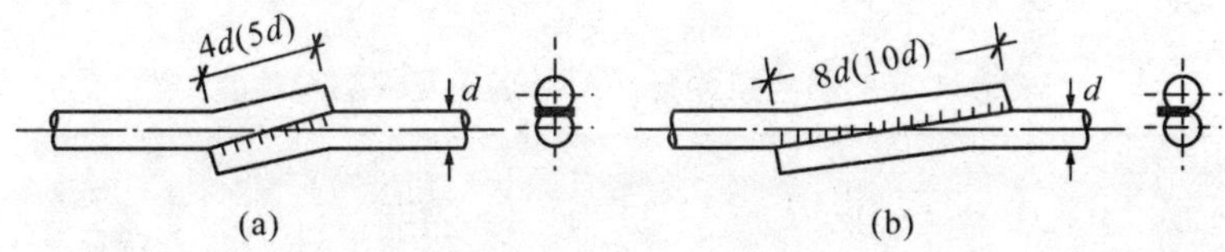

图 3-26 搭接接头

(a)双面焊链；(b)单面焊缝

搭接接头适用于直径 10 ~ 40mm 的 HPB235、HRB335 级钢筋连接。帮条接头适用于直径 10 ~ 40mm 的 HPB235、HRB335、HRB400 和 HRB500 级钢筋连接。帮条钢筋宜与被连接主筋同级别、同直径。坡口(剖口)接头适用于直径 10 ~ 40mm 的 HPB235、HRB335、HRB400 和 HRB500 级钢筋连接。有平焊和立焊两种。坡口接头较以上两种接头节约钢材。

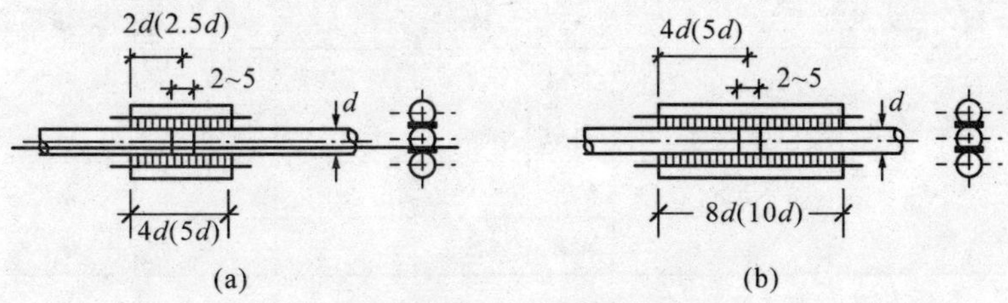

图 3-27 帮条接头

(a)双面焊链；(b)单面焊缝

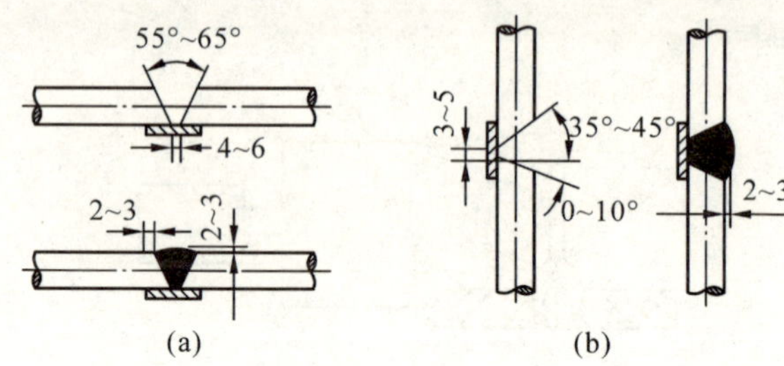

图 3-28 坡口接头

(a)坡口平焊：(b)坡口立焊

电弧焊焊接完成后应对电弧焊接头进行焊接质量检查，检查内容包括外观检查和受力性能检查，钢筋电弧焊接头尺寸偏差及缺陷允许值见表 3-21。

表3-21 钢筋电弧焊接头尺寸偏差及缺陷允许值

名称		单位	接头形式		
			帮条焊	搭接焊	坡口焊
帮条沿接头中心线的纵向偏移		mm	0.5d	–	–
接头处弯折角		°	4	4	4
接头处钢筋轴线的偏移		mm	0.1d	0.1d	0.1d
			3	3	3
焊缝厚度		mm	+0.05d 0	+0.05d 0	–
焊缝宽度		mm	+0.1d 0	+0.1d 0	–
焊缝长度		mm	−0.5d	−0.5d	–
横向咬边深度		mm	0.5	0.5	0.5
在长 2d 焊缝表面上的气孔及夹渣	数量	个	2	2	-
	面积	mm^2	6	6	–
在全部焊缝表面上的气孔及夹渣	数量	个	–	–	2
	面积	mm^2	–	–	6

注：d 为钢筋直径(mm)。

电弧焊接头进行力学性能试验时，以 300 个同一接头形式、同一钢筋级别的接头作为一批，从成品中每批随机切取 3 个接头进行拉伸试验。钢筋电弧焊接头拉伸试验结果，应符合下列要求：

3 个热轧钢筋接头试件的抗拉强度均不得小于该级别钢筋规定的抗拉强度；3 个接头试件均应断于焊缝之外，并应至少有 2 个试件呈延性断裂；当试验结果，有一个试件的抗拉强度小于规定值，或有 1 个试件断于焊缝，或有 2 个试件发生脆性断裂时，应再取 6 个试件进行复验。复验结果当有一个试件抗拉强度小于规定值，或有一个试件断于焊缝，或有 3 个试件呈脆性断裂时，应确认该批接头为不合格品。

②闪光对焊

闪光对焊是利用对焊机使两段钢筋接触，通过低电压强电流，把电能转化为热能，利用焊接电流通过两根钢筋接触点产生的电阻热，使接触点金属熔化，产生强烈飞溅，形成闪光，再迅速施以轴向压力顶锻，使两根钢筋焊合在一起，如图 3-29 所示。闪光对焊具有成本低、质量好、工效高，并对各种钢筋均能适用的特点，因而得到普遍应用。闪光对焊可分为连续闪光焊、预热闪光焊、闪光—预热—闪光焊三种工艺。

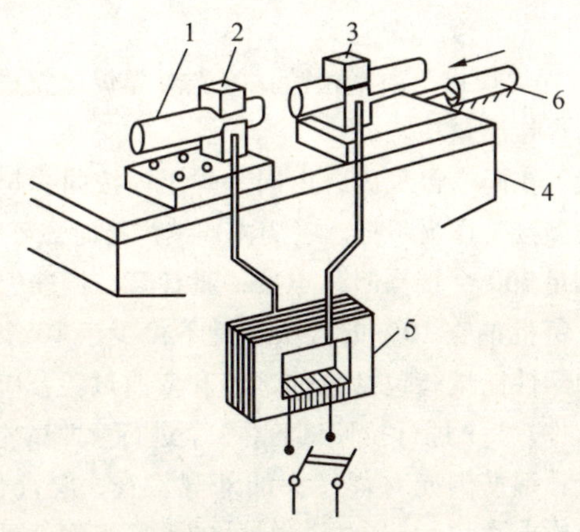

图 3-29　钢筋闪光对焊

1—钢筋；2—固定电极；3—可动电极；4—机座；5—变压器；6—推动装置

a. 连续闪光焊：连续闪光焊工艺过程包括连续闪光和顶锻过程，即先将钢筋夹在焊机电极钳口上（钢筋与电极接触处应清除锈污，电极内应通入循环冷却水），然后闭合电源，使两端钢筋轻微接触，由于钢筋端部凸凹不平，开始仅有一点或数点接触，接触面很小，故电流强度和接触电阻很大，接触点很快熔化，形成“金属过梁”。过梁进一步加热，产生金属蒸气飞溅形成闪光现象。而后再徐徐移动钢筋，保持接头轻微接触，形成连续闪光过程，接头也同时被加热。直至接头端面烧平、杂质闪掉、接头熔化后，随即施加适当的轴向压力迅速顶锻，先带电顶锻，随之断电顶锻到一定长度，使两根钢筋对焊成为一体。

b. 预热闪光焊：预热闪光焊是在连续闪光焊接之前，增加一次预热过程，方法是在闭合电源后使两钢筋端面交替地接触和分开，这时在钢筋端面的间隙中即发出断续的闪光而形成预热过程。适用于焊接直径 16 ~ 32mm 的 HRB335、HRB400 和 RRB400 级钢筋及直径 12 ~ 28mm 的 HRB500 级钢筋。特别适用于直径为 25mm 以上且端面较平整的钢筋。

c. 闪光—预热—闪光焊：闪光—预热—闪光焊是在预热闪光焊前再增加一次闪光过程，使钢筋预热均匀。适应于焊接直径大于 25mm、且端面不够平整的钢筋，这是闪光对焊中最常用的一种工艺。

d. 闪光对焊焊接接头质量检验：闪光对焊焊接完成后应对闪光对焊接头进行焊接质量检查。

取样数量：在同一台班内，由同一焊工，按同一焊接参数完成的 300 个同类型接头作为一批。一周内连续焊接时，可以累计计算。一周内累计不足 300 个接头时，也按一批计算。钢筋闪光对焊接头的外观检查，每批抽查 10% 的接头，且不得少于 10 个。钢筋闪光对焊接头的力学性能试验包括拉伸试验和弯曲试验，应从每批成品中切取 6 个试件，3 个进行拉伸试验，3 个进行弯曲试验。

外观检查：钢筋闪光对焊接头的外观检查，应符合下列要求：接头处不得有横向裂纹；与电极接触处的钢筋表面，不得有明显的烧伤；接头处的弯折，不得大于 4°；接头处的钢筋轴线偏移 α，不得大于钢筋直径的 0.1 倍，且不得大于 2mm；

拉伸试验：钢筋对焊接头拉伸试验时，三个试件的抗拉强度均不得低于该级别钢筋的抗拉强度标准值；至少有两个试样断于焊缝之外，并呈塑性断裂。

当检验结果有一个试件的抗拉强度低于规定指标，或有两个试件在焊缝或热影响区发生脆性断裂时，应取双倍数量的试件进行复验。复验结果，若仍有一个试件的抗拉强度低于规定指标，或有三个试件呈脆性断裂，则该批接头即为不合格品。

弯曲试验：钢筋闪光对焊接头弯曲试验时，应将受压面的金属毛刺和镦粗变形部分去掉，与母材的外表齐平。

弯曲试验可在万能试验机、手动或电动液压弯曲机上进行，焊缝应处于弯曲的中心点，弯心直径见表3-22。弯曲至90°时，至少有2个试件不得发生破断。

表3-22 钢筋对接接头弯曲试验指标

钢筋级别	弯心直径 d(mm)	弯曲角(°)
HPB235 级	2	90
HRB333 级	4	90
HRB400 级	5	90

注：1) d 为钢筋直径；

2) 直径大于25mm的钢筋对焊接头，作弯曲试验时弯心直径应增加一个钢筋直径。

当试验结果，有2个试件发生破断时，应再取6个试件进行复验。复验结果，当仍有3个试件发生破断，应确认该批接头为不合格品。

③电阻点焊

电阻点焊就是将已除锈的钢筋交叉点放在点焊机的两电极间，钢筋通电发热至一定温度后，加压使焊点金属焊合，如图3-30所示。适用于6～14mm的HPB235、HRB335级钢筋及冷拔低碳钢丝的交叉焊接。不同直径钢筋点焊时，大小钢筋直径之比，在小钢筋直径小于10mm时，不宜大于3；在小钢筋直径为10～14mm时，不宜大于2。

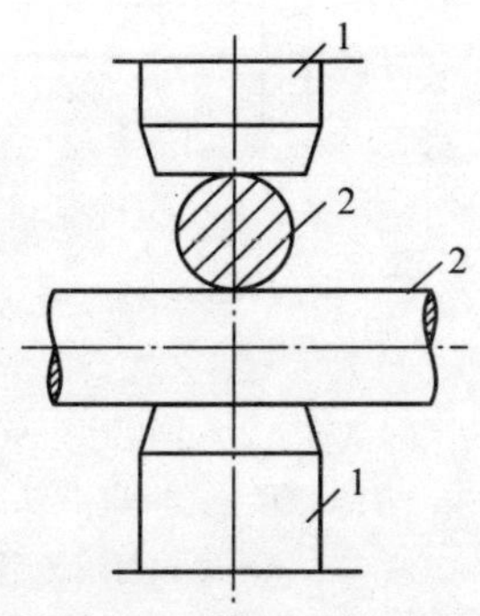

图3-30 钢筋电阻点焊

1—电极；2—钢筋

在各种预制构件中，利用点焊机进行交叉钢筋焊接，使若干单根钢筋成型为各种网片、骨架，以代替人工绑扎，是实现生产机械化、提高工效、节约劳动力和材料(因钢筋端部不需弯钩)、保证质量、降低成本的一种有效措施。而且采用焊接骨架和焊接网，可使钢筋在混凝土中能更好地锚固，可提高构件的刚度和抗裂性，因此钢筋网片成型应优先采用点焊。

④电渣压力焊

电渣压力焊是利用电流通过渣池产生的电阻热将钢筋端部熔化，然后施加压力使钢筋焊合，如图 3-31(a)所示。主要用于现浇结构中直径差在 9mm 以内，直径为 14 ~ 40mm 的 HPB235、HRB335、HRB400 级竖向或斜向(倾斜度在 4:1 范围内)钢筋的接长。这种焊接方法操作简单、工作条件好、工效高、成本低，比电弧焊接头节电 80% 以上，比绑扎连接和帮条焊接节约钢筋约 30%，提高工效 6 ~ 10 倍。

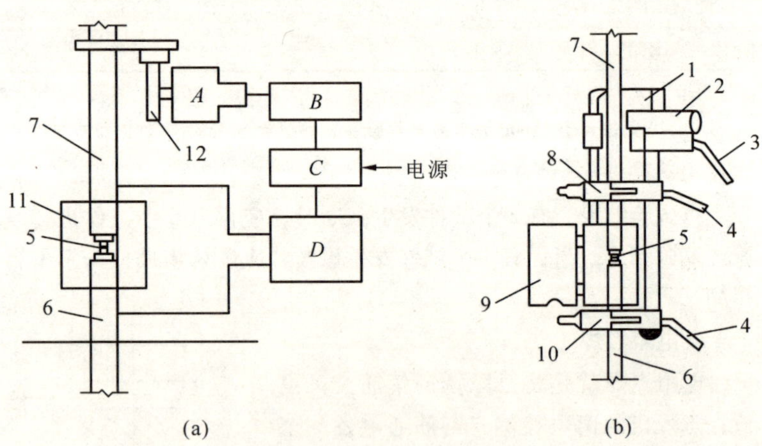

图 3-31 电动凸轮式钢筋自动电渣压力焊示意图

(a)焊接原理；(b)机头

1—把子；2—电机传动部分；3—电源线；4—焊把线；5—铁丝圈；6—下钢筋；7—上钢筋；8—上夹头；9—焊药盒；10—下夹头；11—焊剂；12—凸轮；A—电机与减速箱；B—操作箱；C—控制箱；D—焊接变压器

电渣压力焊是目前工程中竖向或斜向钢筋接长应用最广泛的连接方法之一。但它不宜用于 RRB400 级钢筋的连接；在供电条件差、电压不稳、雨季或防火要求高的场合应慎用。

a. 电渣压力焊焊接工艺：电渣压力焊焊接工艺包括引弧、造渣、电渣和挤压四个过程，如图 3-32 所示。

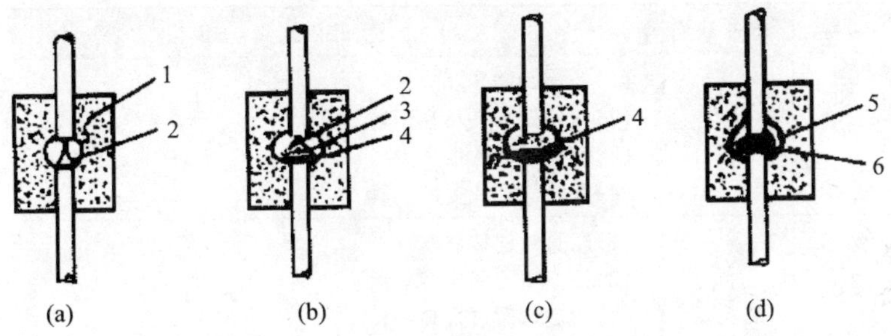

图 3-32 钢筋电渣压力焊工艺过程

(a)引弧过程；(b)造渣过程；(c)电渣过程；(d)挤压过程

1—焊剂；2—电弧；3—渣池；4—熔池；5—渣壳；6—熔化的钢筋

b. 电渣压力焊焊接参数：电渣压力焊焊接参数主要包括：焊接电流、焊接电压和焊接时间等，见表 3-23。

表3-23 电渣压力焊焊接参数

<table>
<tr><th rowspan="2">钢筋直径（mm）</th><th rowspan="2">焊接电流（A）</th><th colspan="2">焊接电压(V)</th><th colspan="2">焊接通电时间(s)</th></tr>
<tr><th>电弧过程 u2. 1</th><th>电渣过程 u2. 2</th><th>电弧过程 t1</th><th>电渣过程 t2</th></tr>
<tr><td>14</td><td>200 ~ 220</td><td rowspan="10">35 ~ 45</td><td rowspan="10">22 ~ 27</td><td>12</td><td>3</td></tr>
<tr><td>16</td><td>200 ~ 250</td><td>14</td><td>4</td></tr>
<tr><td>18</td><td>250 ~ 300</td><td>15</td><td>5</td></tr>
<tr><td>20</td><td>300 ~ 350</td><td>17</td><td>5</td></tr>
<tr><td>22</td><td>350 ~ 400</td><td>18</td><td>6</td></tr>
<tr><td>25</td><td>400 ~ 450</td><td>21</td><td></td></tr>
<tr><td>28</td><td>500 ~ 550</td><td>24</td><td>6</td></tr>
<tr><td>32</td><td>600 ~ 650</td><td>27</td><td>6</td></tr>
<tr><td>36</td><td>700 ~ 750</td><td>30</td><td>7</td></tr>
<tr><td>40</td><td>850 ~ 900</td><td>33</td><td>8</td></tr>
</table>

c. 电渣压力焊焊接缺陷及消除措施：在钢筋电渣压力焊的焊接

过程中，如发现轴线偏移、接头弯折、结合不良、烧伤、夹渣等缺陷，参照表3-24查明原因，采取措施，及时消除。

表3-24　电渣压力焊接头焊接缺陷及消除措施

项次	焊接缺陷	消除措施
1	轴线偏移	(1)矫直钢筋端部 (2)正确安装夹具和钢筋 (3)避免过大的顶压力 (4)及时修理或更换夹具
2	弯折	(1)矫直钢筋端部 (2)注意安装和扶持上钢筋 (3)避免焊后过快卸夹具 (4)修理或更换夹具
3	咬边	(1)减小焊接电流 (2)缩短焊接时间 (3)注意上钳口的起点和止点，确保上钢筋顶压到位
4	未焊合	(1)增大焊接电流 (2)避免焊接时间过短 (3)检修夹具，确保上钢筋下送自如
5	焊包不匀	(1)钢筋端面力求平整 (2)填装焊剂尽量均匀 (3)延长焊接时间，适当增加熔化量
6	气孔	(1)按规定要求烘焙焊剂 (2)滴除钢筋焊接部位的铁锈 (3)确保接缝在焊剂中合适埋入深度
7	烧伤	(1)钢筋导电部位除净铁锈 (2)尽量夹紧钢筋
8	焊包下淌	(1)彻底封堵焊剂筒的漏孔 (2)避免焊后过快回收焊剂

d. 电渣压力焊焊接接头质量检验：电渣压力焊接头应逐个进行外观检查。当进行力学性能试验时，应从每批接头中随机切取3个试件做拉伸试验，且应按下列规定抽取试件：在一般构筑物中，应以300个同级别钢筋接头作为一批；在现浇钢筋混凝土多层结构中，应以每一楼层或施工区段中300个同级别钢筋接头作为一批，不足300个接头仍应作为一批。

电渣压力焊接头外观检查结果应符合下列要求：四周焊包凸出钢筋表面的高度应大于或等于4mm；钢筋与电极接触处，应无烧伤缺陷；接头处的弯折角不得大于4°；接头处的轴线偏移不得大于钢筋直径0.1倍，且不得大于2mm。

外观检查不合格的接头应切除重焊，或采用补强焊接措施。

电渣压力焊接头拉伸试验结果，3个试件的抗拉强度均不得小于该级别钢筋规定的抗拉强度。

当试验结果有1个试件的抗拉强度低于规定值，应再取6个试件进行复验。复验结果，当仍有1个试件的抗拉强度小于规定值，应确认该批接头为不合格品。

⑤钢筋气压焊

钢筋气压焊是采用氧乙炔火焰或其他火焰对两钢筋对接处加热，使其达到塑性状态，然后加压完成的一种压焊方法。钢筋气压焊工艺具有设备简单、操作方便、质量好、成本低等优点，但对焊工要求严，焊前对钢筋端面处理要求高。被焊两钢筋直径之差不得大于7mm，钢筋下料要用砂轮锯，不得使用切断机，以免钢筋端头呈马蹄形而无法压接，钢筋端面附近50～100mm范围内的铁锈、油污、水泥浆等杂物必须清除干净。

钢筋气压焊的工艺过程包括：顶压、加热与压接过程。气压焊时，应根据钢筋直径和焊接设备等具体条件选用等压法、二次加压法或三次加压法焊接工艺。两钢筋安装后，预压顶紧。预压力宜为10MPa，钢筋之间的局部缝隙不得大于3mm。钢筋加热初期应采用碳化焰（还原焰），对准两钢筋接缝处集中加热，并使其淡白色羽状内焰包住缝隙或伸入缝隙内，并始终不离开接缝，以防止压焊面产生氧化。待接缝处钢筋红黄，随即对钢筋加第二次加压，直至焊口缝隙完全闭合。

(3)机械连接

①套筒挤压连接

这是我国最早出现的一种钢筋机械连接方法。按挤压方向不同，分为套筒径向挤压连接和套筒轴向挤压连接两种，以套筒径向挤压连接为多用。

a. 套筒径向挤压连接：将两根待接钢筋插入优质钢套筒，用挤压设备沿径向挤压钢套筒，使之产生塑性变形，依靠变形后的钢套筒与被连接钢筋纵、横肋产生的机械咬合作用使套筒与钢筋成为整体的连接方法。如图 3-33 所示。这种方法适用于直径 18～40mm 的带肋钢筋的连接，所连接的两根钢筋的直径之差不宜大于5mm。该方法具有接头性能可靠、质量稳定、不受气候的影响、连接速度快、安全、无明火、节能等优点。但设备笨重，工人劳动强度大，不适合在高密度布筋的场合使用，有时液压油污染钢筋，综合成本较高。

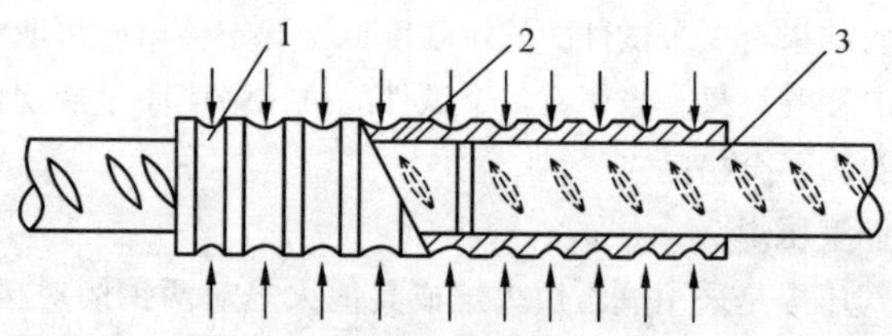

图 3-33　钢筋套筒径向挤压连接

1—压痕；2—钢套筒；3—变形钢筋

b. 套筒轴向挤压连接：套筒轴向挤压连接是将两根待接钢筋插入优质钢套筒，用挤压设备沿轴向挤压钢套筒，使之产生塑性变形，依靠变形后的钢套筒与被连接钢筋纵、横肋产生的机械咬合作用使套筒与钢筋成为整体的连接方法，如图 3-34 所示。这种方法一般用于直径 25～32mm 的同直径或相差一个型号直径的带肋钢筋连接。

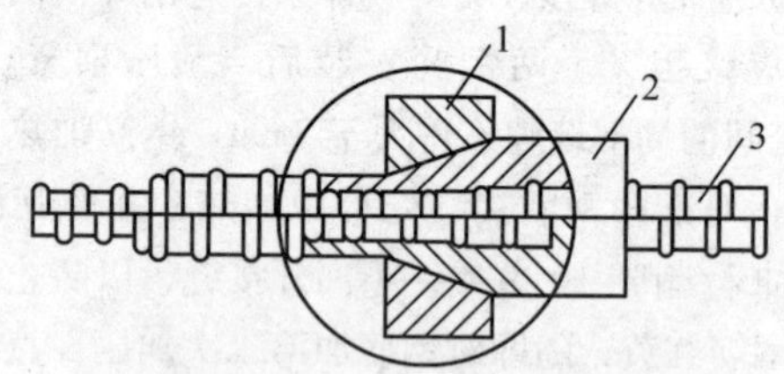

图 3-34　钢筋套筒轴向挤压连接

1—压模；2—钢套筒；3—变形钢筋

②锥螺纹套筒连接

锥螺纹套筒连接是将两根待接钢筋端头用套丝机做出锥形丝扣，然后用带锥形内丝的钢套筒将钢筋两端拧紧的连接方法，如图 3-35 所示。这种方法适用于直径 16～40mm 的各种钢筋的连接，所连接钢筋的直径之差不宜大于9mm。该方法具有接头可靠、操作简单、不用电源、全天候施工、对中性好、施工速度快等优点。接头的价格适中，低于挤压套筒接头，高于电渣压力焊和气压焊接头。

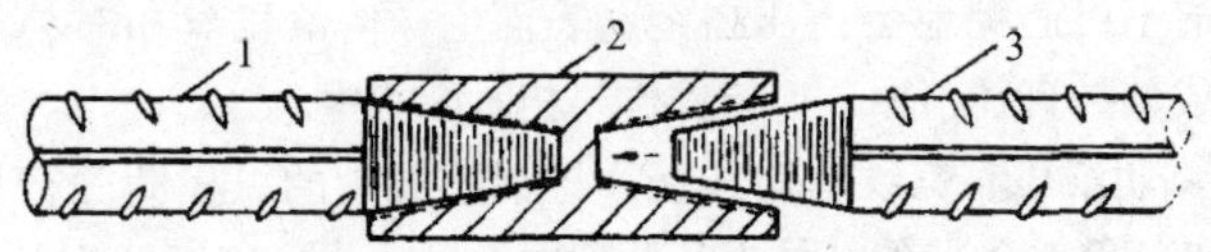

图 3-35 钢筋锥螺纹套筒连接

1—已连接的钢筋；2—锥螺纹套筒；3—未连接的钢筋

③直螺纹套筒连接

直螺纹套筒连接是将两根待接钢筋端头切削或滚压出直螺纹，然后用带直内丝的钢套筒将钢筋两端拧紧的连接方法。这种方法适用直径 16～40mm 的各种钢筋的连接。该方法是综合了套筒挤压连接和锥螺纹连接的优点，于 20 世纪 90 年代后期才发展起来的一种钢筋连接新技术。它具有接头强度高、质量稳定、施工方便、不用电源、全天候施工、对中性好、施工速度快等优点。是目前工程应用最广泛的粗钢筋连接方法。

按螺纹丝扣加工工艺不同，可分为镦粗直螺纹套筒连接、直接滚压直螺纹套筒连接和剥肋滚压直螺纹套筒连接三种。

a. 镦粗直螺纹套筒连接：镦粗直螺纹套筒连接是将钢筋端头冷镦扩粗，再在镦粗段上切削直螺纹，用同径或者异径套筒将两根钢筋连接起来，见图 3-36。钢筋端部经冷镦后不仅直径增大，使套丝后丝扣底部横截面积不小于钢筋原截面积，而且由于冷镦后钢材强度的提高，致使接头部位有很高的强度，断裂均发生母材，达到 SA 级接头性能的要求。但钢筋端头经冷镦扩粗后，金相组织发生了变化，延伸率降低，易产生脆断；此外，加工工艺复杂，增加了辅助用工，加大了接头成本。

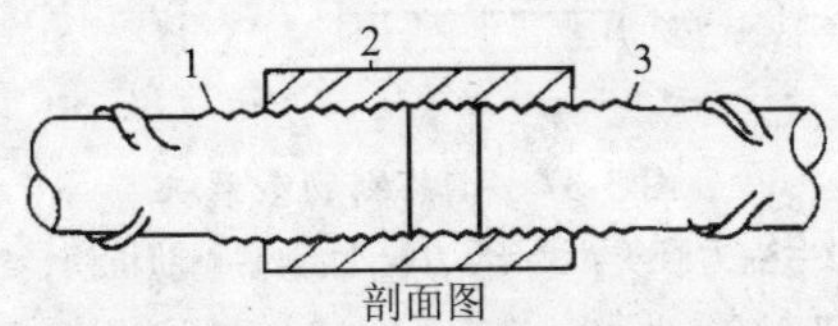

图 3-36 钢筋直螺纹套筒连接

1—已连接的钢筋；2—直螺纹套筒；3—正在拧入的钢筋

b. 直接滚压直螺纹套筒连接：先在一平台上将钢筋端头的纵横肋滚掉，然后再滚压出丝头。较镦粗直螺纹经济，但因滚压纵横肋时，铁屑不可避免地会挤压在钢筋表面上，使滚压丝扣时易产生虚扣，造成丝扣直径不一，连接操作要相对困难些。

c. 剥肋滚压直螺纹套筒连接：将钢筋端头的纵横肋先行切削圆滑后，使钢筋滚丝前的柱体直径达到同一尺寸，再滚压丝头。此法螺纹精度高、接头质量稳定、施工速度快、价格适中，目前应用较为广泛。

钢筋剥肋滚丝机由台钳、剥肋机构、滚丝头、减速机、涨刀机构、冷却系统、电器控制系统、机座等组成，见图 3-37。其工作过程：将待加工钢筋夹持在夹钳上，开动机器，扳动进给装置，使动力头向前移动，开始剥肋滚压螺纹，待滚压到调定位置后，设备自动停机并反转，将钢筋端部退出滚压装置，扳动进给装置将动力头复位停机，螺纹即加工完成。

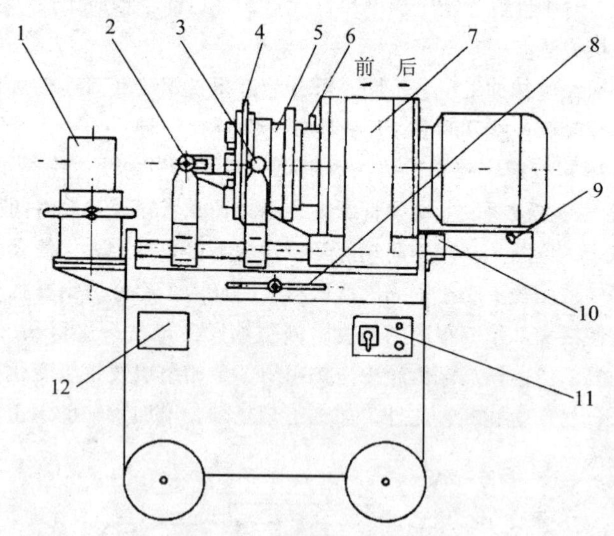

图 3-37 钢筋剥肋滚丝机

1—台钳；2—涨刀触头；3—收刀触头；4—剥肋机构；5—滚丝头；6—上水管；7—减速机；8—进给手柄；9—行程挡块；10—行程开关；11—控制面板；12—标牌

3.2.5 钢筋绑扎与安装

(1)钢筋网片、骨架制作的准备工作

钢筋网片、骨架制作成型的正确与否，直接影响着结构构件的受力性能。因此必须重视并妥善组织这一技术工作。钢筋网片、骨架制作的准备工作主要包含以下几方面内容：

①熟悉施工图纸

在熟悉施工图纸时，要明确各个单根钢筋的形状及各个细部的尺寸，确定各类结构的绑扎程序。如发现图纸中有错误或不当之处，应及时与工程设计部门联系解决。

②核对钢筋配料单及料牌

熟悉施工图纸的同时，应核对钢筋配料单及料牌，再根据料单和料牌，核对钢筋半成品的材质、尺寸、直径和规格数量是否正确，有无错配、漏配及变形。如发现问题，应及时整修增补。

③工具、附件的准备

绑扎钢筋用的工具和附件主要有扳手、铁丝、小撬棒、马架、画线尺等，还要准备水泥砂浆垫块或塑料卡等保证保护层厚度的附件，以及钢筋撑脚或混凝土撑脚等保证钢筋网片位置正确的附件等。

水泥砂浆垫块的厚度，应等于保护层厚度。水泥砂浆垫块在使用过程中可以呈梅花形均匀布置。

塑料卡的形状有两种：塑料垫块和塑料环圈，见图3-38。

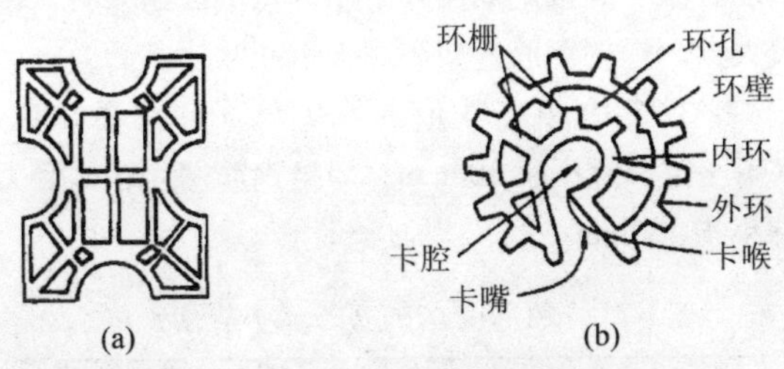

图3-38 控制混凝土保护层用的塑料卡

(a)塑料垫块；(b)塑料环圈

④划钢筋位置线

平板或墙板的钢筋，需要在模板上按照图纸要求的钢筋间距划线；柱的箍筋，在两根对角线主筋上划点；梁的箍筋，在架立筋上划点；基础的钢筋，在两向各取一根钢筋上划点或在固定架上画线。

钢筋接头的划线，应根据到料规格，结合规范对有关接头位置、数量的规定，使其错开，并在模板上画线。

⑤研究钢筋安装顺序，确定施工方法

在熟悉施工图纸的基础上，要仔细研究钢筋安装的顺序，特别是在比较复杂的钢筋安装工程中，应先研究逐根钢筋穿插就位的顺序，并与模板工联系讨论支模与绑扎钢筋的配合关系，以减少绑扎困难。

(2)钢筋网片骨架的制作与安装

①钢筋网片、骨架的钢筋搭接长度

当纵向受拉钢筋的绑扎搭接接头面积百分率不大于25%时，其最小搭接长度应符合表3-25的规定。接头面积百分率是连接区段内搭接钢筋的面积与全部钢筋面积的比值。连接区段为1.3L_l(L_l为搭接长度)。当纵向受拉钢筋搭接接头面积百分率大于25%，但不大于50%时，其最小搭接长度应按表3-25中的数值乘以系数1.2取用；当接头面积百分率大于50%时，应按表3-25中的数值乘以系数1.35取用。任何情况下，受拉钢筋的搭接长度不应小于300mm。

纵向受压钢筋搭接时，其最小搭接长度应根据上述规定确定相应数值后，再乘以系数0.7取用。在任何情况下，受压钢筋的搭接长度不应小于200mm。

焊接钢筋骨架和焊接钢筋网片采用绑扎搭接连接时，接头不宜设置在受力较大处。焊接钢筋骨架和焊接钢筋网片在受力方向的搭接长度不应小于表3-25中相应数值的0.7倍，且在受拉区不得小于250mm，在受压区不宜小于200mm。焊接钢筋网片在非受力方向的搭接长度不宜小于100mm。

表3-25　纵向受拉钢筋的最小搭接长度

钢筋类型级别		混凝土强度等级			
		C10	C20～25	C30～35	≥C40
光圆钢筋	HPB235	45d	35d	30d	25d
带肋钢筋	HRB335	55d	45d	35d	30d
	HRB400和RRB400		55d	40d	35d

注：d为钢筋直径；两根直径不同钢筋的搭接长度，以较粗钢筋的直径计算。

②钢筋网片、骨架的现场制作与安装

由于受到钢筋网片、骨架运输条件和变形控制的限制，多采用在现场进行绑扎安装钢筋的方法。现场绑扎安装钢筋时，要根据不同构件的特点和现场条件，确定绑扎顺序。如：厂房柱，一般是先绑下柱，再绑牛腿，后绑上柱；桁架，一般是先绑腹杆，再绑上、下弦，后绑结点；在框架结构中总是先绑柱，其次是主梁、次梁、过梁，再最后是楼板钢筋。

(3) 钢筋网片、骨架的验收

①钢筋的级别、直径、根数、间距、位置和预埋件的规格、位置、数量是否与设计图相符，要特别注意悬挑结构如阳台、挑梁、雨蓬等的上部钢筋位置是否正确，浇筑混凝土时是否会被踩下。钢筋安装位置的偏差，应符合表 3-26 的规定。

表3-26 钢筋安装位置的允许偏差和检验方法 (mm)

<table>
<tr><th colspan="3">项目</th><th>允许偏差</th><th>检验方法</th></tr>
<tr><td rowspan="2">绑扎钢筋网</td><td colspan="2">长、宽</td><td>±10</td><td>钢尺检查</td></tr>
<tr><td colspan="2">网眼尺寸</td><td>±20</td><td>钢尺量连续三档，取最大值</td></tr>
<tr><td rowspan="2">绑扎钢筋骨架</td><td colspan="2">长</td><td>±10</td><td>钢尺检查</td></tr>
<tr><td colspan="2">宽、高</td><td>±5</td><td>钢尺检查</td></tr>
<tr><td rowspan="5">受力钢筋</td><td colspan="2">间距</td><td>±10</td><td rowspan="2">钢尺量两端、中间各一点，取最大值</td></tr>
<tr><td colspan="2">排距</td><td>±5</td></tr>
<tr><td rowspan="3">保护层厚度</td><td>基础</td><td>±10</td><td>钢尺检查</td></tr>
<tr><td>柱、梁</td><td>±5</td><td>钢尺检查</td></tr>
<tr><td>板、墙、壳</td><td>±3</td><td>钢尺检查</td></tr>
<tr><td colspan="3">绑扎箍筋、横向钢筋间距</td><td>±20</td><td>钢尺量连续三档，取最大值</td></tr>
<tr><td colspan="3">钢筋弯起点位置</td><td>20</td><td>钢尺检查</td></tr>
<tr><td rowspan="2">预埋件</td><td colspan="2">中心线位置</td><td>5</td><td>钢尺检查</td></tr>
<tr><td colspan="2">水平高差</td><td>+3</td><td>钢尺和塞尺检查</td></tr>
</table>

注：1) 检查预埋件中心线位置时，应沿纵、横两个方向量测，并取其中的较大值；

2) 表中梁类、板类构件上部纵向受力钢筋保护层厚度的合格点率应达到 90% 及以上，且不得有超过表中数值 1.5 倍的尺寸偏差。

②钢筋接头位置、数量、搭接长度是否符合规定。

③钢筋绑扎是否牢固，钢筋表面是否清洁，有无污物、铁锈等。

④混凝土保护层是否符合要求等。

⑤预埋件的规格、数量、位置等。

3.2.6 钢筋的代换

(1)代换原则

当施工中采用的钢筋的品种或规格与设计要求不符时，可参照以下原则进行钢筋代换：

①当构件受强度控制时，钢筋可按强度相等原则进行代换。

②当构件按最小配筋率配筋时，钢筋可按面积相等原则进行代换。

③当构件受裂缝宽度或挠度控制时，代换后应进行裂缝宽度或挠度验算。

(2)等强代换方法

$$n_2 \geqslant \frac{n_1 d_1^2 f_{y1}}{d_2^2 f_{y2}}$$

式中 n_2 ——代换钢筋根数；

n_1 ——原设计钢筋根数；

d_2 ——代换钢筋直径；

d_1 ——原设计钢筋直径；

f_{y2} ——代换钢筋抗拉强度设计值；

f_{y1} ——原设计钢筋抗拉强度设计值。

(3)等面积代换方法

这种代换方法应用于原设计钢筋与代换钢筋强度相同或原设计钢筋强度小于代换钢筋强度时，后一种情况代换时不经济，但是一般来说往往是最稳妥的一种方法，等面积代换方法是施工技术力量较为薄弱时常采用的一种方法。

$$A_{s1} = A_{s2}$$

式中 A_{s1} ——原设计钢筋的截面计算面积；

A_{s2} ——拟代换钢筋的截面计算面积。

(4)代换注意事项

钢筋代换时，必须充分了解设计意图和代换材料性能，并严格遵守现行混凝土结构设计规范的各项规定；凡重要结构中的钢筋代换应征得设计单位同意。

①对某些重要构件，如吊车梁、薄腹梁、桁架下弦等，不宜用HPB235级光圆钢筋代替HRB335和HRB400级带肋钢筋。

②代换后的钢筋应满足相应的配筋构造规定，如钢筋的最小直径、最小及最大配筋率、最小及最大间距、体积配箍率、根数、锚固长度等。

③同一截面内，应避免弹性模量不一样的不同种类的钢筋同时作为受拉钢筋或者受压钢筋混合使用，以免构件受力不均。例如梁受拉钢筋不应同时混合使用HPB235级钢筋和HRB335级钢筋，但是允许受拉钢筋采用HRB335级钢筋的同时，受压区的构造配筋采用HPB235级钢筋。

④电梯吊环等对材料延性要求较高的部位或者构件内钢筋弯折角度大于90°时，不得以HRB335和HRB400级带肋钢筋来代替HPB235级光圆钢筋。

⑤受弯构件（如梁、板）及偏心受压构件（如框架柱、有吊车厂房柱、桁架上弦等）或偏心受拉构件作钢筋代换时，不取整个截面配筋量计算，应按受力面（受压或受拉）分别代换。

⑥一般当构件的配筋受裂缝宽度控制时，如以小直径钢筋代换大直径钢筋，强度等级低的钢筋代替强度等级高的钢筋，则可不作裂缝宽度验算。

3.3 模板工程

3.3.1 模板系统的要求和分类

由模板和支架两部分组成，模板的作用就是形成混凝土构件所需要的形状和几何尺寸；支架则是用来保持模板的设计位置。

(1) 对模板系统的基本要求

①保证工程结构的构件各部分形状尺寸和相互位置的正确。

②具有足够的承载能力、刚度和稳定性，能可靠地承受新浇筑混凝土的自重和侧压力，以及在施工过程中所产生的荷载。

③构造简单、装拆方便，并便于钢筋的绑扎、安装和混凝土的浇筑、养护等要求。

④模板的接缝严密、不漏浆。

(2)模板系统的分类

①按材料分类

模板按所用的材料不同，分为：木模板、钢木模板、胶合板模板、钢竹模板、钢模板、塑料模板、玻璃钢模板、铝合金模板等。

②按结构类型分类

按结构类型分类模板可分为：基础模板、柱模板、梁模板、楼板模板、楼梯模板、墙模板、壳模板、烟囱模板等多种。

③按施工方法分类

a. 现场装拆式模板：在施工现场按照设计要求的结构形状、尺寸及空间位置，现场组装的模板。当混凝土达到拆模强度后拆除模板。现场装拆式模板多用定型模板和工具式支撑。

b. 固定式模板：制作预制构件用的模板。按照构件的形状、尺寸在现场或预制厂制作模板，涂刷隔离剂，再制作下一批构件。各种胎模(土胎模、砖胎模、混凝土胎模)即属固定式模板。

c. 移动式模板：随着混凝土的浇筑，模板可沿垂直方向或水平方向移动，称为移动式模板。如烟囱、水塔、墙柱混凝土浇筑采用的滑升模板、提升模板；筒壳浇筑混凝土采用的水平移动式模板等。

3.3.2 组合式模板

(1)组合式钢模板

定型组合钢模板是一种工具式定型模板，由钢模板、连接件和支承件等部分组成。

①钢模板

组合钢模板包括平面模板、阴角模板、阳角模板和连接角模，如图3-39所示。此外，还有一些异形模板。

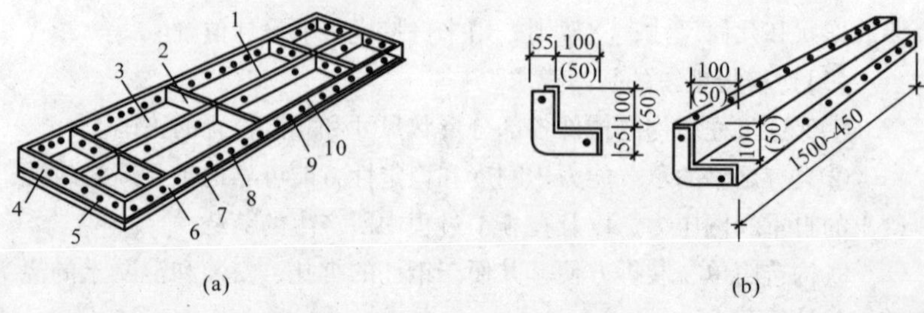

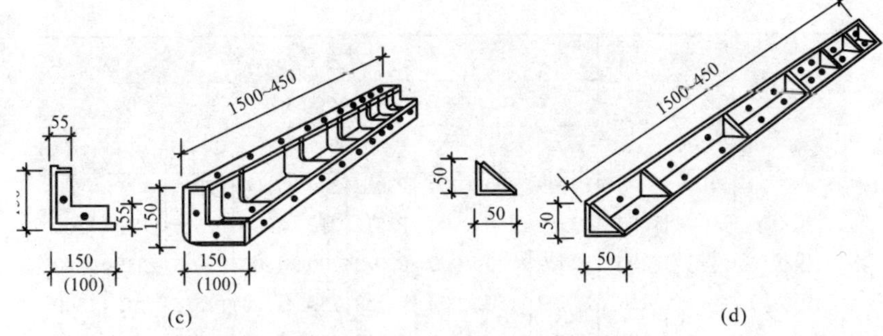

图 3-39 钢模板类型

(a)平面模板；(b)阳角模板；(c)阴角模板；(d)连接角模；

1—中纵肋；2—中横肋；3—面板；4—横肋；5—插销孔；6—纵肋；

7—凸棱；8—凸鼓；9—U 形卡孔；10—钉子孔

钢模板的规格见表 3-27。如拼装时出现不足模数的空缺，则用镶嵌木条补缺，用钉子或螺栓将木条与钢模板边框上的孔洞连接。

表3-27 钢模板的规格 (mm)

模块名称			模板长度					
			450		600		750	
			代号	尺寸	代号	尺寸	代号	尺寸
平面模板（代号 P）	宽度	300	P3004	300×450	P3006	300×600	P3007	300×750
		250	P2504	250×450	P2506	250×600	P2507	250×750
		200	P2004	200×450	P2006	200×600	P2007	200×750
		150	P1504	150×450	P1506	150×600	P1507	150×750
		100	P1004	100×450	P1006	100×600	P1007	100×750
阴角模板(代号 E)			E1504	150×150×450	E1506	150×150×600	E1507	150×150×750
			E1004	100×150×450	E1006	100×150×600	E1007	100×150×750
阳角模板(代号 Y)			Y1004	100×100×450	Y1006	100×100×600	Y1007	100×100×750
			Y0504	50×50×450	Y0507	50×50×600	Y0507	50×50×750
连接模板(代号 J)			J0004	50×50×450	J0006	50×50×600	J0007	50×50×750

（续）

模块名称			模板长度					
			900		1200		1500	
			代号	尺寸	代号	尺寸	代号	尺寸
平面模板（代号P）	宽度	300	P3009	300×900	P3012	300×1200	P3015	300×1500
		250	P2509	250×900	P2512	250×1200	P2515	250×1500
		200	P2009	200×900	P2012	200×1200	P2015	200×1500
		150	P1509	150×900	P1512	150×1200	P1515	150×1500
		100	P1009	100×900	P1012	100×1200	P1015	100×1500
阴角模板（代号E）			E1509	150×150×900	E1509	150×150×900	E1509	150×150×1500
			E1009	100×150×900	E1009	100×150×900	E1009	100×150×1500
阳角模板（代号Y）			Y1009	100×100×900	Y1012	100×100×1200	Y1015	100×100×1500
			Y0509	50×50×900	Y0512	50×50×1200	Y0515	50×50×1500
连接模板（代号J）			J0009	50×50×900	J0012	50×50×1200	J0015	50×50×1500

②连接件

定型组合钢模板的连接件包括U形卡、L形插销、钩头螺栓、对位螺栓、紧固螺栓和扣件等。

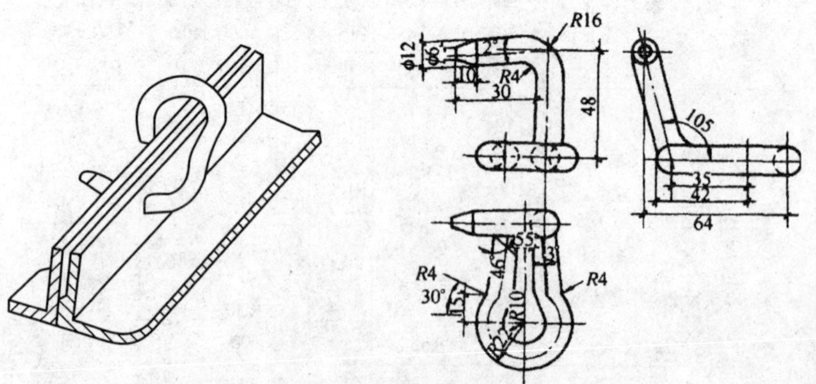

图3-40 U形卡

a. U形卡：如图3-40所示，用于钢模板之间的自由拼接，将相邻模板夹紧固定。其安装的距离不大于300mm，即每隔一孔卡插一个，安装方向一顺一倒相互交错，以抵消因打紧U形卡可能产生的位移。

b. L形插销：如图3-41所示，用于插入钢模板端部横肋的插孔内，以加强两相邻模板接头处的刚度和保证接头处板面平整。

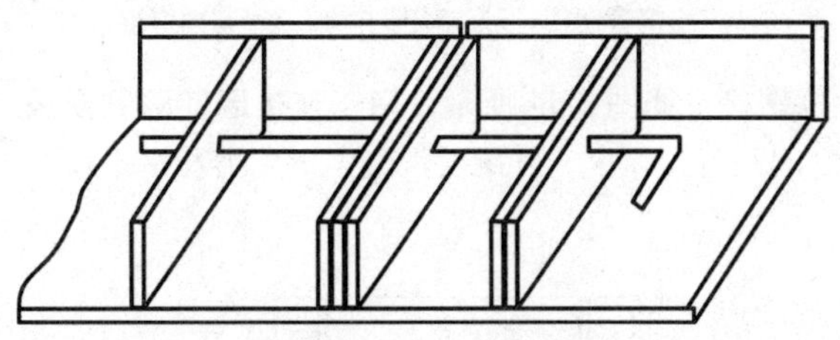

图3-41　L形插销

c. 钩头螺栓：如图3-42所示，用于钢模板与内外钢楞之间的连接固定。安装间距一般不大于600mm，长度应与采用的钢楞尺寸相适应。

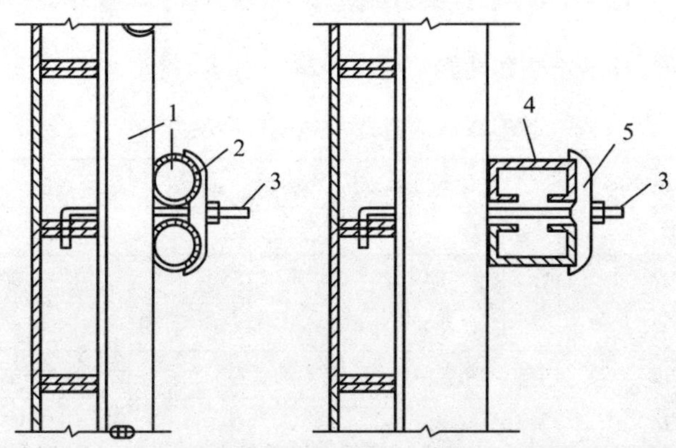

图3-42　钩头螺栓连接

1—圆钢管钢楞；2—“3”形扣件；3—钩头螺栓；
4—内卷边槽钢钢楞；5—碟形扣件；

d. 紧固螺栓：如图3-43所示，用于紧固内外钢楞，增强拼接模板的整体性，其长度应与采用的钢楞尺寸相适应。

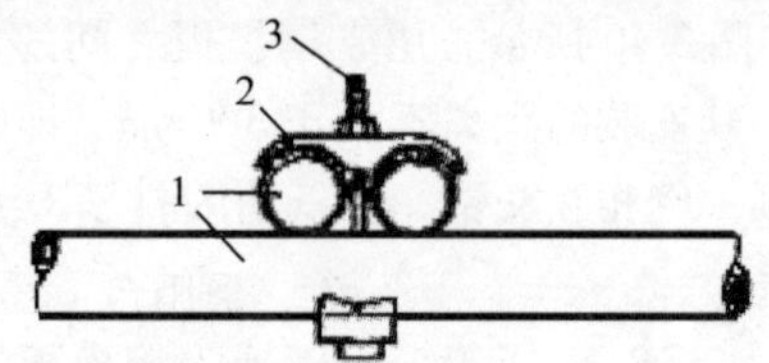

图 3-43 紧固螺栓连接

1—圆钢管钢楞；2—“3”形扣件；3—紧固螺栓

e. 对拉螺栓：如图 3-44 所示，用于连接墙壁两侧模扳，保持模板与模板之间的设计厚度，并承受混凝土侧压力及水平荷载，使模板不致变形。

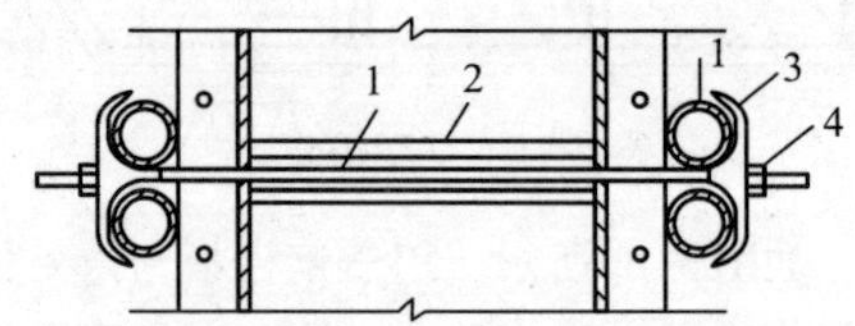

图 3-44 对拉螺栓连接

1—对拉螺栓；2—塑料套管；3—“3”形扣件；4—螺母

对拉螺栓的规格和性能，见表 3-28。

表3-28 对拉螺栓的规格和性能

螺栓直径(mm)	螺纹内径(mm)	净面积(mm^2)	容许拉力(kN)
M12	10.11	76	12.90
M14	11.84	105	17.80
M16	13.84	144	24.50
T12	9.50	71	12.05
T14	11.50	104	17.65
T16	13.50	143	24.27
T18	15.50	189	32.08
T20	17.50	241	40.91

f. 扣件：扣件用于钢楞与钢楞或钢楞与钢模板之间的扣紧。按钢楞的不同形状，分别采用蝶形扣件和“3”形扣件。

③支承件

定型组合钢模板的支承件包括钢桁架、支架、钢楞、斜撑、梁卡具、柱箍等。

a. 钢桁架：如图 3-45 所示，钢桁架采用角钢、扁钢和圆钢筋制成，其两端可支承在钢筋托具、墙和梁侧模板的横档以及柱顶梁底横档上，以支承梁或板的模板。图 3-45(a)所示为整榀式，一个桁架的承载能力约为 30kN(均匀放置)；图 3-45(b)所示为组合式桁架，可调范围为 2.5～3.5m，一榀桁架的承载能力约为 20kN(均匀放置)。

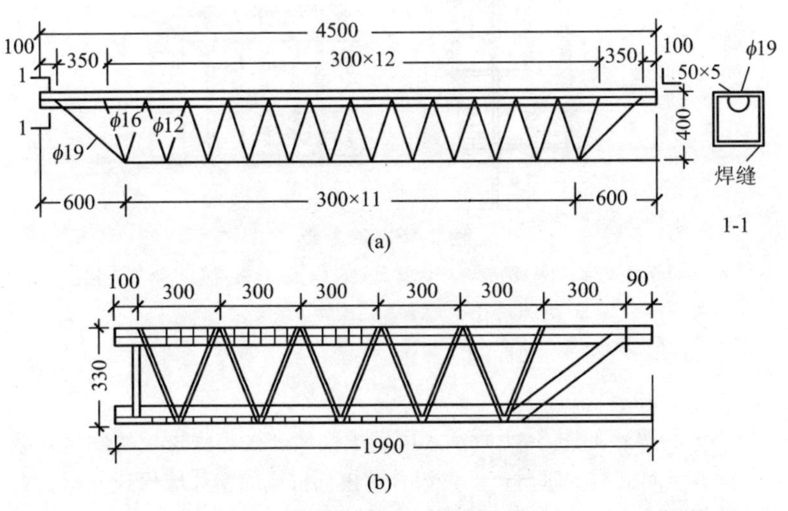

图 3-45 钢桁架示意图
(a)整榀式；(b)组合式

b. 钢支架：用于大梁、楼板等水平模板的垂直支撑，常用钢支架如图 3-46(a)所示，它由内外两节钢管制成，其高低调节距模数为 100mm，支架底部除垫板外，均用木楔调整，以利于拆除。另一种钢管支架本身装有调节螺杆，能调节一个孔距的高度，使用方便，但成本较高，如图 3-46(b)所示。当荷载较大单根支架承载力不足时，可用组合钢支架或钢管井架，如图 3-46(c)所示。还可以用扣件式钢管脚手架、门型脚手架作支架，如图 3-46(d)所示。钢管之间的连接采用的扣件及碗扣接头。

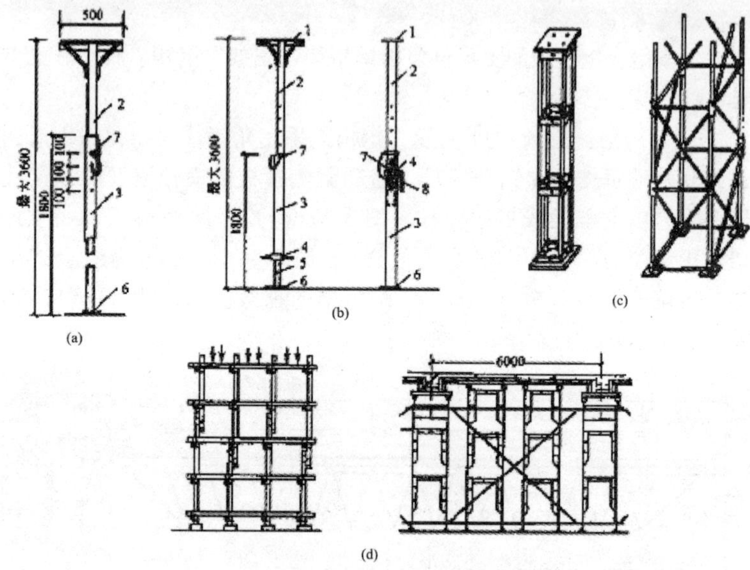

图 3-46 钢支架

(a)钢管支架；(b)调节螺杆钢管支架；(c)组合钢支架和钢管支架；(d)扣件式钢管和门型脚手架支架

1—顶板；2—插管；3—套管；4—转盘；5—螺杆；6—底板；7—插销；8—转动手柄

c. 斜撑：如图 3-47 所示，用于承受墙、柱等侧模板的侧向荷载和调整竖向支模的垂直度。由组合钢模板拼成的整片墙模或柱模，在吊装就位后，应用斜撑调整和固定其垂直位置。

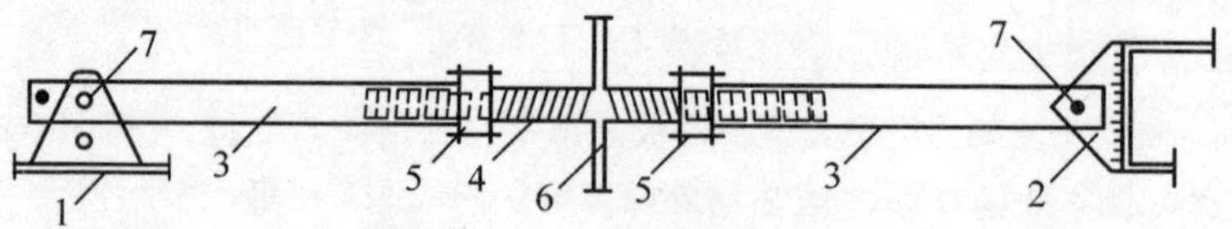

图 3-47 斜撑构造示意图

1—底座；2—顶撑；3—钢管斜撑；4—花篮螺丝；5—螺母；6—悬杆；7—销钉

d. 钢楞：钢楞一般用圆钢管、矩形钢管、槽钢或内卷边槽钢制作，而以钢管用得较多。

e. 梁卡具：如图 3-48 所示，又称梁托架，用于固定矩形梁、圈梁等模板的侧模板，也可用于侧模板上口的固定。其宽度和高度均可调节，使用梁卡具可节约斜撑等材料。

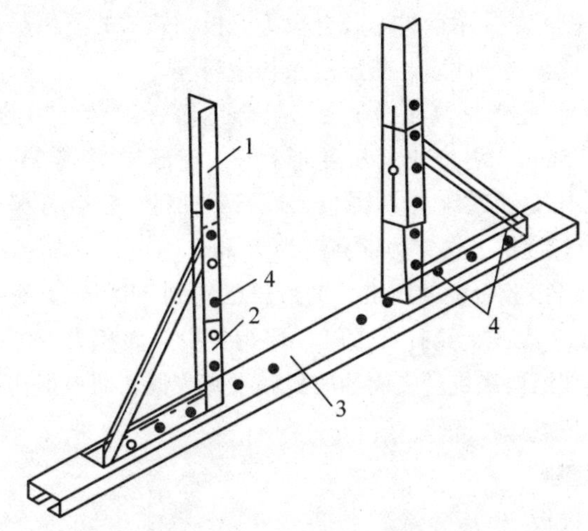

图 3-48　组合梁卡具构造示意图

1—调节杆；2—三脚架；3—底座；4—螺栓

f. 柱箍：如图 3-49 所示，又称柱卡箍、定位夹箍，用于直接支承和夹紧各类柱模的支承件，可根据柱模的外形尺寸和侧压力的大小来选用。

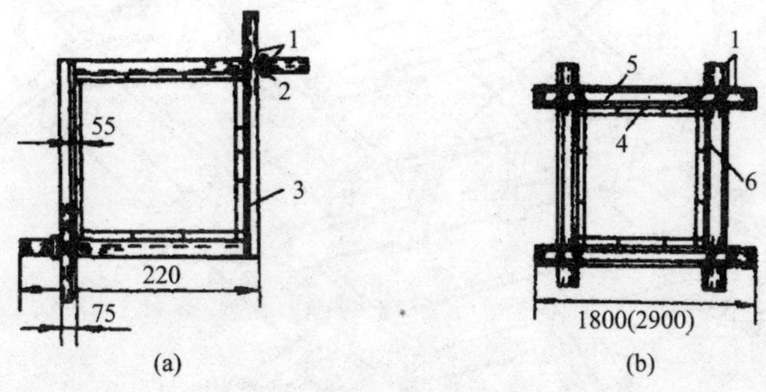

图 3-49　柱箍构造示意图

(a)角钢型；(b)型钢型

1—插销；2—限位器；3—夹板；4—模板；5—型钢 A；6—型钢 B

(2)钢框木(竹)胶合板模板

钢框木(竹)胶合板模板，是以热轧异型钢为钢框架，以覆面胶合板作板面，并加焊若干钢肋承托面板的一种组合式模板。面板有木、竹胶合板，单片木面竹芯胶合板等。板面施加的覆面层有热压三聚氰胺浸渍纸、热压薄膜、热压浸涂和涂料等。

品种系列(按钢框高度分)除与组合钢模板配套使用的55系列(即钢框高55mm，刚度小、易变形)外，现已发展有63、70、75、78、90等，其支承系统各具特色。现行《钢框竹胶合板模板》(JG/T3059-1999)标准中，选定边框高度为75mm。

钢框木(竹)胶合板的规格长度最长已达到2400mm，宽度最宽已达到1200mm。因此，具有自重轻、用钢量少、面积大，可以减少模板拼缝，提高结构浇筑后表面的质量和维修方便，面板损伤后可用修补剂修补等特点。

(3)木模板

①基础模板

如图3-50所示，为一阶梯形基础模板。如果地质良好、地下水位较低，可取消阶梯形模板的最下一阶进行原槽浇筑。模板安装时应牢固可靠，保证混凝土浇筑后不变形和发生位移。

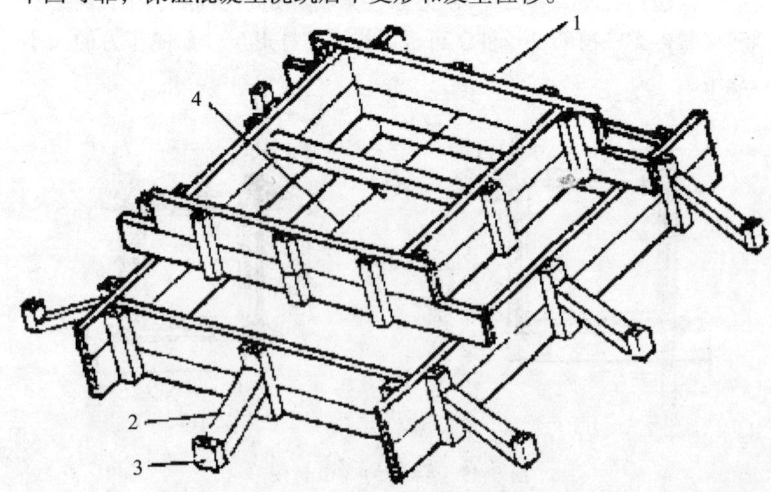

图3-50 阶梯形基础模板

1—拼板；2—斜撑；3—木桩；4—铁丝

②柱模板

柱模板由内、外拼板(共四块)组成，如图 3-51 所示。两块内拼板宽度与柱截面相同。两块外拼板的宽度则为柱截面宽度与两块内拼板厚度之和。拼板长度等于基础面(或楼面)至上一层楼板底面的距离，若柱与梁相接，还应该留出梁的缺口。

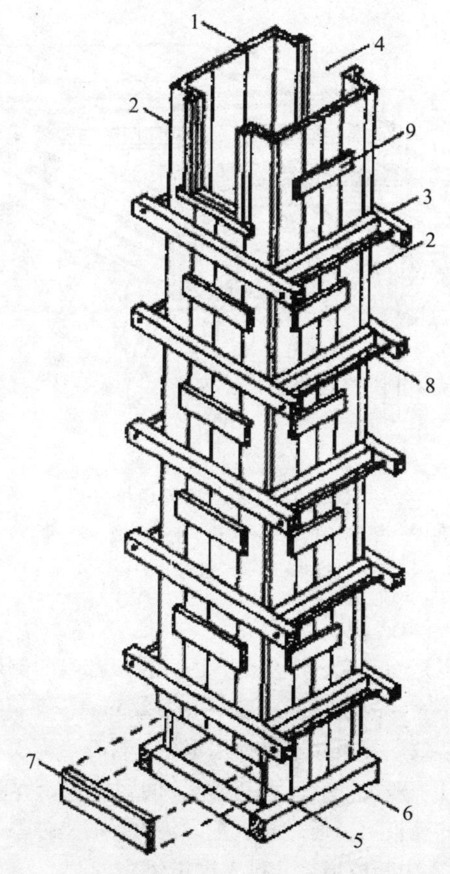

图 3-51 矩形柱模板

1—内拼板；2—外拼板；3—柱箍；4—梁缺口；5—清理孔；6—底部木框；7—盖板；8—拉紧螺栓；9—拼条

③梁模板

梁模板主要由侧模、底模及支撑系统组成，如图 3-52 所示。

底模板的宽度同梁宽，侧模的高度则与其所处位置有关，边梁外侧模高度为梁高加梁底模厚度，一般梁侧模则为梁高加底模厚度再减去混凝土板厚，梁模板的长度则为梁净长减去两块柱模厚度。

梁下支撑常采用木支柱、钢管支架、组合钢支架、金属支架、钢桁架等。

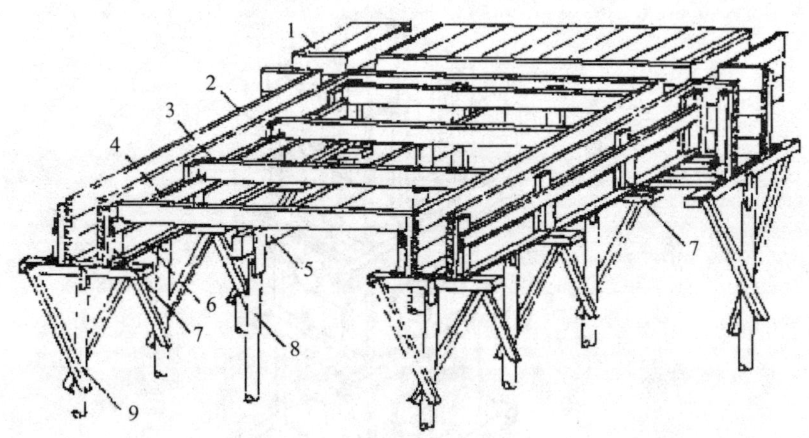

图 3-52 梁、楼板模板

1—楼板模板；2—梁侧模板；3—搁栅；4—横挡；5—牵杠；6—夹条；7—短撑木；8—牵杠撑；9—支撑

④现浇楼板模板

楼板的特点是面积大、厚度薄，因而模板产生的侧压力较小，底模所受荷载也不大，故模板的厚度一般为 2. 5mm，安装时多采用定型板，以提高安装效率。尺寸不足处用零星木材补足。模板支撑在楞木上，其端面尺寸一般为 60mm × 120mm，间距不大于 600mm，楞木再支撑在梁侧模的托板上，通过托板把力传给梁的支撑系统，如板的跨度大于 2m，楞木中间应增设几排支撑排架，

3. 3. 3 工具式模板

(1) 滑动模板

①滑模的构造

滑模由模板系统、操作平台系统和提升系统三部分组成，如图 3-53 所示。

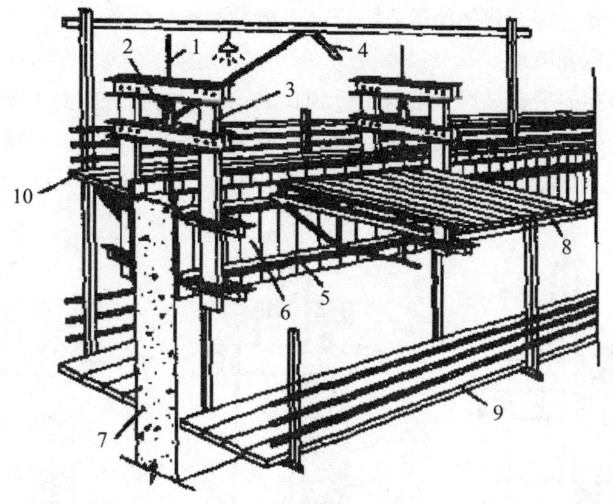

图 3-53 滑升模板

1—支承杆；2—液压千斤顶；3—油管；4—提升架；5—围圈；6—模板；7—混凝土墙体；8—操作平台桁架；9—内吊脚手架；10—外脚手架

a. 模板系统：系统包括模板、围圈和提升架等。

模板：模板依赖围圈带动其沿混凝土的表面向上滑动。模板的主要作用是承受混凝土的侧压力、冲击力和滑升时的摩阻力，并使混凝土按设计要求的截面形状成型。模板多用钢模或钢木组合模板，一般墙体钢模板也可采用组合模板改装。

围圈：围圈用于支承和固定模板，其主要作用是使模板保持组装的平面形状，并将模板与提升架连接成一个整体。

提升架：提升架的作用是固定围圈，把模板系统和操作平台系统连成整体，承受整个模板系统和操作平台系统的全部荷载并将其传递给液压千斤顶，同时控制模板、围圈由于混凝土的侧压力和冲击力而产生的变形。

b. 操作平台系统：滑模的操作平台系统包括操作平台、内外吊脚手架和外挑脚手架，是绑扎钢筋、浇筑混凝土、提升模板、安装预埋件等工作的场所，也是钢筋、混凝土、预埋件等材料和千斤顶、振捣器等小型备用机具的暂时存放场地。

c. 液压提升系统：液压提升系统包括支承杆、液压千斤顶和液压操纵装置等，它是使滑升模板向上滑升的动力装置。

②滑升原理

滑模的滑升是通过液压千斤顶在支承杆上的爬升。由于千斤顶是与提升架连接在一起的，千斤顶的爬升带动提升架向上，并使模板沿墙体滑升(见图3-54)。

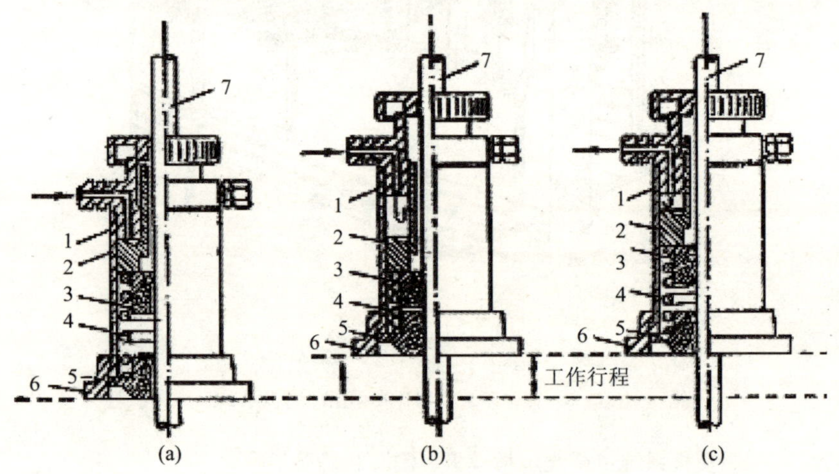

图3-54 液压千斤顶工作原理

(a)进油；(b)加压上升；(c)回油

1—缸筒；2—活塞；3—上卡头；4—排油弹簧；5—下卡头；6—底座；7—支承杆

③模板的滑升

滑升模板施工一般为连续作业，中途不作停歇，机械化程度较高。滑升过程是滑模施工的主导工序，其他各工序作业均应安排在限定时间内完成，不宜以停滑或减缓滑升速度来迁就其他作业。

施工时，先进行滑升模板装置的组装工作。组装工作完成，经过检查核对，证明组装质量符合要求后，即可进入混凝土的浇筑等滑升施工阶段。在确定滑升程序或平均滑升速度时，除应考虑混凝土出模强度要求处，还应考虑气温条件、混凝土原材料及强度等级、结构特点、模板条件等因素。

在滑升模板施工过程中，绑扎钢筋，浇筑混凝土，提升模板这三个工序是相互配合地进行工作的。在上述主要工序之间，穿插进行其他各项工作，如接长支承杆，留设门窗孔洞和预埋件，支设梁底模板，特殊部位处理，修饰混凝土表面，养护混凝土，观测和控制建筑物垂直度的偏差等。滑升完毕后，最后进行模板装置的拆除。

(2)爬升模板

爬升工艺可选用模板与爬架互爬、模板与模板互爬及整体爬升等，其中以第一种应用最为广泛。模板与爬架互爬称为有爬架爬模，模板与模板互爬称为无爬架爬模。

①有爬架爬模

有爬架爬模一般由爬升模板、爬架和爬升设备三部分组成。

爬升模板的面板一般用组合式钢模板组拼或薄钢板制成，也可用木(竹)胶合板制作。横肋和竖向大肋一般采用槽钢，槽钢规格和布置间距需要按计算确定。

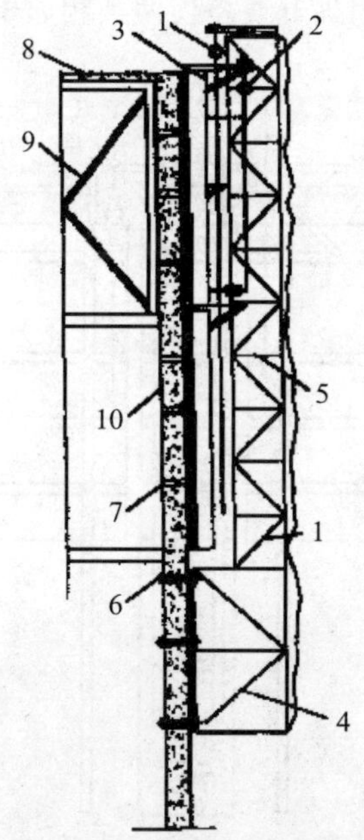

图 3-55　有爬架爬升模板

1—提升模板的动力装置；2—提升爬架的动力装置；3—外模板；4—爬架的附属架；5—爬架的支承立柱；6—附属螺栓；7—预留孔；8—楼板模板；9—楼板模板支架；10—混凝土墙体

爬架由支承架、附墙架(底座)以及吊模扁担、爬升爬架的千斤顶架(或吊环)等组成。

爬升设备是用于安装模板和固定爬升设备的。常用的爬升设备为捯链和单作用液压千斤顶。如图 3-55 所示为一种有爬架爬模。其下部设有附墙架，附墙架用螺栓固定在下层混凝土结构上；上部支承立柱坐落在附墙架上，与之成为整体。支承立柱上端有挑横梁，用以悬吊提升爬升模板用的动力装置(如电动葫芦等)，通过动力装置启动模板提升。模板顶端有提升爬架用动力设备，在模板固定后，通过它提升爬架。由此，爬架与模板相互提升，向上施工。爬升模板的背面还可悬挂外脚手架，为模板、钢筋及混凝土等施工提供作业平台。

②无爬架爬模

无爬架爬模的特点是取消了爬架，模板有甲乙两类组成，爬升时两类模板互为依托，用提升设备使两类相邻模板交替爬升(见图 3-56)。

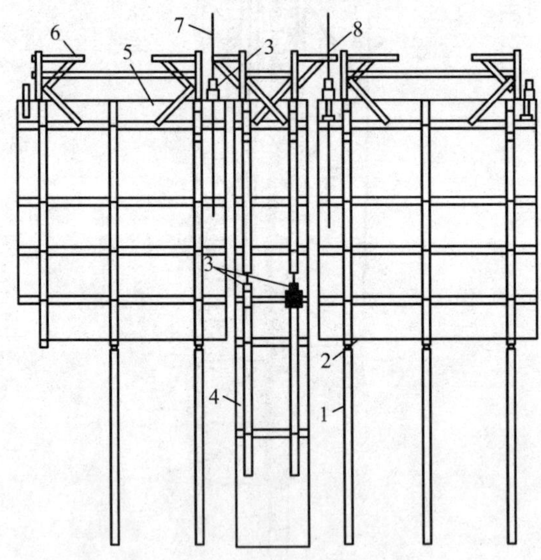

图 3-56 无爬架模板构造示意

1—“生根”背楞；2—连接板；3—液压千斤顶；4—甲型模板；5—乙型模板；6—三角爬架；7—爬杆；8—卡座

无爬架爬模的爬升装置由三角爬架、爬杆、卡座和液压千斤顶组成。三角爬架插在模板上口两端套筒内，套筒用“U”形螺栓与竖向背楞连接，三角爬架可自由回转，用以支承卡座和爬杆。爬杆用直径为25mm的圆钢制成，上端用卡座固定在三角爬架上。每块模板上装两台起重量为3.5t的液压千斤顶，甲型模板安装在模板中间偏下处，乙型模板安装在模板上口两端。供油用齿轮泵，输油管用高压胶管。

无爬架爬模的操作平台用三角挑架作支撑。安装在乙型模板竖向背楞和它下面的生根背楞上，共设置三道，上面铺脚手板，外测设护栏和安全网。上、中层平台供安装、拆除模板时使用，并在中层平台上加设模板支撑一道，使模板、挑架和支撑形成稳固的整体，并用来调整模板的角度，也便于拆模时松动模板；下层平台供修理墙面用。

无爬架爬升模板施工的爬升程序如图3-57所示。

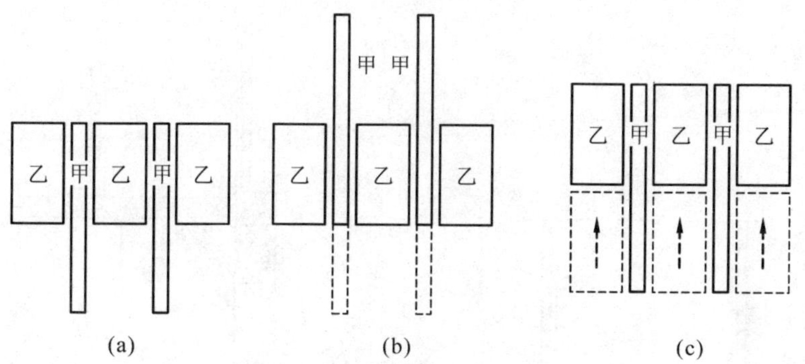

图3-57　无爬架爬升模板施工爬生程序
(a)模板复应，浇筑混凝土；(b)甲型模板爬升；
(c)乙型模板爬升就位，浇筑混凝土

3.3.4　模板的安装与拆除

(1)模板的支设安装

模板安装的程序应根据构件类型和特点、施工方法和机械选择、施工条件和环境等确定。一般为先下后上，先内后外，先支模，后支撑，再紧固。模板的支设方法基本上有两种，即单块就位组拼(散装)和预组拼，其中预组拼又可分为分片组拼和整体组拼两种。

模板支设安装时模板配件必须装插牢固，支柱和斜撑下的支承面应平整垫实，要有足够的受压面积。支承件应着力于外钢楞，支柱所设的水平撑与剪刀撑，应按构造与整体稳定性布置。多层支设的支柱，上下应设置在同一竖向中心线上，下层楼板应具有承受上层荷载的承载能力或加设支架支撑。下层支架的立柱应铺设垫板。

对现浇混凝土梁、板，当跨度不小于4m时，模板应按设计要求起拱；当设计无具体要求时，起拱高度宜为跨度的3/1000。

柱模板安装前先在模板底面用水泥砂浆找平，并调整好柱模板安装底面的标高，或设木框，在木框上安装钢模板，边柱外侧模板需支承在承垫板条上，板条要用螺栓固定在下层结构上，如图3-58所示。柱模根部要用水泥砂浆堵严，防止跑浆；柱模的浇筑口和清扫口，在配模时应一并考虑留出。柱模的清扫口应留置在柱脚一侧，如果柱子断面较大，为了便于清理，亦可两面留设。浇筑混凝土前通过清扫口将柱内的垃圾清理完毕后，立即将清扫口封闭。

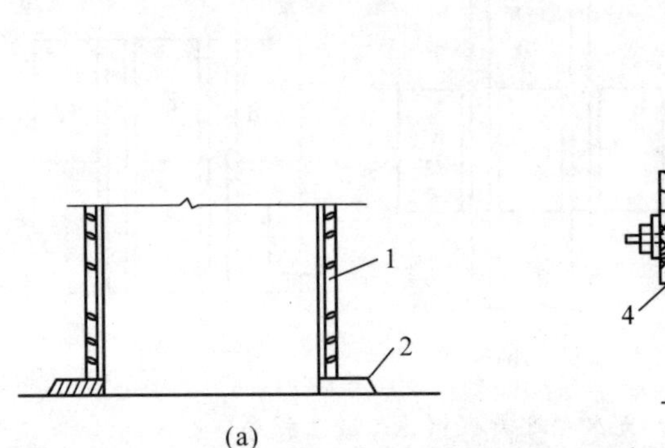

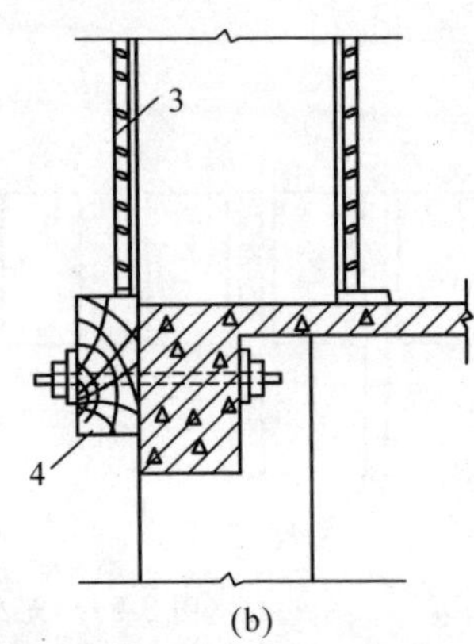

图3-58　柱模板安装

(a)柱模板安装底面处理；(b)边柱外侧模板的固定方法

1—柱模板；2—砂浆找平层；3—边柱外侧模板；4—承垫板条

有梁楼板模板安装时要注意桁架之间要设拉结，以保持桁架垂直，拼接桁架的螺栓要拧紧，数量要满足要求；模板两端应牢固，中间尽量少设或不设固定点，以便拆模，如图3-59所示。

采用扣件钢管脚手或碗扣式脚手架作支架时，扣件要拧紧，杯口要紧扣，要抽查扣件的扭力矩。横杆的步距要按设计要求设置。模板支柱纵、横方向的水平拉杆、剪刀撑等，均应按设计要求布置；一般工程当设计无规定时，支柱间距一般不宜大于2m，纵横方向的水平拉杆的上下间距不宜大于1.5m，纵横方向的垂直剪刀撑的间距不宜大于6m；跨度大或楼层高的工程，必须认真进行设计，尤其是对支撑系统的稳定性，必须进行结构计算，按设计精心施工。

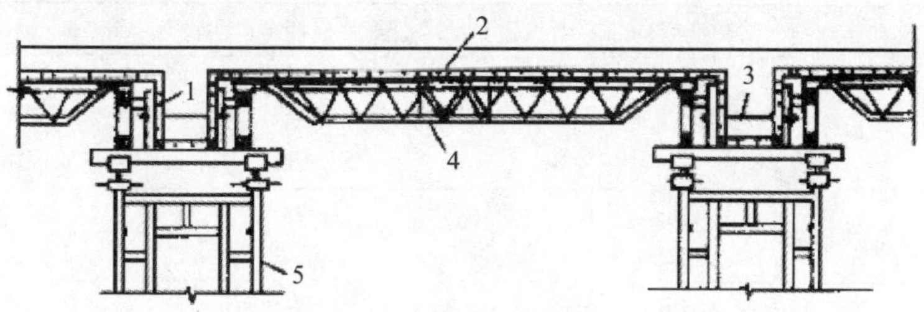

图 3-59　梁楼板模板

1—梁模板；2—楼板模板；3—对拉螺栓；4—伸缩式桁架

楼梯模板一般比较复杂，施工前应根据实际层高放样，先安装休息平台梁模板，再安装楼梯模板斜楞，然后铺设楼梯底模、安装外帮侧模和踏步模板。安装模板时要特别注意斜向支柱(斜撑)的固定，防止浇筑混凝土时模板移动。

(2)模板的拆除

模板拆除时，应根据混凝土的强度、各个模板的用途、结构的性质、水泥品种及混凝土硬化时的气温等确定拆除方法，遵循先支后拆，先非承重部位，后承重部位以及自上而下的原则。

侧模板为非承重模板，可在混凝土强度能保证其表面及棱角不因拆除而损坏时将侧模板拆除。具体时间可参考表 3-29。底模板在与混凝土结构同条件养护的试件达到表 3-30 规定强度标准值时，方可拆除。达到规定强度标准值所需时间可参考表 3-31。

表3-29　侧模板拆除时间参考表

水泥品种	混凝土强度等级	混凝土的平均硬化温度(℃)					
		5	10	15	20	25	30
		混凝土强度达到 2. 5MPa 所需天数					
普通水泥	C10	5	4	3	2	1. 5	1
	C15	4. 5	3	2. 5	2	1. 5	1
	≥C20	3	2. 5	2	1. 5	1. 0	1
矿渣及火山灰质水泥	C10	8	6	4. 5	3. 5	2. 5	2
	C15	6	4. 5	3. 5	2. 5	2	1. 5

表3-30 现浇结构拆模时所需混凝土强度

结构类型	结构强度(m)	按设计的混凝土强度标准值的百分率计(%)
板	≤2 >2，≤8 >8	50 75 100
梁、拱、壳	≤8 100	75 >8
悬背构件	≤2 100	75 >2

表3-31 底模板拆除时间参考表

水泥的标号及品种	混凝土达到设计强度标准值的百分率(%)	硬化时昼夜平均温度(℃)					
		5	10	15	20	25	30
32.5级普通水泥	50 75 100	12 26 55	8 18 45	6 14 35	4 9 28	3 7 21	2 6 18
42.5级普通水泥	50 75 100	10 20 30	7 14 40	6 11 30	5 8 28	4 7 20	3 6 18

(3)模板工程安装质量检查及验收

①钢模板工程安装过程中，应进行下列质量检查和验收：

a. 钢模板的布局和施工顺序；

b. 连接件、支承件的规格、质量和紧固情况；支承着力点和模板结构整体稳定性；

c. 预埋件和预留孔洞的规格数量及固定情况；扣件规格与对拉螺栓、钢楞的配套和紧固情况；

d. 模板轴线位置和标志；竖向模板的垂直度和横向模板的侧向弯曲度；

e. 模板的拼缝度和高低差；各种预埋件和预留孔洞的固定情况；

f. 对拉螺栓、钢楞与支柱的间距；

g. 支柱、斜撑的数量和着力点；

h. 模板结构的整体稳定；

i. 有关安全措施。

②模板工程验收时，应提供下列文件：

a. 模板工程的施工设计或有关模板排列图和支承系统布置图；

b. 模板工程质量检查记录及验收记录；

c. 模板工程支模的重大问题及处理记录。

③现浇混凝土结构所用模板的安装尺寸偏差见表3-32，检查数量为在同一检验批内，对梁、柱和独立基础，应抽查构件数量的10%，且不少于3件；对墙和板，应按有代表性的自然间抽查10%，且不少于3间；对大空间结构，墙可按相邻轴线间高度5m左右划分检查面，板可按纵、横轴线划分检查面，抽查10%，且均不少于3面。

表3-32　现浇结构模板安装的允许偏差及检验方法

项目		允许偏差(mm)	检验方法
轴线位置		5	钢尺检查
底模上表面标高		±5	水准仪或拉线、钢尺检查
截面内部尺寸	基础	±10	钢尺检查
	柱、墙、梁	+4，-5	钢尺检查
层高垂直度	不大于5m	6	经纬仪或吊线、钢尺检查
	大于5m	8	经纬仪或吊线、钢尺检查
相邻两板表面高低差		2	钢尺检查
表面平整度		5	2m靠尺和塞尺检查

注：检查轴线位置时，应沿纵、横两个方向量测，并取其中的较大值。

④预制构件模板安装的偏差应符合表3-33的规定。检查数量为首次使用及大修后的模板应全数检查；使用中的模板应定期检查，并根据使用情况不定期抽查。

表3-33　预制构件模板安装的允许偏差及检验方法

项目		允许偏差(mm)	检验方法
长度	板、梁	±5	钢尺量两角边，取其中较大值
	薄腹梁、桁架	±10	
	柱	0，-10	
	墙板	0，-5	

（续）

项目		允许偏差（mm）	检验方法
宽度	板、墙板	0，－5	钢尺量一端及中部，取其中较大值
	梁、薄腹梁、桁架、柱	+2，－5	
高（厚）度	板	+2，－3	钢尺量一端及中部，取其中较大值
	墙板	0，－5	
	梁、薄腹板、桁架、柱	+2，－5	
侧向弯曲	梁、板、柱	1/1000 且≤15	拉线、钢尺量最大弯曲处
	墙板、薄腹梁、桁架	1/1500 且≤15	
	板的表面平整度	3	2m 靠尺和塞尺检查
	相邻两板表面高低差	1	钢尺检查
对角线差	板	7	钢尺量两个对角线
	墙板	5	
翘曲	板、墙板	1/1500	调平尺在两端量测
设计起拱	薄腹梁、桁架、梁	±3	拉线、钢尺量跨中

注：1 为构件长度（mm）。

⑤固定在模板上的预埋件、预留孔和预留洞均不得遗漏，且应安装牢固，其偏差应符合表 3-34 的规定。检验方法为钢尺检查。

表3-34　预埋件和预留孔洞的允许偏差　（mm）

项　目		允许偏差
预埋钢板中心线位置		3
预埋管、预留孔中心线位置		3
插筋	中心线位置	5
	外露长度	+10，0
预埋螺栓	中心线位置	2
	外露长度	+10，0
预留洞	中心线位置	10
	尺寸	+10，0

注：检查中心线位置时，应沿纵、横两个方向量测，并取其中的较大值。

3.4 混凝土结构裂缝控制措施与修补

3.4.1 混凝土结构裂缝成因

最近十多年来，随着商品混凝土、高强混凝土的普遍应用，混凝土泵送、免振施工技术的发展，以及预制预应力构件应用逐渐萎缩，混凝土结构的裂缝问题日显严重，由此引起的质量纠纷不断发生。下面就来阐述一下混凝土结构裂缝形成的具体原因。

(1)荷载作用

作为承载受力的混凝土结构，在各种荷载作用下会在混凝土中产生应力和应变。在应力和应变超过混凝土的极限状态时，就会产生裂缝。裂缝的方向总是沿着主压应力(应变)方向或垂直于主拉应力(应变)方向发展、延伸的。

由荷载作用引起的裂缝称为受力裂缝。由于其标志着结构承载能力的消耗并涉及安全问题，因此应引起重视。受力裂缝也称为“直接裂缝”，在实际的裂缝问题中只占较小的比例，其余占大多数的裂缝由除荷载作用之外的因素引起，可称为“间接裂缝”。

(2)温差引起的混凝土裂缝

混凝土在温度变化时会热胀冷缩，其膨胀系数为 $\alpha_c = 1 \times 10^{-5}$/℃左右，亦即每1℃的温差即可引起10$\mu\varepsilon$的应变，对C30混凝土而言，则可引起0.3N/mm^{2}的温度应力。当这种温度应力作为超静定结构中的约束拉应力时，较大的温差往往就会引起裂缝。

混凝土结构中的温度裂缝可有两种原因：其一为季节温度变化引起的裂缝，集中于屋盖、山墙等部位，且裂缝宽度往往随季节而变化；其二为混凝土结构中因水化热散失速度不一引起的温差裂缝，往往表现为大体积混凝土的表面龟裂或结构形状突变处的裂缝。

(3)混凝土硬化过程中的收缩

一般在混凝土硬化过程中，由于混凝土失水干燥，引起体积收缩变形，这种体积变形受到约束时，就可能产生收缩裂缝。这种裂缝是在有约束的条件下，在超静定的现浇混凝土结构中可以引起约束拉应力，从而导致收缩裂缝普遍发生。

(4)强迫位移引起的裂缝

混凝土结构多为超静定结构，任何外加的变形或相对位移(如地基不均匀沉降、地震惯性作用引起的强迫位移等）均可引起混凝土结构的约束变形和应力。当约束拉应力数值超过其抗拉强度时，即会产生裂缝。强迫位移在超静定结构中引起的效应随结构刚度和受约束程度而加大。因此，越“刚硬”的结构构件由于强迫位移引起的效应就越大，裂缝现象也越严重。

地震、爆炸、撞击等瞬时作用的强迫位移，引起的约束应力很难由塑性变形消解。因此产生裂缝就是难以避免的事情了。

(5)施工不当引起的裂缝

常见的有：

①混凝土保护层过厚，或乱踩已绑扎的上层钢筋，使承受负弯矩的受力筋保护层加厚，导致构件的有效高度减小，形成与受力钢筋垂直方向的裂缝；

②混凝土振捣不密实、不均匀，出现蜂窝、麻面、空洞，导致钢筋锈蚀或其他荷载裂缝的起源点；

③混凝土浇筑过快，混凝土流动性较低，在硬化前因混凝土沉实不足，硬化后沉实过大，容易在浇筑数小时后发生裂缝，即塑性收缩裂缝。混凝土分层或分段浇筑时，接头部位处理不好，易在新旧混凝土和施工缝之间出现裂缝。如混凝土分层浇筑时，后浇混凝土因停电、下雨等原因未能在前浇混凝土初凝前浇筑，引起层面之间的水平裂缝；采用分段现浇时，先浇混凝土接触面凿毛、清洗不好，新旧混凝土之间黏结力小，或后浇混凝土养护不到位，导致混凝土收缩而引起裂缝；

④混凝土搅拌、运输时间过长，使水分蒸发过多，引起混凝土塌落度过低，使得在混凝土体积上出现不规则的收缩裂缝；

⑤混凝土初期养护时急剧干燥，使得混凝土与大气接触的表面上出现不规则的收缩裂缝；

⑥施工时模板刚度不足，在浇筑混凝土时，由于侧向压力的作用使得模板变形，产生与模板变形一致的裂缝。施工时拆模过早，混凝土强度不足，使得构件在自重或施工荷载作用下产生裂缝。用泵送混凝土施工时，为保证混凝土的流动性，增加水和水泥用量，或因其他原因加大了水灰比，导致混凝土凝结硬化时收缩量增加，使得混凝土体积上出现不规则裂缝；

⑦施工前对支架压实不足或支架刚度不足，浇筑混凝土后支架不均匀下沉，导致混凝土出现裂缝；

⑧混凝土早期受冻，使构件表面出现裂纹，或局部剥落，或脱模后出现空鼓现象。施工质量控制差。任意套用混凝土配合比，水、砂石、水泥材料计量不准，结果造成混凝土强度不足和其他性能（和易性、密实度）下降，导致结构开裂；

⑨安装顺序不正确，对产生的后果认识不足，导致产生裂缝。如钢筋混凝土连续梁满堂支架现浇施工时，钢筋混凝土墙式护栏若与主梁同时浇筑，拆架后墙式护栏往往产生裂缝；拆架后再浇筑护栏，则裂缝不易出现；

⑩施工不当引起混凝土结构的具体原因种类繁多，很难穷尽，其实质只是混凝土中原始缺陷遭受外力、收缩、温差等作用在施工过程中以裂缝形式出现而已，应根据具体工程的实际情况加以分析。

(6)构造不当而引起的裂缝

由于设计和施工的缺陷，混凝土往往在一些应力集中的部位产生裂缝。这些裂缝往往很难用准确的设计计算来加以控制，而多由结构布置方案或构造措施缺陷所引起的，主要有以下几类：

①结构布置不当，在体量或刚度突变处（如高低错层、平面瓶颈处等）形成薄弱环节，往往很微小的干扰即可能引起裂缝；

②在结构的凹角、凹槽部位，容易因应力集中而引发裂缝，特别是当该处构造配筋较少或配筋形式不当时更易开裂；

③集中荷载较大而截面或配筋相对不足时（如预应力筋锚固处、集中荷载作用处、悬挂荷载处、座落于筏板上的单独柱基等）往往发生局部裂缝。

这类构造裂缝往往很难精确计算，或者通过定量分析而加以控制，通常需要采取适当的构造措施。

(7)耐久性不足引起的裂缝

我国传统的混凝土结构设计很少考虑耐久性问题。随着时间的推移，在长期服役以后，耐久性问题日渐严重，包括耐久性裂缝问题。耐久性裂缝大体分为三类。

①钢筋的锈胀裂缝

由于保护层混凝土碳化和钢筋脱钝以后引起钢筋锈蚀、体积膨胀而引起锈胀裂缝。裂缝沿钢筋纵向发展，还常有黄褐色的锈斑出现。这类裂缝如不及时处理，严重时会引起保护层混凝土剥落。

锈蚀裂缝不仅影响钢筋与混凝土黏结锚固，而且削弱了钢筋的有效承载面积和力学性能（延性减小变脆），引起锈坑处的应力集中，因此必须引起足够的重视。

氯离子的存在会大大加快钢筋锈蚀的速度。我国传统以氯化钙（$CaCl_2$）作为防冻剂提高混凝土的抗冻能力，引起这类问题较多。近年来一些工程在抢进度时往往采用不合格的早强剂，也会引起此类耐久性裂缝。

②混凝土的冻胀裂缝

在严寒和寒冷地区，特别在水位变动的结构部位，由于沿混凝土缺陷（例如毛细孔道等）渗入的水在结冰以后体积膨胀而形成明显的可见裂缝。冻胀裂缝往往造成部分混凝土的膨胀及粉化，如不及时处理，反复的冻融循环会引起混凝土的酥裂并丧失承载力。

③碱骨料反应裂缝保护层剥落

这种裂缝是由于混凝土原材料中的水泥、外加剂、混合材料及水中的碱性物质与骨料中的活性物质发生膨胀性的化学反应。碱骨料反应裂缝通常在混凝土浇筑成型若干年后出现，反应生成物吸水膨胀使混凝土产生内部应力而开裂。由于活性骨料一般呈均匀分布，故混凝土发生碱骨料反应后，混凝土各部分均产生膨胀应力和变形，特别是混凝土在遇水的情况下，其体积约膨胀 3～4 倍，使混凝土产生膨胀性酥松状裂缝。这种混凝土材料内部的膨胀会引起网状的龟裂裂缝，从而对结构的耐久性造成影响。

（8）混凝土结构的界面裂缝

严格来说界面裂缝并不是混凝土结构本身的裂缝，而是混凝土构件与其他结构、围护构件或装修构件之间的可见裂缝。这类裂缝往往也被用户指为混凝土结构缺陷，因此也一并在此加以介绍。界面裂缝按其引起原因可分为以下几类。

①与其他结构之间的裂缝

混凝土结构与砌体结构、钢结构（组合结构）之间，由于构造处理不妥或受力变形不协调引起的可见裂缝。

②与围护构件之间的裂缝

混凝土结构与隔墙、填充构件等因构造处理不当而引起的可见裂缝。

③与抹面层之间的裂缝

混凝土结构上有混水表面时，在抹面层与基底之间的黏结脱离及在抹面层中引起的可见裂缝。

前两种裂缝沿界面发展，形成整齐的裂缝形状；后者多为抹面层的龟裂或剥落。一般情况下这类裂缝只影响观瞻及使用功能，对结构承载力和安全并无明显影响。但有时，如抹面层可能剥落伤人，也是安全隐患。

(9)裂缝成因的综合性

前面较详细地分析了混凝土结构中裂缝的机理和形成可见裂缝的各种原因。但应该强调的是，实际工程中的混凝土结构裂缝往往并不是由单一因素形成的。引发裂缝的原因很多，造成结构中裂缝的因素决不会只有一个，其必然是由多种原因共同作用的结果。当然，其中必然有主要原因以及影响相对较小的次要原因，应根据实际工程情况认真分析，才能准确地把握裂缝的性质，并采取针对性的措施，控制并消除裂缝。

总之，混凝土结构的裂缝是一个综合性问题，有效合理地解决混凝土结构的裂缝问题对促进我国建筑业的健康发展具有现实意义。

3.4.2　混凝土结构裂缝控制措施

(1)大体积混凝土结构

在结构工程的设计与施工中，对于大体积混凝土结构，为防止其产生温度裂缝，除需要在施工前进行认真温度计算外，还要做到在施工过程中采取一系列有效的技术措施。根据我国的大体积混凝土施工经验，应着重从控制混凝土温升、延缓混凝土降温速率、减少混凝土收缩变形、提高混凝土极限抗拉应力值、改善混凝土约束条件、完善构造设计和加强施工中的温度监测等方面采取技术措施。

①制定合适的允许温差

温度裂缝的主要原因是各种温差太大，为了防止裂缝发生，必须规定各种温差，包括内外温差，内部温差和温度陡降的容许值，这些容许温差可根据以往工程的实践经验，结合理论计算来确定。

②加强施工中的温度观测

为了防止温度裂缝，必须重视温度管理。施工中若能控制实际温度差小于容许值，就可能避免产生温度裂缝。温度管理的基础是及时准确地进行各种温度观测。

③采取适当的温度控制措施

防止温度裂缝的基本条件是控制施工中的实际温差小于允许差。实际温差可用下式计算：

$$\Delta T = Tp + Tr - Tf$$

式中 ΔT——内外温差或内部温差；

Tp——混凝土浇筑温度；

Tr——水泥水化热引起的温度升高；

Tf——在计算内外温差时，指混凝土表面的温度；在计算内部温差时，指使用中混凝土内部可能达到的最低温度。

Tp、Tf 可以实测，也可以从当地气象、水文资料中查到。Tr 可以用试验所得数据，用热传导理论计算，也可以用经验公式和类似工程的经验估算。

如果计算所得的实际温差大于容许温差，为了防止温度裂缝就应采取温度控制措施，主要是降低 Tp、Tr 值和提高 Tf 值。

a. 降低浇筑温度 Tp：降低混凝土浇筑温度 Tp，不仅可以直接降低混凝土的最高温度，减小温度应力；同时还因为浇筑温度降低到周围环境温度以下时，可形成负的初始温差。这种温差初期将在板面引起压应力，以抵消内外温差、湿度差引起的表面拉力，有利于防止早期的表面裂缝；后期将在板内引起压应力，以抵消内部温差引起的板内拉力，这对防止内部裂缝有好处。

b. 降低水化热温升 Tr：降低水化热温升 Tr，在大体积钢筋混凝土中有特别重要的作用。因为建筑工程中的大体积混凝土强度比水坝高得多，因此水泥用量明显增多，而又不可能采用大坝水泥等低热水泥，因此 Tr 值较高。降低 Tr 值的措施，除了尽量采用低热水泥和加强表面散热外，主要是通过合理选择合理的原材料采用良好的配合比，来降低水泥用量。例如采用减水剂、加气剂、塑化剂；采用大粒径石料，并用人工级配，减小孔隙率；进行系统的、数量较多的配合比试验，选用比较合理的配合比等。

c. 提高 T_f 值：为了防止表面裂缝，可以采取提高混凝土表面温度的措施。如在结构的外露面覆盖保温、搭设保温棚等。根据对某工程的实测资料，混凝土表面覆盖一层塑料薄膜加两层干草垫，表面温度可比大气温度提高 20℃。在该工程中，有覆盖的混凝土表面至今未发现裂缝，而无覆盖的已经出现了明显的裂缝。另外，根据实测，覆盖两层草垫并浇水养护，草垫内外温度差约为 8～10℃左右。

延迟拆模时间，也可以提高混凝土表面的温度，而且还可以防止温度陡降，减小内外温差。因此，可以根据结构的内外温差应小于容许温差来确定拆模时间，以减少裂缝的开展。但为了提高模板的周转率，有时必须按时拆模。这时可采取立即挂草垫保温等措施，混凝土内部最高温度会升高，使内部温度加大，在基础约束较大的情况下，增加了产生内部裂缝或贯穿裂缝的危险性。因此，施工中必须针对不同情况区别对待。

以上各项技术措施并不是孤立的，而是相互联系、相互制约的，设计和施工中必须结合实际、全面考虑、合理采用，才能收到良好的效果。

(2)梁板类结构

现浇梁板类结构中，混凝土的收缩裂缝比较普遍。防止收缩裂缝的主要措施有：

①采用合理的设计构造措施

收缩裂缝常出现在伸缩缝间距过大的建筑中，通长的挑雨篷就是一例。有的建筑物温度收缩缝的间距虽符合规范中使用条件的要求，但是由于施工周期长，此时结构为暴露在大气中的露天结构，其收缩变化明显的比室内结构要大，因此大多在施工期间出现收缩裂缝。多层现浇框架梁中出现的一些裂缝，有的就是由于这种原因造成的。因此在结构中断面薄弱处，应力集中处宜采用各种加强措施。

②减少混凝土的收缩值

选择材料时，宜选用铝酸三钙含量较低、细度不宜过细、矿渣含量不宜过多的水泥，砂不宜用特细砂，更不应用不符合《特细砂混凝土配制及应用规程》(BJG19-65)规定的特细砂，表 3-35 为中砂和特细砂配制的混凝土收缩值的对比表。

表3-35 7~60 天龄期的收缩值(10^{-4})

砂类别	龄期		
	7天	28天	60天
中 砂	-0.10	1.11	1.60
特细砂	0.30~0.70	1.40~1.60	1.60~1.80

在选用配合比时，应采用低水灰比、低单方水泥用量和低用水量。施工中应加强振捣，提高密实度；加强浇水养护，延迟收缩发生，以避免在早期混凝土强度较低时，出现过大的收缩而造成裂缝。

③提高混凝土的抗拉强度

由于抗拉与抗压强度存在一定的比例关系，因此，影响抗压强度的因素都影响抗拉强度。但要注意提高强度后，有时收缩也随之加大。因此，应以提高抗裂安全度为目的，综合考虑后采取措施。

④避免各种应力叠加

混凝土体积较大时，要防止温度收缩应力和干缩应力叠加，在结构应力复杂、应力集中或应力较大的部位，特别要防止出现过大的收缩应力。

⑤加强施工管理

要防止任意提高混凝土强度等级，使收缩加大而开裂。

3.4.3 混凝土结构裂缝修补

混凝土裂缝的修补大致有表面处理法、填充密封法、压力灌浆法、结构加固法、混凝土置换法、电化学防护法以及仿生自愈合法。

(1)表面处理法

该法是沿构件表面涂刷，修补构件表面细小的混凝土裂缝，满足美观和耐久的要求，根据其做法不同又分为如下三种：

①表面涂刷法

它是沿裂缝涂刷薄膜型表面涂料，在阻塞细小裂缝，减少渗漏，防止钢筋锈蚀，满足美观要求等方面，均可起到一定作用。并且此法比较简单，涂刷材料有水泥浆、油漆、沥青、环氧树脂等。采用水泥浆涂刷，应事前在裂缝处用水冲洗，然后刷好。采用油漆、沥青或环氧树脂涂刷，事前混凝土表面不仅要清除干净，且要预先干燥，才能达到效果。

②表面铺设法

它沿裂缝铺设环氧树脂玻璃布或橡胶沥青棉纸等，起到粘贴封闭裂缝的作用，效果比涂刷法好，通常用于屋面板等对防渗有较高要求的构件上。

③表面抹灰法

对于局部有较多裂缝，或面积较小，且蜂窝、麻面不多的混凝土表面，可用1:2～1:2.5的水泥砂浆抹平。在抹砂浆之前，必须用钢丝刷和加压水洗刷基层，结合面保持润湿，抹灰初凝后要加强养护工作，这样才能保证砂浆与结构黏结牢固，避免造成砂浆层起皮和脱落。

(2)填充密封法

这种方法用来修补中等宽度的混凝土裂缝，待裂缝表面凿成凹槽，然后填以填充材料进行修补。其具体做法如下。

①刚性材料填充法

采用此法，裂缝必须是稳定的，而且没有水从裂缝中冒出来的状况。此法是将裂缝用手工剔凿或用机械开槽。裂缝口最小宽度在6mm以上。槽口上的油、污物、碎屑、松动石子等必须清除干净。采用水泥砂浆填充材料，结合面应提前洒水润湿，填充后做好养护工作，确保砂浆与槽边混凝土的黏结质量。还可采用环氧胶泥、热焦油、掺有滑石粉的6511防腐油、聚酯酸乙烯乳液砂浆等，但槽口表面应予干燥，以免影响填充材料与混凝土的黏结。

②弹性材料填充法

该法适用于活动性裂缝，它是沿裂缝剔凿出一矩形大槽口，然后填以弹性材料密封，以适应裂缝张闭运动的需要。

弹性密封材料，首先应能经受反复温度变形，在某些环境下还要抗磨、耐冲击和抗化学侵蚀。在槽口的两侧先涂一次黏结剂，再按弹性密封材料使用说明进行填充。弹性密封材料一般有丙烯酸树脂、硅酸酯、聚硫化物、合成橡胶等，这些材料在施工时呈膏糊状，硬化后呈弹性橡胶状。

如果有水从裂缝中流入槽口，则可先用快硬水泥砂浆迅速堵塞，然后填充弹性密封材料[见图3-60(a)]；如果裂缝中的水压较大，可先用集水管泄水，而后用快硬水泥砂浆堵塞，再填塞密封材料[见图

3-60(b)]。

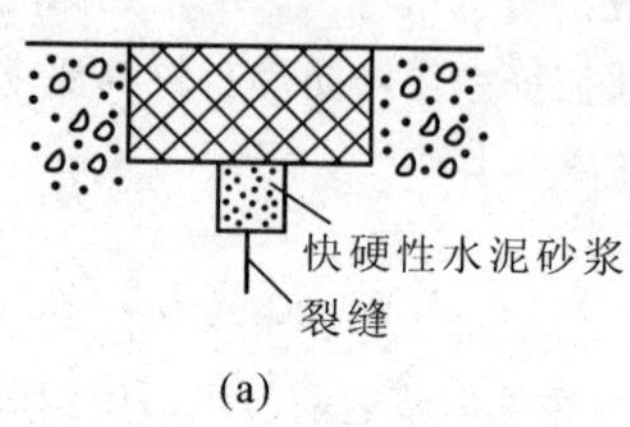

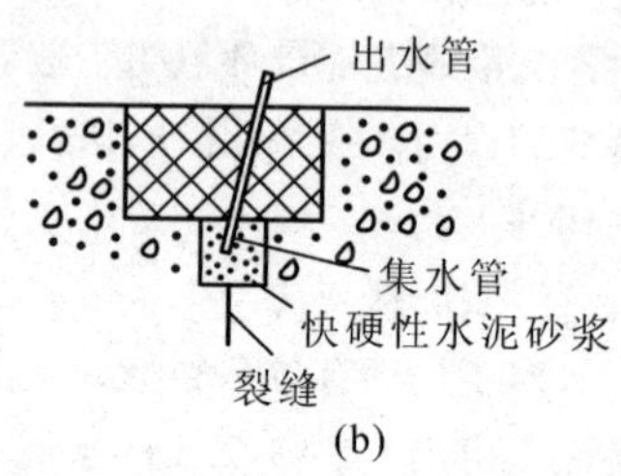

图 3-60

(a)有水从裂缝中流入槽口时的填充法；(b)裂缝中水压较大时的填充法

③刚、弹性材料填充法

在裂缝处有内水压或外水压的情况，可按图 3-61 所示作法。如果施工时有水，可采用图 3-61 所示的方法把水堵住或引走。

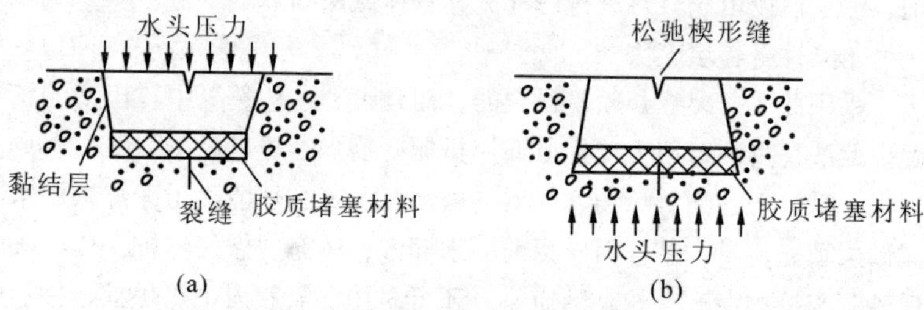

图 3-61　有水压时裂缝的填充法

(a)有内水压时的填充法；(b)有外水压时隐时的填充法

(3)压力灌浆法

此法也称为注入法，它不仅修补混凝土表面，而且能注入到混凝土内部，对裂缝进行黏合、封闭和补强。为了提高灌浆的饱满度，灌浆时一般都施加一定的压力。灌浆材料有水泥或石灰灌浆、化学物灌浆、沥青灌浆。目前常用的有纯水泥灌浆和环氧树脂灌浆。

①纯水泥浆灌浆

它具有较好的可灌性，顺利地灌入贯通外露的孔隙、空洞及宽度大于 3mm 的裂缝中去，使用压力不大而扩散半径可达 1m 以上。对于宽度为 0.5 ~ 3mm 的裂缝采用压力为 4 ~ 5 个大气压时，水泥浆可顺利进入结构深度。但在 0.3 ~ 0.5mm 宽的裂缝中，采用压力 8 ~ 10 个大气压时扩散半径也仅为 5 ~ 8cm，当裂缝小于 0.3mm 时使用很大的压力也难以压入。

灌浆用的水泥一般采用不低于525标号硅酸盐水泥。水灰比应考虑硬化后的强度、密实度的要求以及输送方便等综合加以确定。一般情况下水灰比宜取0.3～0.6，避免水灰分离现象产生。

为了控制凝固时间可使用促凝剂和缓凝剂、塑化剂。氯化钙、水玻璃、苏打、三氯化铁、三乙醇等均可起到一定速凝作用。

灌浆所用的压力可视可灌性能、结构裂缝、承压强度、升压设备条件等方面决定。钢筋混凝土结构的水泥灌浆一般使用压力为4～6个大气压。

灌浆加压设备宜采用灌浆机、灌浆泵或风泵加压。在工程量不大时可使用手摇泵，工程量很小时可采用类似自行车打气筒等工具改制成的注射器施工。

在灌浆过程中发生冒浆等意外情况时，宜在不中断灌浆的情况下采取堵漏、降压、改变浓度、加促凝剂等方法进行处理。灌浆被迫中断后，应争取在凝固前及早恢复灌浆，否则宜用水冲洗以后重灌。

灌浆结束标准是吸浆量很小时保持规定压力到一定时间，在没有明显的吸浆情况下保持压力2～10min。

压力灌浆的质量检查方法是水压试验、钻孔检查或局部破坏检查。

②环氧树脂灌浆

采用环氧树脂灌浆修补钢筋混凝土柱、梁等构件的裂缝在国内外应用较为普遍。环氧树脂与混凝土、金属、木材均有很高的黏结力，并具有化学稳定性好、收缩小、强度高等优点，是较好的补强灌浆材料。环氧树脂灌浆后，由于其内聚力大于混凝土的内聚力，因此此法能有效地修补混凝土的裂缝，恢复构件的整体性。目前不仅应用于建筑，并广泛应用于水利、交通运输、石油化工以及航空等工程中。

我国国产的环氧树脂牌号较多，建筑灌浆常用牌号是E-44(610l号)和E-42(634号)。

环氧胶液注浆施工前，为了掌握灌浆的可灌性和压力注浆的施工工艺，以及试验机具的可靠程度，最好先作梁灌浆试验，达到要求后再应用于工程。

环氧胶液注浆施工工艺流程见图3-62。

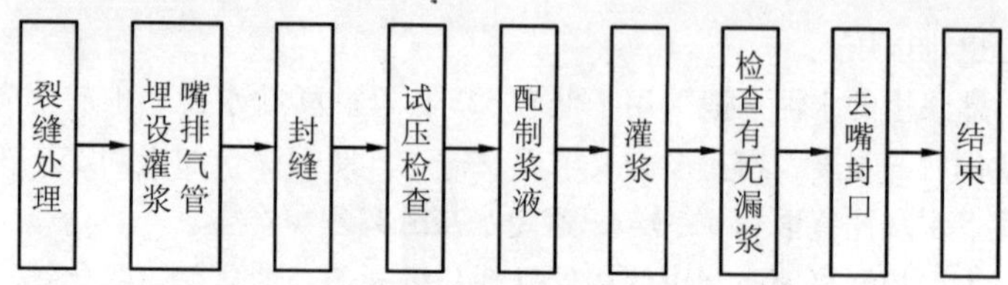

图 3-62 环氧胶液注浆施工工艺流程图

(4)结构加固法

当裂缝影响到混凝土结构的性能时，就要考虑采取加固法对混凝土结构进行处理。结构加固中常用的主要有以下几种方法：加大混凝土结构的截面面积，在构件的角部外包型钢采用预应力法加固、粘贴钢板加固、增设支点加固以及喷射混凝土补强加固。

(5)混凝土置换法

混凝土置换法是处理严重损坏混凝土的一种有效方法，此方法是先将损坏的混凝土剔除，然后再换入新的混凝土或其他材料。常用的置换材料有：普通混凝土或水泥砂浆、聚合物或改性聚合物混凝土或砂浆。

(6)电化学防护法

电化学护法是利用施加电场在介质中的电化学作用，改变混凝土或钢筋混凝土所处的环境状态，钝化钢筋，以达到防护的目的。阴极防护法、氯盐提取法、碱性复原法是化学防护法中常用而有效的三种方法。这种方法的优点是受环境因素的影响较小，适用钢筋、混凝土的长期防护，既可用于已裂结构也可用于新建结构。

裂缝是混凝土结构中普遍存在的一种现象，它的出现不仅会降低建筑物的抗渗能力，影响建筑物的使用功能，而且会引起钢筋的锈蚀、混凝土的碳化，降低材料的耐久性，影响建筑物的承载能力，因此要对混凝土裂缝进行认真研究、区别对待，采用合理的方法进行处理，并在施工中采取各种有效的预防措施来预防裂缝的出现和发展，保证建筑物和构件安全、稳定地工作。

4 楼(地)面及屋顶工程

4.1 地面垫层的施工

地面的垫层是承受并传递地面荷载于基土上的构造层，其类型应根据不同的面层结构选择合适的垫层类型，见表4-1。

表4-1 地面面层与垫层类型

面层结构	垫层类型
以黏合剂或砂浆结合的块材面层	宜采用混凝土垫层
砂或炉渣结合的块材面层	宜采用碎石、矿渣、灰土或三合土等垫层

4.1.1 灰土垫层

灰土垫层应采用熟化石灰(可采用磨细生石灰，亦可用粉煤灰或电石渣代替)与黏土(或粉质黏土、粉土)的拌和料铺设，其厚度不应小于100mm。灰土垫层应分层夯实，经湿润养护、晾干后方可进入下一工序施工。灰土垫层施工时应注意连续进行、尽快完成，防止水流入施工面。

施工前应保持基土表面干净、无积水，已办理完隐蔽工程验收；已放好控制地面、标高水平线；相关电器管线、设备管线及埋件已经安装完毕，且位置准确、稳固。

(1)基层处理

确定基土表面干净，土料含水率合适；检验土料和石灰质量。

(2)过筛

土料用孔径16~20mm的筛子，熟化石灰用孔径6~10mm筛子过筛。

(3)灰土拌和

按设计要求进行灰土拌和。无设计要求时，一般熟化石灰:黏性土为3:7或2:8(体积比)，拌和料的体积比应通过试验确实，至少翻拌两次，保证拌和好的灰土颜色一致；磨细生石灰:黏性土为3:7(体积比)的比例拌和，洒水堆放8h后可以使用。

(4)分层铺设灰土并夯打密实

每层的虚铺厚度为200~250mm(使用压路机可到300mm)，木耙打平，并用尺和标准杆检验；采用人工或轻型机具夯实，一般不少于三遍(碾压不少于六遍)，不得隔日夯实或遭雨淋。

(5)检验

每层夯实应进行检验，符合要求再进行上层施工。最上层施工完毕后，应拉线或用靠尺检查平整度及标高。

4.1.2 砂垫层和砂石垫层

砂石应选用天然级配材料，铺设时不应有粗细颗粒分离现象，夯至不松动为止。其中，砂垫层厚度不应小于60mm，砂石垫层厚度不应小于100mm。砂应采用中砂，石子的最大粒径不得大于垫层厚度的2/3。温度低于-10℃不宜施工；施工标准应达到夯压密实、表面平整等设计要求。砂石宜采用质地坚硬的中砂、粗砂、砾砂、碎石、石屑或工业废料；砂和天然砂均不得含有草根、树叶、垃圾等有机杂质，含泥量不应超过5%(用做排水固结地基时，含泥量不宜超过3%)；碎石或卵石最大粒径不得大于垫层的2/3，并不宜大于50mm。

(1)基层处理

坚硬基土，检验基土土质，并打底夯两遍，密实表土。

(2)做出控制铺填厚度的标准

一般砂石垫层厚度不宜小于100mm。

(3)分层铺设

砂石垫层应分段均匀铺设，避免精细颗粒分离，用粒径为5~25mm的细砂石填补表面空隙；每段铺完应洒水湿润表面，打夯三遍或碾压四遍以上，砂垫层厚度不应小于60mm，同样分层均匀摊铺，夯实后的厚度不大于虚铺厚度的3/4。

4.1.3 混凝土垫层

混凝土垫层铺垫前，其下一表层应湿润。垫层厚度不应小于

60mm。水泥混凝土垫层重混凝土的强度等级应符合设计要求，且不应小于C10。所采用的粗骨料，其最大粒径不应大于垫层厚度的2/3；含泥量不应大于2%；砂为中粗砂，其含泥量不应大于3%。大面积混凝土垫层应分区段进行浇筑，分区结合变形缝位置、不同类型的建筑地面连接处的设备基础位置进行划分，与设置的变形缝的间距一致。混凝土浇筑一般从一端开始，由内而外连续浇筑，其铺设应连续进行，间歇一般不超过2h。采用平板式振捣器或振动杆(厚度超过200mm应采用插入式振捣器)。

混凝土垫层铺设在基土上时，当气温长期处在0℃以下，如设计无要求，垫层应设置伸缩缝。

室内地面的混凝土垫层，应设置纵向和横向伸缩缝。

(1)纵向伸缩缝

纵向缩缝间距不得大于6m，一般应做平头缝或加肋板平头缝，当垫层厚度大于150mm时，可作企口缝；平头缝和企口缝的缝间不得放置隔离材料，浇筑时应互相紧贴。企口缝的尺寸应符合设计要求。

(2)横向伸缩缝

横向缩缝间距不得大于12m，应做假缝。假缝宽度为5~20mm，深度为垫层厚度的1/3，缝内填水泥砂浆。

4.2　楼(地)面找平层的施工

找平层是在垫层、楼板上或填充层(轻质、松散材料)上起整平、找坡或加强作用的构造层。找平层应采用水泥砂浆或水泥混凝土铺设，并应符合有关面层的规定。

找平层与其下一层结合必须牢固，不得有空鼓；其表面应密实，不能有起砂、蜂窝和裂缝等问题出现，铺设前，当下一层有松散填充料时，应先铺平振实。

4.2.1　材料要求

找平层采用碎石或卵石的粒径不应大于其厚度的2/3，含泥量不应大于2%；砂为中粗砂，含泥量不应大于3%。水泥砂浆体积比或水泥混凝土强度比应符合设计要求，且水泥砂浆体积比不应小于3:3(或相似的强度等级)；水泥混凝土强度等级不应小于C15；水应采用饮用水。

4.2.2 操作流程

(1)基层处理

基层表面平整度应控制在10重命名内，抹找平层前对基层洒水湿润。清理找平层下一层表面，其下一层为松散填充料时，应湿润；为光滑表面时，应划毛；突出基层表面的硬块要剔平扫净。

(2)冲筋、贴灰饼

根据楼(地)面上+500mm标高水平线，在找平层的设计标高，沿楼(地)面四周做灰饼，大房间相距1.5~2m增加冲筋。

(3)抹水泥砂浆或铺设水泥混凝土并找平

拌制水泥砂浆时，按石子、水泥、砂、水、外加剂的顺序投料搅拌；控制配料比例、用水量和拌制量(砂浆初凝前应用完)；搅拌时间不得少于1.5min，当有外加剂时，时间还应适当延长。

4.3 楼(地)面隔离层的施工

隔离层是防止建筑楼(地)面上各种液体或地下水、潮气渗透楼(地)面等作用的构造层，适用于有水、油或腐蚀性或非腐蚀性液体经常作用的面层下铺设。仅防止地下潮气透过地面时，也称防潮层。

隔离层的材料材质应经过有资质的检测单位认定。隔离层厚度应符合设计要求，与其下一层粘贴牢固，不能有空鼓现象；防水涂层必须保证平整、均匀、无脱皮、起壳、裂缝和鼓泡等问题。有防水要求的楼地面(如厕浴间、厨房等)在面层下必须设防水层，防水层四周与墙接触处，应向上高出地面不少于250mm，保证地面面层流水坡向地漏，不倒泛水、不积水，必须经过24h蓄水试验无渗漏。

4.3.1 隔离材料

隔离材料需有出厂合格证、检验报告，并经抽样复试。

常用的隔离层材料有：石油沥青油毡(一至二层)、沥青玻璃布油毡(一层)、再生胶油毡(一层)、聚氯乙烯卷材(一层)、防水冷胶料(一布三胶)、防水涂膜(三道)、防油渗胶泥玻璃纤维(一布二胶)及刚性防水材料与柔性防水涂料复合。

4.3.2 施工流程

(1)清理基层

基层表面应坚固、洁净、干燥。

(2)设置结合层

做冷底子油或底胶。

(3)附加层处理

地漏、管根、阴阳角等处应作附加层处理，可增加一层增强材料。

(4)铺设防水隔离层

应根据隔离层材料的施工要求进行涂布工作需要多道涂布时，应待前一道固化后再进行施工；刮涂方向应与前一道刮涂方向垂直，每道厚度应基本相同；管道穿过楼板面时，防水涂料应超过套管上口，在靠近墙面时，如无设计要求时应高出面层20~30mm。

4.4 平屋顶保温层的施工

保温层适用于具有保温隔热要求的屋顶工程，保温层可采用松散材料保温层、板状保温层或整体保温层；板状和整体保温层可采用有机或无机胶结材料。易腐蚀的保温材料应做防腐处理。

4.4.1 保温材料

保温层用料应选择容重轻、空隙多、体积密度和导热系数小，含水率和吸水率低，不燃、难燃、阻燃型的高效保温材料，如预制膨胀珍珠岩、膨胀蛭石加气混凝土块、泡沫塑料等块材或板材。屋顶保温材料应具有吸水率低、表观密度和导热系数较小，并有一定强度的性能。保温层及保温材料要求干燥，才能起保温隔热作用。封闭式保温层含水率应相当于该材料在当地自然风干状态下的平衡含水率。保温材料的体积密度不应大于1000kg/m^3，导热系数不大于025W/(m·K)，耐压强度应大于4kg/cm^2。

保温层厚度的允许偏差：整体现浇保温层为+10%，-5%；板状保温材料为±5，且不得大于4mm。

(1)松散保温材料的质量要求见表4-2

表4-2 松散保温材料的质量要求

松散保温材料	粒径(mm)	堆积密度(kg/m^2)	导热系数(W/m·K)
膨胀蛭石	3~15	<300	<0.14
膨胀珍珠岩	>0.15(<0.15的含量不应大于8%)	<120	<0.07

(2)板状保温材料质量要求见表4-3

板状保温材料应检查密度、厚度、板的形状和强度。根据设计要求，一般选用厚度不小于3cm、规格一致、外观整齐的产品。

表4-3 板状保温材料质量要求

项目	聚苯乙烯泡沫塑料		硬质聚氨酯泡沫塑料	泡沫玻璃	微孔混凝土类	膨胀憎水（珍珠岩）板	水泥聚苯颗粒板
	挤压	模压					
表观密度（kg/m^3）	25～38	15～30	≥30	≥150	500～550	300～450	≤250
导热系数［W/(m·K)］	≤0.03	0.039～0.041	≤0.027	≤0.062	≤0.14	≤0.12	0.07
抗压强度（Mpa）	—	—	—	≥0.4	≥2.0	≥0.3	0.3
70℃48h后尺寸变化率(%)	≤2.0	2.0～4.0	≤5.0	—	—	—	—
吸水率（V/V,%）	≤1.5	2.0～6.0	≤3	≤0.5	—	—	
外观质量	板材表面基本平整，无严重凹凸不平，厚度允许偏差不大于5%，且不大于4mm，憎水率≥98%						

(3)保温隔热材料的贮运、保管

保温材料应采取防雨、防潮的措施；并应分类堆施，防止混杂；板状保温隔热材料在搬运时应轻放，防止损伤断裂，缺棱掉角，保证板的外形完整。

4.4.2 保温层施工

保温层基层应平整、干燥、干净，铺筑厚度应满足设计要求。

把屋顶保温材料涂刷界面剂后，从一侧依次平铺在找平层上，铺设厚度应均匀，随铺随即压实。保温材料缝隙要严密、平整，确保与面基层有可靠的黏结。当屋顶结构层坡度较大时(大于30°)檐口处应有防止保温层下滑的措施。板块保温材料应铺贴密实，以确保保温、防水效果，防止找平层出现裂缝。

保温层边角应避免出现边线不直、边槎不齐整，影响屋顶找坡、找平和排水。如屋顶保温层干燥有困难，应采取排汽措施，避免出现保温材料表观密度过大、铺设前含水量大、未充分晾干等现象。

(1)板块装保温层铺设

可分为干铺板块状保温层和黏结铺设板块状保温层。干铺板块状保温层是直接铺设在结构层或隔气层上，分层铺设时上下两层板块缝应相互错开，表面两块相邻的板边厚度一致；板间缝隙应采用同类材料嵌填密实。黏结铺设板块装保温层是用黏结材料浆板块状保温材料平粘在屋顶基层上，应贴严、粘牢，板缝间或缺角处应用碎屑加胶料拌匀填补严密。一般用水泥、石灰混合砂浆黏结；聚苯板材料应用沥青胶结材料。

(2)整体保温层铺设主要包括下面三种保温层铺设

水泥白灰炉渣保温层：炉渣、水渣应过筛，粒径控制在5~40mm，一般配合比为水泥:白灰:炉渣为1:1:8，使用前用石灰水将炉渣闷透3天以上，施工时分层滚压。

沥青膨胀蛭石、沥青膨胀珍珠岩应色泽一致，无沥青团，使用时宜用机械搅拌，铺设厚度应符合设计要求，表面平整。

现喷硬质聚氨酯泡沫塑料保温层应按配比准确计量，发泡厚度均匀一致，喷涂应连续均匀。如基层表面温度过低，可先薄薄地涂一层甲组涂料，然后喷涂施工。

最后抹找平层。

4.5 平屋顶找平层的施工

找平层施工质量的好坏，将直接影响屋顶防水工程的质量，找平层应有足够的强度和刚度，承受荷载时不致产生显著变形。找平层一般采用水泥砂浆、细石混凝土或沥青砂浆找平，做到平整、坚实、清洁、无凹凸形及尖锐颗粒。其平整度为：用2m长的直尺检查，找平层与直尺间的最大空隙不应超过5mm，空隙仅允许平缓变化，每米长度内不得多于一处。铺设屋顶隔气层和防水层以前，找平层必须清扫干净。

屋顶及檐口、檐沟、天沟找平层的排水坡度，必须符合设计要求，平屋顶采用结构找坡应不小于3%，采用材料找坡宜为2%，天沟、檐沟纵向找坡不应小于1%，沟底落水差不大于200mm，在与凸出屋顶结构的连接处以及在房屋的转角处，均应做成圆弧或钝角，其圆弧半径应符合要求：沥青防水卷材为 100 ~ 150mm，高聚物改性沥青防水卷材为 50mm，合成高分子防水卷材为 20mm。

为了防止由于温差及混凝土构件收缩而使防水屋顶开裂，找平层应留分格缝，缝宽一般为 20mm。其纵横向最大间距，当找平层采用水泥砂浆或细石混凝土时，不宜大于 6m；采用沥青砂浆时，则不宜大于 4m。

分格缝处应附加 200 ~ 300mm 宽的油毡，用沥青胶结材料单边点贴覆盖。

采用水泥砂浆或沥青砂浆找平层时，其厚度和技术要求符合表 4-4 的规定。

表4-4 找平层厚度和技术要求 (mm)

<table>
<tr><th>类别</th><th>基层种类</th><th>厚度</th><th>技术要求</th></tr>
<tr><td rowspan="3">水泥砂浆找平层</td><td>整体混凝土</td><td>15 ~ 20</td><td rowspan="3">1:2.5 ~ 1:3(水泥:砂)体积比，水泥强度等级不低于 32.5</td></tr>
<tr><td>整体或板状材料保温层</td><td>20 ~ 25</td></tr>
<tr><td>装配式混凝土、松散材料保温层</td><td>20 ~ 30</td></tr>
<tr><td>细石混凝土找平层</td><td>松散材料保温层</td><td>30 ~ 35</td><td>混凝土强度等级不低于 C20</td></tr>
<tr><td rowspan="2">沥青砂浆找平层</td><td>整体混凝土</td><td>15 ~ 20</td><td rowspan="2">质量比 1:8(沥青:砂)</td></tr>
<tr><td>装配式混凝土板、整体或板状材料保温层</td><td>20 ~ 25</td></tr>
</table>

4.6 平屋顶防水层的施工

4.6.1 屋顶防水

屋顶防水是建筑工程中普遍存在的重要问题，也是多年来的难题。目前，较多采用的是刚性及柔性防水两种做法。刚性防水由于温差应变，易开裂渗水；柔性多为卷材防水，也有涂膜防水和涂料防水。近年来，各种新型防水材料相继问世，但常用的屋顶防水材料还是以卷材为主，尤其是改性沥青类卷材，因其较为经济的性价比，成为我国目前防水材料的主流，但其作为屋顶防水材料，还存在易老化、寿命短的弱点。

(1)防水等级和设防要求

屋顶工程技术规范(GB50207-1994)根据建筑物的性质、重要程度、使用功能要求及防水层耐用年限将屋顶防水分为4个等级(见表4-5)。

表4-5　屋顶防水等级和设防要求

项目	屋顶防水等级			
	Ⅰ级	Ⅱ级	Ⅲ级	Ⅳ级
建筑物类别	特别重要或对防水有特殊要求的建筑物	重要的建筑和高层建筑	一般的建筑	非永久性的建筑
防水层合理使用年限	25年	15年	10年	5年
设防要求	三道或三道以上防水设防	二道防水设防	一道防水设防	一道防水设防
防水层选用材料	宜选用合成高分子防水卷材、高聚物改性沥青防水卷材、金属板材、合成高分子防水涂料、细石防水混凝土等材料	宜选用高聚物改性沥青防水卷材、合成高分子防水卷材、金属板材、合成高分子防水涂料、高聚物改性沥青防水涂料、细石防水混凝土、平瓦、油毡瓦等材料	宜选用高聚物改性沥青防水卷材、合成高分子防水卷材、三毡四油沥青防水卷材、金属板材、高聚物改性沥青防水涂料、合成高分子防水涂料、细石防暑混凝土、平瓦、油毡瓦等材料	可选用二毡三油沥青防水卷材、高聚物改性沥青防水涂料等材料

注：1)此处采用沥青均指石油沥青，不包括煤沥青和煤焦油等材料；

2)石油沥青纸胎油毡和沥青复合胎柔性防水卷材为限制使用材料；

3)在Ⅰ、Ⅱ级屋顶防水设防中，如仅做一道金属板材，应符合有关技术规定。

屋顶防水多道设防时，可将卷材、涂膜、细石防水混凝土、瓦等材料复合使用，也可使用卷材叠层。使用多种材料复合时，耐老化、耐穿刺的防水层应放在最上面，相邻材料之间应有相容性。屋顶防水层的细部构造如天沟、檐沟、阴阳角、水落口、变形缝等处应设置附加层，保证防水效果。

(2)防水材料

我国的屋顶防水材料目前发展到刚性、柔性、金属、粉末四大类。

①刚性防水材料

刚性防水材料是具有较高强度和无延伸能力的防水材料，如防水砂浆、防水混凝土等，目前除水泥砂浆和细石混凝土外，还出现了聚合物水泥砂浆、预应力混凝土、微膨胀混凝土、外加剂混凝土、钢纤维混凝土等新品种。

②柔性防水材料

柔性防水材料是指具有一定柔韧性和较大延伸率的防水材料，现已有沥青卷材、高分子卷材、防水涂料和密封材料等四大类品种近百种。其中，构成防水屋顶的可选材料主要有以下5类：

a. 合成高分子防水卷材：是指以合成橡胶、合成树脂或两者共混为基料，加入适量的助剂和填料，经混炼压延或挤出等工序加工成的防水卷材。目前高分子卷材有近20个品种，如低档的再生胶无胎油毡、中档的聚氯乙烯、氯化聚乙烯卷材、高档的氯磺化聚乙烯、三元乙丙橡胶卷材等。

b. 高聚物改性沥青防水卷材：是指以高分子聚合物改性石油沥青为涂盖层、聚酯毡、玻纤毡或聚酯玻纤复合为胎基，细砂、矿物粉料或塑料膜为隔离材料制成的防水卷材。

c. 沥青防水卷材：是指以原纸、织物、纤维毡、塑料膜和聚酯膜等材料为胎基，浸涂石油沥青、矿物粉料或塑料膜为隔离材料，制成的防水卷材。沥青卷材由纸胎油毡发展到了强度较高、延伸率较大、使用寿命较长的改性沥青卷材、如玻布胎沥青卷材、玻纤胎沥青卷材，聚酯胎改性沥青卷材等，常见品种为SBS和APP改性沥青卷材。

d. 防水涂料：是在常温下呈无定型液态，以高分子合成材料为主体，经涂布后固化，在基层表面形成一道坚韧有弹性的、有一定防水功能薄膜的涂料。

合成高分子防水涂料指以合成橡胶或合成树脂为主要成膜物质，配置成的单组分或多组分防水涂料；高聚物改性沥青防水涂料指以石油沥青为基料，用高分子聚合物进行改性，配制成的水乳型或溶剂型防水涂料。

防水涂料有薄型和厚型两大类近30个品种。薄型主要有再生胶涂料、皂液胶乳沥青涂料、氯丁胶乳和丁基橡胶沥青涂料、氯磺化聚乙烯涂料、聚氨酯涂料、硅橡胶涂料等。厚型的有水性石棉沥青涂料、PVC焦油防水涂料、煤沥青聚氯乙烯胶泥涂料等。另外还有用于反光、隔热、防火、装饰的屋顶反光涂料、彩色(耐磨)聚氨酯防水涂料及阻燃防水涂料等。

e. 密封材料：国内近20个品种，如玛缔脂、上海油膏塑料和聚氯乙烯胶泥等属低档产品，中高档有硅酮、聚氨酯、聚硫橡胶、水乳丙烯酸密封膏等，但用量较少。另外还有用于分隔缝、伸缩缝、微裂缝和其他细部处理的配套防水材料，如聚乙烯泡沫塑料棒、自黏性密封胶带、遇水膨胀橡胶等。

③粉末防水材料

粉末防水材料是一类新型的憎水、松散性粉末防水材料，具有无毒、无味、无放射性、冷施工、不污染环境等优点，主要适用于平屋顶防水工程。现有拒水粉、隔热镇水粉和防水隔热粉等3个品种。前者只具有防水功能，后两种具有防水、隔热、阻燃等多功能的优点。

④金属防水材料

金属防水材料现主要有镀锌白铁板、不锈钢板、铝板、(彩色)压型钢(铝)板、塑料复合铝板、彩色压型钢板+泡沫塑料复合防水保温板等20余个规格类型。

(3)平屋顶防水构造的施工

屋顶防水是房屋工程中重要的项目，屋顶漏水对房屋的使用产生较大的影响。根据《屋顶工程技术规范》规定：防水等级Ⅲ级以上的屋顶要求二道以上防水。一般包括柔性防水、刚性防水两大类。

其中柔性防水又可按照防水材料的不同，分成卷材防水和涂膜防水等。柔性防水采用复合防水屋顶时，柔性防水层多做在保温层上面，也可做在保温层下面，起到隔离层的作用。防水材料多选用高聚物改性沥青防水卷材、合成高分子防水卷材等。铺贴卷材前应对找平层进行验收、清扫并弹出基准线，铺贴时将卷材置于找平层下坡，对准基准线由下向上铺贴。铺贴时，卷材的长边搭接不小于

80mm，短边搭接不小于100mm卷材的搭接要顺流水方向，不能逆向。在一些特殊部位，如屋顶泛水、凸出屋顶管道处、屋顶结构承重部位，应增设与屋顶结构相适应的防水附加层。图4-1为平屋顶的防水构造。

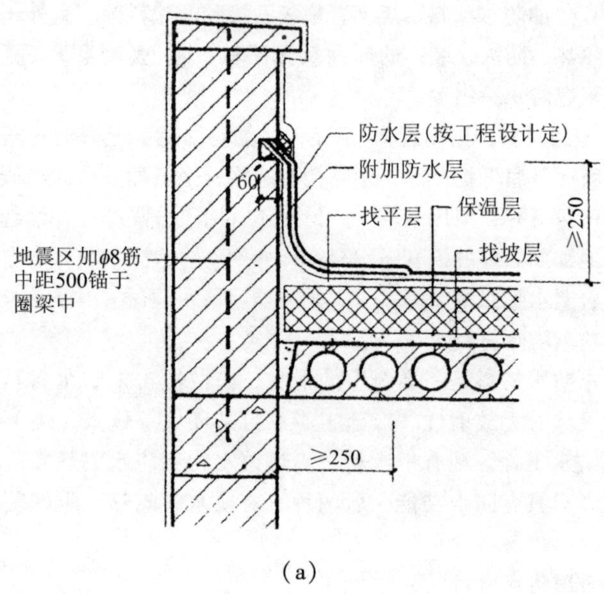

(a)

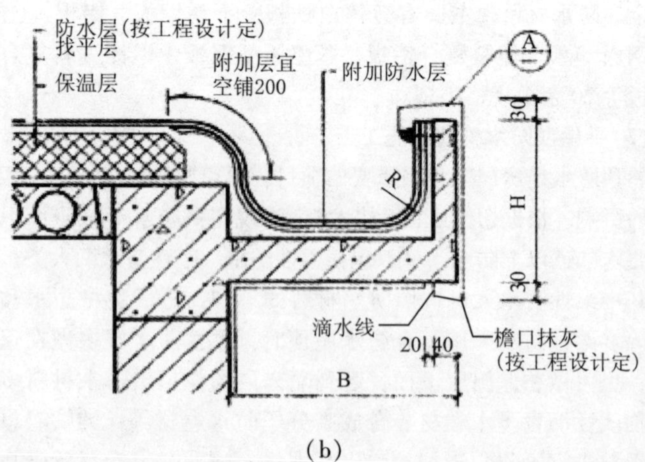

(b)

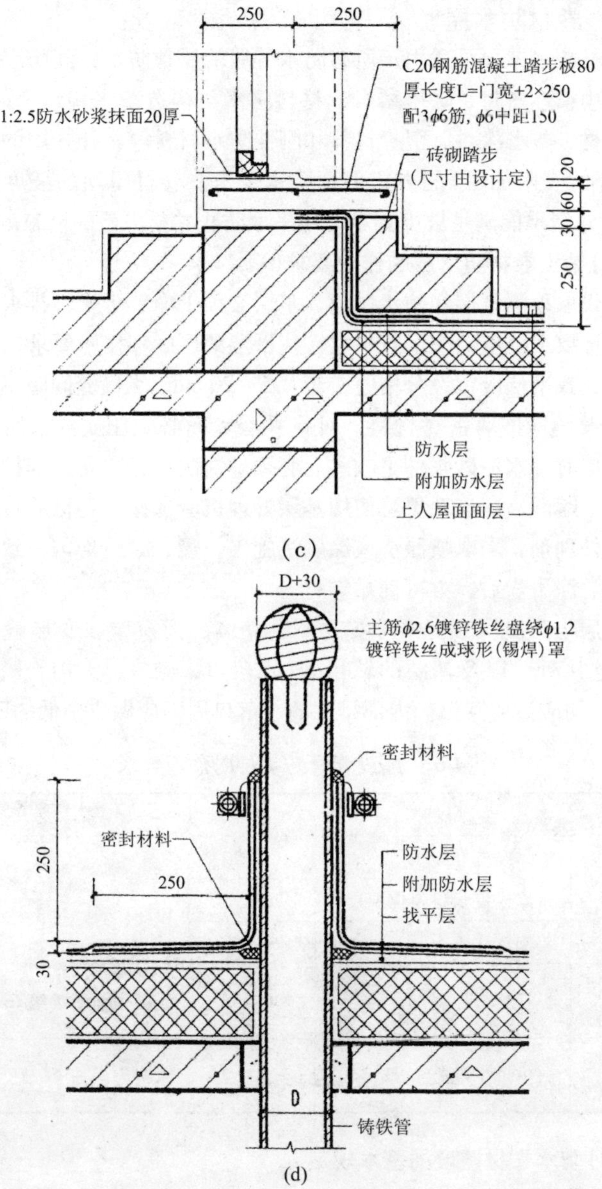

图 4-1 平屋顶的防水构造

(a)屋顶泛水设附加卷材；(b)屋顶挑檐设附加卷材(图中 H、B、R 按工程设计定)；
(c)屋顶出入口处设附加卷材；(d)透气管出屋顶处设附加卷材

4.6.2 卷材防水屋顶

卷材防水屋顶可适用于所有防水等级的屋顶防水，其防水处理一般应采用柔性密封、防排结合、材料防水与构造防水相结合的作法，通过卷材、防水涂料、密封材料和刚性防水材料等互补并用的多道设防(包括设置附加层)的方式保证防水要求。卷材屋顶的坡度不宜超过25%，当不能满足坡度要求时应采取防止卷材下滑的措施。

(1)铺设卷材防水层的作业要求(表4-6)

铺设屋顶隔气层和防水层前，基层必须干净、干燥，排水坡度应符合设计要求。基层应设找平层，找平层的厚度和技术要求须符合规范要求，找平层应留设分格缝，缝宽5~20mm，纵横缝间距不应大于6m，分格缝应嵌填密封材料。对找平层表面必须压实，采用水泥砂浆找平层时，水泥砂浆抹平收水后必须经二次压光，充分养护，不得有酥松、起砂、起皮现象。使用基层处理机应选择与卷材的材性相容的基层处理剂，采取喷涂法或涂刷法施工，喷、涂应均匀一致，最后一遍喷、涂干燥后，方可铺贴卷材。

基层与凸出屋顶结构(女儿墙、立墙、天窗壁、变形缝、烟囱等)的连接处，以及基层的转角处(水落口、檐口、天沟、檐沟、屋脊等)，均应做成圆弧。内部排水的水落口周围应做成稍低的凹坑。

表4-6　铺设卷材防水层的作业要求 (mm)

类别	基层种类	厚度	技术要求
水泥砂浆找平层	整体现浇混凝土	15~20	1:2.5~1:3(水泥:砂)体积比，宜掺抗裂纤维
	整体或板状材料保温层	20~25	
	装配式混凝土	20~30	
细石混凝土找平层	板状材料保温层	30~35	混凝土强度等级C20
混凝土随浇随抹	整体现浇混凝土	—	原浆表面抹平、压光

(2)防水卷材铺设的基本规定

卷材搭接的方法、宽度和要求，应根据屋顶坡度、年最大频率风向和卷材的材性决定。铺贴卷材应采用搭接法，上下层及相临两幅卷材的搭接缝应错开。平行于屋脊的搭接缝应顺流水方向搭接；垂直于屋脊的搭接缝应顺年最大频率风向搭接。

当屋顶坡度小于3%时，卷材宜平行屋脊铺贴；屋顶坡度在3% ~15%之间时，卷材可平行或垂直屋脊铺贴；屋顶坡度大于15%或屋顶受震动时，沥青防水卷材应垂直屋脊铺贴，高聚物改性沥青防水卷材和合成高分子防水卷材可平行或垂直屋脊铺贴。

上下卷层卷材不得相互垂直铺贴。铺贴时应先做好节点、附加层和屋顶排水比较集中部位(屋顶与水落口连接处、檐口、天沟、檐沟、屋顶转角处、板端缝等)的处理，然后由屋顶最低标高处向上施工。铺贴天沟、檐沟卷材时，宜顺天沟、檐沟方向，减少搭接。

卷材防水层上有重物覆盖或基层变形较大时，应优先采用空铺法、点粘法或条粘法。但距屋顶周边800mm内应满粘，卷材与卷材之间亦应满粘。表4-7是防水卷材施工方法，表4-8是卷材搭接宽度要求。

表4-7　防水卷材施工方法

满粘法	铺贴防水卷材时卷材与基层采用全部黏结的施工方法
空铺法	铺贴防水卷材时，卷材与基层在周边一定宽度内黏结，其余部分不黏结的施工方法
点粘法	铺贴防水卷材时，卷材或打孔卷材与基层采用点状黏结的施工方法
条粘法	铺贴防水卷材时，卷材与基层采用条状黏结的施工方法

表4-8　卷材搭接宽度　(mm)

<table>
<tr><th colspan="2" rowspan="2">铺贴方法
卷材种类</th><th colspan="2">短边搭接</th><th colspan="2">长遍搭接</th></tr>
<tr><th>满粘法</th><th>空铺、点粘、条粘法</th><th>满粘法</th><th>空铺、点粘、条粘法</th></tr>
<tr><td colspan="2">沥青防水卷材</td><td>100</td><td>150</td><td>70</td><td>100</td></tr>
<tr><td colspan="2">高聚物改性沥青防水卷材</td><td>80</td><td>100</td><td>80</td><td>100</td></tr>
<tr><td colspan="2">自粘聚合物改性沥青防水卷材</td><td>60</td><td>—</td><td>60</td><td>—</td></tr>
<tr><td rowspan="4">合成高分子防水卷材</td><td>胶粘剂</td><td>80</td><td>100</td><td>80</td><td>100</td></tr>
<tr><td>胶粘带</td><td>50</td><td>60</td><td>50</td><td>60</td></tr>
<tr><td>单缝焊</td><td colspan="4">60，有效焊接宽度不小于25</td></tr>
<tr><td>双缝焊</td><td colspan="4">80，有效焊接宽度10×2+空腔宽</td></tr>
</table>

(3)防水卷材铺设注意事项

①在基层上涂刮基层处理剂时要求薄而均匀，一般要求干燥后不粘手时才能铺贴卷材。

②卷材防水层的铺贴一般应由层面最低标高处向上平行屋脊施工，使卷材按水流方向搭接，当屋顶坡度大于10%时，卷材应垂直于屋脊方向铺贴。

③铺贴方法：剥开卷材脊面的隔离纸，将卷材粘贴于基层表面，卷材长边搭接保持50mm，短边搭接保持70mm，卷材要求保持自然松弛状态，不要拉得过紧，卷材铺妥后，应立即用平面振动器全面压实，垂直部位用橡胶榔头敲实。

④卷材搭接黏结：卷材压实后，将搭接部位掀开，用油漆刷将搭接黏接剂均匀涂刷，在掀开卷材接头之两个黏接面，涂后干燥片刻手感不黏时，即可进行黏合，再用橡胶榔头敲压密实，以免开缝造成漏水。

⑤防水层施工温度选择5℃以上为宜。

(4)防水卷材选择的基本要求

防水卷材的选择应根据当地的气候条件、屋顶坡度、使用条件、地基的结构形式、当地具体地理环境等因素和屋顶防水卷材的暴露程度选择合适的卷材，使所选择的卷材耐热性、柔性、拉伸性能、耐穿刺性能、热老化率、耐霉烂等各方面性能均能符合需要。表4-9是卷材厚度选用要求。

表4-9 规范卷材厚度选用要求 (mm)

屋顶防水等级	设防道数	合成高分子防水卷材	高聚物改性沥青防水卷材	沥青防水卷材和沥青复合胎柔性防水卷材	自粘聚酯胎改性沥青防水卷材	自粘橡胶沥青防水卷材
Ⅰ级	三道或三道以上设防	≥1.5	≥3	—	≥2	≥1.5
Ⅱ级	二道设防	≥1.2	≥3	—	≥2	≥1.5
Ⅲ级	一道设防	≥1.2	≥4	三毡四油	≥3	≥2
Ⅳ级	一道设防	—	—	二毡三油	—	—

4.6.3 涂膜防水屋顶

涂膜防水屋顶主要用于Ⅲ、Ⅳ级防水等级的屋顶防水，也可用作

Ⅰ、Ⅱ级屋顶多道防水设防中的头一道防水层。根据工程要求，可以采取单独涂膜防水形式或复合防水形式。表4-10是复合防水形式构造层次及特点。

表4-10 复合防水形式构造层次及特点

防水等级	防水层构造层次(从下至上)	优点
Ⅰ级三道设防	涂膜层、卷材防水层→细石混凝土防水层	刚柔互补
	细石混凝土防水层→涂膜层→保温层→找平层→卷材防水层	耐用年限长
	细石混凝土防水层→涂膜层→保温层	适用于倒置式屋顶
Ⅱ级二道设防	涂膜层→细石混凝土防水层	防止涂膜老化
	涂膜层→卷材防水层	提高涂膜耐久性
	细石混凝土防水层→涂膜层→保温层	适用于倒置式屋顶
Ⅲ级一道设防	找平层→涂膜层→保护层	
	找平层→涂膜层→架空隔热层	提高涂膜耐久性

涂膜防水屋顶应设置保护层，保护层材料可采用细砂、云母、蛭石、浅色涂料、水泥砂浆或块材等。采用水泥砂浆或块材时，应在涂膜与保护层之间设置隔离层，水泥砂浆保护层厚度不宜小于20mm。

涂膜防水层的基层，也应符合卷材防水层的相同基层及找平层基本要求。找平层应设分格缝，缝宽宜为20mm，并应留设在板的支承处，其间距不宜大于6m，分格缝应嵌填密封材料，应沿找平层分格缝增设带胎体增强材料的空铺附加层，其宽度宜为200～300mm。转角处应抹成圆弧形，其半径不宜小于50mm。

当屋顶结构层采用装配式钢筋混凝土板时，板缝内应浇灌细石混凝土，其强度等级不应小于C20；灌缝的细石混凝土中宜掺微膨胀剂。宽度大于40mm的板缝或上窄下宽的板缝中，应加设构造钢筋。板端缝应进行柔性密封处理。非保温屋顶的板缝上应预留凹槽，并嵌填密封材料。变形缝内应填充泡沫塑料或沥青麻丝，其上放衬垫材料，并用卷材封盖；顶部应加扣混凝土盖板或金属盖板。

(1)防水涂膜施工基本规定(见表4-11)

表4-11 涂膜防水层的厚度要求 (mm)

屋顶防水等级	设防道数	高聚物改性沥青防水涂料	合成高分子防水涂料和聚合物水泥防水涂料
Ⅰ级	三道或三道以上设防	—	不应小于1.5
Ⅱ级	二道设防	不应小于3	不应小于1.5
Ⅲ级	一道设防	不应小于3	不应小于2
Ⅳ级	一道设防	不应小于2	—

防水涂膜应分层分遍涂布，待先涂的涂层干燥成膜后，方可涂布下一遍涂料，防水层收头应用防水涂料多遍涂刷或用密封材料封严；对易开裂、渗水的部位，应留凹槽嵌填密封材料，并应增设一层或一层以上带有胎体增强材料的附加层。

需要铺设胎体增强材料，且屋顶坡度小于15%时可平行屋脊铺设；当屋顶坡度大于15%时，应垂直于屋脊铺设，并由屋顶最低处向上操作。胎体长边搭接宽度不得小于50mm；短边搭接宽度不得小于70mm。采用二层胎体增强材料时，上下层不得互相垂直铺设，搭接缝应错开，其间距不应小于幅宽的1/3。

天沟、檐沟、檐口、泛水等部位，均应加铺有胎体增强材料的附加层。水落口周围与屋顶交接处，应作密封处理，并加铺两层有胎体增强材料的附加层。涂膜伸入水落口的深度不得小于50mm。泛水处的涂膜防水层宜直接涂刷至女儿墙的压顶下，压顶应作防水处理。

(2)防水涂膜材料选择要求

适用于涂膜防水层的防水涂料主要分成两类：高聚物改性沥青防水涂料和合成高分子防水涂料；常用的胎体增强材料品种有聚酯无纺布、化纤无纺布、玻璃纤维网格布等。

防水涂料的选择应根据屋顶防水等级和设防要求进行选择。应当根据当地气候环境、屋顶坡度、使用条件和地基变形程度等因素以及屋顶防水涂膜的暴露程度，选择与耐热度、低温柔性、延伸性、耐紫外线、热老化保持率相适应的涂料。

4.6.4 刚性防水屋顶

刚性防水屋顶是利用刚性防水材料作防水层的屋顶，一般可分为普通细石混凝土防水层、补偿收缩混凝土防水层、块体刚性防水层、预应力混凝土防水层、钢纤维混凝土防水层、外加剂防水混凝土防水层、粉状憎水材料防水层。刚性防水材料作防水层一般用于屋顶防水等级为Ⅲ级屋顶或Ⅰ、Ⅱ级屋顶中的一道防水层，并且大多刚性防水层不适用于设有松散保温层及受较大震动、冲击的建筑。刚性防水屋顶的坡度宜为2%~3%，并应采用结构找坡。

由于钢筋混凝土坡屋顶节点部位(如阴阳角、泛水、天沟等)易产生应力集中，很容易出现破坏。特别是如果对于节点处防水材料选用不当，未增设附加层，不做柔性密封，会造成渗漏，带来诸多麻烦，因此对节点部位应选用比大面积防水材料性能高的高弹性和高延伸性防水材料。

(1)刚性防水屋顶基层结构要求

刚性防水屋顶的结构层宜为整体现浇，当用预制钢筋混凝土空心板时，盖屋顶板用0号砂浆坐浆，应用细石混凝土灌缝，其强度等级不应小于C20，灌缝的细石混凝土宜掺微膨胀剂，每条逢均做两次灌密实，当屋顶板缝宽大于40mm或上窄下宽时，缝内必须设置构造钢筋，板端穴缝隙应进行密封处理，初凝后，养护一周，放水检查有无渗漏现象，如发现渗漏应用1:2砂浆补实。

(2)刚性防水屋顶施工的基本规定

刚性防水刚性防水层多采用不小于40mm厚C20细石混凝土内配直径为4~6mm、间距100~200mm的双向钢筋网片，钢筋网片宜置于混凝土层中层偏上，保护层厚度不得小于10mm即可，钢筋网片在分格缝处应断开，以增强防水层刚度和板块的整体性。钢筋网片在防水层中的布置应在尽量偏上的部位，是因为防水层表面受温差变化影响大而易产生裂缝。

刚性防水层与山墙、女儿墙以及凸出屋顶结构的交接处均应做柔性密封处理：泛水处应铺设卷材或涂膜附加层；伸出屋顶管道与刚性防水层交接处应留设缝隙，用密封材料嵌填，并应加设柔性防水附加层；收头处应固定密封；刚性防水层与山墙、女儿墙及变形缝两侧墙体交接处应留宽度为30mm的缝隙，并应用密封材料嵌填。天沟、檐沟应用水泥砂浆找坡，找坡厚度大于20mm时，宜采用细石混凝土。细石混凝土防水层与天沟、檐沟的交接处应留凹槽，并应用密封材料封严。

细石混凝土防水层与基层间宜设置隔离层，隔离层可采用纸筋灰、麻刀灰、低强度等级砂浆、干铺卷材等材料。

(3)刚性防水层的分格缝

分格缝是在屋顶找平层、刚性防水层、刚性保护层上预先留设的缝。刚性保护层在表层上做成V型槽，称为表面分格缝。

刚性防水层应设置分格缝，以适应屋顶变形，防止屋顶不规则裂缝。分格缝设置在屋顶温度平温差变形许可范围内和结构变形敏感部位，如：屋顶板的支承端、屋顶转角处防水层与凸出屋顶结构的交接处，并应与板缝对齐，间距应小于4m。防水层的分格缝宽不小于25mm，缝内嵌防水密封油膏，为避免混凝土收缩导致油膏拉裂，每块混凝土之间采用“丁”字缝，不允许划分“十”字缝。分格缝应于屋顶结构承重部位的保温层排汽道位置吻合。

施工时应保证分格缝处混凝土完整，才能使嵌缝油膏嵌入后牢固地黏结在混凝土两侧起防水作用。分格缝截面宜做成上宽下窄，分格条安装位置应准确，起条时不得损坏分格缝处的混凝土。嵌缝后沿缝做保护层进行保护。刚性防水屋顶分格缝的构造见图4-2。

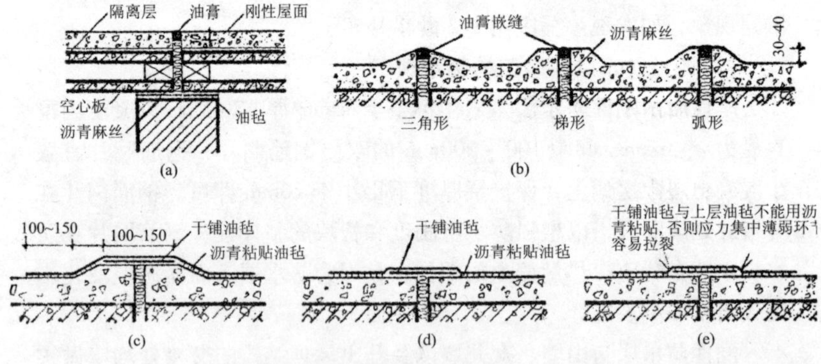

图4-2　刚性防水屋顶分格缝的构造

(a)平缝油膏嵌缝；(b)凸形分仓缝油膏嵌缝；(c)凸缝加贴油毡盖缝；(d)平缝油毡盖缝；(e)加贴油毡

(4)刚性防水屋顶的材料

选择刚性防水设计方案时，应根据屋顶防水设防要求、地区条件和建筑结构特点等因素，经技术经济比较确定。

防水层的混凝土的厚度不应小于40mm，如过薄，混凝土失水很快，水泥不能充分水化，从而降低混凝土的抗渗性能。细石混凝土宜用普通硅酸盐水泥或硅酸盐水泥，水泥标号不应低于425#。不得使用火山灰质水泥，当采用矿渣硅酸盐水泥时应采取减小泌水性的措施；普通细石混凝土、补偿收缩混凝土的强度等级不应小于C20。补偿收缩混凝土的自由膨胀率应为0.05%～0.1%。

细石混凝土和砂浆中，粗骨料的最大粒径不宜大于15mm，含泥量不应大于1%，细骨料应采用中砂或粗砂，含泥量不应大于2%；拌和用水应采用不含有害物质的洁净水。层内配置的钢筋宜采用冷拔低碳钢丝。普通细石混凝土中掺入减水剂或防水剂时，应准确计量，投料顺序得当，搅拌均匀。

(5)块体刚性防水施工要求

块体刚性防水层使用的块材应无裂纹、无石灰颗粒、无灰浆泥面、无缺棱掉角、质地密实和表面平整，用1:3水泥砂浆铺砌，块体之间的缝宽应为12～15mm，坐浆厚度不应小于25mm。

水泥砂浆中应掺入准确剂量的防水剂，并应用机械搅拌均匀，随拌随用，铺抹底层水泥砂浆防水层时应均匀连续，不得留施工缝；当铺砌必须间断时，块材侧面的残浆应清除干净。

面层施工时，要求厚薄一致，排水坡度要符合规范要求，块材之间的缝隙应用水泥砂浆灌满填实；面层应用1:2水泥砂浆，其厚度不应小于12mm，抹压面层时，严禁在表面洒水，加水泥浆或撒干水泥，以防龟裂脱皮降低防水效果，混凝土收水后进行二次压光，以切断和封闭混凝土中的毛细管，提高抗渗性。应二次压光，抹平压实。铺设后，在铺砌砂浆终凝前不得上人踩踏。

防水混凝土浇筑12～24h，即可进行养护，养护时间不少于7天，养护初期屋顶不得上人。混凝土的养护是细石混凝土防水层的极其重要的最后一道工序，养护不好会造成混凝土早期脱水，不但降低混凝土的强度，而且会由于干缩引起混凝土内部裂缝表面起砂，使抗渗性能大幅度降低。

4.7 平屋顶防水保护层的施工

卷材铺贴完毕，经检查合格后，应立即进行保护层施工，及时保护防水层免受损伤，从而延长卷材防水层的使用年限。常用的保护层做法有以下几种：

4.7.1 涂料保护层

保护层涂料一般在现场配制，常用的有铝基悬浮液、丙烯酸浅色涂料或在涂料中掺入操作，涂刷应均匀、不漏涂。

4.7.2 绿豆砂保护层

在沥青卷材非上人屋顶中使用较多。在卷材表面涂刷最后一道沥青胶后，趁热撒铺一层粒径为3～5mm的绿豆砂(或人工砂)，绿豆砂应撒铺均匀，全部嵌入沥青胶中。为了嵌入牢固，绿豆砂须经干燥并加热至100℃左右后使用。边撒砂边扫铺均匀，并用软辊轻轻压实。

4.7.3 细砂、云母或蛭石保护层

主要用于非上人屋顶的涂膜防水层的保护层，使用前应先筛去粉料，砂可采用天然砂。当涂刷最后涂料时，应边涂刷边撒布细砂(或云母、蛭石)，同时用软胶辊反复滚压，使保护层牢固地黏结在涂料层上。

4.7.4 水泥砂浆保护层

水泥砂浆保护层与防水层之间应设置隔离层。保护层用的水泥砂浆配合比一般为1:(2.5～3)(体积比)。

保护层施工前，应根据结构情况每隔4～6m用木模设置纵横分格缝。铺设水泥砂浆时应随铺随拍实，并用刮平。排水坡度应符合设计要求。立面水泥砂浆保护层施工时，为了砂浆与防水层粘贴牢固，可事先在防水层表面粘上砂粒或小豆石，然后再做保护层。

4.7.5 细石混凝土保护层

施工前应在防水层上铺设隔离层，并按设计要求支设好分格缝木模，设计无要求时，每格面积不大于36m^2，分格缝宽度为20mm。一个分格内的混凝土应连续浇筑，不留施工缝。振捣宜采用铁辊滚压或人工拍实，以防破坏防水层。拍实后随即用刮尺按设计坡度刮平，初凝前木抹子提浆抹平，初凝后及时取出分格缝木模，终凝前用铁抹子压光。

细石混凝土保护层浇筑后应及时进行养护，养护时间不应少于7天。养护期满即将分格缝清理干净，待干燥后嵌填密封材料。

4.8 平屋顶隔热层的施工

4.8.1 平屋顶隔热屋顶的类型和构造做法

平屋顶隔热屋顶的类型和构造设计应根据建筑物的使用要求、屋顶的结构形式、环境气候条件、防水处理方法和施工条件等因素，经技术经济比较确定。蓄水屋顶的坡度不宜大于0.5%；种植屋顶的坡度不宜大于3%；架空隔热屋顶的坡度不宜大于5%。

蓄水屋顶、种植屋顶的防水层，应选择耐腐蚀、耐穿刺性能好的材料；蓄水屋顶不宜在寒冷地区、地震区和震动较大的建筑物上使用；架空隔热屋顶宜在通风较好的建筑物上采用，不宜在寒冷地区采用；倒置式屋顶保温层应采用憎水性或吸水率低的保温材料。

隔热层的设计规定：架空隔热层的高度应按照屋顶宽度或坡度大小的变化确定。架空隔热制品的质量应符合非上人屋顶的黏土砖强度等级不应小于MU7.5；上人屋顶的黏土砖强度等级不应小于MU10。

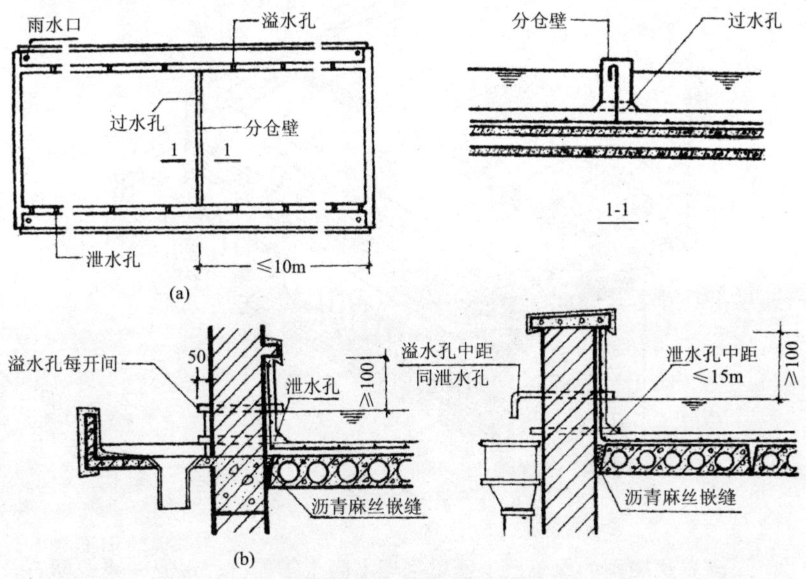

图4-3 蓄水屋顶构造示意

(a)带檐沟；(b)不带檐沟

蓄水屋顶应划分为若干蓄水区，每区的边长不宜大于10m；蓄水区的分仓墙宜采用水泥砂浆砌筑，其强度等级宜为M10；墙的顶部可设置直径为ϕ6mm或ϕ8mm的钢筋砖带，也可采用钢筋混凝土压顶。在变形缝的两侧，应分成两个互不连通的蓄水区；长度超过40m的蓄水屋顶，应做横向伸缩缝一道。蓄水屋顶、种植屋顶泛水的防水层高度应高出溢水口100mm；应设排水管、溢水口和给水管，排水管应与水落管连通；溢水口的上部高度应距分仓墙顶面100mm；过水孔应设在分仓墙底部，排水管应与水落管连通；分仓缝内应嵌填沥青麻丝，上部用卷材封盖，然后加扣混凝土盖板。蓄水深度宜为150～200mm（见图4-3）。

种植屋顶四周应设置围护墙及泄水管、排水管。当种植屋顶为柔性防水层时，上部应设置刚性保护层，种植介质四周应设挡墙；挡墙下部应设泄水孔（见图4-4）。

蓄水屋顶、种植屋顶均应设置人行通道。

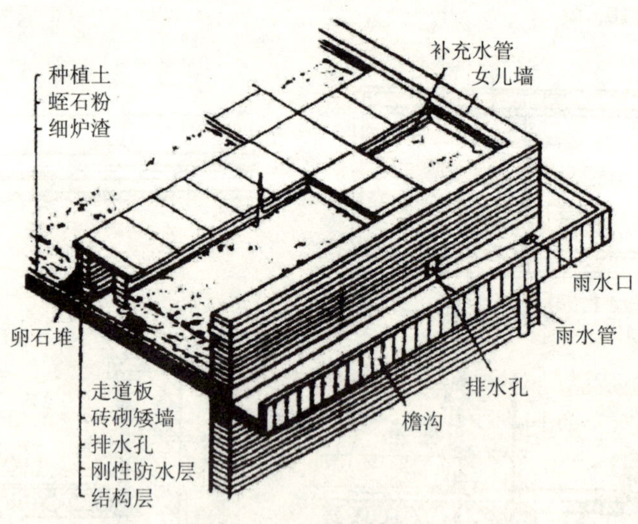

图4-4　种植屋顶构造示意

倒置式屋顶的保温层上面可采用混凝土等板材、水泥砂浆或卵石做保护层；卵石保护层与保温层之间应铺设纤维织物；板状保护层可干铺，也可用水泥砂浆铺砌（见图4-5）。

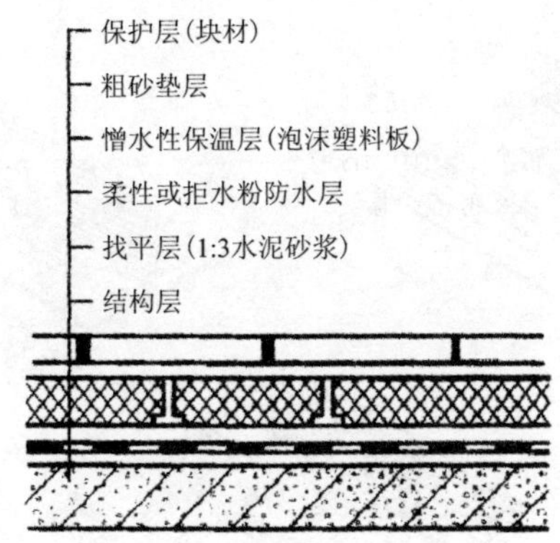

图 4-5 倒置式屋顶构造示意

4.8.2 保温层厚度

保温层厚度应根据设计计算确定。

4.8.3 细部构造

天沟、檐沟与屋顶交接处，排汽出口应埋设排气管，排气管应设置在结构层上，穿过保温层的管壁应打排气孔；架空隔热的架空隔热层高度宜为 100～300mm 的架空隔热层高度宜为 100～300mm。

4.9 坡屋顶的施工

4.9.1 坡屋顶基层的施工

平瓦屋顶是采用黏土、水泥等材料制成的平瓦铺设在钢筋混凝土或木基层上进行防水的屋顶；适用于防水等级为Ⅱ、Ⅲ、Ⅳ级的屋顶防水。

钢筋混凝土坡屋顶基层的施工，应注意选用粒径较小的粗骨料、水灰比较小的干硬性混凝土，并采用滚压工艺，确保混凝土施工时不下滑并提高混凝土的密度性。采用木基层坡屋顶的平瓦屋顶木基层构造见图 4-6。

4.9.2 坡屋顶瓦材的施工

(1) 平瓦屋顶

平瓦屋顶是采用黏土、水泥等材料制成的平瓦铺设在钢筋混凝土或木基层上进行防水的屋顶；适用于防水等级为Ⅱ、Ⅲ、Ⅳ级的屋顶防水。

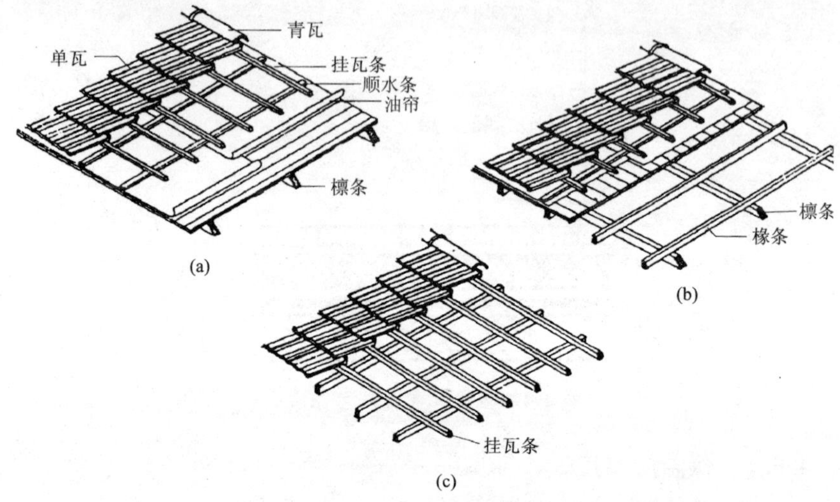

图 4-6 平瓦屋顶木基层构造

(a)无椽条构造；(b)有椽条构造；(c)楞摊瓦构造

平瓦可采用在基层上设置泥背的方法铺设，泥背厚度宜为 30～50mm。

铺设平瓦时，平瓦应均匀分散堆放在两坡屋顶上，不得集中堆放。铺瓦时，应由两坡从下向上同时对称铺设；严禁单坡铺设。在基层上采用泥背铺设平瓦时，前后坡应自下而上同时对称施工，并应分两层铺抹待第一层干燥后，再铺抹第二层，并随铺平瓦。

采用的材料(平瓦及脊瓦)应边缘整齐，表面光洁，不得有分层、裂纹和露砂等缺陷，平瓦的瓦爪与瓦槽的尺寸应配合适当。平瓦屋顶的脊瓦下端距坡面瓦的高度不宜大于 80mm；脊瓦在两坡面瓦上的搭盖宽度，每边不应小于 40mm；平瓦伸入天沟、檐沟的长度应为 50～70mm。

平瓦与山墙及凸出屋顶结构等的交接处，均应做泛水处理。平瓦屋顶上的泛水，宜采用水泥石灰砂浆分次抹成，其配合比宜为 1:1:4，并应加 1.5% 的麻刀；烟囱与屋顶的交接处在迎水面中部应抹出分水线，并应高出两侧各 30mm。

(2) 波形瓦屋顶

波形瓦屋顶适用于防水等级为Ⅳ级的屋顶防水。

铺设波形瓦(以下简称波瓦)屋顶时，相邻两瓦应顺年最大频率风向搭接。其搭接宽度：大波瓦和中波瓦不应少于半个波；小波瓦不应少于一个波。上下两排波瓦的搭接长度应根据屋顶坡确定，但不应少于 100mm；当波瓦采用上下两排瓦长边搭接缝错开的方法铺设时，宜错开半张波瓦，但大波瓦和中波瓦至少应错开 1 ~ 2 个波；不错开时，在相邻四块瓦的搭接处，应随盖瓦方向的不同，先将对瓦割角，对角缝隙不宜大于 5mm。玻璃钢瓦可不割角。

波瓦应采用带防水垫圈的镀锌弯钩螺栓固定在金属檩条或混凝土檩条上，或用镀锌螺栓固定在木檩条上。螺栓或螺钉应设在靠近波瓦搭接部分的盖瓦波峰上，波瓦上的钉孔应用钻成孔，其孔径应比螺栓(螺钉)的直径大 2 ~ 3mm。固定波瓦的螺栓或螺钉不应拧得太紧，以垫圈稍能转动为度。在上下两排波瓦搭接处的檩条上，每张盖瓦的螺栓或螺钉应为两个；在每排波瓦当中的檩条上，相邻两波瓦每张盖瓦上，都应设一个螺栓或螺钉，在大风地区还应适当增加螺钉数量。

(3)油毡瓦屋顶

油毡瓦屋顶适用于防水等级为Ⅲ级、Ⅳ级的屋顶防水；油毡瓦可铺设在钢筋混凝土或木基层上；屋顶与凸出屋顶结构的连接处，油毡瓦应铺贴在立面上，其高度不应小于 250mm。

①油毡瓦的材料要求

油毡瓦应边缘整齐、切槽清晰、厚薄均匀；表面应无孔洞、楞伤、裂纹、折皱和起泡等缺陷。油毡瓦应在环境温度不高于 45℃ 的条件下保管，避免雨淋、日晒、受潮，并应注意通风和避免接近火源。

②油毡瓦屋顶施工

油毡瓦的基层应平整。铺设时，在找平层上铺防水卷材或防水涂膜为垫毡，从檐口往上用油毡钉铺钉，每片油毡瓦不应少于 4 个油毡钉，当屋顶坡度大于 150% 时，应增加油毡钉固定；钉帽应盖在垫毡下面；垫毡搭接宽度不应小于 50mm。铺设在木基层上时，可用油毡钉固定；油毡瓦铺设在混凝土基层上时，可用射钉与冷玛缔脂黏结固定。

油毡瓦应自檐口向上铺设；第一层瓦应檐口平行；切槽应向上指向屋脊，用油毡钉固定。第二层油毡瓦应与第一层叠合，但切槽应向下指向檐口。第三层油毡瓦应压在第二层上，并露出切槽125mm。油毡瓦之间的对缝，上下层不应重合。铺设脊瓦时，应将油毡瓦沿切槽剪开，分成四块作为脊瓦，并用两个油毡钉固定脊瓦应顺年最大频率风向搭接，并应搭盖住两坡面油毡瓦接缝的1/3。脊瓦与脊瓦的压盖面不应小于脊瓦面积的1/2。图4-7彩色油毡瓦搭接形式，表4-12油毡瓦的常用施工做法。

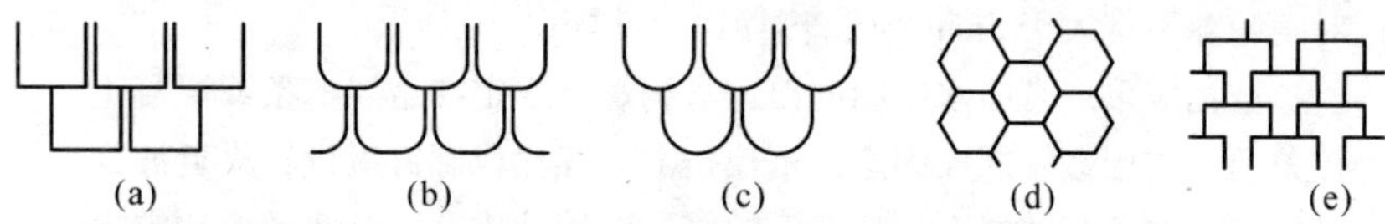

图4-7　彩色油毡瓦搭接形式

(a)直角瓦；(b)圆角瓦；(c)鱼鳞瓦；(d)菱形瓦；(e)T形瓦

表4-12　油毡瓦的常用施工做法

名称及简图	用料及分层做法	附　注
彩色油毡瓦 屋　面 镀锌钉 钢筋混凝土屋面板 水泥聚苯颗粒板	1. 厚彩色油毡瓦，用沥青胶结剂点粘，并用镀锌钉固定，每片瓦钉4～5个钉子 2. 1.5厚水乳型聚合物水泥基复合防水涂料 3. 20厚1:3水泥砂浆找平 4. ××厚水泥聚苯颗粒板，用建筑胶砂浆粘贴，檐口处设∟50×4角钢挡(防保温层下滑)用胀管固定在屋面板上 5. 钢筋混凝土屋面板	1. 油毡瓦粘贴剂配套供应，粘贴搭接等各项操作要求，见被屋面总说明及产品说明书 2. 适用屋面坡度33°～45°，≥40时，水平方向设∟50×4角钢挡防保温层下滑，中距1200，用胀管固定 3. 水泥聚苯颗粒板性能： 抗压强度≥0.3MPa； 导热系数≤0.09W/(m·K) 密度：280～300kg/m^3
彩色油毡瓦 屋　面 镀锌钉 聚苯板 钢筋混凝土屋面板	1.4厚彩色油毡瓦用专用沥青胶结剂黏结，并用镀锌钉固定，每片瓦钉4～5小钉子 2. 20厚1:3水泥砂浆找平 3. ××厚聚苯板用聚合物水泥基复合防水涂料 4. 1.5厚水乳型聚合物水泥基复合防水涂料 5. 钢筋混凝土屋面板	1. 油毡瓦粘贴剂配套供应，粘贴搭接等各项操作要求，见坡屋面总说明及产品说明书 2. 适用于屋面坡度33°～45°

（续）

名称及简图	用科及分层做法	附　注
彩色油毡瓦 屋　面 硅酸盐聚苯颗粒 钢筋混凝土屋面板	1. 4厚彩色油毡瓦用专用沥青胶结剂黏结，并用镀锌钉固定，每片瓦钉4~5小钉子 2. 15厚1:3水泥砂浆找平 3. ××厚硅酸盐聚苯颗粒保温料，分两次抹 4. 1.5厚水乳型聚合物水泥基复合防水涂料 5. 钢筋混凝土屋面板	硅酸盐聚苯颗粒保温料 导热系数≤0.06W/(m·K) 密度≤230kg/m³ 吸水率≤0.06 抗压强度≥0.9MPa

③局部处理

油毡瓦屋顶与山墙及凸出屋顶结构等的交接处，均应做泛水处理：在屋顶与凸出屋顶的烟囱、管道等连接处，应先做附加卷材垫层，待铺瓦后，再用改性沥青防水卷材或高分子防水卷材做单层防水；在女儿墙泛水处，油毡瓦可沿基层与女儿墙的八字坡铺贴，并用镀锌薄钢板覆盖，钉入墙内预埋木砖上；泛水口与墙间的缝隙应用密封封严。

(4)压型钢板

压型钢板屋顶适用于防水等级为Ⅱ级、Ⅲ级的屋顶防水。压型钢板应用专用吊具吊装；吊点的最大间距不宜大于5m。吊装时不得勒坏压型钢板。压型钢板应根据板型和设计的配板图铺设，铺设时相邻两块板应顺年最大频率风向搭接，搭接长度不小于200mm，并根据板型和屋顶坡长度实际确定。

铺设时，应先在檩条上安装固定支架；压型钢板和固定支架应用钩头螺栓连接；预先钻四角钉孔，并应按此孔位置在檩条上定位钻孔，其孔径应比螺栓直径大0.5mm，安装应使用单向螺栓或拉铆钉连接固定。

天沟用镀锌薄钢板制作时，应伸入压型钢板的下面不小于100mm；当设有檐沟时，压型钢板应伸入檐沟内不小于50mm，檐口应用异型镀锌钢板的堵头封檐板；山墙应用异型镀锌钢板的包角板和固定支架封严。

泛水板的安装应平直，每块泛水板的长度不宜大于2m，与压型钢板的搭接宽度不应小于200mm，与凸出屋顶的墙体搭接高度不应小于300mm。

5 脚手架及垂直运输

5.1 脚手架的基本要求及杆配件的一般规定

5.1.1 脚手架的基本要求

(1)脚手架的分类

①按脚手架的用途划分

a. 结构工程作业脚手架：是为满足结构作业需要而设置的脚手架。

b. 装修工程作业脚手架：是为满足装修施工作业需要而设置的脚手架。

c. 支撑和承重脚手架：是为支撑模板及其荷载或其他承重要求而设的脚手架。

d. 防护脚手架：包括做围护用墙式单排脚手架和通道防护棚等。

②按脚手架的设置形式划分

a. 单排脚手架：只有一排立杆的脚手架，其横向平杆的另一端搁置在墙体结构上。

b. 双排脚手架：具有两排立杆的脚手架。

c. 满堂脚手架：按施工作业范围满设的、两个方向各有 3 排以上立杆的脚手架。

③按脚手架的支固方式划分

a. 落地式脚手架：搭设(支座)在地面、楼面、屋面或其他平台结构之上的脚手架。

b. 悬挑脚手架(简称“挑脚手架”)：采用悬挑方式支固的脚手架，其挑支方式又有以下 3 种(见图 5-1)：

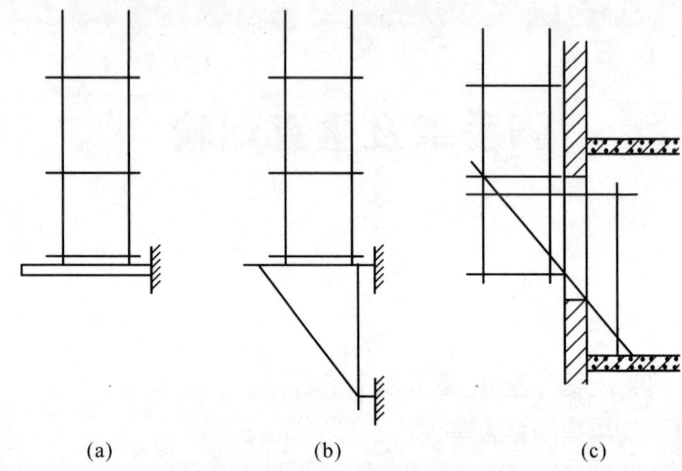

图 5-1 挑脚手架的挑支方式
(a)悬挑梁；(b)悬挑三角桁架；(c)杆件支挑结构

c. 附墙悬挂脚手架(简称“挂脚手架”)：在上部或(和)中部挂设于墙体挑挂件上的定型脚手架。

d. 悬吊脚手架(简称“吊脚手架”)：悬吊于悬挑梁或工程结构之下的脚手架。当采用篮式作业架时，称为“吊篮”。

e. 附着升降脚手架(简称“爬架”)：附着于工程结构、依靠自身提升设备实现升降的悬空脚手架(其中实现整体提升者，也称为“整体提升脚手架”)。

f. 扣接式脚手架：使用扣件箍紧连接的脚手架，即靠拧紧扣件螺栓所产生的摩擦作用构架和承载的脚手架。

g. 销栓式脚手架：采用对穿螺栓或销杆连接的脚手架，此种形式已很少使用牢固。

(2)脚手架构架与设置和使用要求的一般规定

脚手架的构架设计应充分考虑工程的使用要求、各种实施条件和因素，并符合以下各项规定：

①构架尺寸规定

双排结构脚手架和装修脚手架的立杆纵距和平杆步距应≤2. 0m。

作业层距地(楼)面高度≥2. 0m 的脚手架，作业层铺板的宽度不应小于：外脚手架为750mm，里脚手架为500mm。铺板边缘与墙面的间隙应≥300mm、与挡脚板的间隙应≥100mm。当边侧脚手板不贴靠立杆时，应予可靠固定。

②连墙点设置规定

当架高≥6m时，必须设置均匀分布的连墙点，其设置应符合以下规定：

a. 门式钢管脚手架：当架高≤20m时，不小于50m²一个连墙点，且连墙点的竖向间距应≤6m；当架高>20m时，不小于30m²一个连墙点，且连墙点的竖向间距应≤4m。

b. 其他落地（或底支托）式脚手架：当架高≤20m时，不小于40m²一个连墙点，且连墙点的竖向间距应≤6m；当架高>20m时，不小于30m²一个连墙点，且连墙点的竖向间距应≤4m。

c. 脚手架上部未设置连墙点的自由高度不得大于6m。

d. 当设计位置及其附近不能装设连墙点时，应采取其他可行的刚性拉结措施予以弥补。

(3)整体性拉结杆件设置规定

脚手架应根据确保整体稳定和抵抗侧力作用的要求，按以下规定设置剪刀撑或其他有相应作用的整体性拉结杆件：

①周边交圈设置的单、双排木、竹脚手架和扣件式钢管脚手架，当架高为6~25m时，应于外侧面的两端和其间按≤15m的中心距并自下而上连续设置剪刀撑；当架高>25m时，应于外侧面满设剪刀撑。

②周边交圈设置的碗扣式钢管脚手架，当架高为9~25m时，应按不小于其外侧面框格总数的1/5设置斜杆；当架高>25m时，按不小于外侧面框格总数的1/3设置斜杆。

③门式钢管脚手架的两个侧面均应满设交叉支撑。当架高≤45m时，水平框架允许间隔一层设置；当架高>45m时，每层均满设水平框架。此外，架高≥20m时，还应每隔6层加设一道双面水平加强杆，并与相应的连墙件层同高。

④“一”字形单双排脚手架按上述相应要求增加50%的设置量。

⑤满堂脚手架应按构架稳定要求设置适量的竖向和水平整体拉结杆件。

⑥剪刀撑的斜杆与水平面的交角宜在45°~60°之间，水平投影宽

度应不小于2跨或4m和不大于4跨或8m。斜杆应与脚手架基本构架杆件加以可靠连接，且斜杆相邻连接点之间杆段的长细比不得大于60。

⑦在脚手架立杆底端之上100~300mm处一律遍设纵向和横向扫地杆，并与立杆连接牢固。

(4)杆件连接构造规定

脚手架的杆件连接构造应符合以下规定：

①多立杆式脚手架左右相邻立杆和上下相邻平杆的接头应相互错开并置于不同的构架框格内。

②搭接杆件接头长度：扣件式钢管脚手架应≥10.8m；搭接部分的结扎应不少于2道，且结扎点间距应≥0.6m。

③杆件在结扎处的端头伸出长度应不小于0.1m。

(5)安全防(围)护规定

脚手架必须按以下规定设置安全防护措施，以确保架上作业和作业影响区域内的安全：

①作业层距地(楼)面高度≥2.5m时，在其外侧边缘必须设置挡护高度≥1.1m的栏杆和挡脚板，且栏杆间的净空高度应≤0.5m。

②临街脚手架，架高≥25m的外脚手架以及在脚手架高空落物影响范围内同时进行其他施工作业或有行人通过的脚手架，应视需要采用外立面全封闭、半封闭以及搭设通道防护棚等适合的防护措施。封闭围护材料应采用密目安全网、塑料编织布、竹笆或其他板材。

③架高9~25m的外脚手架，除执行①规定外，可视需要加设安全立网维护。

④挑脚手架、吊篮和悬挂脚手架的外侧面应按防护需要采用立网围护或执行②的规定。

⑤遇有下列情况时，应按以下要求加设安全网：

a. 架高≥9m，未作外侧面封闭、半封闭或立网封护的脚手架，应按以下规定设置首层安全(平)网和层间(平)网：首层网应距地面4m设置，悬出宽度应≥3.0m；层间网自首层网每隔3层设一道，悬出高度应≥3.0m。

b. 外墙施工作业采用栏杆或立网围护的吊篮，架设高度≤6.0m的挑脚手架、挂脚手架和附墙升降脚手架时，应于其下4~6m起设置两道相隔3.0m的随层安全网，其距外墙面的支架宽度应≥3.0m。

⑥上下脚手架的梯道、坡道、栈桥、斜梯、爬梯等均应设置扶手、栏杆或其他安全防(围)护措施并清除通道中的障碍，确保人员上下的安全。

采用定型的脚手架产品时，其安全防护配件的配备和设置应符合以上要求；当无相应安全防护配件时，应按上述要求增配和设置。

(6)搭设高度限制和卸载规定

脚手架的搭设高度一般不应超过表5-1的限值。

表5-1 脚手架搭设高度的限值

序次	类别	型式	高度限值(m)	备注
1	木脚手架	单排	30	架高≥30m时，立杆纵距≥1.5m
		双排	60	
2	竹脚手架	单排	25	
		双排	50	
3	扣件式钢管脚手架	单排	20	
		双排	50	
4	碗扣式钢管脚手架	单排	20	架高≥30m时，立杆纵距≥1.5m
		双排	60	
5	门式钢管脚手架	轻载	60	施工总荷载≤3kN/m^2
		普通	45	施工总荷载≤5kN/m^2

(7)单排脚手架的设置规定

单排脚手架的设置应遵守以下规定：

①单排脚手架不得用于以下砌体工程中：

a. 墙厚小于180mm的砌体；

b. 土坯墙、空斗砖墙、轻质墙体、有轻质保温层的复合墙和靠脚手架一侧的实体厚度小于180mm的空心墙；

c. 砌筑砂浆强度等级小于M1.0的墙体。

②在墙体的以下部位不得留脚手眼：

a. 梁和梁垫下及其左右各240mm范围内；

b. 宽度小于480mm的砖柱和窗间墙；

c. 墙体转角处每边各360mm范围内；

d. 施工图上规定不允许留洞眼的部位。

③在墙体的以下部位不得留尺寸大于60mm×60mm 的脚手眼：

a. 砖过梁以上与梁端成60°角的三角形范围内；

b. 宽度小于620mm 的窗间墙；

c. 墙体转角处每边各620mm 范围内。

5.1.2 脚手架杆配件的一般规定

脚手架的杆件、连接件、其他配件和脚手板必须符合以下质量要求，不合格者禁止使用：

(1)脚手架杆件

钢管件采用镀锌焊管，钢管的端部切口应平整。禁止使用有明显变形、裂纹和严重锈蚀的钢管。使用普通焊管时，应内外涂刷防锈层并定期复涂以保持其完好。

(2)脚手架连接件

应使用与钢管管径相配合的、符合我国现行标准的可锻铸铁扣件。使用铸钢和合金钢扣件时，其性能应符合相应可锻铸铁扣件的规定指标要求。严禁使用加工不合格、锈蚀和有裂纹的扣件。

(3)脚手架配件

①加工应符合产品的设计要求。

②确保与脚手架主体构架杆件的连接可靠。

(4)脚手板

①各种定型冲压钢脚手板、焊接钢脚手板、钢框镶板脚手板以及自行加工的各种型式金属脚手板，自重均不宜超过0.3kN，性能应符合设计使用要求，且表面应具有防滑、防积水构造。

②使用大块铺面板材(如胶合板、竹笆板等)时，应进行设计和验算，确保满足承载和防滑要求。

(5)脚手架搭设、使用和拆除的一般规定

①脚手架的搭设规定

a. 搭设场地应平整、夯实并设置排水措施。

b. 立于土地面之上的立杆底部应加设宽度≥200m，厚度≥50mm 的垫木、垫板或其他刚性垫块，每根立杆的支垫面积应符合设计要求且不得小于0.15m^2。

c. 底端埋入土中的木立杆，其埋置深度不得小于500mm，且应在坑底加垫后填土夯实。使用期较长时，埋入部分应作防腐处理。

d. 在搭设之前，必须对进场的脚手架杆配件进行严格的检查，禁止使用规格和质量不合格的杆配件。

②脚手架的搭设作业，必须在统一指挥下，严格按照以下规定程序进行：

a. 按施工设计放线、铺垫板、设置底座或标定立杆位置；

b. 周边脚手架应从一个角部开始并向两边延伸交圈搭设；“一”字形脚手架应从一端开始并向另一端延伸搭设；

c. 应按定位依次竖起立杆，将立杆与纵、横向扫地杆连接固定，然后装设第1步的纵向和横向平杆，随校正立杆垂直之后予以固定，并按此要求继续向上搭设；

d. 在设置第一排连墙件前，“一”字形脚手架应设置必要数量的抛撑；以确保构架稳定和架上作业人员的安全。边长≥20m的周边脚手架，亦应适量设置抛撑；

e. 剪刀撑、斜杆等整体拉结杆件和连墙件应随搭升的架子一起及时设置。

f. 脚手架处于顶层连墙点之上的自由高度不得大于6m。当作业层高出其下连墙件2步或4m以上、且其上尚无连墙件时，应采取适当的临时撑拉措施。

③脚手板或其他作业层铺板的铺设应符合以下规定：

a. 脚手板或其他铺板应铺平铺稳，必要时应予绑扎固定；

b. 脚手板采用对接平铺时，在对接处，与其下两侧支承横杆的距离应控制在100～200mm之间；采用挂扣式定型脚手板时，其两端挂扣必须可靠地接触支承横杆并与其扣紧；

c. 脚手板采用搭设铺放时，其搭接长度不得小于200mm，且应在搭接段的中部设有支承横杆。铺板严禁出现端头超出支承横杆250mm以上未作固定的探头板；

d. 长脚手板采用纵向铺设时，其下支承横杆的间距不得大于：竹串片脚手板为0.75m；木脚手板为1.0m；冲压钢脚手板和钢框组合脚手板为1.5m(挂扣式定型脚手板除外)。纵铺脚手板应按以下规定部位与其下支承横杆绑扎固定：脚手架的两端和拐角处；沿板长方向每隔15～20m；坡道的两端；其他可能发生滑动和翘起的部位；

e. 采用以下板材铺设架面时，其下支承杆件的间距不得大于：竹笆板为400mm，七夹板为500mm；

f. 当脚手架下部采用双立杆时，主立杆应沿其竖轴线搭设到顶，辅立杆与主立杆之间的中心距不得大于200mm，且主辅立杆必须与相交的全部平杆进行可靠连接；

g. 用于支托挑、吊、挂脚手架的悬挑梁、架必须与支承结构可靠连接。其悬臂端应有适当的架设起拱量，同一层各挑梁、架上表面之间的水平误差应不大于20mm，且应视需要在其间设置整体拉结构件，以保持整体稳定；

h. 装设连墙件或其他撑拉杆件时，应注意掌握撑拉的松紧程度，避免引起杆件和架体的显著变形；

i. 在搭设中不得随意改变构架设计、减少杆配件设置和对立杆纵距作≥100mm 的构架尺寸放大。确有实际情况，需要对构架作调整和改变时，应提交或请示技术主管人员解决。

(6)脚手架搭设质量的检查验收规定

脚手架搭设质量的检查验收工作应遵守以下规定：

①脚手架的验收标准规定

a. 构架结构符合前述的规定和设计要求，个别部位的尺寸变化应在允许的调整范围之内；

b. 节点的连接可靠。其中扣件的拧紧程度应控制在扭力矩达到40～60N·m；碗扣应盖扣牢固(将上碗扣拧紧)；8 号钢丝十字交叉扎点应拧 1.5～2 圈后箍紧，不得有明显扭伤，且钢丝在扎点外露的长度应≥80mm；

c. 钢脚手架立杆的垂直度偏差应≤1/300，且应同时控制其最大垂直偏差值：当架高≤20m 时为不大于 50mm；当架高＞20m 时为不大于 75mm；

d. 纵向钢平杆的水平偏差应≤1/250，且全架长的水平偏差值应不大于 50mm。木、竹脚手架的搭接平杆按全长的上皮走向线(即各杆上皮线的折中位置)检查，其水平偏差应控制在 2 倍钢平杆的允许范围内；

e. 作业层铺板、安全防护措施等均应符合前述要求。

②脚手架的验收和日常检查按以下规定进行，检查合格后，方允许投入使用或继续使用：

a. 搭设完毕后；

b. 连续使用达到6个月；

c. 施工中途停止使用超过15天，在重新使用之前；

d. 在遭受暴风、大雨、大雪、地震等强力因素作用之后；

e. 在使用过程中，发现有显著的变形、沉降、拆除杆件和拉结以及安全隐患存在的情况时。

(7)脚手架对基础的要求

良好的脚手架底座和基础、地基，对于脚手架的安全极为重要，在搭设脚手架时，必须加设底座、垫木(板)或基础并作好对地基的处理。

①一般要求

a. 脚手架地基应平整夯实；

b. 脚手架的钢立柱不能直接立于土地面上，应加设底座和垫板(或垫木)，垫板(木)厚度不小于50mm；

c. 遇有坑槽时，立杆应下到槽底或在槽上加设底梁(一般可用枕木或型钢梁)；

d. 脚手架地基应有可靠的排水措施，防止积水浸泡地基；

e. 脚手架旁有开挖的沟槽时，应控制外立杆距沟槽边的距离：当架高在30m以内时，不小于1.5m；架高为30~50m时，不小于2.0m；架高在50m以上时，不小于2.5m。当不能满足上述距离时，应核算土坡承受脚手架的能力，不足时可加设挡土墙或其他可靠支护，避免槽壁坍塌危及脚手架安全；

f. 位于通道处的脚手架底部垫木(板)应低于其两侧地面，并在其上加设盖板；避免扰动。

②一般作法

30m以下的脚手架，其内立杆大多处在基坑回填土之上。回填土必须严格分层夯实。垫木宜采用长2.0~2.5m、宽不小于200mm、厚50~60mm的木板，垂直于墙面放置(用长4.0m左右平行于墙放置亦可)，在脚手架外侧挖一浅排水沟排除雨水，如图5-2所示。

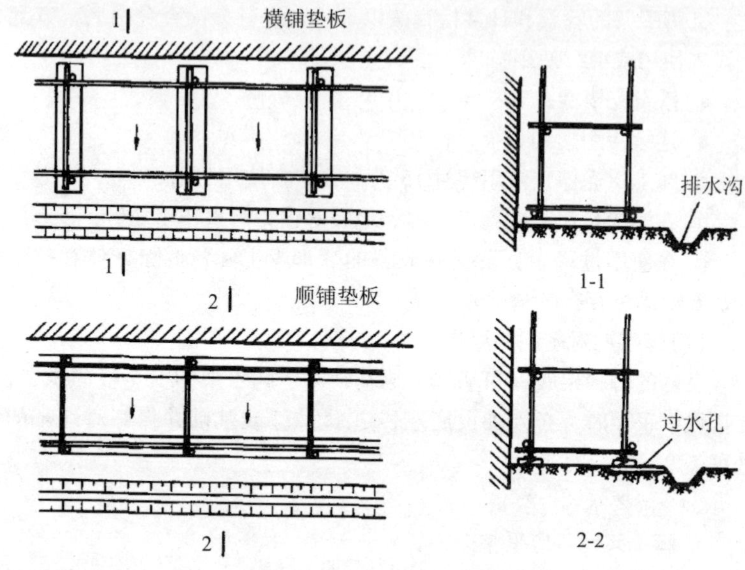

图 5-2 普通脚手架基底作法

5.2 脚手架常用的形式

5.2.1 扣件式钢管脚手架

扣件式钢管脚手架是目前我国使用最普遍的脚手架，用扣件连接钢管杆件而成。其主要优点是装拆灵活，搬运方便，通用性强。

(1) 扣件式钢管脚手架基本杆件及部件

①钢管杆件

如图 5-3 所示，钢管杆件包括立杆、纵向水平杆、横向水平杆、剪刀撑、斜杆、抛撑(在脚手架立面以外设置的斜撑)、扫地杆(贴地面设置的平杆)以及栏杆(用于护栏的平杆)等。

钢管杆件多采用外径 48 ~ 51mm，壁厚 3 ~ 3.5mm 的焊接钢管。用于立杆、纵向水平杆、剪刀撑和斜杆的钢管长度为 4 ~ 6.5m，杆件重量不超过 25kg，以便于人工操作。用于横向水平杆的钢管长度 1.8 ~ 2.2m，以适应脚手架宽度的要求。材质宜采用力学性能适中的 Q235 钢，材性应符合规范要求。钢管必须进行防锈处理，即先行除锈然后内壁涂防锈漆两道，外壁涂防锈漆一道和面漆两道。

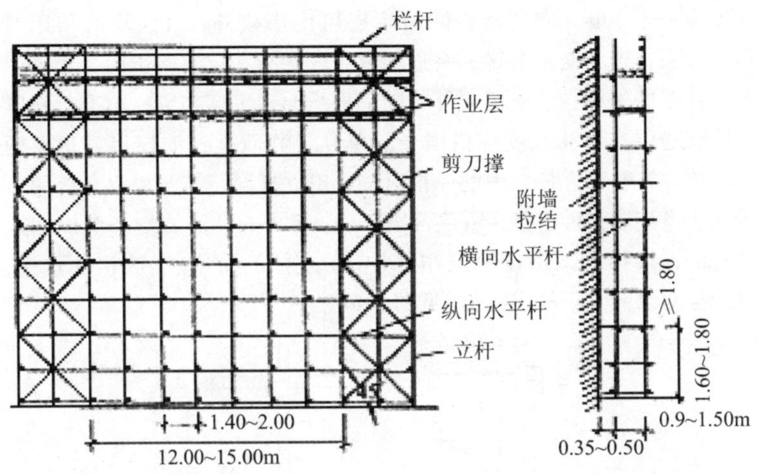

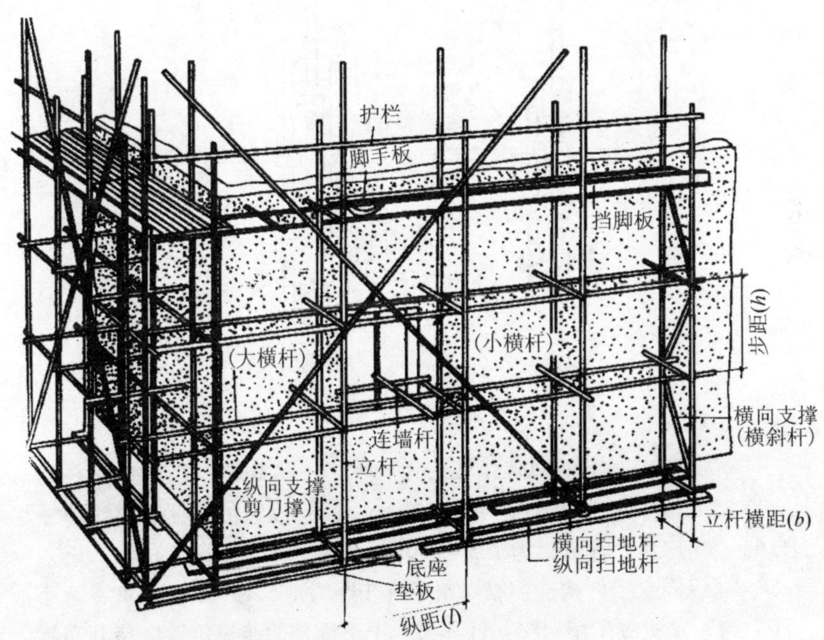

图 5-3 扣件式钢管脚手架组成

a. 立杆构造：单立杆双排脚手架的搭设限高为 50m。50m 以上的脚手架，宜下部(35m 以下)采用双立杆、上部采用单立杆，单立杆的高度应小于30m。立杆接头除了顶层可用搭接外，其余均必须用对接。接头位置应交错布置。两根相邻立杆接头不应在同步内。当采用双立杆时必须用扣件将双立杆与同一根纵向水平杆扣紧，不得只扣紧1根以避免其计算长度成倍增长。单立杆和双立杆的连接方法有两种：单立杆与双立杆之中的一根对接；单立杆同时与两根双立杆用不少于3道旋转扣件搭接，其底部支于横向水平杆上，在立杆与纵向水平杆的连接扣件下加设两道扣件(扣在立杆上)，且三道扣件紧接，以加强对纵向水平杆支持力(见图5-4)。

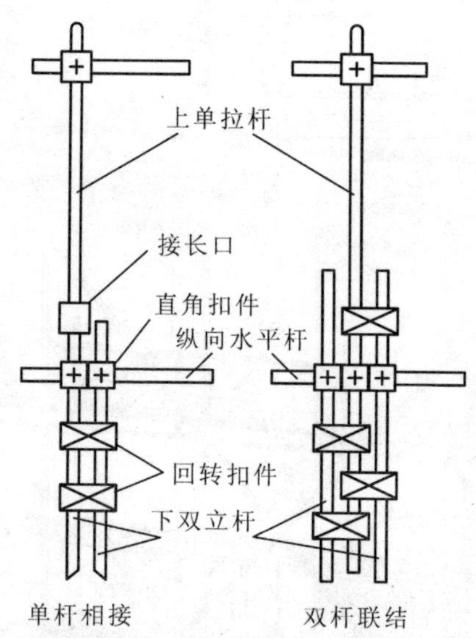

图5-4　单立杆和双立杆的连接方式

立杆间距：横距0.9～1.2m，纵距1.4～2.0m。(当用单立杆时高度35m以下的脚手架为1.4～2.0m，35m以上的脚手架为1.4～1.6m，当用双立杆时，为1.5～2.0m)。

b. 纵向水平杆构造：纵向水平杆步距为1.5～1.8m，长度不宜小于三跨。接头应采用对接扣件连接。上下横杆的接长位置应错开布置在不同的立杆纵距内，与相近立杆的距离不大于纵距的三分之一(见图5-5)。相邻步架的纵向水平杆应错开布置在立杆的里侧和外侧，以减少立杆的偏心受荷情况。立杆与纵向水平杆必须用直角扣件扣紧(因大横杆对立杆起约束作用，对立杆承载能力有重要影响)，不得

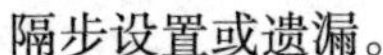

隔步设置或遗漏。

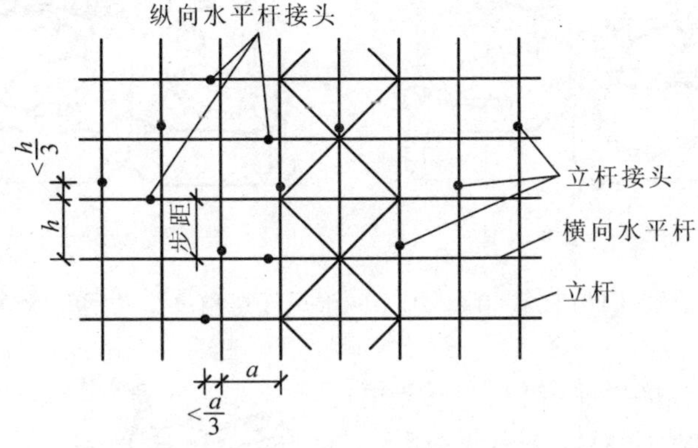

图 5-5　立杆纵向水平杆的接头位置

c. 横向水平杆构造：作为双排脚手架基本构架构件的横向水平杆贴近立杆布置（对于双立杆则设于双立杆之间），并搭于纵向水平杆之上用直角扣件扣紧。在任何情况下，上述作为基本构架构件的横向水平杆均不得拆除。至于在作业层作为脚手板支点的横向水平杆则根据脚手板的需要，等间距设置。

d. 剪刀撑构造：高度 35m 以下的脚手架除在两端设置剪刀撑外，每隔 12～15m 在中间设置一道。高度 35m 以上的脚手架，沿脚手架两端和转角处起每 7～9 根立柱设置一道，且每片脚手架不少于三道。剪刀撑应联系 3～4 根立杆，剪刀撑斜杆与水平夹角为 45°～60°。剪刀撑应沿脚手架高度连续布置，在相邻两排剪刀撑之间，每隔 10～15m 高加设一组长剪刀撑。剪刀撑的斜杆除两端用旋转扣件与脚手架的立杆或纵向水平杆扣紧外，在中间应增加 2～4 个扣结点。剪刀撑下端应落地，支撑在垫板上。

②扣件

扣件有可锻铸铁铸造扣件及钢板压制扣件两种。扣件与钢管扣紧时应保证贴合面接触良好；扣件夹紧钢管时，开口处的最小距离应不小于 5mm；螺栓拧紧力矩达 20N·m 时，扣件不得破坏；表面不得有裂纹、气孔、砂眼或其他影响使用功能的缺陷。

常用扣件的基本型式有：

a. 直角扣件（十字扣）：用于两根垂直交叉钢管的连接（见图 5-6）。

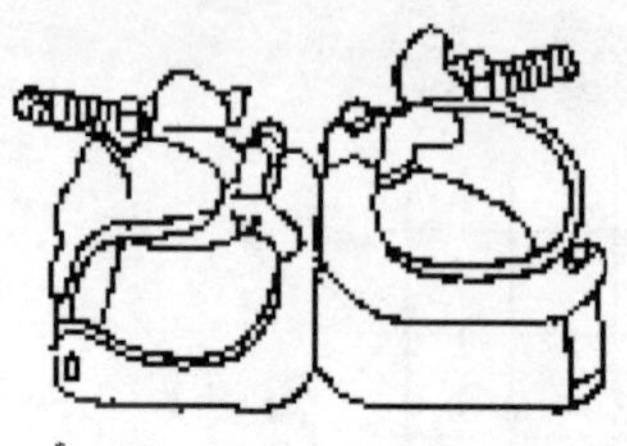

图 5-6 直角扣件

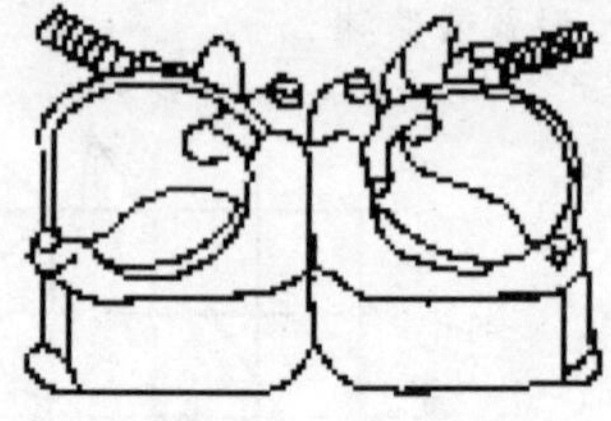

图 5-7 旋转扣件

b. 旋转扣件(回转扣)：用于两根呈任意角度交叉钢管的连接(见图 5-7)。

c. 对接扣件(筒扣，一字扣)：用于两根钢管对接连接(见图 5-8)。

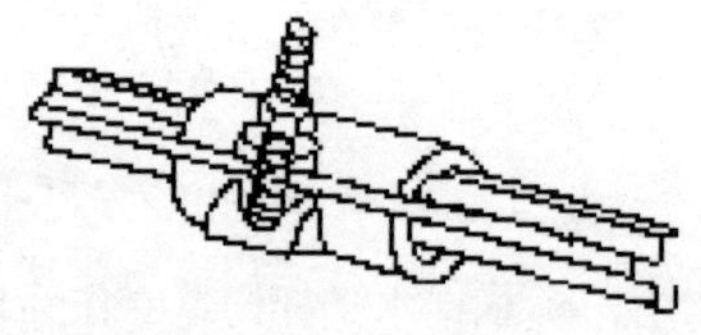

图 5-8 对接扣件

③底座

用于承受脚手架立杆传递下来的荷载。可用铸铁制作，也可用厚 8mm，边长 150mm 的钢板作底板与外径 60mm、壁厚 3. 5mm、长 150mm 的钢管套筒焊接而成。

④连墙件

a. 连墙件构造：扣件式钢管外脚手架的连墙件有 4 种型式：

穿墙夹固式(见图 5-9①②)：单根或两根横向水平杆穿过墙体，在墙体两侧用短钢管(长度≥0. 6m，立放或平放)塞以垫木固定。

窗口夹固式(见图 5-9③④)：单根或两根横向水平杆通过窗洞口，在洞口两侧用适长钢管(立放或平放)塞以垫本固定。

箍柱式(见图 5-9⑤⑥)：包括单杆箍柱即用适当长度的单根横向水平杆紧贴结构的柱子，并用三根短横杆将其固定于柱侧；双杆箍柱即用适当长度的横向水平杆和短钢管各两根，抱紧柱子固定。

埋件固定式(见图 5-9⑦)。

b. 在混凝土墙体或框架的柱梁中埋设连墙件，用扣件与脚手架立杆或纵向水平杆连接固定。预埋的连墙件有以下两种型式：

带短钢管埋件：在结构的普通预埋件的钢板上，焊以适长的短钢管，钢管长度以能与立杆或纵向水平杆可靠连接为度。拆除时需用气割从钢管焊接处割开。

预埋螺栓和套管：将一端带适长弯头的 M12—M16 螺栓埋入混凝

土结构中，将底端带中心孔支承板的套管套在螺栓上，在套管另一端加垫板并以螺母拧紧固定在螺栓上。

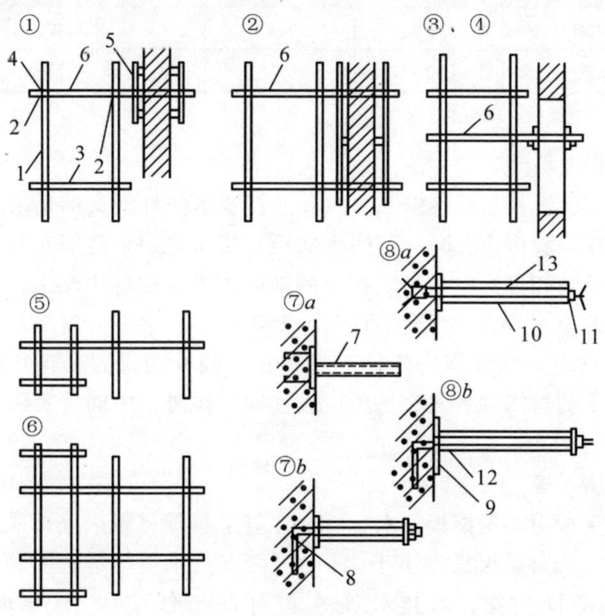

图 5-9 连墙件构造

1—立杆；2—纵向水平杆；3—横向水平杆；4—直角扣件；5—短钢管；6—适长钢管(或小横杆)；7—带短钢管预埋件；8—带长弯头的预埋螺栓；9—带短弯头螺栓；10—带支撑板的 ϕ48 钢套管；11—ϕ16 短钢筋；12—预埋 ϕ6 挂环；13—双股铰结 8 号钢丝

连墙件的设置：连墙件一般应设置在横向刚度较大的结构部位(如框架梁，楼板附近)。在布置连接件位置时，需从底部第一根纵向水平杆处开始设置。连墙杆宜呈菱形布置，也可采用方形、矩形布置。连墙杆间距不应超过表 5-2 所示尺寸(可按二步三跨或三步三跨设置)。一字型、开口型脚手架必须设置两端连墙件，连墙件的垂直间距不应大于建筑物的层高，并不应大于 4m(2 步)。连墙杆宜与脚手架水平连接，和脚手架连接位置宜靠近主柱与纵向水平杆相交处，偏离最大距离应小于 300mm。

表5-2 双排脚手架连墙件的布置

脚手架高度(m)	竖向间距(h)	水平间距(la)	每根连墙件覆盖面积(m^2)
≤50	3	3	≤40
>50	2	3	≤27

注：h = 步距，la = 立杆纵距

⑤横向斜撑

横向斜撑是与双排脚手架内外立杆或水平杆斜交的呈之字形的斜杆。横向斜撑应在同一节间由底至顶层呈之字形连续布置。斜杆宜采用旋转扣件固定在与之相交的横向水平杆的伸出端上，旋转扣件中心线至主节点的距离不宜大于150mm。一字型开口型双排脚手架的两端均必须设横向斜撑，中间宜每隔6跨设置一道。高度在24m以上的封闭脚手架除拐角应设横向斜撑外，中间应每隔6跨设置一道。

⑥脚手板

脚手板由冲压钢板、木、竹串片脚手板等材料组成，采用三支点承重。当脚手板长度小于2m时可两支点承重但应两端固定。脚手板宜平铺对接，对接处距小横杆的轴线应大于100mm，小于150mm。

⑦护栏和挡脚板

在铺脚手板的操作层上必须设二道护栏和挡脚板。上护栏高度≥1.1m。挡脚板也可用加设一道低栏杆(距脚手板面0.2~0.3m)代替。

⑧底座及扫地杆

高度大于24m的脚手架应设可调底座。立柱应设置离地面很近的纵、横向扫地杆并用直角扣件固定在立柱上。纵向扫地杆轴线距底座下皮不应大于200mm。

5.2.2 碗扣式钢管脚手架

(1)杆配件及性能特点，承载能力

①杆配件

碗扣式钢管脚手架采用每隔0.6m设一套碗扣接头的定型立杆和两端焊有接头的定型横杆，并实现杆件的系列标准化。

a. 碗扣接头：是该脚手架系统的核心部件，它由上、下碗扣，横杆接头和上碗扣的限位销组成。上、下碗扣和限位销按600mm间距设置在钢管立杆，其中下碗扣和限位销直接焊在立杆上(见图 5-10)。

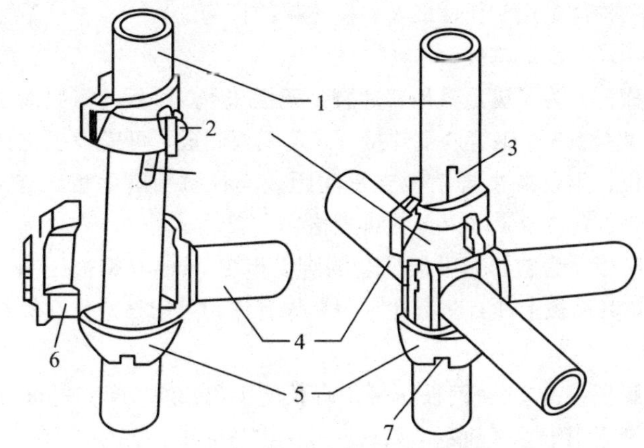

图 5-10　碗扣接头

1—立杆；2—上碗扣；3—限位销；4—横杆；5—下碗扣；
6—横杆接头；7—泄水槽

碗扣式接头可同时连接四根横杆，横杆可互相垂直亦可偏转一定角度因而可搭设各种形式的脚手架，尤其适于搭设曲线形状脚手架。

b. 杆配件：分为主构件、辅助构件等。

主构件是以组成脚手架主体的杆部件，作为双排脚手架，主要包括以下几种：

立杆：脚手架的主要受力杆件，在 $\phi 48 \times 3.5$ 钢管上每隔 600mm 安装一套碗扣接头，并在杆的顶端焊接立杆连接管，立杆连接管是内销管，靠内销实现立杆之间的连接。立杆有 3.0m 和 1.8m 二种长度规格。

横杆：组成框架的横向连接杆件，由一定长度的 $\phi 48 \times 3.5$ 钢管两端焊接横杆接头制成。有 2.4m、1.8m、1.5m、1.2m、0.9m、0.6m、0.3m 等 7 种规格。

斜杆：为了增强脚手架稳定强度而设计的系列构件。在 $\phi 48 \times 2.2$ 钢管两端铆接斜杆接头而制成。斜杆接头可转动，和横杆接头一样可装在下碗扣内，形成节点斜杆。有 1.69m、2.163m、2.343m、2.546m、3.0m 等 5 种规格，分别用于 1.20m × 1.20m、1.20m × 1.80m、1.50m × 1.80m、1.80m × 1.8m、1.80m × 2.4m 五种框架平面。

底座：安装在立杆根部，将上部荷载分散传递给地基基础。

辅助构件是用于作业面及附壁连接的杆构件。

用于作业面的构件：

间横杆：为了满足其他普通脚手架板和木脚手板的需要而设的构件，由 $\phi 48\times3.5$ 钢管两端焊接"∩"形钢板制成。可搭设于主架之间任意部位，用以减小脚手板支承间距或支撑挑头脚手板。有 1.2m、1.2m +0.3m、1.2m +0.6m 三种规格。

脚手板：为碗扣脚手架配套的脚手板由 2mm 厚钢板压制、宽度 270mm。其面板上冲有防滑孔，两端焊有挂钩可牢靠地挂在横杆，不会滑动。

挡脚板：由 2mm 钢板压制，有长度 1.2m、1.5m、1.8m 三种规格，分别适用于立杆间距 1.2m、1.5m、1.8m。

挑梁：为扩展作业平台而设置的构件，有窄挑梁和宽挑梁两种规格。窄挑梁由一端焊有横杆接头的钢管制成，悬挑宽度 0.3m，可在需要位置与碗扣接头连接。宽挑梁由水平杆、斜杆、垂直杆组成，悬挑宽度为 0.6m，用碗扣接头与脚手架连成一体，其外侧垂直杆上可再接立杆。

用于连接的辅助构件有：

立杆连接销：立杆之间连接的销定构件，为弹簧钢销扣结构，由 $\phi10$ 的钢筋制成。

直角撑：连接两交叉的脚手架而设置的构件，由 $\phi 48\times3.5$ 钢管一端焊接横杆接头，另一端焊接"∩"型卡制成。

连墙撑：有碗扣式及扣件式两种。碗扣式连墙撑可直接用碗扣接头同脚手架连在一起受力性能好，扣件式连墙撑用钢管扣件同脚手架相连，位置可任意设置，不受碗扣接头位置的限制，使用方便。

②碗扣脚手架的性能特点

a. 承载力大：立杆连接是同轴心承插，横杆与立杆之间连接是碗扣接头，接头具有可靠的抗弯、抗剪、抗扭力学性能，而且各杆件轴心线交于一点，节点在框架平面内。因此结构稳固可靠，承载力大。

b. 安全可靠：接头设计时考虑到上碗扣螺旋摩擦力和自重力作用，使接头具有可靠的自锁能力。作用于横杆上的荷载通过下碗扣传递给立杆，下碗扣具有很强的抗剪能力(最大为199KN)，上碗扣即使未被压紧，横杆接头也不至于脱出而造成事故，同时所配备的各种构件的连接构造上均考虑到具有较好的安全可靠性。

c. 高功效：碗扣脚手架拼拆快速省力，使用一把铁锤即可完成全部作业，避免了螺栓操作的诸多不便。此外常用杆件中最长为3130mm，重17.07kg。因此整架拼拆速度比扣件或脚手架快3~5倍。

d. 便于管理：碗扣脚手架维修少，易于运输，该脚手架不需要零散而易于丢失的扣件；而且不需要螺栓连接，构件即使经受一定程度碰撞或一般的锈蚀也不影响使用及拼拆；相对来说养护及维修工作量减少。构件系列标准化，构件长度较小，重量较轻，便于搬运。

(2)双排外脚手架

碗扣式钢管双排脚手架，特别适合于搭设曲面脚手架和高层脚手架。目前一杆到顶(即脚手架全高均采用单立杆)的落地式脚手架最大高度已达90.3m。但一般来说双排脚手架最大高度为60m。

①脚手架类型

一般立杆横向间距1.2m，横杆步距取1.8m，立杆纵向间距根据建筑物结构、脚手架搭设高度及作业荷载等具体要求可选用0.9m、1.2m、1.5m、1.8m、2.4m等，并选用相应横杆。根据使用要求可有以下几种构造类型。

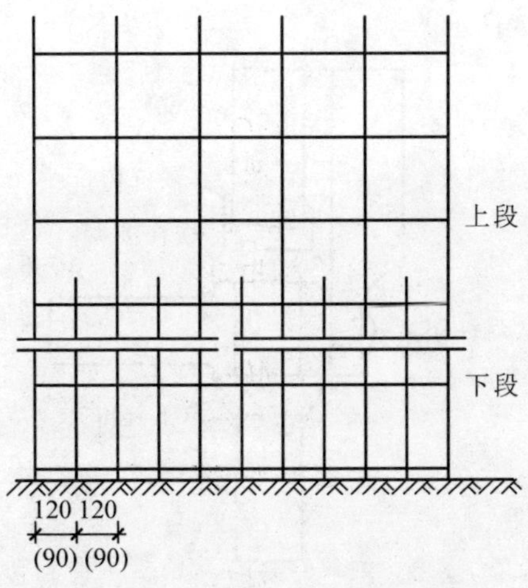

图5-11 上下分段的组架布置

a. 重型架：较小的立杆纵距(0.90m 或 1.2m)，用于重载作业或高层外脚手架的底部架。为了提高高层脚手架搭设高度，采取上下分段，每段立杆纵距不等的组架方式(见图 5-11)。下段立杆纵距 0.90m(或 1.20m)，上段立杆纵距为 1.80m(或 2.40m)。

b. 普通架：立杆纵距 1.5m 或 1.8m，当脚手架高度大于 30m 时，立杆纵距不大于 1.5m，构造尺寸为 1.50m(立杆纵距) ×1.20m(立杆横距) ×1.80m(横杆步距)，或 1.80m ×1.20m ×1.80m，是最常用的作为结构施工用的脚手架。

c. 轻型架：立杆纵距 2.40m。构架尺寸为 2.40m × 1.2m × 1.80m，用于装修、维护等作业。

此外，也可根据场地和作业条件要求搭设窄脚手架(立杆横距 0.90m)和宽脚手架(立杆横距 1.50m)。

②杆部件设置

a. 斜杆：斜杆可增强脚手架稳定，合理设置斜杆对提高脚手架承载力，保证施工安全有重要意义。

斜杆和立杆的连接与横杆和立杆的连接相同。其节点构造如图 5-12所示。对于不同尺寸的框架应配备相应长度斜杆。斜杆可安装成节点斜杆(即斜杆接头与横杆接头安装在同一碗扣接头内)，或安装成非节点斜杆(即斜杆接头与横杆接头不安装在同一碗扣接头内)，其布置如图 5-13 所示。

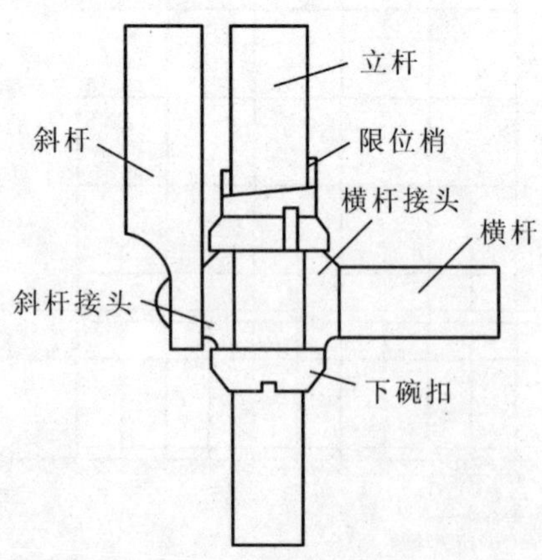

图 5-12　斜杆节点构造

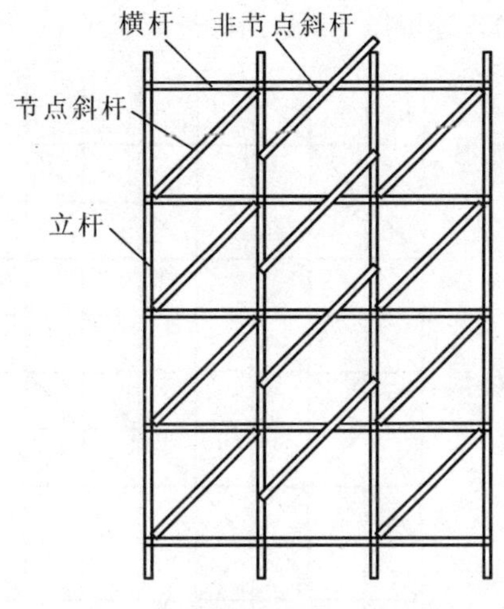

图 5-13 斜杆布置

斜杆应尽量布置在框架节点上。其布置包括在脚手架立面（纵向）及横向。

在脚手架立面布置斜杆时，高度 30m 以下脚手架设置斜杆面积为整架立面面积的 1/2～1/5（根据荷载情况）。高度超过 30m 的脚手架，设置斜杆面积应不小于整架面积的 1/2。在拐角边缘及端部必须设置斜杆，中间可均匀间隔布置。

剪刀撑包括竖向剪刀撑和纵向水平剪刀撑。

竖向剪刀撑：其设置应与碗扣式斜杆的设置相配合。高度 30m 以下的脚手架，每隔 4～6 跨设一组沿全高连续搭设的剪刀撑（每道剪刀撑跨越 5～7 根立杆），设剪刀撑的跨内不再设碗扣式斜杆。高度 30m 以上的脚手架沿脚手架外侧及全高连续设置，两组剪刀撑之间设碗扣式斜杆（见图 5-14）。

纵向水平剪刀撑：对于增强水平框架的整体性，均匀传递连墙撑的作用具有重要意义。30m 以上脚手架应隔 3～5 步架设置一层连续闭合的纵向水平剪刀撑。

b. 连墙撑：连墙撑的设置按承受全部水平荷载，并且竖向间距满足整架稳定的要求而设计。连墙撑计算和扣件式脚手架相同。

高度 30m 以下的脚手架可四跨三步设置一个连墙撑（约 $40m^2$）。对于高层或重载脚手架要适当加密。高度 50m 以下至少应三跨三步布

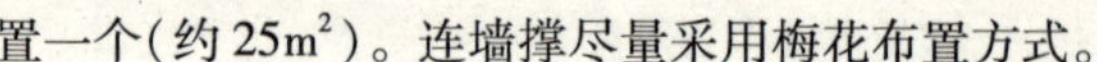

置一个(约 25m²)。连墙撑尽量采用梅花布置方式。

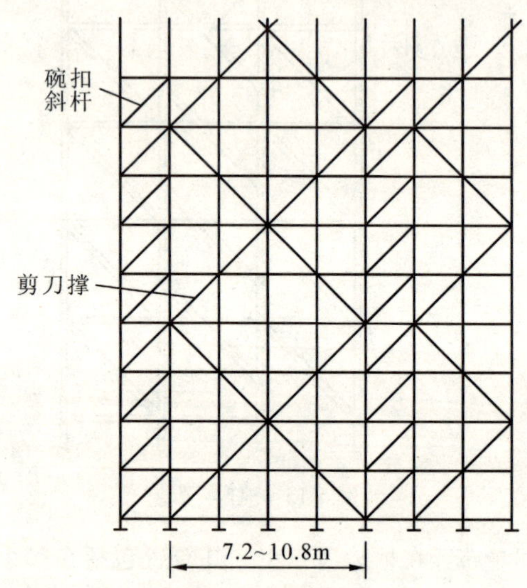

图 5-14 剪刀撑布置

连墙撑应尽量连接在横杆层碗扣接头内，同脚手架、墙体保持垂直，并随建筑物及架子的升高及时设置，设置时要注意调整间距使脚手架竖向平面保持垂直。

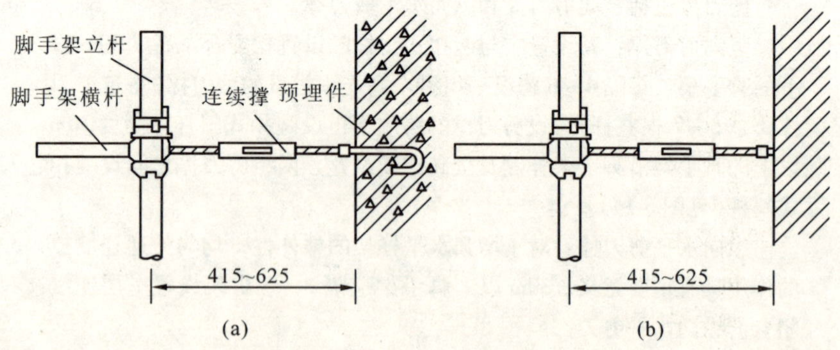

图 5-15 碗扣式连墙撑构造

(a)混凝土墙固定连墙撑；(b)砖墙固定连墙撑

连墙撑可分为碗扣式和扣件式。碗扣式连墙撑和脚手架的连接与横杆同立杆连接相同(见图 5-15)。扣件式连墙撑的设置和扣件式脚手架相同。

c. 脚手板：可用配套的钢脚手板也可用其他脚手板。当使用配套的钢脚手板时，必须将其两端的挂钩牢固地挂在横杆上，不得有翘曲或浮放。当使用其他类型脚手板时，应配合间横杆来安设。即当脚手板端头正好处于两个横向杆之间而需要另外的杆件来支承时，在该处设间横杆。在作业层及其下面一层要满铺脚手板。当作业层升高一层时，将下面一层脚手板移至上面作为作业层脚手板，两层交错上升。

(3)碗扣脚手架搭设

在已处理好的地基上按设计位置安放立杆底座，在底座上交错安装3.0m和1.8m长立杆，然后上面各层均采用3.0m长立杆接长，以避免立杆接头在同一水平面上。调整立杆可调底座使立柱的碗扣接头处于同一平面上，以便安装横杆。装立杆时应及时设置扫地横杆，将所装立杆连成整体，以保证稳定性。组装顺序是：立杆底座→立杆→横杆→斜杆→接头锁紧→脚手板→上层立杆→立杆连接锁→横杆。

严格控制底层组架(第1~2步)的组装质量。因为它关系到整架安装质量及整架的组装速度。搭设头两步架时，必须保证立杆的垂直度及横杆的水平度，使碗扣接头连接牢靠，将头两步架调整好后，将碗扣接头锁紧。再继续搭设上部脚手架。

在搭设过程中注意调整整架的垂直度，一般通过调整连墙撑长度来实现。整架垂直度偏差应小于 H/500，但最大允许偏差为 100mm。此外对于直线布置的脚手架其纵向线偏差应小于 1/200L；横杆的水平度(横杆两端高度偏差)应小于 1/400L。

连墙撑应随着脚手架的搭设而及时在设计位置上设置。并尽量与脚手架及建筑物外表垂直。

搭设拆除时禁止无关人员进入危险地区。

脚手架应随建筑物升高而随时设置，一般不应高出建筑物两步架。

5.3 垂直运输机械的选择

目前多层砌体结构建筑中常有的垂直运输机械有轻型塔式起重

机、井式提升架(井架)、龙门式提升架(龙门架)等。

5.3.1 井架

井式垂直运输架，通称井架或井字架，是砌体结构施工中最常用的垂直运输设施，它的稳定性好，价格低廉，运输量大，可用型钢或钢管加工成定型井架，还可利用脚手架材料搭设较高的高度(50m 以上)。其缺点是缆风绳多。若为附墙式井架可不设缆风绳仅设附墙拉结。

一般井架为单孔，但也有双孔或多孔井架。井架内设吊盘(或混凝土料斗)；两孔或多孔井架可以分别设置吊盘和混凝土料斗，以满足同时运输多种材料的需要。为了扩大起重运输服务范围，在井架上根据需要设置拔杆，其起重量一般为 0.5 ~ 1.0t，回转半径一般在 2.5 ~ 5m，最大可达 10m。

常用的井架有木井架、扣件式钢井架(见图 5-16)、门架组合井架(见图 5-17)、(见图 5-18)、型钢井架(见图 5-19)、碗扣式钢井架等。

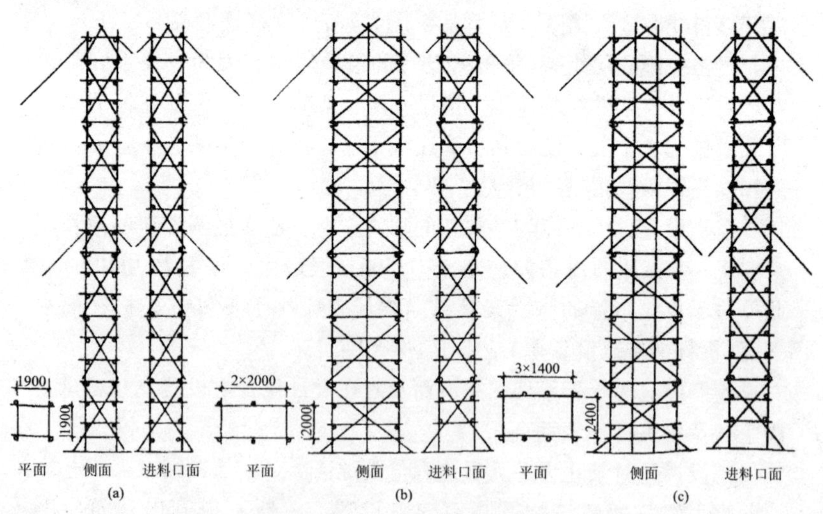

图 5-16 扣件式钢井架

(a)四柱井架；(b)六柱井架；(c)八柱井架

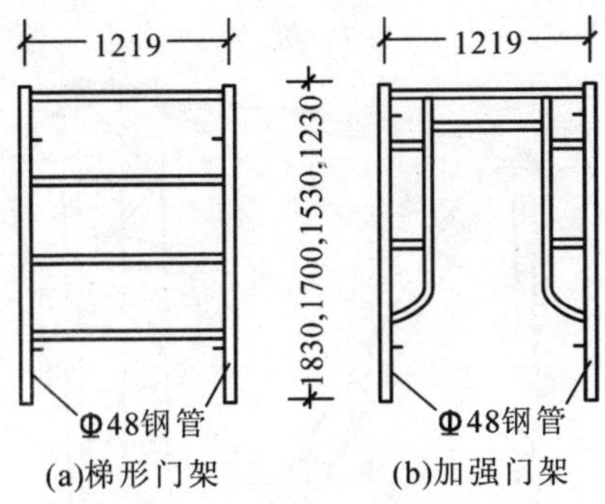

图 5-17 门架式井架的中间门架型式

(a)梯形门架；(b)加强门架

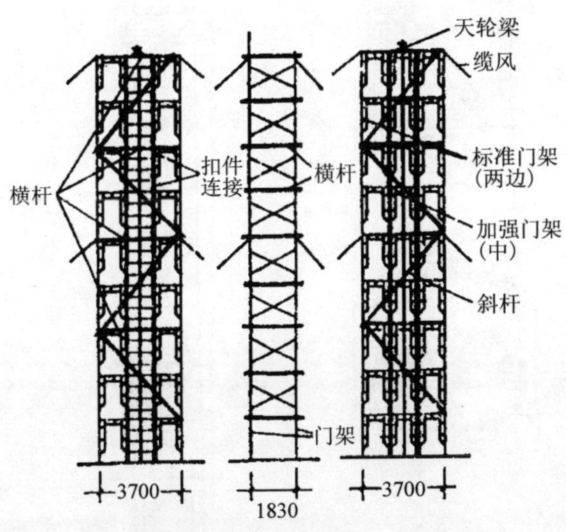

图 5-18 门架式井架构造

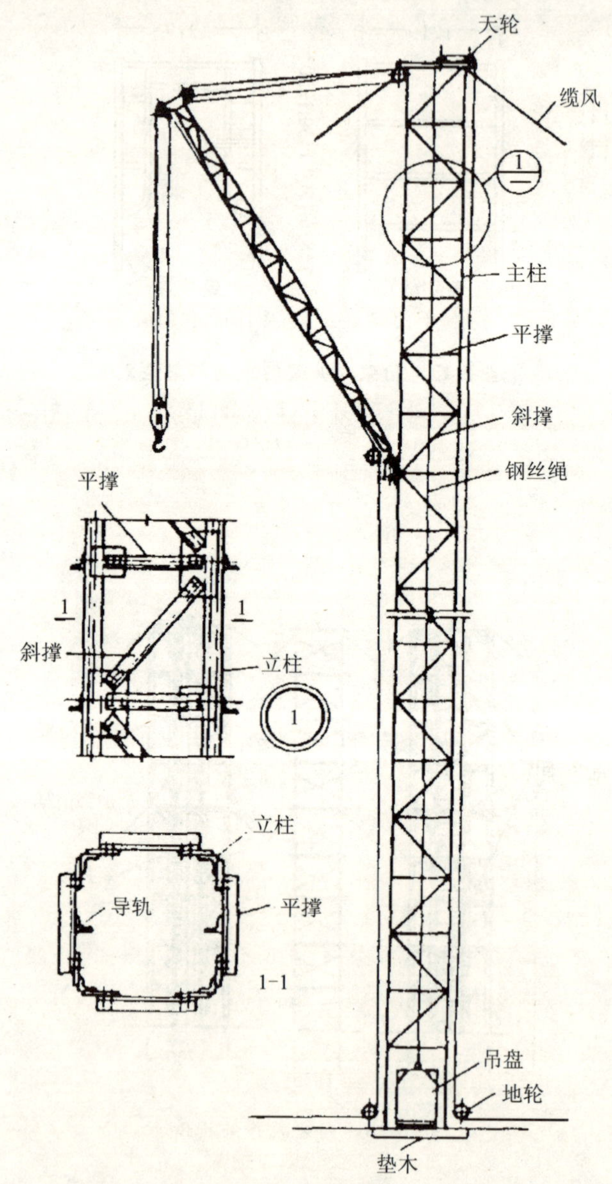

图 5-19 型钢井架

井架与结构的附墙拉结作法见图 5-20。当井架宽度方向平行于墙面时，采用简单拉结，或加强拉结；当井架宽度方向垂直于墙面时，采用展宽拉结。

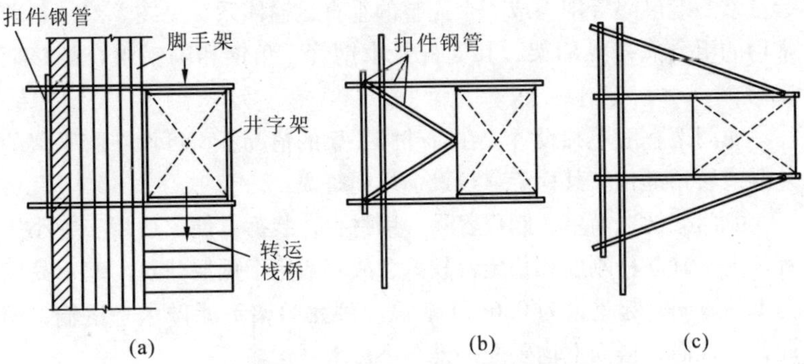

图 5-20　扣件钢管井架的附墙拉结

(a)简单拉结；(b)加强拉结；(c)展宽拉结

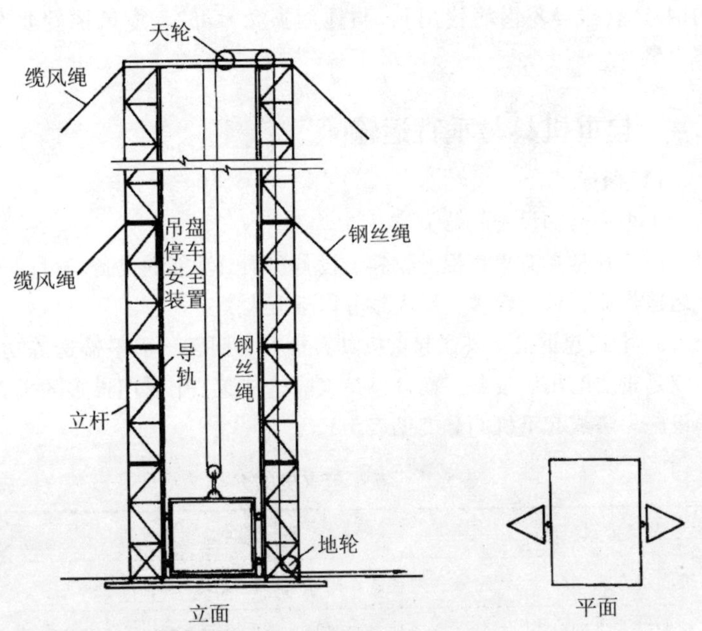

图 5-21　龙门架结构构造

(2)龙门架

龙门架是由二根立杆及天轮梁(横梁)构成的门式架。在龙门架上装设滑轮（天轮及地轮）、导轨、吊盘（上料平台）、安全装置以及起重索、缆风绳等即构成一个完整的垂直运输体系，见图5-21。目前常用的组合立杆龙门架，其立杆是由钢管、角钢和圆钢组合焊接而成的。

龙门架一般单独设置。在有外脚手架的情况下，可设在脚手架的外侧或转角部位，其稳定靠拉设缆风绳解决。

龙门架构造简单，制作容易，用材少，装拆方便，适用于中小工程。由于其立杆刚度和稳定性较差，故一般用于低层建筑。起重高度为15～30m，起重量为0.6～1.2t。此种龙门架不能做水平运输，因此，在地面、楼面上均要配手推车进行水平运输。

对于井架及龙门架高度在15m以下时，在顶部设一道缆风绳，每角一根；15m以上每增高7～10m增设一道。缆风绳最好用7～9mm的钢丝绳（或ϕ8钢筋代用），与地面夹角≤45°。缆风锚碇要有足够力量。

5.4 起重机具与垂直运输

(1)概述

①垂直运输设施的分类

由于凡是具有垂直提升物料、设备和人员功能的设备均可用于垂直运输作业，种类较多，可大致分以下五大类：

a. 塔式起重机：塔式起重机具有提升、回转、水平输送等功能，不仅是重要的吊装设备，而且也是当前建筑施工中采用最多的垂直运输设施。塔式起重机的分类见表5-3。

表5-3 塔式起重机的分类 (t·m)

分类方式	类别
按固定方式划分	固定式；轨道式；附墙式；内爬式
按架设方式划分	自升；分段架设；整体架设；快速拆装
按塔身构造划分	非伸缩式；伸缩式
按臂构造划分	整体式；伸缩式；折叠式
按回转方式划分	上回转式；下回转式

（续）

分类方式	类别
按变幅方式划分	小车移动；臂杆仰俯；臂杆伸缩
按控速方式划分	分级变速；无级变速
按起重能力划分	轻型（≤80）；中型（≥80，≤250） 重型（≥250，≤1000）；超重型（≥1000）

b. 施工电梯：多数施工电梯为人货两用，少数为仅供货用。电梯按其驱动方式可分为齿条驱动和绳轮驱动两种，齿条驱动电梯又有单吊箱式和双吊箱式两种，并装有可靠的限速和安全装置，适于20层以上建筑工程使用；绳轮驱动电梯为单吊箱，无限速装置，轻巧便宜，适于20层以下建筑工程使用。

c. 物料提升架：物料提升架包括井式提升架（简称“井架”）、龙门式提升架（简称“龙门架”）、塔式提升架（简称“塔架”）和独杆升降台等，它们的共同特点为：采用卷扬方式提升，卷扬机设于架体外；安全设备一般只有防冒顶、防坐冲和停层保险装置，因而只允许用于物料提升，不得载运人员；用于10层以下时，多采用缆风绳固定；用于超过10层的高层建筑施工时，必须采取附墙方式固定，成为无缆风绳高层物料提升架，并可在顶部设液压顶升构造，实现井架或塔架标准节的自升接高。

d. 混凝土泵：它是水平和垂直输送混凝土的专用设备，用于超高层建筑工程时则更显示出它的优越性。混凝土泵按工作方式分为固定式和移动式两种；按泵的工作原理则分为挤压式和柱塞式两种。目前我国已使用混凝土泵施工高度超过300m的电视塔。

对以上四种垂直运输设施的安装方式、工作方式、起重能力和提升高度进行比较，总体情况见表5-4。从表内可以看出，塔式起重机安装方式灵活，起重能力和提升高度可以选择范围大，各种局限小，这就使得其成为当前建筑施工中采用最多的垂直运输设施。

表5-4　垂直运输设施的总体情况

序次	设备(施)名称	形式	安装方式	工作方式	设备能力 起重能力	提升高度(m)
1	塔式起重机	整装式	行走	在不同的回转半径内形成作业覆盖区	60～10000kN·m	80 内
			固定			
		自升式	附着			250 内
		内爬式	装于天井道内、附着爬升		3500kN·m 内	一般在 300 内
2	施工升降机（施工电梯）	单笼、双笼笼带斗	附着	吊笼升降	一般 2t 以内，高者达 2.8t	一般 100 内，最高已达 645
3	井字提升架	定型钢管搭设	缆风绳固定	吊笼(盘、斗)升降	3t 以内	60 内
		定型	附着			可达 200 以上
		钢管搭设				100 以内
4	龙门提升架（门式提升机）		缆风绳固定	吊笼(盘、斗)升降	2t 以内	50 内
			附着			100 内
5	塔架	自升	附着	吊盘(斗)升降	2t 以内	100 以内
6	独杆提升机	定型产品	缆风绳固定	吊盘(斗)升降	1t 以内	一般在 25 内
7	墙头吊	定型产品	固定在结构上	回转起吊	0.5t 以内	高度视配绳和吊物稳定而定
8	屋顶起重机	定型产品	固定式移动式	葫芦沿轨道移动	0.5t 以内	
9	自立式起重架	定型产品	移动式	同独杆提升机	1t 以内	40 内
10	混凝土输送泵	固定式拖式	固定并设置输送管道	压力输送	输送能力为 30～50m³/h	垂直输送高度一般为 100，可达 300 以上
11	可倾斜塔式起重机	履带式	移动式	为履带吊和塔吊结合的产品，塔身可倾斜		50 内
		汽车式				
12	小型起重设备			配合垂直提升架使用	0.5～1.5t	高度视配绳和吊物稳定而定

②垂直运输设施的一般设置要求

a. 覆盖面和供应面：塔吊的覆盖面是指以塔吊的起重幅度为半径的圆形吊运覆盖面积；垂直运输设施的供应面是指借助于水平运输手段(手推车等)所能达到的供应范围。其水平运输距离一般不宜超过80m。建筑工程的全部作业面应处于垂直运输设施的覆盖面和供应面的范围之内。

b. 供应能力：塔吊的供应能力等于吊次乘以吊量(每次吊运材料的体积、重量或件数)；其他垂直运输设施的供应能力等于运次乘以运量，运次应取垂直运输设施和与其配合的水平运输机具中的低值。垂直运输设备的供应能力应能满足高峰工作量的需要。

c. 提升高度：设备的提升高度能力应比实际需要的升运高度高出不少于3m，以确保安全。

d. 水平运输手段：在考虑垂直运输设施时，必须同时考虑与其配合的水平运输手段。

在脚手架上设置小料斗(需加设适当的拉撑)，将砂浆分别卸注于小料斗中。

当使用其他垂直运输设施时，一般使用手推车(单轮车、双轮车和各种专用手推车)作水平运输。其运载量取决于可同时装入几部车子以及单位时间内的提升次数。

e. 装设条件：垂直设施装设的位置应具有相适应的装设条件，如具有可靠的基础、与结构拉结和水平运输通道条件等。

f. 设备效能的发挥：必须同时考虑满足施工需要和充分发挥设备效能的问题。当各施工阶段的垂直运输量相差悬殊时，应分阶段设置和调整垂直运输设备，及时拆除已不需要的设备。

g. 安全保障：安全保障是使用垂直运输设施中的首要问题，必须按以下方面严格作好：

首次试制加工的垂直运输设备，需经过严格的荷载和安全装置性能试验，确保达到设计要求(包括安全要求)后才能投入使用。

设备应装设在可靠的基础和轨道上。基础应具有足够的承载力和稳定性，并设有良好的排水措施。

设备在使用以前必须进行全面的检查和维修保养，确保设备完好。未经检修保养的设备不能使用。

严格遵照设备的安装程序和规定进行设备的安装(搭设)和接高工作。初次使用的设备，工程条件不能完全符合安装要求的，以及在较为复杂和困难的条件下，应制定详细的安装措施，并按措施的规定进行安装。

确保架设过程中的安全，注意事项为：高空作业人员必须佩戴安全带；按规定及时设置临时支撑、缆绳或附墙拉结装置；在统一指挥下作业；在安装区域内停止进行有碍确保架设安全的其他作业。

设备安装完毕后，应全面检查安装(搭设)的质量是否符合要求，并及时解决存在的问题。随后进行空载和负载试运行，判断试运行情况是否正常，吊索、吊具、吊盘、安全保险以及刹车装置等是否可靠。都无问题时才能交付使用。

进出料口之间的安全设施：垂直运输设施的出料口与建筑结构的进料口之间，根据其距离的大小设置铺板或栈桥通道，通道两侧设护栏。建筑物入料口设栏杆门。小车通过之后应及时关上。

设备应由专门的人员操纵和管理。严禁违章作业和超载使用。设备出现故障或运转不正常时应立即停止使用，并及时予以解决。

位于机外的卷扬机应设置安全作业棚。操作人员的视线不得受到遮挡。当作业层较高，观测和对话困难时，应采取可靠的解决方法，如增加卷扬定位装置、对讲设备或多级联络办法等。

作业区域内的高压线一般应予拆除或改线，不能拆除时，应与其保持安全作业距离。使用完毕，按规定程序和要求进行拆除工作。

(2)起重机

起重机是最常见的起重机具，常用的起重机有履带式起重机、汽车式起重机和塔式起重机。

①履带式起重机

履带式起重机是在行走的履带底盘上装有起重装置的起重机械，是自行式、全回转的一种起重机，它具有操作灵活、使用方便、在一般平整坚实的场地上可以载荷行驶和作业的特点。是结构吊装工程中常用的起重机械。履带式起重机按传动方式不同可分为机械式、液压式和电动式3种。电动式不适用于需要经常转移作业场地的建筑施工。

履带式起重机由行走机构、回转机构、机身及起重臂等部分组成，见图5-22。

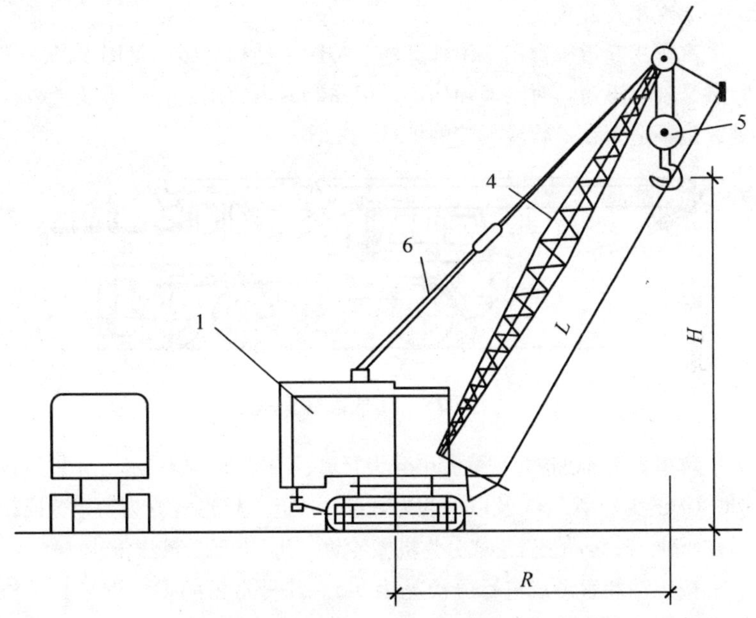

图 5-22 履带式起重机

1—机身；2—行走机构；3—回转机构；4—起重臂；
5—起重滑轮组；6—变幅滑轮组

履带式起重机操作灵活，使用方便，有较大的起重能力，在平坦坚实的道路上还可负载行走，更换工作装置后可成为挖土机或打桩机，是一种多功能机械。但履带式起重机行走速度慢，对路面破坏性大，在进行长距离转移时，应用平板拖车或铁路平板车运输。

履带式起重机主要技术性能包括三个主要参数：起重量 Q、起重半径 R、起重高度 H。起重量不包括吊钩、滑轮组的重量，起重半径 R 指起重机回转中心至吊钩的水平距离，起重高度 H 是指起重吊钩中心至停机面的垂直距离。起重量、起重半径和起重高度的大小，取决于起重臂长度及其仰角大小。即当起重臂长度一定时，随着仰角的增加，起重量和起重高度增加，而起重半径减小。当起重臂仰角不变时，随着起重臂长度增加，则起重半径和起重高度增加，而起重量减小。

②汽车式起重机

汽车式起重机常用于构件运输、装卸和结构吊装，见图 5-23。其特点是转移迅速，对路面损伤小；但吊装时需使用支腿，不能负载行驶，也不适于在松软或泥泞的场地上工作。

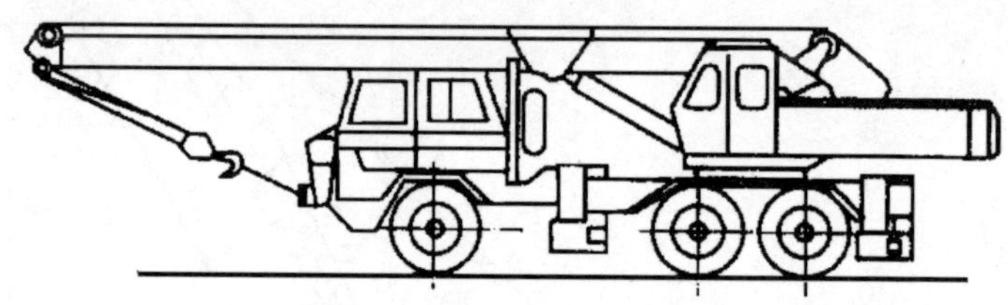

图 5-23 汽车式起重机

汽车式起重机按起重量大小分为轻型、中型和重型三种。起重量在 20t 以内的为轻型，50t 及以上的为重型；按起重臂形式分为桁架臂或箱形臂两种；按传动装置形式分为机械传动、电力传动、液压传动三种。

按传动装置形式进行分类见表 5-5。几种常见的中型汽车起重机主要技术性能见表 5-6。

表5-5 汽车起重机型号分类及表示方法

类	组	型	代号	代号含义	主要参数	
					名称	单位
起重机械	汽车起重机 Q(起)	机械式	Q	机械式汽车起重机	最大额定起重量	t
		液压式 Y(液)	QY	液压式汽车起重机		
		电动式 D(电)	QD	电动式汽车起重机		

表5-6 几种中型(20～40t)汽车起重机主要技术性能

项目		单位	机械型号				
			QY20H	QY20	QY25A	QY32	QY40
最大起重量		t	20	20	25	32	40
最大起重力矩		kN·m	602	635	950	990	1560
工作速度	起升速度(单绳)	m/min	70	90/40	120	80	128
	臂杆伸缩(伸/缩)	s	62/40	85/36	115/50	163/130	84/50
	支腿收放(收/放)	s	22/31	22/34	20/25	20/25	11.9/27.2

（续）

项目		单位	机械型号				
			QY20H	QY20	QY25A	QY32	QY40
行驶性能	最大行驶速度	km/h	60	63	70	64	65
	爬坡能力	%	28	25	23	30	
	最小转弯半径	m	9.5	10	10.5	10.5	12.5
底盘	型号		HY20QZ				CQ40D
	轴距	m	4.7	4.05/1.3	4.33/1.35	4.94	5.225
	前轮距	m	2.02	2.09	2.09	2.05	
	后轮距	m	1.865	1.865	1.865	1.865	
	支腿跨距(纵/横)	m	4.63/5.2	4.72/5.4	5.07/5.4	5.33/5.9	5.18/6.1
发动机	型号		F8L413F				NTC-290
	功率	kW	174				216.3
外形尺寸	长	m	12.35	12.31	12.25	12.45	13.7
	宽	m	2.5	2.5	2.5	2.5	2.5
	高	m	3.38	3.48	3.48	3.5	3.34
整机自重		t	26.3	25	29	32.5	40
生产厂			北京起重机厂	徐州重型机械厂			长江起重厂

③塔式起重机

塔式起重机按有无行走机构可分为固定式和移动式两种。前者固定在地面上或建筑物上，后者按其行走装置又可分为履带式、汽车式、轮胎式和轨道式四种；按其回转形式可分为上回转和下回转两种；按其变幅方式可分为水平臂架小车变幅和动臂变幅两种；按其安装形式可分为自升式、整体快速拆装和拼装式三种。

a. 轨道式塔式起重机：轨道式塔式起重机能负荷行走，能同时完成水平运输和垂直运输，且能在直线和曲线轨道上运行，使用安全，生产效率高，起重高度可按需要增减塔身、互换节架。但因需要铺设轨道，装拆及转移耗费工时多，台班费较高。常用的型号有QT1-2、QT1-6、QT60/80、QT20 型等。

QT1-2 型塔式起重机由塔身、起重臂、底盘组成，回转机构位于塔身下部。该机塔身与起重臂可折叠，能整体运输，见图 5-24。起重量 1 ~ 2t，起重力矩 160kN · m，其性能见表 5-7。

表5-7 QT1-2 型塔式起重机起重性能

幅度(m)	起重量(t)	起重高度(m)
8	2	28. 3
10	1. 6	26. 9
12	1. 33	25. 2
14	1. 14	22. 5
16	1	17. 2

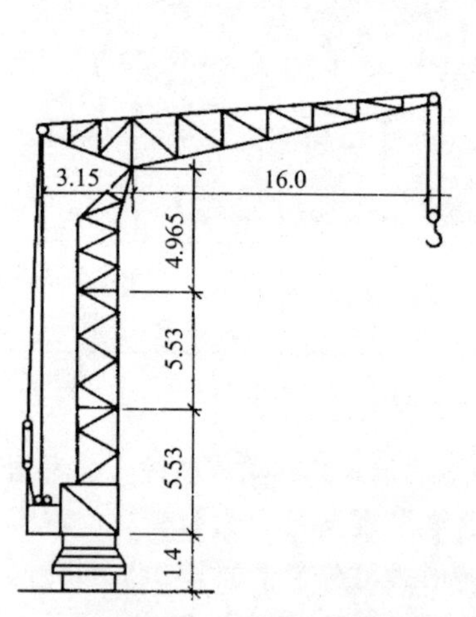

图 5-24 QT1-2 型塔式起重机

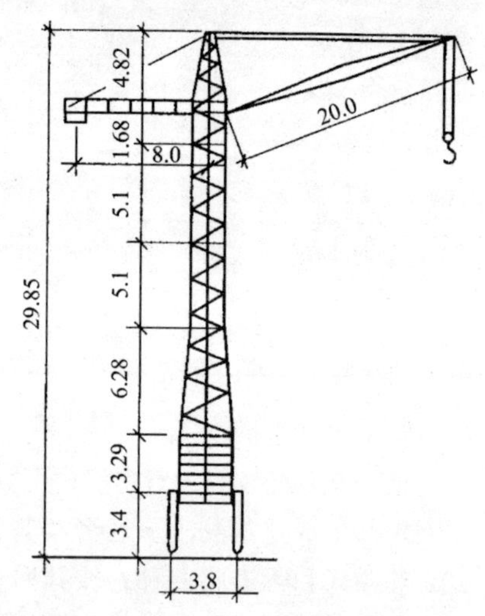

图 5-25 QT1-6 型塔式起重机

QT1-6 型塔式起重机由底盘、塔身、起重臂、塔顶及平衡臂组成，为上回转动臂变幅塔式起重机，见图 5-25。起重量为 2 ~ 6t，起重半径 8 ~ 20m，最大起重高度 40m，起重力矩 400kN · m，其性能见表 5-8。

表5-8 QT1-6 型塔式起重机起重性能

起重半径（m）	起重量 t	起重绳数（根）	起升速度（m/min）	起升高度		
				无延接架	带一节延接架	带两节延接架
8.5	6.0	3	11.4	30.4	35.5	40.6
10	4.9	3	11.4	29.7	34.8	39.9
12.5	3.7	3	17.0	28.2	33.6	38.4
15	3	25	17.0	26.0	31.1	36.2
17.5	2.5	2	17.0	22.7	27.8	32.9
20	2.2	1	34.0	16.2	21.3	26.4

QT60/80 塔式起重机为上回转动臂变幅式起重机，见图 5-26。起重量 10t，起重力矩 600～800kN·m，起升高度可达 70m 左右，其起重性能见表 5-9。

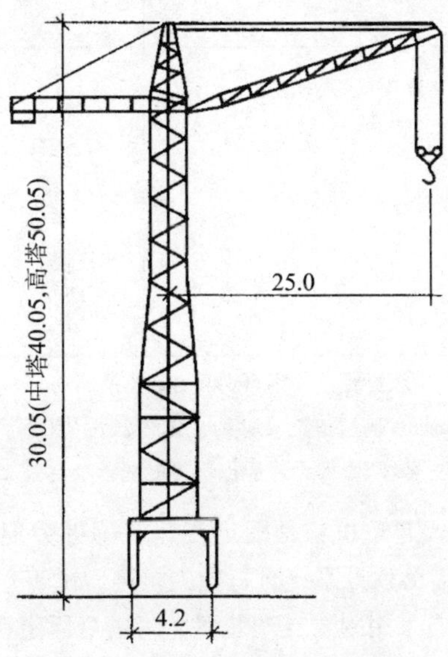

图 5-26 QT60/80 型塔式起重机

表5-9 QT60/80 型塔式起重机起重性能

塔级	臂长(m)	幅度(m)	起重量(t)	起升高度(m)
高塔 600kN·m	30	30	2	50
		14.6	4.1	68
	25	25	2.4	49
		12.3	4.9	65
	20	20	3	48
		10	6	60
	15	15	4	47
		7.7	7.8	56
中塔 700kN·m	30①	30	2	40
		14.6	4.1	58
	25	25	2.8	39
		12.3	5.7	55
	20	20	3.5	38
		10	7	50
	15	15	4.7	37
		7.7	9	46
低塔 800kN·m	30②	30	2	30
		14.6	4.1	48
	25	25	3.2	29
		12.3	6.5	45
	20	20	4	28
		10	8	40
	15	15	5.3	27
		7.7	10.4	36

注：1)30m 臂杆为加长臂，只作 600kN·m 使用；

2)该机是以北京地区情况设计的，工作风压 250Pa，非工作风压 450Pa，对其他地区，如沿海风大地区，使用时应作稳定验算。

b. 附着式塔式起重机：是固定在建筑物近旁混凝土基础上的起重机械，塔身可借助顶升系统自行向上接高，随着建筑物和塔身的升高，每隔 20m 左右采用附着支架装置，将塔身固定在建筑物上，以保持稳定。图 5-27 所示为 QT4-10 型自升式四用塔式起重机(可附着、可固定、可行走、可爬升)。其起重量为 5～10t，起重半径 3～35m，最大起重高度 160m，最大起重力矩 1600kN·m，每次接高 2.5m，主要起重技术性能见表 5-10。

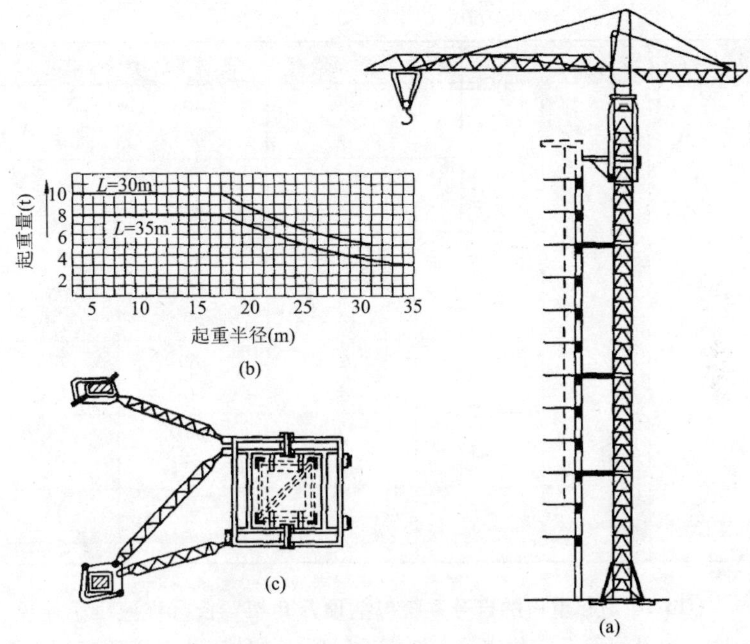

图 5-27 QT4-10 型塔式起重机

(a)全貌图；(b)性能曲线；(c)锚固装置图

表5-10 QT4-10 型自升式塔式起重机起重性能

<table>
<tr><th>臂长(m)</th><th>安装形成</th><th>幅度(m)</th><th>滑轮组倍率</th><th>起重高度(m)</th><th>起重量(t)</th></tr>
<tr><td rowspan="6">30</td><td rowspan="3">固定式或行走式</td><td>3～16</td><td>2
4</td><td>40
40</td><td>5
10</td></tr>
<tr><td>20</td><td>2
4</td><td>40
40</td><td>5
8</td></tr>
<tr><td>30</td><td>2
4
4</td><td>40
45
50</td><td>5
5
4</td></tr>
<tr><td rowspan="3">附着式或爬升式</td><td>3～16</td><td>2
4</td><td>160
80</td><td>5
10</td></tr>
<tr><td>20</td><td>2
4</td><td>160
60</td><td>5
10</td></tr>
<tr><td>30</td><td>2
4</td><td>160
80</td><td>5
10</td></tr>
</table>

（续）

<table>
<tr><th>臂长(m)</th><th>安装形式</th><th>幅度(m)</th><th>滑轮组倍率</th><th>起重高度(m)</th><th>起重量(t)</th></tr>
<tr><td rowspan="6">35</td><td rowspan="3">固定式或行走式</td><td>3～16</td><td>2
4</td><td>40
40</td><td>4
8</td></tr>
<tr><td>25</td><td>2
4</td><td>40
40</td><td>5</td></tr>
<tr><td>35</td><td>2
4
4</td><td>40
45
50</td><td>3
4
3.4</td></tr>
<tr><td rowspan="3">附着式或爬升式</td><td>3～16</td><td>2
4</td><td>160
80</td><td>4
8</td></tr>
<tr><td>25</td><td>2
4</td><td>160
60</td><td>4</td></tr>
<tr><td>35</td><td>2
4</td><td>160
80</td><td>3
4</td></tr>
</table>

QT4-10 型起重机的自升系统包括顶升套架、长行程液压千斤顶、承座、顶升横梁及定位销等。液压千斤顶的缸体安装在塔顶底部的承座上，其顶升过程可分为 5 个步骤（见图 5-28）。

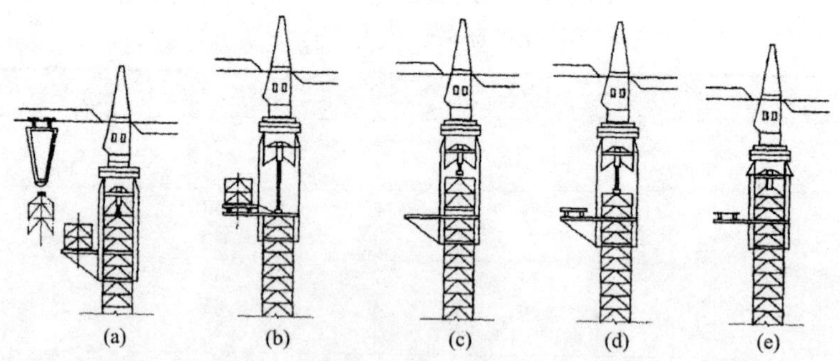

图 5-28 附着式塔式起重机的自升过程

(a)准备状态；(b)顶升塔顶；(c)推入标准节；(d)安装标准节；(e)塔顶与塔身联成整体

将标准节吊到摆渡小车上，并将过渡节与塔身标准节相连的螺栓松开，准备顶升；开动液压千斤顶，将塔式起重机上部结构包括顶升套架向上升到超过一个标准节的高度，然后用定位销将套架固定，这时，塔式起重机的重量便通过定位销传给塔身；将液压千斤顶回缩，形成引进空间，此时便将装有标准节的摆渡车推入；用千斤顶顶起接高的标准节，退出摆渡小车，将待接的标准节平稳地落到下面的塔身上，用螺栓拧紧；拔出定位销，下降过渡节，使之与已接高的塔身联成整体。

塔身降落与顶升方法相似，仅程序相反。

近年来，国内外新型附着式塔式起重机不断涌现。国内研制的有QT15、QT25、QT45、QT60、QT80、QT100、QTZ200 和 QT250 等塔吊。QT250 型起重臂长 60m，最大起重量达 16t，最大起重高度 160m。上述塔式起重机均适用于超高层建筑施工。

c. 爬升式塔式起重机：爬升式塔式起重机是安装在建筑物内部电梯井或特设开间的结构上，借助爬升机构随建筑物的升高而向上爬升的起重机械，见图 5-29。一般每隔 1 ~ 2 层楼便爬升一次。其特点是塔身短，不需轨道和附着装置，不占施工场地，但全部荷载均由建筑物承受，拆卸时需在屋面架设辅助起重设备。

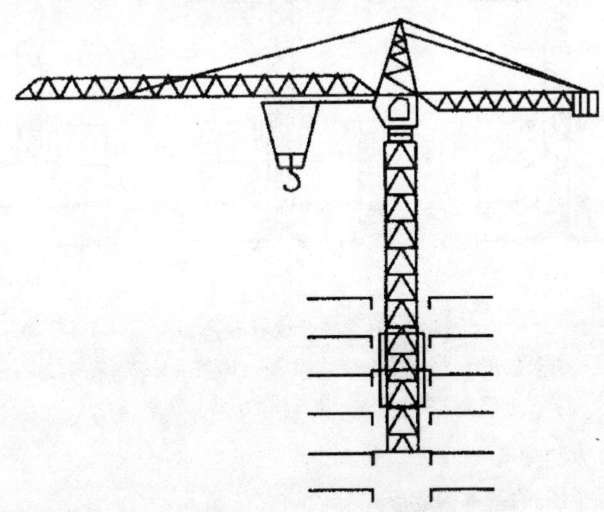

图 5-29 爬升式塔式起重机

爬升式塔式起重机由底座、套架、塔身、塔顶、起重臂和平衡臂等组成。常用型号及其性能见表 5-11。

表5-11 爬升式塔式起重机起重性能

型号	起重量(t)	幅度(m)	起重高度(m)	一次爬升高度(m)
QT5-4/40	4	2~11	110	8.6
	4~2	11~20		
QT3-4	4	2.2~15	80	8.87
	3	15~20		

塔式起重机的爬升过程如图5-30所示，先用起重钩将套架提升到一个塔位处予以固定，见图5-30(a)，然后松开塔身底座梁与建筑物骨架的连接螺栓，收回支腿，将塔身提至需要位置，见图5-30(b)；最后旋出支腿，扭紧连接螺栓，即可再次进行安装作业，见图5-30(c)。

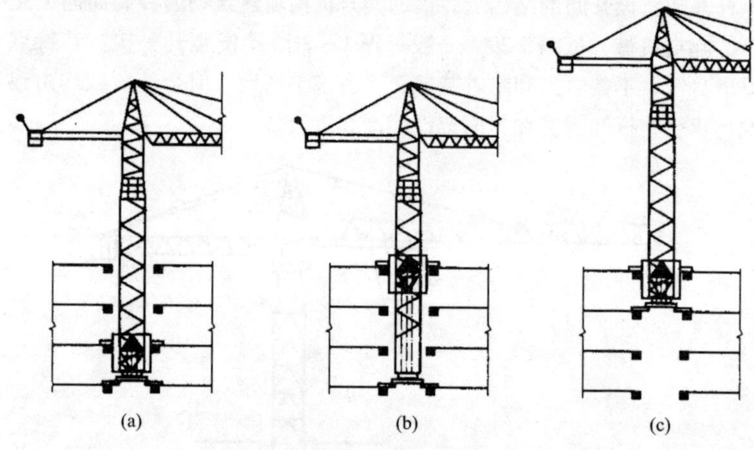

图5-30 爬升过程示意图

(a)套架提升到一个搭位处予以固定；(b)将塔身提至需要位置；(c)旋出支腿，扭紧螺栓，进行作业

(3)龙门架

①龙门架的基本构造形式

龙门架是由二根立杆及天轮梁(横梁)构成的门式架。在龙门架上装设滑轮(天轮及地轮)、导轨、吊盘(上料平台)、安全装置以及起重索、缆风绳等即构成一个完整的垂直运输体系，见图5-31。目前常用的组合立杆龙门架，其立杆是由钢管、角钢和圆钢组合焊接而成的。

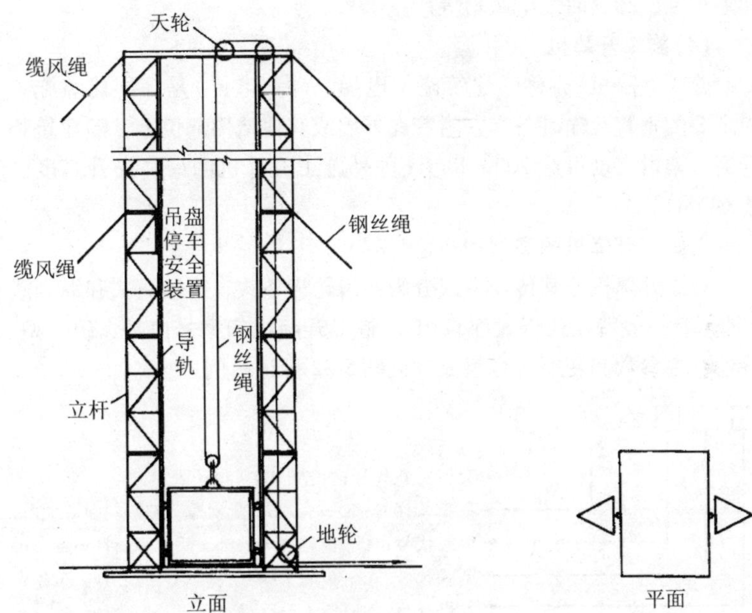

图 5-31 龙门架的基本构造形式

龙门架一般单独设置。在有外脚手架的情况下，可设在脚手架的外侧或转角部位，其稳定靠拉设缆风绳解决。亦可以设在外脚手架中间用拉杆将龙门架的立柱与脚手架拉结起来，以确保龙门架和脚手架的稳定。但在垂直脚手架的方向仍需设置缆风绳并设置附墙拉结。与龙门架相接的脚手架井架加设必要的剪刀撑予以加强。

龙门架构造简单，制作容易，用材少，装拆方便，适用于中小工程。由于其立杆刚度和稳定性较差，故一般用于低层建筑。起重高度为 15 ~ 30m，起重量为 0.6 ~ 1.2t。此种龙门架不能做水平运输，因此，在地面、楼面上均要配手推车进行水平运输。

②龙门架的竖立和使用注意事项

对于井架及龙门架高度在 15m 以下时，在顶部设一道缆风绳，每角一根；15m 以上每增高 7 ~ 10m 增设一道。缆风绳最好用 7 ~ 9mm 的钢丝绳(或 ϕ8 钢筋代用)，与地面夹角≤45°。缆风绳锚碇要有足够力量。

井架和龙门架的吊盘应有可靠的安全装置，以防止吊盘在运行中和停车装、卸料时发生坠落等严重事故。

(4)施工升降机

施工升降机(亦称：建筑施工电梯、外用电梯)是高层建筑施工中主要的垂直运输设备。它附着在外墙或其他结构部位上，随建筑物升高，架设高度可达200m以上(国外施工升降机的最高提升高度已达645m)。

①施工升降机的类型和构造

施工升降机按其传动型式分为：齿轮齿条式、钢丝绳式和混合式3种，其一般特点列于表5-12中，施工升降机的型号由类、组、型、特性、主参数和变型代号组成，见图5-32标记示例：

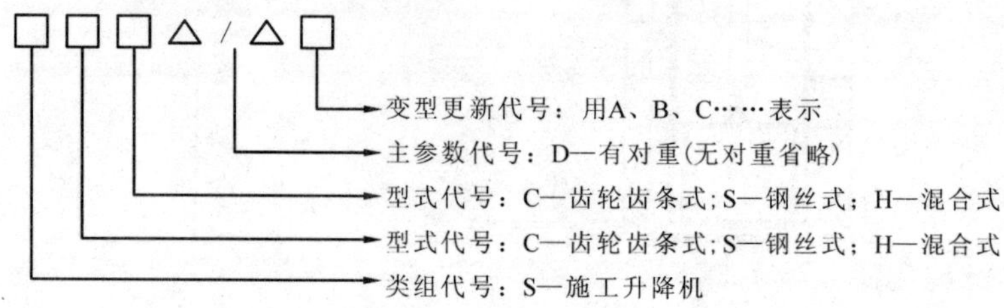

图5-32 施工升降机型号标记示例

表5-12 三类电梯的一般特点比较

项目	SC系列	SS系列	SH系列
传动型式	齿轮齿条式	钢丝绳牵引式	混合式
驱动方式	双电机驱动或三电机驱动	卷扬驱动	梯笼电机驱动 货笼卷扬驱动
安全装置	锥鼓限速器，过载、短路、断绳保护，限位和急停开关等	主安全装置(杠杆增力摩擦制动式安全钳)和辅助安全装置(电磁卡块、手动卡块)	梯笼安全装置与SC系列相同；货笼设断绳保护和安全门等
提升速度	一般40m/min以内，最高可达90m/min	一般40m/min内	
架设高度	一般200m内，先进者可达300m以上	一般100m内	

注：此外，国外还有带装卸臂的施工升降机。

②施工升降机的安装与拆卸

a. 限速制动装置：有重锤离心式摩擦捕捉器和双向离心摩擦锥鼓限速装置两种。前者在起作用时产生的动荷载较大，对电梯结构和机构可能产生不利的影响。

双向离心摩擦锥鼓式限速装置的优点在于减少了中间传力路线，在齿条上实现柔性直接制动，安全可靠性大，冲击性小，且其制动行程也可以预调，见图5-33。当梯笼超速30%时，其电器部分即自行切断主回路；超速40%时，机械部分即开始动作，在预调行程内实现制动。可有效地防止上升时“冒顶”和下降时出现“自由落体”坠落现象。

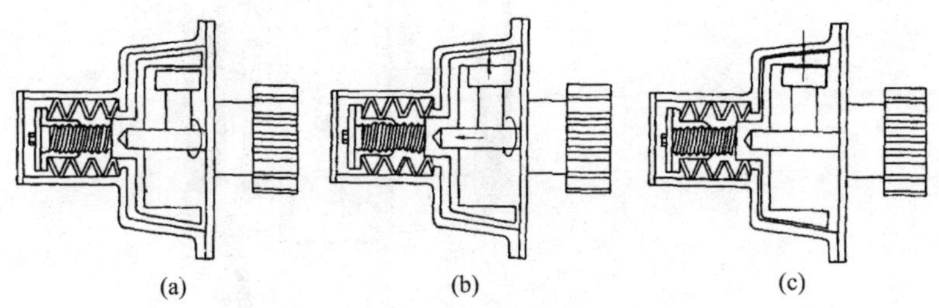

图5-33 离心摩擦锥鼓式限速器

(a)不介入；(b)介入降速；(c)介入制动

b. 制动装置：除上述限速制动装置外，还有以下几种制动装置：

限位装置：由限位碰铁和限位开关构成。设在梯架顶部的为最高限位装置，可防止冒顶；设在楼层的为分层停车限位装置，可实现准确停层。

SCD100，SCD100/100，SCD100A，SCD100/100A 和 SCD200，SCD200/200I～II 型升降机的各个限位装置的位置见图 5-34 所示，而 SC120 I ～ II I 型升降机的各限位开关的安装位置示于图 5-35 中。

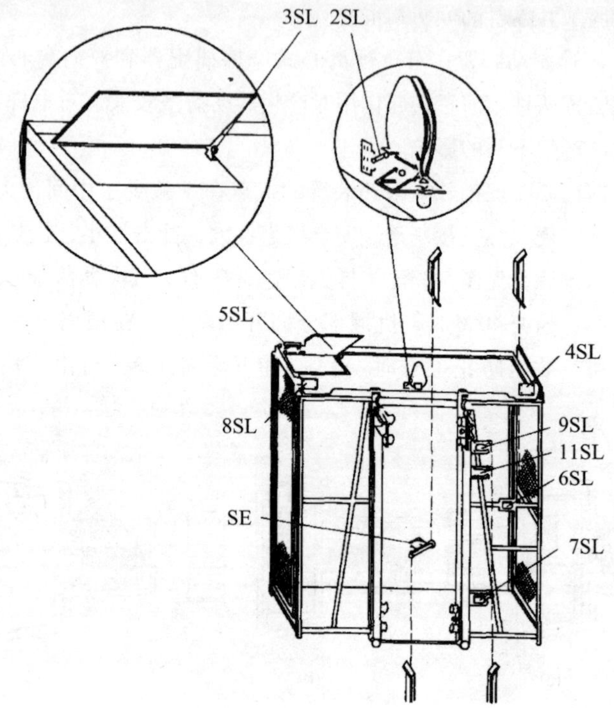

图 5-34　SCD100，SCD100/100，SCD100/100A，
SCD200，SCD200/200 Ⅰ ~ Ⅱ型升降机的限位开关安装位置

2SL—断绳保护开关；3SL—活板门安全开关；4SL—双开门限位开关；
5SL、8SL—单开门限位开关；6SL—上终端限位开关；
7SL—下终端站开门连锁开关；9SL—下终端站限位开关；
11SL—安装作业下终端站限位开关(仅 SCD100、SCD100/100 用 SE 一极限开关)
注：1SL—限速保护开关(位于限速器尾端)。

电机制动器：有内抱制动器和外抱电磁制动器等。

紧急制动器：有手动楔块制动器和脚踏液压紧急刹车等，在限速和传动机构都发生故障时，可紧急实现安全制动。

c. 断绳保护开关：梯笼在运行过程中因某种原因使钢丝绳断开或放松时，该开关可立即控制梯笼停止运行。

d. 塔形缓冲弹簧：装在基座下面，使梯笼降落时免受冲击，不致使乘员受震。

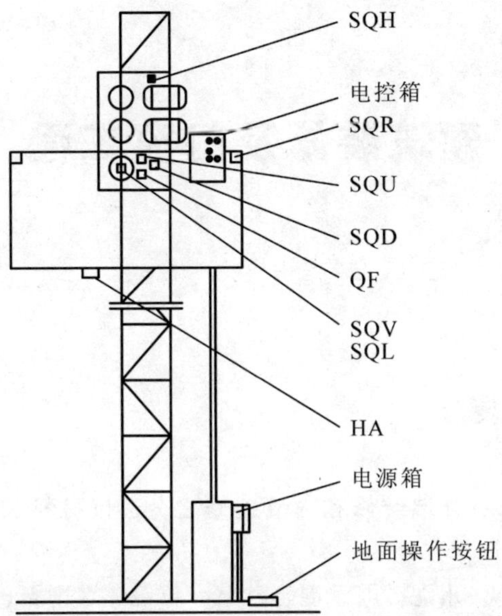

图 5-35 SC120 Ⅰ ~ Ⅱ 型各限位开关安装位置

SQH—平层限位开关；SQR、SQL—1 个限位开关；

SQU、SQD 一上、下行限位开关；SQV—限速保护开关(位于限速器尾端)；

QF—冒顶开关；HA—音响器

6
建筑装修及门窗工程

6.1 墙面装修

6.1.1 分类

墙面装修有外墙装修和内墙装修之分，按材料和施工方法可分为：

(1)抹灰类(水泥砂浆、混合砂浆、拉毛、水刷石、干粘石、斩假石、喷涂等；纸筋灰、石膏粉面、膨胀珍珠灰浆、混合砂浆、拉毛、拉条等)；

(2)贴面类(面砖马赛克、玻璃马赛克、水磨石板、天然石板等；釉面砖、人造石板、天然石板等)；

(3)涂料类(石灰浆、水泥、涂料、彩色弹涂等；大白浆、石灰浆、乳胶漆、水溶性涂料、弹涂等)；

(4)裱糊类(塑料墙纸、金属面墙纸、木纹壁纸、花纹玻璃纤维布、纺织面墙纸及绵缎等)；

(5)铺钉类(各种金属饰面板、石棉水泥板、玻璃等；胶合板、纤维板、石膏板及各种装饰面板等)。

6.1.2 抹灰类墙面装修

抹灰类墙面装修施工简便、造价低廉、耐久性低、易开裂、易变色、工效较低。

墙面抹灰有一定厚度，外墙一般为20~25mm，内墙一般为15~20mm。抹灰层不宜太厚，而且需分层构造，一般由底层、中间层和面层组成。

(1)墙裙、护角与引条线，墙裙又称台度，高一般为1.5m左右，保护墙身，防水、防潮。

(2)护角、内墙凸出的转角处或门洞的两侧，抹以高1.5m的1:2或1:3水泥砂浆打底，以素水泥浆捋小圆角进行处理(或1:1:4混合砂浆)按面层不同分为一般抹灰和装饰抹灰两大类。

①一般抹灰的等级

普通抹灰：分层找平，修整，表面压光；

中级抹灰：阳角找方，设置标筋，分层赶平，修整，表面压光；

高级抹灰：阴阳角找方，设置标筋，分层赶平，修整，表面压光。

②装饰抹灰的施工

装饰抹灰与一般抹灰的区别在于两者具有不同的装饰面层，其底层和中层做法基本相同。

6.1.3 贴面类墙面装修

基本可分为饰面砖(釉面砖、外墙面砖、陶瓷锦砖、玻璃锦砖等)、天然石饰面板(大理石、花岗石、青石板等)、人造石饰面板(预制水磨石、预制水刷石、人造大理石等)三大类。

(1)饰面陶瓷类贴面

作为外墙装修，多采用10~15厚1:3水泥砂浆打底，5厚1:1水泥砂浆黏结层，然后粘贴各类装饰材料。也可在黏结层内掺入10%以下的107胶，其黏结层厚可减为2~3mm。作为内墙装修，多采用10~15厚1:3水泥砂浆或1:3:9水泥、石灰膏、砂浆打底，8~10厚1:0.3:3水泥、石灰膏砂浆黏结层，外贴瓷砖。施工前先浸泡2~3h后晾干或擦干，施工方法有密缝和离缝两种。

(2)陶瓷马赛克和玻璃马赛克

马赛克又称锦砖、纸皮砖，分陶瓷和玻璃两种，陶瓷马赛克用于地面，玻璃马赛克用于墙面。陶瓷锦砖反贴在305.5mm见方的护面纸上，玻璃马赛克反贴在327mm见方的护面纸上。

构造与面砖相似，先在牛皮纸反面每块间的缝隙中抹以白水泥浆(加5%107胶)，然后将整块纸皮砖粘贴在黏结层上，半小时左右用水将牛皮纸洗掉。尺寸18.5m^2、39m^2……厚度5mm。

(3)天然石板、人造石板贴面

①天然石板有大理石板和花岗岩板，属于高级装修饰面。

修边钻孔：每块板的上下边钻孔数量均不得少于2个，如板宽超过500mm应不超过3个。一般在板材断面上由背面算起2/3处画好钻孔位置，距边沿不小于30mm，孔径为5mm。钻孔后即穿入20号铜丝备用。

基层处理：固定用钢筋网采用双向钢筋网，竖向钢筋间距不大于500mm，横向钢筋与块材连接网的位置一致。第一道横向钢筋绑在第一层板材下口上面约100mm处，以后每道横筋皆绑在比该层板材上口低10～20mm处。预埋件在结构施工时埋设。

弹线：每块板间留1mm缝隙。

安装：先将背面、侧面清洗干净并阴干。按部位编号取石板就位，先绑下口铜丝，再绑上口铜丝。

临时固定：在石板表面横竖接缝处每隔100～150mm用调成糊状的石膏浆予以粘贴。

灌浆：石膏凝结硬化后即可用1:(1.5～2.5)水泥砂浆(稠度为80～120mm)分层灌入石板内侧缝隙中，每层灌注高度为150～200mm，并不得超过石板高度的1/3。

接缝：灌注砂浆达到设计强度等级的50%后，清除所有固定石膏和余浆痕迹用麻布擦洗干净。全部完工后再进行打蜡擦亮。

②花岗石幕墙

用专用卡具借射钉或螺钉钉在墙上，或用膨胀螺栓打入墙上的角钢或预立的铝合金立筋上，外部用硅胶嵌缝而不须内部再浇筑砂浆，轻盈方便。

③人造石板

常见的有人造大理石、水磨石板等，背面在生产时就露出钢筋，将板用铅丝绑牢在水平钢筋或钢箍上。

6.1.4 涂料类墙面装修

涂料按其主要成膜物的不同可分为有机涂料和无机涂料。

(1)无机涂料

主要有石灰浆、大白浆涂料。

(2)常用有机合成涂料

分为溶剂型涂料、水溶性涂料和乳胶涂料(乳胶漆)。溶剂型涂料具有较好的耐水性和耐候性，但施工时挥发出有害气体，潮湿基层上施工会引起脱皮现象。水溶型涂料价格便宜，在潮湿基层上亦可操作，但施工时温度不宜太低。

(3)无机高分子涂料

(4)彩色胶砂涂料

6.1.5 裱糊类墙面装修

(1)墙纸

分为PVC塑料墙纸、纺织物面墙纸、金属面墙纸、天然木纹面墙纸。墙纸的衬底分纸底与布底两类。

(2)墙布

包括玻璃纤维墙面装饰布(以玻璃纤维织物为基材)和织锦等材料。

墙纸与墙布的裱贴主要在抹灰的基层上进行，一般用107胶与羧甲基纤维素配制的黏结剂，也可采用8504和8505粉末墙纸胶，而粘贴玻璃纤维布可采用801墙布黏合剂。

6.1.6 铺钉类墙面装修

由骨架和面板两部分组成。

(1)骨架

有木骨架和金属骨架。木骨架由墙筋和横档组成，墙筋截面50mm×50mm，横档截面50mm×40mm。金属骨架亦采用冷轧钢板构成槽形截面。

(2)面板

包括玻璃、硬木条、石膏板、胶合板、纤维板、甘蔗板、装饰吸声板以及钙塑板等。借圆钉(镀锌铁钉)或木螺钉与骨架固定，与金属骨架的固结主要靠自攻螺丝或预先用电钻打孔后用镀锌螺丝固定。

6.2 室外地面

6.2.1 整体面层铺设做法

除有特殊使用要求外，面层应满足平整、耐磨、不起尘、防滑、易于清洁等要求。

铺设整体面层，应符合设计要求，其地面变形缝应符合建筑地面的沉降缝、伸缩缝和防震缝，应与结构相应缝位置一致，且应贯通建筑地面的各构造层；沉降缝和防震缝的宽度应符合设计要求，缝内清理干净，以柔性密封材料填嵌后用板封盖，并应于面层齐平。

整体面层的水泥性基层的抗压强度不得小于1.2Mpa；表面应粗糙、清洁、湿润，不能有积水，铺设前应涂刷界面处理剂。

整体面层允许的偏差和检验方法如表6-1所示。

表6-1　整体面层允许的偏差和检验法

项次	项目	允许偏差(mm)						检验方法
		水泥混凝土面层	水泥砂浆面层	普通水磨石面层	高级水磨石面层	水泥钢(铁)屑面层	防油渗混凝土和不发火面层	
1	表面平正度	5	4	3	2	4	5	用2m靠尺和楔形塞尺检查
2	踢脚线上口平直	4	4	3	3	4	4	拉5m线和用钢尺检查
3	缝格平直	3	3	3	2	3	3	

(1)水泥混凝土面层

水泥混凝土面层在工业与民用建筑工程中应用较为广泛，主要用于承受较大磨损和强度需要的建筑中。

①面层要求

水泥混凝土面层铺设不得留施工缝，当施工间隙超过允许时间规定时，应对接槎处进行处理。面层的强度等级不应小于C20；水泥混凝土垫层兼面层强度等级不应小于C15。水泥混凝土采用的粗骨料，最大粒径不应大于面层厚度的2/3，细石混凝土面层采用的石子粒径不应当大于15mm。

②施工流程

a. 清理基层：将基层表面的浮土、砂浆块等杂物清理干净，如有油污采用5%～10%浓度的火碱溶液清洗干净。在墙的四周统一标高线+500mm高处弹好水平线。

b. 洒水湿润：提前一天对板表面进行洒水湿润，清除表面积水。

c. 刷素水泥浆：在浇灌细砼前(刷水泥:水约1:0.4～1:0.45)纯水泥浆，并进行随刷随铺。

d. 冲筋贴灰饼：小房间在房间四周根据标高线做出灰饼，大房间冲筋做灰饼，有地漏的厕所间在地漏四周做出泛水坡度。

e. 铺细石混凝土：在楼面上分段顺序均匀铺混凝土，随铺随用长刮尺刮平排实，表面有塌陷时，用细石混凝土补平、抹压。

f. 撒水泥砂子干拌砂浆：过3mm的砂以水泥∶砂子为1∶1的比例干拌砂浆均匀撒在地面上并搓平。在细石混凝土面层灰面吸水后再挂平、搓平。

g. 抹面：第一遍抹压轻轻抹压面层，把脚印压平；面层开始凝结，用铁抹子进行第二遍抹压，将面层的凹坑、砂眼和脚印压平。当地面面层上人稍有脚印，而抹压无抹子纹时，用铁抹子进行第三遍抹压，抹压用力稍大，将抹子纹抹平压光，压光掌握好时间控制在终凝前完成。在标高不同处棱角顺直且高低一致。

h. 养护：楼地面交活24h后，及时满铺湿润锯末养护。

(2)水泥砂浆面层

水泥砂浆地面是指采用水泥砂浆涂抹混凝土基层上的面层，具有材料简单、整体性好、强度高、施工操作简单、施工速度快、经济的特点，在建筑工程中是应用最为广泛的面层构造。

①面层要求

水泥砂浆面层的厚度应符合设计要求，且不应小于20mm。面层的体积比应为1∶2，强度等级不应小于M15。水泥采用硅酸盐水泥、普通硅酸盐水泥，其强度等级不应小于32.5，不同等级、不同强度的水泥严禁混用；砂应为中粗砂，如采用石屑，其粒径应为1～5mm，含泥量不得大于3%。

②施工流程

a. 清理基层：将基层表面的浮土、油污、杂物、砂浆块等杂物清理干净，明显凹陷采用水泥砂浆和细石混凝土垫平。凿毛表面光滑处并清刷干净。在墙的四周统一标高线+500mm高处弹好水平线。

b. 洒水湿润：提前一天对板表面进行洒水湿润，清除表面积水。

c. 刷素水泥浆：在浇灌细砼前(刷水泥∶水约1∶0.4～1∶0.45)纯水泥浆，并进行随刷随铺。

d. 冲筋贴灰饼：根据标高线用1∶2干硬性水泥砂浆做出约50mm灰饼，纵横间距约1.5m左右。有地漏或坡度要求的地面，在坡向地漏一边做出泛水坡度。

e. 铺水泥砂浆：水泥砂浆配比宜为1∶2(水泥∶砂)，稠度不大于35mm，强度等级小于M15。水泥砂浆面层不应小于20mm。在楼面上均匀铺水泥砂浆。

f. 找平、压光：铺抹砂浆后，按灰饼高度找平砂浆，第一遍抹压抹平压实至起浆；面层开始凝结至踩上有脚印但不下陷时，用铁抹子进行第二遍抹压，将面层的凹坑、砂眼和脚印压平，使上表面平儿出光。当地面面层开始终凝时，进行第三边压光，压光掌握好时间控制在终凝前完成，应达到表面洁净，无裂纹、脱皮、麻面等问题。

g. 养护：楼地面交活 24h 内，及时满铺湿润锯末养护。

6.2.2 板块面层铺设

板块面层一般包括砖面层、大理石面层和花岗石面层、预制板块面层、料石面层、塑料板面层、活动地板面层和地毯面层等面层类型。板块面层允许的偏差应符合表 6-2 规定。

表6-2 板块面层允许的偏差

项次	项目	允许偏差（mm）											检验方法
		陶瓷锦砖面层、高级水磨石板、陶瓷地砖面层	缸砖面层	水泥花砖面层	水磨石板块面层	大理石面层和花岗石面层	塑料板面层	水泥混凝土板块面层	碎拼大理石、碎拼花岗石面层	活动地板面层	条石面层	块石面层	
1	表面平整度	2.0	4.0	3.0	3.0	1.0	2.0	4.0	3.0	2.0	10.0	10.0	用2m 靠尺和楔型塞尺检查
2	缝格平直	3.0	3.0	3.0	3.0	2.0	3.0	3.0	—	2.5	8.0	8.0	拉5m 线和用钢尺检查
3	接缝高低差	0.5	1.5	0.5	1.0	0.5	0.5	1.5	—	0.4	2.0	—	用钢尺和楔型塞尺检查
4	踢脚线上口平直	3.0	4.0	—	4.0	1.0	2.0	4.0	1.0	—	—	—	拉5m 线和用钢尺检查
5	板块间隙宽度	2.0	2.0	2.0	2.0	1.0	—	6.0	—	0.3	5.0	—	用钢尺检查

(1)砖面层

砖面层结构致密、平整光洁、种类多、施工方便且效果好，但性脆、韧性差、热稳定性较低，适于工业及民用建筑铺设缸砖、水泥花砖、陶瓷锦砖的地面工程。实际使用中，应根据生产条件和使用功能在建筑地面工程中选用。

①面层要求

水泥砂浆面层和水泥砂浆结合层上的块料面层宜在垫层或找平层的混凝土或水泥砂浆抗压达到1.2Mpa后铺设。铺设前应刷以水灰比0.4～0.5的水泥浆，并随刷随铺。墙地砖施工前应对其规格、颜色进行检查，墙地砖尽量减少非整砖，且使用部位适宜，有凸出物体时应按规定进行套割。铺在水泥砂浆结合层上的陶瓷地砖，在铺设前应用水浸湿，其表面无明水方可铺设，结合层和板块应分段同时铺砌，铺砌时不应采用剂浆方法，板块与结合层间以及在墙角、镶边和靠墙处，均应紧密贴合，板块与结合层之间不得有空隙，亦不得在靠墙处用砂浆填补代替板块，饰面板表面不得有划痕、缺棱掉角等质量缺陷。不得使用过期和结团的水泥作胶结材。

墙地砖品种、规格、颜色和图案应符合设计的要求，与下一层的结合应平整牢固，图案清晰、无污积和浆痕，表面色泽基本一致，接缝均匀，板块无裂纹、掉角和缺棱，单块板边角空鼓不得超过数量的5%。

②施工流程

施工流程为：基层清理→抹底层砂浆→弹线、找规矩→铺砖→拔缝、修整→擦缝、勾缝→养护。

a. 基层清理：将楼面的砂浆污物等清理干净。

b. 水泥砂浆打底：刷素水泥浆一道，浇水湿透，撒素水泥面，用扫帚扫匀，随扫浆随抹灰；从+500mm下反至底灰上皮的标高(从地面平减去砖厚及黏结砂浆厚度)。抹灰饼，每隔1m左右冲一道筋，冲筋应使用干硬性砂浆，厚度不宜小于20mm；用1:3水泥砂浆根据冲筋的标高，用木抹子将砂浆摊平、拍实，用木杠刮平，使其铺设的砂浆与冲筋找平，再用靠尺板横竖检查其平整度，用木抹子锉平，25h后浇水养护。

c. 找规矩、弹线：沿房间纵、横两个方向排好尺寸，缝宽宜

1mm 为宜，当尺寸不足整块砖的倍数时可裁割半块砖用于边角处，尺寸相差较小时，可调整缝隙，根据已确定后的砖数和缝宽拉线预先镶贴两行标准，控制纵、横线，并严格控制好方整。

d. 铺砖：按纵、横标准砖，找好位置及标高，以此为筋，拉线、铺砖，应从里向外退着铺，每块砖应跟线。

e. 擦缝、勾缝、养护：用 1∶1 水泥细砂浆先满擦缝，再用圆钢筋抽缝使其密实，平整光滑。铺好后常温 48h 覆盖浇水养护。

（2）大理石、花岗石和人造石面层

大理石面层、花岗石面层和人造石广泛应用于高等级的场所建筑和耐化学反应的建筑地面工程。

①面层要求

石材铺贴前应浸水湿润；天然石材铺贴前应进行对色、拼花并试拼、编号；铺贴前宜作背涂处理，减少“水渍”现象发生，铺贴应平整牢固、接缝平直、无歪斜、无污迹和浆痕、表面洁净、颜色协调。

②施工流程

基层处理→弹线→试拼→编号→刷水泥浆结合层→铺砂浆→铺石块→灌缝、擦缝→打蜡

a. 基层清理：将楼面的砂浆污物等清理干净。

b. 试拼：在正式铺设前，对每一房间石材板块按照图案、颜色、纹理试拼，试拼后按两个方向编号排列，顺序排放整齐。

c. 水泥砂浆打底：刷素水泥浆一道，浇水湿透，撒素水泥面，用扫帚扫匀，随扫浆随抹灰。

d. 铺砂浆：根据水平线定出地面找平层厚度，拉十字控制线，由里而外铺 1∶3 干硬性水泥砂浆，用木杠刮平，用抹子摊平、拍实，找平层厚度宜高出石材底面标高 3～4mm。

e. 铺石材板块：一般方法应先里后外沿控制线铺设，石材板块之间接缝要严，一般不留缝隙。

f. 擦缝、勾缝、养护：用 1∶1 水泥细砂浆分几次灌入缝隙，并用长把刮板把流出的水泥浆向缝隙内喂灰，1～2h 后擦缝同时擦净板面。

g. 打蜡：石材地面晾晒清理后，用布或麻丝将成蜡均匀涂在石

材面上，擦打第一遍蜡，并重复上述方法涂第二遍蜡，保证光洁、颜色。

(3)料石面层

料石面层指天然条石和料石地面工程，主要有关于一些工业建筑的底层地面工程，其大面积施工应先作出样板间，经验收后方可继续施工。条石为直棱柱体，顶面粗琢平整，底面面积至少不大于顶面面积的60%，厚度一般为100~150mm，强度等级应大于MU60，块石强度等级应大于MU30。条石面层应组砌合理，无十字缝，铺砌方向和坡度应符合设计要求，块石面层石料缝隙应相互错开，通缝不超过两块石料。其施工流程应为：灰土或砂垫层→找标高、拉线→铺石材→填缝。

(4)塑料板面层

塑料板面层可适用于各种公共设施、住宅、办公室以及电脑房和有防腐要求的建筑地面工程，面层具有重量轻、使用舒适、耐磨、防火、绝缘性好、施工方便等特点，应用广泛。

要防止塑料地板铺贴后表面不平呈波浪形，必须在施工中注意：

①应严格控制粘贴基层的表面平整度，对凹凸度大于±2mm的表面要作平整处理。

②操作人员在涂刮胶黏剂时，使用齿形刮板涂刮，使胶层的厚度薄而均匀，涂刮时，基层与塑料板粘贴面上的涂刮方向应成纵横相交，使面层铺贴时，粘贴面的胶层均匀，避免涂刮的胶黏剂有波浪形。在粘贴塑料地板时，如果胶黏剂内的稀释剂已挥发，胶体流动性差，会造成粘贴时不易抹平，使面层呈波浪形，因此，施工温度应控制在15~30℃，相对湿度应不高于70%下进行。

施工流程为：基层清理→弹线找规矩→配兑胶结剂→塑料板清洁→刷胶→粘贴地面→滚压→粘贴塑料踢脚板。

(5)地毯面层

地毯具有隔热、保温、吸声、弹性好、舒适等特点，适合于宾馆、饭店、公共场所和住宅等室内的地面与楼面铺设。地毯大致分4类：羊毛地毯、纯羊毛无纺地毯、化纤地毯、合成纤维栽绒地毯。

铺设楼面地毯的基层必须表面光洁平整，如为水泥基层，要求一定强度，含水率不大于8%，应事先把铺设房间的踢脚板做好，踢脚板下口均须离开地面8～15mm，以便掩住地毯毛边。

①活动式铺设：不与基层固定，四周沿墙角修齐即可。

②固定式铺设施工工艺：基层处理→找规矩定位→地毯剪裁→钉倒刺板挂毯条→铺设衬垫→铺设地毯→细部处理及清理。

6.3 室外台阶、坡道、明沟与散水

6.3.1 室外台阶

室外台阶由平台和踏步组成。台阶应等建筑物主体工程完成后再进行施工，并与主体结构之间留出约10mm的沉降缝。

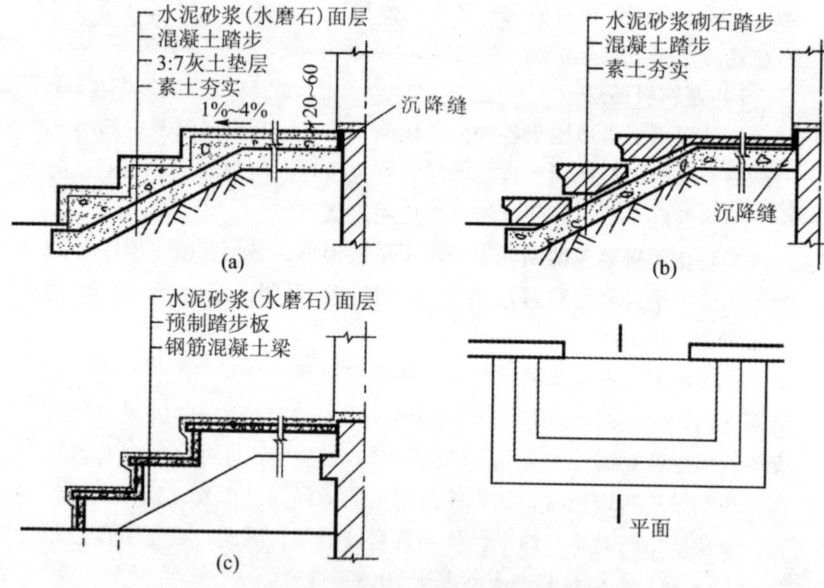

图6-1 台阶类型及构造

(a)混凝土台阶；(b)石台阶；(c)钢筋混凝土架空台阶

台阶由面层、垫层、基层等组成，面层应采用水泥砂浆、混凝土、水磨石、缸砖、天然石材等耐气候作用的材料。图6-1为台阶类型及构造。

6.3.2 坡道

坡道分为行车坡道和轮椅坡道，行车坡道又分为普通坡道和回车坡道。

考虑人在坡道上行走时的安全，坡道的坡度受面层做法的限制：光滑面层坡道不大于1:12，粗糙面层坡道不大于1:6，带防滑齿坡道不大于1:4。

坡道的构造与台阶基本相同，垫层的强度和厚度应根据坡道上的荷载来确定，季节冰冻地区的坡道需在垫层下设置非冻胀层。图6-2为坡道的类型及构造。

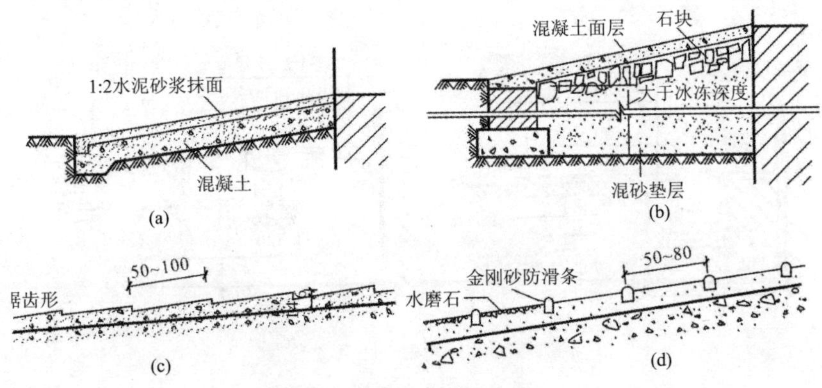

图6-2 坡道的类型及构造

(a)混凝土坡道；(b)块石坡道；(c)防滑锯齿槽坡道；(d)防滑条坡道

6.3.3 明沟与散水

为尽快排除建筑物外墙周围的积水、雨水等，在外墙四周设置散水或明沟。将屋面落水和地面积水有组织地导向地下排水井，保护外墙基础。明沟一般用素混凝土现浇，外抹水泥砂浆，或用砖砌浆、水泥砂浆粉面。明沟一般设置在墙边，当屋面为自由落水时，明沟外移，其中心线与屋面檐口对齐。为防止雨水对墙基的侵蚀，常在外墙四周将地面做成倾斜的坡面，以便将雨水散至远处，这一坡面即为散水。散水做法很多，有砖砌、块石、碎石、水泥砂浆、混凝土等。宽度一般为600~1000mm，当屋面为自由落水时，散水宽度比屋面檐口宽200mm左右。图6-3为明沟与散水构造。

由于建筑物的沉降、勒脚与散水施工时间的差异，在勒脚与散水交接处应留有缝隙，缝内填粗砂，上嵌沥青胶盖缝，以防渗水，散水整体面层纵向距离每隔6~12m做一道伸缩缝。缝内处理同勒脚与散水相交处处理。

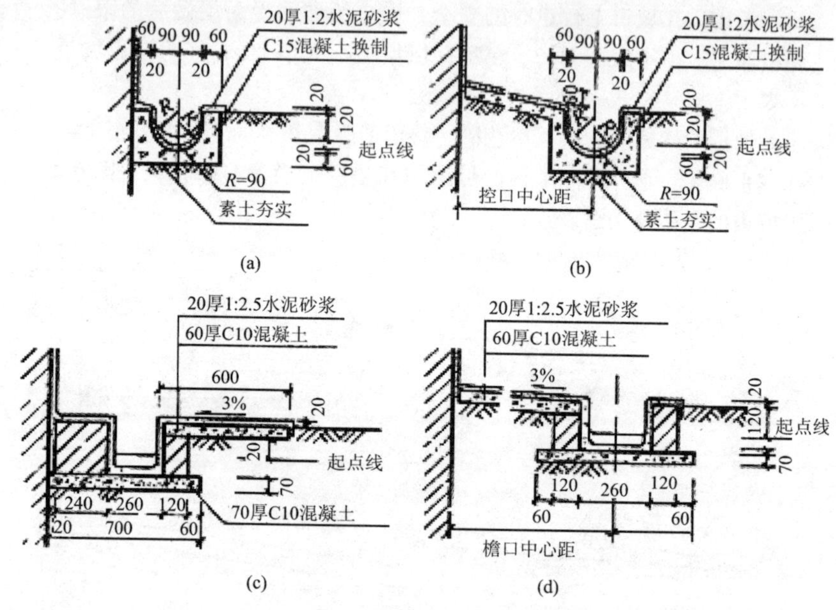

图 6-3　明沟与散水构造

(a)混凝土明沟；(b)明沟外移之一；(c)砖砌明沟；(d)明沟外移之二

6.4　门窗及局部装修

6.4.1　门窗装修的一般规定

(1)安装门窗必须采用预留洞口的方法，严禁采用边安装边砌口或先安装后砌口。

(2)门窗固定可采用焊接、膨胀螺栓或射钉等方式，但砖墙严禁用射钉固定。

(3)安装过程中应及时清理门窗表面的水泥砂浆、密封膏等，以保护表面质量。

6.4.2　铝合金门窗的安装

铝合金门窗的气密性和水密性都好，由于型材自身有光泽和颜色，安装后不需再进行油漆，且开闭灵活、无噪音，不需经常维修。其安装过程应注意：

(1)铝合金外框与洞口应采用弹性连接；

(2)门窗外框与墙体的缝隙填塞，应采用矿棉条或玻璃棉毡条，缝隙外表面留 5 ~ 8mm 深的槽口，填嵌密材料。安装缝隙 15mm 左右；

(3)铝合金门窗与墙体的连接，应针对墙体面采用不同的方法：

①连接件焊接连接用于钢结构；

②预埋件连接用于钢筋混凝土结构和砖混结构；

③射钉连接用于钢筋混凝土结构。

6.4.3 涂色镀锌钢板门窗安装

彩板钢门长的连接、品装均有良好的密封条和密封膏，形成软接触，缝隙严密且有减震作用，水密性、气密性、隔声性均达到了国家标准。

(1)带副框的门窗

先将组装好的副框放入洞口，调整好尺寸，把副框外侧的锚板固定在洞口墙体上；然后处理洞口周围缝隙，进行填补，并在外抹水泥砂浆，最后将门窗框与副框连接固定。

带副框的门窗安装时，应用自攻螺钉浆连接件固定在副框上，另一侧与墙体的预埋件焊接，安装缝隙为 25mm。

(2)不带副框的门窗

将窗门放入洞口，调整好后用膨胀螺栓固定，然后再用密封膏填缝，安装缝隙 15mm。

6.4.4 塑钢门窗安装

塑钢门窗的安装主要采用在墙上留预埋件的方法，窗的连接件用尼龙胀管螺接连接，安装缝隙 15mm 左右，门窗框与洞口的间隙用泡沫塑料条或油毡卷条填塞，然后用密封膏封严。

(1)安装准备

要按图纸要求认真查对型号、规格、配件及开启方向等，并查看厂家测试检验报告；要按有关规定随机抽取相应樘数的门窗送检测中心对其进行抗风压、空气渗透、雨水渗漏等项物理性能试验，检验合格、符合要求的门窗应堆放平整，以防扭曲变形，然后才能安装。

(2)采取合理的工作流程

凡不需要与土建结构直接相连的产品，一定要晚进入施工现场。塑钢门窗安装工作应在室内粉刷和室外粉刷找平、刮糙等湿作业完成后进行。

(3)门窗要求

对塑钢门窗的构造尺寸要求精确；检查窗框、门框等固定件的规格和位置。

(4)门窗框与洞口的嵌缝质量要求

门窗框与洞口之间的缝隙应用闭孔泡沫塑料或油毡卷条等弹性材料分层填塞，填塞不宜过紧，以免框架变形，太松则影响密封的严密性，并使框体松动，填塞后撤掉临时固定用的木楔或垫块，其空隙也应采用闭孔弹性材料填塞；

对于保温、隔声等级要求较高的工程，应采用相应的隔热、隔声材料填塞；

安装密封条时应留有伸缩余量，一般比门窗的装配边长200~300mm在转角过斜面断开，用胶黏剂粘贴牢固；

门窗框与洞口之间最外层用密封胶进行密封处理。门窗框四周的内外接缝应用密封膏嵌缝严密，缝口要求涂抹均匀，表面平整光洁。

6.4.5 其他构件装饰

在建筑物的装修过程中，还存在着许多因各种使用功能需要或装饰面连接美观需要等情况的细节装修问题，主要有墙裙、踢脚板、石膏线角、挂镜线、特种功能墙面、隔断、柱面装饰以及筒子板、博古架、窗帘盒、暖气罩的装修。

(1)墙裙

墙裙是指一般高度为1100~1500mm的附加墙面装修，主要是为在人们经常活动的高度范围内保护墙面，避免墙面直接受到污染、冲击、水浸而损坏。墙裙采用的材料一般有涂料、塑料板、铝合金板、胶合板、红松木、镜面等。

墙裙的一般构造主要是先在墙面上进行基层处理、固定材料，表面钉胶合板，然后进行盖缝、收边，底边一般和踢脚板组合。

(2)踢脚板

踢脚板是指在地面以上100~150mm高度内，采用水泥砂浆、木板、塑料、石材等材料所做的保护层。

(3)线角

在顶棚和墙体之间的装饰物，用于分割顶棚和墙面，一般为木质或石膏材料。

(4)挂镜线

墙面四周高度一般在2m以上的条状装饰，具有悬挂功能和装饰功能。

(5)特种功能墙面

在一些有特别要求的房间，对墙面的功能有特殊要求，如影院、播音室、声学研究室等房间要求控制声音的反射强度、隔绝噪声等要求，这类房间装修时须将室内墙面、顶棚、地面均采用特殊材质的材料装修。

(6)隔断装修

隔断可分为花饰隔断和活动隔断。

花饰隔断完全由设计人员根据使用功能、设计风格进行的室内装饰，可以进行室内空间的分割。

活动隔断从形式上分为拼装式、折叠滑动式；按隔断板材质可分单一板材、复合夹芯板材、软质纤维幕、玻璃隔断等类型，活动隔断可以灵活调整室空间的使用。

7

给水排水工程

7.1 室内给水

7.1.1 室内给水系统的分类和组成

(1)室内给水系统的分类

室内给水系统的任务，是根据各类用户对水量、水压的要求，给水由市政给水管网(或自备水源)输送到装置在室内的各配水龙头和消防设备等各用水点上。

室内给水系统按用途分可分为三类:

①生活给水系统

供民用建筑内的饮用、烹调、盥洗、洗涤、淋浴等生活上的用水。要求水质必须符合国家规定的饮用水质标准。

②生产给水系统

生产给水系统种类繁多，一般有以下几个方面：生产设备的冷却、原料和产品的洗涤、锅炉用水及某些工业原料用水等。生产用水对水质、水量、水压以及安全方面的要求由于工艺不同，差异是很大的。

③消防给水系统

供层数较多的民用建筑、大型公共建筑及某些生产车间的消防系统的消防设备用水。消防用水对水质要求不高，但必须按建筑防火规范保证有足够的水量和水压。

上述三种给水系统，实际并不一定需要单独设置，按水质、水压、水温及室外给水系统情况，考虑技术、经济和安全条件，可以相互组成不同的共用系统。如生活、生产、消防共用给水系统，生活、消防共用给水系统，生活、生产共用给水系统，生产、消防共用给水系统。

在工业企业内，给水系统比较复杂，由于生产过程中所需水压、水质、水温等的不同，又常常分成数个单独的给水系统。为了节约用水，又将生产用水划分为循环使用给水系统及重复使用给水系统。

(2)室内给水系统的组成

一般情况下，室内给水系统由如图 7-1 所示的各部分组成。建筑物的给水是从室外给水管网上经一条引入管进入的，引入管安装有进户总闸门和计算用水量用的水表，再与室内给水管网连接。为了确保建筑用水的水量和足够的压力，在室内给水管网上往往安装局部加压用水泵，在建筑物底层建贮水池，在建筑物顶层安装贮水箱。按建筑物的防火要求，还要设置消防给水系统。

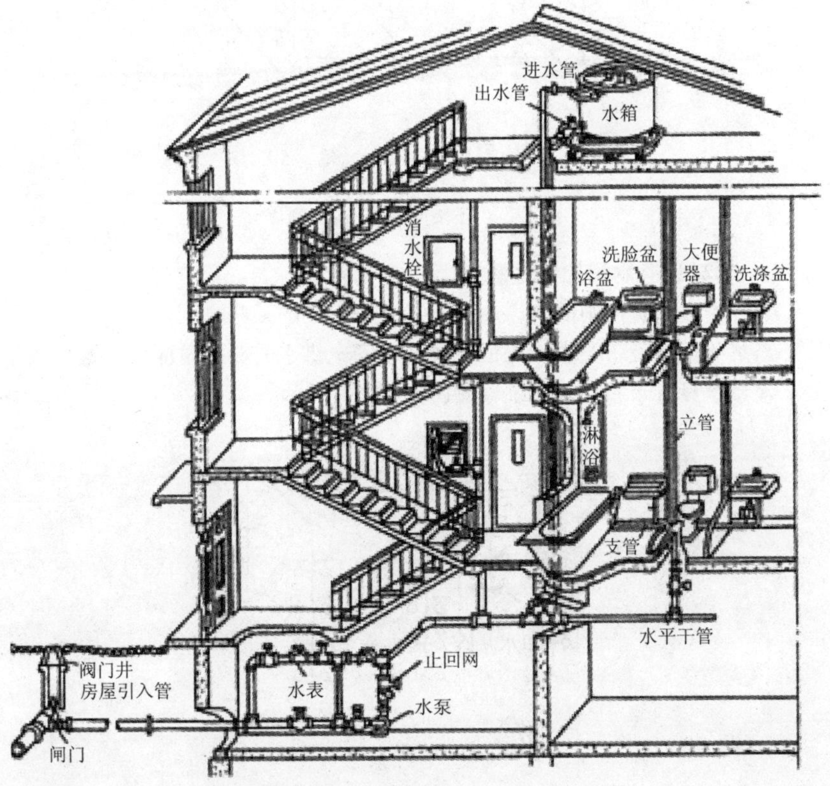

图 7-1 室内给水系统

7.1.2 室内给水系统的给水方式和轴测图

室内给水系统的给水方式主要根据建筑物的性质、高度、配水点的布置情况、室内用水所需要的水压和室外供水管网的供水情况所决定。

(1)直接给水系统

室内仅有给水管道系统，没有任何升压设备，直接从室外给水管道上接管引入。它适用于室外管网的水量水压在任何时间内都能保证室内给水设备需要的建筑物。其系统轴测图如图7-2所示。

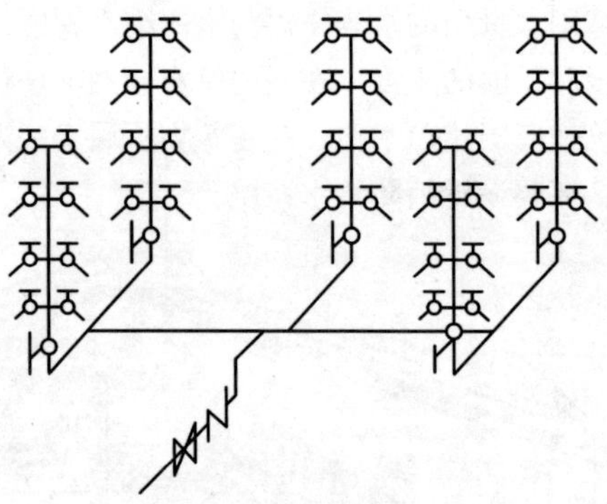

图7-2 直接给水系统轴测图示

(2)设有水箱的给水系统

当室外管网中的水压周期不足或一天中的某些时间内不足，以及当某些用水设备要求水压恒定或要求安全供水的场合时应用。这种给水系统设有水箱，其系统轴测图如图7-3所示。

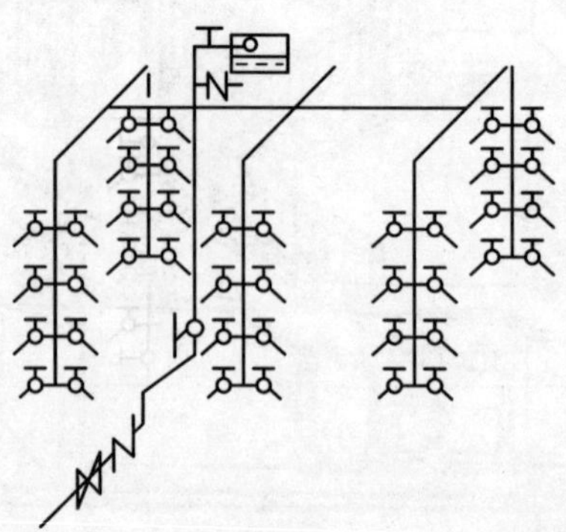

图7-3 设有水箱的给水系统轴测图示

(3)设有水泵的给水系统

设有水泵的给水系统，适用于室外管网压力不足，且室内用水量均匀，需要在水压不足时开启水泵供水的情况。但当采用此给水方式时，水泵不从室外给水管网中直接抽水，在建筑物底层要建贮水池，水泵自贮水池中抽向室内给水管网供水。当室外给水管网压力足时，水泵停止工作，由室外给水管网向室内给水管网直接供水，如图7-4所示。

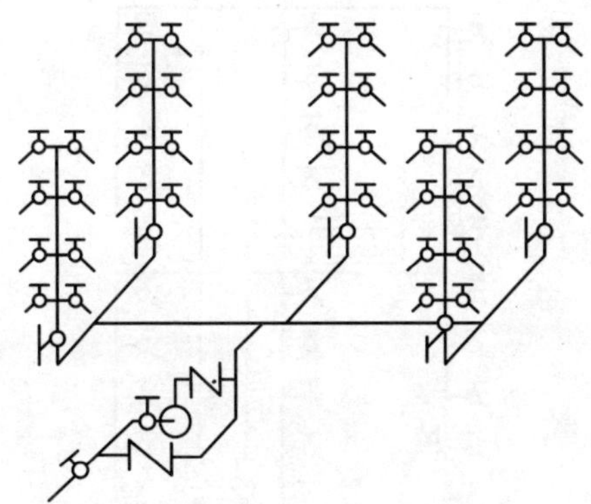

图7-4 设有水泵的给水系统轴测图示

(4)设有水箱和水泵的给水系统

当室外给水管网压力经常性不足时，给水系统除如图7-4所示设有水泵和底层贮水池外，在建筑物顶层还设有贮水箱，如图7-5所示。

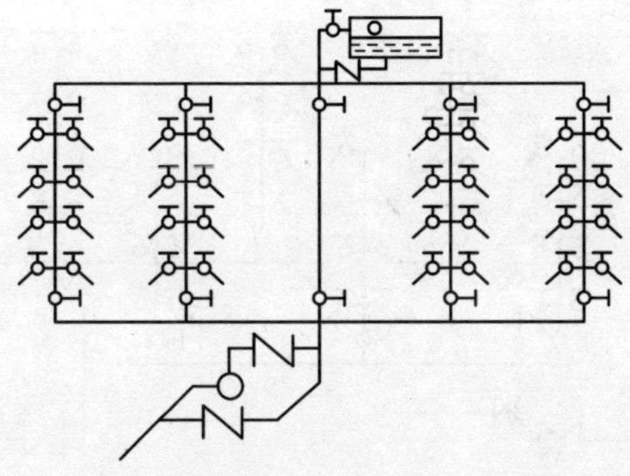

图7-5 设有水箱和水泵给水系统轴测图示

(5)分区给水系统

在高层建筑中，为防止由于管内静压力过大而损坏管道接头和配水设备，采用沿楼层高度不同的分区供水，每个区有独立的一套管网、水箱和水泵设备。同样，不同区域的水泵均不得与室外给水管网直接连接，水泵抽水来自高层建筑底层内的贮水池。不同高度的给水区域应配备不同扬程的水泵，并在每供水区域顶层设贮水箱，如图 7-6 所示。

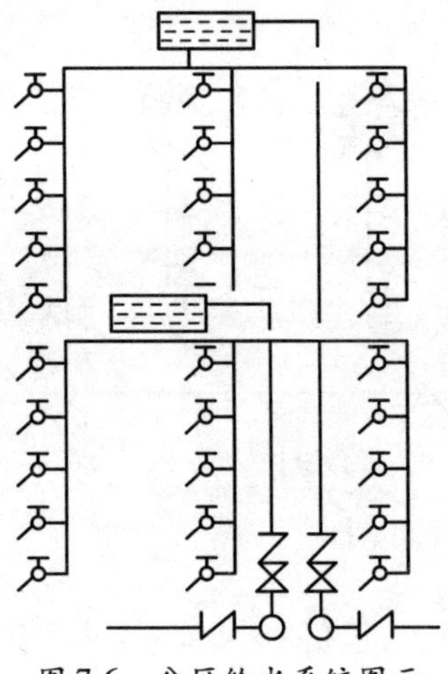

图 7-6　分区给水系统图示

(6)环状给水系统

当建筑物用水量较大，不允许间断供水而室外给水管网水压和水量又不足时，为保证建筑物用水的可靠性，建筑物用水可自城市给水管网上两处引入，在建筑物内构成环状给水系统，如图 7-7 所示。

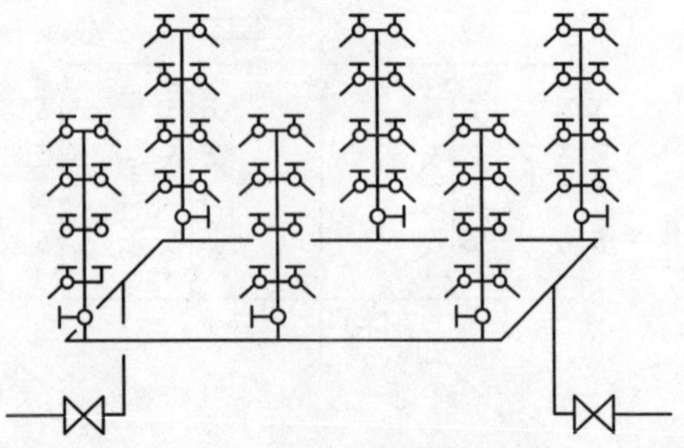

图 7-7　分区给水系统图示

7.1.3 室内给水管道的布置和敷设

(1)给水管道的布置

一幢单独建筑物的给水引入管，宜从建筑物用水量最大处引入。当建筑物内卫生器具布置比较均匀时，应在建筑物中央位置引入。当建筑物不允许间断供水或室内消火栓总数在10个以上时，引入管要设置两条，并由城市管网的不同侧引入。

室内给水管道不允许敷设在排水沟、烟道和风道内，不允许穿过大小便槽、橱窗、壁柜、木装修，应尽量避免穿过建筑物的沉降缝，如果必须穿过时就要采取相应措施。

(2)给水管道的敷设

室内给水管道的敷设，根据建筑对卫生、装饰方面的要求不同，分为明装和暗装。

明装是管道在室内沿墙、梁、柱、天花板下、地板旁外露敷设。其优点是造价低、施工安装、维护修理均较方便。缺点是由于管道表面积灰、产生凝水等，影响环境卫生，而且明装有碍房屋美观。一般民用建筑和大部分生产车间均为明装方式。

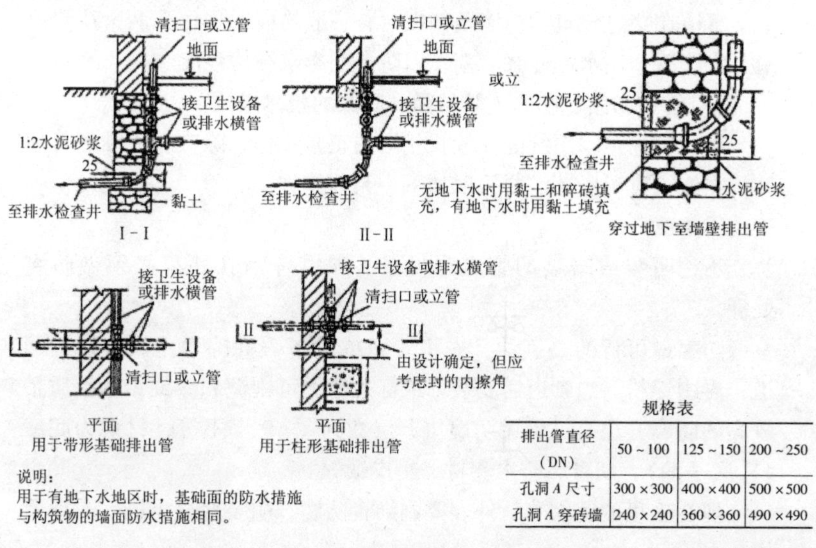

规格表

排出管直径（DN）	50～100	125～150	200～250
孔洞 *A* 尺寸	300×300	400×400	500×500
孔洞 *A* 穿砖墙	240×240	360×360	490×490

图7-8 引入管穿过建筑物基础

暗装是管道在房内的地下、天花板下或吊顶中，或在管井、管槽、管沟中隐蔽敷设。暗装卫生条件好、美观，对于标准较高的高层建筑、宾馆等均采用暗装；在工业企业中，某些生产过程中要求室内洁净无尘时也采用暗装。暗装工程投资高，施工和维修均不方便。

给水管道除单独敷设外，亦可与其他管道一同架设，考虑到安全、施工、维护等要求，当平行或交叉设置时，对管道间的相互位置、距离、固定方法等应按管道综合有关要求统一处理。

引入管的敷设，其室外部分埋深由土壤的冰冻深度及地面荷载情况决定。通常敷设在冰冻线以下20mm、覆土不小于0.7～1.0m的深度。在穿过墙壁进入室内部分，可有下面两种情况，见图7-8。由基础下面通过，穿过建筑物基础或地下室墙壁。其中任一情况都必须保护引入管，使其不致因建筑物沉降而受到损坏。为此，在管道穿过基础墙壁部分需预留大于引入管直径200mm的孔洞，在管外填充柔性或刚性材料，或者采取预埋套管、砌分压拱、设置过梁等措施。

水表节点一般装置在建筑物的外墙内或室外专门的水表井中。装置水表的地方气温应在2℃以上，并应便于检修、不受污染、不被损坏、查表方便。

管道在穿过建筑物内墙及楼板时，一般均应留预留孔洞，待管道施工完毕后，用水泥砂浆堵塞，以防孔洞影响结构强度。

(3)管道防腐、防冻、防结露、防漏的技术措施

为使室内给水系统能在较长年限内正常工作，除应加强维护管理外，在施工过程中还需要采取如下一系列措施。

①防腐

不论明装或暗装的管道和设备，限镀锌钢管外都必须做防腐处理。

防腐最可行的是刷油，先将管道或设备表面除锈，刷防锈漆两道，再刷银粉。当管道需要装饰或标志时，可刷调和漆或铅油。质量较高的防腐方法是做管道防腐层，层数为3～9层不等，材料为底漆(冷底子油)、沥青、防水卷材、牛皮纸等。

埋在土里的铸铁管，外表要刷沥青防腐，明装部分可刷红丹漆及银粉。

工业上用于输送酸、碱液体的管道，除采用耐酸碱、耐腐蚀的管道外，也可将钢管或铸铁管内壁涂衬防腐材料。

②防冻、防结露

安装在温度低于0℃的地方的设备和管道，应当进行保温防冻，如寒冷地区的顶层水箱、冬季不采暖的室内和阁楼中的管道以及敷设在受室外冷空气影响的门厅、过道等处的管道，在刷底漆后，应采取保温措施。

在气候温暖潮湿的季节里，采暖的卫生间、工作温度较高空气湿度较大的房间(如厨房、洗衣房、某些生产性用房)或管道内水温较室温为低的时候，管道及设备的外壁可能产生凝结水，时间长了会损坏墙壁，引起管道腐蚀，影响使用及环境卫生，必须采取防结露措施，如做防潮绝缘层。防潮层的做法一般与保温层的做法相同。

③防漏

管道漏水不仅浪费水资源，而且会损坏建筑物，特别在湿陷性黄土地区，管道漏水是绝对不允许的。

发生漏水的情况有两种，一种是暗漏，如敷设在地下和墙壁中隐蔽处的管道，因接头不紧密或建筑物沉陷使管道产生裂缝而漏水；另一种是明漏，当明装管道接头不严时，各种卫生用具的水龙头及便器冲洗水箱零件损坏引起漏水。因此，必须严格要求施工质量，做到加强管理及时维修，并采用相应的技术措施，以便及时发现漏水。

7.1.4 水箱及气压给水设备

(1)水箱

常用的水箱做成圆形、方形和矩形。圆形水箱结构合理，节省材料，造价低廉，但平面布置不方便，占地较大。方形和矩形水箱布置方便，占地较小，但对于大型水箱结构较复杂，材料消耗量大，造价较高。

①水箱的构成

a. 水箱材料：水箱材料有以下几种。

金属材料：大小水箱均可使用，重量轻，施工安装方便；但易锈蚀，维护工作量较大，造价较高。一般采用不锈钢制作，容积有0.8m^3、0.9m^3、1.0m^3、1.1m^3、1.2m^3、1.5m^3等，也有采用碳素钢板焊接，水箱内外表面要进行防腐处理。

钢筋混凝土材料：适用于大型水箱，经久耐用，维护简单，造价较低；但重量大，管道与水箱连接处处理不好容易漏水。

其他材料：小容积和临时性水箱可用木材做；也可使用塑料、玻璃钢等材料制作水箱。水箱内有效水深，一般采用0.1～2.5m。

b. 水箱附件：水箱应设有进水管、出水管、溢流管、泄水管、信号管等，如图7-9所示。

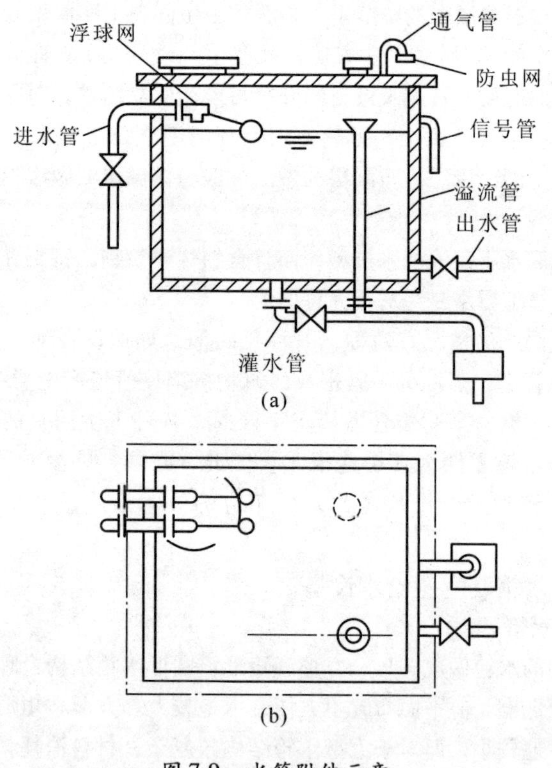

图7-9 水箱附件示意
(a)剖面；(b)平面

进水管：水箱进水管一般要从侧壁接入。当水箱靠室内管网压力进水时，进水管出口应装浮球阀。浮球阀不少于两个，其中一个坏了，其余仍能工作。每个浮球阀前装有检修闸门。水箱由水泵供水，并利用水箱中水位自动控制。水泵运行时，不装浮球阀。

出水管：出水管可从水箱侧壁或底部接出，进出水管合用时，出水管上安装止回阀，如图7-10所示。

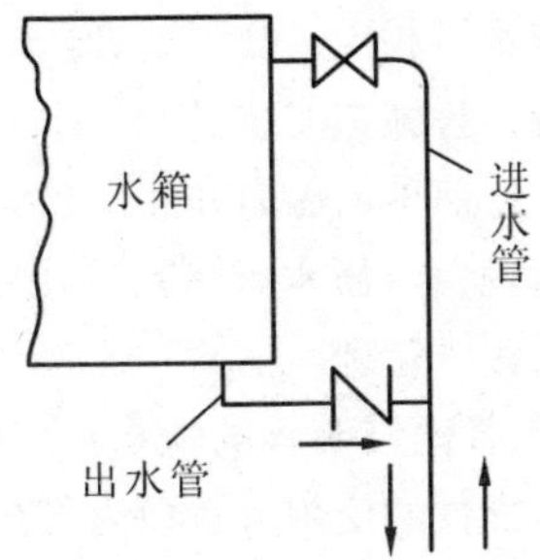

图 7-10 水箱水管接在同一条管道上示意

溢流管：溢流管从水箱侧壁接出。其直径比进水管大 1 ~ 2 号。溢流管上不得安装闸门，不能与排水系统直接连接，必须采用间接排水。溢流管上应有防止尘土、昆虫、蚊蝇等进入的措施，如设置水封、滤网。

泄水管：水箱泄水管从水箱底部最低处接出。泄水管上装有闸门，并可与溢流管相接，但不得与排水系统直接连接。泄水管管径一般采用 40 ~ 50mm。

信号管：信号管在水箱上安装在溢流管的溢流液面齐平，即水箱水位在溢流管还没有溢流时，信号管开始流水。管径采用 15mm，接至经常有人值班房间的洗脸盆、洗涤槽处。

②水箱的安装和布置

水箱间在房屋内应处于便于管道布置、通风良好的位置。采光好、防蚊蝇。室内最低气温不得低于 5℃，水箱间净高不得低于 2. 2m。

(2)气压给水设备

①气压给水的特点

a. 气压给水装置与高位水箱或水塔相比有如下优点：灵活性大；气压水罐可设在任何高度；施工安装简便，便于扩建、改建和拆迁；给水压力可在一定范围内进行调节；地震区建筑、临时性建筑和因建筑艺术等要求不宜设置高位水箱和水塔的建筑，可用气压给水装置代替高位水箱或水塔；有隐蔽要求的建筑，可用气压装置代替高位水箱或水塔，以便达到隐蔽要求；隔膜式气压给水装置为密闭系统，故水质不会受外界污染。补气式装置虽有可能受补气和压缩机润滑油的污染，然而与高位水箱和水塔相比，被污染机会较少；气压给水装置可在工厂加工或成套购置，且施工安装简便，施工周期短，土建费用较低；气压给水装置可利用简单的压力和液位继电器等实现水泵的自动控制，不需专人值班管理；气压水罐可设在水泵房内，且设备紧凑、占地较小，便于与水泵集中管理。

b. 气压给水也存在着比较明显的缺点：变压式气压给水压力变动较大，可能影响给水配件的使用寿命和使用方便，对压力要求稳定的用户不适用；由于气压水罐的调节容积较小，水泵启动频繁，水泵在变压下工作平均效率较低，对于恒压式空气压缩机也需频繁启动运行，所以能量消耗较大、设备寿命较短、经常费用较高；气压水罐的有效容积一般只占总容积的1/6～1/3，所以钢材耗用较多；由于有效容积较小，一旦发生停电或自控失灵，则断水概率较大。补气式装置若在出水管上未设止气阀，停电时罐中的空气可能串入给水管网，影响计量的准确性或造成其他故障，同时在重新启动时要重新补气，给操作带来麻烦，使启动时间延长。

②气压给水装置的类型

a. 变压式气压给水装置：当用户对水压没有特殊要求时，一般常采用变压式气压给水装置，即罐内空气压力随供水状况的变化而变化。气压水罐中的水在压缩空气压力下，被压送至给水管网，随着罐内水量减少，空气体积膨胀，压力减小。当压力降至设计最小工作压力时，压力继电器动作，使水泵启动。水泵出水除供用户外，多余部分进入气压水罐，空气被压缩，压力上升。当压力升至最大工作压力时，压力继电器动作，使水泵关闭。

b. 定压式气压给水装置：当用户要求水压稳定时，可在变压式气压给水装置的供水管上安装调压阀，调压后水压在要求范围内，使管网处于恒压下工作。

c. 隔膜式气压给水装置：为简化气压给水装置，省略补气和排气装置，保护水质免遭脏空气和空气压缩机润滑油的污染，在气压水罐内设置弹性隔膜，将气、水隔开。

隔膜式气压给水装置也可设计成变压式和恒压式，与补气式气压给水装置相比，具有以下特点：不需要补气和排气等气量调节装置；可以不考虑水的保护(附加)容积，所以容量可减少9%～22%；自控系统简单，总造价较低，维护管理方便；罐内空气不与水接触，可避免水质被空气污染；气压水罐的空气部分因不与水接触，防腐要求可以适当降低。

7.1.5 室内消防给水系统工程图

室内消防设备当前多采用灭火机、消防给水等。对于建筑物中的一般物质火灾，用水扑灭是最经济有效的方法。灭火机为小型局部消防设备，仅在不适宜用水灭火和有特殊要求的场合采用。近年来泡沫消防设施发展很快，主要用于扑灭石油类产品火灾。

(1)室内消火栓系统

室内消火栓系统是建筑物内采用最广泛的一种消防给水设备，由消防箱(包括水枪、水龙带)、消火栓、消防管道、水源所组成。当室外给水管网水压不能满足消防压力需要时，还需设置消防水箱和消防泵。

水枪是灭火的主要工具，用铝或塑料制造。室内采用的均为直流式水枪，其出流一端口径通常为 13mm、16mm、19mm，另一端为 50mm、65mm 等。水枪的作用在于产生灭火需要的充实水柱。

水龙带为麻织或橡胶的输水软管，室内采用麻织的较多。水龙带常用口径为 50m、65m，长度一般为 20m、25m 等。一般常用长度为 25m 的。

室内消防管道的管材多用钢管，生活消防共用系统采用镀锌钢管，独立的消防系统采用不镀锌的黑铁管。

消火栓应分布在建筑物的各层之中，布置在明显的、经常有人出入、使用方便的地方。一般布置在耐火的楼梯间、走廊内、大厅及车间的出入口等处。消火栓阀门中心装置高度距地面 1.1m。

消火栓及消防立管在一般建筑物中均为明装。在对建筑物要求较高及地面狭窄因明装凸出影响通行的情况下，则采用暗装方式。消防立管的底部设置球形阀，阀门平常为开启状态，并应有明显的启闭标志。设置在消防箱内的水龙带平时要放置整齐，以便灭火时迅速展开使用。图 7-11 为消防箱安装图。

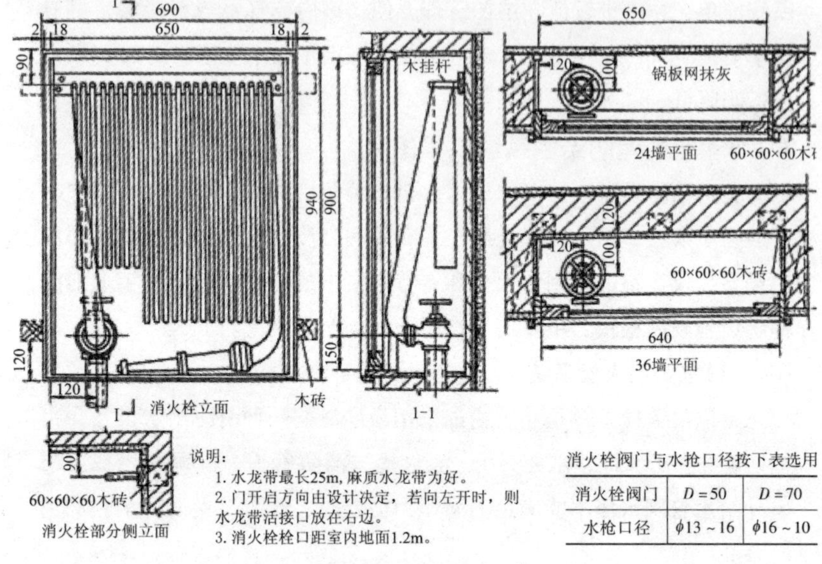

消火栓阀门与水抢口径按下表选用

消火栓阀门	$D=50$	$D=70$
水枪口径	$\phi13\sim16$	$\phi16\sim10$

图 7-11　消防箱安装图

(2)自动喷洒消防系统及其组成

自动喷洒灭火装置是一种能自动作用喷水灭火，同时发出火警信号的消防给水设备。这种装置多设在火灾危险性较大，起火蔓延很快的场所，或者设在容易自燃而无人管理的仓库以及对消防要求较高的建筑物或个别房间。

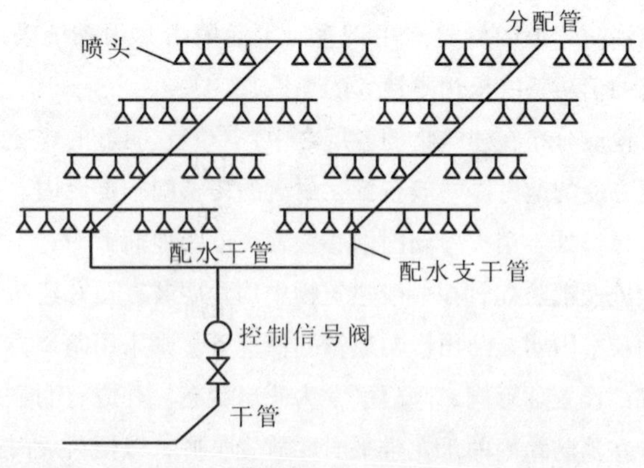

图 7-12　自动喷洒消防系统

自动喷洒消防系统可为单独的管道系统，也可以和消火栓消防合并为一个系统，必须在报警阀前分开。但不允许与生活给水系统相连接。

自动喷洒消防系统由洒水喷头、洒水管网、控制信号阀和水源(供水设备)所组成，如图7-12所示。

自动喷洒消防系统的工作原理是：当火灾发生时，洒水喷头自动打开喷水灭火。如图7-13所示的是洒水喷头。喷头外框由黄铜制成，框体借外螺纹连接在配水管上，喷口平时被阀片密封盖住，阀片用易熔合金锁片套拉住的两个八角支撑所顶住。当在喷头的保护区域内失火时，火焰或热气流上升，使布置在天花板下的喷头周围空气温度上升，当达到预定限度时，易熔合金锁片上的锁片。

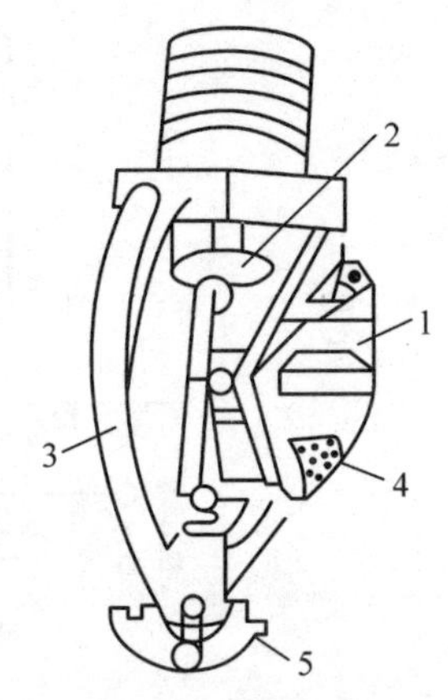

图7-13 洒水喷头

1—易熔合锁片；2—砌片；3—喷头外框；4—八角支撑；5—布水盘

(3)水幕消防系统

水幕消防装置的作用在于隔离火灾地区或冷却防火隔绝物，防止火灾蔓延，保护火灾邻近地区的房屋建筑免受威胁。水幕消防装置多用在耐火性能差，不能抗拒火灾的门、窗、孔、洞等处，防止火焰窜入相邻的建筑物。为满足工艺需要，并考虑防火安全，常采用较轻便的耐火材料代替防火墙或防火门窗，在火灾危险较大的一面(或两面)装上水幕设备，以增强耐火防火性能。又如剧院舞台上方，防火幕靠台内一侧需用水幕保护，在一定时间内能有效地阻止火灾向观众场蔓延。设在仓库、汽车库内的水幕设备，可将库房分成若干分区，防止火灾迅速扩大。

由于水幕头喷出的水不能构成一幅完整的水幕，在淋水的缝隙中热焰的辐射仍能通过，甚至有燃烧的飞火随热流透过水幕，所以水幕设备仅起到冷却作用，使被保护物的表面在强烈的火焰面前，保持其本身温度在着火点以下，而水幕的阻火作用不是很大的，只有在水量充沛情况下与被保护物配合(将水喷淋到防火物上)才能发挥较好的阻火效能。水幕消防系统由喷头、管网、控制设备、水源四部分组成(如图7-14)。

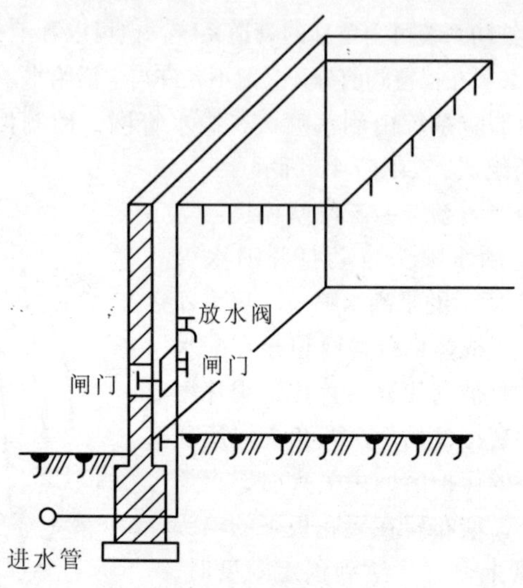

图 7-14 水幕消防系统图

7.2 室内热水

7.2.1 室内热水供应系统及方式

(1)热水用水量标准

室内热水供应，是水的加热、储存和输配的总称。

室内热水供应系统主要供给生产、生活用户的洗涤及盥洗用热水，应能保证用户随时可以得到符合设计要求的水量、水温和水质。

热水用水量标准有两种：一种是按热水用水单位所消耗的热水量及其所需水温而制定的，如每人每日的热水消耗量及所需水温，洗涤每千克干衣所需的水量及水温等，此标准见表 7-1；另一种是按照卫生器具一次或一小时热水用水量和所需水温而制定的(见表 7-2)。

表7-1 热水用水定额

序号	建筑物名称	单位	最高日用水定额(L)	使用时间(h)
1	住宅 有自备热水供应和沐浴设备 有集中热水供应和沐浴设备	每人每日	40～80 60～100	24

（续）

序号	建筑物名称	单位	最高日用水定额（L）	使用时间（h）
2	别墅	每人每日	70～110	24
3	单身职工宿舍、学生宿舍、招待所、培训中心、普通旅馆 设公用盥洗室 设公用盥洗室、沐浴室 设公用盥洗室、沐浴室、洗衣室 设单独卫生间、公用洗衣室	 每人每日 每人每日 每人每日 每人每日	 25～40 40～60 50～80 60～100	24或定时供应
4	宾馆客房 旅客 员工	 每床位每日 每人每日	 120～160 40～50	24
5	医院住院部 设公用盥洗室 设公用盥洗室、沐浴室 设单独卫生间 医务人员 门诊部、诊疗所 疗养院、休养所住房部	 每床位每日 每床位每日 每床位每日 每人每班 每病人每次 每床位每日	 60～100 70～130 110～200 70～130 7～13 100～160	24 8 24
6	养老院	每床位每日	50～70	24
7	幼儿园、托儿所 有住宿 无住宿	 每儿童每日 每儿童每日	 20～40 10～15	 24 10
8	公共浴室 沐浴 沐浴、浴盆 桑拿浴（淋浴、按摩池）	 每顾客每次 每顾客每次 每顾客每次	 40～60 60～80 700～100	12
9	理发室、美容院	每顾客每次	10～15	12
10	洗衣室	每千克干衣	15～30	8
11	餐饮厅 营业餐厅 快餐店、职工及学生食堂 酒吧、咖啡厅、茶座、卡拉OK房	 每顾客每次 每顾客每次 每顾客每次	 15～20 7～10 3～8	 10～12 11 18
12	办公楼	每人每班	5～10	8
13	健身中心	每人每次	15～25	12

（续）

序号	建筑物名称	单位	最高日用水定额(L)	使用时间(h)
14	体育场(馆) 运动员淮河	每人每次	25～35	4
15	会议厅	每座位每次	2～3	4

注：热水温度按60℃计。

表7-2　卫生器具的一次和小时热水用水定额及水温

序号	卫生器具名称	一次用水量(L)	小时用水量(L)	使用水温(℃)
1	住宅、旅馆、别墅、宾馆			
	带有沐浴器的浴盆	150	300	40
	无沐浴澡的浴盆	125	250	40
	沐浴器	70～100	140～200	37～40
	洗脸盆、盥洗槽水嘴	3	30	30
	洗涤盆(池)	–	180	50
2	集体宿舍、招待所、培训中心沐浴器			
	有沐浴小间	70～100	210～300	37～40
	无沐浴小间	–	450	37～40
	盥洗槽水嘴	3～5	50～80	30
3	餐饮业			
	洗涤盆(池)	–	250	50
	洗脸盆：工作人员用	3	60	30
	顾客用	–	120	30
	沐浴器	40	400	37～40
4	幼儿园、托儿所			
	浴　盆：幼儿园	100	400	35
	托儿园	30	120	35
	沐浴器：幼儿园	30	180	35
	托儿所	15	90	35
	盥洗槽水嘴	15	25	30
	洗涤盆(池)	–	180	40
5	医院、疗养院、休养所			
	洗手盆	–	15～25	35
	洗涤盆(池)	–	300	50
	浴盆	125～150	250～300	40

（续）

序号	卫生器具名称	一次用水量（L）	小时用水量（L）	使用水温（℃）
6	公共浴室 浴盆 沐浴器：有沐浴小间 无沐浴小间 洗脸盆	 125 100～150 – 5	 250 200～300 450～540 50～80	40 37～40 37～40
7	办公楼、洗手盆	–	50～100	35
8	理发室、美容院、洗脸盆	–	35	35
9	实验室 洗脸盆 洗手盆	 – –	 60 15～25	 50 30
10	剧场 沐浴盆 演员用洗脸盆	 60 5	 200～400 80	37～40
11	体育场馆、沐浴器	30	300	35
12	工业企业生活间 沐浴器：一般车间 脏车间 洗脸盆或盥洗槽水嘴： 一般车间 脏车间	 40 60 3 5	 360～540 180～480 90～120 100～150	 37～40 40 30 35
13	净身器	10～15	120～180	30

注：一般车间指现行《工业企业设计卫生标准》中规定的3、4级卫生特征的车间，脏车间指该标准中规定的1、2级卫生特征的车间。

(2)热水供应系统

①热水供应系统的组成

比较完整的热水供应系统，通常由下列几部分组成：加热设备——锅炉、炉灶、太阳能热水器、各种热交换器等；热媒管网——蒸汽管或过热水管、凝结水管等；热水储存水箱——开式水箱或密闭水箱，热水储水箱可单独设置也可与加热设备合并，热水输配水管网与循环管网；其他设备和附件——循环水泵、各种器材和仪表、管道伸缩器等。

室内热水供应系统的选择和组成主要是根据建筑物用途，热源情况，热水用水量大小，用户对水质、水温及环境的要求等而定。

②热水供应的水温要求

生活所用热水的水温一般为25～60℃，考虑到给水系统中不可避免的热损失，水加热器的出水温度一般不高于75℃，但亦不应过低。水温过高，则管道容易结垢，也易发生人体烫伤事故；水温过低则不经济。

生产用热水的用量标准及水温，应按照各种生产工艺要求来确定。

③热水供应的水质要求

生产用热水应按生产工艺的不同要求制定；生活用热水水质，除应符合国家现行的《生活饮用水水质标准》要求外，冷水的碳酸盐硬度不宜超过5.4～7.2mg/L，以减少管道和设备结垢，提高系统热效率。

④热水供应系统的分类

室内热水供应系统按照其供应范围的大小，可分为局部、集中及区域性热水供应系统。

a. 局部热水供应系统的加热设备，一般设置在卫生用具的附近或单个房间内。冷水是在厨房炉灶、热水灶、煤气加热器、小型电加热器及小型太阳能热水器等设备中加热，只供给单个或几个配水点使用。

b. 集中热水供应系统是供给用水量大、层数较多的一幢或几幢建筑物所需要的热水。这种系统中的热水是由设备与建筑物内部或附近的锅炉房中的锅炉或热交换器加热的，并用管道输送到一幢建筑物或几幢建筑物内供用户使用。例如医院、旅馆、集体宿舍、宾馆及饭店等，建筑常设置集中热水供应系统。

c. 区域性热水供应系统一般是在城市或工业区有室外热力网的条件下采用的一种系统，每幢使用热水的建筑物可直接从热网取用热水或取用热媒使水加热。

上述3种类型的热水供应系统，以区域性热水供应系统热效率最高，因此，如条件允许，应该优先采用区域性热水供应系统。此外，如有余热或废热可以利用，则应尽可能利用余热或废热来加热水，以供用户使用。

(3)热水供应的系统方式

系统方式是指由工程实践总结出来的多种布置方案。只有掌握了热水系统各种方式的优缺点及适用条件，才能根据建筑物对热水供应的要求及热源情况选定合适的系统。

依据热水供应范围的不同，系统方式可以分为下述几种：

①局部热水供应系统

图7-15(a)是利用炉灶炉膛余热加热水的供应方式。这种方式适用于单户或单个房间(如卫生所的手术室)需用热水的建筑。它的基本组成有加热套筒或盘管、储水箱及配水管等三部分。选用这种方式要求卫生间尽量靠近设有炉灶的房间(如设有炉灶的厨房、开水间等)方可使装置及管道紧凑、热效率高。

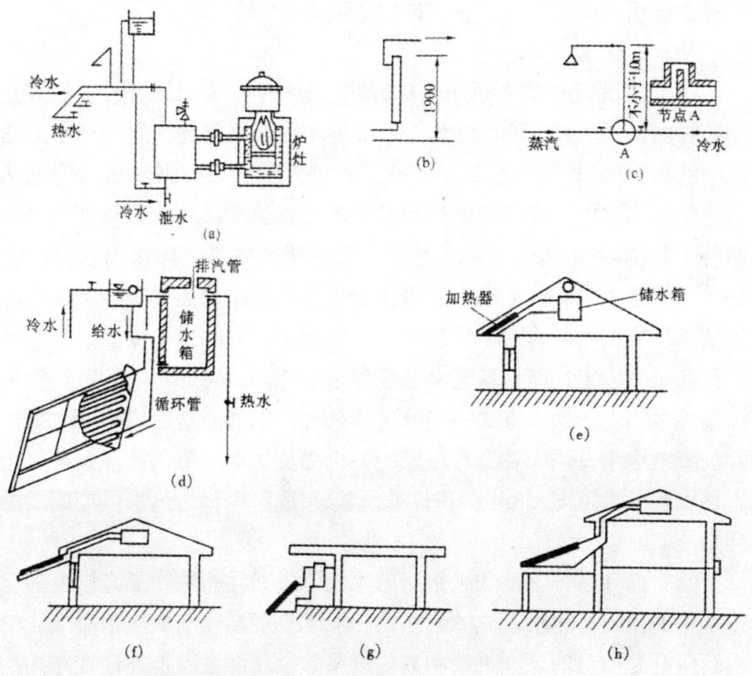

图7-15 局部热水供应方式

(a)炉灶加热；(b)小型单管快速加热；(c)汽、水直接混合加热；
(d)管式太阳能热水装置；(e)管式加热器在屋顶；(f)管式加热器充当窗户遮篷；
(g)管式加热器在地面上；(h)管式加热器在单层屋顶上

图7-15(b)、(c)为小型单管快速加热和汽水直接混合加热的方式。在室外有蒸汽管道，室内仅有少量卫生器具使用热水量，可以选用这种方式。小型单管快速加热用的蒸汽可利用高压蒸汽亦可利用低压蒸汽。采用高压蒸汽时，蒸汽的表压不宜超过0.25MPa，以避免发生意外的烫伤事故。混合加热一定要使用低于0.07MPa的低压锅炉。这两种局部热水系统的缺点是调节水温困难。

图7-15(d)为管式太阳能热水器的热水供应方式。它是利用太阳照向地球表面的辐射热，把保温箱内盘管(或排管)中的低温水加热后送到贮水箱(罐)以供使用。这是一种节约燃料、不污染环境的热水供应方式。在冬季日照时间短或阴雨天气时效果较差，需要备有其他热源和设备使水加热。太阳能热水器的管式加热器和热水箱可分别设置在屋顶上或屋顶下，亦可设在地面上[见图7-15(e)~(h)]。

②集中热水供应系统

图7-16为几种集中热水供应方式。其中(a)为干管下行上给式全循环管网方式。其工作原理为：锅炉生产的蒸汽经蒸汽管送到水加热器中的盘管(或排管)把冷水加热，从加热器上部引出配水干管把热水输配到用水点。为了保证热水温度而设置热水循环干管和立管。在循环干管(亦称回水管)末端用循环水泵把循环水引回水加热器继续加热，排管中的蒸汽凝结水经凝结水管排至凝结水池。凝结水池中的凝结水用凝结水泵再送至锅炉继续加热使用。有时为了保证系统正常运行和压力稳定，而在系统上部设置给水箱。这时，管网的透气管可以接到水箱上。这种方式一般分为两部分，一部分是由锅炉、水加热器、凝结水泵及热媒管道等组成的，也称热水供应第一循环系统。输送热水部分是由配水管道和循环管道等组成，也称为热水供应第二循环系统。

第二循环系统上部如果采用给水箱，应当在建筑物最高层上部设计水箱的位置。热水系统的给水箱一般宜设置在热水供应中心处。给水箱应有专门房间，亦可以和其他设备如供暖膨胀水箱等设置在同一房间。给水箱的容积应经计算决定。

第一循环系统的锅炉和加热器在有条件时，最好放在供暖锅炉房内，以便集中管理。

图7-16(b)为干管上行下给式全循环管网方式，这种方式一般适

用在五层以上，并且对热水温度的稳定性要求较高的建筑。这种系统因配、回水管高差大，往往可以不设循环水泵而能自然循环(必须经过水力计算)。采用这种方式的缺点是维护和检修管道不便。

图7-16(c)为干管下行上给式半循环管网方式，适用于对水温的稳定性要求不高的五层以下的建筑物，这种方式比下行上给式全循环方式节省管材。

图7-16(d)为不设循环管道的上行式管网方式，适用于浴室、生产车间等建筑物内。这种方式的优点是节省管材。缺点是每次供应热水前，需要排泄掉管中冷水。

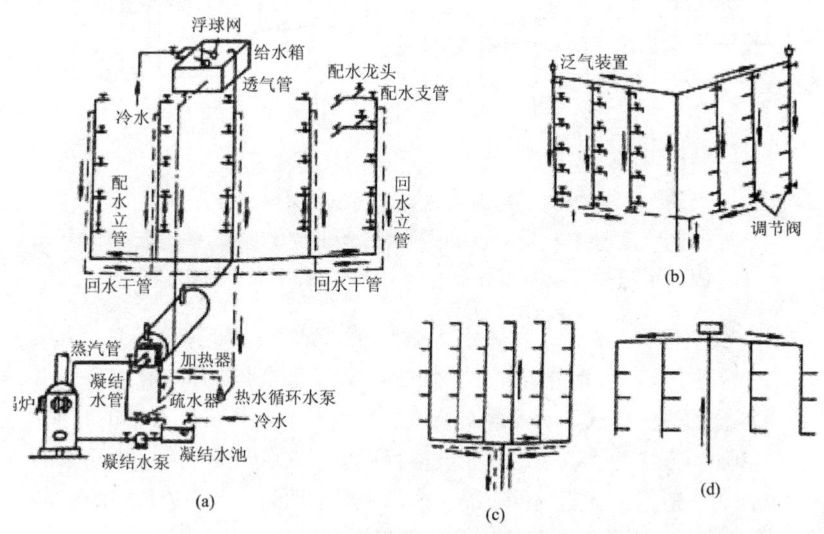

图7-16 集中热水供应方式

(a)下行上给式全循环管网；(b)上行下给式全循环管网；(c)下行上给式半循环管网；(d)不设循环的上行式管网

除上述几种方式以外，在定时供应热水系统中，也有采用不设循环管的干管下行上给管网方式。

上述集中热水供应方式中均为热媒与被加热水不直接混合。在条件允许时亦可采用热媒与被加热水直接混合或热源直接传热加热冷水，如图7-17所示。

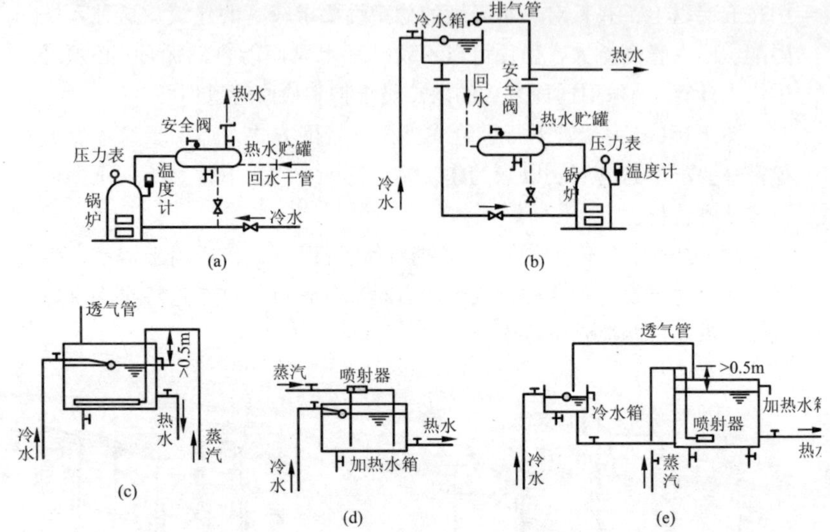

图 7-17　热源或热媒直接加热冷水方式

(a)热水锅炉配贮水罐；(b)冷水箱、热水锅炉配贮水罐；(c)多孔管蒸汽加热；(d)蒸汽喷射器加热(装在箱外)；(e)蒸汽喷射器加热(装在箱内)

图 7-17(a)及(b)为热水用锅炉把水加热；图 7-17(c)、(d)、(e)是用蒸汽和冷水混合加热，加热水箱兼起贮水作用。被用来和冷水混合加热的蒸汽，不得含有杂质、油质及对人体皮肤有害的物质。这种加热方式的优点是迅速、设备容积小。缺点是噪声大，凝结水不能回收，适用于有蒸汽供应的生产车间的生活间或独立的公共浴室。

7.2.2　室内热水管网布置及敷设

热水管网的布置与给水管网布置原则基本相同，一般多为明装，暗装不得埋于地面下，多敷设于地沟内、地下室顶部、建筑物最高层的顶板下或硕棚内、管道设备层内。设于地沟内的热水管应尽量与其他管道同沟敷设，地沟断面尺寸要与同沟敷设的管道统一考虑后确定。热水立管明装时，一般布置于卫生间内，暗装一般都设于管道井内。管道穿过墙和楼板时应设套管。穿过卫生间楼板的套管应高出室内地面 5 ~ 10cm，以避免地面的积水从套管渗入下层。配水立管始端与回水立管末端以及多于五个配水龙头的支管始端，均应设置阀门，以便于调节和检修。为了防止热水倒流或窜流，水加热器或热水罐上、机械循环的回水管上、直接加热混合器的冷、热水供水管上，都应装设止回阀。所有热水横管均应有不小于0.003的坡度，便于排气和泄水。为了避免热胀冷缩对管件或管道接头的破坏作用，热水干管应考虑自然补偿管道或装设足够的管道补偿器。在上行式配水干管的最高点应根据系统的要求设置排气装置，如自动放气阀、集气罐、排气管或膨胀水箱。管网系统最低点还应设置口径为(1/10～1/5)d的泄水阀式丝堵，以便检修时排泄系统的积水。

下行式回水立管的起端，应装在立管最高点以下0.5m处，以使热水中析出的气体不至于被循环水带回加热器或锅炉中。立管与水平干管的联结方法如图7-18所示，这样可以消除管道受热伸长时的各种影响。

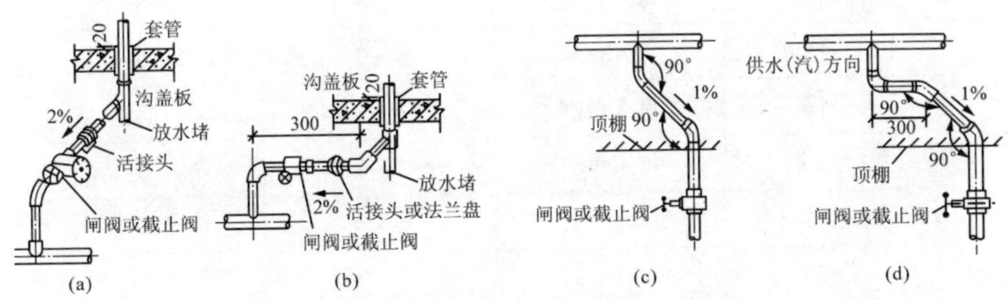

图7-18　热水立管与水平干管的连接方式

(a)连接方法(一)；(b)连接方法(二)；(c)连接方法(三)；(d)连接方法(四)

热水配水干管、贮水罐、水加热器一般均须保温，以减少热量损失。保温材料有石棉灰、泡沫混凝土、蛭石、硅藻土、矿渣棉等。管道保温层厚度要根据管道中热媒温度、管道保温层外表面温度及保温材料性质确定。

7.2.3　室内热水管网计算

热水系统计算包括第一循环系统计算及第二循环系统计算。前者的内容是选择热源、确定加热设备类型和热媒管道的管径。后者的内容包括确定配水及回水管道的直径、选择附件和器材等。现就第二循环系统管道计算要点作一介绍。

确定配水干管、立管及支管的直径，其计算方法与室内给水管道计算方法完全相同。仅在选择卫生器具给水额定流量时，应当选择一个阀开的配水龙头，使用热水管网水力计算表计算管道沿程水头损失。热水管中流速不宜大于1.2m/s。

循环管道的直径，一般可按照对应的配水管管径小一号来确定。

7.2.4 开水供应

(1)饮用开水量标准

室内饮水供应包括开水、凉开水和凉水供应三类。饮用开水量标准一般按用水单位制定(参见表7-3)。开水水温通常近100℃，其水质也应符合国家现行的《生活饮用水水质标准》的要求。

表7-3 饮水定额及小时变化系统

建筑物名称	单位	饮水定额(L)	K_h
热车间	每人每班	3～5	1.5
一般车间	每人每班	2～4	1.5
工厂生活间	每人每班	1～2	1.5
办公楼	每人每班	1～2	1.5
集体宿舍	每人每班	1～2	1.5
教学楼	每学生每日	1～2	2.0
医院	每病床每日	2～3	1.5
影剧院	每观众每场	0.2	1.0
招待所、旅馆	每客人每日	2～3	1.5
体育馆	每观众每场	0.2	1.0

注：小时变化系数是指饮水供应时间内的变化系数。

根据热源的具体情况，开水供应系统有分散制备和集中制备两种方式。旅馆等建筑内常采用分散制备方式，工厂车间多采用集中制备方式。

(2)开水制备

①分类

图7-19是利用蒸汽和水直接混合制备开水，采用这种设备一定要保证蒸汽质量与水混合后符合饮用水卫生要求。

图7-20、图7-21及图7-22为间接制备开水的方法。

图7-20是开水器设在楼层间的方式。适用于设有集中锅炉房的机关、学校、工厂等建筑物。优点是使用方便、维护管理简单。

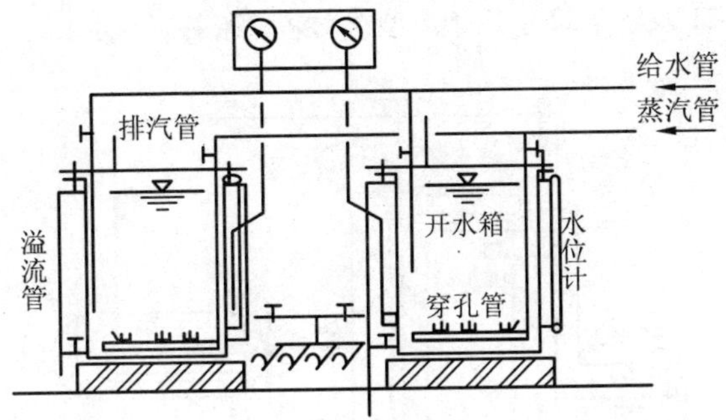

图 7-19 蒸汽与冷水混合制备开水

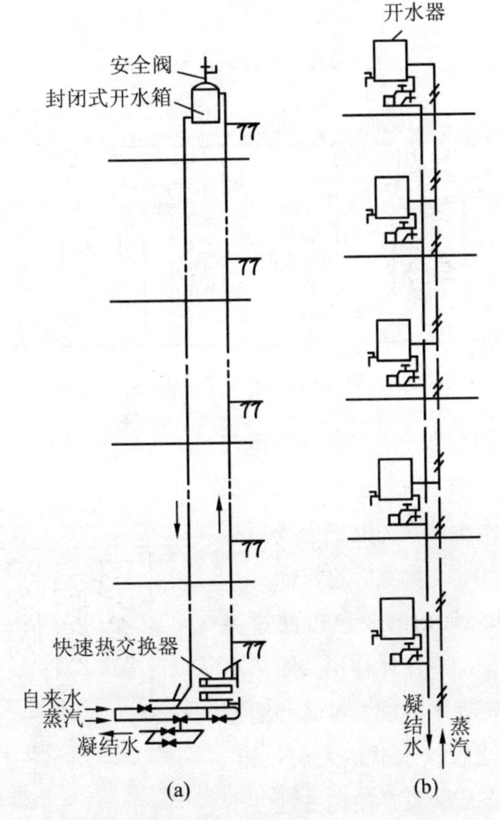

图 7-20 楼层间接制备开水方式

(a)底层集中制备开水；(b)每层分散设开水器

图 7-21 及图 7-22 适用于大型饮水站，兼备凉开水。

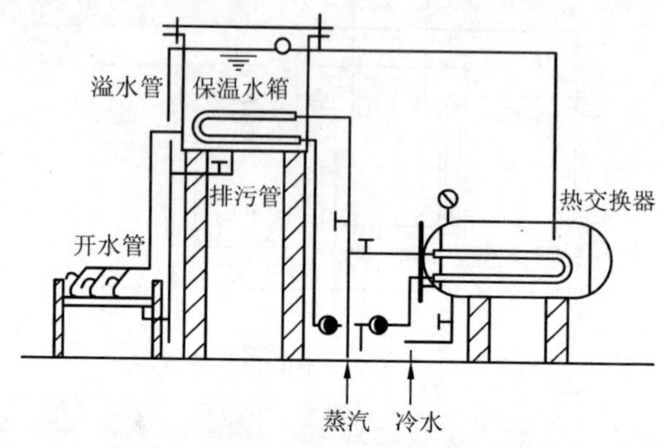

图 7-21 间接加热制备开水

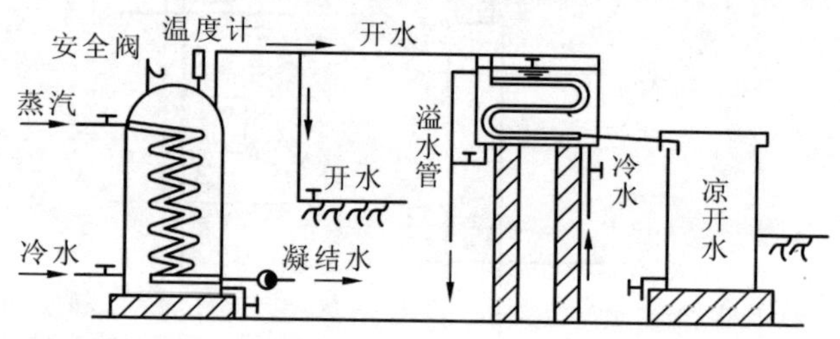

7-22 间接制备开水同时供应凉开水

制备饮用冷水一定要保证冷水符合卫生标准，主要措施是过滤和消毒。饮用冷水多用在公共集会场所如体育馆、车站、大剧院等建筑物。

图 7-23 为常用的一种砂滤过滤器，起截留微细悬浮体作用。图 7-24 为紫外线消毒饮水系统。过滤和消毒后的冷水，通过饮水器供人们饮用。开水供应设备应装设在使用方便、不受污染以及易于检修的地方。

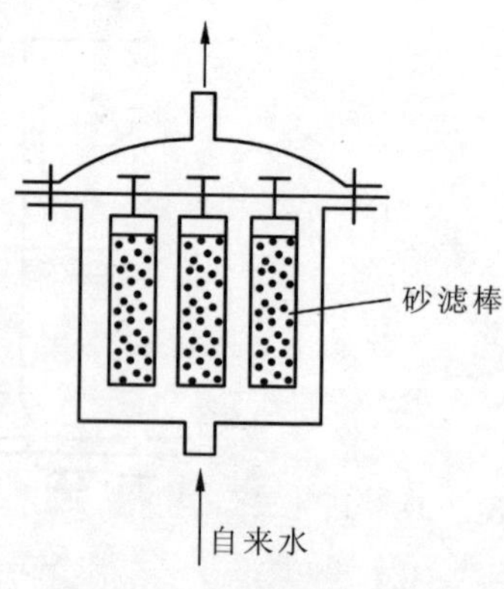

图 7-23 砂滤棒过滤器

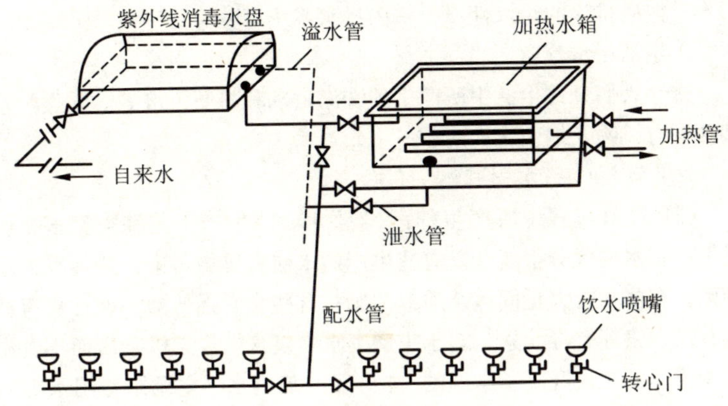

图 7-24 紫外线消毒饮水系统

②安装

开水锅炉或开水器均应装设溢水管(直径不小于 25mm)、泄水管(直径不小于 15mm)、通气管(直径不小于 32mm)。这些管道末端出口不得与排水管道直接连接，以保持卫生。蒸汽连续式开水炉的结构尺寸如表 7-4 所示。

表7-4 蒸汽连续式开水炉

型号	容积(L)	直径(mm)	高度(mm)	开水量(L/h)
Ⅰ	45	400	852	80
Ⅱ	74	500	926	127
Ⅲ	112	600	1008	210
Ⅳ	118	600	1040	245

开水管道一般采用明装，并应保温。管道常用镀锌钢管，零件及配件应采用镀锌、镀铬或铜制材料，以防铁锈污染水质。

开水供应的计算主要是确定饮用水总量、设计小时耗热量和设计秒流量，据此选择开水器、贮水器、开水炉设备容积和能力以及选定管径。

7.3 室内排水及建筑排水

7.3.1 室内排水系统的分类和污水排放条件

(1) 室内排水系统的分类

室内排水系统的任务是排除居住建筑、公共建筑和生产建筑内的污水。按所排除的污水性质，室内排水系统可分为：

①生活污水管道

排除人们日常生活中所产生的洗涤污水和粪便污水等。此类污水多含有有机物及细菌。

②生产污(废)水管道

排除生产过程中所产生的污(废)水。因生产工艺种类繁多，所以生产污水的成分很复杂。有些生产污水被有机物污染，并带有大量细菌；有些含有大量固体杂质或油脂；有些含有强的酸、碱性；有些含有氰、铬等有毒元素。对于生产废水中仅含少量无机杂质而不含有毒物质，或是仅升高了水温的(如一般冷却用水、空调制冷用水等)，经简单处理就可循环或重复使用。

③雨水管道

排除屋面雨水和融化的雪水。

上述三种污水是采用合流制还是分流制排除，要视污水的性质、室外排水系统的设置情况及污水的综合利用和处理情况而定。一般来说，生活粪便污水管道不与室内雨水管道合流，冷却系统的废水则可排入室内雨水道；被有机杂质污染的生产污水，可与生活粪便污水合流；至于含有大量固体杂质的污水、浓度较大的酸性污水和碱性污水及含有毒物或油脂的污水，则不仅要考虑设置独立的排水系统，而且要经局部处理达到国家规定的污水排放标准后，才允许排入城市排水管网。

(2)污水排放条件

直接排入城市排水管网的污水，应注意下列几点：

①污水温度不应高于40℃，因为水温过高会引起管子接头破坏造成漏水；

②要求污水基本上呈现中性(pH值为6~9)。浓度过高的酸碱污水排入城市下水道不仅对管道有侵蚀作用，而且会影响污水的进一步处理；

③污水中不应含有大量的固体杂质，以免在管道中沉淀而阻塞管道；

④污水中不允许含有大量汽油或油脂等易燃液体，以免在管道中产生易燃、爆炸和有毒气体；

⑤污水中不能含有毒物，以免伤害管道养护工作人员和影响污水的利用、处理和排放；

⑥对伤寒、痢疾、炭疽、结核、肝炎等病原体，必须严格消毒灭

除；对含有放射性物质的污水，应严格按照国家有关规定执行，以免危害农作物、污染环境和危害人民身体健康；

⑦排水体的污水应符合《工业企业设计卫生标准》的要求，利用污水进行农田灌溉时，亦应符合有关部门颁布的污水灌溉农田卫生管理的要求。

7.3.2 室内排水系统的组成

室内排水系统一般由卫生器具、排水横支管、立管、排出管、通气管、清通设备及某些特殊设备等组成，如图 7-25 所示。

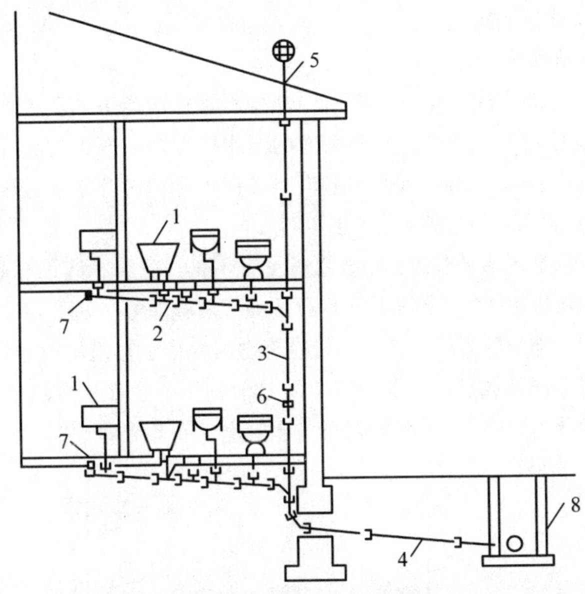

图 7-25 室内排水系统

1—卫生器具；2—横支管；3—立管；4—排出管；5—通气管；6—检查口；7—清扫口；8—检查井

(1) 卫生器具(或生产设备)

卫生器具是室内排水系统的起点，接纳各种污水后排入管网系统。污水从器具排出口经过存水弯和器具排水管流入横支管。

(2) 横支管

模支管的作用是把从各卫生器具排水管流来的污水排至立管。横支管应具有一定的坡度。

(3)立管

立管接受各横支管流来的污水，然后再排至排出管。为了保证污水畅通，立管管径不得小于50mm，也不应小于任何一根接入的横支管的管径。

(4)排出管

排出管是室内排水立管与室外排水检查井之间的连接管段，它接受一根或几根立管流来的污水并排至室外排水管网。排出管的管径不得小于与其连接的最大立管的管径，连接几根立管的排出管，其管径应由水力计算确定。

(5)通气管

通气管的作用：使污水在室内外排水管道中产生的臭气及有毒害的气体能排到大气中去；使管系内的污水排放时的压力变化尽量稳定并接近大气压力，因而可保护卫生器具存水弯内的存水不致因压力波动而被抽吸(负压时)或喷溅(正压时)。

对于层数不多的建筑，在排水横支管不长、卫生器具数不多的情况下，采取将排水立管上部延伸出屋顶的通气措施即可，见图7-26(a)。排水立管上延部分称为通气管。一般建筑物内的排水管道均设通气管，仅设一个卫生器具或虽接有几个卫生器具但共用一个存水弯的排水管道，以及建筑物内底层污水单独排除的排水管道，可不设通气管。

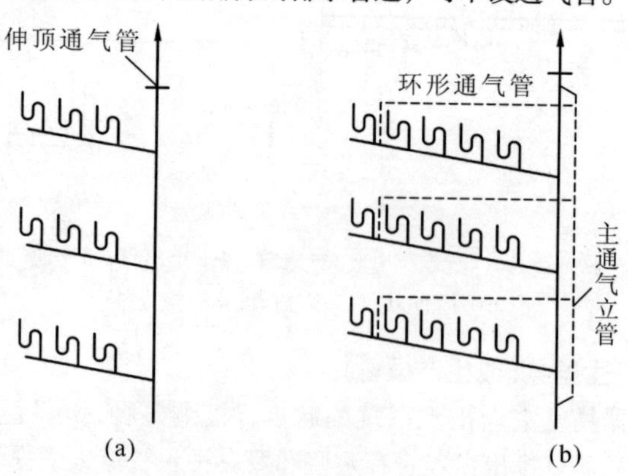

图7-26 通气管系

(a)排水立管上部延伸出屋面作排气管；

(b)除了把排水立管延伸出屋面作排气管外，还增设环形通气管

对于层数较多及高层建筑，由于立管较长而且卫生器具设置数量较多，可能同时排水的机会多，更易使管道内压力产生波动而将器具水封破坏，所以在多层及高层建筑中，除了伸顶通气管外，还应设环形通气管或主通气立管等，其简图如图 7-26(b)所示。

通气管的管径一般与排水立管管径相同或小一级，但在最冷月平均气温低于 -2℃ 的地区和没有采暖的房间内，从顶棚以下 0.15 ~ 0.2m 起，其管径应较立管管径大 50mm，以免管中因结冰霜而缩小或阻塞管道断面。

(6) 清通设备

为了疏通排水管道，在室内排水系统中，一般均需设置 3 种清通设备：检查口、清扫口、检查井。

检查口设在排水立管及较长的水平管段上，图 7-27 上所示为一个带有螺栓盖板的短管，清通时将盖板打开。其装设规定为立管上除建筑最高层及最低层必须设置外，可每隔二层设置一个，若为二层建筑，就可在底层设置。检查口的设置高度一般距地面 1m，并应高于该层卫生器具上边缘 0.15m。

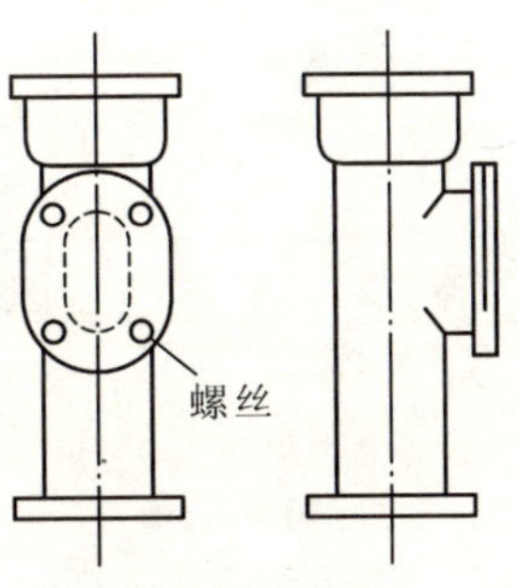

图 7-27 检查口

当悬吊在楼板下面的污水横管上有两个及两个以上的大便器或三个及三个以上的卫生器具时，应在横管的起端设置清扫口，如图 7-28 所示。也可采用带螺栓盖板的弯头、带堵头的三通配件作清扫口。

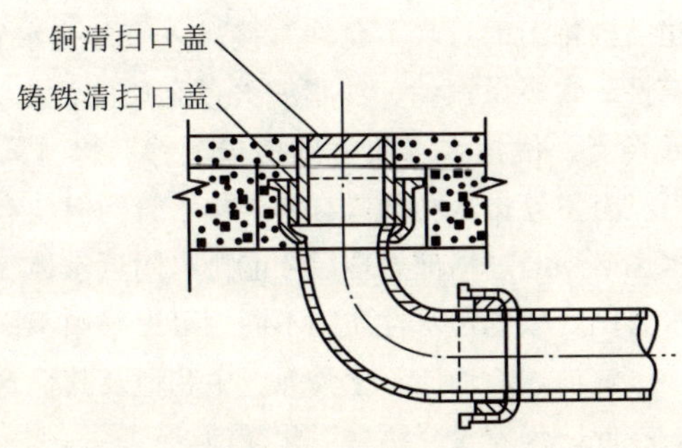

图 7-28 清扫口

对于不散发有害气体或大量蒸汽的工业废水的排水管道，在管道转弯、变径处和坡度改变及连接支管处，可以在建筑物内设检查井，其构造如图7-29所示。在直线管段上，排除生产废水时，检查井的距离不宜大于30m；排除生产污水时，检查井的距离不宜大于20m。对于生活污水排水管道，在建筑物内不宜设检查井。

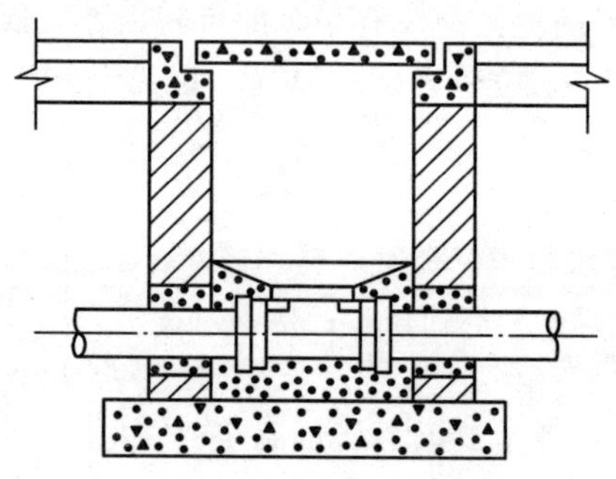

图7-29 室内检查井

(7)特殊设备

①污水抽升设备

在工业与民用建筑的地下室、人防地道和地下铁道等地下建筑物中，卫生器具的污水不能自流排至室外排水管道时，需设水泵和集水池等局部抽升设备，将污水抽送到室外排水管道中去，以保证生产的正常进行和保护环境卫生。

②污水局部处理设备

当个别建筑内排出的污水不允许直接排入室外排水管道时（如呈强酸性、强碱性、含多量汽油、油脂或大量杂质的污水），则要设置污水局部处理设备，使污水水质得到初步改善后再排入室外排水管道。此外，当没有室外排水管网或有室外排水管网但没有污水处理厂时，室内污水也必须经过局部处理后才能排入附近水体、渗入地下或排入室外排水管网。根据污水性质的不同，可以采用不同的污水局部处理设备，如沉淀池、除油池、化粪池、中和池及其他含毒污水的局部处理设备。在此，仅着重介绍一下化粪池。

化粪池的主要作用是使粪便沉淀并发酵腐化，污水在上部停留一定的时间后排走，沉淀在池底的粪便污泥经消化后定期清掏。尽管化粪池处理污水的程度很不完善，所排出的污水仍具有恶臭，但是在目前我国多数城镇还没有污水处理厂的情况下，化粪池的使用还是比较广泛的。

化粪池可采用砖、石或钢筋混凝土等材料砌筑，其中最常用的是砖砌化粪池。

化粪池的形式有圆形的和矩形的两种，通常多采用矩形化粪池。为了改善处理条件，较大的化粪池往往用带孔的间壁分为 2～3 隔间，如图 7-30 所示。

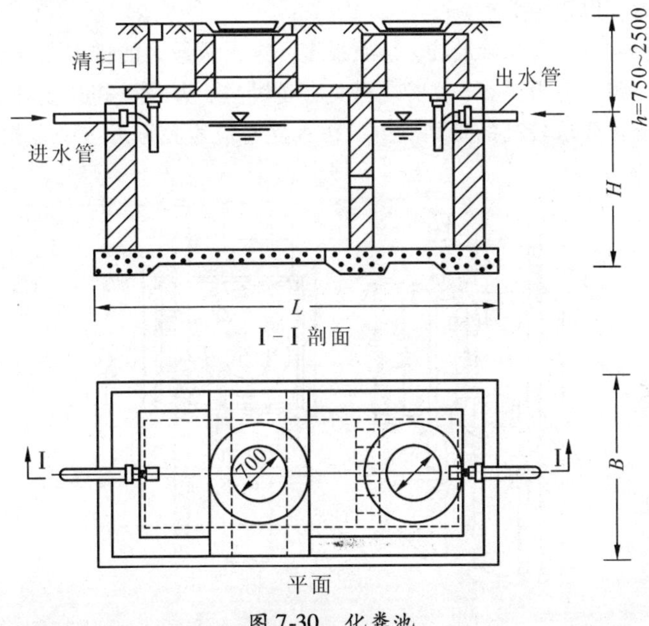

图 7-30 化粪池

化粪池多设置在庭院内建筑物背面靠近卫生间的地方，因在清理淘粪时不卫生、有臭气，不宜设在人们经常停留活动之处。化粪池池壁距建筑物外墙不宜小于 5m，如受条件限制，也可酌情减少，但不得影响建筑物基础。化粪池距离地下水取水构筑物不得小于 30m。池壁、池底应防止渗漏。

7.3.3 室内排水管网的布置和敷设

横支管的敷设位置，在底层时，可以埋设在地下，在楼层时，可以沿墙明装在地板上或悬吊在楼板下。当建筑有较高要求时，可采用暗装，将管道敷设在吊顶内，但必须考虑安装和检修的方便。

架空或悬吊横管不得布置在遇水后会引起损坏的原料、产品和设备的上方，不得布置在卧室内及厨房炉灶上方或布置在食品及贵重物品储藏室、变配电室、通风小室及空气处理室内，以保证安全和卫生。

横管不得穿越沉降缝、烟道、风道，并应避免穿越伸缩缝，必须穿越伸缩缝时，应采取相应的技术措施，如装伸缩接头等。

横支管不宜过长，以免落差过大，一般不得超过10m，并应尽量少转弯，以避免阻塞。

污水立管宜靠近最脏、杂质最多、排水量最大的排水点处设置，例如尽量靠近大便器。立管应避免穿越卧室、办公室和其他对卫生、环境噪声要求较高的房间。生活污水立管应避免靠近与卧室相邻的内墙。

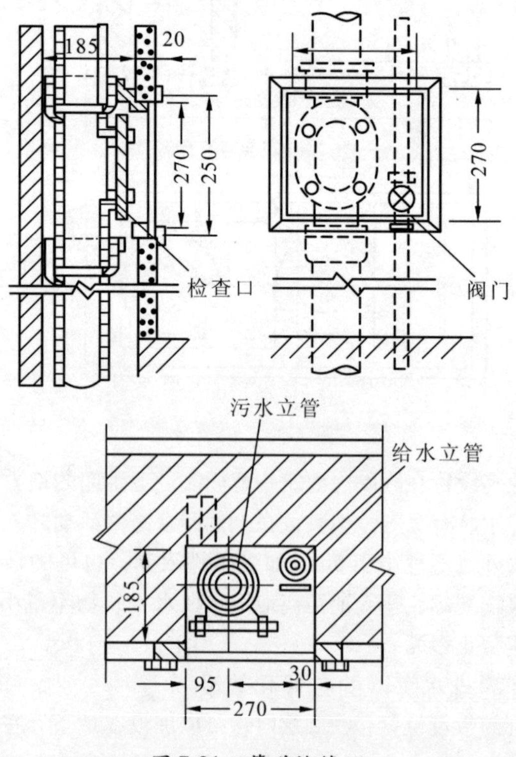

图7-31　管道检修门

立管一般布置在墙角明装，无冰冻危害地区亦可布置在墙外。当对建筑有较高要求时，可在管槽或管井内暗装。暗装时需考虑检修的方便，在检查口处设检修门，如图7-31所示。

排出管可埋在底层地下或悬吊在地下室的顶板下面。排出管的长度取决于室外排水检查井的位置。检查井的中心距建筑物外墙面一般为2.5~3m，不宜大于10m。

排出管与立管宜采用两个45°弯头连接，见图7-32。排出管穿越承重墙的基础时，应防止建筑物下沉压破管道，具体的措施同给水管道。

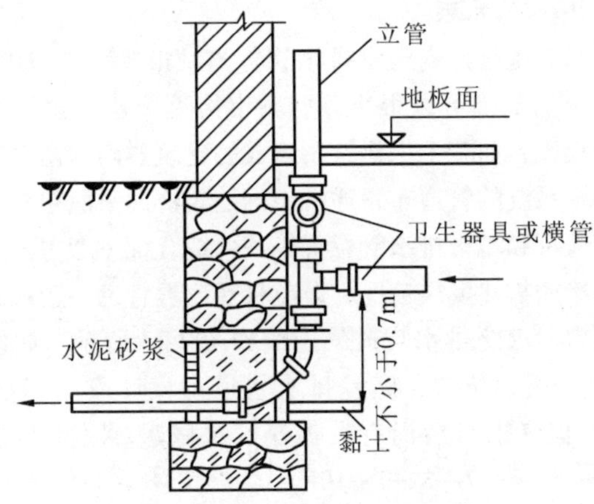

图7-32 排出管与立管的连接

排出管在穿越基础时，应预留孔洞，其大小为：当排出管直径d为50mm、75mm、100mm时，孔洞尺寸为300mm×300mm；当管径d大于100mm时，孔洞高为$(d+300)$mm，宽为$(d+200)$mm。

为防止机械破坏，在一般的厂房内排水管的最小埋深应按表7-5确定。

表7-5 生产厂房内排水管最小覆土深度

管材	地图至管顶的距离(m)	
	素土夯实、碎石、砾石、砖地面	水泥、混凝土地面
排水铸铁管	0.7	0.4
混凝土管	0.7	0.5
带釉陶土管	1.0	0.6

通气管高出屋面不得小于0.30m，且必须大于最大积雪厚度，以防止积雪覆盖通气口。对于平屋顶屋面，若有人经常逗留活动，则通气管应高出屋面2.0mm，并应根据防雷要求考虑设置防雷装置。在通气管出口4m以内有门窗时，通气管应高出门窗顶0.6m或引向无门窗的一侧。通气管出口不宜设在建筑物的挑出部分(如屋檐口、阳台、雨篷等)的下面，以免影响周围空气卫生。

通气管不得与建筑物的风道或烟道连接。通气管的顶端应装设网罩或风帽。通气管与屋面交接处应防止漏水。

7.3.4　庭院排水系统

庭院排水系统是室内污水排水管道与城市排水管道的连接部分。庭院排水系统的范围可以很小，如城市街道旁建筑物的室外排水管道，亦可以很大，如若干栋建筑物组成的建筑群内的排水管网。

庭院排水系统的管道布置通常根据建筑群的平面布置、房屋排出管的位置、地形和城市排水管位置等条件综合统一考虑。定线时应特别注意建筑物的扩建发展情况，以免日后改拆管道，造成施工及管理上的返工浪费。庭院排水管道的定线如图7-33所示，如按新建房屋及城市排水管道的位置，庭院排水管道可设计成1—2—3—4—5—$6K_1$的线路，但考虑日后尚有一栋建筑拟修建，因此应改线设计成1—2—3—4—5—6—7—8—9—$10K_2$。

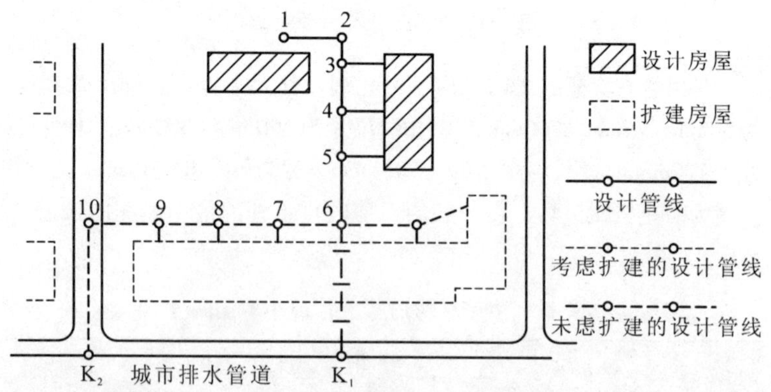

图7-33　庭院排水管道定线

庭院排水管道通常埋设在屋内设有卫生间、厨房的一侧，以减少房屋排出管的长度。庭院排水管道宜沿建筑物平行敷设，在与房屋排出管交接处应设排水检查井。管道或排水检查井中心至建筑物外墙面的距离不宜少于0.5～3m。

庭院排水管道应以最小埋深敷设，以利减少城市排水管的埋设深度。影响室外排水管道埋深的因素有三个：①房屋排出管的埋深；②土壤冰冻的深度；③管顶所受动荷载的情况。一般应尽量将室外排水管道埋设在绿化草地或其上不通行车辆的地段。在我国南方地区，若管道埋设处无车辆通行，则管顶覆土厚度为0.3m即可；有车辆通行时，管顶至少要有0.7m的覆土厚度；在北方地区，则应受当地冰冻线控制。

庭院排水管道多采用陶土管或水泥管，用水泥砂浆接头，最小管径采用150mm。

在排水管道交接处，管径、管坡及管道方向改变处均需设置排水检查井，在较长的直线管段上，亦需设置排水检查井，检查井的间距约为40m，排水检查井一般都采用砖砌，钢筋混凝土井盖，如图7-34所示。

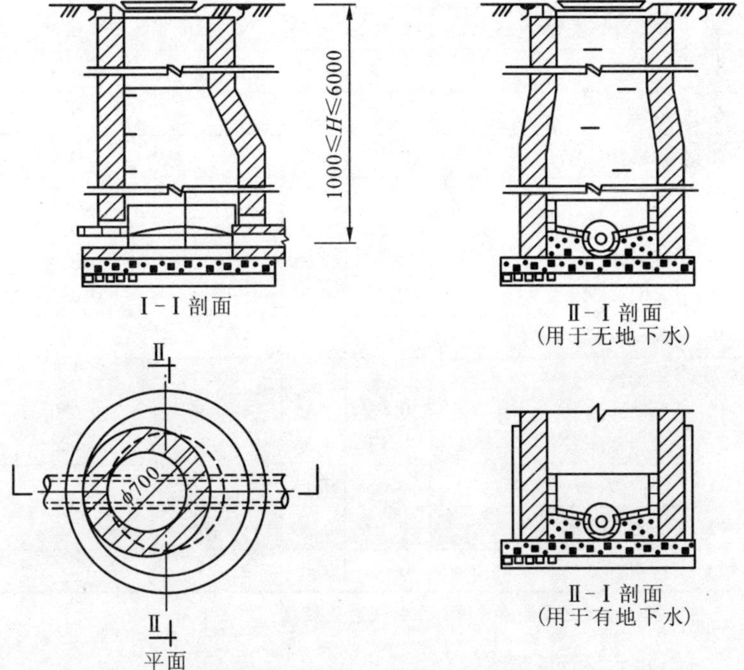

图7-34　室外排水检查井

7.3.5 室内排水管道的计算

(1)排水量标准

每人每日排出的生活污水量和用水量一样，是与气候、建筑物卫生设备的完善程度以及生活习惯等因素有关的。生活污水排水量标准和时间变化系数，一般采用生活用水量标准和时间变化系数。生产污(废)水排水量标准和时间变化系数应按工艺要求确定。

各种卫生器具的排水量、当量、排水管管径及管道的最小坡度见表7-6。

表7-6 卫生器具的排水量、当量、排水管管径和管道的最小管径

序号	卫生器具名称	排水量(L/S)	当量	排水管管径(mm)	管道的最小坡度
1	污水盆(池)	0.33	1.0	50	0.025
2	单格洗涤盆(池)	0.67	2.0	50	0.025
3	双格洗涤盆(池)	1.00	3.0	50	0.025
4	洗手盆、洗脸盆(无塞)	0.10	0.3	32~50	0.020
5	洗手盆(有塞)	0.25	0.75	32~50	0.020
6	浴盆	0.67	2.0	50	0.020
7	淋浴盆	0.15	0.45	50	0.020
8	大便器 高水箱 低水箱 自闭式冲洗阀	 1.5 2.0 1.5	 4.50 6.00 4.50	 100 100 100	 0.012 0.012 0.012
9	大便槽(每蹲位)	1.5	4.50		
10	小便器 手动冲洗阀 自动冲洗水箱	 0.05 0.17	 0.15 0.50	 40~50 40~50	 0.020 0.020
11	小便槽(每米长)	0.05	0.15		
12	妇女卫生盆	0.10	0.30	40~50	0.020
13	饮水器	0.05	0.15	25~50	0.010~0.020

注：排水管管径是指存水弯以下的支管管径。

(2)排水设计流量

在确定室内排水管的管径及坡度之前，首先必须确定各管段中的排水设计流量。对于某个管段来讲，它的设计流量和它所接入的卫生器具的类型、数量、同时使用百分数及卫生器具排水量等有关。为了计算方便，和室内给水一样，卫生器具的排水量也以当量表示。与一个排水当量相当的排水量为0.33L/S(参阅表7-6)。

(3)水力计算

排水管管道水力计算的目的是根据排水设计流量，确定排水管的管径和管道坡度，以使管系能正常地工作。

根据生活污水含杂质多、排水量大而急等特点，为了防止管道阻塞，对生活污水管道的最小管径作了如下的规定：除了单个的饮水器、洗脸盆、浴盆和下身盆等排泄较洁净污水的卫生器具排出管允许采用小于50mm的钢管外，其余室内排水管管径均不得小于50mm；对于排泄含大量油脂、泥砂杂质的公共食堂排水管、干管管径不得小于100mm，支管不得小于75mm；对于含有棉花球、纱布杂物的医院住院部卫生间内洗涤盆或污水池的排水管以及易结污垢的小便槽排水管等，管径不得小于75mm，对于连接有大便器的管段，即使仅有一个大便器，其管径仍应不小于100mm；对于大便槽的排出管，管径应不小于150mm。

为确保排水系统在良好的水力条件下工作，排水横管应满足下述三个水力要素的规定：

①管道充满度

管道充满度表示管道内的水深 h 与其管径 d 的比值。在重力流的排水管中，污水应在非满流的情况下排除，管道上部未充满水流的空间的作用是使污(废)水中的有害气体能经过通气管排走，或容纳未被估计到的高峰流量。排水管道的最大计算充满度应满足表7-7的规定。

表7-7 排水管道的最大计算充满度

排水管道名称	管径(mm)	最大计算充满度(h/d)
生活污水管道	150~200 ≤12	0.5 0.6
生产废水管道	50~75 100~150 ≥200	0.6 0.7 1.0

（续）

排水管道名称	管径(mm)	最大计算充满度(h/d)
生产污水管道	50~75 100~150 ≥200	0.6 0.7 0.8

注：1）生活污水管道，在短时间内排泄大量洗涤污水时（如浴室、洗衣房污水），可按满流计算；

2）生产废水和雨水合流的排水管道，可按地下雨水管道的设计充满度计算。

②管道流速

为防止管壁因受污水中坚硬杂质高速流动的摩擦和防止过大的水流冲击而损坏，排水管应有最大允许流速的规定，各种管材的排水管道最大允许流速列于表7-8中。

表7-8　排水管道最大允许流速值　(m/s)

管道材料	生活污水	含有杂质的工业废水、雨水
金属管	7.0	10.0
陶土及陶瓷管	5.0	7.0
混凝土及石棉水泥管	4.0	7.0

污（废）水在管道内的流速对于排水管道的正常工作有很大影响。为使污水中的悬浮杂质不致沉淀在管底，并且使水流能及时冲刷管壁上的污物，管道流速必须有一个最小的保证值，这个流速称为自清流速。表7-9为各种管道在设计充满度下的自清流速。

表7-9　各种排水管道的自清流速

管渠类别(mm)	生活污水管道			明渠	雨水道及合流制排水管道
	$d<150$	$d=150$	$d=200$		
自清流速(m/s)	0.60	0.65	0.70	0.40	0.75

③管道坡度

排水管道的敷设坡度应满足流速和充满度的要求，一般情况下应采用标准坡度，管道的最大坡度不得大于0.15。生活污水和工业废水的标准坡度和最小坡度可按表7-10选用。

表7-10 排水管道标准坡度和最小坡度

管径(mm)	工业废水(最小坡度)		生活污水	
	生产废水	生产污水	标准坡度	最小坡度
50	0.020	0.030	0.035	0.025
75	0.015	0.020	0.025	0.015
100	0.008	0.012	0.020	0.012
125	0.006	0.010	0.015	0.010
150	0.005	0.006	0.010	0.007
200	0.004	0.004	0.008	0.005
250	0.035	0.035	-	-
300	0.030	0.003	-	-

为了简化计算，根据上面所介绍的水力计算公式并按不同的管道粗糙系数计算编制成各种水力计算表，这样就可按所算得的排水设计流量方便地查出排水管所需的管径和坡度。

④化粪池的选用

化粪池的容积及尺寸，通常需根据使用人数、每人每日的排水量标准、污水在池中的停留时间和污泥的清掏周期等因素通过计算决定。我国现行的《给水排水标准图集》制订了有效容积为 4 ~ 100m^3 的砖砌和钢筋混凝土矩形及圆形化粪池，可供设计时选用。各种型号化粪池的容积、尺寸及适用人数见表 7-11。

表7-11 国家标准图集各号砖砌化粪池容积、尺寸及使用人数

化粪池型号(无地下水)	有效容积(m^3)	尺寸(m)			实际使用人数
		长(L)	宽(B)	高(H)	
Ⅰ	3.75	5.05	1.69	1.85	120 以下
Ⅱ	6.25	5.33	1.94	2.05	120 ~ 200
Ⅲ	12.50	5.46	2.44	2.60	200 ~ 400
Ⅳ	20.0	6.31	3.44	2.20	400 ~ 600
Ⅴ	30.0	6.48	3.44	3.05	600 ~ 800
Ⅵ	40.0	8.08	3.44	3.05	800 ~ 1100
Ⅶ	50.0	9.68	3.44	3.05	1100 ~ 1400

按国标图集选用单栋建筑物的化粪池时，实际使用卫生设备的人数并不完全等于使用建筑物的总人数，实际使用的人数与总人数的百分比，根据建筑物的性质规定如下：

a. 医院、疗养院、幼儿园（有住宿）等一类建筑，因病员、休养员和儿童全天生活在内，故百分比为100%；

b. 住宅、集体宿舍旅馆一类建筑中，人员在其中逗留时间约为16h，故采用70%；

c. 办公楼、教学楼、工业企业生活间等工作场所，职工在其内工作时间为8h，故采用40%；

d. 公共食堂、影剧院、体育场等建筑，人们在其中逗留时间约2～3h，故采用10%。

7.3.6 屋面雨水排放

降落在建筑物屋面的雨水和融化的雪水，必须妥善地予以迅速排除，以免造成屋面积水、漏水，影响生活及生产。屋面雨水的排除方式，一般可分为外排水和内排水两种。根据建筑结构形式、气候条件及生产使用要求，在技术经济合理的情况下，屋面雨水应尽量采用外排水系统排水。

(1)外排水系统

①檐沟外排水（水落管外排水）

对一般的居住建筑、屋面面积较小的公共建筑及单跨的工业建筑，雨水多采用屋面檐沟汇集，然后流人外墙的水落管排至屋墙边地面或明沟内。若排入明沟，再经雨水口、连接管引到雨水检查井，如图7-35所示。水落管多用镀锌铁皮制成，截面为矩形或半圆形，其断面尺寸约为100mm×80mm或120mm×80mm；也有用石棉水泥管的，但其下段极易因碰撞而破裂，故使用时，其下部距地1m高应考虑保护措施（多用水泥砂浆抹面）。工业厂房的水落管也可用铸铁管，管径为100mm或150mm。水落管的间距在民用建筑中约为12～16m，在工业建筑中约为18～24m。

②长天沟外排水

在多跨的工业厂房，中间跨屋面雨水的排除，过去常设计为内排水系统，这样在经济上增加了投资，在使用过程中常有检查井冒水的现象。因此，近年来，国内对多跨厂房常采用长天沟外排水的方式。

这种排水方式的优点是可消除厂房内部检查井冒水的问题，而且具有节约投资、节省金属、施工简便(不需搭架安装悬吊管道等)以及为厂区雨水系统提供明沟排水或减少管道埋深等优点。但若设计不善或施工质量不佳，将会发生天沟渗漏的问题。

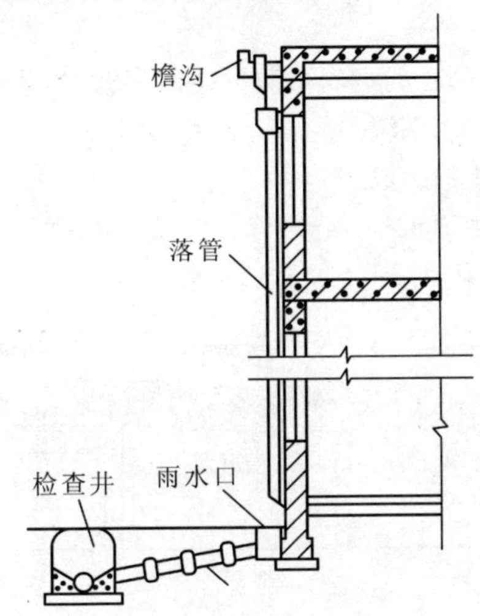

图 7-35　檐沟外排水

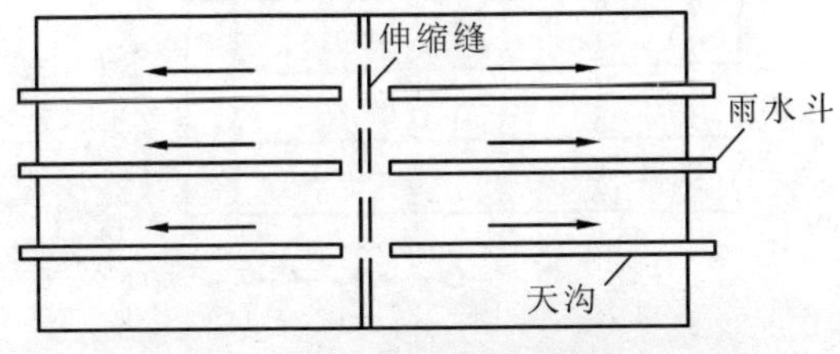

图 7-36　天沟布置示意图

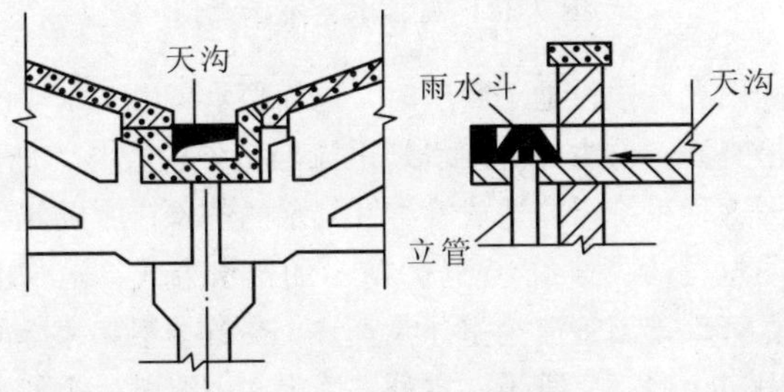

图 7-37　天沟与雨水管连接

图 7-36 是长天沟布置示意图，天沟以伸缩缝为分水线坡向两端，其坡度不小于 0. 005m，天沟伸出山墙 0. 4m。关于雨水斗及雨水立管的构造与安装，如图 7-37 所示。

在寒冷地区，设置天沟时雨水立管也可设在室内。

(2) 内排水系统

对于大面积建筑屋面及多跨的工业厂房，当采用外排水有困难时，可以采用内排水系统。

①内排水系统的组成

内排水系统由雨水斗、悬吊管、立管、地下雨水沟管及清通设备等组成。图 7-38 为内排水系统构造示意图。

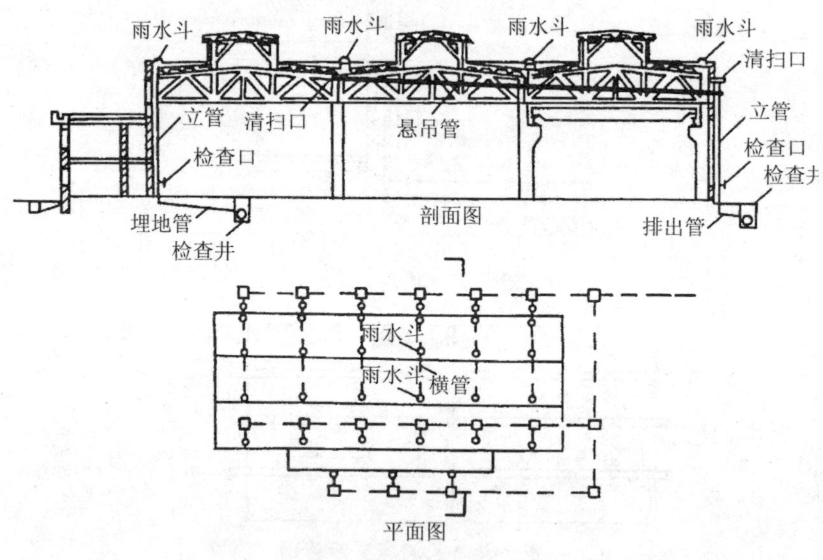

图 7-38 内排水系统示意图

当车间内允许敷设地下管道时，屋面雨水可由雨水斗经立管直接流入室内检查井，再由地下雨水管道流至室外检查井，如图 7-38(a)所示。但因这种系统可能造成检查井冒水的现象，所以此种方法采用较少，应尽量设计成如图 7-38(b)所示的排水方式，雨水由雨水斗经悬吊管、立管、排出管流至室外检查井。在冬季不甚寒冷的地区，可将悬吊管引出山墙，立管设在室外，固定在山墙上，类似天沟外排水的处理方法。

②内排水系统的布置和安装

a. 雨水斗：雨水斗的作用是迅速地排除屋面雨雪水，并能将粗大杂物拦阻下来。为此，要求选用导水通畅、水流平稳、通过流量大、天沟水位低、水流中掺气量小的雨水斗。目前，我国常用的雨水斗有65型、64-Ⅰ型和64-Ⅱ型等，其中，以65型雨水斗的性能最好，因此推荐采用。图7-39为雨水斗组合图。

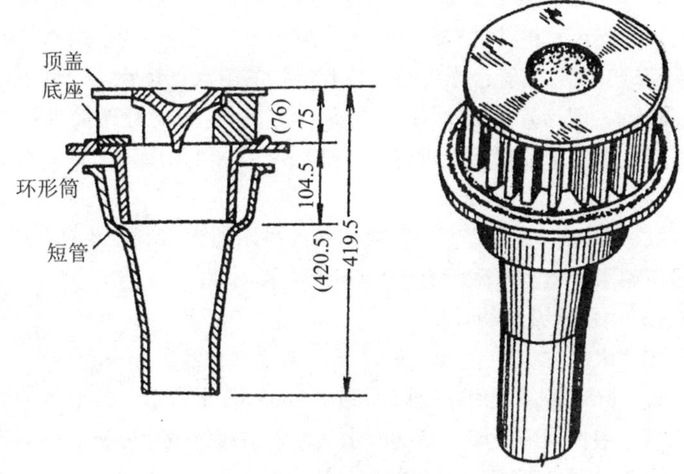

图7-39 雨水斗组合图

雨水斗布置的位置要考虑集水面积比较均匀和便于与悬吊管及雨水立管的连接，以确保雨水能通畅流入。布置雨水斗时，应以伸缩缝或沉降缝作为屋面排水分水线，否则，应在该缝的两侧各设一个雨水斗。雨水斗的位置不要太靠近变形缝，以免遇暴雨时，天沟水位涨高，从变形缝上部流入车间内。雨水斗的间距除按计算外，还应考虑建筑物的构造柱子布置等特点而决定。在工业厂房中，间距一般采用12m、18m、24m，通常采用100mm口径的雨水斗。

b. 悬吊管：在工业厂房中，悬吊管常固定在厂房的桁架上，为便于经常性的维修清通，悬吊管需有不小于0.003的管坡坡向立管。悬吊管管径不得小于雨水斗连接管的管径。当管径小于或等于150mm，长度超过15m时，或管径为200mm，长度超过20m时均应设置检查口。悬吊管应避免从不允许有滴水的生产设备的上方通过。

悬吊管在实际工作中为压力流，因此管材应采用给水铸铁管，石棉水泥接口。

c. 立管：雨水立管一般直沿墙壁或柱子明装。立管上应装设检查口，检查口中心至地面的高度一般为1m。立管管径应由计算确定，但不得小于与其连接的悬吊管的管径。雨水立管一般采用铸铁管，用石棉水泥接口。在可能受到振动的地方采用焊接钢管，焊接接口。

d. 地下雨水管道：地下雨水管道接纳各立管流来的雨水及较洁净的生产废水并将其排至室外雨水管道中去。厂房内地下雨水管道大都采用暗管式，其管径不得小于与其连接的雨水立管管径，也不得大于600mm，因为管径太大时，埋深会增加，与旁支管连接也会更困难。埋地管常用混凝土管或钢筋混凝土管，也可采用陶土管或石棉水泥管等。

在车间内，当敷设暗管受到限制或采用明沟有利于生产工艺时，则地下雨水管道也可采用有盖板的明沟排水。

(3)内排水系统的计算

①降水量

设计降水量一般用小时降水强度(mm/h)来表示。各地区的设计降水量是根据当地长期记录的降水气象资料通过数理分析而推算出来的。表7-12为我国部分城市的设计降水量(重现期0=1)。

表7-12　我国部分城市的设计降水量

城市名称	北京	天津	上海	哈尔滨	长春	太原	济南	银川	天水	杭州	南京	广州	福州	南昌	长沙	汉口	郑州	南宁	成都	重庆	昆明	贵阳
降水量 h (mm/h)	128	119	126	101	120	101	103	41	70	166	79	186	141	167	120	125	120	142	111	111	113	107

②雨水斗的集水面积

雨水斗的排水能力与雨水斗前(天沟内)的水深和降水量大小有关。雨水斗前积水深，根据试验以及考虑建筑物屋面情况，一般采用60mm、80mm、100mm为宜，在具体设计中需按屋面形式、建筑物的重要性及当地实际情况酌情采用。表7-13为一个65型雨水斗最大允许集水面积的计算表，可供查用。

表7-13 一个65 型雨水斗的最大允许集水面积

天沟水深 h_g (cm)	降水量 h(mm/h)											
	50	60	70	80	90	100	110	120	140	160	180	200
6	665	537	461	403	358	322	293	269	230	202	179	161
8	1528	1274	1092	995	849	764	695	637	546	478	425	382
10	2412	2010	1723	1507	1340	1206	1096	1005	861	754	670	603

③架空管系管径的确定

架空管系是指雨水连接管(连接雨水斗和悬吊管的管段)、悬吊管、立管和引出管(立管至第一个雨水检查井之地下管段)各管段的总称。在工作时，整个管系处于密闭状态，管内水流为压力流。其排泄雨水的流量随天沟水深(雨水斗前水深)、天沟高度(自雨水斗至引出管的几何高差)、各管段长度和管径、雨水斗数量以及布置形式而变动。内排水系统中，一般采用单斗、单悬吊管及单立管排水。允许时，一根悬吊管及立管最多可连接4 个雨水斗。图7-40 为单斗系统示意图。

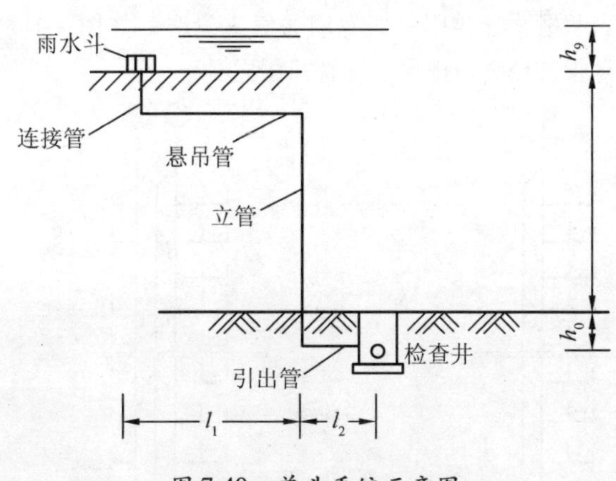

图 7-40 单斗系统示意图

④埋地横管管径的确定

埋地横管是指起点在检查井以后的地下雨水管道，最小坡度可按表 7-10 中的生产废水最小坡度确定。参照该表中所规定的坡度范围数值，并根据所承纳的集水面积确定。

7.3.7　高层建筑室内排水系统的特点

(1)排水系统

建筑物内部生活污水，按其污染性质可分为两种：一种是粪便污水；另一种为盥洗、洗涤污水。这两种污水可分流或合流排出。

近年来，在水资源紧张地区兴建的高层建筑和小区建筑群，为了节约用水，有的建筑物把洗涤污水进行中水处理作为冲洗粪便用水。这样，为综合利用水资源创造条件，高层建筑生活污水可采用分流排水系统。

(2)高层建筑排水方式

高层建筑排水立管长、排水量大，立管内气压波动大。排水系统功能的好坏很大程度上取决于排水管道通气系统是否合理，这也是高层建筑排水系统的特点之一。

①设通气管的排水系统

当层数在10层及10层以上且承担的设计排水流量超过排水立管允许负荷时，应设置专用通气立管。如图7-41所示，排水立管与专用通气立管每隔两层用斜三通相连接。图7-41(a)为合流排放专用通气立管。当两根立管共用一根专用通气立管时，如图7-41(b)所示，专用通气立管管径应与排水立管管径相同。

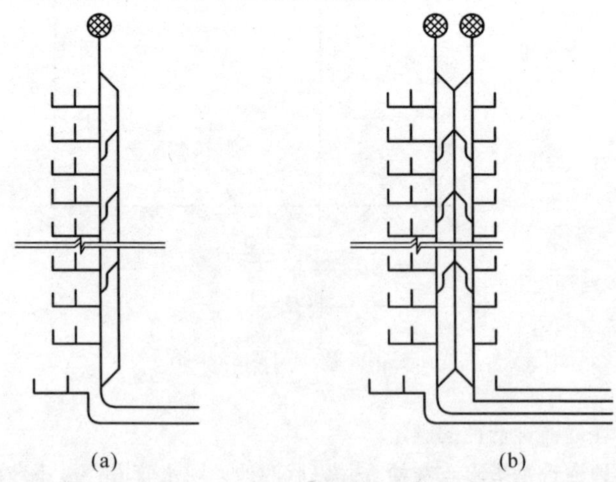

图7-41　专用通气立管系统

(a)合流排放专用通气立管；(b)两根立管共用一根专用通气立管

对于使用要求较高的建筑和高层公共建筑亦可设置环形通气管、主通气立管或副通气立管。对卫生、噪声要求较高的建筑物内，生活污水管道宜设器具通气管，如图 7-42 所示。

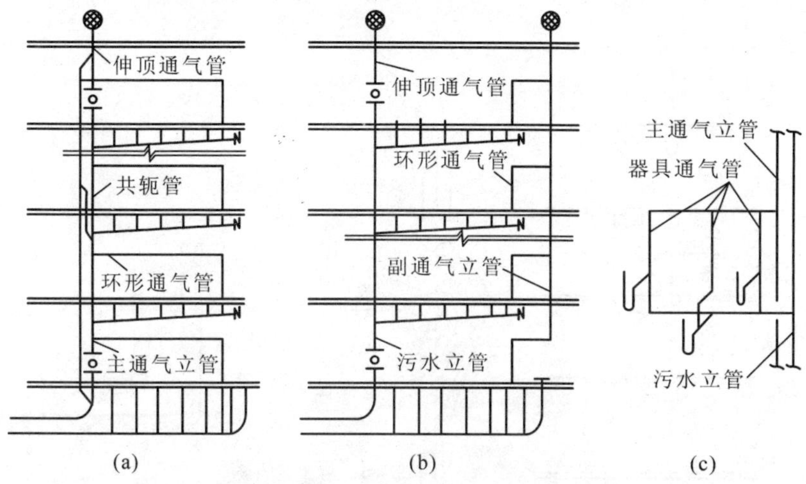

图 7-42　辅助通气排水系统

(a)设环形通气管的通气排水系统；(b)加设利用通气立管的通气排水系统；(c)设器具通气管的通气排水系统

通气管管径应根据排水管负荷、管道长度确定，一般不小于排水管管径的 1/2，其最小管径可按表 7-14 确定。

表7-14　通气管管径　(mm)

污水管管径	32	40	50	75	100	150
器具通气管	32	32	32		50	
环形通气管			32	40	50	
通气立管管径			40	50	75	100

②苏维脱排水系统

如图 7-43(a)苏维脱排水系统，系统有两个特殊部件，气水混合器和气水分离器。

a. 气水混合器：如图 7-43(b)所示，气水混合器为一长 80cm 的连接配件，装置在立管与每根横支管相接处，气水混合器有三个方向可接入横支管，混合器的内部有一隔板，隔板上部有约 1cm 高的孔隙，隔板的设置使横支管排出的污水仅在混合器内右半部形成水塞，此水塞通过隔板上部的孔隙从立管补气并同时下降，降至隔板下，水塞立即被破坏而呈膜流沿立管流下。

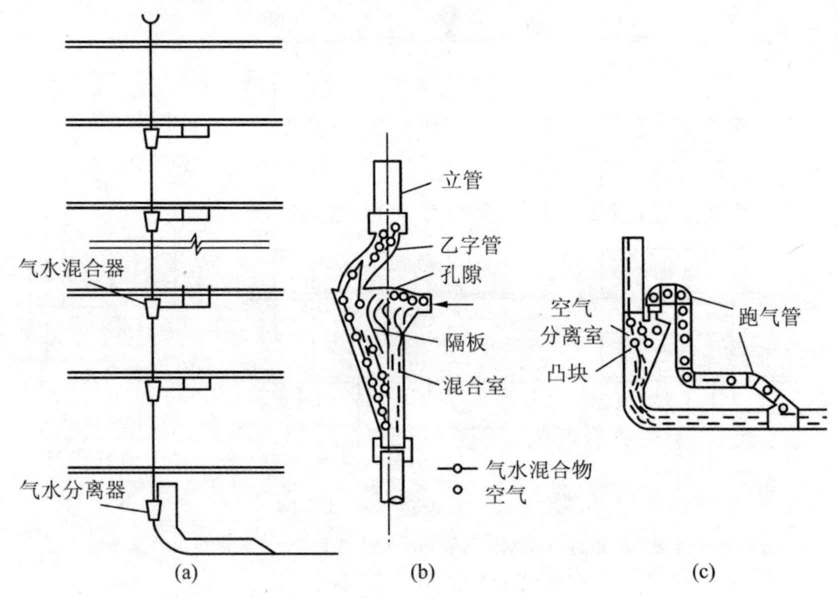

图 7-43 苏维脱排水系统

(a)两个特殊部件；(b)气水混合器；(c)气水分离器

b. 气水分离器：如图 7-43(c)所示，气水分离器装置在立管底部转弯处。沿立管流下的气水混合物遇到分离器内部的凸块后被溅散，从而分离出气体(约 70% 以上)、减少了污水的体积，降低了流速，使空气不致在转弯处受阻；另外，还将分离出来的气体用一根跑气管引到干管的下游(或返向上部立管中去)，这就达到了防止立管底部产生过大正压的目的。苏维脱排水系统有减少立管气压波动，保证排水系统正常使用、施工方便、工程造价低等优点。

③空气芯水膜旋流排水立管系统

空气芯水膜旋流排水立管系统如图 7-44 所示，这种排水系统包括两个特殊的配件。

a. 旋流连接配件：旋流连接配件的构造如图 7-44(b)所示，接头中的固定式叶片，能使立管中下落的水流或横支管中流入的水流，沿管壁旋转而下，使立管从上至下形成一条空气芯，由于空气芯的存在，使立管内的压力变化很小，从而避免了水封被破坏，提高了立管的排水能力。

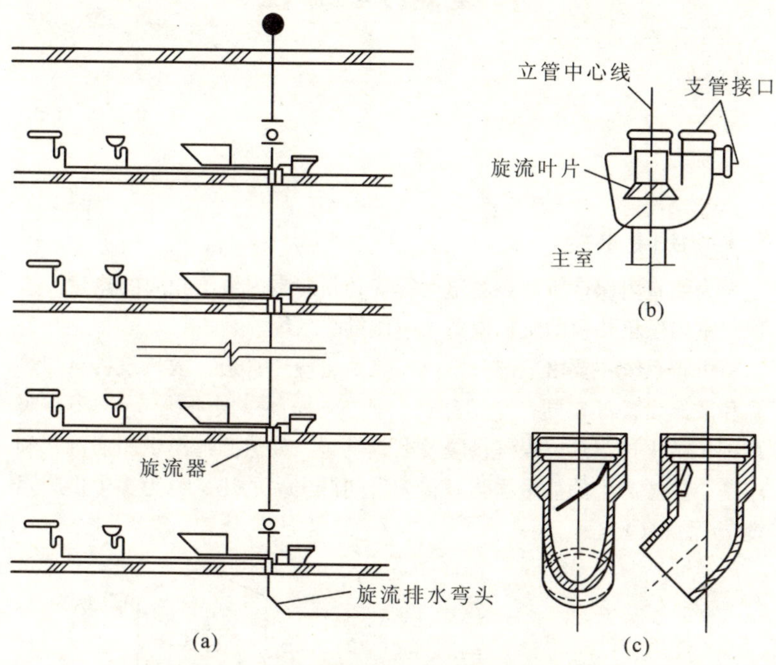

图 7-44　空气芯水膜旋流排水立管系统

(a)排水系统；(b)旋流器；(c)旋流排水弯头

b. 特殊排水弯头：在排水立管底部装有有特殊叶片的弯头，如图 7-44(c)所示，叶片装在立管的“凸管”一边，迫使下落水流溅向对壁并沿着弯头后方流下，这就避免了在横干管内发生水跃而封闭住立管内的气流，造成过大的正压。

此系统广泛用于 10 层以上的建筑物。

(3)高层建筑排水管材

高层建筑的排水立管高度大，管中流速大，冲刷能力强，应采用比普通排水铸铁管强度高的管材。对高度很大的排水立管应考虑采取消能措施，通常在立管每隔一定的距离装设一个乙字弯管。由于高层建筑层间位变较大，立管接口应采用弹性较好的柔性材料连接，以适应变形要求。

8
采暖通风工程

8.1　供暖系统

为使室内保持所需要的温度，就必须向室内供给相应的热量。这种向室内供给热量的工程设备，叫做供暖系统。

供暖系统主要由三部分组成：热源、输热管道、散热设备。如热源和散热设备都在同一个房间内，称为“局部供暖系统”。这类供暖系统包括火炉供热、煤气供暖及电热供暖。如热源远离供暖房间，利用一个热源产生的热量去弥补很多房间散出去的热量称为集中供暖系统(见图 8-1)。

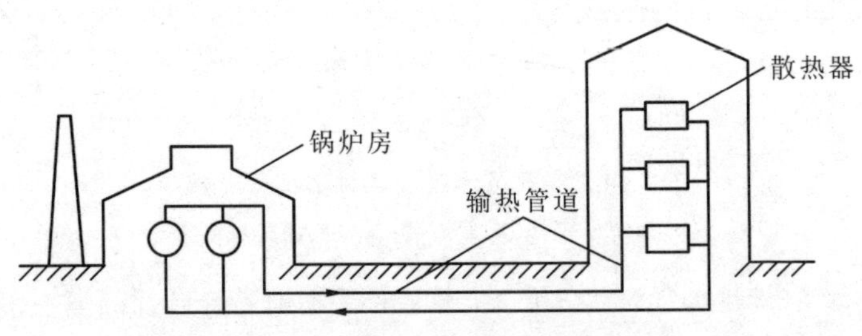

图 8-1　集中供暖系统

在集中供暖系统中，把热量从热源输送到散热器的物质叫热媒。按所用的热媒不同，集中供暖系统分为三类：热水供暖系统、蒸汽供暖系统以及热风供暖系统。

8.1.1　热水供暖系统

在热水供暖系统中，热媒是水。热源中的水经输热管道流到供暖房间的散热器中，放出热量后经管道流回热源。系统中的水如果是靠水泵来循环的，就称为机械循环热水供暖系统。当系统不大时，也可不用水泵而仅靠供水与回水的容重差所形成的压头使水进行循环称为自然循环热水供暖系统。

(1)机械循环热水供暖系统

这种系统在热水供暖系统中得到广泛的应用。它由锅炉、输执管道、水泵、散热器以及膨胀箱等组成。图 8-2 是机械循环热水供暖系统简图。在这种系统中，主要依靠水泵所产生的压头促使水在系统内循环，水在锅炉中被加热后，沿总立管、供水干管、供水立管流入散热器，放热后沿回水立管、回水干管、被水泵送回锅炉。

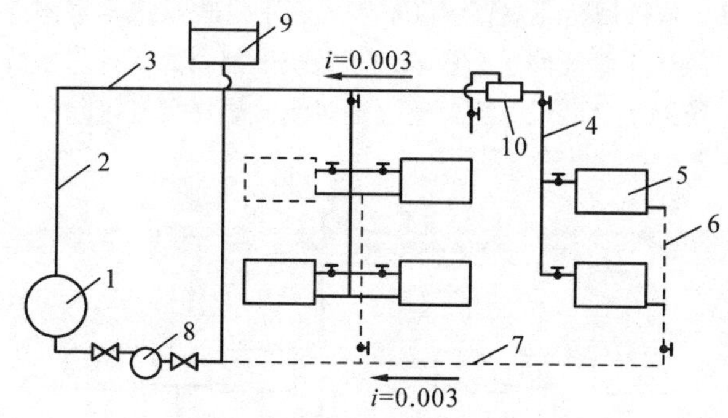

图 8-2 机械循环热水供暖系统

1—锅炉；2—总立管；3—供水干管；4—供水立管；5—散热器；6—回水立管；7—回水干管；8—水泵；9—膨胀水箱；10—集气罐

在机械循环热水供暖系统中，为了顺利地排除系统中的空气，供水干管应按水流方向有向上的坡度，并在供水干管的最高点设置集气罐。

在这种系统中，水泵装在回水干管上，并将膨胀水箱连在水泵吸入端。膨胀水箱位于系统最高点，它的作用主要是容纳水受热后所膨胀的体积。当将膨胀水箱连在水泵吸入端时，它可使整个系统处于正压(高于大气压)下工作，这就保证了系统中的水不致汽化，从而避免了因水汽化而中断水的循环。

机械循环热水供暖系统，按供水干管位置的不同，可分为上供下回式和下供下回式系统，按立管与散热器连接形式的不同，可分为双管式及单管式系统。对于单管式系统而言，又可分为垂直单管式与水平单管式系统。

双管系统的特点是和散热器相连的立管为两根，热水平行地分配给所有散热器，从散热器流出的回水均直接回到锅炉。

图 8-2 所示的双管上供下回式热水供暖系统中，水在系统内循环，除主要依靠水泵所产生的压头外，同时也存在着自燃压头，它使流过上层散热器的热水量多于实际需要量，并使流过下层散热器的热水量少于实际需要量，从而造成上层房间温度偏高，下层房间温度偏低。楼层愈高，这种现象就愈严重。由于上述原因，双管系统不宜在四层以上的建筑物中采用。

图 8-3 是机械循环双管下供下回式热水供暖系统示意图。在这种系统中，供水干管及回水干管均位于系统下部。为了排除系统中的空气，在系统的上部装设了空气管，通过集气罐将空气排除。

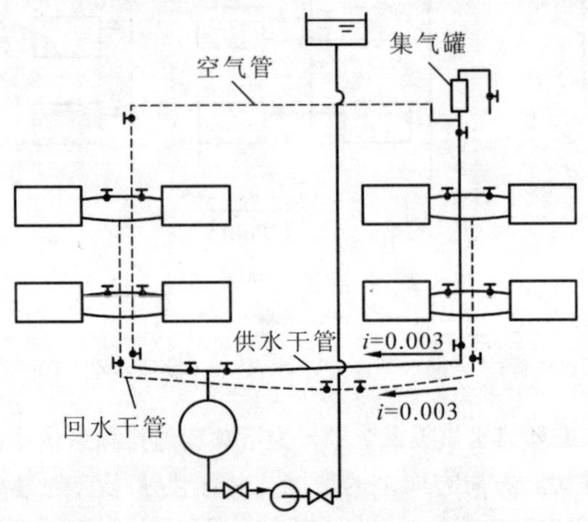

图 8-3 机械循环双管下供下回式热水供暖系统

图 8-4 是机械循环单管热水供暖系统示意图。单管系统的优点是省立管、安装方便以及不会因自然压头的存在而有上层房间温度偏高、下层房间温度偏低的现象，其缺点是下层散护器片数多(因进入散热器的水温低)占地面积大，以及单管顺流式系统无法调节个别散护器的放热量。对于不需要单独调节个别散热器放热量的公共建筑物，如学校、办公楼及集体宿舍等，宜采用这种系统。

图 8-5 是水平单管式热水供暖系统示意图。其上层为水平单管顺流式系统，下层为水平单管跨越式系统。

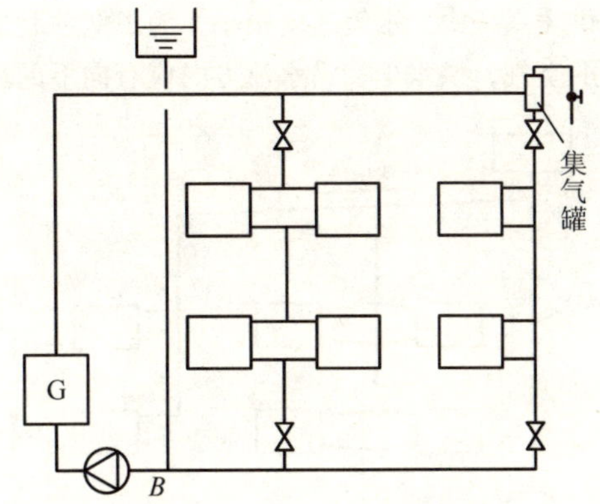

图 8-4 机械循环单管热水供暖系统示意图

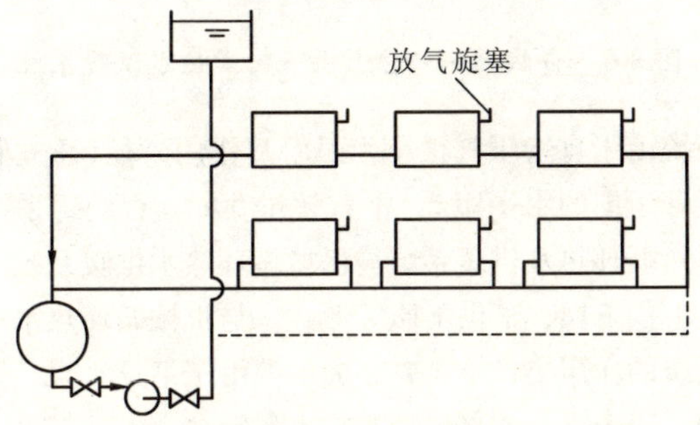

图 8-5 水平单管式热水供暖系统

水平单管式系统的优点是安装简单，少穿楼板，并可随房屋的建造进度逐层安装供暖系统。缺点是在间歇供暖时，管道与散热器接头处有时因热胀冷缩作用深丝扣接头损坏以致于漏水，以及必须在每组散热器上装放气旋塞。另外。对于水平单管顺流式系统还有无法调节个别散热器放热量的缺点。

(2) 自然循环热水供暖系统

图 8-6 是自然循环双管上供下回式热水供暖系统。在这种系统中不设水泵，仅依靠热水散热冷却所产生的自然压头促使水在系统内循环。

在自然循环热水供暖系统中，膨胀水箱连接在总立管顶端，它不仅能容纳水受热后膨胀的体积，而且还有排除系统内空气的作用。在自然循环热水供暖系统中，水流速度很小，为了能顺利地通过膨胀水箱排除系统内的空气，供水干管沿水流方向应有向下的坡度。

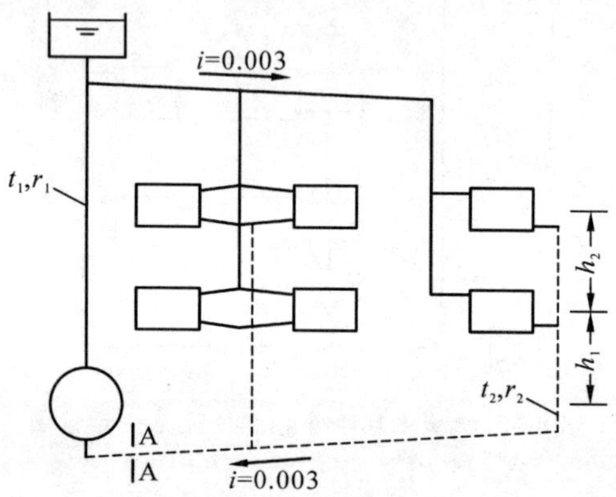

图 8-6 自然循环双管上供下回式热水供暖系统

这种系统由于自然压头很小，因而其作用半径(总立管到最远立管沿供水干管走向的水平距离)不宜超过 50m，否则，系统的管径就会过大。自然循环热水供暖系统与机械循环热水供暖系统一样也有双管、单管、上供下回、下供下回等形式。与机械循环热水供暖系统相比，这种系统的作用半径小，管径大。但由于不设水泵，因此工作时不消耗电能，无噪声，而且维护管理也较简单。

综上所述，只有当建筑物占地面积较小，且有可能在地下室、半地下室或就近较低处设置锅炉时，才能采用自燃循环热水供暖系统。

(3) 有关热水供暖系统的几个问题

①从系统中排除空气的问题

在热水供暖系统中，如果有空气积存在散热器中，将会减少散热器的有效散热面积。如果空气积聚在管道中，就可能形成空气塞，堵塞管道，破坏水的循环，造成局部系统不热。此外，空气与钢管内表面相接触将引起腐蚀，缩短管道寿命。

在热水供暖系统中，之所以会有空气，一是因为在充水前系统中充满空气；二是因为冷水中也溶有部分空气，运行时将水加热后，这部分空气将不断地从水中析出。为了保证热水供暖系统能正常工作，必须及时方便地排除系统中的空气。

在机械循环上供下回式热水供暖系统中，由于供水干管沿水流方向有向上的坡度，因此在供水干管的末端，也就是最高年设置集气罐。以聚集和排出系统中的空气(见图 8-2 及图 8-4)。集气罐有卧式(如图 8-7)及立式两种。气罐一般用直径为 159 ~ 267m 的管子制成。水流经集气罐时，流速降低，水中的气泡便自行浮出水面而聚集在集气罐的上部。用集气罐上部的排气管将空气排出，排气管应引至附近的洗涤盆上。在供暖系统充水时，应将排气管上的阀门打开，直到有水从管中流出为止。在系统运转期间要定期打开阀门，以便将从热水中析出的空气排入大气。集气罐安装地点要尽可能与三通、弯头等构件保持 5 ~ 6 倍管径的距离，以免三通、弯头等管件影响气泡的排除。在机械循环下供下回式热水供暖系统中，利用空气管和集气罐排除系统中的空气。在水平单管式热水供暖系统中，利用装在每组散热器上的放气旋塞排出空气。

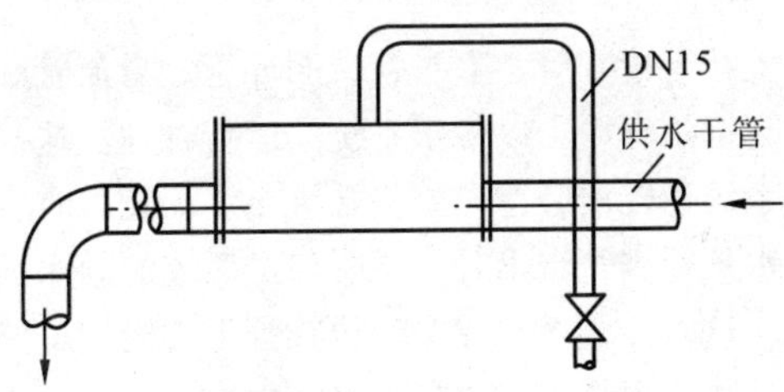

图 8-7 卧式集气罐

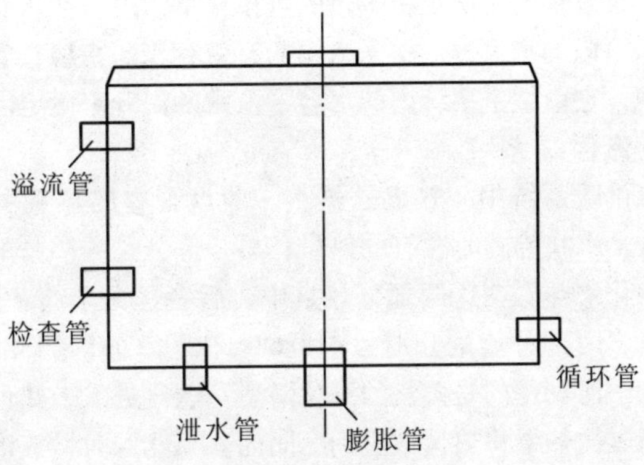

图 8-8 膨胀水箱

②在系统中水受热膨胀的问题

热水供暖系统在运转时；要将系统中的水加热，因而水的体积就要膨胀。在热水供暖系统中用膨胀水箱来容纳水所膨胀的体积。图 8-8和图 8-9 分别为膨胀水箱和它与机械循环热水供暖系统连接的示意图。

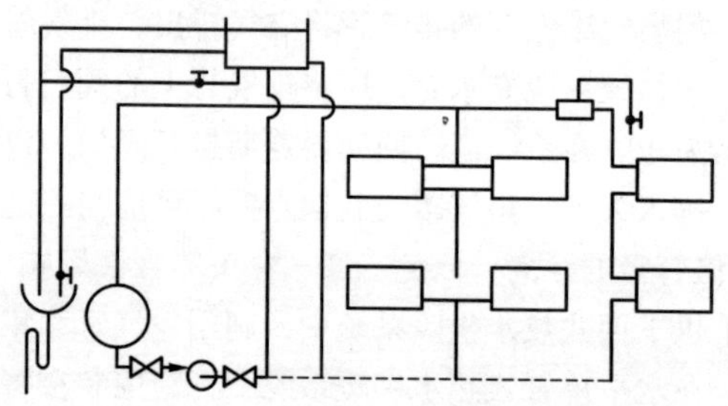

图 8-9　膨胀水箱与机械循环热水供暖系统连接

膨胀水箱上接有检查管、膨胀管、循环管、溢流管和泄水管。上述各接管宜引至锅炉房内，以便于系统的运行管理。这些接管的用途如下：在供暖系统运转前，首先要将系统充水。充水时应打开检查管上的阀门。当水从检查管流出时，说明整个系统的静水面已超过系统管路的最高点，这时停止充水并关闭检查管上的阀门。然后将系统中的水加热，水受热体积膨胀，使膨胀水箱内水面上升。为了防止膨胀水箱内的水冻结，设置了循环管，使水在膨胀管与循环管组成的小环路内流动。溢流管的作用是将多余的水排至下水道。泄水管的作用是检修时将水箱内的水放掉。膨胀水箱的有效容积是指检查管与溢流管之间的容积，它由整个系统内的水容量及水的温升来确定。

8.1.2　蒸汽供暖系统

在蒸汽供暖系统中，热媒是蒸汽。蒸汽含有的热量由两部分组成：一部分是水在沸腾时含有的热量；另一部分是从沸腾的水变为饱和蒸汽的汽化潜热。在这两部分热量中，后者远大于前者(在 1 个绝对大气压下，两部分热量分别为 418. 68kJ/kg、2260. 87kJ/kg)。在蒸汽供暖系统中所利用的是蒸汽的汽化潜热。蒸汽进人散热器后，充满散热器，通过散热器将热量散发到房间内，与此同时，蒸汽冷凝成同温度的凝结水。

蒸汽供暖系统按系统起始压力的大小可分为：高压蒸汽供暖系统

(系统起始压力大于1.7个绝对大气压)、低压蒸汽供暖系统(系统起始压力等于或低于1.7个绝对大气压)、真空蒸汽供暖系统(系统起始压力小于1个绝对大气压)。

(1)低压蒸汽供暖手统

在低压蒸汽供暖系统中，得到广泛应用的是用机械回水的双管上供下回式系统(见图8-10)，这种系统是由锅炉产生的蒸汽经蒸汽总立管、蒸汽干管、蒸汽立管进入散热器，放热后，凝结水沿凝水立管、凝水干管流入凝结水箱。然后用水泵将凝结水送入锅炉。

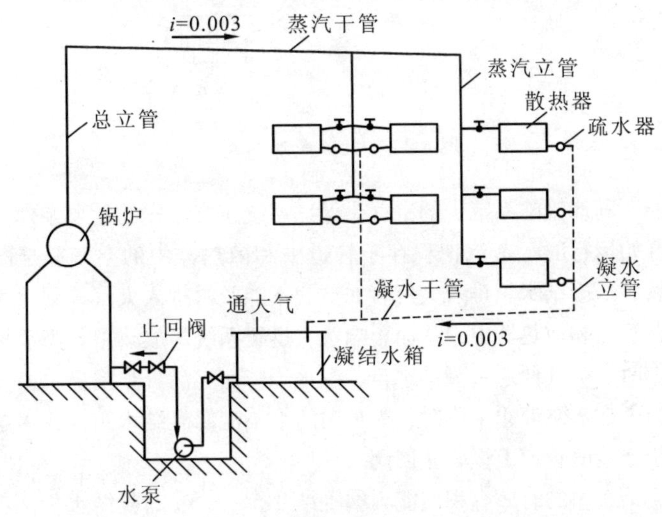

图8-10　机械回水的双管上供下回式系统

在每一组散热器后都装有疏水阀，以阻止蒸汽进入凝水管。疏水阀的形式很多，在低压蒸汽供暖系统中，最常用的是恒温式疏水阀(如图8-11所示)。这种疏水阀的波形囊中盛有少量酒精，当蒸汽通过疏水阀时，酒精受热蒸发，体积膨胀，波形囊伸长。连在波形囊上的顶针堵住小孔，使蒸汽不能流入凝水管。当凝结水或空气流入疏水阀时，由于温度低，波形囊收缩，小孔打开，凝结水或空气通过小孔流入凝结水管。

由于蒸汽沿管道流动时向管外散失热量，因此就会有一部分蒸汽凝结成水，叫做沿途凝水。为了排除这些沿途凝水，在管道内最好使凝结水与蒸汽同向流动，亦即蒸汽干管应沿蒸汽流动方向有向下的坡度。在一般情况下，沿途凝水经由蒸汽立管进入散热器，然后排入凝水管。必要时，在蒸汽干管上可设置专门排除沿途凝水的排水管。

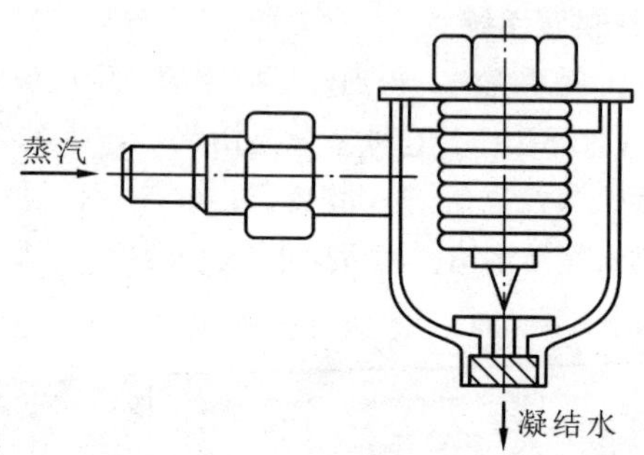

图 8-11 恒温式疏水阀

能顺利地排除系统中的空气是保证系统正常工作的重要条件。在系统开始运行时，蒸汽把积存于管道中和散热器中的空气赶至凝水管，然后经凝结水箱排入大气。如空气不能及时排入大气，则空气便会堵在管道和散热器中，从而影响蒸汽供暖系统的放热量。当系统停止工作时，空气便通过凝结水箱、凝水干管而充满管路系统。

为了在水泵停止工作时，锅炉内的水不流回凝结水箱，在水泵和锅炉相连接的管道上设有止回阀。

凝结水箱的有效容积应能容纳凝结 0.5 ~ 1.5h 的凝结水量，水泵应能在少于 30min 的时间内将这些凝结水送回锅炉。

在水泵工作时为了避免水泵吸入口处压力过低而使凝结水汽化，凝结水箱的位置应高于水泵，凝结水箱的底面高于水泵的数值，取决于箱内凝结水的温度。当凝结水温度在 70℃ 以下时，水泵低于凝结水箱底面 0.5m 即可。

在蒸汽供暖系统中，要尽可能地减少“水击”现象。产生“水击”现象的原因是蒸汽管道的沿途凝水被高速运动的蒸汽推动而产生浪花或水塞，在弯头、阀门等处，浪花或水塞与管件相撞，就会产生振动水管以及尽量避免“水击”现象。

(2) 高压蒸汽供暖系统

由于高压蒸汽的压力及温度均较高，因此在热负荷相同的情况下，高压蒸汽供暖系统的管径和散热器片数都小于低压蒸汽供暖系统。这就显示了高压蒸汽供暖系统有较好的经济性。高压蒸汽供暖系统的缺点是卫生条件差，并容易烫伤人。因此，这种系统一般只在工业厂房中应用。

工业企业的锅炉房，往往既供应生产工艺用汽，同时也供应高压蒸汽供暖系统所需要的蒸汽。由这种锅炉房送出的蒸汽，压力常常很高，因此将这种蒸汽送入高压蒸汽供暖系统之前，要用减压装置将蒸汽压力降至所要求的数值。一般情况下，高压蒸汽供暖系统的蒸汽压力不超过 3 个相对大气压。和低压蒸汽供暖系统一样，高压蒸汽供暖系统亦有上供下回、下供下回、双管、单管等型式。但是为了避免高压蒸汽和凝结水在立管中反向流动所发出的噪声，一般高压蒸汽供暖均采用双管上供下回式系统。

高压蒸汽供暖系统在启动和停止运行时，管道温度的变化要比热水供暖系统和低压蒸汽供暖系统都大，应充分注意管道的热胀冷缩问题。另外，由于高压蒸汽供暖系统的凝结水温度很高，在它通过疏水阀减压后，部分凝水会重新汽化，产生二次蒸汽。也就是说在高压凝水管中输送的是凝结水和二次蒸汽的混合物。在有条件的地方，要尽可能将二次蒸汽送到附近低压蒸汽供暖系统或热水供应系统中综合利用。

(3)蒸汽供暖与热水供暖的比较

蒸汽供暖和热水供暖各有其适用的场所及优缺点，现分述如下：

①在一般热水供暖系统中，供水温度为 95℃，回水温度为 70℃，散热器内热媒的平均温度为 82.5℃，而在低压及高压蒸汽供暖系统中，散热器内热媒的温度等于或高于 100℃，并且蒸汽供暖系统散热器的传热系数亦比热水供暖系统散热器高。这就使蒸汽供暖系统所用散热器的片数比热水供暖系统少(约少 30%)。在管路造价方面，蒸汽供暖系统也比热水供暖系统要低。因此，蒸汽供暖系统的初投资少于热水供暖系统。

②由于蒸汽供暖系统系间歇工作，管道内时而充满蒸汽，时而充满空气，管道内壁的氧化腐蚀要比热水供暖系统快。因而蒸汽供暖系统的使用年限要比热水供暖系统短，特别是凝结水管，更易损坏。

③在蒸汽供暖系统中，蒸汽的容重很小，所以当蒸汽充满系统

时，由本身重力所产生的静压力也很小。热水的容重远大于蒸汽的容重，当热水供暖系统高到30～40m时，最底层的铸铁散热器就有被压破的危险。因此在高层建筑中采用热水供暖系统时，就要将供暖系统在垂直方向分成几个互不相通的热水供暖系统。

④在真空蒸汽供暖系统中，蒸汽的饱和温度低于100℃。蒸汽的压力越低，则蒸汽的饱和温度也越低。在这种系统中，散热器表面温度能满足卫生要求，且能用调节蒸汽饱和压力的方法来调节散热器的散热量。但由于系统中的压力低于大气压力，稍有缝隙空气就会漏人，从而破坏系统的正常工作。因此要求系统的呼度很高，并需要抽气设备和保持真空的专门自控设备，这就使真空蒸汽供暖系统应用不广。

⑤一般蒸汽供暖系统不能调节蒸汽温度。当室外温度高于供暖室外计算温度时，蒸汽供暖系统必须运行一段时间，停止一段时间，即采用间歇调节，间歇调节会使房间温度上下波动，从卫生角度来看，室内温度波动过大是不合适的。

⑥蒸汽供暖系统的热惰性很小，即系统的加热和冷却过程都很快。对于人数骤多骤少或不经常有人停留而要求迅速加热的建筑物，如工业车间、会议厅、剧院等是比较合适的。

⑦在热水供暖系统中，散热器表面温度较低，从卫生角度看，采用热水供暖系统为佳。在低压蒸汽供暖系统中，散热器表面温度始终在100℃左右，有机灰尘剧烈升华，对卫生不利。因此，对卫生要求较高的建筑物，如住宅、学校、医院、幼儿园等宜采用热水供暖系统。

⑧在蒸汽供暖系统中，目前由于疏水阀不好用，致使有大量蒸汽通过疏水阀流入凝结水管，最后经凝结水箱排入大气。这种情况对热能的有效利用极为不利。

8.1.3 热风供暖系统

热风供暖系统以空气作为热媒，在热风供暖系统中，首先将空气加热，然后将高于室温的空气进入室内，热空气在室内降低温度，放出热量，从而达到供暖的目的。

可以用蒸汽、热水或烟气来加热空气。利用蒸汽或热水通过金属壁传热而将空气加热的设备叫做空气加热器。利用烟气来加热空气的设备叫做热风炉。

在既需通风换气又需供暖的建筑物内，常常用一个送出较高温度空气的通风系统来完成上述两项任务。

在产生有害物质很少的工业厂房中，广泛地应用暖风机进行供暖。暖风机是由通风机电动机以及空气加热器组合而成的供暖机组。暖风机直接装在厂房内。

图 8-12 是 NA 型暖风机外形图。这种暖风机可以吊装在柱子上，也可装在埋于墙内的支架上。图 8-13 是 NBL 型暖风机外形图。这种暖风机直接放在地面上。暖风机送风口的高度在 2.2 ~ 2.5m 左右。在工业厂房中暖风机的布置方案很多，图 8-14 是工业厂房中常见的布置方案。

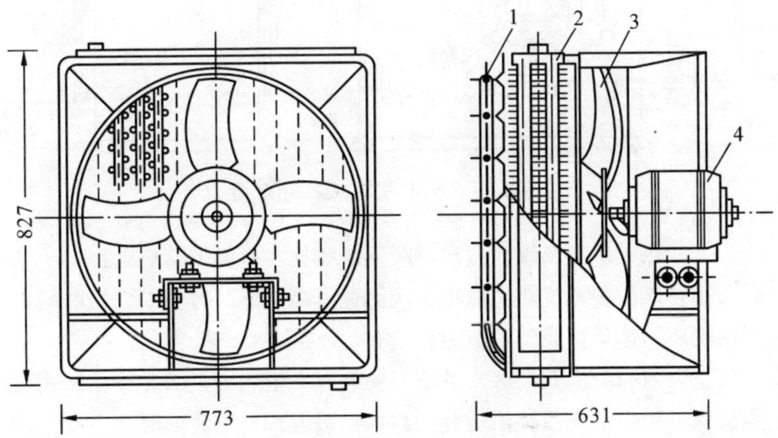

图 8-12 NA 型暖风机外形图

1—导向板；2—空气加热器；3—轴流风机；4—电动机

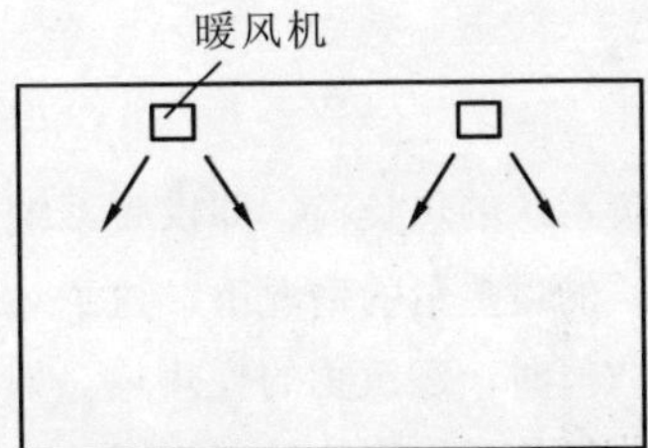

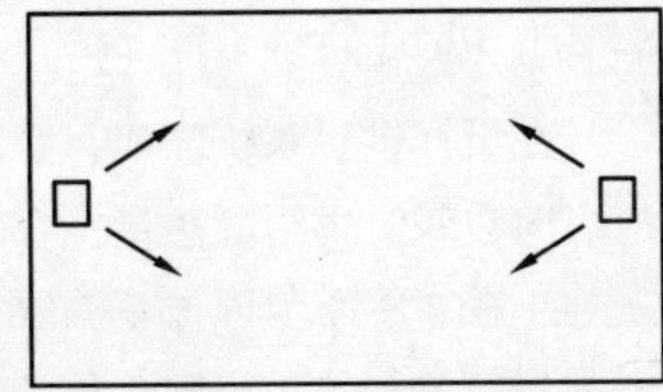

图 8-14 暖风机布置方案

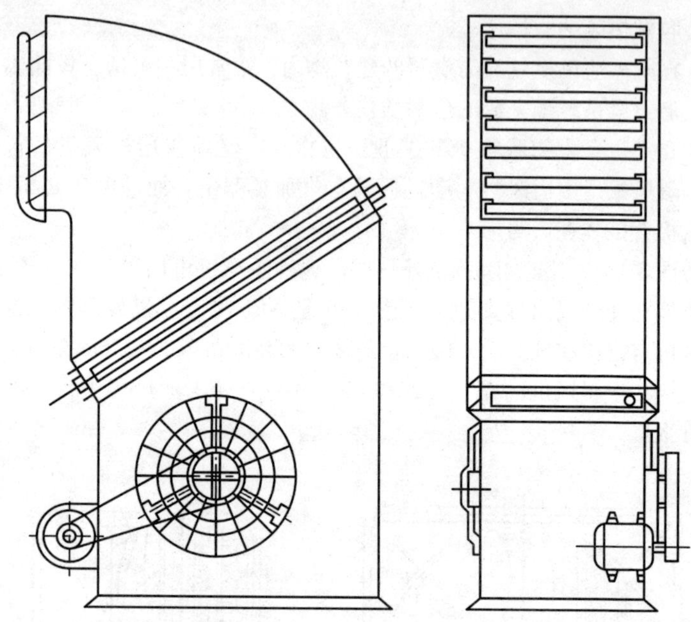

图 8-13　NBL 型暖风机外形图

热风供暖系统与蒸汽供暖系统相比，有以下有缺点：

①热风供暖系统热惰性小，能迅速提高室温，对于人们短时间逗留的场所如体育馆戏院等最为合适；

②大面积的工业厂房，冬季需要补充大量热量，因此往往采用暖风机或采用与送风系统相结合的热风供暖方式。与此同时，上应采用少量散热器，在下班后及节假日维持车间温度为5℃；

③热风供暖系统可同时兼有通风换气作用；

④热风供暖系统噪声比较大。

8.2　热负荷

在设计供暖系统之前，必须确定供暖系统的热负荷，即供暖系统应当向建筑物供给的热量。在不考虑建筑的得热量的情况下，这个热量等于在寒冷季节内把室温维持在一定数值时，建筑物的耗热量。如考虑建筑的得热量，则热负荷就是建筑物耗热量与得热量之差值。

对于一般民用建筑和产生热量很少的车间，在计算供暖热负荷时，不考虑得热量而仅计算建筑物的耗热量。

建筑物的耗热量由两部分组成。一部分是通过围护结构即墙、顶棚、地面、门和窗，由室内传到室外的热量，另一部分是加热进入到室内的室外空气所需要的热量。

正确计算出建筑物的耗热量是设计供暖系统的第一步。但由于确定建筑物耗热量值的某些因素，例如室外空气温度、日照时间和照射强度以及风向、风速等都是随时间而变化的，这就使经过建筑围护结构的全部过程成为复杂的不稳定传热过程。热流随时都在变化，因此，要把建筑物的耗热量计算得十分准确是较为困难的。

在工程计算上，常将各种不稳定因素加以简化，而用稳定的传热过程公式计算建筑物的耗热量。

8.3 集中供暖系统的散热器

散热器是安装在供暖房间里的一种放热设备，它把热媒(热水或蒸汽)的部分热量传给室内空气，用以补偿建筑物的热损失，从而使室内维持所需要的温度，达到供暖的目的。

热水或蒸汽从散热器内流过，使散热器内部的温度高于室内空气温度，因此热水或蒸汽的热量便通过散热器以对流和辐射两种方式不断地传给室内空气。

为了维持室内所需要的温度，应使散热器每小时放出的热量等于供暖热负荷。

8.3.1 常见散机器的类型

散热器用铸铁或钢制成，近年来我国常用的几种散热器是柱形散热器、翼形散热器以及光管散热器、钢串片对流散热器等。附述如下：

(1)柱形散热器

柱形散热器由铸铁制成。它又分为四柱、五柱及二柱3种。图8-15是四柱800型散热片简图。有些集中供暖系统的散热器就是由这种散热片组合而成的。四柱800型散热片高800mm、宽164mm、长57mm。它有四个中空的立柱，柱的上、下端全部互相连通。在散热片顶部和底部各有一对带丝扣的穿孔供热媒进出，并可借正、反螺丝把单个散热片组合起来。在散热片的中间有两根横向连通管，以增加结构强度。并使散热器表面温度比较均匀。

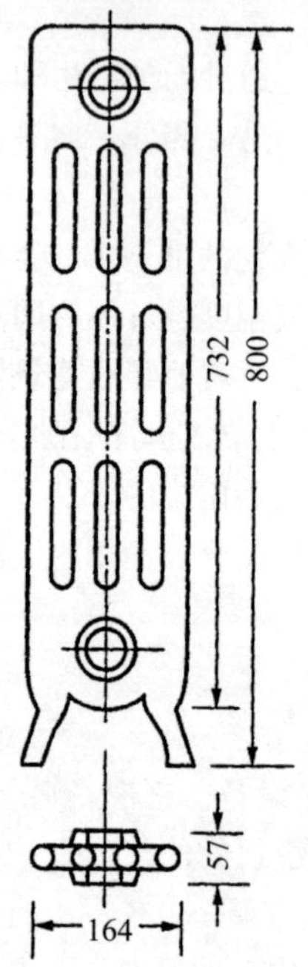

图 8-15　四柱 800 型散热片

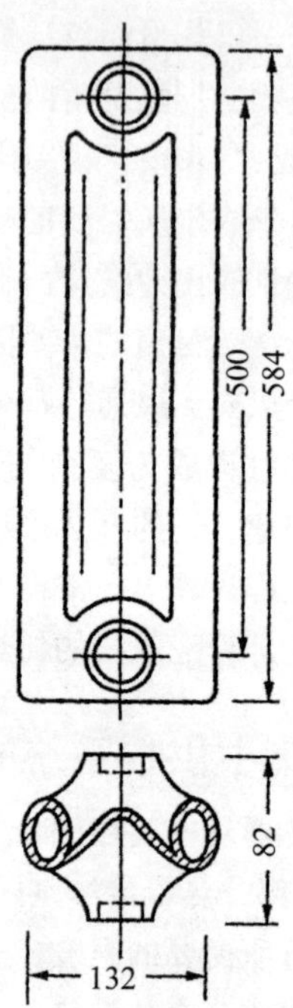

图 8-16　二柱 132 型铸铁散热片

这种散热器在落地布置的情况下，为使其放置平稳，两端的散热片必须是带足的。当组装片数较多时，在散热器中部还应多用一个带足的散热片，以避免因散执器过长而产生中部下垂的现象。

图 8-16 为二柱 132 型铸铁散热片简图。这种散热片两柱之间有波浪形的纵向肋片，用以增加散热面积。在制造工艺方面，它在柱形散热片中是比较简单的。

(2) 翼形散热器

翼形散热器由铸铁制成。分为长翼形和圆翼形两种。

长翼形散热器(见图 8-17 所示)是一个在外壳上带有翼片的中空壳体，在壳体侧面的上、下端各有一个带丝扣的穿孔，供热媒进出，并可借正反螺丝把单个散热器组合起来。

这种散热器有两种规格，由于其高度为 600mm，所以习惯上称这类散热器为“大 60”及“小 60”。“大 60”的长度为 280mm 带有 14 个翼片。

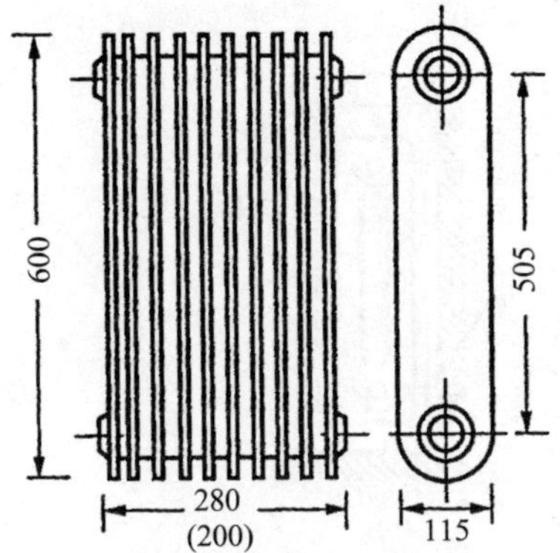

图 8-17 长翼形散热器

图 8-18 钢串片对流散热器

(3)钢串片对流散执器

钢串片对流散热器是在用联箱连通的两根(或两根以上)钢管上串上许多长方形薄钢片而制成的(见图 8-18)。这种散热器的优点是承压能力强、体积小、重量轻、容易加工、安装简单和维修方便。其缺点是薄钢片间距小、不易清扫以及耐腐蚀性能不如铸铁好。薄钢片因热胀冷缩容易松动,日久传热性能会严重下降。

除上述散热器外,还有钢制板式事散热器、钢制柱形散热器等,在此不一一介绍。

8.3.2 散热器的布置与选择

散热器设置在外墙窗口下最为合理。散热器加热的空气沿外窗上升,能阻止渗入的冷空气直接进入室内工作地区。对于要求不高的房间,散热可靠内墙设置。在一般情况下,散热器在房间内敞露装置,这样散热效果好,且易于清除灰尘。

当建筑方面或工艺方面有特殊要求时,就要将散热器加以围挡。例如某些建筑物为了美观,可将散热器装在窗下的壁龛内外面用装饰性面板把散热器遮住。另外,在采用高压蒸汽供暖的浴室中,也要将散热器加以围挡,防止人体烫伤。安装散热器时,有脚的散热器可直立在地上,无脚的散热器可用专门的托架挂在墙上(如图 8-19 所示),在现砌墙内埋托架,应与土建平行作业。预制装配建筑,应在预制墙板时即埋好托架。

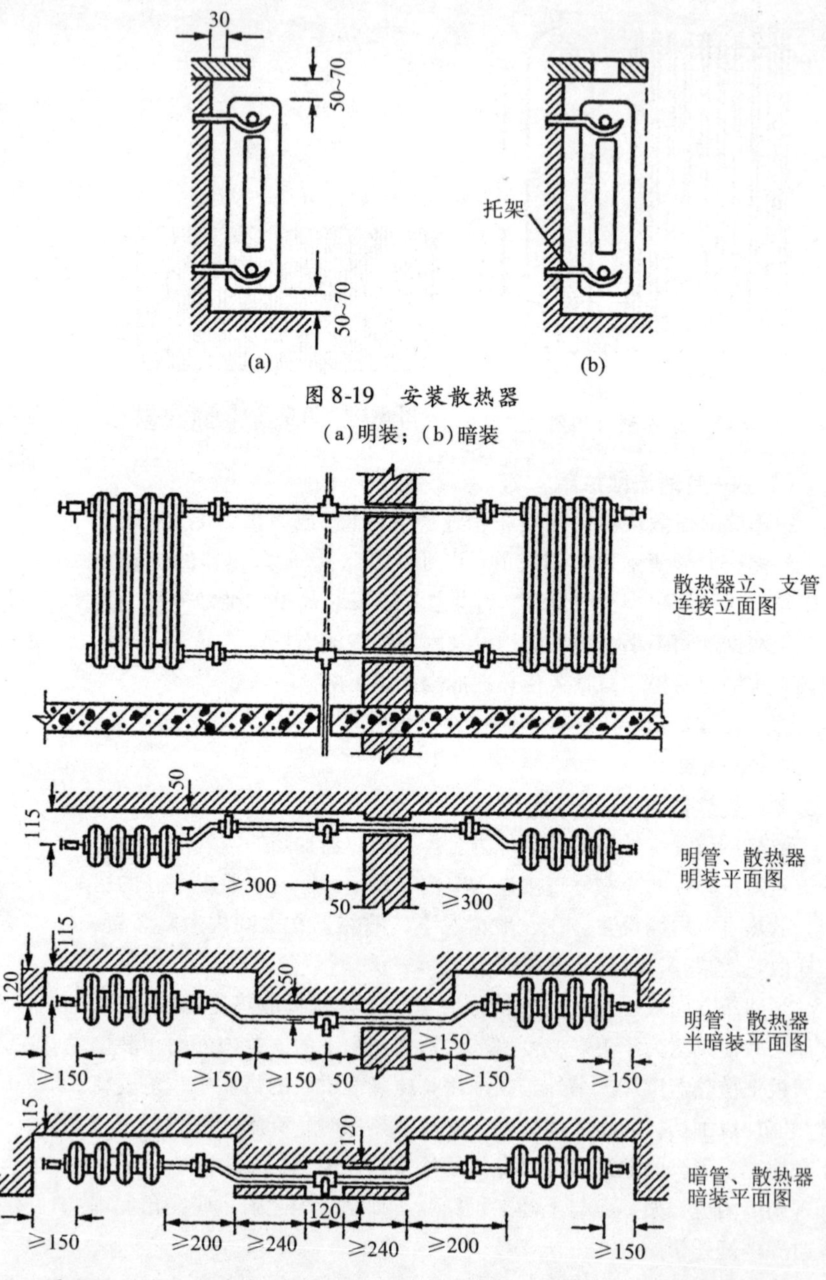

图 8-19　安装散热器

(a)明装；(b)暗装

图 8-20　热水供暖系统散热器明装、半暗装、暗装的立、支管连接图

散热器明装、半暗装、暗装的立、支管连接见图 8-20。楼梯间内散热器应尽量放在底层，因为底层散热器所加热的空气能够自行上升，从而补偿上部的热损失。当散热器数量多，底层无法布置时，可将散热器分配到其他层安装。

为防止冻裂，在双层门的外室以及门斗中不宜设置散热器。

在选择散热时，除要求散热器能供给足够的热量外，还应综合考虑经济、卫生、运行安全可靠以及与建筑物相协调等问题。例如常用的铸铁散热器不能承受大于 0.4MPa 的工作力，钢制散热器虽能承受较高的工作压力，但耐腐蚀能力却比铸铁散执器差等。近年来，选用钢制散热器的民用建筑物在逐渐增多。

8.4 供暖管网的布置和敷设

在布置供暖管道之前，首先要根据建筑物的使用特点及要求，确定供暖系统的种类及形式。然后根据所选用的供暖系统及锅炉房位置去进行供暖管道的布置。在布置供暖管道时，应力求管道最短、便于维护管理并且不影响房间美观。

8.4.1 上供下回式系统的管道布置

在上供下回式系统中，无论是供水干管或者是蒸汽干管一般都敷设在建筑物的闷顶内，但有时也可把干管敷设在顶棚下边。如建筑物是平顶的，从美观上又不允许将干管敷设在顶棚下时，则可在平屋顶上建造专门的管槽。

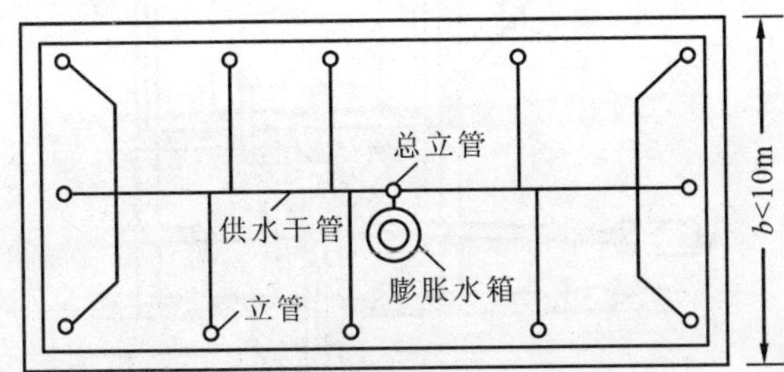

图 8-21 在闷顶内敷设干管(自然循环)

在闷顶内敷设干管时，为了节省管道，一般在房屋宽度 b < 10m，且立管数较少的情况下，可在闷顶的中间布置一根干管(如图 8-21 所示)；如房屋宽度 b > 10m 或闷顶中有通风装置，则用两根干管沿外墙布置(如图 8-22 所示)。为了便于安装和检修，闷顶中干管与外墙的距离不应小于 1.0m。

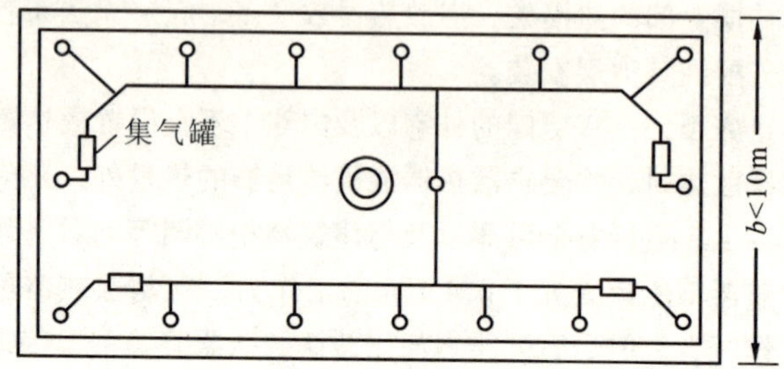

图 8-22 在闷顶内敷设干管(机械循环)

膨胀水箱通常放在闷顶内，要将膨胀水箱置于承重墙或楼板梁之上。为了防冻，在膨胀水箱外应有一保温小室。小室的大小应便于对膨胀水箱进行拆卸维修工作。膨胀水箱的膨胀管上不应装设任何阀门，以免因突然关闭阀门而发生事故。图 8-23 是在闷顶中设置膨胀水箱的示意图。

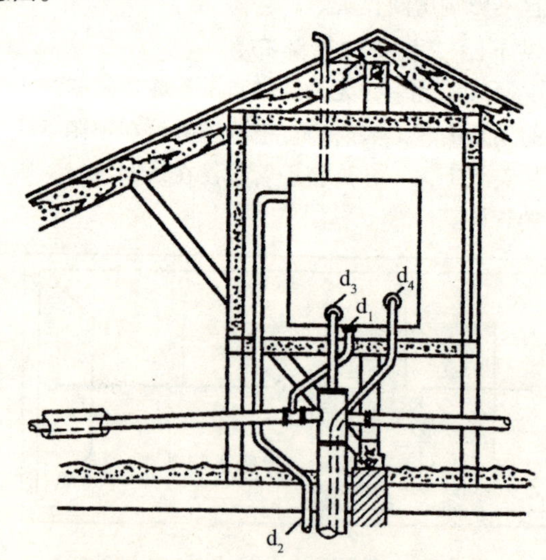

图 8-23 在闷顶内的膨胀水箱

d_1—循环管；d_2—溢流管；d_3—膨胀管；d_4—检查管

平顶房屋如采用上供下回式热水供暖系统，则在平屋顶上应有专为设置膨胀水箱而增设的屋顶小室；如采用下供下回式热水供暖系统，膨胀水箱常置于楼梯间上面的平台上。

供暖系统的回水干管，一般都敷设在建筑物最下一层房间地面下的管沟之中(如图 8-24 所示)。管沟的高度及宽度取决于管道的长度、坡度以及安装与检修所必要的空间。为了检修方便，管沟在某些地点应设有活动盖板。如建筑物有不供暖的地下室。则回水干管可敷设在地下室的顶板下面。回水干管有时也可敷设在最下一层房间的地面上。此时要注意保证回水干管应有的坡度。当敷设在地面上的回水干管过门时，回水干管可从门下的小管沟内通过。如系热水供热系统，可按图 8-25 处理，此时应注意坡度以便于排气。如系蒸汽供暖系统，则按图 8-26 处理，此时凝水干管在门下已形成水封，使空气不能顺利地通过，因此必须设置空气绕行管。

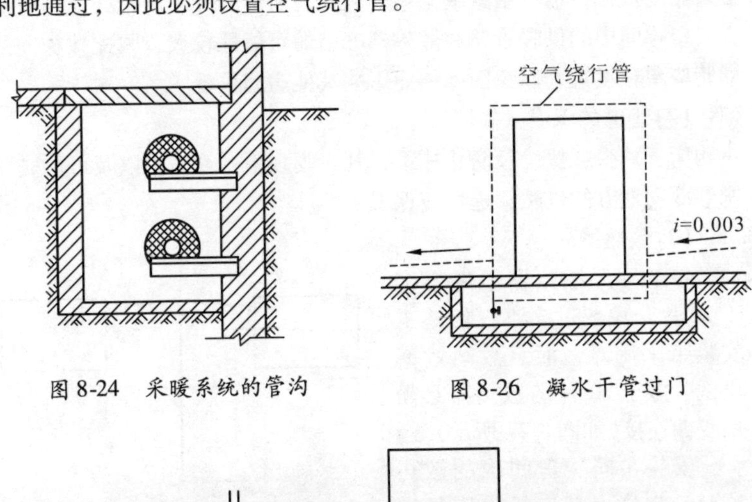

图 8-24 采暖系统的管沟　　图 8-26 凝水干管过门

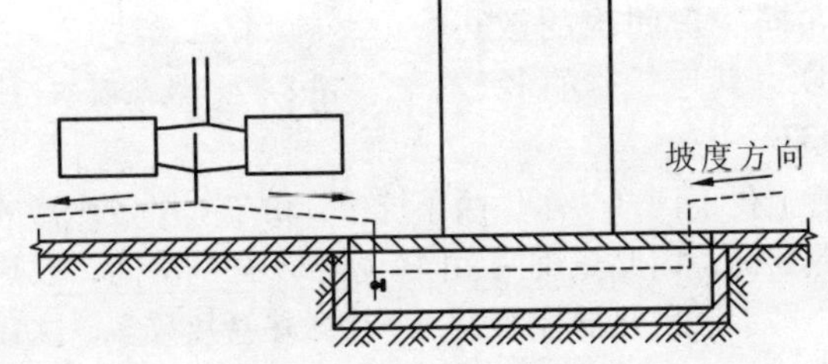

图 8-25 热水供暖系统回水干管过门

8.4.2 下供下回式系统的管道布置

当建筑物无闷顶但有地下室时，建筑物外形参差不齐，地下水位很低以及建造管沟比建造时，宜采用下供下回式系统。下供下回式系统的供回水干管(蒸汽干管)及回水干管均敷设在管沟内，如条件允许也可敷设在地下室的顶板下。

在下供下回式系统中，用空气管和集气罐或用装在散热器上的放气旋塞阀排除系统中的空气。空气管通常装在最高层房间的顶棚下面，沿外墙布置。集气罐宜放在储藏室或楼梯间等处。集气罐上的排气管应引至有下水道的地方。

8.4.3 其他需注意的事项

(1)立管的位置

为了向两侧连接散热器，立管应布置在窗间墙处，并应尽可能地将立管布置在房间的角落里。有两面外墙的房间，由于两面外墙的交接处温度最低，极易结露或结霜，因此在房屋的外墙转角处应布置立管。楼梯间中的供暖管路和散热器冻结的可能性较大，因此楼梯间的立管应单独设置，以免因冻结而影响其他房间供暖。

(2)管道的保温

为了减少耗执量及防止冻结，凡在闷顶中、管沟中以及可能受到剧烈冷却地方的供暖管道均应保温。

(3)散热器

每组柱形散热器最好不多于20片。片数过多不仅给施工安装带来困难，而且放热效率也低。多于20片的散热器必须用双面连接(如图8-27所示)。

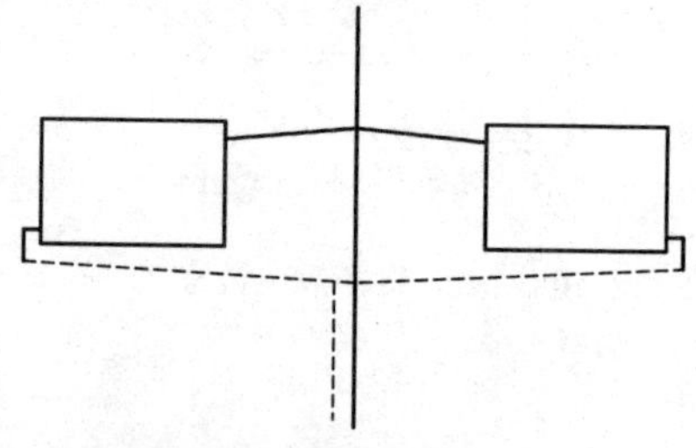

图8-27 散热器双面连接

安装在同一房间内的散热器允许串联，其连接管直径一般采用DN32。

在单管上供下回式热水供暖系统中，由于上层散热器的进水温度比下层散热器高，因此热负荷相同但楼层不同的房间，散热器的片数就不一样，即上层散热器片数少，下层散热器片数多，这在施工中要特别加以在意。

(4)管道的坡度

在管沟内布置很长的蒸汽干管时，常因管沟高度不够而影响蒸汽干管应保持的坡度。此时可使蒸汽干管在某些地点升高，以保证所要求的坡度。

干管升高处应装疏水阀，以排除前一段干管中的沿途凝结水(如图8-28所示)。

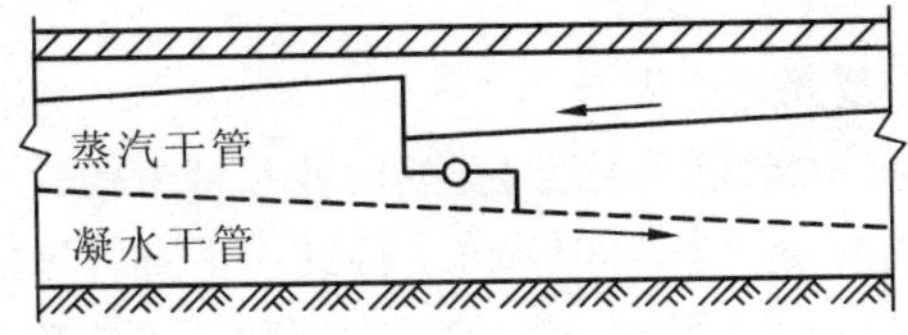

图8-28　蒸汽干管升高处的处理办法

(5)管道的明装及暗装

供暖管道的安装方法，有明装及暗装两种。如果在安装后能看到管道时，称为明装，反之，在安装后将管道隐蔽起来，看不见管道的，则称为暗装。

采用明装还是暗装，要依建筑物的要求而定。一般民用建筑、公共建筑以及工业厂房都采用明装。装饰要求较高的建筑物如剧院、礼堂、展览馆、宾馆以及某些有特殊要求的建筑物常采用暗装。

管道系统安装时，立管应垂直地面安装，同一房间内散热器的安装高度应一致，并且要使干管及散热器支管具有规范要求的坡度。

(6)管道及沟槽的设置

管道穿过楼板或隔墙时，为了使管道可自由移动且不损坏楼板或墙面，应在穿楼板或隔墙的位置预埋套管，套管的内径应稍大于管道的外径。在管道与套管之间，应填以石棉绳(如图8-29所示)。

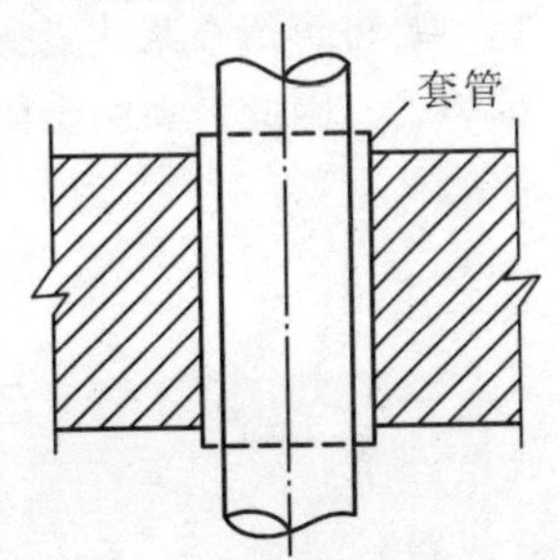

图8-29　管道穿楼板或隔墙

暗装管道时，最重要的一点是要求确保质量。管道及配件在安装前后都要详细检查，以免外面覆盖起来后，有漏水、漏气等现象不易发现，即使发现了检修也很困难，这不仅对供暖系统不利，而且也会影响建筑物的寿命。

在设计和安装暗装系统时，要考虑暗装管道沟槽对墙的厚度强度和热工等方面的影响，对沟槽砌砖的质量应要求高些，并且在沟槽内部应抹灰，使沟槽与室外不能有不严密的砖缝，以免因冷空气渗透，加大管道的耗热量或将管道冻坏。为了减少沟槽内空气对流运动造成的立管耗热量，在多层建筑物中，沟槽应在每层之间都有隔板以把空气隔开。

(7)补偿器及固定支架

在供暖系统中金属管道会因受热面伸长每米钢管当它本身的温度每升高1℃时便会伸长1.012mm。因此，平直管道的两端都因被固定而不能自长时，管道就会因伸长而弯曲，当伸长量很大时，管道的管件就有可能因弯曲而破裂，因此管道的伸长问题必须妥善处理。解决管道热胀冷缩变弯问题最简单的办法是合理地利用管道本身具有的弯曲。(如图8-30)所示的管道系统，在两个固定点间的管道伸缩均可由弯曲的部分补偿，一般供暖系统中的室内管道都具有很多的弯曲部分，而且直线管段并不太长，因此不必设置专门的补偿装置。当伸缩量很大，管道的弯曲部分不能很好地起补偿作用或管段上没有弯曲部分时，就要用伸缩补偿器来补偿管道的伸缩量。最常见的伸缩补偿器是U形补偿器(见图8-31所示)。U形补偿器具有制作简单、工作可靠等优点。其缺点是占据空间大或占地面积大，而且费管材，投资也多。为了使管道的伸缩不致相互间有很大的影响，要将管道在某些点固定，在设有固定点的地方，管道就不能有位移了。因此，在两个固定点之间要有管道本身的弯曲部分或设有伸缩补偿器。

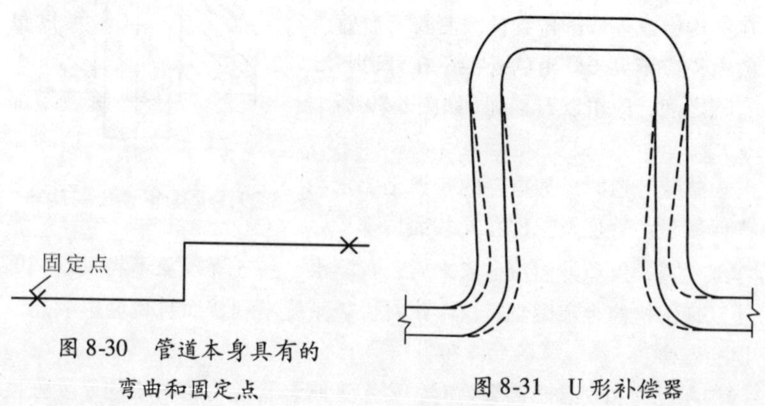

图8-30 管道本身具有的弯曲和固定点

图8-31 U形补偿器

8.5 高层建筑供暖特点

8.5.1 高层建筑供暖应特殊考虑的问题

前面已经介绍了一般建筑物供暖方面的有关问题。而对于高层建筑物来说，在供暖方面应特殊考虑的问题有如下几点。

(1)关于围护结构的传热系数

围护结构的传热系数与围护结构的材料、材料的厚度以及内、外表面的换热系数有关。在上述因素中，围护结构外表面的换热系数取决于外表面的对流放热量与辐射放热量。室外风速从地面到上空逐渐加大，对一般建筑来讲，在建筑物上部和下部的风速差别可不予考虑。然而对于高层建筑物，由于高层部分的室外风速大，因此高层部分外表面的对流换热系数也大。除此之外，一般建筑物由于邻近有高度差不多的建筑，所以建筑物之间的相互辐射可忽略不计。而高层建筑物，其高层部分的四周一般无其他建筑物屏挡，使高层建筑物不断向天空辐射热量，而周围建筑物向高层建筑物的辐射热量却很少，几乎没有。因此高层部分外表面辐射放热量的增加不能忽视。

由于高层部分外表面对流换热系数加大，并且辐射放热量也增加，所以加大了高层部分围护结构的传热系数。

(2)关于室外空气进入量

室外风速随高度而增加，使作用于高层建筑物高层部分迎风面上的风压也相应地增加，这就加大了室外冷空气的渗透量。冷空气从迎风面缝隙渗入，并从背风面缝隙排出，为了不使迎风面房间温度过低，必须将渗入的冷空气加热，这就加大了高层部分的热负荷。

此外，在冬季高层建筑物内热外冷，使得室外空气经建筑物下部出入口(或缝隙)进入建筑物，然后通过上部各种开口排出。这种在热压作用下的空气流动，当高度越高，室内外温差越大时，就会使更多的室外空气流入建筑物，这种作用增大了高层建筑物下层部分的热负荷。

(3)室内负荷的特点

在国外，高层建筑一般均采用幕墙。其传热系数虽然可能比传统结构还要小，但其热容量却较传统结构小多了。这就使高层建筑物室内的蓄热能力大为降低。在室外气温及太阳辐射变化时，便会使房间的供暖热负荷迅速发生变化。

8.5.2 在建筑设计及供暖方面所采取的措施

为了减少风压造成的室外空气渗入量，应尽量减少窗缝的长度，并应增加窗缝的气密性。例如，采用单扇窗，并在窗缝间加装橡胶密封衬垫等。

由热压造成的空气流动，使室外空气主要经底层大门进入建筑物。为了避免门厅部分温度过低，通常将底层大门做成双层门、旋转门，在门外加一个深度适当的门斗或者加装空气幕。冷空气进入建筑物后，沿楼梯间上升，经上层房间的窗缝或其他开口排至室外。楼梯间通向走廊的地方，应设置常闭的内门，如弹簧门、自动开关门等。

宜将供暖系统按朝向分区，并在每区的系统中加装室温自控装置。

在高层建筑内，如采用热水供暖系统，则由于下层散热器只能承受一定的水静压力，因而限制了供暖系统的高度，这就使高层建筑内的热水供暖系统必须沿垂直方向的压力等级分区。

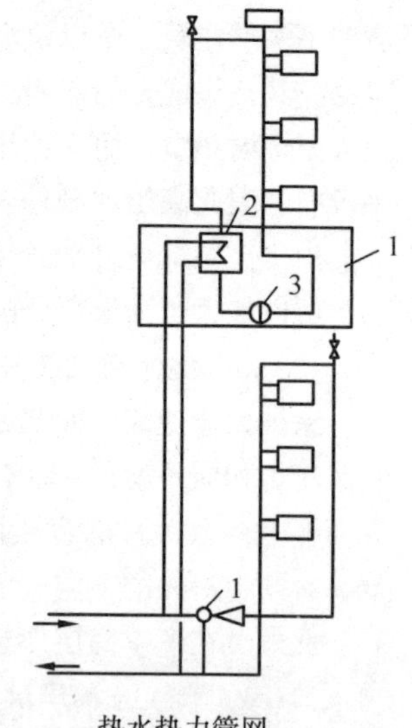

图 8-32 高层建筑的热水供暖系统

1—混和器；2—水—水加热器；3—水泵

图 8-32 是高层建筑热水供暖系统分区示意图。在建筑物的低层部分，供暖系统与热水热力管网直接连接。混合设备可用混水器，也可用水泵。在高层部分，供暖系统则通过水—水加热器与热水热力管网间接连接。用这种方法把上、下两个系统分开，使最下面的散热器所承受的水静压力与上层系统无关。

水—水加热器及水泵等均设置在辅助的房间内，这个房间可布置在建筑物的中间层，也可布置在建筑物的底层，这要视具体情况而定通常将供暖设备、空调设备、给排水设备和电气设备等的机房设备均放在同一楼层内，它可占去这一层楼的大部分面积，这一层楼就叫做设备层。据国外资料介绍，设备层比标准层高，其高度大约是标准层的 1.6 倍。对于旅馆之类的高层建筑物，各种机房所占的面积是总建筑面积的4%～7%。

在高层建筑中，除了用地下层或屋顶层作为设备层以外，也有必要在中间层和最上层设置设备层。一般认为每10～20层设一设备层最好。

供暖系统可用锅炉也可用室外热力管网作为热源。

在高层建筑中，如采用蒸汽供暖系统，则系统的高度不受限制。但在高层建筑中通常不用高压或低压蒸汽供暖系统。这是因为，高压或低压蒸汽供暖系统散热器表面温度过高，不符合卫生要求。而且只能用间歇工作的方法调节散热器的散热量，这就会造成室温在较大的范围内波动。但在高层建筑中，可用真空蒸汽供暖系统。它既不受高度限制，也没有蒸汽供暖系统在卫生及调节方面的缺点。在采用真空蒸汽供暖系统时，不仅要使系统内保持真空，而且要用改变真空度的办法调节散热器的散热量，这就要求系统严密不漏，并需要保持真空的自控设备。

8.5.3　热源

(1)供热锅炉及锅炉房

①常用锅炉类型及适用范围

在供暖系统中，锅炉是加热设备，用锅炉可将回水加热成蒸汽或热水。锅炉有两大类，即蒸汽锅炉和热水锅炉。对于供暖系统所用的锅炉来说，每一类都可分为低压及高压两种。在蒸汽锅炉中，蒸汽压力低于0.7MPa(表压力)的称为低压锅炉，蒸汽压力高于0.7MPa的称为高压锅炉。在热水锅炉中，温度低于115℃的称为低压锅炉。温度高于115℃的称为高压锅炉。

集中供暖系统常用的热水温度为95℃，常用的蒸汽压力往往小于0.7MPa，所以大都用低压锅炉。在区域供热系统中，则多用高压锅炉。低压锅炉用铸铁或钢制造，高压锅炉则完全用钢制造。

②锅炉的构成及基本工作过程

锅炉本体的最主要构成是汽锅与炉子。燃料在炉子中燃烧，放出大量的热量，这些热量以辐射、对流和热传导三种方式传给汽锅里的水，使水汽化。为了满足生产对蒸汽温度的特殊要求，设置了蒸汽过热器。为了提高锅炉运行的经济性，设置了省煤器与空气预热器。这些也都是锅炉本体的组成部分。除此之外，为了使锅炉能安全可靠地工作，还必须配备水位表(热水锅炉不必装水位表)、压力表、温度计、安全阀、给水阀、止回阀和排污阀等配件，由于供暖系统不用过热蒸汽，因此供暖锅炉通常不装蒸汽过热器。

当蒸汽锅炉工作时，在锅炉内部要完成三个过程，即燃料的燃烧过程、烟气与水的热交换过程以及水受热的汽化过程。热水锅炉则只完成前两个过程。

③锅炉基本特性的表示

习惯上用蒸发量(或产热量)、蒸汽(或热水)参数、受热面蒸发率(或发热效率)以及锅炉效率来表示锅炉的基本特性。蒸发量即蒸汽锅炉每小时的蒸汽产量，单位是 r/h 或 kg/h。但有时不用蒸发量而用产热量来表示锅炉的容量。产热量是指锅炉每小时生产的热量，单位是 kW。蒸汽(或热水)参数是指蒸汽(或热水)的压力及温度。对于生产饱和蒸汽的锅炉，由于饱和压力和饱和温度之间有固定的对应关系，因此通常只标明蒸汽的压力就可以了。对于生产热水的锅炉，则压力与温度都要标明。受热面蒸发率(或发热率)是指每平方米受热面每小时生产的蒸汽量[或热复，单位是 $kg/(m^2 \cdot h)$ 或 kW/m^2]。锅炉效率是指锅炉中被蒸汽或热水接收的热量与燃料在炉子中应放出的全部热量的比值。

根据锅炉监督机构的规定，低压锅炉可设在供暖建筑物内的专用房间或地下室中，而高压锅炉则必须设在供暖建筑物以外的独立锅炉房中。

④铸铁片式锅炉介绍

铸铁片式锅炉为常见的小容量低压供暖锅炉，具有可增减炉片来改变发热量、耐腐蚀、经久耐用等优点，但也有效率低、产热量较小以及耗铸铁量大等缺点。这种锅炉每一个炉片都是中空的，其上下都有管接口，借助管接口将各个炉片连接成为炉体，并以钢条螺栓拉紧。冷水自锅炉后端进入彼此相通的炉体，经加热后，热水由上部流出。这种锅炉有双层炉排，上炉排为水冷炉排，下炉排为固定式铸铁炉排，上炉排上部的空间为风室，上、下炉排之间为燃烧室，下炉排之下是灰坑：空气由风室的炉门及灰坑的灰门流入，经上、下炉排上的燃料层，到达燃烧室而成为高温烟气，高温烟气经燃烧室后边的燃炉室及各炉片的中间烟道流到前烟室，再由沙片的两侧嵬日道返到锅炉后部而排入烟囱。在正常工作时，只往上炉排上面投新燃料，上炉排形成灰渣，通过定时的拨火落到下炉排上，通过灰门适量的给风，使炉火中的炭继续燃烧。在燃烧室内，自上而下的半煤气与自下而上的含有过剩空气的燃烧产物相混合，形成明火半煤气燃烧。此后，未燃尽的挥发物、悬浮的微小炭粒和剩余空气中的氧再在燃烧室内充分燃烧，使烟气中的炭黑含量下降到最低的程度，从而在消烟除尘方面有了较好的效果。在一般情况下，这种锅炉要用机械通风，但当烟囱砌筑良好(不漏风)，且高度在28m以上时，也可采用自然通风。这种锅炉的产热量为232.6～488.5kW。

卧式快装锅炉是钢制锅炉，它已在我国许多地方被推广使用。其工作压力分为0.8MPa和1.3MPa两种，蒸发量为1～4t/h。图8-33是KZLⅡ-4-13型快装锅炉简图。

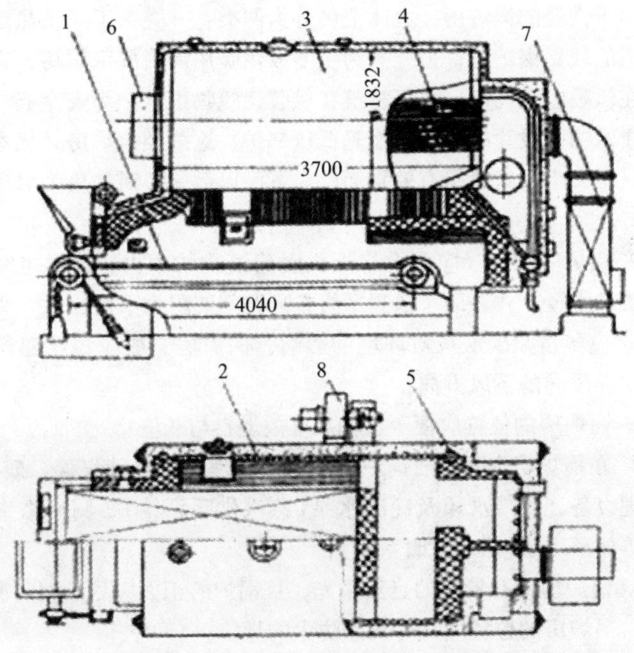

图8-33　KZLⅡ-4-13型快装锅炉简图

1—链条路牌；2—水冷闭管；3—锅筒；4—烟管；5—下降管；

6—前烟管；7—铸铁省煤器；8—送风

⑤锅炉台数的选择

根据供暖系统的热媒及其参数和所用的燃料，去选择锅炉的类型。根据建筑物总热负荷及每台锅炉的产热量去选择锅炉的台数。在一般情况下，锅炉最好选两台或两台以上。这样考虑是因为，一年中由于气候的变化，建筑物的热负荷并不均匀，当室外温度等于供暖室外计算温度时，全部锅炉都要满负荷工作；而当室外温度升高时，便可停止部分锅炉工作，使工作的锅炉仍处于经济运行状态。锅炉台数增多时，对调节来说是比较合理的，但管理不便，还会增加锅炉房的占地面积。

⑥锅炉房位置的确定及对建筑设计的要求

根据锅炉监督机构的规定，低压锅炉可设在供暖建筑物内的专用房间或地下室中，而高压锅炉则必须设在供暖建筑物以外的独立锅炉房中用于供暖的锅炉房，大体上可分为两类：一类为工厂供热或区域供热用的独立锅炉房；另一类为生活或供暖用的附属锅炉房，它既可附设在供暖建筑物内，也可建筑在供暖建筑物以外。为安全起见，在供暖建筑物内设置的锅炉只能是低压锅炉。这两类锅炉房并无本质差异，只是大小、繁简稍有差别而已，下面以后一类锅炉房为对象加以介绍。

a. 锅炉房的位置应力求靠近供暖建筑物的中央。这样可减少供暖系统的半径，并有助于供暖系统各环路间的阻力平衡；

b. 应尽量减少烟灰对环境的影响，锅炉房一般应位于建筑物供暖季主导风向的下风方向；

c. 锅炉房的位置应便于运输和堆放燃料与灰渣；

d. 在锅炉房内除安放锅炉外，还应合理地布置储煤处、鼓风机、水处理设备、凝结水箱及冷凝水泵(蒸汽供暖系统)、厕所浴室及休息室等循环水泵(热水供暖系统)；

e. 锅炉房应有较好的自然采光，且锅炉的正面应尽量朝向窗户；

f. 锅炉房的位置应符合安全防火的规定；

g. 用建筑物的地下室作为锅炉房时，应有可靠的防止地面水和地下水侵入的措施。此外，地下室的地坪应具有向排水地漏倾斜的坡度；

h. 锅炉房应有两个单独通往室外的出口，分别设在相对的两侧。

但当锅炉前端走道的总长度(包括锅炉之间的通道在内)不超过 12m 时，锅炉房可只设一个出入口，锅炉房通向室外的门应向外开，锅炉房内的生活室等直接通向锅炉间的门，应向锅炉间开；

I. 锅炉应装在单独的基础上。

⑦锅炉房主要尺寸的确定

在锅炉房中，要合理地配置和安装各种设备，以保证安装、运行及检修的方便和安全可靠。

a. 锅炉房平面尺寸应依据锅炉、其他设备和烟道的位置、尺寸和数量而定。锅炉前部到锅炉房前端的距离一般不小于 3m。对于需要在炉前操作的锅炉，此距离应大于燃烧室总长 1.5m 以上。锅炉与锅炉房的侧墙之间或锅炉之间有通道时，如不需要在通道内操作，通道宽度不应小于 1.0m。如需要在通道内操作，通道宽度就应保证操作方便，一般为 1.5~2.0m。

鼓风机、引风机和水泵等设备之闯的通道宽度，一般不应小于 0.7m。锅炉后墙与总水平烟道之间应留有足够的距离，以敷设由锅炉引出的烟道及装置烟道闸板，此距离不得小于 0.6m。

b. 锅炉房的高度应依据锅炉高度而定。在一般情况下，锅炉房的顶棚或屋架下弦应比锅炉高 2.0m。但当锅炉房采用木屋架时，则屋架下弦至少高于锅炉 3m。

⑧烟道、烟囱及媒灰场

a. 烟道：燃料燃烧所生成的烟气，一般由锅炉后部排入水平烟道。水平烟道有两种布置方法：一种是将它放到锅炉房的地面下，另一种是放在地面上。烟道壁用 370 砖砌筑。在砌筑烟道转弯、分叉及设闸板处，应设置专门的清扫口，清扫口应当用盖子盖严。

水平烟道的净截面，应根据该烟道内烟气的流量和流速来确定。烟气量取决于燃料的消耗量，燃料的成分和燃烧条件。烟气的流速一般为 4~6m/s。

b. 烟囱：为了使燃料在锅炉内安全、连续地燃烧，必须不间断地向锅炉内燃料层供给空气，同时将所产生的烟气经烟道及烟囱排入大气。烟囱的主要作用是产生抽力，烟囱越高抽力越大。当空气流过煤层及烟气流经各种受热面，烟道及烟囱的阻力较大时，除了设置烟囱外，还需要用鼓风机向煤层送风和引风机抽取烟气。

供暖锅炉房的烟囱可以靠墙砌筑或者离开建筑物单独砌筑。如用建筑物的地下室作为锅炉房时，在一般情况下不希望离开建筑物单独砌筑烟囱，而是将烟囱靠内墙砌筑。这样做的优点是，可以防止烟囱内烟气冷却。水平烟道短，不影响建筑物的美观。如必须将烟囱单独在室外砌筑，则尽量将其布置到对建筑美观影响较小的地方，并且距外墙应不小于3m。

烟囱的高度要满足抽力及环境保护的要求。一般情况下，烟囱高度不应低于15m。

烟囱截面应根据烟囱内烟气的流量及流速来确定。烟囱内烟气流速一般为4～6m/s。

c. 煤灰场：在一般情况下，煤及灰渣均堆放在锅炉房主要出入口外的空地上，有时也可在锅炉间旁边设置单独的煤仓。

露天煤场和煤仓的储煤量应根据煤供应的均衡性以及运输条件来确定。煤仓中的煤应能直接流入锅炉间。

灰渣场宜在锅炉房供暖季主导风向的下方，煤灰渣储存量取决于运输条件。

(2)热力管网及热力引入口

供暖系统除可用小型锅炉作为热源外，也可用区域供热系统作为热源。区域供热系统的热源是热电站或大型锅炉房，一个区域供热系统的锅炉房，提供了一个区域中全部房屋的供暖、通风及热水供应系统所需要的全部热量。有时区域供热系统还可供给工业企业中工艺过程所需要的热能。

在区域供热系统中，热源所产生的热量，通过室外管网(即热力管网)送到各个热用户。显然，热用户即指与室外管网相连接的供暖、通风以及热水供应系统。

区域供热系统的优点是由于使用大型锅炉，其机械化程度高，自动控制及技术管理也均较好，因此燃料中热量的利用率高，能减少管理人员，节省费用，也可减少对大气的污染。

区域供热系统的热媒是热水或蒸汽。通过室外管网，将热水或蒸汽送到各个热用户。室外管网以双管系统最为普遍。双管系统即由供热中心引出两根管线，一根将热水或蒸汽送到热用户，另一根流回回水或凝结水。

区域供热系统如以热水为热媒，热水热力管网的供水温度为95～150℃，甚至更高一些，回水温度为70～90℃。

区域供热系统如以蒸汽为热媒，蒸汽的参数应视热用户的需要和室外管网的长度而定。当供暖系统与区域供热系统的室外管网相连接时，室外热力管网中的热媒参数不可能与全部热用户所要求的热媒参数完全一致，这就要求在各热用户的引入口将热媒参数加以改变。

要使热力管网内热媒参数符合供暖系统等的需要，就要借助于不同的连接方法、专门设备以及自动装置来实现。

①与热水热力管网相连接

热水供应系统与热水热力管网连接的原理如图8-34所示。图8-34(a)、(b)、(c)、(d)为热水供暖系统与热与热水热力管网连接的图式；图8-34(e)、(f)是热水供应系统与热水热力管网的直接连接图式；图8-34(a)、(b)、(c)、(e))是热用户与热水热力管网的直接连接图式，图8-34(d)、(f)则是借助于表面式水—水加热器的间接连接图式。

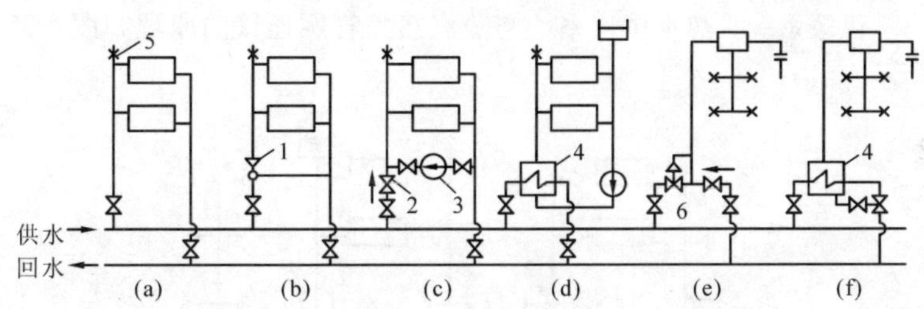

(a)～(f)连接方式

图8-34 热水供应系统与热水热力管网连接

1—混水器；2—止回阀；3—水泵；4—加热器；5—排气管；6—温度调节器

在直接连接时，必须遵循以下条件：连接后，热用户中的压力，不应高于其管道设备的允许压力；连接后，热用户最高点的压力要高于热用户中热水的饱和压力，即不允许热用户中热水气化；要满足热用户对温度和流量的要求。

在用图8-34(a)所示的连接方式时，热水从供水干管直接进入供暖系统方热后返回回水干管。这种连接方式，在热力管网的水力工况(指供水、回水干管的压力及它们的差值)及热力工况(指整个供暖季的温度)与供暖系统相同时才采用。

当热力管网供水温度过高时，就要用图 8-34(b)及图 8-34(c)所示的连接方式。供暖系统的部分回水通过混水器或水泵与供水干管送来的热水相混合，达到所需要的水温后，进入供暖系统，放热后，一部分回水返回到回水干管，另一部分与供水干管送来的热水相混合。在用图 8-34(c)所示方式连接时，为防止水泵升压后将热力管网回水干管中的回水压入供水干管，应在供水干管引向供暖系统的引入管上加装止回阀。

如果热力管网中的压力过高，超过了供暖系统所允许的压力，或者当供暖系统所需压力较高而又不宜普遍提高热力管网的压力时，供暖系统就不能直接与热力管网连接，而必须通过表面式水—水加热器将供暖系统与热力管网隔开。此时应按图，8-34(d)所示的图式连接。

图 8-34(e)及图 8-34(f)的情况大致与前面相应的图式相同，只不过一个是供暖系统，而另一个是热水供应系统而已。

②与蒸汽热力管网相连接

供暖系统、热水供应系统与蒸汽热力管网连接的原理如图 8-35所示。

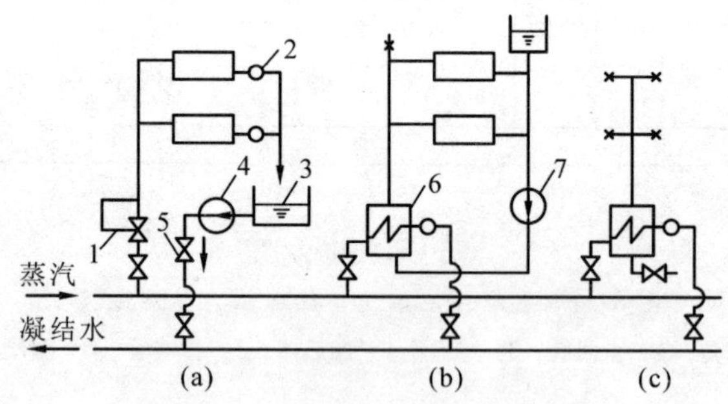

(a)~(c)连接方式

图 8-35　热用户与蒸汽热力管网连接

1—减压阀；2—疏水阀；3—凝结水箱；4—凝结水泵；
5—止回阀；6—加热器；7—循环水泵

图 8-35(a)是蒸汽供暖系统与蒸汽热力管网直接连接图式。蒸汽热力管网中压力较高的蒸汽通过减压阀进入蒸汽供暖系统，放热后，凝结水经疏水阀流入结水箱，然后用水泵将凝结水送回热力管网。为

了防止热力管网凝结于管中的凝结水和二次蒸发倒流入凝结水箱之中，在水泵出口装置了止回阀。由于这种连接方法比较简单，因此得到了广泛的应用。图 8-35(b)是热水供暖系统与蒸汽热力管网的间接连接图式。来自蒸汽热力管网的高压蒸汽，通过汽—水加热器将供暖系统中的循环水加热，热水供暖系统用水泵使水在系统内循环。图 8-35(c)是热水供应系统与蒸汽热力管网连接的图式。

在图 8-34 及图 8-35 中，用于间接连接的主要设备是水—水加热器(见图 8-36)或汽—水加热器。汽—水加热器可分为两种：一种是容积式加热器(见图 8-37)，另一种是快速加热器(见图 8-38)。容积式加热器的特点是将加热器与热水储水箱结合在一起，它的传热系数小，用在热水用量不大且有明显高峰负荷的场合。

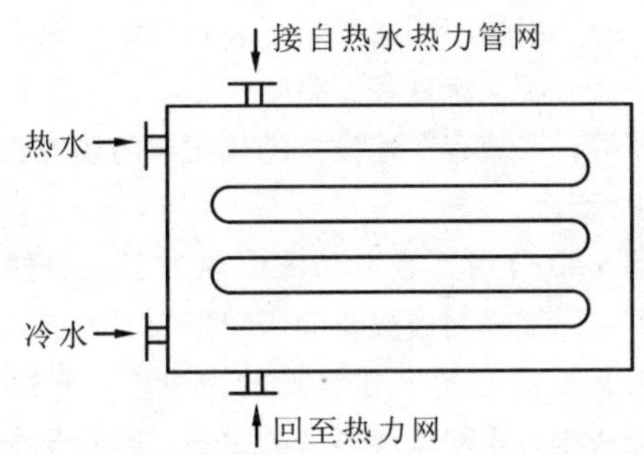

图 8-36 水—水加热器

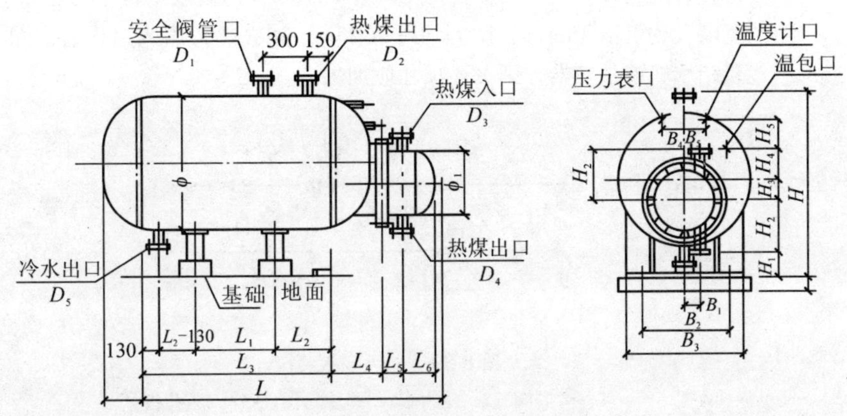

图 8-37 容积式汽—水加热器

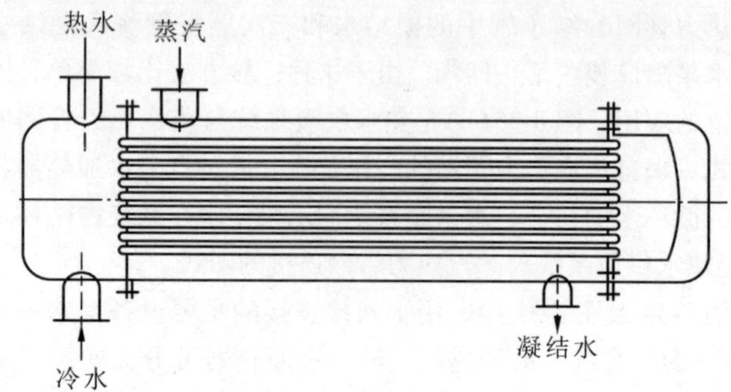

图 8-38 快速汽—水加热器

在上述各种连接方式中，只给出了热用户与热力管网连接处的主要设备。除此之外，根据不同情况还可装有测量、控制及其他附属设备，如温度计、压力表、流量表、温度控制器、压力控制器、流量控制器以及除污器等，安装有上述设备的热用户与热力管网的连接处叫做用户的热力引入。

图 8-39、图 8-40 分别是热水和蒸汽热力引入口的示意图。可用地下管沟、地下室、楼梯间或次要的房间作为热力引入口。建筑物热力引入口的位置最好放在整个建筑物的中央。由于热力引入口是调节、统计和分配从热力管网取得热量的中心，因此要求热力引入口房间除应有足够的尺寸，使人能方便地达到所有的设备并进行操作外，还应有照明设备，并要保持清洁。热力引入口的高度最低不低于 2m，宽度大约可取 15m，长度大约可取 25m。如在热力引入口内有水泵、凝结水箱或加热器，则上述尺寸应加大。

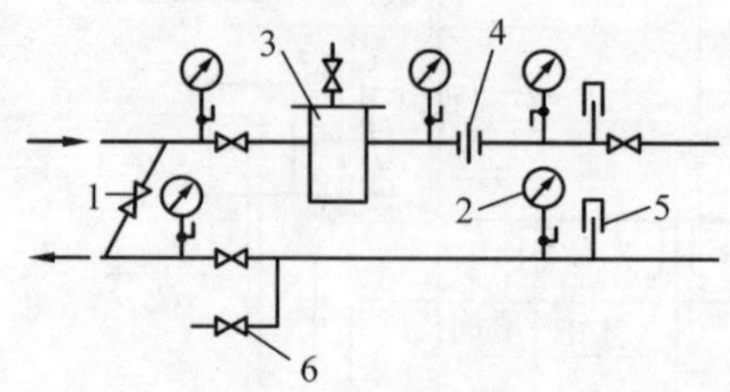

图 8-39 热水热力引入口

1—旁通阀；2—压力表；3—除污器；4—调压孔板；

5—温度计；6—泄水阀

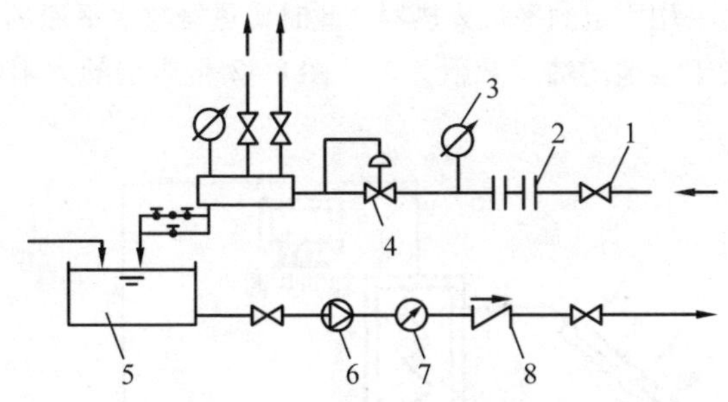

图 8-40 蒸汽热力引入口

1—阀门；2—蒸汽流量计；3—压力表；4—减压阀；5—凝结水箱；6—水泵；7—水量表；8—止回阀

8.6 太阳能集热器

太阳是一个巨大的能源，它不断地向地球辐射大量的热能。从节约燃料的观点出发，收集太阳射向地球的辐射能并加以利用，是有很大意义的。收集太阳能最简单的设备是平板太阳能集热器(见图 8-41)。吸收板是一块涂黑的金属表面，它是集热器的核心。照射到吸收板上的阳光被吸收板吸收后，提高了吸收板的温度，从而将流过吸收板的水(或其他液体、气体)加热。保温层及玻璃罩可减少集热器向外界的散热量。严格地说，玻璃罩能使太阳的短波辐射进入集热器，并能阻止由吸收板发出的较长波长的热辐射散出。

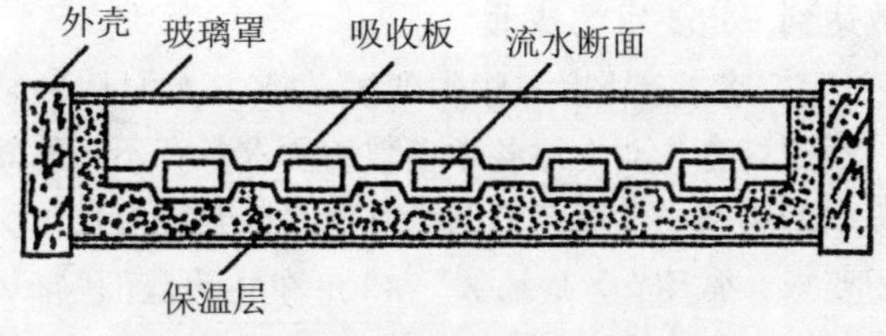

图 8-41 平板太阳能集热器

当太阳光垂直射向平板集热器时，平板集热器可收集到最多的热量。然而由于地球的自转及围绕太阳的公转，欲最大限度地收集太阳辐射能，必须使集热器跟随太阳自动旋转，这就要求有跟踪太阳的自动化设备，必然造成很大投资。对于热负荷不大的热水供暖或热水供应系统，可采用固定的平板集热器，此时集热器与水平面的夹角，以大体上接近于当地的纬度数值为宜。图 8-42 是典型的太阳能供暖系统示意图。

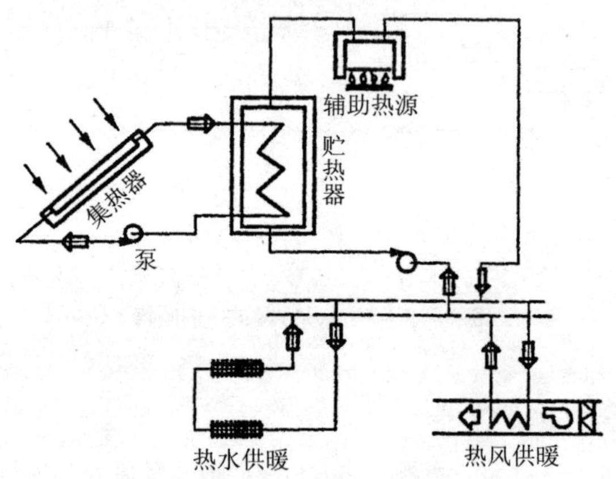

图 8-42 太阳能供暖系统

8.7 空调系统

8.7.1 空调概述

(1) 空气调节的应用和空调系统的组成

空气调节(简称空调)是为满足人们的生产、生活要求，改善劳动卫生条件，用人工的方法使室内空气温度、相对湿度、洁净度和气流速解参数达到一定要求的技术。

所谓“一定要求”，是指一些生产工艺或者人们从事某种活动的客观需要。不同场合，对上述各项参数的要求各有不同的侧重。

大多数空调房间，主要是控制空气的温度和相对湿度。对温度和相对湿度的要求，常用“空调基数”和“允许波动范围”来表示，前者是要求保持的室内温度和相对湿度的基准值，后者是允许工作区内控制点的实际参数偏离基准参数的差值。需要严格控制温度和相对湿度恒定在一定范围内的空调工程，如机械工业的精密加工车间、精密装配车间以及计量室、刻线室等，通常称为“恒温恒湿”。不要求温度、湿度恒定，而是以夏季降温为主，用来满足人体舒适要求的空调，称为一般空调或舒适性空调。

有些工艺过程，不仅要求有一定的温、湿度，而且对于空气的含尘量和尘粒大小也具有严格要求，如电子工业的光刻、扩散、制版、显影等工作间，满足这种要求的空调称为净化空调。

此外，尚有无菌空调(用于医药工业的实验室、药物分装室以及医院里的某些手术室)，以除湿为主的空调(用于地下建筑及洞库)以及用以模拟高温、高湿、低温、低湿和高空空间环境等的“人工气候室”等。

图 8-43 所示的是一个常用的以空气作为介质的集中式空调系统示意图。室外空气(新风)和来自空调房间的一部分循环空气(回风)进入空气处理室，经混合后进行过滤除尘以及冷却、减湿(夏季)或加热、加湿(冬季)等各种处理，以达到符合要求的空调送风状态，然后由风机送入各空调房间。送入的空气在室内吸收了余热(冬季则往往是吸收室内供热的余湿及其他有害物质)，通过排风设备排至室外，或由回风管道(有时设置回风用的风机，如图 8-43 所示)吸引一部分回风循环使用，以节约能量。

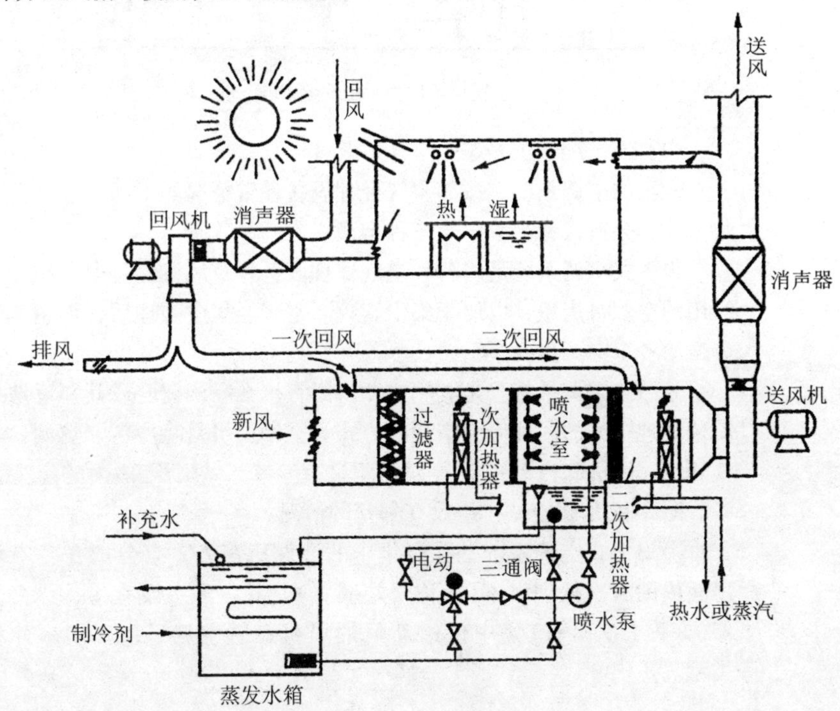

图 8-43 集中式空调系统

在室内外各种干扰因素(室外气象参数和室内的散热量、散湿量等)发生变化时，为保证室内空气参数不超出允许的波动范围，必须相应地调节对送风的处理过程，或调节送入室内的空气量。这个运行调节工作，根据允许波动范围以及室内热、湿扰量的大小，可通过手动或自动控制系统来实现。可见，对于如图 8-44 所示的空调系统，是由处理空气、输送空气、在室内分配空气以及运行调节等四个基本部分组成的。

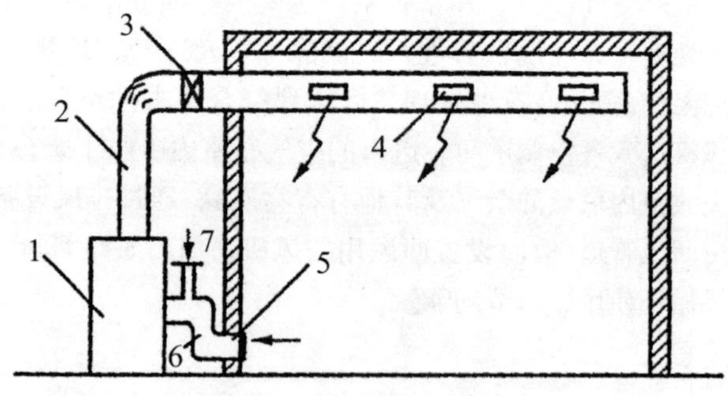

图 8-44　分散式空调系统

(2) 空调系统的分类

常用的空调系统，按其空气处理设备设置情况的不同，可以分为集中式、分散式和半集中式三种类型。

集中式空调系统是将各种空气处理设备以及风机都集中设在一个专用的空调机房里，以便于集中管理。空气经集中处理后，再用风管分送给各个空调房间。

分散式空调系统，是利用空调机组直接在空调间内或其邻近地点就地处理空气的一种局部空调的方式。空调机组是将冷源、热源、空气处理、风机和自动控制等设备组装在一个或两个箱体内的定型设备。图 8-45 是将空调机组设在邻室的情况。

半集中式空调系统，除有集中的空调机房外，有分散在各空调房间内的二次处理设备(或称末端装置)，其中多半设有冷、热交换器(亦称二次盘管)集中供给新风的风机盘管空调系统，即属此种类型。

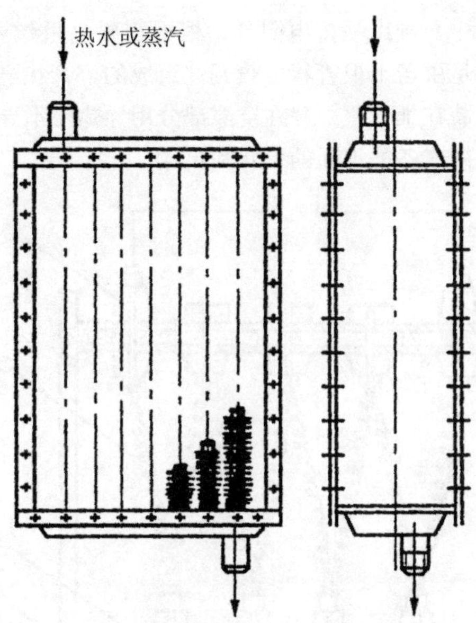

图 8-45 表面式空气加热器

8.7.2 空气处理和消声减振

(1) 空气加热

在空调工程中经常需要对送风进行加热处理。目前，广泛使用的加热设备，有表面式空加热器和电加热器两种类型，前者用于集中式空调系统的空气处理室和半集中式空调系统的末端装置中，后者主要用在各空调房间的送风支管上作为精调设备，以及用于空调机组中。

表面式空气加热器，是以热水或蒸汽作为热媒通过金属表面传热的一种换热设备。图 8-46 是用于集中加热空气的一种表面式空气加热器的外形图。不同型号的加热器，其肋管(管道及肋片)的材料和构造形式多种多样。用于半集中式空调系统末端装置中的加热器，通常称为“二次盘管”，有的专为加热空气用，也有的属于冷、热两用型，即冬季作为加热器，夏季作为冷却器。其构造原理与上述大型的加热器相同，只是容量小、体积小，并使用有色金属来制作，如铜管铝肋片等。

电加热器有裸线式和管式两种结构。裸线式电加热器的构造如图

8-46 所示，图中只画出一排电阻丝，根据需要电阻丝可以多排组合。管式电加热器是由若干根管状电热元件组成的，管状电热元件是将螺旋形的电阻丝装在细管里，并在空隙部分用导热而不导电的结晶氧化镁绝缘，外形做成各种不同的形状和尺寸。

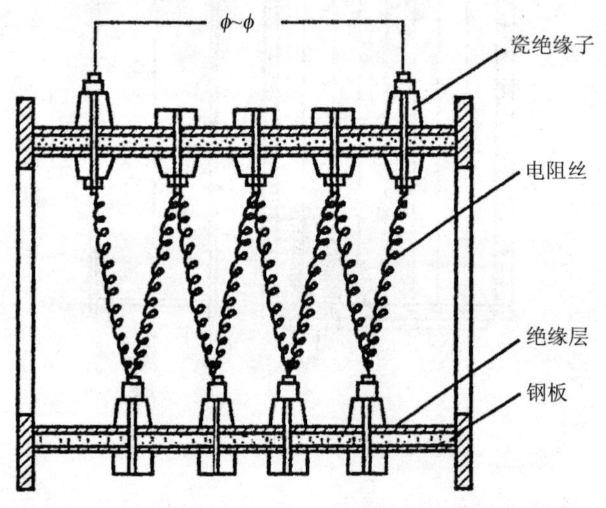

图 8-46 裸线式电加热器

(2) 空气冷却

使空气冷却特别是减湿冷却，是对夏季空调送风的基本处理过程。常用的方法如下：

①用喷水室处理空气

这种方法，就是在喷水室中直接向流过的空气喷淋大量低温水滴，以便通过水滴与空气接触过程中的热、湿交换而使空气冷却或者减湿冷却。喷水室是由喷嘴、喷水管路、挡水板、集水池和外壳等组成的，集水池内又有回水、溢水、补水和泄水等四种管路和附属部件小，图 8-47 是一个单级卧式喷水室的构造示意图。喷嘴的排数和喷水方向应根据计算来确定，可能是一排逆喷喷水方向与空气流向相反，也可能是两排对喷(第一排顺喷，第二排逆喷)或三排对喷(第一排顺喷，后两排逆喷)。通常多采用两排对喷，只是在喷水量较大时才增为三排。喷水室的横截面积应根据通过的风量和常用流速 $v=2\sim3$m/s 的条件来确定。喷水室的长度取决于喷嘴排数和喷水方向，可参照表 8-1 列举的数据。挡水板分为前挡水板（又称分风板）和后挡水板，通常都是用镀锌薄钢板加工成波折的形状。前挡水板的宽度为 150～250mm，后挡水板的宽度为 350～500mm。

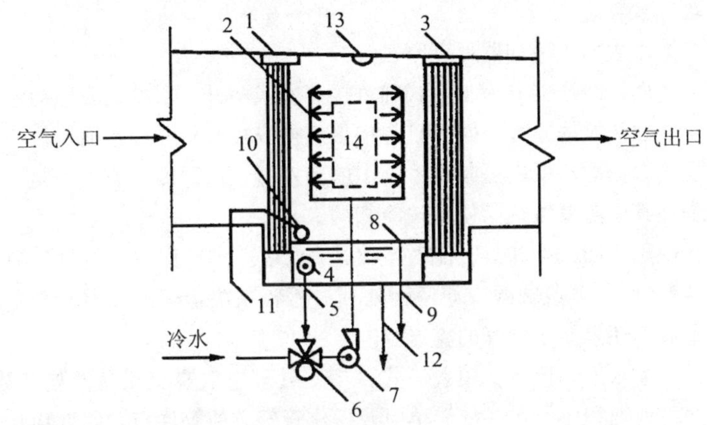

图 8-47　单级卧式喷水室构造

1—前挡水板；2—喷嘴及喷水管；3—后挡水板；4—滤水器；5—回水管；6—三通混合阀；7—喷水泵；8—溢水器；9—溢水管；10—浮球阀；11—补水管；12—泄水管；13—防水门；14—检查门

喷水室的外壳一般用钢板加工，也可以用砖砌或用混凝土浇制，但要注意做好防水。

集水池的容积一般按能容纳 2～3min 的喷水量考虑，深度为 0.5～0.6m。

表 8-1　喷水室的长度尺寸　(mm)

喷管排列方式	间距方式			
空气流向⟶	l_1	l_2	l_3	l_4
l_1　l_2	1000	250	—	—
l_1　l_2　l_3	200	600～1000	250	—
l_1　l_2　l_3　l_4	200	600～1000	600	250

喷水处理法可用于任何空调系统，特别是在有条件利用地下水或山涧水等天然冷源的场合，宜采用这种方法。此外，当空调房间的生

产工艺要求严格控制空气的相对湿度(如化纤厂)或要求空气具有较高的相对湿度(如纺织厂)时，用喷水室处理空气的优点尤为凸出。但是这种方法也有缺点，主要是耗水量大、机房占地面积较大以及水系统比较复杂。

②用表面式冷却器处理空气

表面式冷却器分为水冷式和直接蒸发式两种。水冷式表面冷却器与空气加热器的原理相同，只是将热媒换成冷媒——冷水而已。直接蒸发式表面冷却器就是制冷系统中的蒸发器，这种冷却方式，是靠制冷剂在其中蒸发吸热而使空气冷却的。

使用表面式冷却器，能对空气进行干式冷却(使空气的温度降低但含湿量不变)或减湿冷却两种处理过程，这决定于冷却器表面的温度是高于还是低于空气的露点温度。

与喷水室相比较，用表面式冷却器处理空气具有设备结构紧凑、机房占地面积小、水系统简单以及操作管理方便等优点，因此应用也很广泛。但它只能对空气实现上述两种处理过程，而不像喷水室那样尚能对空气进行加湿等处理，此外，它也不便于严格控制调节空气的相对湿度。

(3)空气的加湿和减湿

①空气加湿

空气加湿有两种方式，一种是在空气处理室或空调机组中进行，称为集中加湿；另一种是在房间内直接加湿空气，称为局部补充加湿。

用喷水室加湿空气，是一种常用的集中加湿法。对于全年运行的空调系统，如果夏季是用喷水室对空气进行减湿冷却处理的，在其他季节需要对空气进行加湿处理时，就可以使用该喷水室，只需相应地改变喷水温度或喷淋循环水，而不必变更喷水室的结构。

喷蒸汽加湿和水蒸发加湿也是常用的集中加湿法。喷蒸汽加湿是用普通喷管(多孔管)或专用的蒸汽加湿器将来自锅炉房的水蒸气喷入空气中去，例如夏季使用表面式冷却器处理空气的集中式空调系统，冬季就可以采用这种加湿的方式。水蒸发加湿是用电加湿器加热水以产生蒸汽，使其在常压下蒸发到空气中去，这种方式主要用于空调机组中。

②空气减湿

在气候潮湿的地区、地下建筑以及某些生产工艺和产品贮存需要空气干燥的场合料融对空气进行减湿处理。空气减湿的方法很多，现介绍常用的两种如下：

a. 制冷减湿：制冷减湿是靠制冷除湿机来降低空气的含湿量。制冷除湿机是由制冷系统和风机等组成的，如图 8-48 所示。待处理的潮湿空气通过制冷系统的蒸发器时，由于蒸发器表面的温度低于空气的露点温度，于是不仅使空气降温，而且能析出一部分凝结水，这样便达到了空气减湿的目的。已经冷却减湿的空气通过制冷系统的冷凝器时，又被加热升温，从而降低了空气的相对湿度。制冷除湿机的产品种类很多，有的做成小型立柜式，有的做成固定或移动式整体机组，不同型号的除湿量在每小时几千克到几十千克的范围内。

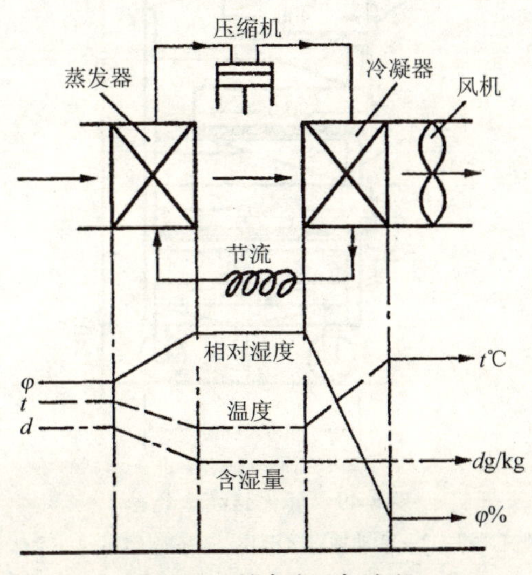

图 8-48 制冷除湿机流程

b. 利用固体吸湿剂吸湿：固体吸湿剂有两种类型：一种是具有吸附性能的多孔性材如硅胶、铝胶等，吸湿后材料的固体形态并不改变；另一种是具有吸收能力的固体材料，如氯化钙等，这种材料在吸湿之后，由固态逐渐变为液态，最后失去吸湿能力。固体吸湿剂的吸湿能力不是固定不变的，在使用一段时间后失去了吸湿能力时，需进行"再生"处理，即用高温空气将吸附的水分带走（如对硅胶）或用加热蒸煮法使吸收的水分蒸发掉（如对氯化钙）。

图 8-49 是使用氯化钙的吸湿装置。按图示尺寸，在抽屉内铺放直径为 50～70mm 的固体氯化钙吸湿层，总面积约 1.2m^2。室内潮湿空气以 0.35m/s 的流速由各进风口进入吸湿层，然后由轴流风机直接送入房间。当室温为 27℃左右，进口空气的相对湿度为 60%～90%时，吸湿量为 1.5～5kg/h。

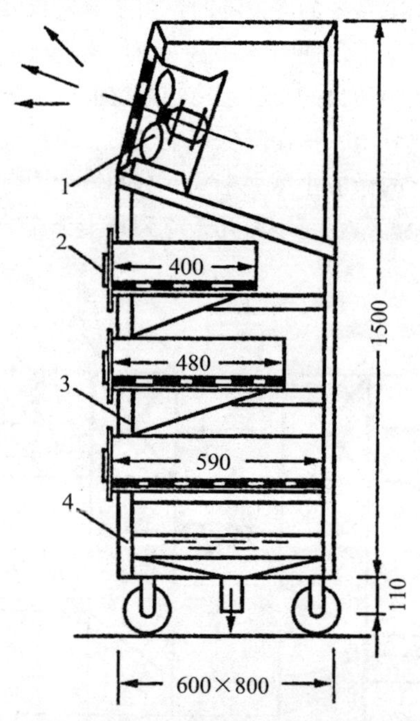

图 8-49 氯化钙吸湿装置

1—轴流风机；2—活动抽屉吸湿层；3—进风口；4—主体骨架

(4) 空气净化

空气净化包括除尘、消毒、除臭以及离子化等等，其中除尘是经常遇到的。

对送风的除尘处理，通常使用空气过滤器。空气过滤器的产品种类很多，根据过滤效率的高低，可将空气过滤器分为四种类型：粗效的有采用化纤组合滤料制作的地型自动卷绕式“人”字形空气过滤器，以及用粗中孔泡沫塑料制作的 M-Ⅲ型袋式过滤器等；中效的有用中细孔泡沫塑料制作的 M-Ⅱ、M-Ⅰ和 M-Ⅳ型袋式过滤器，以及用涤纶无纺布制作的 WU、WZ-Ⅰ和 WD-Ⅰ型袋式过滤器等；亚高效的有 ZKL 型棉短绒纤维滤纸和 GZH 型玻璃纤维滤纸过滤器等；高效的有 GB 型玻璃纤维滤纸和 GS 型石棉纤维滤纸过滤器等。

图 8-50 是 ZJK-1 型自动卷绕式粗效过滤器的结构原理。不同型号的外形尺寸(宽×高×深)为 1124mm×1574mm×700mm 或 2154mm×2084mm×700mm，额定风量约为 10000～40000m^3/h。

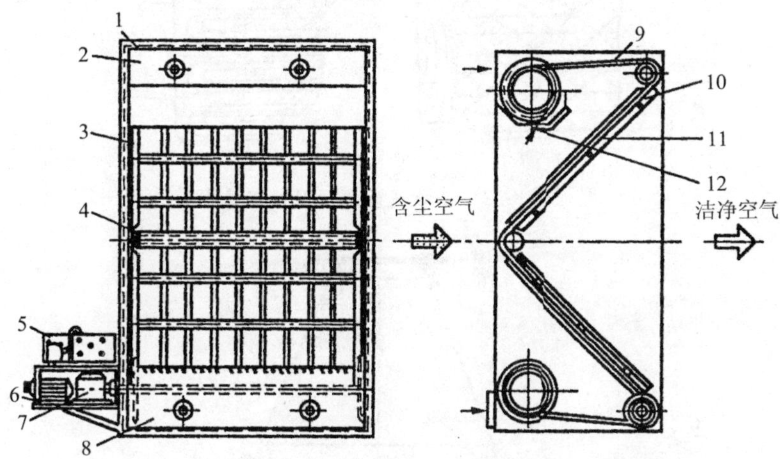

图 8-50 ZJK-1 型自动卷绕式粗效过滤器的结构原理

1—连接法兰；2—上箱；3—滤料滑槽；4—改向棍；5—自动控制箱；6—支架；7—减速箱；8—下箱；9—滤料；10—挡料栏；11—压料栏；12—限位器

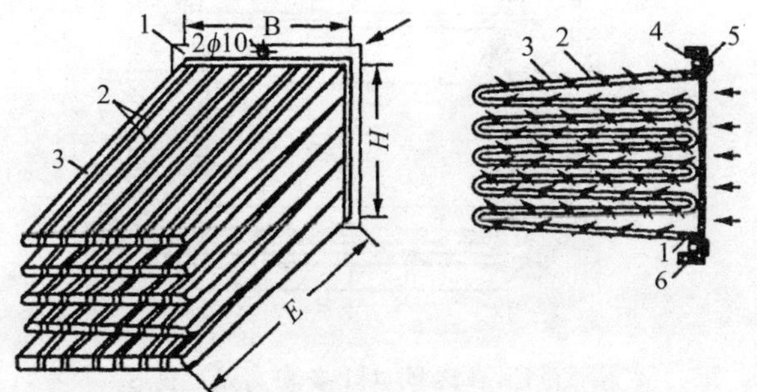

图 8-51 M 型泡沫塑料过滤器的外形及安装框架

1—角钢边框；2—铅丝支撑；3—泡沫塑料滤层；4—固定螺栓；5—螺母；6—现场安装框架

图 8-51 是 M 型泡沫塑料过滤器的外形及安装框架。不同型号的外形尺寸为 520mm×520mm×610mm 或 440mm×440mm×500mm，额定风量为 2000～1600m^3/h。

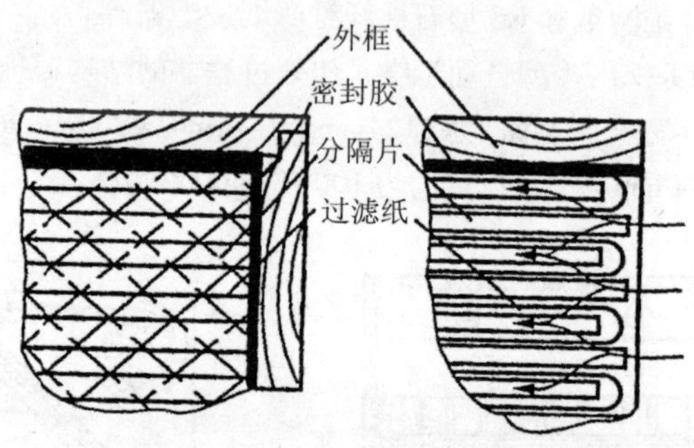

图 8-52　高效过滤器的构造示意

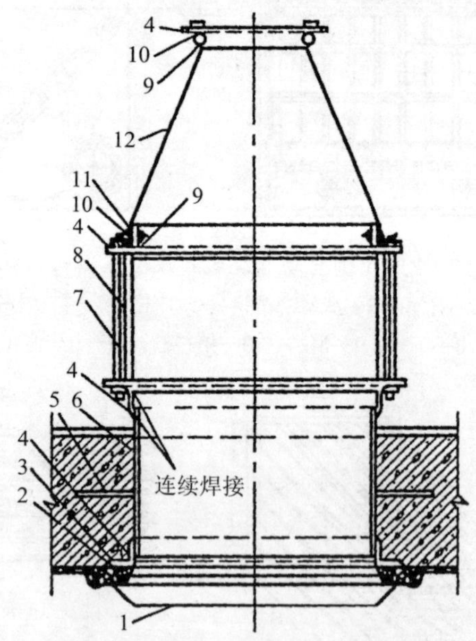

图 8-53　在送风口处安装高效过滤器

1—扩散板；2—螺钉、螺母、垫圈；3—木框；4—角钢法兰；
5—钢筋爪；6—预埋短管；7—长螺杆；8—高效过滤器；9—密封垫圈；
10—铆钉；11—压条；12—软管

图8-52是GB、GS型高效过滤器的构造示意图，这两种过滤器是由木质外框、滤纸和波纹状分隔片组成的，外形尺寸有484mm×484mm×220mm和630mm×630mm×220mm两种规格，额定风量为1000m^3/h和1500m^3/h。图8-53和8-54分别是在送风口处和在顶棚或送风墙上布置高效过滤器的安装方式示意图。

对空气过滤器的选用，应主要根据空调房间的净化要求和室外空气的污染情况而定。一般的空调系统，通常只设一组粗效过滤器（如图8-52所示）；有较高净化要求的空调系统，可设粗效和中效两级过滤器，其中第二级中效过滤器应集中设在系统的正压段（即风机的出口段）；有高度净化要求的空调工程，一般用粗效、中效两级过滤器作预过滤，再根据要求的洁净度级别的高低使用亚高效过滤器或高效过滤器进行第三级过滤。亚高效过滤器和高效过滤器应尽量靠近送风口安装。

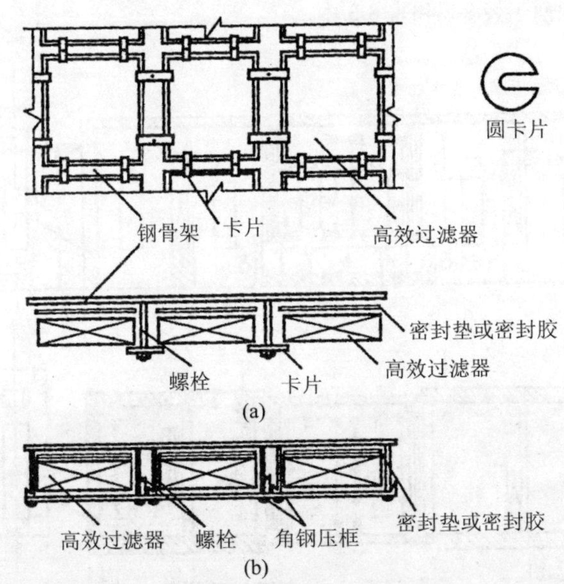

图8-54　高效过滤器在顶棚或送风墙上布置的安装示意

(a)卡片式压紧装置（卡片可做成长方形，每个高效过滤器用8个支点；若钢骨架强度好，也可在高效过滤器的四角定4个支点，卡片可做成圆形）；(b)角钢框式压紧装置（钢骨架要求平整，钢骨架的材料可采用槽钢、角钢或方钢，要注意强度及整体性）

8.7.3 空气处理室(空调箱)的形式与构造

空气处理室，或称空调箱，是集中设置各种空气处理设备的一个专用小室或箱体。可以根据需要自行设计，也可以选用定型产品。自行设计的空气处理室，其外壳可用钢板或非金属材料制作，后者一般是对整个处理室的顶部及其中的喷水室部分用钢筋混凝土，其余部分基本用砖砌。大型处理室常做成卧式的，小型的也可以做成立式或叠式的。定型生产的空调箱多为卧式，其外壳用钢板制作，冷却空气的方式有喷水式和使用表面式冷却器两种。

图 8-55 是一个非金属空气处理室的组合示意图，它包括过滤段、一次加热段、喷水段(喷水室)和二次加热段等 4 个完整的组成部分。在不同情况下，根据设计要求，也可能不设其中的一次加热段或二次加热段。空气处理室的组合长度以及在不同风量时的一些平面和剖面尺寸分别列于表 8-2 和表 8-3 中。

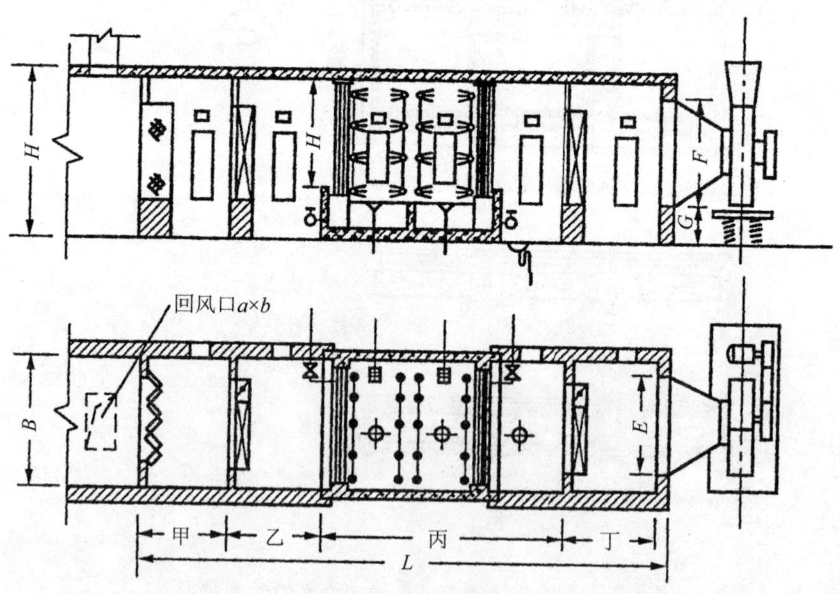

图 8-55 一个非金属空气处理室的组合示意

表8-2 非金属空气处理室组合长度 (mm)

组合段代号	甲	乙	丙		丁	L	
尺寸/名称/组合型号	空气过滤段	一次加热段	喷水段		二次加热段	组合总长度	
			双级	单级		双级	单级
Ⅰ	1200	1200	5080	3480	1200	8920	7320
Ⅱ	1200	1200	5080	3480	–	7720	6120
Ⅲ	1200	–	5080	3480	1200	7720	6120
Ⅳ	1200	–	5080	3480	–	6520	4920

注：表中的尺寸是根据如下条件制订的：

1）空气过滤器（低效）的外形尺寸为520mm×520mm×70mm，并采用人字形安装；

2）空气加热器为“通惠Ⅰ型”钢制加热器或“SYA型”加热器；

3）喷水段适合于单级双排、单级三排及双级（每两排对喷）等型式。

表8-3 非金属空气处理的构造尺寸

构造尺寸	风量范围（m^3/h）					
	22000～32000	29000～44000	36000～54000	45000～67000	54000～81000	65000～97000
B	1500	2000	2500	2500	3000	3000
H	2800	2800	2800	3300	3300	3800
H_1	2020	2020	2020	2520	2520	3020
E	1030	1530	2030	2030	2030	2030
F	1530	1530	2030	2030	2030	2030
G	540	540	530	540	540	510
$a \times b$	600×1000	800×1000	800×1000	800×1000	1000×1500	1000×1500

由工厂生产的金属空调箱，是用标准构件或标准段组装而成的。它的最大特点，是可以根据设计要求选用标准段或标准构件加以组合，从而加快工程进度。分段愈多，灵活性愈大。标准的分段大致有回风机段、混合段、预热段、过滤段、表冷段、喷水段、蒸汽加湿段、再加热段、送风机段、能量回收段、消声器段和中间段等。图8-56是一个装配式空调箱的示意图。装配式空调箱的大小一般是以每

小时处理的空气量来标定，小型的处理空气量为每小时几百立方米，大型的为每小时几万甚至几十万立方米，目前国内产品最大处理空气量达 160000m³/h。

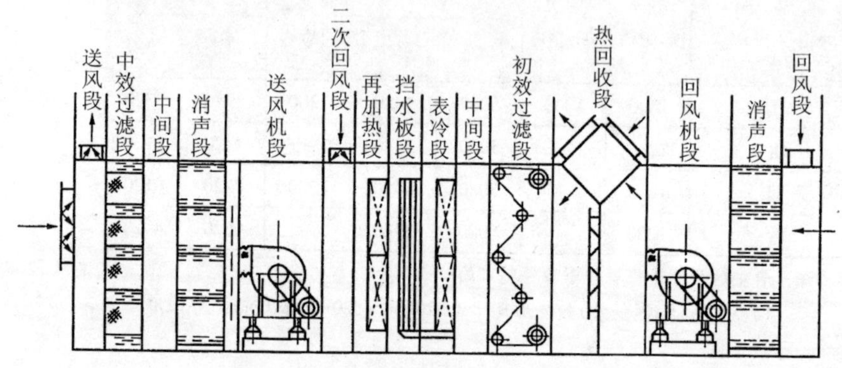

图 8-56 装配式空调箱的示意图

装配式空调箱的结构除整体分段的外，还有框架式和全板式两种。框架式空调箱由框架和带保温层的板组成，框架的接点可以拆卸。除喷水段有检查门外，其他各段均不设检查门，检修时可将箱体的侧板整块拆卸下来。

全板式空调箱设有框架，由不同规格的、刚度较大的复合钢板(中间有保温层)拼装而成，因而尺寸可进一步缩小。对空调机房的布置，应以管理方便、经济等为原则。

空调箱内各种设备的间隔尺寸，主要是考虑维护检修的可能(如更换过滤器等)、空气混合的必要空间(新、回风的混合)以及喷水室的结构尺寸、表冷器的落水距离等。

8.7.4 空调机房的布置原则

空调机房是用来布置空气处理室、风机、自动控制屏以及其他一些附属设备，并在其中进行运行管理的专用房间。对空调机房的布置，应以占地面积小、不影响周围房间的使用和管道布置经济为原则。动程空调设备(风机、水泵、制冷压缩机等，并通过管道及其他结构物传入空调房间。应采取适当的消声和减振措施。其中以风机为主)在运行时都会产生噪声和振动。因此，要求安排控制噪声和防止振动的空调工。

(1)机房位置的选择

空调机房应尽量靠近空调房间，但要防止其振动、噪声和灰尘等对空调房间的影响。

空调机房最好设在建筑物的底层，以减少振动对其他房间的影响。设在楼层上的空调箱应考虑其重量对楼板的影响，风机、制冷压缩机和水泵等一般要采取减振措施。

对于减振和消声要求严格的空调房间，可以另建空调机房，或者将空调机房和空调房间分别布置在建筑物沉降缝的两侧。

(2)机房的内部布置

空调机房的面积和层高，应根据空调箱的尺寸、风机的大小、风管及其他附属设备的布置情况，以及保证对各种设备、仪表的一定操作距离和管理及检修所需要的通道等因素来确定。

经常操作的操作面宜有不小于1.0m的距离，需要检修的设备旁要有不小于0.7m的距离。

自动控制屏一般设在空调机房内，以便于同时管理。控制屏与各种转动部件(风机、制冷压缩机、水泵等)之间应有适当的距离，以防振动的影响。

大型空调机房设有单独的管理人员值班室，值班室应设在便于观察机房的位置，这种情况下自动控制屏宜设在值班室内。

空调箱及自动控制仪表等的操作面应有充足的光线，最好是自然采光。需要检修的地点应设置检修照明。

机房最好设有单独的出入口，以防止人员、噪声等对空调房间的影响。

空调机房的门和装拆设备的通道应考虑能顺利地运入最大的空调构件，如果构件不能由门搬入，则需预留安装孔洞和通道，并应考虑拆换的可能。

8.7.5 消声与减振

消声措施包括两个方面：一是设法减少噪声的产生；二是必要时在系统中设置消声器。为减小风机的噪声，可采取一些措施：选用高效率、低噪声型式的风机，并尽量使其运行工作点接近最高效率点；风机与电动机的传动方式最好采用直接连接，如不可能，则采用联轴器连接或皮带轮传动；适当降低风管中的空气流速，有一般消声要求的系统，主风管中的流速不宜超过 8m/s，以减少因管中流速过大而产生的噪声，有严格消声要求的系统，不宜超过 5m/s；将风机安装在减振基础上，并且风机的进、出风口与风管之间采用软管连接；在空调机房内和风管中粘贴吸声材料，以及将内机设在有局部隔声措施的小室内等。消声器的形式很多，按消声的原理可分为如下几类：

①阻性消声器

阻性消声器是用多孔松散的吸声材料制成的，见图 8-57(a)。当声波传播时，将激发材料孔隙中的分子振动，由于摩擦你的作用，使声能转化为热能而消失，起到消声减噪的作用。这种消声器对于高频和中频噪声有一定的消声效果，但对低频噪声的消声性能较差。

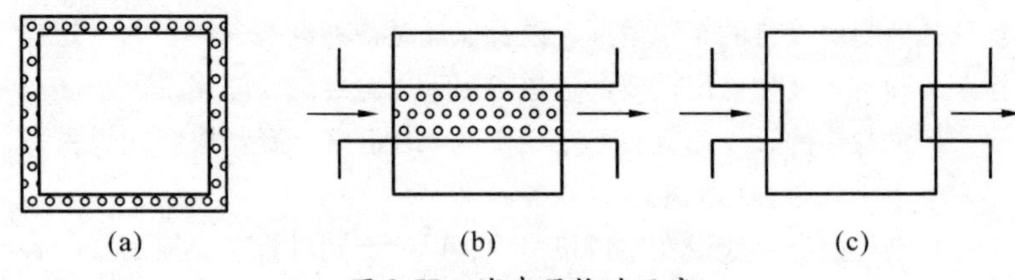

图 8-57 消声器构造示意

(a)阻性消声器；(b)共振性消声器；(c)抗性消声器

②共振性消声器

如图 8-57(b)所示，小孔处的空气柱和共振腔内的空气构成一个弹性振动系统。当外界噪声的振动频率与该弹性振动系统的振动频率相同时，引起小孔处的空气柱强烈共振，空气柱与孔壁发生剧烈摩擦，声能就因克服摩擦阻力而消耗。这种消声器有消除低频的性能，但频率范围很窄。

③抗性消声器

气流通过截面积突然改变的风管时，将使沿风管传播的声波向声源方向反射回去而起到消声作用。这种消声器[见图 8-57(c)]对消除低频噪声有一定效果。

④宽频带复合式消声器

宽频带复合式消声器是上述几种消声器的综合体，以便集中它们各自的性能特点和弥补单独使用时的不足，如阻、抗复合式消声器和阻、共振式消声器等。这些消声器对于高、中、低频噪声均有较良好的消声性能。

各种消声器的性能和构造尺寸可查阅《全国通用采暖通风标准设计图集》。

为减弱风机运行时产生的振动，可将风机固定在型钢支架上或钢筋混凝土板上，下面安装减振器(如图8-58所示)。前者风机本身的振幅较大，机身不够稳定；后者可以克服这个缺点，但施工较为麻烦。

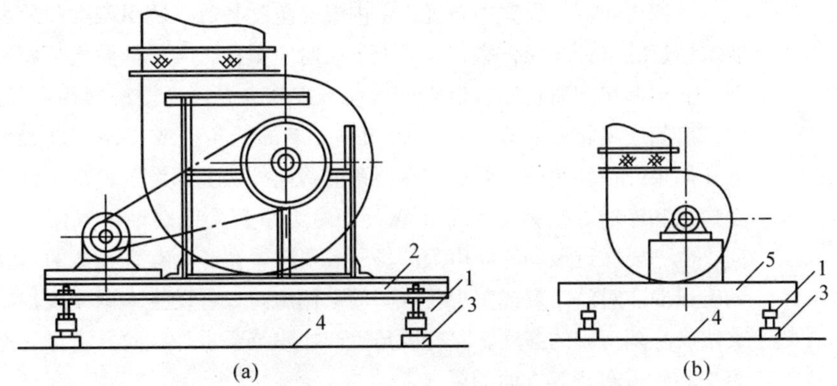

图8-58 风机减振器安装

1—减振器；2—型钢支架；3—混凝土支墩；4—支承结构；5—钢筋混凝土板

(a)固定在型钢支架上；(b)固定在钢筋混凝土板上

减振器是用减振材料制作而成的，减振材料的品种很多，空调工程常用的减振材料有橡胶和金属弹簧。

图8-59是消声器构造示意图。

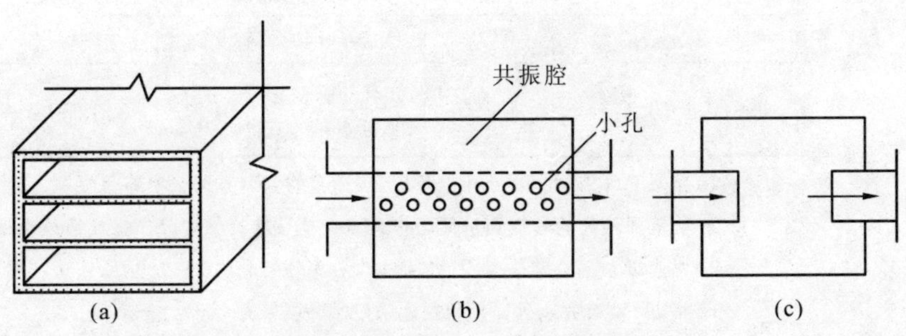

图8-59 消声器构造示意图

(a)阻性消声器；(b)共振性消声器；(c)抗性消声器

8.7.6 空调房间

(1)空调房间的建筑布置和建筑热工要求

合理的建筑措施，对于保证空调效果和提高空调系统的经济性具有重要意义。在布置空调房间和确定房间围护结构的热工性能时，一般应满足下列要求。

①空调房间的布置

空调房间应尽量集中布置。室内温度湿度基数、使用班次和消声要求相近的空调房间，宜相邻或上下层对应布置。应尽量做成空调房间被非空调房间所包围，但空调房间不宜与高温或高湿房间相毗邻。空调房间应尽量避免设在有两面相邻外墙的转角处或有伸缩缝的地方。如果设在转角处，就不宜在转角的两面外墙上都设置窗户，以减少传热和渗透。空调房间不要靠近产生大量灰尘或腐蚀性气体的房间，也不要靠近振动和噪声大的场所。要布置在产生有害气体的车间的上风向。对洁净度或美观要求高的空调房间，可设技术搁接或技术夹层。空调房间的高度，除应满足生产、建筑要求外，尚需满足气流组织和管道布置等方面的要求。

②围护结构的设置和建筑热工要求

a. 空调房间的外墙、外墙朝向及其所在层次，应符合表8-4的要求。

表8-4 空调房间的外墙、外墙朝向及其所在层次的要求

室温允许波动范围(℃)	外　墙	外　墙　朝　向	所在层次
> ±1	应尽量减少	应尽量北向	应尽量避免顶层
±0.5	不宜有	如有外墙时，宜北向	宜底层
±(0.1~0.2)	不宜有	如有外墙宜北向，且工作区距外墙不应小于0.8m	宜底层

注：1)室温允许波动范围小于或等于。0.5℃的空调房间，宜布置在室温允许波动范围较大的各空调房间之中，当在单层建筑物内时，宜设通风屋顶；

2)本表以及下述第2条中的“北向”，适用于北纬23°以北的地区；对于北纬23°以南的地区，可相应地采用“南向”；

3)设置舒适性空调的民用建筑，可不受此限。

b. 空调房间的外墙以及外窗和内窗的层数，宜按表8-5采用。

表8-5　空调房间的外窗以及外窗和内窗的层数

室温允许波动范围(℃)	外窗	外窗层数		内窗层数	
		≥7	<7	≥5	<5
≥±1	尽量北向并能部分开启，±1℃时不应有东、西向外窗	三层或双层（天然冷源双层）	双层（天然水源可单层）	双层（天然冷源单层）	单层
±0.5	不宜有，如有应北向	三层或双层（天然冷源双层）	双层	双层	单层
±(0.1~0.2)	不应有	–	–	可有小面积的双层窗	双层

c. 空调房间的门和门斗，应符合表8-6的要求。

表8-6　空调房间门和门斗的设置要求

室温允许波动范围(℃)	外门和门斗	内门和门斗
≥±1	不宜有外门，如有经常出入的外门时，应设门斗	宜设门斗
±0.5	不应有外门，如有外门时，就必须设门斗	宜设门斗
±(0.1~0.2)	严禁有外门	内门不宜通向室温基数不同或室温允许波动范围大于±0.1℃的邻室

d. 空调房间各种围护结构的传热系数和热惰性指标，应符表8-7的要求。

表8-7　空调房间围护结构的传热系数和热惰性指标

室温允许波动范围(℃)	围护结构的传热系数 K(W/m²·K)	围护结构的热惰性指标 D
≥±1	按经济性要求	无特殊要求
±0.5	除考虑经济性要求外，且不大于0.814	外墙不小于4，屋盖或顶棚不小于3
±(0.1~0.2)	除考虑经济性要求外，且不大于0.465	外墙不小于5，屋盖或顶棚不小于4

在表 8-7 中的所谓经济性要求，即空调房间的墙、屋盖和楼板等的经济传热系数，是指在空调制冷投资、维护费用和围护结构的保温费用三者综合最小时的传热系数，它可以通过计算来确定。

为了防止因向保温层内渗透水汽而降低保温性能，空调房间应设有保温层的外墙和屋盖，一般在保温层外侧设隔汽层，并应注意排除施工时材料内的水分。屋盖已有防水层或外墙有外粉刷时，可不再设隔汽层。

(2)空调房间的气流组织

气流组织是指在空调房间内为实现某种特定的气流流型，以保证空调效果和提高空调系统的经济性而采取的一些技术措施。不同用途的空调工程，对气流组织有着不同的要求。恒温恒湿空调系统，主要是使工作区内保持均匀而又稳定的温度、湿度，同时又应满足区域温差、基准温度、湿度及其允许波动范围的要求。区域温差，是指工作区内无局部热源时，由于气流而引起的不同地点的温差。有高度净化要求的空调系统，主要是使工作区内保持应有的洁净度和室内正压。对空气流速有严格要求的空调系统，则应主要保证工作区内的气流速度符合要求。影响气流组织的因素很多，其中主要的是送、回风方式以及送风射流的运动参数。常用的气流组织方式有如下几种。

①侧向送风

图 8-60(a)是一种单侧送风方式(上送下回风)的示意图。送、回风口分别布置在房间同一侧的上部和下部，送风射流到达对面的墙壁处，然后下降回流，使整个工作区域全部处于回流之中。为避免射流中途下落[见图 8-60(b)]，常采用贴附射流(使送风射流贴附于顶棚表面流动)以增大射流的流程。

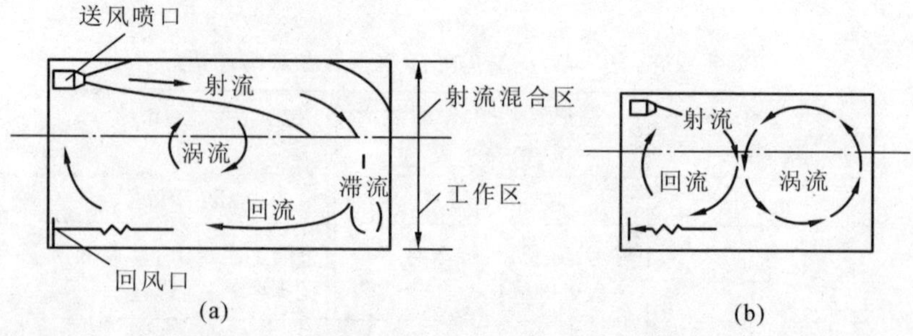

图 8-60 单侧送风方式(上送下回风)的示意图

(a)单侧送风方式(上送下回风)；(b)采用贴附射流增大射流的流程

侧向送风是最常用的一种空调送风方式，它具有结构简单、布置方便和节省投资等优点，室温允许波动范围不小于0.5℃的空调房间一般均可采用。

对于这种气流组织方式，送风射程（房间长度）通常在3～8m之间，送风口每隔2～5m设置一个，房间高度一般在3m以上，送风口应尽量靠近顶棚，或设置向上倾斜10°～20°的导流叶片，以形成贴附射流。

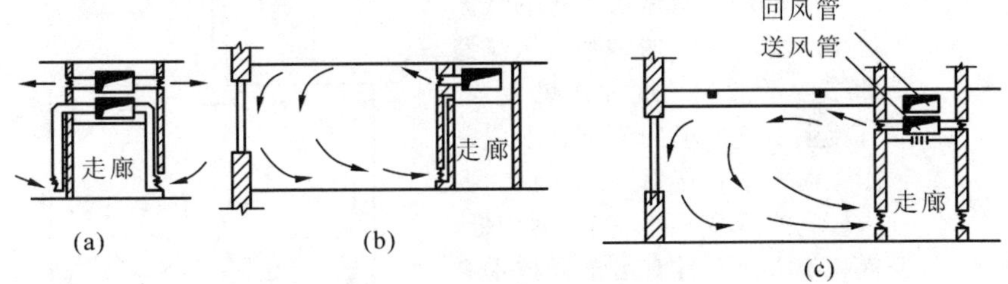

图8-61　侧向送风布置实例

图8-61是几种布置实例，其中(a)是将回风立管设在室内或走廊内；(b)是利用送风干管周围的空间作为回风干管；(c)是利用走廊回风。

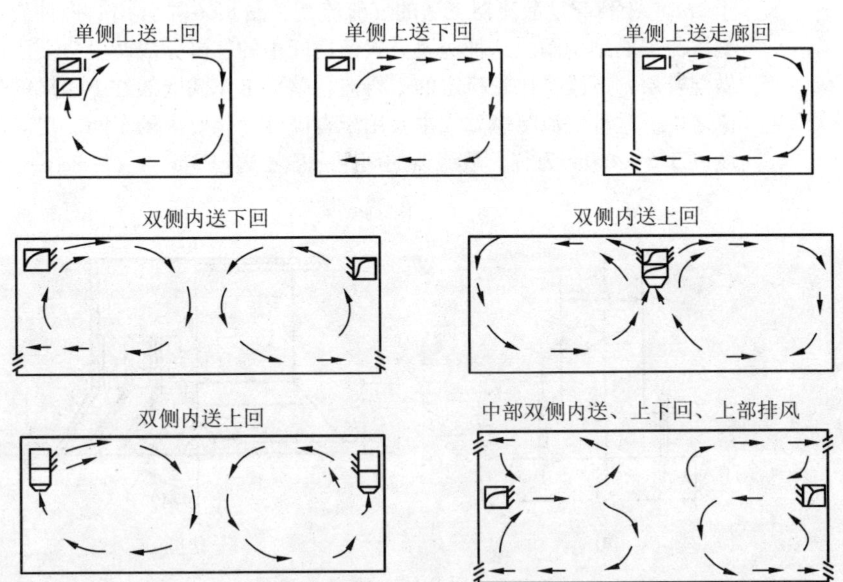

图8-62　侧向送风几种方式

侧向送风除上述单侧上送下回风方式外，根据情况亦可做成单侧上送上回风；双侧内送下回风或上回风；双侧外送上回风以及中部双侧内送，上回或下回、上排风等各种型式，如图 8-62 所示。

②散流器送风

散流器是装在顶棚上的一种送风口，它具有诱导室内空气，使之与送风射流迅速混合的特性。用散流器送风有平送和下送两种方式。

图 8-63 是散流器平送的气流流型，图 8-64 是两种平送散流器的结构示意图。这种送风方式，气流系沿顶棚横向流动，形成贴附，而不是直接射入工作区。要求较高的恒温车间，当房间较低，面积不大，而且有吊顶或技术夹层可以利用时，就可采用这种送风方式。如果房间的面积较大，就可采用几个散流器对称布置，各散流器的间距一般在 3 ~ 6m 之间，散流器的中心轴线距墙一般不小于 1m。图 8-65 是散流器下送的气流流型，图 8-66 是常用的一种流线型散流器的结构图。这种送风方式使房间中的气流分成两段：上段叫做混合层；下段是比较稳定的平行流，整个工作区全部处于送风的气流之中。这种气流组织方式主要用于有高度净化要求的车间。房间高度以 3.5 ~ 4.0m 为宜，散流器的间距一般不超过 3m。

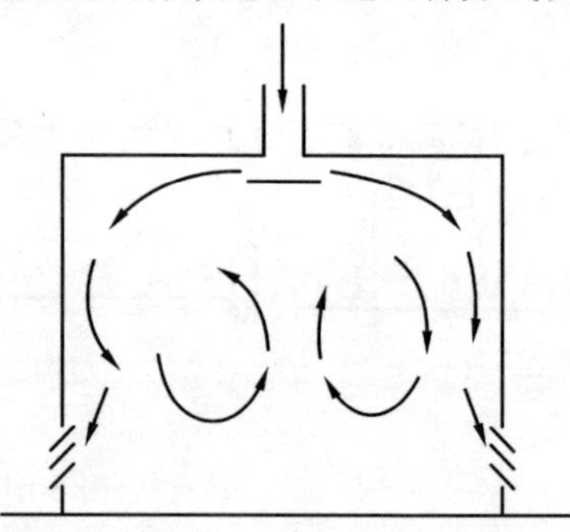

图 8-63　散流器平送的气流流型

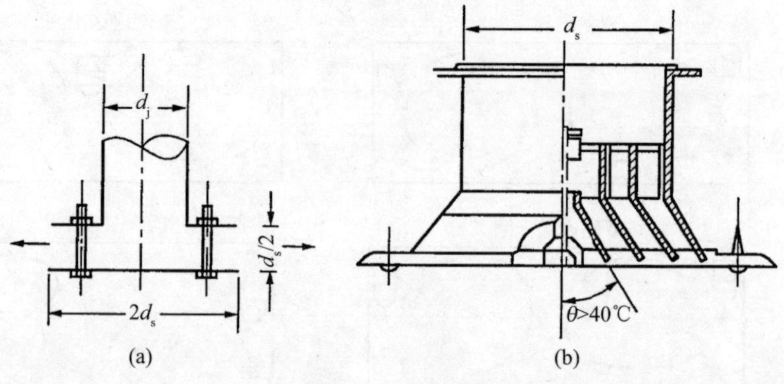

图 8-64　平送散流器

(a)盘式；(b)圆形直片式

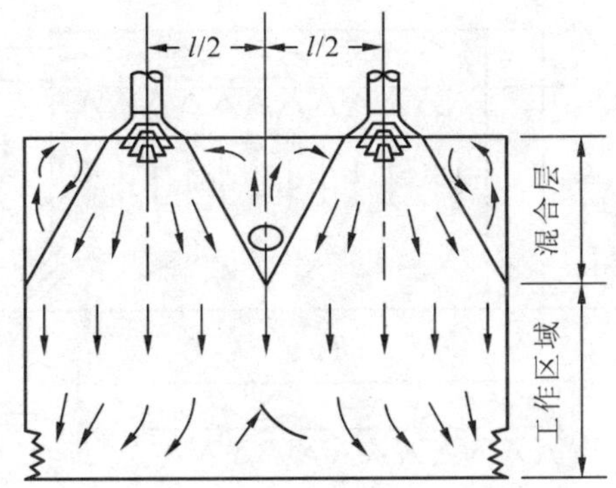

图 8-65 散流器下送的气流流型

③孔板送风

孔板送风是将空调风送入顶棚上面的稳压层中，在稳压层的作用下，通过顶棚上的大量小孔均匀地送入房间。可以利用顶棚上面的整个空间作为稳压层，也可以专设稳压箱，稳压层的净高应不小于 0.2m。孔板可用铝板、木丝板、五夹板、硬纤维板、石膏板等材料制作，孔径一般为 4 ~10mm，孔距为 40 ~100mm。整个顶棚全部是孔板的叫做全面孔板送风，只在顶棚的局部位置布置孔板的叫做局部孔板送风。

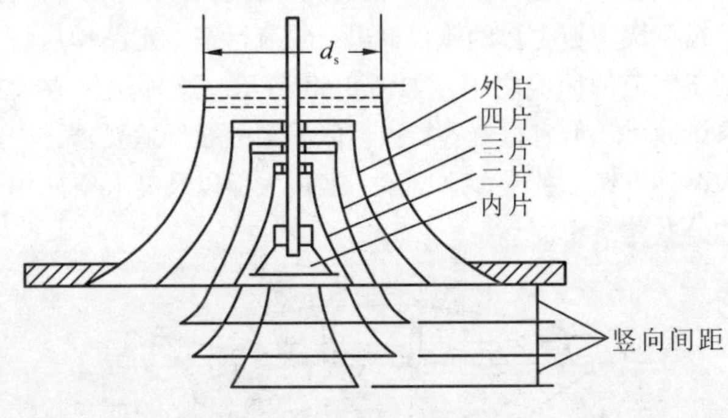

图 8-66 流线型散流器

对于全面孔板送风，根据不同的设计条件，可以在孔板下面形成下送平行流的气流流型[见图 8-67(a)]或是不稳定流的气流流型[见图 8-67(b)]前者主要用于有高度净化要求的空调房间；后者适用于室温允许波动范围较小和要求气流速度较低的空调房间。在孔板下部同样可以形成平行流或不稳定流，但在孔板的周围则形成回旋气流。

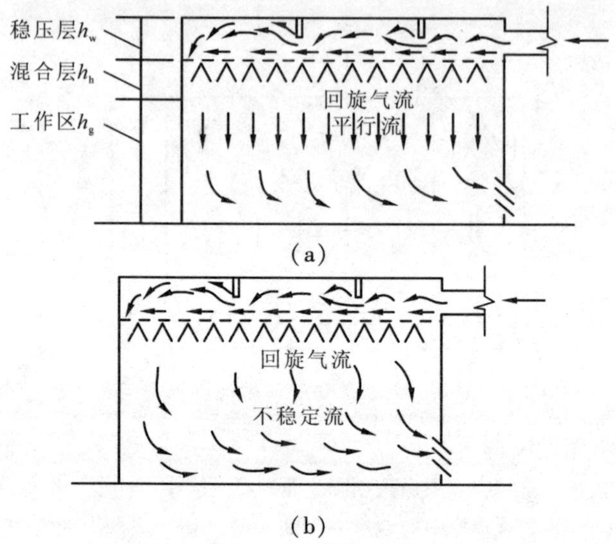

图 8-67 全面孔板下送的气流流型

(a)全面孔板不稳定流的气流流型；(b)全面孔板不稳定流的气流流型

④喷口送风

喷口送风，是将送风回风口布置在房间同侧，送风以较高的速度和较大的风量集中在少数的风口射出，射流行至一定路程后折回，使工作区处于气流的回流之中，如图 8-68 所示。这种送风方式具有射程远、系统简单、节省投资等特点，能满足一般舒适要求，因此广泛应用于大型体育馆、礼堂、影剧院、通用大厅以及高大空间的一些工业厂房和公共建筑中。

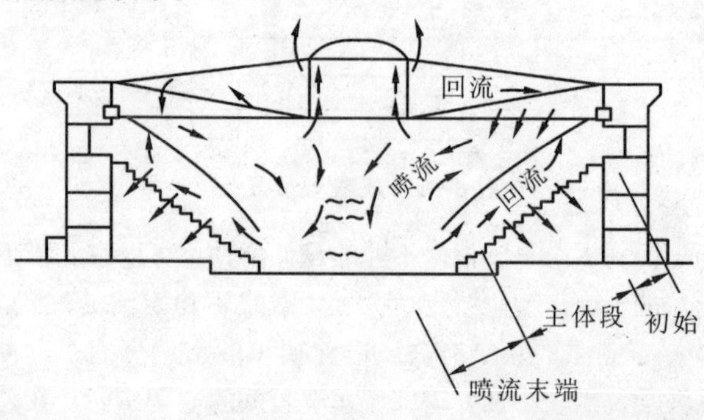

图 8-68 喷口送风流型

喷口有圆形和扁形两种形式，圆形喷口的结构如图 8-69(a)所示。为提高喷口的使用灵活性，亦可做成如图 8-69(b)所示的既能调节送风方向又能调节送风量的球形转动的形式。

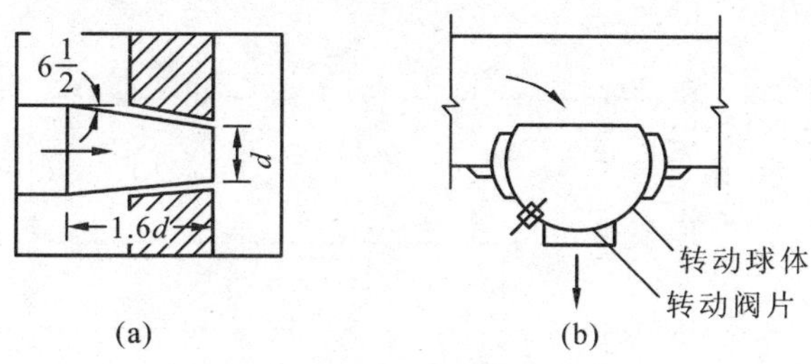

图 8-69 喷射送风口

(a)圆形喷口的结构；(b)球形转动的形式

采用喷口送风时，喷口直径一般在 0.2～0.8m 之间，喷口的安装高度应通过计算来确定，大致为房高的 0.5～0.7 倍。

⑤回风口

回风口处的气流速度衰减很快，故对室内气流组织的影响不大。回风口的构造比较简单，类型也不多。最简单的就是在孔口上装金属网，以防杂物被吸入。回风口通常设在房间的下部，下缘距地面 0.15m 以上。室温允许波动范围等于或大于 1℃ 的空调房间，有时采用走廊回风，这时可在房门下端或墙壁底部设置可调节的百叶风口，回风通过它进入走廊，再由走廊集中抽回到空调箱。为防止室外空气混入，走廊两端应设密闭性能较好的门。

8.7.7 空调冷源及制冷机房

(1)空调冷源

空调工程中使用的冷源，有天然冷源和人工冷源两种。制冷量与制冷剂的种类及制冷系统的工况(蒸发温度和冷凝温度等)有关。

①冷凝器

在空调制冷系统中常用的冷凝器有立式壳管形和卧式壳管形两种，前者用于氨制冷系统，后者(如图 8-70 所示)在氨和氟利昂制冷系统中均可使用。这两种冷凝器都是用水作为冷却介质的，冷却水通过圆形外壳内的许多钢管，制冷剂蒸气在管外空隙处冷凝。有些卧式冷凝器常与压缩机组成一体，称为压缩冷凝机组，这样既节省占地面积，又便于施工安装。

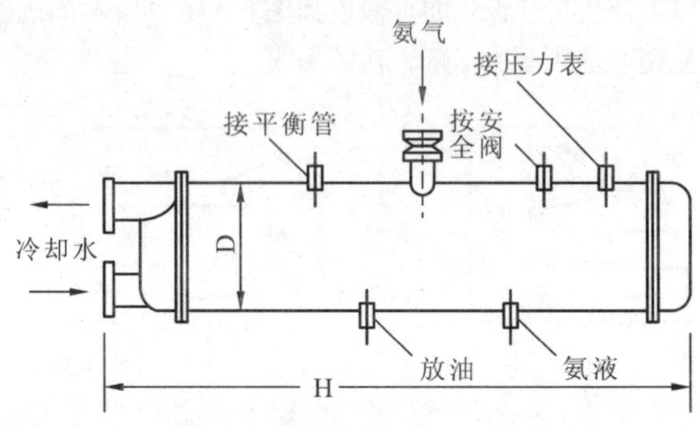

图 8-70 卧式壳管型冷凝器外形

②蒸发器

蒸发器有两种类型，一种是直接用来冷却空气，即直接蒸发式表面冷却器，这种类型的蒸发器只能用于无毒害的氟利昂制冷系统，直接装在空调机房的空气处理室中。另一种是冷却盐水或普通水用的蒸发器，在这种类型的蒸发器中，氨制冷系统常采用一种水箱式蒸发器（或称冷水箱），其外壳是一个矩形截面的水箱，内部装有直立管组或螺旋管组，表 8-8 中列出了几种型号的规格尺寸。另外，还有一种卧式壳管形蒸发器，可用于氮和氟利昂制冷系统。

表8-8 水箱式蒸发器 (mm)

型号	长×宽×高	相匹配的压缩机
SR-90	4350×1100×1260	4AV12. 5
SR-145	3590×2100×1260	6AV12. 5
SR-180	4350×1100×1260	8AS12. 5

③贮液器

贮液器是一个卧式圆筒形容器，表 8-9 中列出了两种氨贮液器的规格尺寸。

表8-9 氨贮液器的规格尺寸 (mm)

型号	直径×长	相匹配的压缩机
ZA-1	700×2290	4AV12.5 或 6AW12.5
ZA-1.5	700×4190	8AS12.5

制冷机组就是将制冷系统中的部分设备或全部设备组装在一起，成为一个整体。其特点是结构紧凑、使用灵活、管理方便，而且占地面积小、安装简单。

前面提到压缩冷凝机组，就是制冷机组的一种形式，它是将压缩机、冷凝器等组装成一个整体，可为各种类型的蒸发器连续供应液体制冷剂。此外，目前广泛应用的冷水机组也是制冷机组的一种形式，它是将压缩机、冷凝器、冷水用蒸发器以及自动控制元件等组装成一个整体，专门为空调箱或其他工艺过程提供不同温度的冷水。

如图 8-71 所示。该机组的制冷量为 454kW，使用的制冷剂为 R22，配用电动机的安装功率为 115kW，冷水温度为出口水温 7℃，回水温度 12℃，冷却水温度为 32℃。

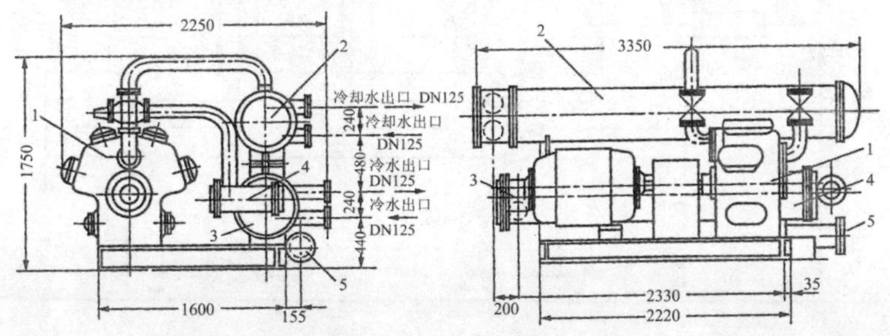

图 8-71 FJZ-40 型冷水机组的外形

1—8FS12.5A 压缩机；2—冷凝器；3—蒸发器；4—热交换器；5—干燥过滤器

④地能空调系统的简介及原理

地能空调系统是利用地能资源包括地热、地下水、地表水、土壤、城市污水等资源，通过热泵机组实现冷热置换，以较低的运行费用供暖、制冷和常年提供生活热水的环保空调系统。

工作原理：由地下换热部分(换热孔等)进行热量交换，借助压缩机和热交换系统，通过少量电能驱动，以实现冬季供暖、夏季制冷。在冬季工况下，地能空调系统通过地下换热部分(换热孔等)，从地表浅层中收集热量，由机房的热泵机组把地表浅层中的低品位能量变成高品位能量，再通过空调末端释放到室内。具体为：系统工质通过蒸发器吸收从地表浅层中收集来的热量，由低压湿蒸汽变成低压蒸汽，低压蒸汽再通过压缩机，被压缩成高温高压过热蒸汽，此工质再经过冷凝器，在冷凝器中冷凝液化为饱和液体(或过冷液体)并释放热量，传递给供暖循环水系统，达到供暖的目的，过冷工质经过机组节流机构降压节流后，又变成低压湿蒸汽。在夏季工况下，此过程则相反。

系统工质在蒸发器中吸收空调系统循环水热量，与冬季相同，通过工质的相变，将热量交换转移到地表浅层中。

图 8-72 是地源热泵系统原理图。

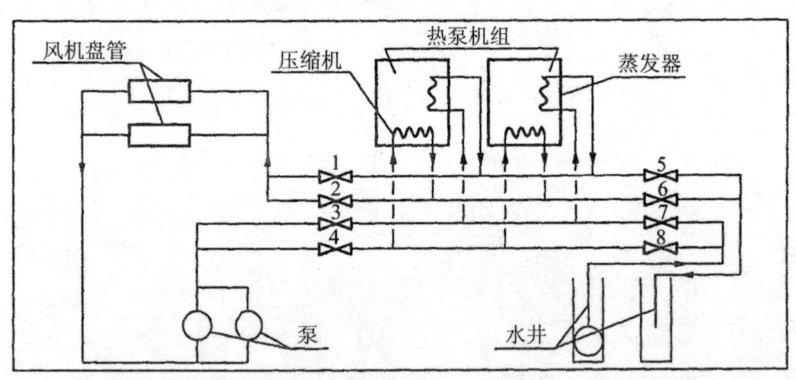

图 8-72　地源热泵系统原理图

⑤地能空调系统的分类

地能空调的分类有很多种，如按工作原理分、按热源分、按功能分、按热泵机组的安装形式分等。目前使用最多的分类方法是按热源分，大体可分为四类：低热利用系统，地下水热泵系统，地源热泵系统，地表水、污水热泵系统。

(2)制冷机房

设置制冷设备的房间称为制冷机房或制冷站。小型制冷机房一般附设在主体建筑内，氟利昂制冷设备也可设在空调机房内。规模较大的制冷机房，特别是氨制冷机房，则应单独修建。

①对制冷机房的要求

单独修建的制冷机房，宜布置在厂区夏季主要风向的下风侧，如在动力站区域内，一般应布置在乙炔站、锅炉房、煤气站、堆煤厂等的上风侧，以保持制冷机房的清洁。

氨制冷机房不应靠近人员密集的房间或场所，以及有精密贵重设备的房间等，以免发生事故时造成重大损失。

制冷机房应尽可能设在冷负荷的中心处，力求缩短冷水冷却水管路。当制冷机房是全厂的主要用电负荷时，还应尽量靠近变电站。

规模较小的制冷机房可不分隔间，规模较大的，按不同情况可分为机器间(布置制冷压缩机和调节站)、设备间(布置冷凝器、蒸发器、贮液器等设备)、水泵间(布置水泵和水箱)、变电间(耗电量大时应有专用变压器)以及值班室、维修室和生活间等。

氨压缩机室的房间净高不低于4m；氟利昂压缩机室的房间净高不低于3.2m；设备间的房间净高一般不低于2.5~3.0m。对制冷机房的防火要求应按现行的《建筑设计防火规范》执行。制冷机房应有每小时不少于3次换气的自然通风措施，氨制冷机房还应有每小时不少于7次换气的事故通风设备。

制冷机房的机器间和设备间应充分利用天然采光，窗孔投光面积与地板面积的比例不小于1:6。采用人工照明时的照度，建议按表8-10选用。

表8-10 制冷机房的照度标准

房间名称	照度标准(lx)	房间名称	照度标准(lx)	房间名称	照度标准(lx)
机器间	30~50	水泵间	10~20	值班室	20~30
设备间	30~40	维修间	20~30	配电间	10~20
控制间	30~50	贮存间	10~20	走　廊	5~10

注：对于测量仪表比较集中的地方，或者室内照明对个别设备的测量仪表照度不足时，应增设局部照明。

②设备布置的原则

机房内的设备布置应保证操作、检修方便，同时应尽可能地使设备布置紧凑，以节省建筑面积。压缩机必须设在室内，立式冷凝器一般都设在室外，其他设备可酌情设在室外或开敞式的建筑中。图 8-73 是将氟利昂制冷系统与空调设备布置在同一机房的一个小型空调制冷机房的布置举例，其中装有 LH48 及 KD10/L-L 型立柜式空调机组供电子计算机房使用，电子计算机房位于二层楼上。图 8-74 是单独建筑的配有三套 8AS17 型氨制冷压缩机的机房布置实例。

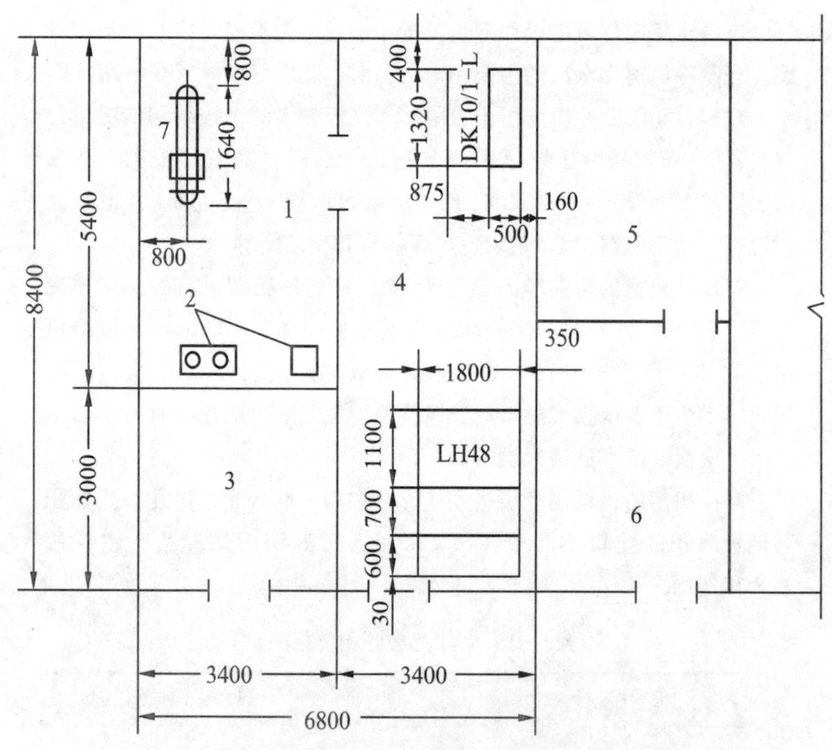

图 8-73 小型空调制冷机房

1—压缩机间及电源间；2—计算机电源设备；3—辅助间；4—空调机间；5—贮存间；6—穿孔间；7—2F10 制冷压缩机

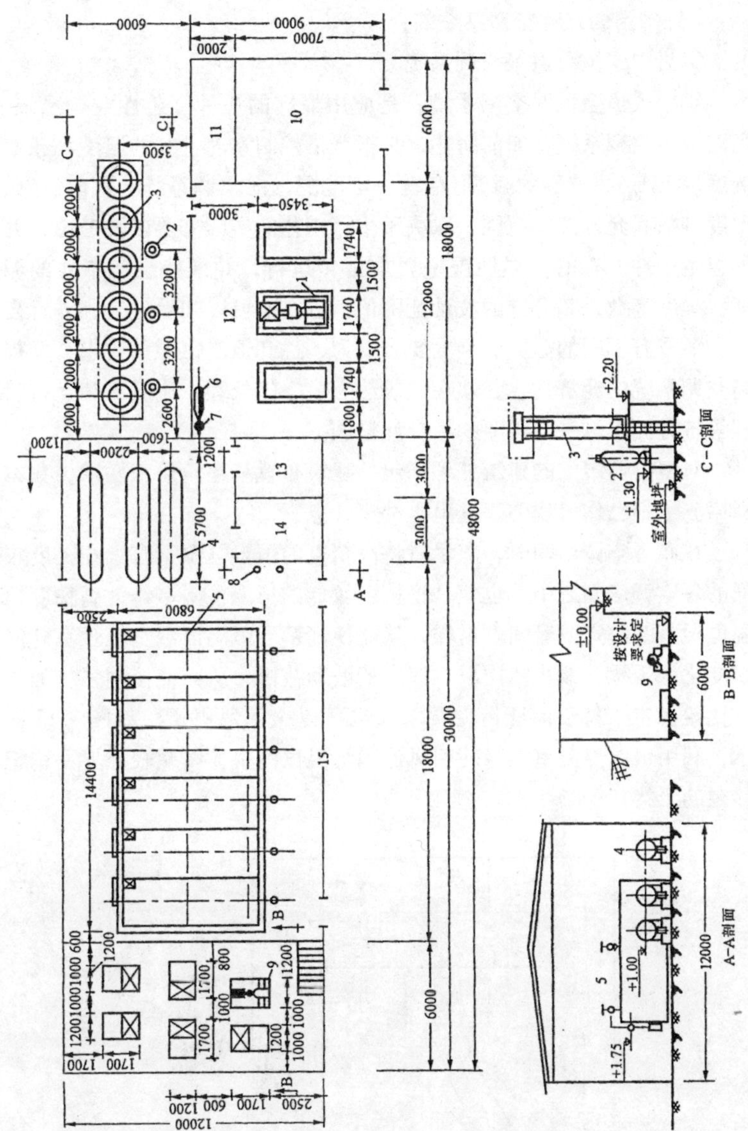

图 8-74 单独建筑的氨制冷机房布置实例

1—8AS17；2—氨油分离器 YF－125；3—立式冷凝器 LN－150；4—氨贮液器 ZA－5.0；5—立式蒸发器 LZ－240；6—空气分离器 KF－32；7—水封；8—集油器 JY－300；9—冷冻水泵；10—变电站；11—贮存室；12—机器间；13—值班室；14—维修室；15—设备间

(3)常用的几种空调系统简介

①集中式恒温恒湿空调系统

集中式恒温恒湿空调系统，是应用最广的一种工艺性空调系统。恒温恒湿空调系统，如前所述，是指严格控制室内空气的温度和相对湿度(特别是指空气的雕)恒定在一定范围内的空调系统。室内温度、湿度基数和允许波动范围，取决于生产工艺的实际需要以及考虑必要的卫生条件。有的恒温恒湿室要求常年运行，并维持全年不变的温度、湿度基数及其允许的波动范围值；也有的可以间歇运行，并且夏季和冬季有不同的温度、湿度要求。为了达到恒温恒湿的要求，并提高空调系统的经济性，必须在建筑热工、空气处理、流组织和运行管理等各方面采取一些必要的综合性措施。

对恒温恒湿室的建筑处理，包括建筑布置和建筑热工要求，在本章第三节中已作了说明。这里再补充几点：

在布置空调房间时，应尽量将高精度的恒温恒湿室布置在精度较低的各空调房间之中，也就是将精度较低的恒温恒湿室作为高精度恒温恒湿室的邻室或套间。这样，就能使高精度恒温恒湿室减轻室外气候变化的干扰，减小室内温、湿度的波动范围，从而使控制系统的工作比较稳定，易于保证精度要求。也可以做回风夹层，如图 8-75 所示，利用恒温恒湿室本身的回风包围恒温恒湿室，以减轻外界不稳定热源的干扰。

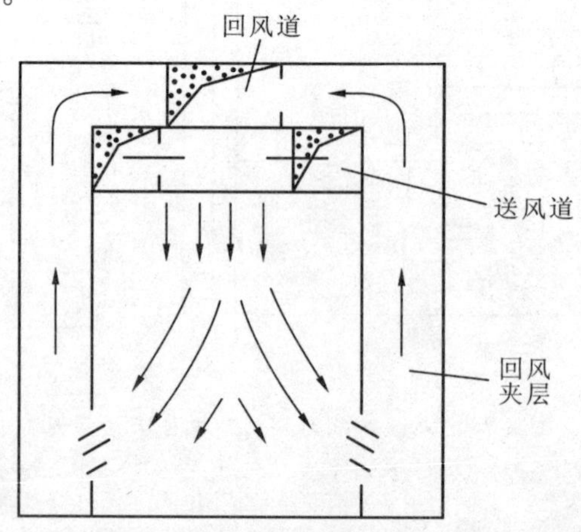

图 8-75　有回风夹层的恒温恒湿室

此外，在条件允许时，也可将高精度恒温恒湿室布置在地下室中，这样既能减少空调负荷，也有利于对空调精度的控制。

恒温恒湿室内的气流组织方式，可参阅本章第三节中的有关内容。关于恒温恒湿室的空调送风量，应根据房间的热、湿负荷通过计算来确定。为了保持工作区内均匀稳定的温、湿度场，以及保证自动控制系统的调节品质，所采用的空调送风量及其送风温差(夏季室温与送风温度的差值)一般应符合表8-11的要求。

表8-11　送风温差与换气次数

室温允许波动范围(℃)	送风温差(℃)	换气次数(次/h)
> ±1	人工冷源≤15；天然冷源采用可能的最大值	
±1	6～10	不小于5
±0.5	3～6	不小于8
±(0.1～0.2)	2～3	不小于12

为节省处理空气所消耗的冷量和热量，空调系统除在不允许重复使用室内空气的场合(例如室内产生有害气体)外，一般都尽量使用回风。回风量的多少通常是根据必需的新风量确定的，新风量应不小于下列两项风量中任何一项的值：

a. 按卫生标准，应保证每人不少于30～40m^3/h；

b. 补偿局部排风、全面排风和保持室内正压(以防止外界环境空气渗入空调房间)所需风量的总和。

恒温恒湿室的室内正压值，一般以5～10Pa(0.5～1mm H_2O)为宜。概略计算时，为保持上述正压所需的风量可按表8-12中的换气次数确定。

表8-12　保持室内正压所需的风量

房间特征	换气次数(次/h)	房间特征	换气次数(次/h)
无外门、无窗	0.25～0.5	无外门、两面墙上有窗	1.0～1.5
无外门、一面墙上有窗	0.5～1.0	无外门、三面墙上有窗	1.5～2.0

集中式恒温恒湿空调系统所采用的空气处理方案，根据对回风使用情况的不同可分为两种类型：一种是将回风全部引至空调箱的前端，集中一次使用，这样的系统称为一次回风式系统[如图8-76(a)

所示]；另一种是将回风分在两处使用，即分别引至空调箱的前端和尾部[如图8-76(b)所示]，称为二次回风式系统。

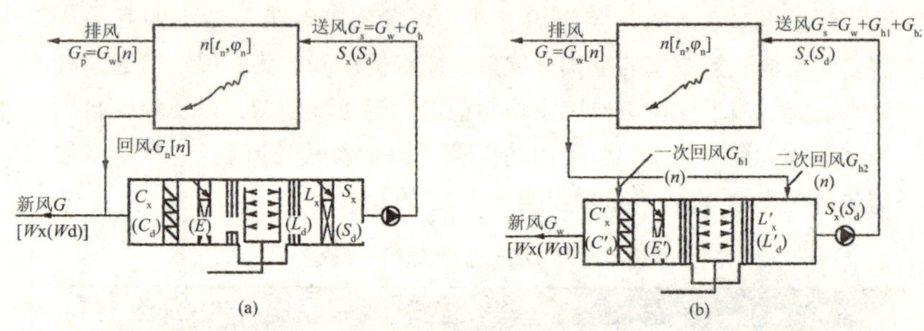

图8-76 集中式恒温恒湿空调系统使用喷水室的空气处理流程

(a)一次回风式系统；(b)二次回风式系统

②大型公共建筑的空调系统

大型公共建筑中的空调属于舒适性空调。舒适性空调对室内空气的参数不要求恒定，而是相应于季节的变化有着较大幅度的变化。夏季室温一般以26～28℃为宜，相对湿度不超过65%；冬季室温为18～22℃，相对湿度不低于40%。

由于人们在这类建筑中停留的时间不会很长，因此，为减轻空气处理设备的负荷，可适当减少新风量，通常按吸烟或不吸烟的情况采用8～20m^3/(h·人)(表8-13所列的数据可供参考)。

表8-13 某些房间空调系统中的最小新风量

房间名称	最小新风量(m^3/h·人)	吸烟情况	房间名称	最小新风量(m^3/h·人)	吸烟情况
影剧院	8.5	无	舞厅	18	无
体育馆	8	无	小卖部	8.5	无
图书馆、博物馆	8.5	无	会议室	50	大量
百货商店	8.5	无	办公室	25	无
高级旅馆客房	30	少量	医院一般病房	17	无
餐厅	20	少量	医院特护病房	40	无

大型公共建筑空调系统的送、回风方式，常采用上送下回、喷口送风或是这两者相结合的形式。

图8-77是影剧院的观众厅采用分区调节的上送下回的一种气流

组织方案。送风口应在顶棚上均匀布置，而下部的回风口可以均匀布置，也可以集中布置。

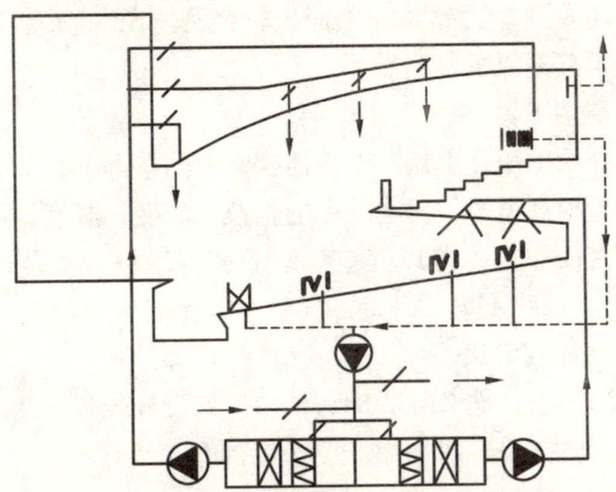

图 8-77 观众厅采用上送下回的气流组织方式

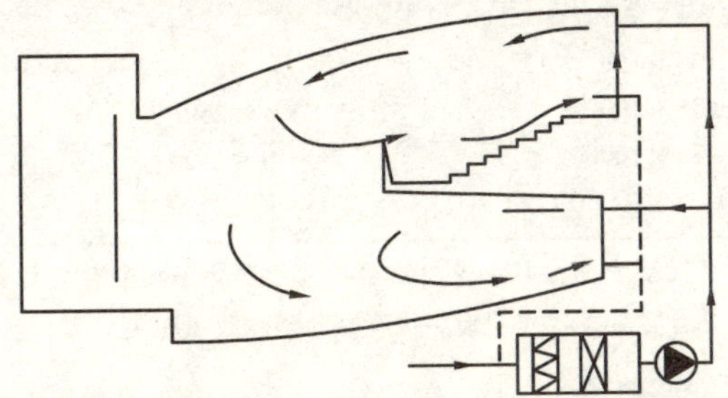

图 8-78 观众厅采用喷口送风的气流组织方式

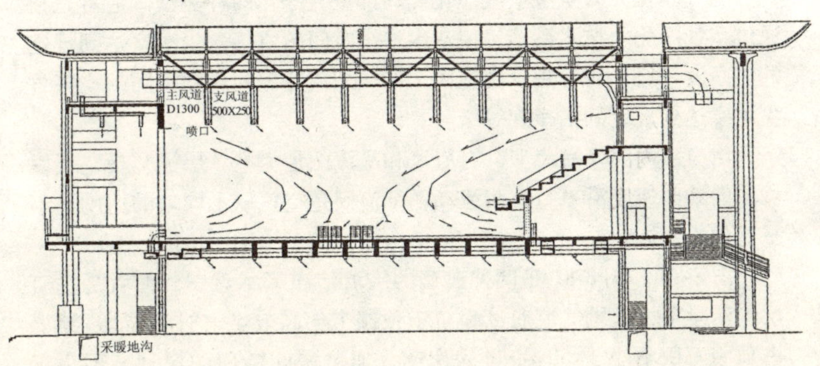

图 8-79 体育馆剖面图

对噪声要求不严格的电影院，亦可采用喷口送风的方式，如图8-78所示，通常是从后部送风，回风口设在同一墙面的下部，这样机房和管道的布置最为紧凑，因而比较经济。图8-79是某体育馆采用喷口送风下部回风的示意图。

③净化空调工程

这里所介绍的净化空调，是指洁净室中的空调系统而言的。所谓洁净室，是指根据需要，对空气中的尘粒、温度、湿度、压力和噪声进行控制的密闭空间，并以其空气洁净度等级符合规范规定为主要特征。

a. 空气洁净度等级

根据我国国家标准GBJ73-84，洁净厂房设计规范，洁净厂房中的空气洁净度，应按表8-14的规定划分为四个等级。

表8-14 空气洁净度级

等级	每 m^3（每 L）空气中≥0.5μm 尘粒数	每 m^3（每 L）空气中≥5μm 尘粒数
100 级	≤35×100 (3.5)	
1000 级	≤35×100 (3.5)	≤250 (0.25)
10000 级	≤35×10000 (350)	≤2500 (2.5)
100000 级	≤35×100000 (3500)	≤2500 (25)

注：对于空气洁净度为100级的洁净内大于等于μm尘粒的计数，应进行多次采样，当其多次出现时，方可认为该测试数值是可靠的。

b. 净化空调概述

空气净化分为全室空气净化和局部空气净化两种类型。前者是指通过空气净化等技术措施，使室内整个空间的空气含尘浓度达到规定的洁净度等级；后者是仅使室内工作区域或特定的局部空间的空气含尘浓度达到规定的洁净度等级。

洁净室内的气流流型，有层流和乱流两种类型。层流是指空气以均匀的断面速度沿平行流线流动；乱流则是空气以不均匀的速度呈不平行的流线流动。

图8-80和图8-81是两种典型的层流洁净室示意图。前者是垂直层流洁净室，送风气流通过满布于顶棚上的高效空气过滤器（过滤器占顶棚面积不小于60%）进入房间，通过房间断面的风速。不小于0.25m/s，然后经由格栅地面（满布或均匀局部布置）或者相对两侧墙

下部均匀布置的回风口回风；后者是水平层流洁净室，在送风侧的墙面上满布或局部布置高效空气过滤器（过滤器占送风墙面积不小于40%），回风侧的墙面上满布或局部布置回风口，气流通过房间断面的速度不小于0.35m/s。

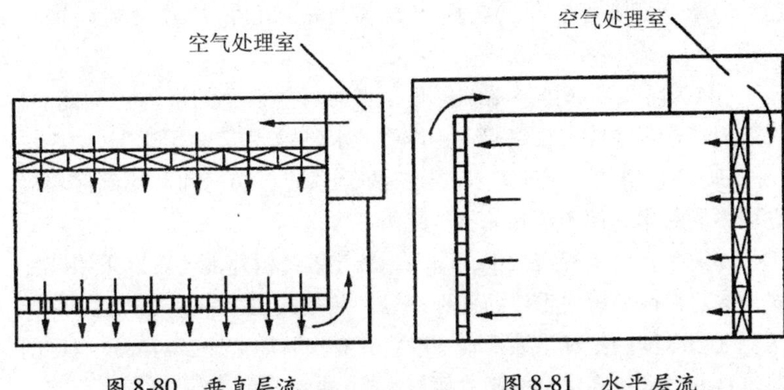

图 8-80 垂直层流　　图 8-81 水平层流

此外，在一定条件下，全面孔板送风以及流线型散流器下送风等送风方式也能形成垂直层流。

洁净室内所采用的乱流流型，包括局部孔板送风、条形布置高效空气过滤器顶棚送风、间隔布置带扩散板高效空气过滤器顶棚送风以及侧向送风等方式。

对于不同空气洁净度等级的洁净室，其气流组织方式和送风量的确定，可查阅国家标准 GBJ73-84，洁净厂房设计规范。

为保证洁净室的正常工作，必须严格防止外界灰尘进入洁净室和尽量避免洁净室及净化空调系统本身产生灰尘。为此，应采取一系列必要的措施，如：

(a)洁净室必须维持一定的正压；

(b)为防止操作人员带入灰尘以及非洁净区的空气进入洁净室，应在洁净区人员入口处设置空气吹淋室，当仅为100级垂直层流洁净室时，可改设气闸室；

空气吹淋室是强制吹除工作人员及其衣服上附着尘粒的设备，同时由于它的两道门是不同时开启的，故又可起到气闸的作用。空气吹淋室一般分为小室式（吹淋过程是间歇的）和通道式（吹淋过程是连续的）两类。一个吹淋室的最大班次通过人员在30人以内时，通常采用

“单人”小室式空气吹淋室，其外形尺寸大致为1.6m×1.1m×2.3m（宽×长×高）。气闸室是由设有连锁装置的两道门所构成的一个缓冲室，其大小取决于进出人员的多少和物品的大小与多少。

(c)对于非连续运行的洁净室，在非工作期间同样宜维持室内正压，为此，可根据生产工艺要求设置值班风机，并应对新风进行处理；

(d)为防止局部排风系统停止工作时可能发生的室外空气倒灌，一般应在排风系统中设置起逆止作用的水(液)封或密闭阀门；

(e)净化空调系统应力求严密，并且风管、阀门和其他部件均应选用不易起尘和便于清扫的材料制作。

在洁净室的工程实践中，除采用土建式结构外，还可以采用装配式结构。目前，国内生产的各种型号的装配式洁净室，可以达到100级空气洁净度的指标。装配式洁净室具有安装周期短、对安装现场的建筑装修要求不高以及拆卸方便等优点。

鉴于整体式洁净室的造价和维修管理要求都很高，因此，在工艺条件允许时，应尽量不用或少用较高级别的洁净室，而采用局部空气净化或者局部空气净化与全空气净化相结合的方式，即在级别较低的洁净室中另设局部空气净化设备。

局部空气净化设备，如洁净工作台，是定型生产的小型空气净化系统，可以在局部空间实现100级空气洁净度的指标。

c. 洁净厂房的总体设计以及对建筑的要求

(a)洁净厂房位置的选择，应根据下列要求并经技术经济方案比较后确定：应在大气含尘浓度较低，自然环境较好的区域；应远离铁路、码头、飞机场、交通要道以及散发大量粉尘和有害气体的工厂、贮仓、堆场等有严重空气污染、振动或噪声干扰的区域。如不能远离严重空气污染源，则应位于其最大频率风向的上风侧，或全年最小频率风向的下风侧；应布置在厂区内环境清洁，人流、货流不穿越或少穿越的地段。

对于兼有微振控制要求的洁净厂房的位置选择，应实际测定周围现有振源的振动影响，并应与精密设备、精密仪器仪表允许的环境振动值进行分析比较。洁净厂房周围应进行绿化。道路面层应选用整体性好、发尘量少的材料。

(b)工艺布置应符合下列要求：工艺布置合理、紧凑，洁净室或洁净区内只布置必要的工艺设备以及有空气洁净度等级要求的工序和工作室；在满足生产工艺要求的前提下，空气洁净度高的洁净室或洁净区宜靠近空调机房，空气洁净度等级相同的工序和工作室宜集中布置，靠近洁净区入口处宜布置空气洁净度等级较低的工作室；洁净室内要求空气洁净度高的工序应布置在上风侧，易产生污染的工艺设备应布置在靠近回风口的位置；应考虑大型设备安装和维修的运输路线，并预留设备安装口和检修口；应设置单独的物料入口，物料传递路线应最短，物料进入洁净区之前必须进行清洁处理。

(c)洁净厂房的平面和空间设计，宜将洁净区、人员净化、物料净化和其他辅助用房进行分区布置；同时，应考虑生产操作、工艺设备安装和维修、气流组织形式、管线布置以及净化空调系统等各种技术措施的综合协调效果。

(d)洁净厂房的建筑平面和空间布局，应具有适当的灵活性，洁净区的主体结构不宜采用内墙承重；洁净室的高度应以净高控制，净高应以100mm为基本模数；洁净厂房主体结构的耐久性与室内装备和装修水平相协调，并应具有防火、控制温度变形和不均匀沉陷等性能，厂房变形缝应避免穿过洁净区。

(e)洁净厂房内应设置人员净化、物料净化用室和设施，并应根据需要设置生活用室和其他用室。人员净化用室和生活用室的布置，一般按图8-82所示的人员净化程序进行布置。

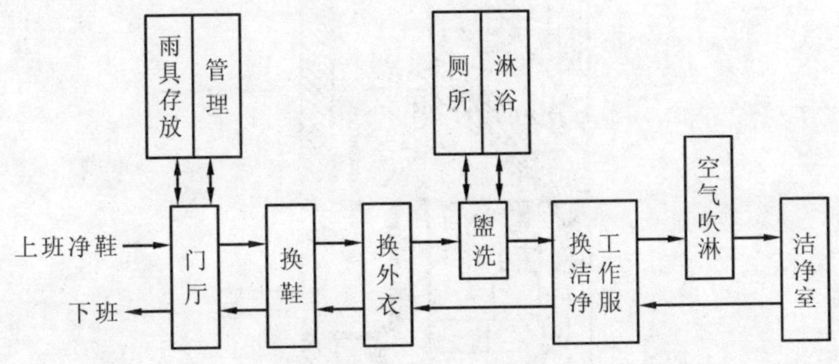

图8-82 人员净化程序

(f)洁净厂房的建筑围护结构和室内装修，应选用气密性良好，且在温度、湿度等变化作用下变形小的材料；室内墙壁和顶棚的表面应符合平整、光滑、不起尘、避免眩光和便于除尘等要求；地面应符合平整、耐磨、易除尘清洗、不易积聚静电、避免眩光并有舒适感等要求。

(g)洁净车间的密闭性高于一般空调车间，人员流动路线复杂，因此，对防火问题应特别予以重视；同时，应根据洁净车间的面积大小和工艺性质，开设一个或几个安全出口，以便于事故情况下使用。具体设计应按规范 GBJ73-84 的规定进行。

(4)分散式空调系统——空调机组

空调机组由于具有结构紧凑、体积较小、安装方便、使用灵活以及不需要专用房间，因此在中、小型空调工程中应用非常广泛。空调机组的种类很多，大致可进行如下的分类：

①按容量大小，分为立柜式和窗式；

②按制冷设备冷凝器的冷却方式，分为水冷式和风冷式；

③按用途不同，分为恒温恒湿机组和冷风机组；

④按供热方式不同，分为普通式和热泵式。

现简要介绍如下。

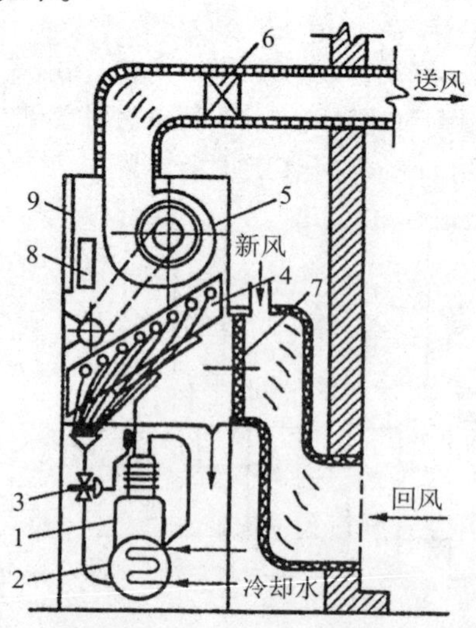

图 8-83 恒温恒湿空调机组

a. 立柜式恒温恒湿机组：图 8-83 是一种整体立柜式恒温恒湿空调机组的构造简图，该机组是将空气处理、制冷和电气控制等三个系统全部组装在一个箱体内的，此外，在风管中尚有电加热器。这类机组能自动调节房间内空气的温度和相对湿度，以满足房间在全年内的恒温恒湿要求。室温一般控制在 20 ~ (25 ± 1)℃，相对湿度控制在 50% ~(80 ± 10)%。不同型号的产冷量和送风量大小不等，目前，国内产品的冷量为 7 ~ 116kW(6000 ~ 100000kcal/h)，风量为 1700 ~ 18000m³/h。

不同型号的立柜式恒温恒湿空调机组，在构造上有整体式和分离式两种类型。此外，根据供热方式的不同，又分为普通式和热泵式两种型式：前者制冷系统只在夏季运行，冬季用电加热器供热而后者则是制冷系统的运行，夏季制冷，冬季供热。

国内生产的风机盘管机组有 Y-5、F-79、FPG-2 等型号。

b. 立柜式冷风机组：这类空调机组没有电加热器和电加湿器，一般也没有自动控制设备，只能供一般空调房间夏季降温减湿用。各种型号的产冷量为 3.5 ~ 210kW(3000 ~ 180000kcal/h)。

冷风机组的组装形式，也有整体立柜式和分组组装式之分。但是除此之外，还有些冷风降温设备是属于散装式的，即厂家供应配套设备，包括压缩机、冷凝器、蒸发器以及相应的各种配件，而由用户自行组装成系统。

c. 窗式空调器：窗式空调器是可以装在窗上或窗台下预留孔洞内的一种上型空调机组。

根据组成结构的不同，窗式空调器有降温、供暖和恒温等多种功能。恒温的机组，又分为常年恒温(制冷—热泵系统或是制冷系统，另配电加热器)和仅用于室内降温情况下的恒温(制冷系统不配置电加热器)。目前，国产窗式恒温空调器，一般可控制室温范围为 20 ~ (28 ± 2)℃，产冷量为 3.5kW(3000kcal/h)，产热量为 3.5 ~ 4kW (3000 ~ 3500kcal/h)，循环风量为 500 ~ 800m³/h。

图 8-84 是一种热泵型窗式恒温空调器的结构示意图。制冷系统中采用风冷式冷凝器在图中的室外侧盘管借助风机用室外空气冷却冷凝器。此外，还增设一个四通电磁换向(四通阀)部件。冬季制冷系统运行时，将四通阀转向，使制冷剂逆向循环，把原蒸发器作为冷凝

器(原冷凝器作为蒸发器)。这样，空气通过时便被加热，以作供暖使用。

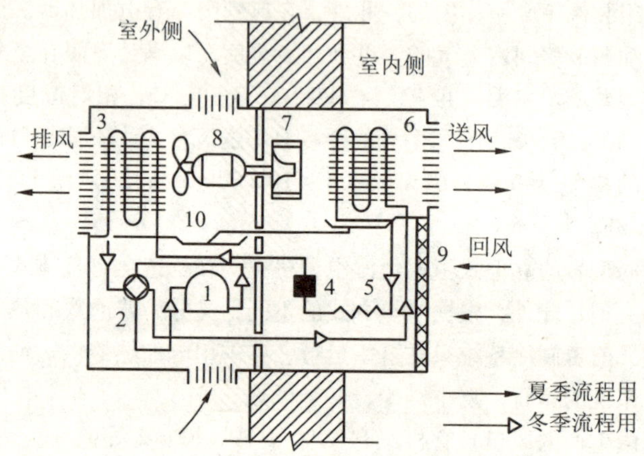

图 8-84 热泵型窗式空调器

(5)风机盘管空调系统

风机盘管机组是空调系统的一种末端装置，由风机、盘管(换热器)以及电动机、空气过滤器、室温调节装置和箱体等所组成。其形式有立式和卧式两种，在安装方式上又都有明装和暗装之分。

风机盘管空调系统的工作原理，就是借助风机盘管机组不断地循环室内空气，使之通过盘管而被冷却或加热，以保持房间要求的温度和一定的相对湿度。盘管使用的冷水和热水，由集中冷源和热源供应。机组一般设有三档(高、中、低档)变速装置，可调整风量的大小，以达到调节冷、热量和噪声的目的。有些型号的机组还另外配带室温自动调节装置，可控制室温在 16～(28±1)℃。采用风机盘管空调系统时，关于新风的补给，常用如下两种方式：

①从墙洞引入新风

如图 8-85 所示，在立式机组的背后墙壁上开设新风采气口，并用短管与机组相连接，就地引入室外空气。为防止雨、虫、噪声等影响，墙上应设进风百叶窗，短管部分应有粗效过滤器等。这种做法常用于要求不高或者是在旧有建筑中增设空调的场合。

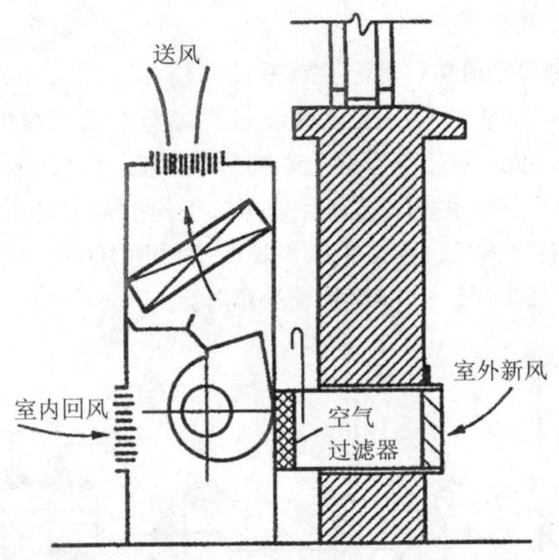

图 8-85 从墙洞引入新风的风机盘管空调系统

②设置新风系统

在要求较高的情况下，宜设置单独的新风系统，即将新风经过集中处理后分别送入各个房间。如图 8-86 所示，新风可用侧送风口送入，风口紧靠在机组的出口处，以便于两股气流能够很好地混合。

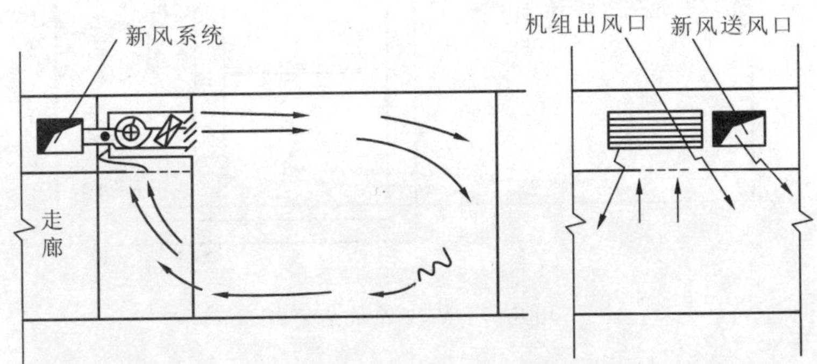

图 8-86 从侧风口送入新风的风机盘管空调系统

风机盘管空调系统具有布置和安装方便、占用建筑空间小、单独调节性能好、无集中式空调的送风、回风风管以及各房间的空气互不串通等优点。目前，已成为国内外高层建筑的主要空调方式之一。对于需要增设空调的一些小面积、多房间的旧有建筑，采用这种方式也是可行的。

(6)变制冷剂流量(VRV)空调系统

变制冷剂流量(VRV)空调系统是直接蒸发式系统的一种形式，主要由室外主机、制冷剂管线、末端装置(室内机)以及一些控制装置组成。VRV空调系统除了具有分体式空调的基本特点外，一台室外机可带多台室内机，连接管线最长距离可达100m，压缩机采用变频调速控制。图8-87是VRV系统示意图。

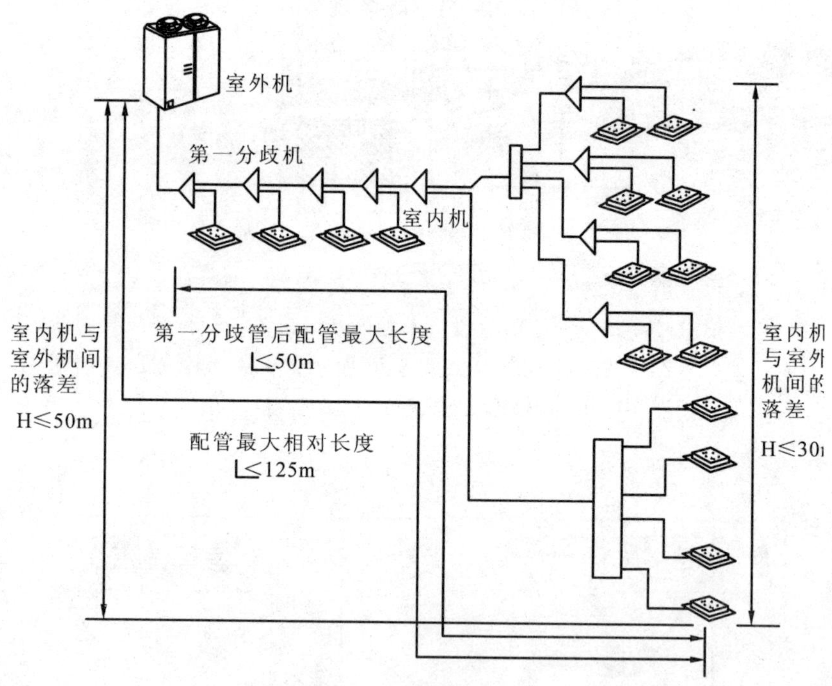

图8-87　VRV系统示意图

VRV系统按其室外机功能可分为：热泵型、单冷型和热回收型；

VRV系统的室内机有多种形式，它们是：顶棚卡式嵌入型(双向气流、多向气流)、顶棚嵌入风管连接型、顶棚嵌入导管内藏型、顶棚悬吊型、挂壁型及落地型等。

根据不同的功能形式及室内机形式的组合，可以满足各种各样的空调要求。

VRV 系统适合公寓、办公、住宅等各类中、高档建筑。

由于 VRV 系统冬季供热能力随着室外空气温度的降低而下降，当室外气温降至 -15℃时，机组的制热量只相当于标准工况时制热量的 50% 左右。在较寒冷地区，如采用 VRV 系统进行供冷和供热，必须对机组冬季工况时的制热量进行修正，确保机组供热能力达到需求。如不能满足，则需设置辅助热源进行辅助供热。就全国气候条件来看，在夏季室外空气计算温度 35℃以下、冬季室外空气计算温度 -5℃以上的地区，VRV 系统基本上能满足冬、夏季冷热负荷的要求。

VRV 空调系统的特点：①节能；②节省建筑空间；③施工安装方便、运行可靠；④满足不同工况的房间使用要求。

9
建筑电气工程

9.1 建筑电气工程的一般要求

利用电磁学的理论与技术，在建筑物内部或周围人为地创造理想的环境，以充分发挥建筑物功能的一切用电设备和系统，统称建筑电气。在建筑电气设备和系统中，都是进行着各种电气能量和信号的传送或转换。电能由于具有最容易获得、最方便使用、最清洁能源和价格低廉等一系列优点，所以在一般建筑内，早已把它作为照明和信息传送的主要能源。资料表明，电能供应占到输入办公楼总能量的80%以上，如图9-1所示。

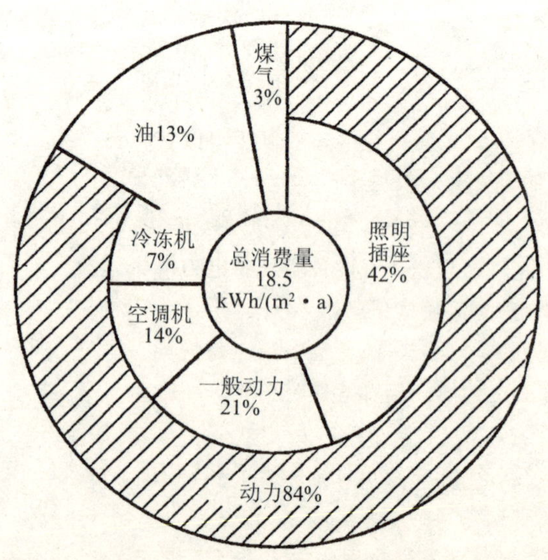

图9-1 办公楼各种用电能量比

近年来，随着建筑物不断地向高层和现代化的方向发展，在建筑物内部电能应用的种类和范围日益增加和扩大。可以说，当前乃至今后，建筑电气对于整个建筑物建筑功能的发展、建筑功能的布置和建筑构造的选择、建筑艺术的体现以及建筑安全的保证等方面，都起着重要的作用。根据电气设备在建筑中所起作用范围的不同，可将建筑电气设备大致分为如下四类：

9.1.1 创造环境的设备

对居住者的直接感受作用最大的环境因素为光、温度和湿度、空气、声音四个方面。这四方面的条件均可能部分或全部由建筑电气所创造。显然，在进行相应的建筑电气设计时应依据和达到某一标准值。但是，无论从生理学上，或从心理学上，都很难对建筑环境的各因素确定出一个定量的标准值。人们工作性质、生活习惯、文化程度的不同也形成对各环境因素的不同要求。因而，在设计中既不能无所依据，也不能死套标准。往往是根据适用于一般情况下的数据，结合实际情况加以修改，然后作为设计依据。

(1)创造光环境的设备

在人工采光方面，无论是满足人们生理需要为主的视觉照明，还是满足人们心理需要为主的气氛照明，均是采用电气照明装置实现的。

(2)创造温度、湿度环境的设备

为使室内温度、湿度不受外界自然条件的影响，可采用空调设备实现，而空调设备工作是靠消耗电能才得以完成的。

(3)创造空气环境的设备

补充新鲜空气，排除臭气、烟气、废气等有害气体，可采用通风换气设备实现，而通风换气设备多是靠电力拖动工作的。

(4)创造声音环境的设备

可以通过广播系统形成背景音乐，将悦耳的乐曲或所需的音响送入相应的房间、门厅、走廊等建筑空间。

9.1.2 追求方便性的设备

方便生活和工作是建筑设计的重要目标之一。增加的相应建筑电气设备是实现这一目的主要措施。例如：

(1)增加居住者和使用者生活和工作方便的设备

①满足生活基本需要的给排水设施，其中的增压设备等都是由电

动机拖动而运转的；

②保证随时随地使用的各种电插座，由此可接入所需要的各种用电设备；

③进行垂直运输的电梯。

(2)缩短信息传递时间的设备

①满足个人与个人之间交换信息用的电话系统；

②满足个别人和群体、多用户间沟通信息的广播系统；

③供各用户统一时间的辅助电钟和显示器系统；

④用于迅速传递火灾信息的报警系统等。

以上设备的设置均应和建筑的功能、等级适应。不见得设备装得越多就越方便，应力求以最少的数量取得最好效果。只有和建筑设计密切配合，才可充分发挥这些设备和系统的作用。

9.1.3 增强安全性的设备

这类设备按作用分可分为两类：

①保护人身与财产安全的，如自动排烟、自动化灭火设备、消防电梯、事故照明等；

②提高设备和系统本身可靠性的，如备用电源的自投，过电流、欠电压、接地等多种保护方式等。

其中①应和建筑设计中防火区的划分、避难路线的选定等总体规划密切配合，②也应根据建筑设计意图对其提高相应的要求。

9.1.4 提高控制性能的设备

建筑物交付使用后，其使用寿命、维修费用、设备更新费用、能源(光、热、电等)消耗费用和管理费用等并没有一个准确的定量标准，而完全由建筑物的控制性能和管理性能决定。增设提高控制性能和管理性能的设备，可以使建筑物的使用寿命延长，上述各项费用降低。具有这样性能的设备有各种局部自动控制系统，如消火栓消防泵自动灭火系统、自动空调系统等。当考虑控制方案时，应树立对建筑物进行整体控制的观点，设置中心高度室，把局部控制通过集中调度合理地协调统一起来。当前，大楼的计算机管理系统已得到越来越多的应用。国外正在开发的“钥匙住宅”就是这种系统的高级阶段。只要用“钥匙”启动计算机系统，就可以对建筑物内的全部设备和系统随时进行监测、控制和调节，使之处于最佳运行状态，从而使建筑物达到维持功能、延长寿命、减少损耗、降低费用等效果。显然，建筑设计应为这种设备和系统的实施创造条件、提供方便。

综上所述，建筑电气不仅是建筑物内必要和重要的组成部分之一，而且其作用和地位日益增强和提高，因而应引起建筑设计人员越来越多的重视。

9.2　建筑电气系统

由前可知，若按建筑电气在建筑物内所起的作用来分，建筑电气的种类十分繁多，不便一一列举。但从民能的供入、分配、输送和消耗使用的观点来看，全部建筑电气系统可分为供配电系统和用电系统两大类。而根据用电设备的特点和系统中所传送能量的类型，又可将用电系统分为建筑照明系统、建筑动力系统和建筑弱电系统 3 种。

9.2.1　建筑的供配电系统

接受电源输入电能，并进行检测、计量、变压等，然后向用户和用电设备分电能的系统，称供配电系统。

(1) 电能的生产、输送和分配

电能的生产、输送和分配过程，全部在动力系统中完成。

动力系统由发电厂、电力网和用电户三大环节组成，如图 9-2 所示。

发电厂作用是将其他形式的能源(煤、水、风和原子能等)转换为电能(称二次能源)，并向外输出。

为降低发电成本，故发电厂常建在远离城市的一次能源丰富的地区附近。受材料绝缘性能和设备制造成本的限制，所发电压不能太高，通常只有 6kV、10kV 和 15kV 几种。

电力网的作用是将发电厂输出的电能送到用户所在区域，即进行远距离输电。为减少输送过程中的电压损失和电能损耗，要求用高压输电。通过升压电站把发电厂发 6kV、10kV 或者 15kV 的电能，变为 110kV、220kV 或者 500kV 以上的高压电，经输电线路(多采用架空敷设的钢芯铝绞线)送到用电区。为方便用户用电，要求低压配电。通过降压变电站，把 110kV、220kV 或者 500kV 以上的高压降为 3kV、6kV 或者 10kV，再供给用户使用。

同电压、同频率的电力系统可以并网运行。目前，我国已形成东北、西北、华北、华东、华中等电力系统，可对该区域内的全部发电厂、变电站和输电线路等进行统一调度，从而使供电的可靠性和经济性均大大提高。

用电户将电能转换成其他形式的能量(如机械能、热能、化学能、光能或信号能量等)，以实现某种功能。

用电户常以引入线(通常为高压断路器)和电力网分界。建筑用电就属于动力系统末梢的成千上万的用电户之一。

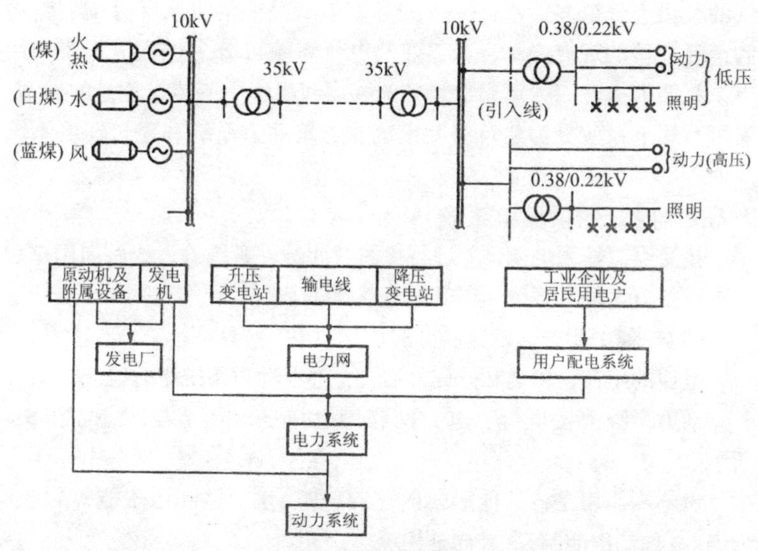

图 9-2 动力系统的组成

(2)电压标准和电源的引入方式

①电压等级

电压等级是根据国家的工业生产水平，电机、电器制造能力，进行技术经济综合分析比较而确定的。1956 年我国规定了三类电压标准。

a. 第一类额定电压：电压值在 100V 以下，主要用于安全照明、蓄电池、断路器及其他开关设备的操作电源。

b. 第二类额定电压：电压值在 100V 以上、1000V 以下，主要用于低压动力和照明。用电设备的额定电压，直流分 110V、220V、

440V 几等，交流分 380V/220V 和 230V/127V 两等。建筑用电的电压主要属于这一范围。

c. 第三类额定电压：电压值在 1000V 以上，主要作为高压用电设备及发电、输电的额定电压值。

②电压质量指标

a. 电压偏移：指供电电压偏离(高于或低于)用电设备额定电压的数值占用电设备额定电压值的百分数，一般限定不超过 ±5%。

b. 电压波动：指用电设备接线端电压时高时低的变化。对常用设备电压波动的范围有所规定，如连续运转的电动机为 ±5%，室内主要场所的照明灯为 -2.5% ~5%。

c. 频率：我国电力工业的标准频率为 50Hz，其波动一般不得超过 ±5%。

d. 三相电压不平衡：应保证三相电压平衡，以维持供配电系统安全和经济运行。三相电压不平衡程度不应超过 2%。

电源的供电质量直接影响用电设备的工作状况，如电压偏低会使电动机转数下降、灯光昏暗，电压偏高会使电动机转数增大、灯泡寿命缩短；电压波动会导致灯光闪烁、电动机运转不稳定；频率变化会使电动机转数变化，更为严重的是可引起电力系统的不稳定运行；三相电压不平衡可造成电机转子过热、影响照明和各种电子设备的不正常工作，故需对供电质量进行必要的监测。

用电设备的不合理布置和运行，也会对供电质量造成不良影响，如单相负载在各相内若不是均匀分配，就将造成三相电压不平衡。

③电源的引入方式

电源向建筑物内的引入方式应根据建筑物内的用电量大小和用电设备的额定电压数值等因素来确定。一般有如下几种方式：

a. 建筑物较小或用电设备负荷量较小，而且均为单相、低压用电设备时，可由电力系统的柱上变压器引入单相 220V 的电源；

b. 建筑物较大或用电设备的容量较大，但全部为单相和三相低压用电设备时，可由电力系统的柱上变压器引入三相 380/220V 的电源；

c. 建筑物很大或应用设备的容量很大，虽全部为单相和三相低压用电设备，但综合考虑技术和经济因素，应由变电所引入三相高压

6kV 或 10kV 的电源经降压后供用电设备使用。此时，在建筑物内应装置变压器，布置变电室。若建筑物内有高压用电设备时，应此入高压电源供其使用。同时装置变压器，满足低用电设备的电压要求。

(3)负荷分类和供电系统的方案

①负荷分类

一切用电户都不希望短时中断供电，而一切供电系统都难免短时中断供电，否则，必须在技术上采取更多的措施和增加投资。根据本身的重要性和对其短时中断供电在政治上和经济上所造成的影响和损失，对于工业和民用建筑的供电负荷可分为三级：

a. 一级负荷：因发生供电中断将造成人身伤亡，或将在政治上、经济上造成重大损失的用户称一级负荷。对于一级负荷应由两个独立电源供电。

b. 二级负荷：因发生供电中断将造成政治上、经济上较大损失的用户称二级负荷。对于二级负荷，一般应由上一级变电所的两段母线上引来双回路进行供电，也可以由一条专用架空线路供电。

c. 三级负荷：凡不属于一、二级负荷者均称三级负荷。对于三级负荷可由单电源供电。

②供电系统的方案

供电系统应根据负荷等级，按照供电安全可靠、投资费用较少、维护运行方便、系统简单显明等原则进行选择。可选方案如下：

a. 单电源供电方案见图 9-3

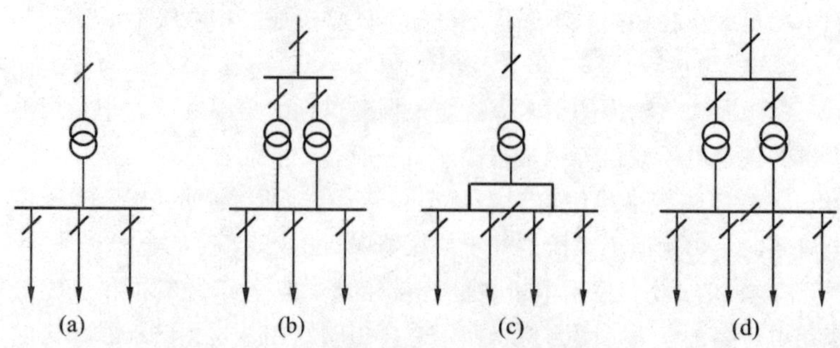

图 9-3　单电源供电系统

单电源、单变压器，低压母线不分段系统，见图 9-3(a)。该系统供电可靠性较低，系统中电源、变压器、开关及母线中，任一环节发生故障或检修时，均不能保证供电。但接线简单显明、造价低，可适用于三级负荷。

单电源、双变压器，低压母线不分段系统，见图 9-3(b)。该系统中除变压器有备用外，其余环节均无备用。一般情况下，变压器发生故障的可能性比其元件少得多，与前面的方案相比，可靠性增加不多而投资却大为增加，故不宜选用。

单电源、单变压器，低压母线分段系统，见图 9-3(c)。仅在低压母线上增加一个分段开关，投资增加不多，但可靠性却比方案(a)大大提高，故可适用于一、二级负荷。

单电源、双变压器，低压母线分段系统，见图 9-3(d)。该方案与方案(b)有同样的缺点，故不予推荐。

b. 双电源代电方案见图 9-4

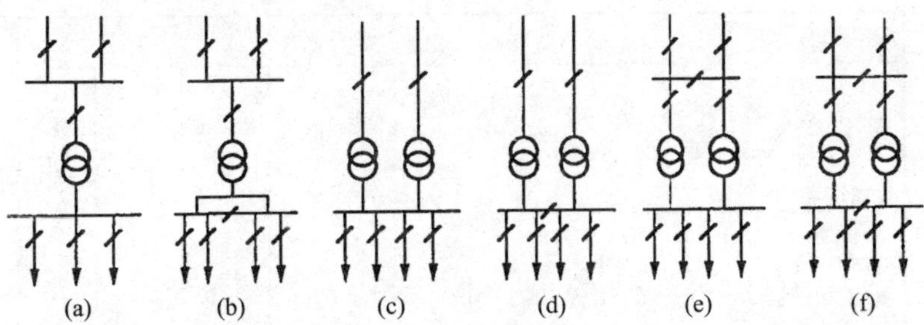

图 9-4　双电源供电系统

双电源、单变压器，母线不分段系统，见图 9-4(a)。因变压器远比电源的故障和检修次数要少，故此方案投资较省而可靠性较高，可适用于二级负荷。

双电源、单变压器，低压母线分段系统，见图 9-4(b)。此方案比方案(a)设备增加不多，而可靠性明显提高，可适用于二级负荷。

双电源、双变压器，低压母线不分段系统，见图 9-4(c)。此方案不分段的低压母线，限制变压器备用作用的发挥，故不宜选用。

双电源、双变压器，低压母线分段系统，见图 9-4(d)。该系统中各基本设备均有备用，供电可靠性大为提高，可适用于二、一级负荷。

双电源、双变压器，高压母线分段系统，见图9-4(e)。因高压设备价格贵，故该方案比方案(d)投资大，并且存在方案(c)的缺点，故一般不宜选用。

(f)双电源、双变压器，高、低压母线均分段系统，见图9-4(f)。该方案的投资虽高，但供电的可靠性提高更大，适用于一级负荷。

(4)供配电系统

由电源引入线之后，到供电对象之前的变配电系统接线图如图9-5所示。

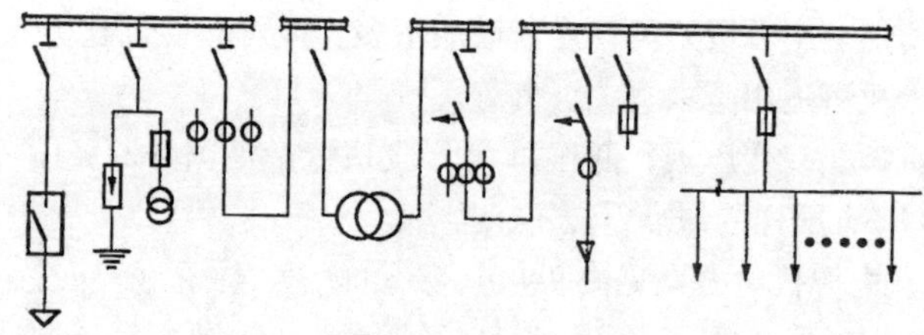

分段母线名称	电源	高压受电		变电	低压受电	配电		
开关柜 / 设备数目 / 设备名称	GG1A 01	GG1A 55	GG1A 27		BSL-1 10	BSL-1 27		BSL-1 26
油开关	1							
隔离开关	1	1	1					
电压互感器		1						
电流互感器			1		1	3		1
熔断器		1						1
避雷器		1						
刀　闸					1	3		1
空气开关					1	3		
变压器				1				
其　他								

图9-5　变配电系统接线图

①供配电系统中的主要设备

除根据供电电压与用电电压是否一致而确定是否需要选用变压器外，根据供配电过程中输送电能、操作控制、检查计量、故障保护等不同要求，在变配电系统中一般有如下设备：

a. 输送电能设备，如母线、导线和绝缘子，三者是输送电能必不可少的设备，统称电气装置；

b. 通断电路设备，高电压、大功率采用断路器。低电压、中小功率采用自动空气开关或刀闸等；

c. 检修指示设备，如高压隔离开关；

d. 满足高电压、大电流电器检查计量和继电保护需要的电压互感器和电流互感器；

e. 故障保护设备，如熔断器等；

f. 雷电保护设备，如避雷器等；

g. 功率因数改善设备，如电容器等；

h. 限制短路电流设备，如电抗器等。

从开关设备到电抗器的全部设备，都是为方便和有利于系统的运行而加入的，统称为电器。全部电气装置和电器，即供配电系统中的全部设备，统称为电气设备。

②配电柜

用于安装电气设备的柜状成套气装置称配电柜。其中，用于安装高压电气设备的称高压配电柜，如 GG1A 即为一种高压配电柜的型号，01、55、27 是柜内标准接线方案的编号，安装布置高压配电柜的房间称高压配电室。用于安装低压电气设备的称低压配电柜，如 BSL-1 即为一种低压配电柜的型号，10、27、26 是柜内标准接线方案编号，安装布置低压配电柜的房间称低压配电室。变配电室是由高压配电室、变压器室和低压配电室三个基本部分有机组合而成的。对于设置有变压器的大型建筑物来说，变配电室是其重要的组成之一，应在建筑平面设计中统一加以考虑。

9.2.2 建筑电气照明系统

应用可以将电能转换为光能的电光源进行采光，以保证人们在建筑物内正常从事生产和生活活动，以及满足其他特殊需要的照明设施，称建筑电气照明系统。

(1) 建筑电气照明系统的基本组成

电气照明系统是由电气和照明两套系统组成的。

①电气系统

指电能的产生、输送、分配、控制和消耗使用的系统，是由电源（市供交流电源、自备发电机或蓄电池组）、导线、控制和保护设备（开关和熔断器）以及用电设备（各种照明灯具）所组成的，如图 9-6

所示。

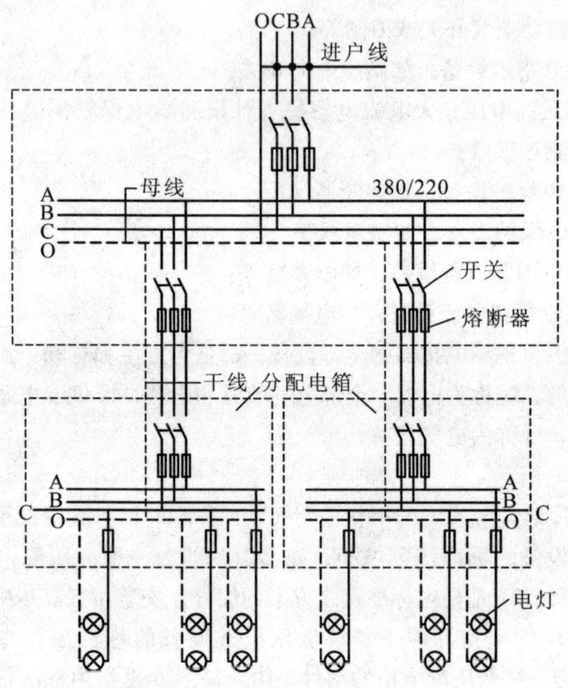

图 9-6　电器照明的电气系统图

②照明系统

指光能的产生、传播、分配（反射、折射和透射）和消耗吸收的系统，是由光源、控照器、室内空间、建筑内表面、建筑形状和工作面等组成的，见图 9-7。

③电气和照明系统的关系

电气和照明两套系统，既相互独立又紧密联系。由上所述，可见两套系统的职能是不同的。此外，在设计中所遵循的基本理论（分属电学和光学）、所依据的基本参数（分别为瓦特 W 和流明 Lm 等）、所采用的基本运算方法都不相同。分别通过照明的光学部分设计和照明的电气部分设计来完成。两套系统之间又是紧密相关的。连接点就是灯具，灯具可同时用瓦特和流明两类参数表示其性能。灯具是电气系统的末端，又是照明系统的始端。电气设计应满足照明设计的要求，而照明设计应和建筑设计紧密配合。所以在实际工作中，一般程序是根据建筑设计的要求进行照明设计，再根据照明设计的成果进行电气设计，最后完成统一的电气照明设计。电气照明平面图如图 9-8 所示。

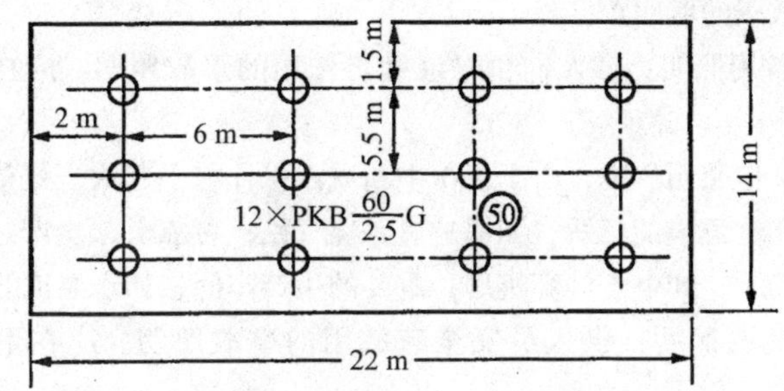

图 9-7　电气照明的照明系统平面图

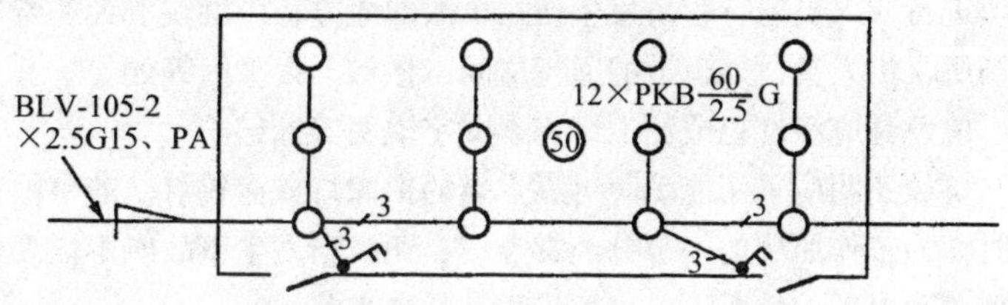

图 9-8　电气照明平面图

由此可知，建筑设计的平面图、立面图、剖面图，以及该项建筑的生产、生活用电工艺要求，是电气照明设计的基础资料。照明平面图和供电系统图是电气照明设计的主要成果。

(2) 建筑照明系统的分类

按照在建筑中所起主要作用的不同，可将建筑照明系统分为视觉照明系统和气氛照明系统两大类。

①视觉照明系统

它是指在自然采光不足之处或夜间，提供必要的照度，满足人们的视觉要求(属生理要求)，保证从事的生产、生活活动正常进行而采用的照明系统。根据具体工作条件，又可分为工作照明、事故照明和障碍照明 3 种。

a. 工作照明：保证人们的工作和生活正常进行所采用的照明。工作照明是电气照明中的基本类型。在建筑内，正常情况下需要照明的全部空间所采用的照明都是工作照明。沿警戒区周界装设的警卫照明、为检修设备而使用的移动照明等均为工作照明。

b. 事故照明：当工作照明因事故而中断时，供暂时继续工作或人员疏散用的照明。

c. 备用照明：供人们暂时继续工作用的事故照明。应在下列场所采用：

当工作照明故障，由于工作中断或误操作将引起火、爆炸、人员中毒等严重危险的场所，如锅炉房、煤气站；可能引起生产过程长期破坏的场所，如电子计算机房；重要的生产车间，如水泵房等。

d. 应急照明：供人员安全疏散用的事故照明。应在下列场所采用：

工作人数超过50人的生产车间，或当工作照明熄灭后由于生产继续进行或人员通行容易发生伤亡事故的地方；影剧院、大礼堂等公共场所，供人员往外疏散的通行房间、楼梯、太平门等处。

应急灯应涂红色或注上箭头、文字说明等标记。

事故照明应采用能瞬时可靠点燃的白炽灯或卤钨灯。若事故照明平时作为工作照明的一部分经常点燃，而且当发生事故时不需要切换事故照明电源的情况下，也可采用其他电光源。

e. 障碍照明：是装设在高大建筑物的顶部，作为飞行障碍标志的照明。

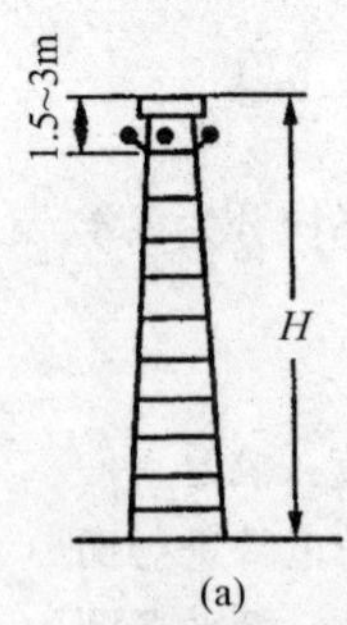

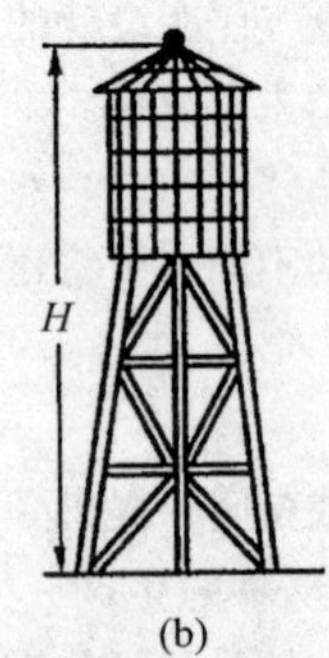

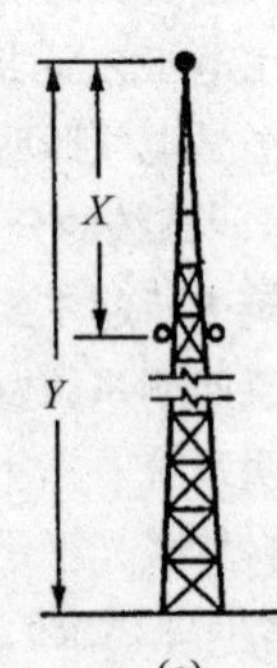

灯数$N=\frac{Y}{45}$

灯的间距$N=\frac{Y}{N}\leqslant 45m$

图 9-9　航空障碍灯设置位置

(a)烟囱；(b)水塔；(c)各种塔架

凡高于50m的建筑物均应装设障碍灯。高于10m的烟囱除在顶部装设外，还应在其 1/2 高处装障碍灯。灯下应设平台以便维护。一般高层建筑物只在顶端装设。水平面积较大的高层建筑物或集群高怪建筑物，尚应在外侧转角的顶端装障碍灯。灯下也应设维修平台。每盏灯不应小于 100W。最高端的障碍灯不得少于两盏。航空障碍灯的设置位置见图 9-9。

②气氛照明系统

它是指创造和渲染某种气氛和人们所从事的活动相适应(即满足人们的心理要求)而采用的照明系统。根据气氛照明系统的具体应用场所又可分为建筑彩灯和专用彩灯两种。

a. 建筑彩灯：节假日夜晚用于装饰整幢建筑物的照明系统。

节日彩灯通常是以 250V、15W 防水彩灯，等距成串布置在高大建筑物正面轮廓线上，用来显示建筑物的艺术造型，以增添节日之夜的欢乐气氛。节日彩灯的安装见图 9-10。

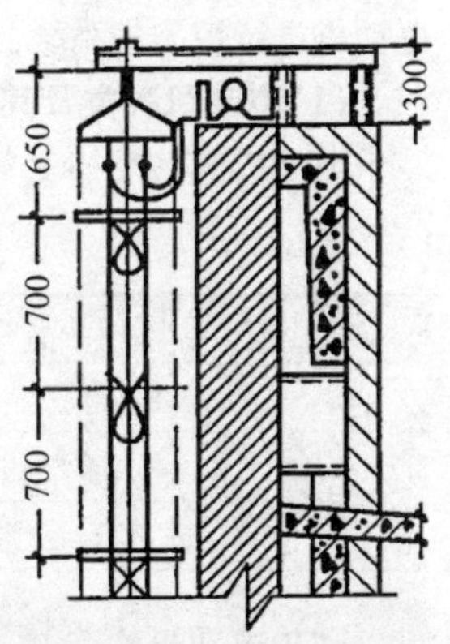

图 9-10 节日彩灯的安装

这种措施目前应用较广泛。但采取这种措施的每幢建筑用灯达数百盏，耗电达数十千瓦，而且灯光不连续，艺术效果并不理想，维护管理也较麻烦。

泛光照明是以高强度气体放电灯作为泛光灯，装在邻近的房屋和装置上，从不同角度照射主建筑。光线均匀、有层次，可达到理想的艺术效果，而且维护管理方便、节省电能。例如，某宾馆原装节日彩灯功率达 190kW，改用泛光照明后装置功率仅为 21. 8kW。

b. 专用彩灯：它是满足各种专门需要的气氛照明。如喷泉照明、舞池照明等。配合周围环境和节目内容，不断变化类光组合的色彩和图案，能给人以美好的艺术享受。

以采光为主要目的的视觉照明系统，也需要用其灯具的光、色、体、型和布置来发挥相应的烘托气氛作用。以创造气氛为主要目的的气氛照明系统，当然也应以产生足够的照度为前提。无论哪种照明系统，都应当和整个建筑相互的协调、紧密配合。

9.2.3 建筑动力系统

应用可以将电能转换为机械能的电动机、拖动水泵、风机等机械设备运转，为整个建筑提供舒适、方便的生产、生活条件而设置的各种系统，统称建筑动力系统。如供暖、通风、供水、排水、热水供应、运输系统等。维持这些系统工作的机械设备，如鼓风机、引风机、除渣机、上煤机、给水泵、排水泵、电梯等，全部是靠电动机拖动的。因此可以说，建筑动力系统实质上就是向电动机配电，以及对电动机进行控制的系统。

(1)电动机种类及其在建筑中的应用

电动机的种类如表 9-1 所示。

表9-1 电动机分类表

<table>
<tr><th colspan="8">电动机</th></tr>
<tr><td colspan="3">交流电动机</td><td colspan="5">直流电动机</td></tr>
<tr><td rowspan="2">同步电动机</td><td colspan="2">异步电动机</td><td rowspan="2">它激式
直流电动机</td><td colspan="4">自激直流电动机</td></tr>
<tr><td>鼠笼式</td><td>绕线式</td><td>串激式</td><td>并激式</td><td colspan="2">复激式</td></tr>
</table>

同步电动机构造复杂、价格昂贵，在建筑动力系统中很少采用。

直流电动机构也较复杂、价格也较贵，而且需要直流电源，因此除在对调速性能要求较高的客运电梯上应用外，其他场所也很少应用。

异步电动机构造简单、价格便宜、启动方便，在建筑动力系统中得到广泛应用。其中，鼠笼式用得最多；当启动转矩较大，或负载功率较大，或需要适当调速的场合，采用绕线式异步电动机。

(2)异步电动机的配电

①异步电动机的启动

a. 启运过程和启动特性：电动机从接通电源开始转动，到转速增至额定转速这一过程称启动过程。生产过程进行中，通常反复进行电动机的启动和停车。故电动机的启动性能对生产过程的正常进行影响很大。异步电动机的启动性能可用启动电流、启动转矩、启动时间和启动的可靠性等指标来衡量。对生产影响最大的是启动电流和启动转矩两项指标。

异步电动机的启动电流高达其额定电流的 4 ~ 7 倍。因此启动时会在线路中造成很大的电压降，使接于同一系统中的其他用电设备的工作受到严重影响(如灯光错暗、电动机转速下降甚至停车)。异步电动机的启动转矩很小，造成启动时间增长，甚至不能带负载启动。因此，应正确选择异步电动机的启动方法。

b. 异步电动机的启动方法：鼠笼式异步电动机启动方法见表 9-2。

表9-2 鼠笼式异步电动机的启动方法

全电压启动(直接启动)	降电压启动		
	定子串电阻	自耦变压器	星-三角转换

当变压器容量较大或电动机容量较小时，可考虑直接启动电动机。

对于经常启动的电动机，启动时造成的电网压降超过额定电压的 10%，对于不经常启动的电动机超过 15% 时，应考虑降压启动。定子串电阻法有附加能耗，故应用少。自耦变压器法效果明显，但设备笨重、操作复杂，故适于不频繁启动的大功率电动机。换接法设备简单、造价低，广泛应用于定子绕组正常为三角形接线、较频繁启动的中小型电动机。国产的有 QX_1、QX_3 系列启动器。

绕线式异步电动机启动时可在其转子电路中串入电阻，改变电动机的机械特性，使启动电流减小、启动转矩增大。启动过程完成后，将所串入的电阻切除。

频繁变阻器是一种阻抗值与所通过电流频率成正比的设备。电动机在启动过程中，转子电流的频率由大到小连续变化，故频繁变阻器的阻抗值也由大逐渐变小，可保证电动机平稳启动。此法设备简单、价格便宜，是静止元件，故维护方便，应用广泛。但功率因数低，不能用于调速。

转子电路串入启动变阻器，启动过程中将电阻分段切除。该设备构造较复杂，费用较高，但是可用于对电动机调速。

②异步电动机的配电

配电设备和线路由电动机的启动方法所决定。

全压启动时的配电线路图见图9-11。

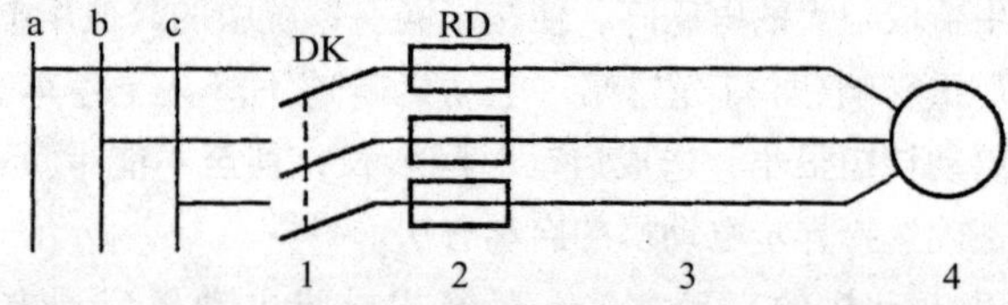

图9-11 全自动线路图

1—刀闸开关；2—熔断器；3—导线；4—电动机

电流经刀闸开关、熔断器和导线送往电动机。小容量电动机的手动控制均为这种接线。

自耦变压器降压启动时的配电线路图见图9-12。QJ_3系列手动自耦变压器的额定电压由220V到400V，启动功率由8kW到75kW，并附有过载和失压保护。

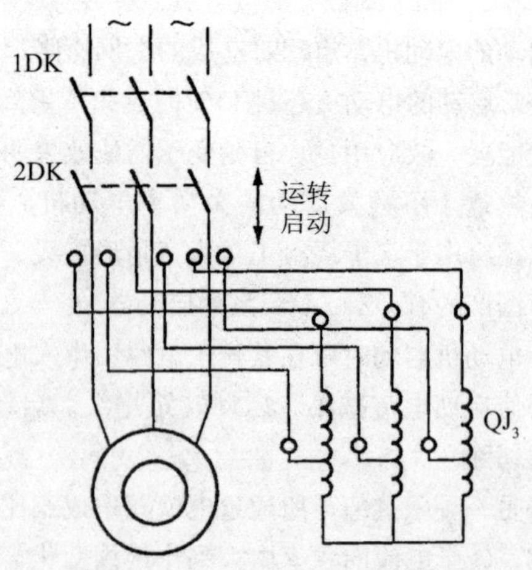

图9-12 自耦变压器启动线路图

转子串电阻启动时的配电线路见图9-13。常采用BT2系列三相变阻器。

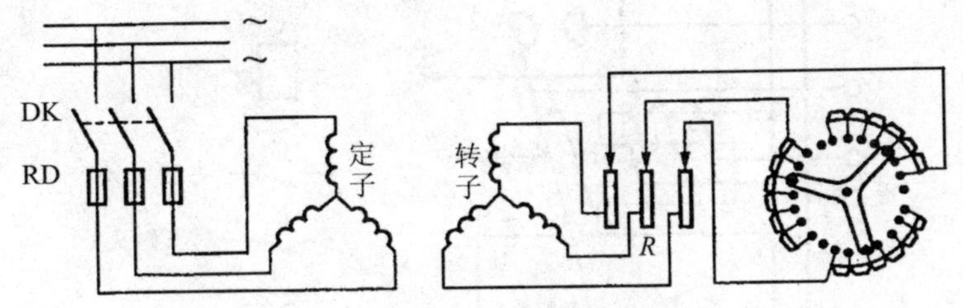

图 9-13 转子串电阻启动线路图

(3)异步电动机的控制

以上所述异步电动机的配电线路，是靠人直接操纵执行设备(如刀闸等)实现向电动机的配电，故可称为刀闸控制或称人工控制线路。当电路机功率太大，靠人直接控制不太安全时，或当电动机距控制地点太远而无法就地直接控制时，就需要采用按钮控制(又称半自动控制)，或采用某种自动化设备实现自动控制。半自动和自动控制线路的类型很多，其中应用最广泛的是采用各种继电器和接触器组成的继电—接触控制系统。在系统中通过各设备之间动作的连锁关系(如自锁、顺序连锁和互斥连锁等)，实现根据不同的生产工艺要求对电动机进行相应控制的目的。

①接触器、继电器及其相应的展开图

a. 接触器：它是用于频繁通断供电线路的自动电器。其结构见图 9-14(a)。一般由 5 个主要部分组成，即电磁系统(包括静止铁芯、激磁线圈和可动衔铁几部分)、主触头及灭弧系统、释放弹簧、联锁触头、支架和底座。

其工作原理是，当激磁线圈通电时，铁芯中产生磁通，在铁芯与衔铁间产生电磁吸力，使衔铁向铁芯运动，衔铁带着动触头运动，使之与静触头接触而接通主电路。联锁触头也发生相应的通断切换，同时释放弹簧被压缩。当激磁线圈失电时，在释放弹簧作用下，衔铁和铁芯分开，主触头和联锁触头均恢复原状。根据线路动作的实际顺序，将同一设备的各组成部分，拆开画在不同位置上的线路图，称展开图。接触器通常用 C 表示，在展开图中只画出其线圈和触头，如图 9-14(b)所示。

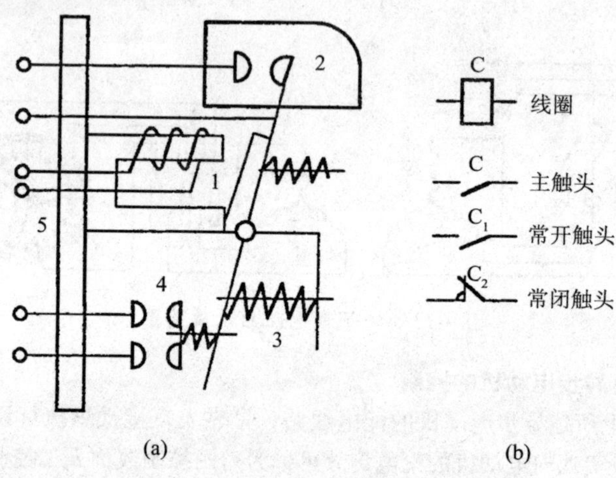

图 9-14　接触器

(a)实例；(b)图例

b. 继电器：凡具有如图 9-15 所示特性的设备，均称继电器。根据输入参数的类型，可分为电流、电压、水位、流量、温度、光、烟等各种继电器。各种继电器的构造和工作原理往往各不相同，其中电磁式继电器的基本构造和工作原理与接触大体相同，只是线圈的输入功率小、触头的输出功率小、动作灵敏度高而已。继电器通常用 J 表示，在展图中也是只画出其线圈(或其他输入环节)和触头，如图 9-16 所示。

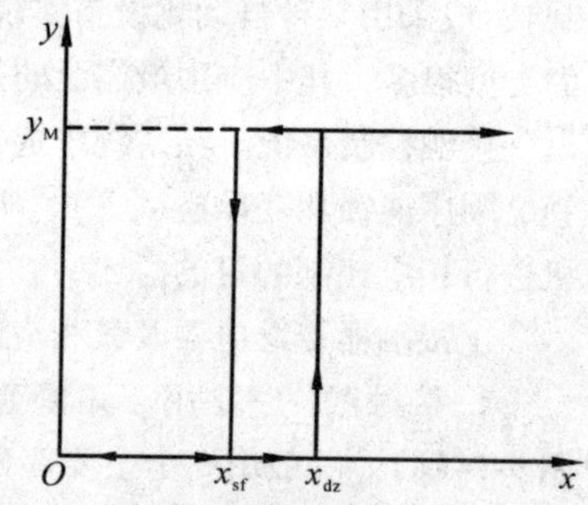

图 9-15　继电特性

x—输入参数；x_{dz}—动作值；x_{sf}—释放值；y—输出参数；y_M—最大输出参数

②消防泵的运距离控制——自锁

消防泵远距离控制线路图见图 9-17。启动按钮 QA 和停车按钮 TA 安装在消火栓处。接触器 C 和热继电器 RJ 安装在消防泵电动机的现场配电柜上。

在工作中刀闸 DK 始终是合上的(在检修时才拉开)。操作 QA 或

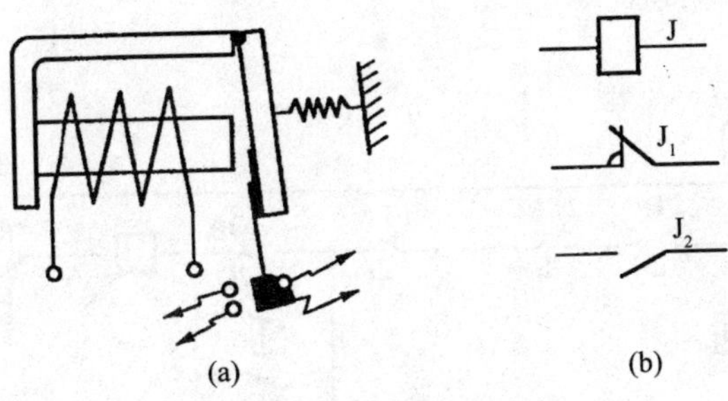

图 9-16 电磁继电器

(a)实例；(b)图例

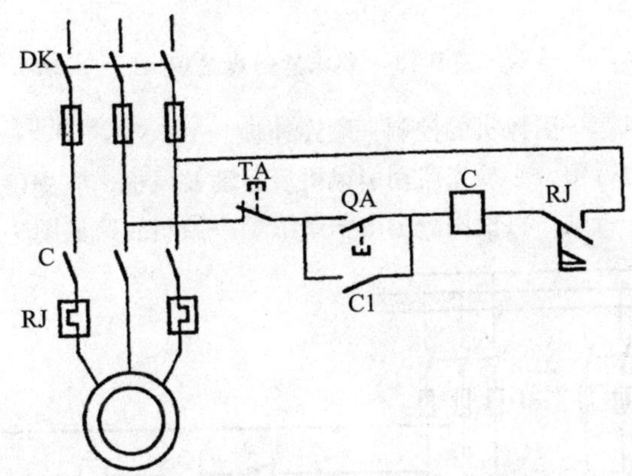

图 9-17 按钮控制线路图

TA，造成接触器线圈通电或断电，通过主触头的通断，即可实现消防泵的启动或停车。

启动时，常开联锁触头 C1 闭合，使 QA 断开后仍可保持接触器的线圈通电。

当启动命令消失后，设备利用自身的连锁触点维持通电的方法称自锁。

③消火栓结水系统的控制——多地控制

一般建筑物内往往有许多消火栓，但却公用一组消防泵。工艺上要求从任何一个消火栓处均可启动消防泵，这可用如图 9-18 所示的线路实现。图中，各消火栓处的 TA 相互串联。各消火栓 QA 相互并联，而且与接触器的常开连锁触头并联。

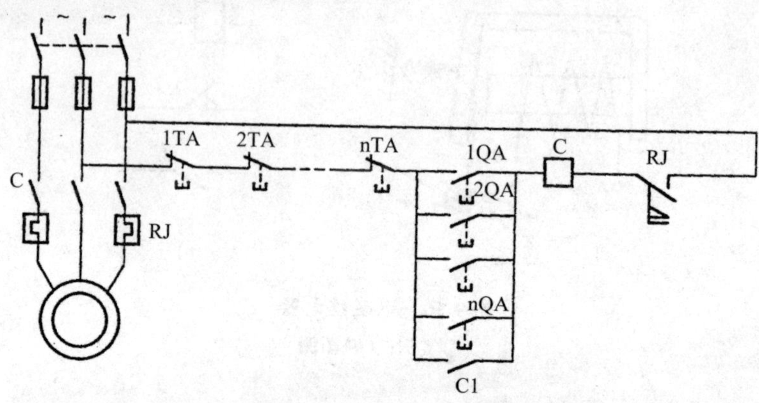

图 9-18　多地控制线路图

④鼓风起—引风机的控制—顺序连锁

锅炉运行中，必须先启动引风机后启动鼓风机，应先停鼓风机再停引风机，否则，将使锅炉房内积聚浓烟。控制线路见图 9-19。

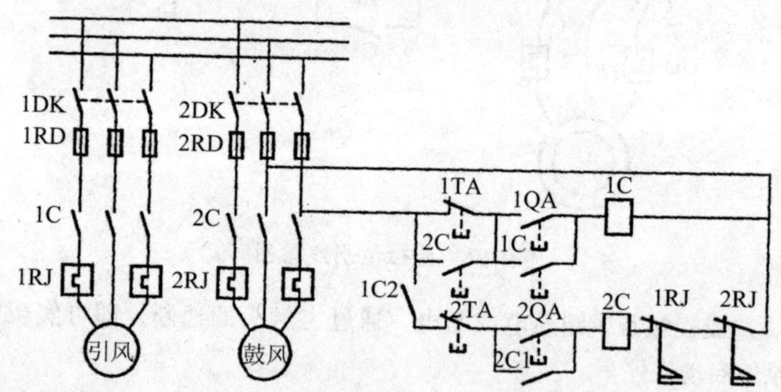

图 9-19　顺序连锁控制线路

上图中，两个接触器彼此以自身的连锁触点接入到对方线圈电路中，以实现两接触器间维持规定的动作顺序的方法称顺序连锁。

⑤上煤机的控制——互斥连锁

锅炉房内上煤机重复完成装满煤斗提升和卸空煤斗降落的功能。升斗时需电动机正转，降斗时需电动机反转，故对上煤机的控制，实质上是对电动机正反转的控制，控制线路如图 9-20 所示。正、反转接触器不许同时动作。

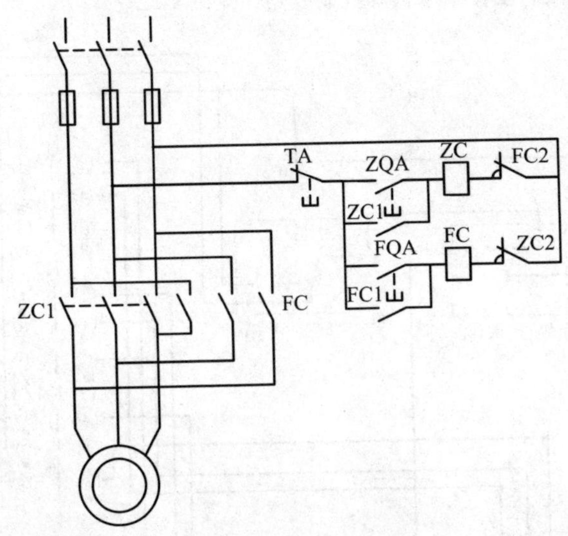

图 9-20 正反转控制线路图

保持两设备间不能同时动作的关系称互斥关系，用以实现互斥关系的方法称互斥连锁。该图中是将两个接触器的常闭连锁触头，相互接入对方接触器线圈电路内实现的，称电气互斥连锁。也可以将两个启动按钮所附的常闭连动触头，相互接入对方接触器的线圈电路内完成，这种方法称机械互斥连锁，如图 9-21 所示。

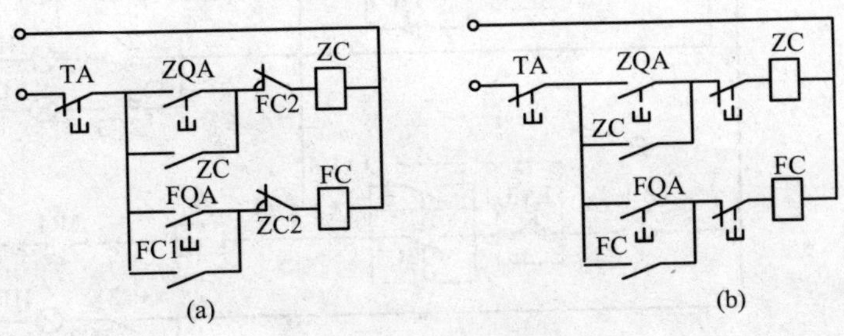

图 9-21 互拆连锁

(a)电气连锁；(b)机械连锁

自锁、顺序连锁和互斥连锁合称控制线路中的三大连锁，合理采用这些方法，可组成各种复杂的控制线路，以实现对不同生产过程的

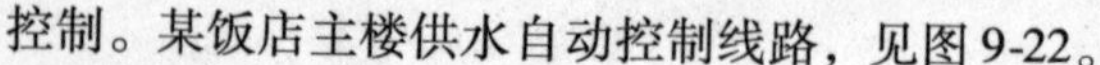

控制。某饭店主楼供水自动控制线路，见图 9-22。

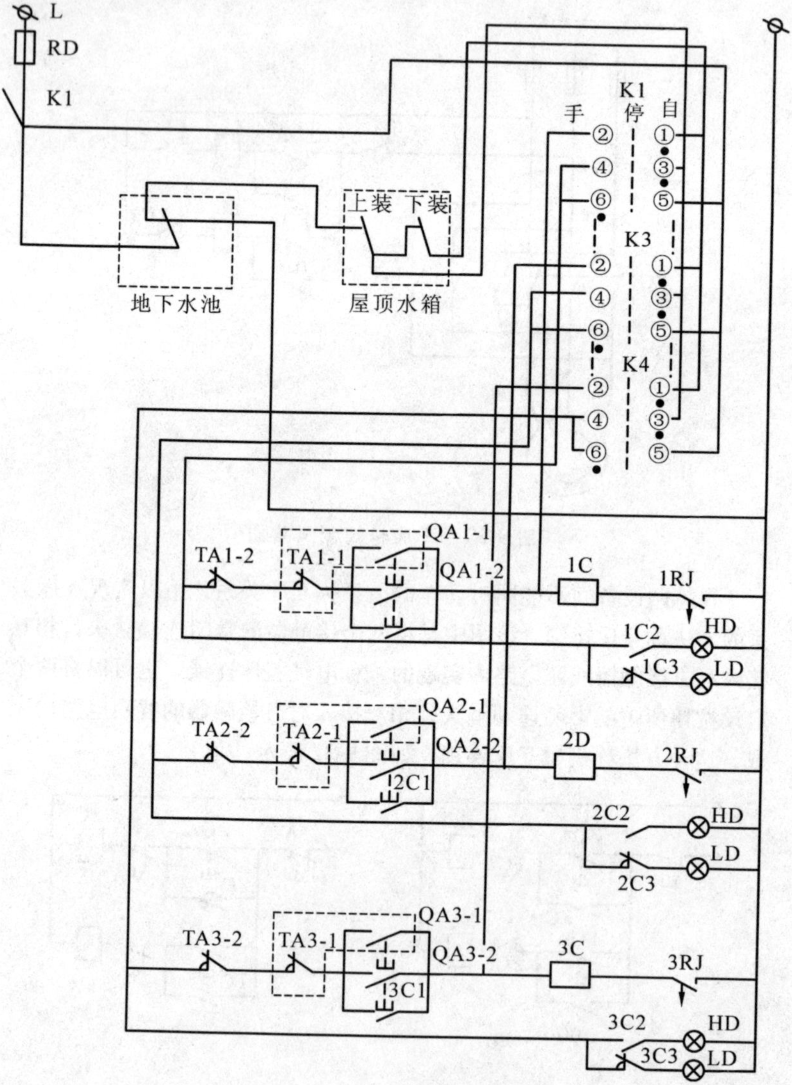

图 9-22 大楼供水自动控制线路图

9.2.4 建筑弱电系统

应用可以将电能转换为信号能的电子设备(如放大器等)，保证信号准确接收、传输和显示，以满足人们对各种信息的需要和保持相互联系的各种系统，统称建筑弱电系统。如共用电视天线系统、通信系统、广播系统、火灾报警系统等。

(1)共用电视天线系统

共用电视天线系统在国外简称 CATV 系统。它是为了提高各用户电视收看质量，又避免在楼顶形成“天线森林”而影响建筑美观，所采用的一种供各用户共同使用的电视天线系统。

CATV 系统由信号源设备、前端设备和传输分配系统三部分组成，如图 9-23 所示。

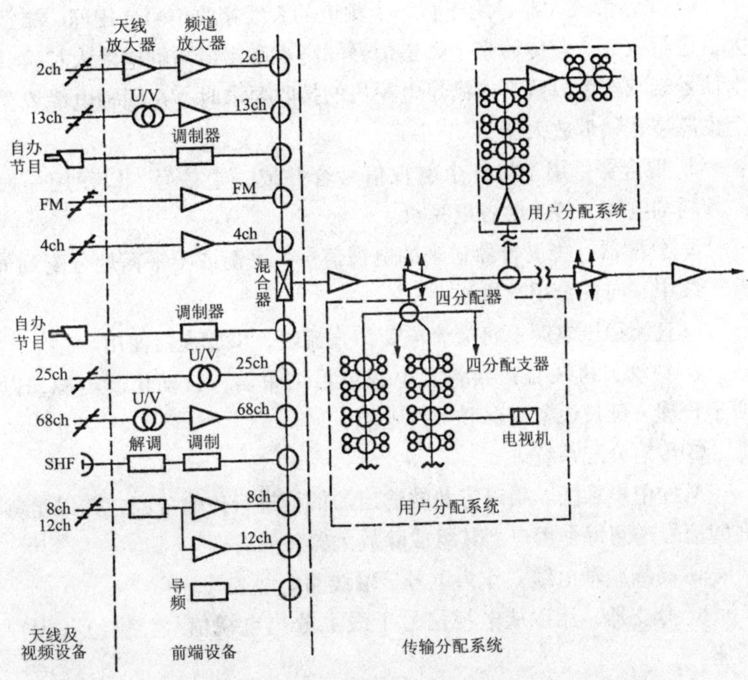

图 9-23 共用电视天线系统的组成图

①信号源设备

包括接收天线和录像机等自办节目制作设备。接收天线将空中电磁波转换成高频感应电势，作为电视机接收的信号。图中2ch、4ch、8ch代表甚高频(VHF)天线，接收1~12频道的信号。超高频(UHF)天线接收13~68频道的信号。FM是调频广播接收天线。SHF是卫星接收电视天线。

②前端设备

用以将天线接收的信号进行必要的处理，然后送入传输分配系统。前端设备一般由以下几部分组成。

a. 天线放大器：将天线接收的高频信号放大，以满足电视机对信号源的要求。

b. 频道转换器：进行频道的转换。U/V是超高频转换成甚高频的转换器，S/V是卫星电视频道转换成甚高频的转换器。

c. 宽频带放大器：用于将n个频道的天线接收信号，用同一个放大器进行放大。若传输多个频道信号的高难度频道同轴电缆太长，其上信号衰减较大以致不能满足电视机的接收要求时，在同轴电缆线路上也应装宽频带放大器。

d. 混合器：用于将n个电视信号合并成一个信号，以便用一根高频同轴电缆，传输给各电视机。

e. 分配器：将混合器送来的电视信号，平衡或不平衡地分配到n路干线中，向各个用户输送。

f. 直流稳压电源：将交流电变为直流电，供放大器使用。

g. 自动关机装置：当各套电视节目结束后，自动切断电源，以便于管理、延长设备寿命和节约电能。

③传输分配系统

又称用户系统。用以将前端输出的信号进行传输分配，并以足够强的信号送到每个用户。其组成除放大器外尚有：

a. 高频同轴电缆：作为讯号传输线路。

b. 分支器：用以从电视信号干线上分出电视信号，供给各用户插座。

c. 用户插座：用户口本将电视机接入共用电视天线系统的装置。

d. 300~75Ω阻抗变换器：用以对馈线的阻抗进行匹配。

大型CATV系统包括干线传输系统(简称干线系统，主要用于信号的远距离传输）和用户分配系统（简称用户系统，主要用于尽可能均匀地把信号分配给各用户的电视机）。仅服务于一幢楼房的小型CATV系统中，没有干线系统，只有用户系统。

CATV系统具有图像清晰、节目来源多等优点。增加一些前端设备就可开成为闭路电视系统，可同时播送多套节目而互不干扰。若配合电声可进行电化教学。若留有接口与计算机中心或数据资料库相连，则可直接调用有关数据，扩大信息来源。若在前端控制室安装有监测仪器，就可监测相应设备的运转情况，并可进一步发展为图像通信系统和双向传输系统。小型CATV系统接线方案如图9-24所示，高层建筑CATV系统接线如图9-25所示，CATV系统明装如图9-26所示。

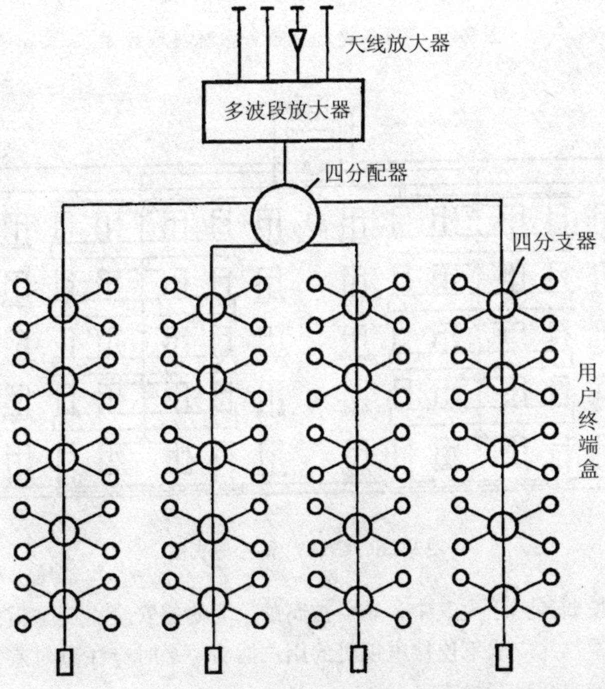

图9-24 小型CATV系统接线方案

CATV系统效果明显、使用方便、无需特殊维护。用户接用电视机和平常情况下一样，但应注意防雷。尽管系统有严格的避雷装置，

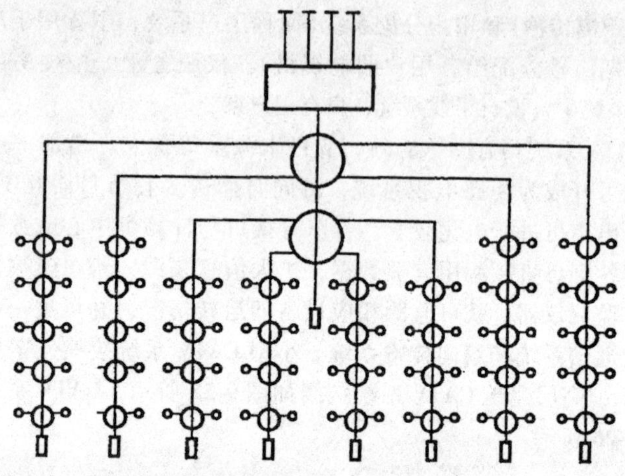

图 9-25 高层建筑 CATV 系统接线方案

图 9-26 CATV 系列明装图

但天线长期暴露于大气中，难免被腐蚀。为确保安全，夏季雷雨时应停止收看，并应取下连接电视机的用户插头。平时应注意对避雷设施的各部分定期进行检查。

(2)建筑通讯系统

它是指在大型宾馆、饭店，以及一个或几个密切联系的单位内部，所设立的以电话站(或称总机室、小交换室)为中心的，供内部联系用的电话系统。

①系统的组成

由进户线(配电室)向总机室引专线供电。电话线由总机室引出后，可先集中引至电缆竖井，沿井明敷。经分层接线盒将线引出后，宜采用放射式布线，穿管沿楼板或沿墙暗敷引至各用户终端(电话出线盒)。总引出线可采用 HYV 型电话电缆，引向各用户终端的分支线可采用 RVS 型电话线。

②电话站的分类

可分为人工和自动电话站两种。人工电话站采用磁石式或共电式交换设备，通话靠人工接续。自动电话站采用步进制或纵横制交换机，通话的接续靠机器自动进行。

③电话站的建造方式

电话站应尽量选择在振动小、灰尘少、安静、无腐蚀性气体的场所。根据具体条件，可采用如下建造方式：

a. 附建于其他房间内，如建在办公楼一、二层的尽端，或建在工厂的生活间内。这是普遍采用的一种方式。

b. 单独建造。适于系统容量较大(800 门以上)，需面积较大，或者没有合适的房屋可供利用的情况。

c. 利用原有房屋改建。应注意根据工艺条件，对房屋的负载能力、耐久程度等进行详细的鉴定。

④电话站的房间组成

一般包括：

a. 交换机室：主要用于安装人工或自动交换机等设备。应和配电室、测量室相邻，以使馈电线和电话电缆最短。

b. 配电室：主要供安装配电屏、整流器等设备使用。一般应与交换机室和电池室相邻。

c. 测量室：供安装总配线架、测量台等设备使用。电话电缆由电缆进线室引入测量室，然后引入交换机室。

d. 电池室：供安装蓄电池使用。因蓄电池极重，故该室多布置在一层。电池室与配电室间常有大截面馈电线相边，故二室应紧邻。

e. 电缆进线室：用于将引入的电缆线端(通过电缆接头变成局内电缆)，再引至测量室的总配线架。

f. 其他房间：可能有转接台室、贮酸室、空调室、线务候工室、办公室和值班休息室等。对于小容量的电话站，因为设备较少，可将一些房间合并或省去辅助房间，这对于日常维护和节省建筑面积都是有利的。

1000 门以下的电话站所需建筑面积，一般为 60 ~ 240m^2。电话站中各种房间的面积，由设备的型式、数量和平面布置情况决定。自动电话站各房间面积可参阅表 9-3。

表9-3　自动电话站房间面积参考表

制式	容量(门)	房间名称及面积(m^2)								总面积(m^2)
		交换机室	测量室	配电室	转接台室	蓄电池室	线工室	库房修理	办公休息	
纵横制	200	15	20		10	12	—	12	12	81
	400	25	25		10	16	12	16	12	116
	600	40	25		10	30	16	20	20	161
	800	45	20	20	10	30	16	25	25	191
步进制	200	25	16		10	12	12	12	12	103
	300 ~ 400	35	16		10	25	12	25	12	135
	500 ~ 600	45	25		10	25	16	25	25	171
	700 ~ 900	55	20	20	10	30	16	40	25	216

(3) 建筑广播系统

它是在大型建筑内部，为满足紧急通知(如指挥消防疏散等)、统一报告(如广播新闻、安排工作等)和播放音乐等需要而设置的广播系统。

①系统的组成

广播系统一般由播音室、线路和放音设备三部分组成。

播音室中一般设置收音、拾音、录音、话筒、扩音机和功率放大机等设备。

有供电线路引入播音室，向放大设备供电。广播信号线路在建筑内可明敷或暗敷。放音设备可以是安装在走道、餐厅等公共场所的扬声器，也可以是分布在客房内由多功能床头柜控制的收音机。

②系统的类型

一般分为三类：

a. 集中播放、分路广播系统：即用同一台扩音机，作单信道分多路同时广播相同的内容。这是传统的系统，如图 9-27 所示。

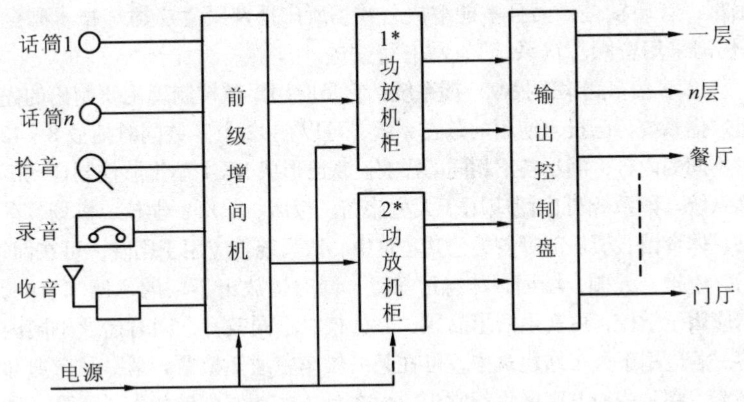

图 9-27 集中播放、分路广播

这种系统不能满足在建筑内不同场所同时播放不同内容的要求，使用不便、音响质量差、可靠性低、耗电多，是一种落后的系统。

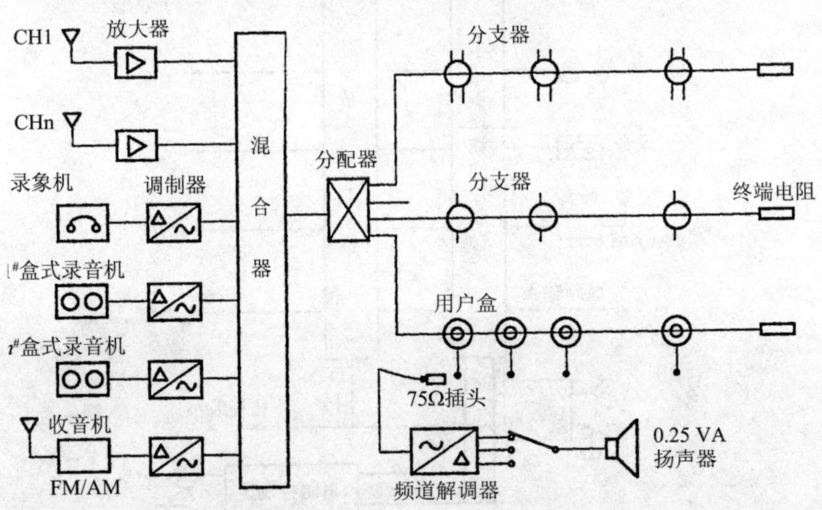

图 9-28 CATV—高频调制式广播系统

b. 利用 CATV 系统传输的高难度频调制式广播系统：它是在 CATV 系统的前端室，将音频信号调制成射频信号，经同轴电缆送至用户多功能床头控制柜，经频道调器解调后被收音机接收，见图 9-28。

这种系统技术先进，传输线路少，施工方便。但技术复杂、维护困难、音质较差，而且不能解决公共场所广播及紧急广播等技术问题（仍需采用音频传输系统），故有待改进。

c. 多信多路集散控制广播系统：它是应用集散控制理论研制出的先进广播系统。已投入使用的该类系统，可以在 12 个区域同时播放 8 ~ 12 种不同的内容，满足各不相同的需要。现已形成 DK-1 型集散控制自动广播系统。该系统可广泛应用于大型旅馆、饭店、工厂、学校、机场、车站、体育馆、俱乐部等各类公共建筑中。该系统若应用于剧院，可在前、后、中排，天棚，墙面，休息厅等处，同时播放出不同的音调和音响。若应用于学校，可在生活用品区、办公楼、不同教室，同时播放不同内容。若应用于火车站建筑中，可在某一候车室通知检票，某一站台通知接车，在一些地方广播旅行常识，而在另一些地方广播找人。这是一种具有很大发展前途的广播系统。该系统的框图如图 9-29 所示。

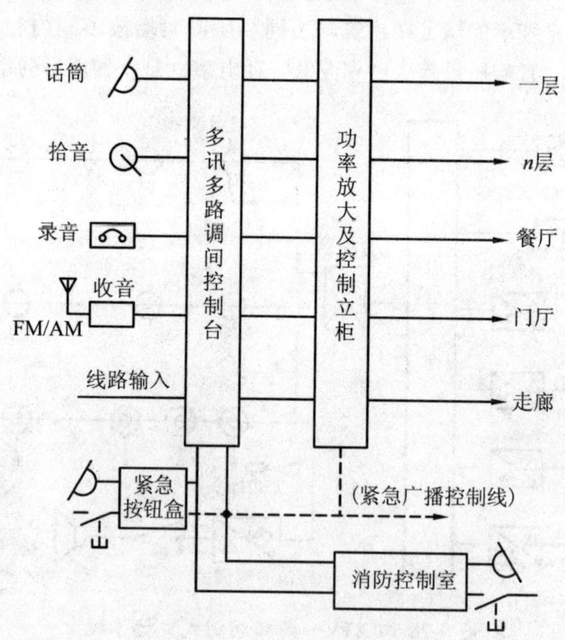

图 9-29　集散控制广播系统

(4)消防报警系统

它是控测伴随火灾而产生的烟、光、温等参数，早期发现火情并及时发出声、光等报警信号的系统，以便人们迅速组织疏散和灭火的一种建筑安全防火设施。

①火灾控测与报警的一般过程

a. 火灾控测：建筑内火灾的发展可分为初期、成长期、最盛期和衰减期4个阶段。随着火灾初起产生烟(称阴燃)，发展下去产生光(可见光和红外线、紫外线等不可见光)，最后产生高温。因此，可通过控测烟、光、温度三参数作为判定火灾发生的依据。

b. 火灾的报警：应做到准确、可靠，应保证不要漏报(有火灾而未报)，尽量减少误报(无火灾而报警)。感烟报警比较及时，但容易误报。感光报警比较可靠，但容易漏报。在重要的场所采取综合报警方式。

控测器把接三连四收的火灾参数转变成电信号，通过线路传送到控制器。控制器对送来的信号进行分析处理，判断出是火警、故障或正常三者中的哪一种情况，从而决定是否发出报警再发出相应的声、光警报，并指出报警地址，完成火灾的控测与报警过程。

②火灾报警系统的组成

火灾自动报警系统一般由火灾控测器、建筑物内的布线和火灾报警控制器三部分组成。

a. 火灾探测器：可以将某种火灾参数转变为相应电信号的设备。根据所探测参数的不同，火灾探测器的分类见表9-4。

表9-4　火灾探测器分类表

<table>
<tr><td colspan="28">火灾探测器</td></tr>
<tr><td colspan="6">感烟控测器</td><td colspan="18">感温探测器</td><td colspan="2">光辐射探测器</td><td colspan="2">可燃气体探测器</td></tr>
<tr><td colspan="2" rowspan="2">离子感烟型</td><td colspan="2" rowspan="2">光电感烟型</td><td colspan="2" rowspan="2">激光感烟型</td><td colspan="6">线型</td><td colspan="12">点型</td><td rowspan="3">紫外光辐射型</td><td rowspan="3">红外光辐射型</td><td rowspan="3">催化剂</td><td rowspan="3">半导体型</td></tr>
<tr><td colspan="3">差温</td><td colspan="3">定温</td><td colspan="4">差温</td><td colspan="4">定温</td><td colspan="4">差定温</td></tr>
<tr><td colspan="3">遮光型</td><td colspan="3">散射身</td><td colspan="2">管型</td><td colspan="2">电缆型</td><td colspan="2">半导体型</td><td colspan="3">双金属型导</td><td colspan="3">膜盒型</td><td colspan="3">易熔金属型</td><td colspan="3">半导体型</td></tr>
</table>

火灾参数探测器应布置在火灾参数最容易到达的地方，使空间任一点发生火灾，都能使火灾参数在最短时间内到达探测器。布置探测器时还应考虑到既便于值班人员进行检查、维护，又使一般人员不易随便接触；既考虑安装和布线的要求，又顾及建筑上的美观性。

b. 建筑物内的布线：从探测器到控制器之间的导线，应穿钢管敷设，一可起安全防火作用，二可起屏蔽、抗干扰作用。布线钢管和接线盒、控制器外壳应可靠地连成一体，并单独接地(决不能和避雷设施共用地线)。

c. 火灾报警控制器：是火灾报警系统的核心设备。按用途分可分为区域控制器和集中控制器两种。按工作方式可分为并行信号收集型和地址串行信号收集型两类。按结构型式分可分为台式和壁式两种，台式可放在台上或桌上，壁式需外挂或嵌入墙内。配套部件有配线箱、浮充电源、多探测器接口、火灾显示灯、火灾报警开关和火灾讯响器等设备。火灾报警控制器连同其各种配套设备，常需集中安装在专门的防火中心控制室中。

以上对几种常见的建筑电气系统作了简要的介绍。实际上建筑内的用电设备和系统决不仅限于上述几类，随着生产和生活水平的提高，建筑电气的应用范围和规模不断扩大，从而使建筑和电气的关系必然日益加深和紧密。

9.3 照明系统

9.3.1 照明的基本知识

照明分天然照明和人工照明两大类。天然照明受自然条件的限制，不能根据人们的需要得到所需的采光。当夜幕降临之后或天然光线达不到的地方，都需要采取人工照明措施。现代人工照明是用电光源实现的。电光源具有随时可用、光线稳定、明暗可调、美观洁净等一系列优点，因而在现代建筑照明中得到最广泛的应用。

照明不仅可以延长白昼，即人为创造良好的光照条件，使人眼既无困难又无操作地、舒适而高效地识别所观察的对象，从事相应的活动，以达到提高劳动生产率、提高产品质量、保证身心健康、保持室内整洁、减少废品数量、减少各种事故的目的；而且可以利用光照方向性和层次性等特点渲染建筑的功能，采用不同型式和大小的灯具烘托环境的气氛，配合相应的辅助设施创造各种奇妙的光环境。人工照明已成为现代建筑中不可缺少的组成部分之一并对人们的生活和生产产生着越来越大的影响。因此，首先必须对照明的基本知识有所了解。

(1)光的实质

光是人眼可以感觉到的、波长在宽阔的电磁波中范围极狭窄的一部分。其波长范围在380～760nm之间($1nm = 10^{-9}m$)，这部分电磁波就是平常说的可见光。与其相邻的波长较短的部分称紫外线(波长为10～380nm)，波长较长的部分称红外线(波长为780～34000nm)。

电磁波具有能量，因而光也具有能量。

在太阳所辐射的能量中，波长大于1400nm的被低空大气层中的水蒸气和二氧化碳强烈吸收，波长小于290nm的被高空大气层中的臭氧所吸收。可见光正好和能够达到地表的太阳辐射能的波长相符合，说明了眼睛感觉的灵敏度，是人类在长期进化过程中，对地球大气层透光效果相适应的结果。

不同波长的可见光，在眼中产生不同颜色的感觉，按照波长由长到短的排列次序分别为红、橙、黄、绿、青、蓝、紫7种颜色。但各种颜色的波长范围并不是截然分开的，而是由一种颜色逐渐减少，另一种颜色逐渐增多的形式而过渡的。全部可见光波混合在一起，就形成日光(白色光)。

(2)光的度量

光的度量是指对照明在人眼中所产生的视觉效果进行数量标定。

光作为电磁能量的一部分，当然是可以度量的。但经验和实验都证明，不同波长的可见光在人眼中造成的光感不同，即波长不同的可见光虽然辐射能量一样，但看起来明暗程度不同。也就是说，人眼对不同波长的可见光有不同的灵敏度。在白天(或在光线充足之处)，对波长为555nm的黄绿光最敏感。波长偏离555nm越远，对其感光的灵敏度越低。用于衡量辐射能所引起视觉能力的量叫光谱光效能。任意波长时的光谱光效能与555nm时的光谱光效能的比值称光效率。明视觉光谱光效率曲线如图9-30中的实线所示。在晚上(或在光线不足之处)，对青绿光最敏感。暗视觉光谱光效率曲线如图9-30中的虚线所示。

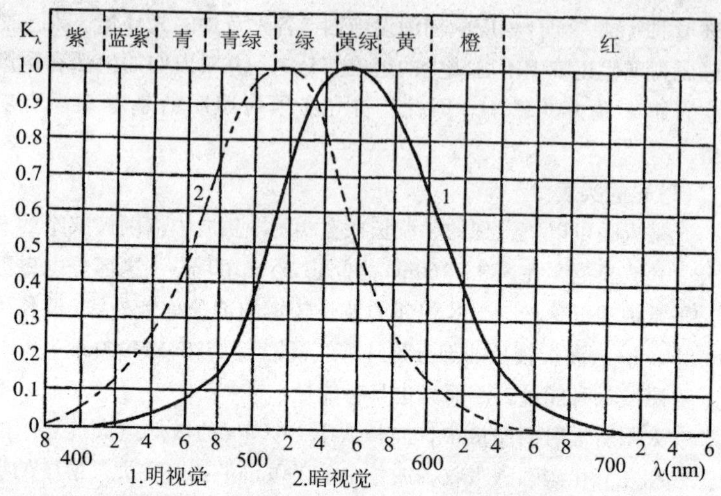

图 9-30　光谱光效率曲线

光谱光效率可用以衡量各种波长单色光的主观感觉量，故又可称之为单色光的相对视度 K_λ。例如蓝光(460nm)、黄绿光(555nm)和红光(650nm)的 K_λ 值之比为 0. 06:1:0. 107，也就是说要想引起相同的视觉，应使蓝光和红光的辐射功率分别为黄绿光的 16. 6 倍和 8. 35 倍。

光的度量常用单位如下：

①光通量

光通量是指光源在单位时间内向周围空间辐射出去的、能引起光感的电磁能量。

光通量常用符号 F 表示，单位为流明(lm)。

②发光强度

发光强度是指光源在某一特定方向上，单位立体角(每球面度)内的光通量。发光强度简称光度，常用符号 I 表示，单位为坎德拉(cd)，1cd = 1lm/1sr。将光源四周的光度大小以及坐标的形式表示，连接各坐标点所成的曲线称为该光源的配光曲线。这是光源的重要参数之一。

③照度

照度是指单位被照面积上所接受的光通量，即是光通量的表面密度。照度常用符号 E 表示，单位为勒克斯(lx)，$1lx = 1lm/1m^2$。照度与被照面的材料性质无关，容易计算求出。当材料固定时，照度的大小和光源的光通量成正比。故确定照度标准为进行照明设计的重要依据。

④亮度

物体被光源照射后，将照射来的光线的一部分吸收，其余反射或透射出去。当反射或透射的光在眼睛的视网膜上产生一定的照度时，才可以形成人们对该物体的视觉。被视物体在视线方向单位投影面上所发出的光度称为亮度。亮度常用符号 L 表示。单位为cd/m^2（$1cd/m^2$ 旧称 1nt[尼脱]，此单位现已淘汰。）若照到物体上的光通量为 F，吸收部分 Fα、反射部分为 Fρ、透射部分为 Fτ。根据能量守恒定律：

$$F = F\alpha + F\rho + F\tau$$

反射系数(率) $\rho = F\rho/F$

透射系数(率) $\tau = F\tau/F$

吸收系数(率) $\alpha = F\alpha/F$

显然有 $\alpha + \rho + \tau = 1$。光线在室内空间的传播，是一个多次反射、透射和吸收的过程。反射、透射和折射系数的大小和材料的光学性质有关。因而，可用于反映照明效果的各项光的参数值，不仅与光源的情况有关，而且还与建筑所用的材料及内装饰的情况有关。

(3)光和视觉

①视觉和视觉过程

a. 视觉：它是指光射入眼睛后产生的视知觉，是看见明暗(光觉)、看见物体的形状(形态觉)、看见颜色(色觉)、看见物体运动(动态学)和看见物体的远近、深浅(深度觉或立体知觉)等知觉的综合。对人类来说，视觉是接受外界信息的最重要途径。而采光是引起视觉最重要的条件。

b. 视觉过程：物体发出(或反射、折射、透射)的光射入眼中，在感光视网膜上形成大小和照度与物体的尺寸和相应部位的亮度成比例的图像。感光细胞根据所吸收光能的多少和波长发生相应的化学反应，形成相应的脉冲电流，经神经送入大脑相应部位的视觉皮质中进行加工处理，再现影像的形状和色彩，最后形成对所观察物体的视觉。视网膜上有两种感光细胞，边缘部位杆状细胞占多数，中央部位锥状细胞占多数。杆状细胞感光性强，可在10^{-6}～$10^{-2}cd/m^2$微弱的视场亮度下感光，夜间观察主要靠杆状细胞。但杆状细胞不能分辨颜色，无论物体是什么颜色，都只能看成是蓝、灰色。随视场亮度的增加，杆状体的作用逐步削弱，锥状体的作用逐步加强，亮度达$10cd/m^2$以上时，则主要靠锥状细胞感光。锥状细胞可以辨色，故只有在高亮度下才有良好的色感。感光细胞对射于其上的照度变化敏感性不高，故通常并不要求将照度精确控制在某个数值上，而只要求维持在一个合理的范围中就行了。这就形成了照明设计的特点。

②视力和视力条件

a. 视力：它是表示人眼对物体各细部识别能力的尺度。当人眼刚好能将非常接近的两个点区分开时，此两点与人眼间的连线所构成的夹角θ称为视角。视角θ的倒数1/θ称为视力。当视角θ为1分(1/60度)时，视力为1.0。

b. 亮度和视力：眼睛对物体的观察，大体在亮度10^{-5}～$10^{5}cd/m^2$范围内起作用。在一般亮度情况下，视力随亮度的增加而提高。而且，约从1～$100cd/m^2$，视力与亮度的对数成正比。一直到亮度约为$10000cd/m^2$，视力都在上升。亮度过大会感到眩光。亮度超过约$10^6cd/m^2$，眼睛就无法忍受，视网膜就要受到损伤。

c. 影响视力的其他因素：环境亮度、对比、曝光时间、物体的运动及眩光。

环境亮度是指所观察物体周围环境的亮度。当周围亮度比中心亮度稍暗或亮度相等时视力最好，若周围比中心亮，则视力显著下降。

对比是指所观察物体的亮度与背景亮度之比。当物体亮度不变时，对比越大视力越好。

曝光时间是指所观察物体在眼睛中显露的时间。当物体亮度不变时，约在1～10s之内视力与曝光时间成正比。超过1～10s，用延长曝光时间的办法并不能改善视力。

物体的运动是指在观察运动的物体时，对视力造成影响的并不是物体的自身运动速度，而是物体每秒钟相对于眼睛视线方向变化的角速度。当物体亮度不变时，视力随角速度的增大而下降。

眩光是当所观察物体亮度极高或与背景亮度对比强烈时，所引起的不舒适或造成视力下降的现象称眩光。长期在此恶劣的照明环境下进行视觉工作，易引起视觉疲劳。因而照明设计需注意的重要问题之一，就是限制眩光。

d. 照明的数量和质量指标：由上可知，为使眼睛能看清物体，应有适当的明亮度、对比度、大小(由视角表示)、物体运动速度与显现的时间。照明的情况可分别用数量指标和质量指标表示。数量指标是照度的大小。质量指标包括眩光、阴影、光然及光分布和明暗变化等多种因素。对于视觉照明来说，最重要的质量指标是有无眩光。如果照明质量良好，则一般说来，数量越高看得就越清楚。照明设计应能全面满足相应的照明数量和质量指标。

(4) 建筑与照明

根据前面介绍，照明对建筑环境的渲染、功能的发挥、造型的美感等有直接影响。同时，建筑对照明系统的设计和运行状况也有很大影响。

①建筑对照明系统设计的影响

建筑对照明系统设计的影响集中表现为建筑设计的成果是照明设计的原始资料，建筑设计的要求是照明设计的依据。

根据建筑的规模、功能、等级、布置和构造，确定照明系统的容量、类型，进行灯具的造型和布置，以及考虑线路的安装敷设方式。

反复对照建筑的平面图、立面图、剖面图，在搞清有关的各项建筑要求的基础上进行照明设计，并把照明设计的成果集中画在用细实线表示的建筑平面图上，从而形成电照设计的主要成果之一——电照平面图。

②建筑对照明的系统运行的影响

建筑对照明系统运行的影响集中表现在由建筑对光线的反射能力所决定的照明效率方面。在照明系统完全相同的条件下，照明效果与此反射能力成正比。对于同一照明系统，其照明效率随此反射能力的变化而变化。建筑对光线的反射能力，主要用墙面反射系数 ρc 和屋顶反射系数 ρw 两个参数表示。

建筑原有墙面反射系数 ρc 和屋顶反射系数 ρw 由建筑内装饰材料决定，见表 9-5。

表9-5 部分材料的反射系数

反射面的材料	反射系数 ρ	反射面的材料	反射系数 ρ
抹灰并用大白粉刷的顶棚和墙面	70～80	红砖墙	30
砖墙或混凝土屋面喷白（石灰、大白）	50～60	灰砖墙	20
墙、顶棚用水泥砂浆抹面	30	无色透明玻璃	8～10
混凝土屋面板	30		

墙面平均反射系数由于室内开窗或不同反射系数的装饰物遮挡，使原有墙面反射系数发生变化。此时，可用下式求出墙面的平均反射系数。

$$\bar{\rho}_c = \frac{\rho_c(S_c - S_c) + \rho_c\rho_c}{S_c}$$

式中 S_c——墙面总面积（包括窗面积）（m^2）；

S_p 窗或装饰物面积（m^2）；

ρ_c——墙面反射系数；

ρ_p——玻璃窗或装饰物的反射系数；

ρ_c——墙面平均反射系数。

照明效果除与屋顶、墙面的反射系数有关外，还与房间的建筑特征（房间总反射面与总内表面面积之比）有关。关于房间的建筑特征，有两种不同的表示办法。

a. 室形指数 i：用以反映房间建筑特征（形状和尺寸）的系数。对于矩形房间来说：

$$i = \frac{ab}{h(a+b)} = \frac{s}{h(a+b)}$$

式中 a——房间的长度（m）；

b——房间的宽度（m）；

s——房间的占地面积（m^2）；

h——灯具的计算高度（灯具与划作面之间的距离）（m）。

当其他条件都相同时，室形指数 i 越大，则照明效果越好。由公式可见，当房间面积相同时，长度和宽度越接近，室形指数 i 值就越大，照明效果越好。

b. 三空间：即以工作面和灯具所在平面，将整个室内空间分割成顶棚空间、室空间和地板空间 3 部分，如图 9-31 所示。3 个空间分别可用相应的空间以表示其不同的特征。将其中室空间以公式的形式和室形指数 i 公式的形式相比，看出二者是倒数的关系，故在其他条件都相同时，室空间的 RCR 值越大，即在室空间内侧面积与底面积之比值越大，则照明效果越差。

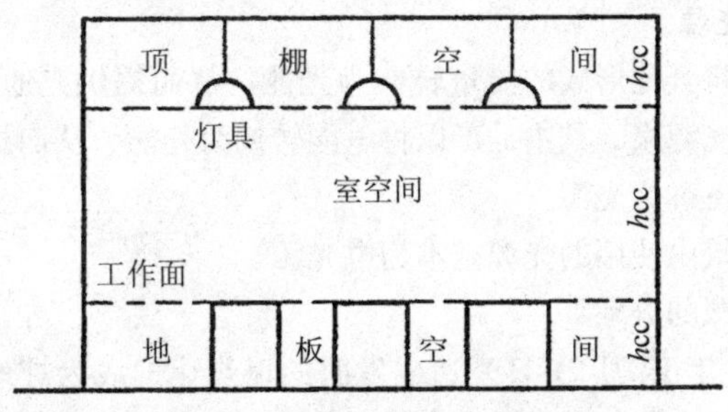

图 9-31 室内三空间划分图

房间用途对照明效果会产生影响。灯具在使用过程中，随着本身被污染、建筑内表面被弄脏，照明效果逐步降低。降低的程度由不同用途房间各自的环境条件和维护情况所决定。通常用一个减光补偿系数 K 值来反映，见表 9-6。

表9-6 减光补偿系数K

序号	照明地点	较佳值			在电力消耗上的容许值		
		灯具清扫次数	减光补偿系数		灯具清扫次数	减光补偿系数	
			白炽灯	荧光灯		白炽灯	荧光灯
1	稍有粉尘、烟、灰的房间						
2	粉尘、烟、灰较多的房间	每月 2 次 每月 4 次	1.4 1.4	1.4 1.4	每月 1 次 每月 2 次	1.4 1.5	1.5 1.6
3	有大量粉尘、烟、灰的房间	每月 6 次 —	1.5 —	1.5 —	每月 4 次 每月 2 次	1.5 1.3	1.5 1.4
4	办公室、休息室等类似场所	— —	— —	— —	每月 2 次 每月 2 次	1.3 1.5	— —
5	普通照明灯具 室外投光灯						

9.3.2 电光源和灯具

照明系统中最重要的设备是光源。用于安装、固定、保护光源和分配光源发出的光通量的附属设备是控照器。光源和控照器配套使用组成灯具。灯具的类型、型式、尺寸大小和安装布置，应与建筑设计协调配合。还有一种与建筑的设计、施工、维护管理各阶段都紧密结合、浑然一体的照明设施称发光装置。

(1)电光源

凡可以将其他形式的能量转换为光能，从而提供光通量的器具、设备统称为光源泉。其中，可以将电能转换为光能，从而提供光能量的器具和设备称为光源。

当前建筑内使用的光源基本为电光源。

①电光源的分类

自 1879 年 12 月 21 日爱迪生发明的以炭化棉线为灯丝的白炽灯问世的百余年来，电光源的种类不断增多。但对于建筑中用到的电光源，按工作原理可分为两大类。

a. 热辐射光源：主要是利用电流的热效应，将具有耐高温、低挥发性的灯丝加热到白炽程度而产生部分可见光，如白炽灯、卤钨灯等；

b. 气体放电光源：主要是利用电流通过气体(或蒸气)时，激发气体(或蒸气)电离、放电而产生的可见光。根据放电时在灯管(泡)内造成的蒸气压的高低，可分为三种：超高压放电灯，如高压汞灯、超高压金属卤化物灯等；高压放电灯，如高压汞灯、高压荧光汞灯、高压金属卤化物灯、高压钠灯、氙灯等；低压放电灯，如荧光灯、低压钠灯、氖灯等。

一般情况下，光源的发光效率、亮度、显色性能等指标，随蒸气压力的增高而提高。在各种气体放电光源中，最为成功、应用最广泛的一种是荧光灯。

②电光源的选择评价指标

不同光源各有特点，分别可满足不同的使用要求。为便于设计中正确选择可参考如下评价指标。

a. 光的数量指标：总光通量、亮度、光强、紫外线和热加射量等；

b. 光的质量指标：光色、色温、显色性、光谱分布和频闪效应等；

c. 电气指标：额定电压、额定电流、额定功率、启动特性和对空间电磁信号的干扰性等；

d. 经济性指标：设备费用、安装施工费、电工、维护管理费、发光效率和寿命等；

e. 机械特性：形状、尺寸、结构、端子(灯头等)结构、质量、机械强度、抗振性和耐冲击性等；

f. 心理性指标：装饰性、美观性、气氛性、舒适性和特殊显示性等；

g. 与使用有关的指标：灯具各部分的配套性、互换性，光照的稳定性与调光性，与场所相适应的配光特性，对环境温湿度的敏感性，操作维护的方便性和可移动性等。

对于照明用光源，如下几项指标是最基本和最主要的，故对它们加以说明。

额定电压 Ue：正常使用时所接用的电压，单位为 V。

额定电流 Ie：正常使用时电光源中所通过的电流，单位为 A。

额定功率 Pe：正常使用时电光源所消耗的功率，单位为 W。

总光通量 F：额定工作条件下电光源向四周辐射的全部光通量，单位为 lm。

显色性：指在某光源照明下观察物体的颜色感觉与在标准光源照明下观察同一物体的颜色感觉相符合的程度，一般用平均显色指数 Ra 表示。Ra 值越大，显色性就越好。

发光效率：指电源单位功率所辐射的光通量，即 $\eta = F/Pe$，单位为 lm/W。

寿命：指电光源平均使用的小时数。其中，全寿命指直到彻底不能使用前的全部点燃时间，单位为 h；有效寿命指直到辐射光通量下降到一定数值(如白炽灯一般规定为总光通量的 70%)前的全部点燃时间，单位为 h；电光源的寿命随使用情况和环境条件而变化，故铭牌所指寿命为平均寿命。

频闪效应：指气体放电光源的辐射光通量随交流电的波动而强弱变化所造成的灯光闪烁现象，使视觉分辨能力降低。

有些指标之间是相互影响的，不可能一味追求各项指标全面且最佳，如表 9-7 所示。

表9-7 白炽灯的电压、光通量和寿命间关系表 （%）

灯端电压占额定电压的百分数	110	105	100	95	90
灯泡光通量占额定电压时光通量的百分数	135	120	110	82	68
灯泡寿命占额定电压时寿命的百分数	30	55	100	150	360

③白炽灯

白炽灯是最重要的热辐射光源。自产生后百余年来，几经演变，发光效率由光初的 31m/W 提高到 20～301m/W。目前虽然各种高强度气体放电光源不断出现，但白炽灯由于具有随处可用、价格便宜、启动迅速、便于调光、显色性能良好、功率可以很小等特点，所以仍有广泛的应用和广阔的前途。

a. 白炽灯的构造：由灯头、灯丝和玻璃壳等部分组成。如图 9-32 所示。

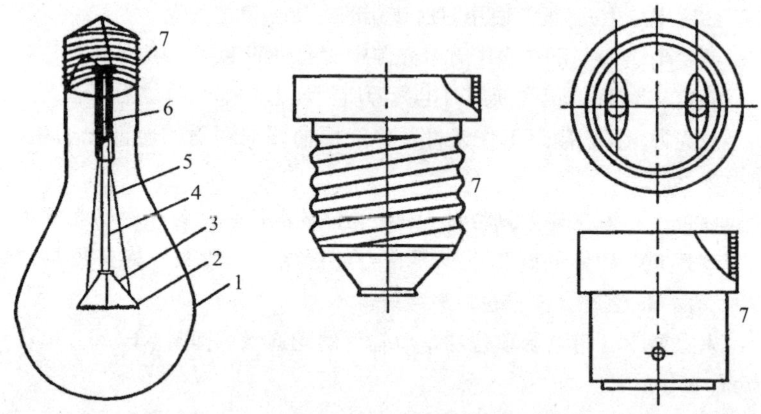

图 9-32 白炽灯构造图

1—玻璃壳；2—灯丝；3—钼丝钩支架；4—玻璃杆；5—内导丝；6—外导丝；7—灯头

灯头用于固定灯泡和引入电流。分为螺口和卡口灯头两种。螺口的接触面积较大，适合大功率灯泡。卡口的与相应灯座配合使用，具有较好的抗振性能。

灯丝用高熔点(达 3663K)、低高温蒸发率的钨丝，做成螺旋状或双螺旋状。当灯头经引线引入电流后，发热使灯丝温度升高到白炽程度(2400～3000K)而发光。

玻璃壳用普通玻璃做成。为降低其表面亮度，可采用磨砂玻璃，或罩上白色涂料，或蒸镀一层反光铝膜等。

b. 白炽灯的分类：按是否充气来分可分为真空灯泡和充气灯泡。

真空灯泡：玻璃壳中抽成真空，可避免钨丝高温氧化。没有气体对流造成的附加热损耗。但钨线蒸发率大，目前只用于40W以下。

充气灯泡：适于60W以上较大功率的灯泡。所充惰性气体可抑制钨丝的蒸发，并可阻挡已蒸发的钨粒，使之折回灯丝上或灯泡的顶部。因此可提高灯丝的工作温度，提高发光效率，保持玻璃壳的透光性。

所充气体应对钨丝不起化学作用，热传导性小，具有足够的电气绝缘强度。目前多用氩和氮(占百分之几到十几)混合气。氪和氙热传导性更小，可使发光效率进一步提高，但由于成本高，故只在特殊用途的灯泡中才采用。

充气后会因对流造成附加热损耗。

国产的普通照明和局部照明用白炽灯泡的型号及规格见表9-8。

表9-8　普通照明和局部照明用白炽灯泡型号及规格

<table>
<tr><th rowspan="3">灯泡型号</th><th colspan="3">额定值</th><th colspan="4">外形尺寸(mm)</th><th colspan="2" rowspan="2">灯头(型号/直径)</th></tr>
<tr><th rowspan="2">电压(V)</th><th rowspan="2">功率(W)</th><th rowspan="2">光通量(lm)</th><th colspan="2">螺旋灯口</th><th colspan="2">卡口灯口</th></tr>
<tr><th>直径</th><th>全长</th><th>直径</th><th>全长</th><th>螺旋式</th><th>卡口式</th></tr>
<tr><td>PZ220-10</td><td rowspan="12">220</td><td>10</td><td>65</td><td rowspan="5">61</td><td rowspan="5">107±3</td><td rowspan="5">61</td><td rowspan="5">105±3</td><td rowspan="7">E27/27-1
27</td><td rowspan="7">2C22/25-2
22</td></tr>
<tr><td>PZ220-15</td><td>15</td><td>110</td></tr>
<tr><td>PZ220-25</td><td>25</td><td>220</td></tr>
<tr><td>PZ220-40</td><td>40</td><td>350</td></tr>
<tr><td>PZ220-60</td><td>60</td><td>630</td></tr>
<tr><td>PZ220-75</td><td>75</td><td>850</td><td rowspan="2">66</td><td rowspan="2">118±4</td><td rowspan="2">66</td><td rowspan="2">116±4</td></tr>
<tr><td>PZ220-100</td><td>100</td><td>1250</td></tr>
<tr><td>PZ220-150</td><td>150</td><td>2090</td><td rowspan="2">81</td><td rowspan="2">165±5</td><td rowspan="2">81</td><td rowspan="2">160±5</td><td>E27/35-2</td><td>2C22/30-3</td></tr>
<tr><td>PZ220-200</td><td>200</td><td>2920</td><td>27</td><td>22</td></tr>
<tr><td>PZ220-300</td><td>300</td><td>4610</td><td rowspan="2">1115</td><td rowspan="2">235±6</td><td rowspan="2">—</td><td rowspan="2">—</td><td>E40/45-1</td><td rowspan="3">—</td></tr>
<tr><td>PZ220-500</td><td>500</td><td>8300</td><td rowspan="2">40</td></tr>
<tr><td>PZ220-1000</td><td>1000</td><td>18600</td><td>131.5</td><td>275±6</td><td>—</td><td>—</td></tr>
</table>

（续）

<table>
<tr><th rowspan="3">灯泡型号</th><th colspan="3">额定值</th><th colspan="4">外形尺寸(mm)</th><th colspan="2" rowspan="2">灯头(型号/直径)</th></tr>
<tr><th rowspan="2">电压(V)</th><th rowspan="2">功率(W)</th><th rowspan="2">光通量(lm)</th><th colspan="2">螺旋灯口</th><th colspan="2">卡口灯口</th></tr>
<tr><th>直径</th><th>全长</th><th>直径</th><th>全长</th><th>螺旋式</th><th>卡口式</th></tr>
<tr><td>JZ12-25</td><td rowspan="4">12</td><td>25</td><td>300</td><td rowspan="3">61</td><td rowspan="3">107 ±3</td><td rowspan="3">61</td><td rowspan="3">105 ±3</td><td rowspan="8">E27/27-1
27</td><td rowspan="8">2C22/25-2
22</td></tr>
<tr><td>JZ12-40</td><td>40</td><td>500</td></tr>
<tr><td>JZ12-60</td><td>60</td><td>850</td></tr>
<tr><td>JZ12-100</td><td>100</td><td>1600</td><td>71</td><td>125 ±4</td><td>71</td><td>123. 5 ±4</td></tr>
<tr><td>JZ36-25</td><td rowspan="4">36</td><td>25</td><td>200</td><td rowspan="3">61</td><td rowspan="3">107 ±3</td><td rowspan="3">61</td><td rowspan="3">105 ±3</td></tr>
<tr><td>JZ36-40</td><td>40</td><td>460</td></tr>
<tr><td>JZ36-60</td><td>60</td><td>800</td></tr>
<tr><td>JZ36-100</td><td>100</td><td>1580</td><td>71</td><td>125 ±4</td><td>71</td><td>123. 5 ±4</td></tr>
</table>

注：1）灯泡寿命约1000h，色温为2400～2900K，一般显色指数为95～99；

2）磨砂玻璃光参数降低3%，乳白玻璃降低25%，内涂白色的玻璃降低5%。

④特点及使用注意事项

白炽灯是当前在建筑照明中应用最广泛的电光源之一。在豪华夺目的大花灯，以及在潮湿多尘环境中工作的防水防尘灯中，多采用白炽灯。为保证和提高电气照明的合理性、经济性和安全性，必须进一步了解白炽灯的有关性能特点及使用中应注意的问题：

a. 白炽灯灯丝具有正电阻特征，冷电阻小。启动冲击电流可达额定电流的12～16倍，持续时间约为0. 25～0. 23s（与灯泡功率成正比）。一个开关控制的白炽灯不宜过多。当采用热容量小的速熔熔丝保护时，可能使熔丝烧断。

b. 白炽灯可被看成是纯电阻负载，认为 $\cos\Phi = 1$。在使用过程中，灯丝因挥发而逐渐变细，电阻增大，当电压不变时，电流减小，故灯泡实际消耗的功率逐渐减少，故辐射的光通量也随之逐渐减少。

c. 白炽灯因灯丝加热很快，所以可以迅速起燃。因灯丝有热惰性，故随电流交变光通量变化不大，闪烁指数仅为2%～13%（40～500W）。电压大幅度下降时也不至于猝然熄灭，而保持照明的连续性，所以适宜在重要场合选用。

d. 应严格按额定电压选用，否则会明显地影响灯泡的寿命或辐射光通量。

e. 白炽灯点燃时玻璃壳表面温度很高，如表9-9所示。使用中应防止溅上水造成炸裂，以及防止烤燃、烤坏内装饰材料。

表9-9 白炽灯壳表面最高温度近似值

灯泡功率(W)	15	25	40	60	100	150	200	300	500
玻璃壳最高温度(℃)	42	64	94	111	120	151	147.5	151	178

f. 白炽灯光色以长波光(红光)强，短波光(蓝和紫光)弱。宜用于肉店，它可使肉色有新鲜感。不宜用于布店，它可使红布变紫，造成色觉偏差。

g. 随着使用，沉积在玻璃壳上的挥发钨加厚，使灯泡变黑，发光效率大大下降。故白炽灯的全寿命虽长，但有效寿命却较短，造成维护管理上的困难。

⑤卤钨灯的特点和使用注意事项

卤钨灯和白炽灯一样，是属于热加射光源的一种。但卤钨灯是普通白炽灯的重大改进，彻底克服了普通白炽灯在使用中灯泡不断黑化，透光性不断降低的情况，使得灯丝虽未烧断但已不宜使用，即因有效寿命低于全寿命、材料效能不能充分发挥而造成浪费的问题。

卤钨灯是在灯泡内充入少量卤族元素(氟、氯、溴、碘)而制成的。氟和氯对灯丝等腐蚀严重，故尚未投入使用。常用照明卤钨灯见表9-10。

表9-10 照明卤钨灯型号及参数表

<table>
<tr><th rowspan="2">序号</th><th rowspan="2">灯管型号</th><th rowspan="2">电压(V)</th><th rowspan="2">功率(W)</th><th rowspan="2">光通量(lm)</th><th rowspan="2">色温(K)</th><th rowspan="2">一般显色指数(Ra)</th><th rowspan="2">平均寿命(h)</th><th colspan="2">主要尺寸(mm)</th><th rowspan="2">安装方式</th></tr>
<tr><th>直径</th><th>全长</th></tr>
<tr><td rowspan="2">1</td><td rowspan="2">LZG220-500</td><td rowspan="7">220</td><td rowspan="2">500</td><td rowspan="2">9750</td><td rowspan="8">2700～2900</td><td rowspan="8">95～99</td><td rowspan="8">1500</td><td rowspan="3">12</td><td>177</td><td>夹式</td></tr>
<tr><td>210±2</td><td>顶式</td></tr>
<tr><td>2</td><td>LZG220-1000</td><td>1000</td><td>21000</td><td>232</td><td>夹式</td></tr>
<tr><td rowspan="2">3</td><td rowspan="2">LZG220-1500</td><td rowspan="2">1500</td><td rowspan="2">31500</td><td rowspan="4">13.5</td><td>293±2</td><td>顶式</td></tr>
<tr><td>310</td><td>夹式</td></tr>
<tr><td rowspan="2">4</td><td rowspan="2">LZG220-2000</td><td rowspan="2">2000</td><td rowspan="2">42000</td><td>293±2</td><td>顶式</td></tr>
<tr><td>310</td><td>夹式</td></tr>
<tr><td>5</td><td>LZG220-500</td><td>110</td><td>500</td><td>10250</td><td>12</td><td>123±2</td><td>顶式</td></tr>
</table>

卤钨灯由灯头、灯丝和灯管三部分组成，管状卤钨灯的构造如图9-33所示。

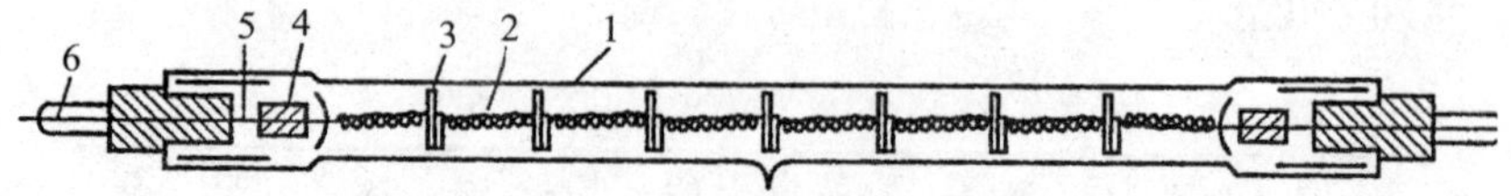

图 9-33 管状卤钨灯构造简图

1—石英玻璃管；2—螺旋状钨丝；3—石英支架；4—钼管；5—导丝；6—电极

灯头采用耐高温的陶瓷和镀白金的钼箔等做成。灯丝为很长的单螺旋或双螺旋形钨丝，用石英支架托住。灯管由耐高温的石英玻璃或高硅酸使由钨丝挥发出来的钨粒重新返回钨丝（但并不在原处），使灯管在使用中不黑化而保持透光性不变，使卤钨灯的有效寿命等于全寿命。

卤钨灯的结构和工作特性和一般白炽灯相似，但又有不少新的特点需要在使用中注意。

a. 光效高达22lm/W以上，功率集中、体积小，故便于实现光的控制，宜用于摄影和建筑物投光照明等；

b. 显色性好，适用于电视演播室和绘画展览厅等处的照明；

c. 灯管尺寸小，温度可高达600℃，故不适于有易燃易爆物的环境及灰尘较多的场所；

d. 灯丝细而长，耐振性差，安装要求比较严格。应保持水平，倾角不得超过4°；

e. 表面积小、亮度大，故表面不洁将大大削弱光通量的输出，应定期用酒精或丙酮控洗灯管，以保持良好的透光性。由于卤钨循环保持了灯管内壁的清洁，在寿命终了时辐射光通量仍有初始值的95%～98%。

⑥荧光灯的特点和使用注意事项

荧光灯在建筑照明中的应用最为普通。其基本构造由灯管和附件（镇流器和启辉器）两部分组成。灯管由灯光、热阴极和玻璃管三部分组成。热阴极上涂有一层具有产生热电子能力的氧化物——三元碳酸盐。灯管内壁涂有一层荧光质，管内抽成真空后充有少量汞和惰性气体（氩、氖、氪等）。镇流器是线圈绕在铁芯上构成的。启辉器可看成一个自动开关，由一个U形双金属片动触点和金属片静触点与一个小电容器并联，装在一个充有惰性气体的小玻璃泡内。

灯管、镇流器和启辉器的基本构造和荧光灯的常用接线如图 9-34 所示。

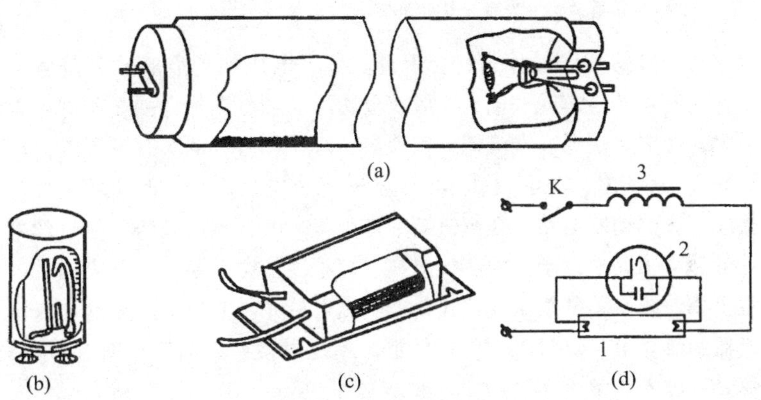

图 9-34 荧光灯的基本构造和常用接线图

(a)灯管；(b)启辉器；(c)镇流器；(d)接线器

国产荧光灯及其附件型号见表 9-11。

表9-11 日光色荧光灯及其附件型号规格

<table>
<tr><th rowspan="2">灯管型号</th><th rowspan="2">额定功率（W）</th><th rowspan="2">电源电压（V）</th><th rowspan="2">工作电压（V）</th><th rowspan="2">工作电流（mA）</th><th rowspan="2">启动电流（mA）</th><th rowspan="2">启动电压（V）</th><th rowspan="2">光通量（lm）</th><th rowspan="2">平均寿命（h）</th><th colspan="3">主要尺寸（mm）</th><th rowspan="2">灯头型号</th></tr>
<tr><th>管径</th><th>全长</th><th>管长</th></tr>
<tr><td>YZ6</td><td>6</td><td rowspan="7">220</td><td>50 ±6</td><td>135 ±5</td><td>180 ±20</td><td rowspan="7">190</td><td>150</td><td rowspan="2">2000</td><td rowspan="2">15. 5 ±0. 8</td><td>261 ±1</td><td>210 ±1</td><td rowspan="2">2RC-14</td></tr>
<tr><td>YZ8</td><td>8</td><td>60 ±6</td><td>145 ±5</td><td>200 ±20</td><td>250</td><td>301 ±1</td><td>285 ±1</td></tr>
<tr><td>YZ15</td><td>15</td><td>52</td><td>320</td><td>440</td><td>580</td><td rowspan="4">3000</td><td rowspan="5">38</td><td>451</td><td>436</td><td rowspan="5">2RC-35</td></tr>
<tr><td>YZ20</td><td>20</td><td>60</td><td>350</td><td>460</td><td>970</td><td>604</td><td>589</td></tr>
<tr><td>YZ30</td><td>30</td><td>95</td><td>350</td><td>560</td><td>1550</td><td rowspan="2">909</td><td rowspan="2">89</td></tr>
<tr><td>YZ40</td><td>40</td><td>108</td><td>410</td><td>650</td><td>2400</td></tr>
<tr><td>YZ100</td><td>100</td><td>87</td><td>1500</td><td>1800</td><td>5500</td><td>2000</td><td>1215</td><td>1200</td></tr>
<tr><td rowspan="2">YH$_{40}^{30}$</td><td>30</td><td rowspan="4">220</td><td>95</td><td>350</td><td>560</td><td rowspan="4">190</td><td>1550</td><td rowspan="4">1000</td><td rowspan="4"></td><td rowspan="2"></td><td rowspan="2"></td><td rowspan="2"></td></tr>
<tr><td>40</td><td>108</td><td>410</td><td>650</td><td>2200</td></tr>
<tr><td rowspan="2">YU$_{40}^{30}$</td><td>30</td><td>90</td><td>370</td><td>570</td><td>1550</td><td rowspan="2"></td><td rowspan="2"></td><td rowspan="2"></td></tr>
<tr><td>40</td><td>112</td><td>420</td><td>680</td><td>2200</td></tr>
</table>

注：1）YZ 型日光色荧光灯的色温为 6500K，一般显色指数为 70～80；

2）YH 为环形荧光灯，YU 为 U 形荧光灯；

3）YZ1，YZ2 为一般镇流器，YZ6 为有副线圈镇流器；

4）启辉器的使用寿命一般为 5000 次。

荧光灯的工作过程为：合上开关 K，电压加到启辉器动静触点上，启辉器产生辉光放电，U 形双金属片动触点受热弯曲，与静触点接触，使电路接通。电流流经镇流器、灯丝和启辉器。灯丝温度升高到 800～1000℃，产生大量热电子。辉光放电消失，U 形动触点冷却复原，突然切断电路，在镇流器中产生很大的自感电动势，使灯丝附近的热电子高速运动，汞蒸气电离，灯管因击穿而导电。电离的汞产生出紫外线，紫外线激发荧光粉产生出可见光。电源电压分别加在镇流器和灯管上，灯管工作电压较低，不足以使启辉器产生辉光放电，荧光灯进入正常工作。

荧光灯发光效率高达 85lm/W，这是它应用广泛的重要原因；光色好，不同荧光粉可产生不同颜色的光，白色和日光色荧光灯的光接近太阳光，故适用于对辨色要求高的场所；寿命与连续点燃的时间长短成正比，与开关的次数成反比，在使用中应注意减少开关灯的次数；灯管和附件应配套使用，以免损坏；因配有镇流器，故用电功率因数偏低，在采用大量荧光灯照明的场所，应考虑采用改善功率因数的措施；有频闪效应，不宜在有放置部件的房间内使用；对使用条件有较高要求：电压偏移不宜超过 ±5% Ue，环境湿度应低于 75%～80%，最适宜的环境温度为 18～25℃；应防止灯管破损造成污染。

（2）控照器

控照器俗称灯罩，和光源配套组成灯具。控照器可改光源的光学指标，可适应不同安装方式的要求，可做成不同的型式、尺寸，可以用不同性质和色彩的材料制造，可以将几个到几十个光源集中在一起组成建筑花灯。控照器虽为光源的附件，也有自身的重要作用。

①控照器的作用

控照器作用有以下几个方面：

a. 重新分配光源产生的光通量；

b. 限制光源的眩光作用；

c. 减少和防止光源的污染；

d. 保护光源免遭机械破坏；

e. 安装和固定光源；

f. 和光源配合起一定的装饰作用；

②材料

一般由金属、玻璃或塑料做成。

③类型

按照控制器的光学性质可分为反射型、折射型和透射型等多种。

④主要特性

主要特性有三条：

a. 配光曲线，已如前述；

b. 光效率：它是指由控照器输出的光通量 F1 与光源的辐射光通量 F 之比值，此值总是小于 1，即 $\eta = F1/F \times 100\% < 1$。对于不同类型的控照器，光效率的具体计算公式各不相同；

c. 保护角：它是指控照器开口边缘与发光体(灯丝)最远边缘的连线与水平线之间的夹角，即控照器遮挡光源的角度，如图 9-35 所示。保护角的大小可以用下式确定：

$$\mathrm{tg}\gamma = h/C$$

式中 h——发光体(灯丝)至控照器下缘的高差；

C——控照器下缘与发光体(灯丝)最远边缘的水平距离。

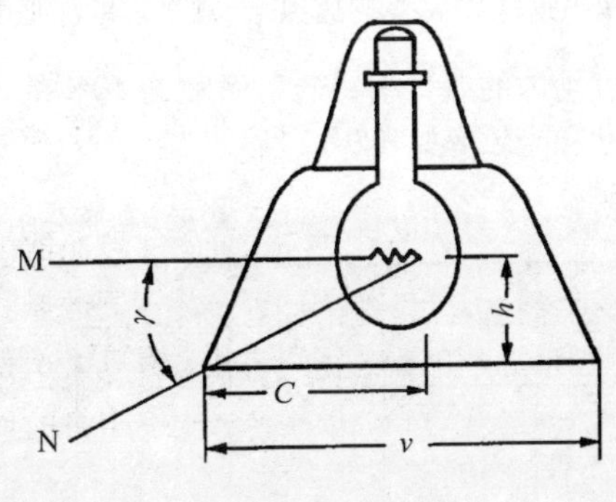

图 9-35 保护角

控照器的三个特征之间紧密相关，相互制约。如要改善配光就需加罩，要减弱眩光就需增大保护角，但都会造成光效率降低。为此，需研制一种可建立任意大小的保护角，但不增加尺寸的新型控照器，遮光格栅(可任意调节格板的角度)就是其中的一种。整个顶棚均匀发光者称光顶棚。

(3)发光装置

发光装置是一种与土建工程同时设计、同时施工，形成统一整体的照明设施。整个顶棚均匀发光者称发光顶棚。发光顶棚在宽度方向缩小形成细而长的发光长条称光带。为避免光带照明在顶棚上形成的明暗相同、不均匀的现象，将带凸出顶棚面形成梁状，三面发光，可消除阴影，则成为光梁。将光带或光梁分割成等距相隔的矩形发光小块，即成为光盒。发光顶(天)棚如图 9-36 所示。

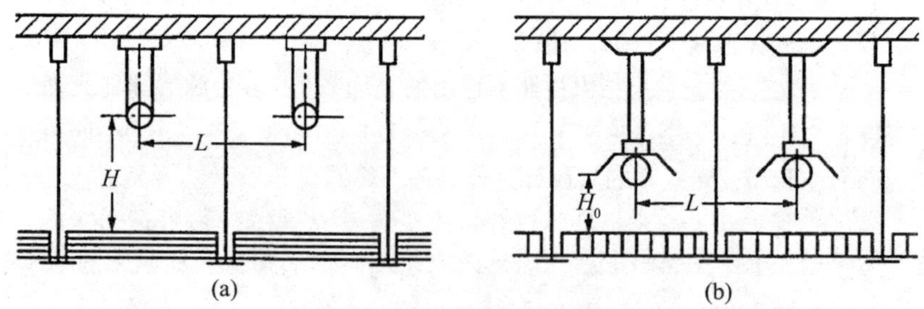

图 9-36　发光顶(天)棚

(a)白炽灯；(b)荧光灯

吊顶材料可以是磨砂玻璃、乳白玻璃、有色玻璃、棱镜或格栅。若灯距 L 与灯和吊顶间距离 H 的比值 $\frac{L}{H}$ 适当，可使整个顶棚亮度均匀。

在保证亮度均匀的条件下，透射系数为 50% 的乳白玻璃光带和光梁的结构尺寸和光效率如表 9-12 所示。

表9-12　光带和光梁推荐尺寸和光效率

<table>
<tr><th colspan="3">白炽灯</th><th colspan="3">荧光灯</th><th rowspan="2">光效率(%)</th></tr>
<tr><th>h/L</th><th>h/b</th><th>a/b</th><th>h/L</th><th>h/b</th><th>a/b</th></tr>
<tr><td>54</td><td rowspan="4">0.4</td><td rowspan="4">0.25</td><td rowspan="3">—</td><td rowspan="4">0.5</td><td rowspan="4">0.3</td><td rowspan="3">—</td></tr>
<tr><td>56</td></tr>
<tr><td>63</td></tr>
<tr><td>60</td><td>0.33</td><td>0.41</td></tr>
<tr><td>50</td><td rowspan="2">—</td><td rowspan="2">0.37</td><td rowspan="2">0.49</td><td rowspan="2">—</td><td rowspan="2">0.46</td><td rowspan="2">0.63</td></tr>
<tr><td>62</td></tr>
</table>

注：h 为光带（光梁）距工作面的垂直尺寸；a 为光带（光梁）的长度；b 为光带（光梁）的宽度；L 为光带（光梁）的间距。

还有一种与土建工程合成一体的发光装置是光檐和光龛，分别如图 9-37 和图 9-38 所示。

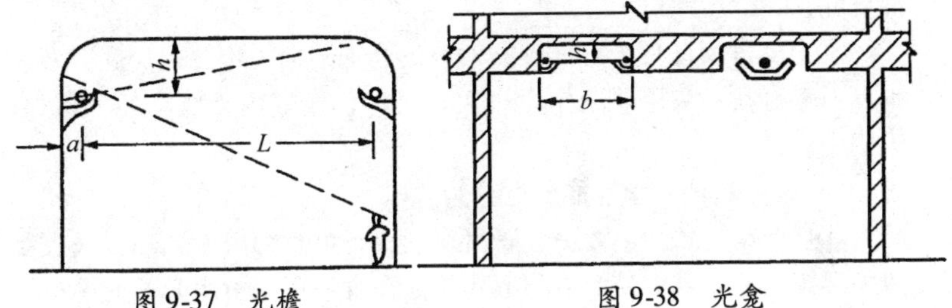

图 9-37 光檐　　图 9-38 光龛

（4）灯具

①灯具的分类

为便于选择使用，可从不同角度对灯具作如下分类：

a. 按光源情况分

按类型可分为白炽灯具、卤钨灯具和荧光灯具等；按数目可分为普通灯具、组合花灯灯具（由几个到几十个光源组合而成）。

b. 按控照器情况分

（a）按结构形式，即按照控照器结构的严密程度对灯具进行分类，可分为：

ⓐ开启式：光源和外界环境直接接触的普通灯具；

ⓑ保护式：有闭合的透光罩，但罩内可以自由流通空气，如走廊吸顶灯等；

ⓒ密闭式：透光罩将其内外空气隔绝，如浴室的防水防尘灯；

ⓓ防爆灯：严格密闭，在任何情况下都不会因灯具而导致爆炸，用于易燃易爆场所的。

（b）按配光曲线分可分为

ⓐ直射型灯具：控照器由反光性能良好的不透光材料做成，使 90% 以上的光通量都分配到灯具的下部。按照配光曲线的形状，又可区分广照型、匀照型、配照型、深照型和特深照型 5 种；

ⓑ半直射型灯具：控照器为下开口型，由半透明材料做成，使 60% ~90% 的光通量分配到灯具的下部。如碗形玻璃罩灯；

ⓒ漫射型灯具：控照器为闭合型，由漫射透光材料做成，如乳白玻璃球灯。有40% ~60%的光通量分配到灯具的下部，如球形乳白玻璃罩灯；

ⓓ反射型灯具：控照器为上开口型，有90%以上的光通量向上部分配；

ⓔ半反射型灯具：有60% ~90%的光通量向上部分配。反射型和半反射型灯具，利用顶棚作为二次发光体，使室内光线均匀、柔和、无阴影。

(c)按材料的光学性能分可分为

ⓐ反射型灯罩：主要由金属材料制成，可分为由涂瓷釉金属板制成的漫反射型，其中最简单的形式是搪瓷伞形罩；由磨光的或镶有镀银玻璃的金属板制成的定向反射型；由经过酸蚀的，或由涂以银漆的金属板制成的定向漫反射型；

ⓑ折射型灯罩：用具有棱镜结构的玻璃制成。经折射可使光线在空间任意分布；

ⓒ透射型灯罩：它又可以分为用乳白玻璃或塑料等漫透射材料制成的漫透射型；用磨砂玻璃等材料制成的定向散射透射型。透过灯罩可隐约看见灯丝。

按安装方式分可分为自在器线吊式X、固定线吊式X1，防水线吊式X2、人字线吊式X3、杆吊式G、链吊式L、座灯头式Z、吸顶式D、壁式B和嵌入式R等，见图9-39。

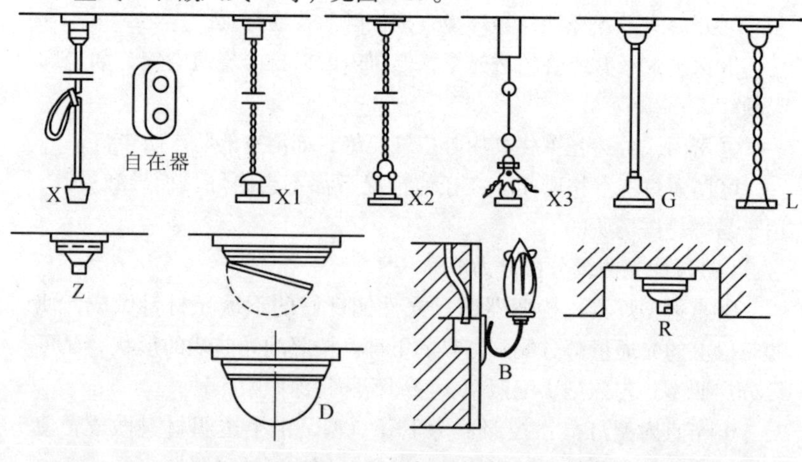

图9-39 灯具安装方式

②灯具的选择

灯具的选择是照明设计的基本内容之一。一般应考虑如下因素：

a. 光源：首先应根据建筑物各房间的不同照度标准、对光色和显色性的要求、环境条件(温度、湿度等)、建筑特点、对照有可靠性的要求，根据基建投资情况，结合考虑长年运行费用(包括电费、更换光源费、维护管理费和折旧费等)，根据电源电压等因素，确定光源的类型、功率、电压和数量。

如可靠性要求高的场所，需先用便于启动的白炽灯；高大的房间宜选用寿命长、效率高的光源；办公室宜选用光效高、显色性好、表面亮度低的荧光灯作光源等。

各种光源在发光效率、光色、显色性和点亮特性方面各有优缺点。选择时可参考表9-13。

表9-13 主要光源的特征和用途

种类	发光效率(lm/W)	显色性	亮度	控制配光	寿命(h)	特征	主要用途
普通型	10～15 低	优	高	容易	通常1000(短)	一般用途。易于使用，适用于表现光泽和阴影。暖光色，适用于气氛照明	住宅、商店的一般照明
透明型	10～15 低	优	非常高	非常容易	通常1000(短)	闪耀效果，光泽和阴影的表现效果好。暖光色，气氛照明用	花吊灯，有光泽陈列品的照明
球型	10～15 低	优	高	稍难	通常1000(短)	明亮的效果，看上去具有辉煌温暖气氛的照明	住宅商店的吸引效果
反射型	10～15 低	优	非常高	非常容易	通常1000(短)	控制配光非常好。光集中。光泽、阴影和材质感的表现力非常大	显示灯、商店、气氛照明

（续）

种类	发光效率(lm/W)	显色性	亮度	控制配光	寿命(h)	特征	主要用途
一般照明用(直管)	约20稍良	优	非常高	非常容易	2000（稍良）	体积小，瓦数大，易于控制配光	投光灯体育馆照明
微型卤钨灯	15～20稍良	优	非常高	非常容易	1500～2000（稍良）	体积小，用150～500W易于控制配光	适用于下射光和点光的商店照明
	30～90高	从一般到高显色性	稍低	非常困难	10000（非常长）	光效高，显色性也好，亮度低，眩光小。有扩散光，难于造成阴影。可作成各种光色和显色性。尺寸大，瓦数不能太大	最适于一般房间、办公室、商店的一般照明

b. 技术性：主要是指满足配光和限制眩光的要求。

高大的厂房宜选深照型，宽大的车间宜选广照型、配照型灯具，使绝大部分光线直接照到工作面上。一般公共建筑可造半直射型灯具，较高级的可选漫射型灯具，通过顶棚和墙壁的反射使室内光线均匀、柔和。豪华的大厅可考虑选用半反射型或反射型灯具，使室内无阴影。

c. 经济性：应综合从初投资和年运行费用全面考虑。简化处理，满足照度要求而耗电最少就算最经济，故应选光效高、寿命长的灯具为宜。若考虑灯具与建筑室形的配合情况，可根据利用系数的大小判断经济性的好坏。

d. 使用性：应结合环境条件、建筑结构情况等安装使用中的各种因素加以考虑。环境条件：干燥、清洁的房间尽量选开启式灯具；潮湿处（如厕所、卫生间）可选防水灯头保护式；特别潮湿处（如厨房、浴室）可选密闭式（防水防尘灯）；有易燃易爆物场所（如化学车间）应选防爆灯；室外应选防雨灯具；易发生碰撞处应选带保护网的灯具；振荡处应选卡口灯具；安装条件：应结合建筑结构情况和使用要求，确定灯具的安装方式，选用相应的灯具，如一般房间为线吊，门厅等处为杆吊，门口处为壁装，走廊为吸顶安装等。

e. 功能性：不同建筑有不同的特点，不同房间有不同的功能，灯具的选择应和这些特点和功能相适应。特别是临街建筑的灯光，应和周围的环境（其他建筑和马路的灯光）相协调，以便创造一个美丽和谐的城市夜景。因而，根据不同功能要求选择灯具，是比较复杂的事情，但对从事建筑设计的人员来说又是十分重要的一项工作。由于建筑的多样性、环境的差异性和功能的复杂性，决定了满足这些要求的灯具选型很难确定一个统一的标准。但一般说来应考虑到，恰当确定灯具的光、色、型、体的布置，合理运用光照的方向性、光色的多样性、照度的层次性和光点的连续性等技术手段，可起到渲染建筑、烘托环境和满足各种不同需要的作用。如大阅览室中采用三相均匀布置的荧光灯，创造明亮、均匀而无闪烁的光照条件，形成安静的读书环境；宴会厅采用以组合花灯或大吊灯为中心，配上高亮度的无影白炽灯具，产生温暖而明朗的光照条件，形成一种欢快热烈的气氛，有些建筑提出推荐的灯具可供照明设计中选择。

9.3.3　人工照明标准和照明设计

照明设计的完善程度应根据照明标准来衡量，照明工程的成果应通过照明设计来完成。

(1) 人工照明标准

人工照明标准就是保证照明设计的结果使人的眼睛能轻松地、清晰地把被观察物从背景上分辨出来，即满足一定的视力条件，根据国家的经济和电力发展水平，由国家有关部门颁布的数量依据。

制定人工照明标准的基本依据是充分满足产生视觉和影响视觉的各种因素。具体制定时又需遵循以下原则：

①基本原则

应保证相应的视觉条件，即保证产生足够的亮度。应充分考虑到当视觉工作越精细（视角越小）、亮度对比越小、具体条件限定的允许分辨时间越短时，工作面上所需的照度（或亮度）应定的数值就越大。

②其他因素

a. 随着国家电力工业的发展，应适时适当提高照度标准；

b. 要考虑限制眩光，不应使发光体(光源)或第二发光体(所观察的物体)表面亮度过大；

c. 要保证在工作面上和视野空间内形成适宜的亮度分布，按需要采用混合照明；

d. 应考虑对光源的光色和显色性要求。

③照度标准

我国执行的是最低照度标准，即保证工作面上照度最低的地方、视觉工作条件最差的地方应达到照度标准。这种标准有利于保护劳动者的视力和提高劳动生产率。

我国现行的照度标准分工业建筑照度标准和民用建筑照度标准两大类。

a. 工业建筑照度标准：这个标准是将各类工业建筑，按照所观察物件的最细小部分的尺寸将视觉工作分为十等，进一步按照所观察物与背景的亮度对比大小分成甲、乙两级，最后按照混合照明和一般均匀照明的要求，分别定出照度标准如表 9-14 所示。在表 9-10 的基础上制定出通用生产车间和工作场所工作面上的照度标准见表 9-15。对于工厂中的办公室、生活用房间制定的照度标准可见表 9-16。厂区露天工作场所和交通运输线的照度标准见表 9-17。

表9-14　生产车间工作面上的照度标准

视觉工作精细程度特征	识别物件细节的尺寸 d(mm)	视觉工作分类		与背景的亮度对比	最低照度(lx)	
		等	级		混合照明	单独使用一般照明
特别精细	d≤0. 15	Ⅰ	甲	小	1500	—
			乙	大	1000	—
高度精细	0. 15 < d≤0. 3	Ⅱ	甲	小	750	200
			乙	大	500	150
精细	0. 3 < d≤0. 6	Ⅲ	甲	小	500	150
			乙	大	300	100
稍精细	0. 6 < d≤1. 0	Ⅳ	甲	小	300	100
			乙	大	200	75

（续）

视觉工作精细程度特征	识别物件细节的尺寸 d(mm)	视觉工作分类		与背景的亮度对比	最低照度(lx)	
		等	级		混合照明	单独使用一般照明
稍粗糙	1 < d≤2.0	Ⅴ	—	—	150	50
很粗糙	2.0 < d≤5	Ⅵ	—	—	—	30
特别粗糙	d > 5	Ⅶ	—	—	—	20
一般观察生产过程	—	Ⅷ	—	—	—	10
大件贮存	—	Ⅸ	—	—	—	5
有自行发光材料的车间	—	Ⅹ	—	—	—	30

表9-15　通用生产车间和工作场所工作面上的照度标准

车间和工作场所的名称	视觉工作分类等级	最低照度(lx)		
		混合照明	混合照明中的一般照明	单独使用的一般照明
金属机械加工车间				
一般	Ⅱ乙	500	30	—
精密	Ⅰ乙	1000	75	—
木工车间				
机床区	Ⅲ乙	300	30	—
锯木区	Ⅴ	—	—	50
木模区	Ⅳ	300	30	—
动力站房				
压缩机房	Ⅵ	—	—	30
泵房	Ⅶ	—	—	20
风机房	Ⅶ	—	—	20
锅炉房	Ⅶ	—	—	20
汽车库				
停车间	Ⅷ	—	—	10
充电间	Ⅶ	—	—	20
检修间	Ⅵ	—	—	30

表9-16　办公室、生活用房间的照度标准

房间名称	单独使用一般照明的最低照度(lx)	工作面高度(m)
设计室、打字室、描图室	100	0.8
阅览室	75	0.8
办公室、资料室、医务室、会议室	50	0.8
托儿所、幼儿园	30	0.4～0.5
车间休息室、单身宿舍、食堂	30	0.8
更衣室、浴室、厕所	10	0
通道、楼梯间	5	0

表9-17　厂区露天工作场所和交通运输线的照度标准　(lx)

工作场所及特点	最低照度	规定照度的平面	工作场所及特点	最低照度	规定照度的平面
1. 露天工作场所			3. 道路		
视觉工作要求高的场所	20	工作面	主要道路		
用眼检查质量的金属焊接	10	工作面	一般道路	0.5	地面
用仪器检查质量的金属焊接	5	工作面	4. 站台	0.2	地面
间断观察的仪表	5	工作面	视觉作业要求较高的站台	3	地面
装卸工作	3	地面	一般站台	0.5	地面
2. 露天堆场	0.2	地面	5. 码头	3	地面

b. 民用建筑照度标准：因民用建筑的照度要求随类别和功能的不同而不同，随等级和各种条件的不同而相差悬殊，故很难制定一个适合各地各类建筑的统一标准。因此，我国至今尚未颁布正式的民用建筑照度标准。

近年来，在对国内各类民用建筑照明设计经验进行总结和对实际运行情况进行调查测试的基础上，由北京照明学会提出民用建筑照明的照度标准(推荐值)，可供设计中参考。该标准中按照视力条件将各类民用建筑归纳为居住建筑、科教办公建筑、医疗建筑、影剧院礼堂建筑、汽车库、室外设施、体育建筑、商业建筑、宾馆(饭店)建筑、机电用房和火车站等十一大类，每类中按房间的功能不同又分别定出相应的照度标准如表9-18所示。

表9-18 民用建筑照明的照度标准(推荐值) (lx)

建筑类型	房间名称	照度标准
居住建筑	厕所、盥洗室	5～10
	卧室、婴儿哺乳室	10～15
	餐室、厨房、起居室、单身宿舍	15～20
	活动室、医务室	30～50
医疗建筑	污物处理间、更衣室、通道	10～15
	病房、健身房	20～30
	太平间	20
	解剖室、化验室、教室、手术室、制剂室	75～100
	加速器治疗室、电子计算机室、X射线扫描室	100～200
影剧院礼堂建筑	卫生间、通道、楼梯间	10～15
	倒片室	15～30
	放映室、衣帽厅、电梯厅	20～50
	转播室、化妆室、录音、影剧院观众厅	50～75
	展览厅、排练厅、休息厅、会议厅	75～150
	报告厅、接待厅、小宴会厅、大门厅	100～200
	大宴会厅	200～300
	大会堂、国际会议厅	300～500
火车站	站台	2～5
	地道跨线	10～20
	一般候车室、售票厅	30～75

(2)照明设计

灯具选择完成后，照明设计的内容包括灯具布置和照度计算。

①灯具的布置

灯具的布置包括确定灯具的高度布置和平面布置两部分内容，即确定灯具在房间内的具体空间位置。

a. 灯具的高度(竖向)布置：灯具的竖向布置图如图9-40所示。图中，h_c 称重度；h 称计算高度；h_p 称工作面的高度；h_s 称悬吊高度，单位均为m。

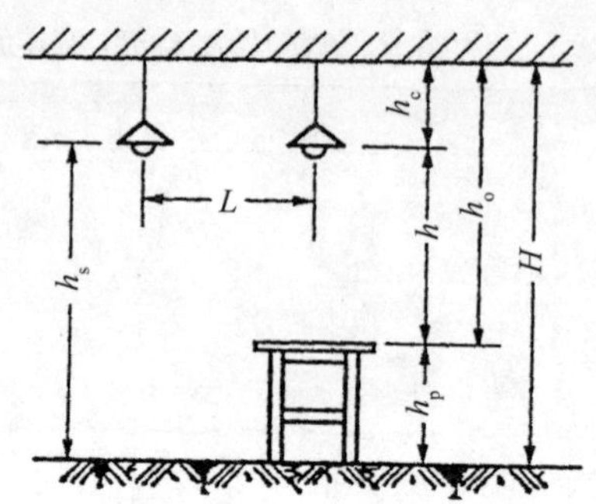

图 9-40　灯具竖向布置图

确定灯具的悬吊高度应考虑如下因素：

(a)保证电气安全：对工厂的一般车间不宜低于 2.4m，对电气车间可降至 2m。对民用建筑一般无此项限制；

(b)限制直接眩光：和光源种类、瓦数及灯具型式相对应，规定出最低悬吊高度见表 9-19。对于不考虑限制直接眩光的普通住房，悬吊高度可降至 2m；

(c)便于维护管理：用梯子维护时不超过 6~7m。用升降机维护时，高度由升降机的升降高度定。有行车时多装于屋架的下弦；

(d)和建筑尺寸配合：如吸顶灯的安装高度即为建筑的层面；

(e)防止晃动：垂度 h_c 一般为 0.3~1.5m，多取为 0.7m；

表9-19　最低悬吊高度

光源种类	灯具型式	保护角	灯泡功率(W)	最低悬挂高度(m)
白炽灯	搪瓷反射罩或镜面反射罩	10°~30°	≤100 150~200 300~500	2.5 3.0 3.5
高压水银荧光灯	搪瓷、镜面深照型	10°~30°	≤250 ≥400	5.0 6.0
碘钨灯	搪瓷或铝抛光反射罩	≥30°	500 1000~2000	6.0 7.0
白炽灯	乳白玻璃漫射罩	—	≤100 150~200 300~500	2.0 2.5 3.0
荧光灯	—	—	≤40	2.0

(f)提高经济性：即应符合表9-20所规定的合理距高比L/h值。对于直射型灯具，查表9-19求值即可。对于半直射型和漫射型灯具，除满足表9-19的要求外，尚应考虑光源通过顶棚二次配光的均匀性。分别应满足如下条件：

半直射型 $L/h_c < 5 \sim 6$　　漫射型 $h_c < h_0 \approx 0.25$

表9-20　合理距离比L/h 值

灯具类型	L/h		单行布置时房间最大宽度
	多行布置	单行布置	
配照型、广照型	1.8~2.5	1.8~2	1.2h
深照型、镜面深照型、乳白玻璃罩灯	1.6~1.8	1.5~1.8	h
防爆灯、圆球灯、吸顶灯、防水防尘灯	2.3~3.2	1.9~2.5	1.3h
荧光灯	1.4~1.5		

常见的一些参考数据有：一般灯具的悬挂高度为2.4~4.0m；配照型灯具的悬挂高度为3.0~6.0m；搪瓷深照型灯具悬挂高度为5.0~10m；镜面深照型灯具悬挂高度为8.0~20m；其他灯具的适宜悬吊高度见表9-21。

表9-21　灯具适宜悬吊高度　(m)

灯具类型	灯具距地高度	灯具类型	灯具距地高度
防水防尘灯	2.5~5	软线吊灯	2以上
防潮灯	2.5~5，个别处带罩可低于2.5	荧光灯	2以上
双照型配照灯	2.5~5	碘钨灯	7~15，特殊情况可低于7
隔爆型、安全型灯	2.5~5	镜面磨砂灯泡	200W以下，吊高2.5以上
圆球灯、吸顶灯	2.5~5	裸磨砂灯泡	200W以上，吊高4以上
乳白玻璃吊灯	2.5~5	路灯	5.5以上

b. 灯具的平面布置：灯具的平面布置对照明的质量有重要的影响，对以下几方面内容有决定性的作用：光的投射方向、工作面的照度、照明的均匀性、反射眩光和直射眩光、视野内各平面的亮度

分布、阴影、照明装置和安装功率和初次投资、用电的安全性，维修的方便性等。灯具的平面布置方式分为均匀布置和选择布置两种，两者结合形成混合布置。选择布置会造成强烈的阴影，常不单独采用。

对于均匀布灯的一般照明系统，灯具的平面布置应考虑以下因素：

与建筑结构配合，做到考虑功能、照顾美观、防止阴影、方便施工。

与室内设备布置情况相配合，尽量靠近工作面，但不应装在大型设备的上方。

应与保证用电安全，和裸露导电部分应保持规定的距离。

应考虑经济性。若无单行布置的可能性，则应按表 9-20 的规定确定灯的间距和布置。对于荧光灯，横向和纵向合理距高比的数值不同，在相应照明手册中有表可查。

当灯距的平面布置不是矩形时，应当按照图 9-41 所示方法求当量灯距 L。

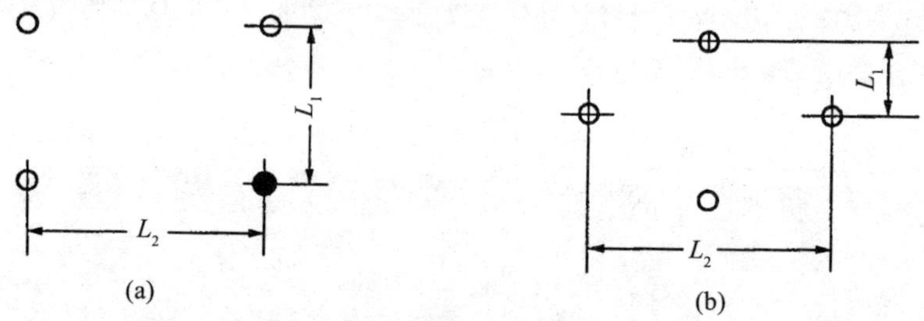

图 9-41 当量灯具计算图

(a)方法(一)；(b)方法(二)

当实际面灯距高比等于或略小于相应合理距高比时，即认为布灯合理。

灯具离墙的距离，一般取(1/3 ~ 1/2)L，有工作面时取(1/4 ~ 1/3)L。

灯具的平面布置确定后，房间内灯具的数目就可确定。从而包括建筑空间(房间的形状和大小、反射性能和清洁度等)在内的，由光源种类、灯具型式和布置等因素组成的照明系统也就可以确定。

②照明的计算

照明计算的目的是使空间获得符合视觉要求的亮度分配，使工作面上达到适宜的亮度标准。故照明计算的实质是进行亮度的计算。因亮度计算相当困难，故以直接计算与亮度成正比的照度值间接反映亮度值，使计算简化。因而所谓照明计算，实际是做照度计算。

照明计算的方法很多，但从计算工作的内容和程序上可分为两类：已知照明系统和照度标准，求所需光源的功率和总功率，用以进行照明的设计；已知照明系统和光源的功率与总功率，求在某点产生的照度，用以进行照明的验算。

无论哪一种方法，都很难做到完全符合照度标准。一般认为工作面上任何一点的照度，不低于最低照度(照度标准值)，不超出20%就算正确，即认为布灯合理，满足要求。

目前，国内在一般照明工程中常用的计算方法，大体分为两大类：平均照度的计算和点照度的计算。平均照度的计算适合于进行一般均匀照明的水平照度计算，只可求出被照面上的平均照度，而求不出其上的照度分布，可用于进行照明工程的设计。点照度计算法可求出工作面任何一点的照度，也可求出其上的亮度分布，这种方法是以照明的平方反比定律为基础的，多用以进行照明的验算。

平均照度计算分单位功率和利用系数两种方法。

a. 单位功率法。

(a)估算法是依据下式计算建筑总用量：

$$P = W \times S \times 10^{-3}$$

式中 P——建筑物(或功能相同的所有房间)的总用电量(kW)；

W——单位建筑面积安装功率(W/m^2)，其值查表9-18确定；

S——建筑物(或功能相同的所有房间)的总面积(m^2)。

进而可求出每盏灯泡的瓦数(灯数为n盏)：

$$P = P/n$$

表9-22仅为根据过去调查得出的估算值，近年来随着家电的普及，生活用电量有所增加，如最近提出住宅用电估算值已提高到5～8W/m^2，故应注意选用实际调查资料。

表9-22 单位建筑面积照明用电估算指标 (W/m²)

建筑物名称	单位容量	建筑物名称	单位容量	建筑物名称	单位容量
实验室	10	汽车库	8	食堂	4
各种仓库(平均)	5	住宅	4	托儿所	5
生活间	8	学校	5	商店	5
锅炉房	4	办公楼	5	浴室	3
木工车间	11	单身宿舍	4		

(b)单位功率法，又称单位容量法

根据灯具类型、计算高度、房间面积和照度编制出单位容量表，当求得诸值后即可由表查出单位容量 W 值，进而可采用与估算法相同的公式和步骤，即可求出建筑总用电量和每盏灯泡的瓦数。

单位面积安装功率一般按照灯具类型分别编制，其示例如表 9-23 所示。

表9-23 乳白玻璃罩灯单位面积安装功率(W/m²)

灯具类型	计算高度(m)	房间面积(m²)	白炽灯照度(Lx)							
			10	15	20	25	30	40	50	75
乳白玻璃罩的球形灯和吸顶灯	2~3	10~15	6.3	8.4	11.2	13.0	15.4	20.5	24.8	35.3
		15~25	5.3	7.4	9.8	11.2	13.3	17.7	21.0	30.0
		25~50	4.4	6.0	8.3	9.6	11.2	14.9	17.3	24.8
		50~150	3.6	5.0	6.7	7.7	9.1	12.1	13.5	19.5
		150~300	3.0	4.1	5.6	6.5	7.7	10.2	11.3	16.5
		300 以上	2.6	3.6	4.9	5.7	7.0	9.3	10.1	15.0
	3~4	10~15	7.2	9.9	12.6	14.6	18.2	24.2	31.5	45.0
		15~20	6.1	8.5	10.5	12.2	15.4	20.6	27.0	37.5
		20~30	5.2	7.2	9.5	11.0	13.3	17.8	21.8	32.2
		30~50	4.4	6.1	8.1	9.4	11.2	15.0	18.0	26.3
		50~120	3.6	5.0	6.7	7.7	9.1	12.1	14.3	21.0
		120~300	2.9	4.0	5.6	6.5	7.6	10.1	11.3	17.3
		300 以上	2.4	3.2	4.6	5.3	6.3	8.4	9.4	14.3

b. 利用系数法

利用系数是指投射到被照面上的光通量 F 与房内全部灯具辐射的总光通量 nF_0之比(n 为房内灯具数，F_0为每盏灯具的辐射光通量)。F 值中包括直射光通量和反射光通量两部分。反射光通量在多次反射过程中，总要被控照器和建筑内表面吸收一部分，故被照面实际利用的光通量必然少于全部光源辐射的总光通量，即利用系数 u 值总是小于 1 的，可用下式表示 $u=F/nF_0<1$。

影响利用系数的因素有：

(a)灯具的效率：u 值与灯具效率成正比；

(b)灯具的配光曲线：向下部分配的直射光通量比例越大则 u 值越大；

(c)建筑内装饰的颜色：墙面和顶棚等颜色越浅，反射系数就越大，u 值就越大；

(d)房间的建筑尺寸和构造特点：如前所述，室形指数 i 值越大或室空间比值 RCR 越小，则 u 值越大。

在公式 $u=F/nF_0$中，F 是受照面上实际接受的光通量，该光通量应保证受照面积 S 达到规定的照度 E 值，故 $F=E\times S$。考虑到使用过程中灯具和建筑内表面的污染，受照面实际接受的光通量有所下降的情况，应按表 9-2 选取减光补偿系数 K 值对上式加修止，得出式 $F=E\times S\times K$。考虑到被照面上照度分布不均匀的情况，应对上式进一步修正，乘以最小照度系数 Z。定义 $Z=E_0/E$，式中 E_0是受照面上的平均照度，即按上式求出的数值；E 是受照面上的最低照度，即按照标准查出的数值。Z 值永远大于 1，可查相应表格确定，当距高比值接近合理值时，可取 $Z=1.2$，得出式 $F=E\times S\times K\times Z$。故得 $u=F/nF_0=ESKZ/nF_0$，最后得出 $F_0=ESKZ/nu$，由该式可求出每个光源所需的辐射击队光通量 F_0 值，由 F_0 值查相应的光源样本即可确定每盏灯的功率，进而确定房间内的总功率，完成照明计算。

照明系统的设计成果集中体现在照明平面图上。图中常采用如下标注方式：

$$a-b\,\frac{c\times d}{e}fG$$

式中 a——同一类灯具的数目，盏；

b——灯具型号或代号；

c——每盏灯具中的光源数目；

d——每个光源的功率(W)；

e——灯具的安装高度 hs 值(m)；

f——灯具的安装方式(见图9-11);

G——房间的照度值(lx)。

9.3.4 用电负荷的计算

用电负荷的计算是指用电设备用电量的计算。因为在相同时间内设备的用电量是由其功率所决定的，所以用电负荷的计算实际是指用电设备功率的计算和所用电流的计算，在正常工作重要任务下，各级电路中的供电电压高低是固定值。

(1)用电设备的工作制

用电设备的工作制指用电设备的工作方式，它对于用电负荷的大小有直接影响。按照工作制的不同，可将用电设备分为三类：

①长期工作制的设备，是指长期连续运行，可以达到稳定温升，而停用时间很长，可冷却到周围环境温度的用电设备，如房间换气扇、锅炉补水泵等。

②短期工作制的设备，是指时而工作，时而停用，反复交替变换，工作时间很短，常达不到稳定温升，停用时间也很短，常冷却不到环境温度工作周期一般不超过10min，运行一段时期后温升稳定在某一稳定范围内反复波动的用电设备，如电梯、吊车、电焊机等。反复短时工作制设备的工作情况，可用暂载率(又称相对接用时间)来表示。

同一设备，在不同暂载率下工作时，其输出功率是不同的，因而所需输入的电功率也是不同的，所以对反复短时工作制的设备进行负荷计算时，应搞清其实际工作的暂载率。

(2)负荷曲线和负荷的种类

①负荷曲线

负荷曲线是指用电子工业负荷(功率或电流)随时间而变化的曲线。因建筑内各用电设备的工作情况是经常变化的，所以负荷曲线是沿时间轴波动变化的曲线。按负荷持续的时间，可分为年的、月的、日的或某一负荷班的负荷曲线。某建筑的日负荷曲线如图9-42所示。由图可以清楚直观地了解负荷的实际变化情况，这对进行供电设计和运行管理工作，都是重要的原始资料。

②负荷的种类

实际负荷曲线是波动变化的，在进行设计和其他工作时，到底以多大的数值为依据呢？为满足不同的需要，净负荷表示成三种类型。

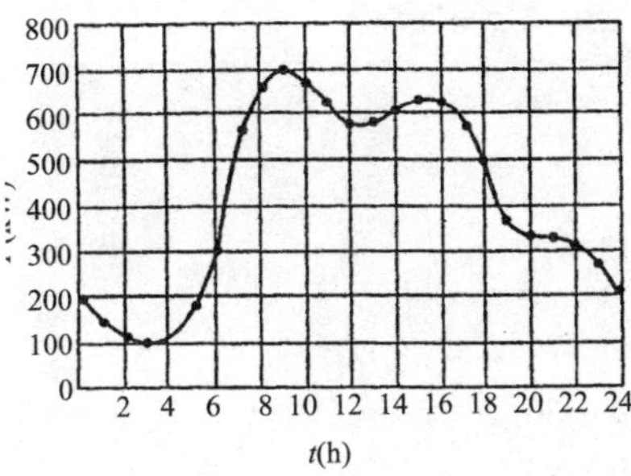

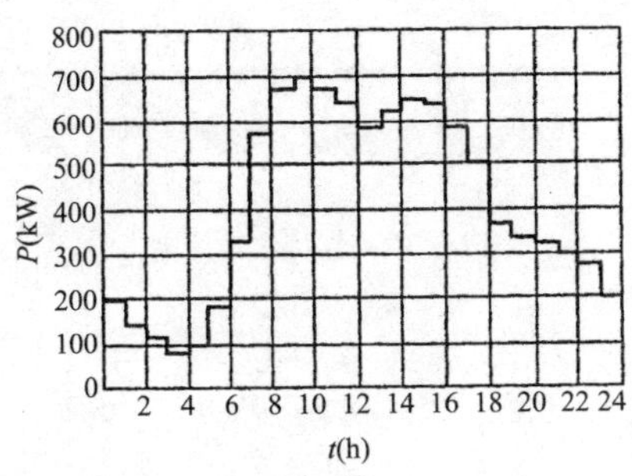

图 9-42 日负荷曲线

a. 最大负荷：它是指水泵电能最多的半小时的平均功率，亦即连续 30min 的最大平均负荷用 P_{30}、Q_{30}、S_{30} 表示。可依此作为按发热条件选择电气设备的依据又称计算负荷，常用 P_f、Q_f 和 S_f 表示。

b. 尖峰负荷：它是指连续 1 ~ 2s 时间内的最大平均负荷，可看作短时最大负荷。可依此计算电路中的电压损失和电压波动，选择熔断器和自动开关等设备和整定继电保护装置等。常记以 P_{ff}、Q_{ff} 和 S_{ff}。

c. 平均负荷数：又称负荷率，也可称为负荷曲线填充系数，用以反映负荷曲线的不平坦程度，即表示负荷波动程度。

(3) 负荷计算的方法

根据用民情况确定负荷的大小，是关系到供配电设计合理与否的前提。如负荷确定得过大，将使导线和设备选得过粗过大，造成材料和投资的浪费。如负荷确定得过小，将使供配成短路等故障，从而带来更大的损失。如前所述，影响用民负荷的因素很多，实际负荷情况也很复杂，而且并不是固定不变的。因而必须选择正确的负荷计算方法以使计算结果尽量符合实际，力求合理。负荷计算的方法有单位建筑面积安装功率法、需要系数法、二项式法和利用系数法等。在建筑电气设计中，初步设计阶段可采用单位建筑面积安装功率法，施工图设计阶段多采用需要系数法。

单位建筑面积安装功率法与建筑物单位建筑面积的安装功率与建筑物的种类(办公楼或宾馆)、等级(普通的或高级的)、附属设备情况(有无空调等)房间用途(卧室或绘图室)等条件有关，而且随着生活和生产水平的提高，其标准逐渐提高。

通过对大量调查资料进行分析，整理出一些推荐值选用，如表 9-24。

表9-24 单位建筑面积安装功率表

序号	建筑物名称	单位面积安装功率（W/m^2）	备注
1	国内高喜忧参半住宅	10～35	
2	香港高层住宅	10～60	无空调
3	香港高层住宅	30～60	有空调
4	国内主要旅游饭店、宾馆	70～120	一般的
5	国内主要旅游饭店、宾馆	60～702	高级的
6	国外旅游宾馆	120～140	其中，照明25%，动力
7	国外办公大楼	100	37%，空调38%

查取相应表中数值，乘以总建筑面积，即得建筑物的总用电负荷，进而可估算出供配电系统的规模、主要设备和投资费用，从而可满足方案或初步设计的要求。

用电设备组的供电系统如图9-43所示。

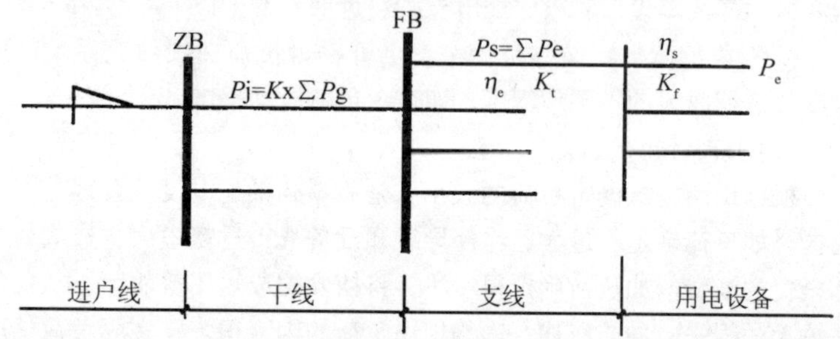

图9-43 建筑供配电系统

一组用电设备接入一条支线，若干条支线接入一条干线，若干条干线接入一条总进户线。汇集支线接入干线的配电设备称分配电盘。汇集干线接入总进户线的配电设备称总配电率。

实际上，需要系数不仅与设备的效率、台数、工作情况及线路损耗有关，而且与维护管理水平等因素也有关，故一般均通过实测确实，以便尽可能符合实际。不同类型的建筑和不同类型的用电设备，整理出有相应的需要系数表，可供设计中查用。各类建筑的照明需要系数如表9-25所示。

表9-25 照明需要系数表

建筑类别	需要系数 K_x	建筑类别	需要系数 K_x
生产厂房(有天然采光)	0.8～0.9	宿舍区	0.6～0.8
生产厂房(无天然采光)	0.9～1	医院	0.5
办公楼	0.7～0.8	食堂	0.9～0.95
设计室	0.9～0.95	商店	0.9
科研楼	0.8～0.9	学校	0.6～0.7
仓库	0.5～0.7	展览馆	0.7～0.8
锅炉房	0.9	旅馆	0.6～0.7

若有单相负载接入三相电路中，就应尽量做到在三相内均匀分配。若三相负荷不平衡，为保证安全供电，应以最大负荷相的电流确定三相计算负荷。

9.4 电气设备

如前所述，供配电系统是由相应的电气设备组成的，全部设备都应满足传输所需的用电负荷，从而达到长期安全、经济运行等要求。

电气设备按其工作电压分类可分为高压设备和低压设备(通常以1000V为界)，按其在系统中的作用和地位可分为一次设备(用电负荷直接通过的各种设备，如导线、开关等，在线路图中用粗线条表示)和二次设备(为有利和方便于一次设备正常安全工作而增加的设备，如检测、信号、保护设备等，在线路图中常画成细线条)。下面只对主要的低压一次设备的选择设计问题作些介绍。

9.4.1 导线

导线是传送电能的基本通路。在各种电气设备中，导线在建筑内用量最大、分布最广，导线的选择和布置对建筑构造和布置以及对整筑物的经济、安全使用，都有很大的影响。因而，对导线设计的问题应有较多的了解。

(1)导线的选择

①选择原则

选择导线应考虑技术上合理、经济上节省，具体应满足如下要求：不能在正常工作条件下断线，以保证正常输送电能；电压损失应在允许范围之内，以保证用电设备正常运行，即输送符合标准的电能。

②选择内容

包括两部分内容：

a. 型号：可反映导线的材料和绝缘方式，如 BX 型表示铜芯橡皮线；BLX 型则表示铝芯橡皮线；BV 型表示铜芯塑料线；BLX 型则表示铝芯塑料线等。

b. 截面：是导线选择的主要内容，直接影响着技术经济效果。在图纸中表示时，导线的截面和根数通常写在其型号的后面，截面的单位为平方毫米，如 BLX-3 ×4 +1 ×2.5 表示有 3 根 $4mm^2$ 和 1 根 $2.5mm^2$ 的铝芯橡皮线。

③选择的方法

具体选择方法如下：根据周围环境选择导线的型号和敷设方式，见表 9-26。按机械强度选择导线允许的最小载面，见表 9-27，导线的最小截面还与导线的用途及敷设方式有关。

表9-26　按环境选择导线

环境特征	线路敷设方式	常用导线、电缆型号
正常干燥环境	(1)绝缘线，瓷珠、瓷夹板或铝皮卡子明配线 (2)绝缘线、裸线，瓷瓶明配线 (3)结结巴巴缘线穿管明敷或暗敷 (4)电缆明敷或放在沟中	BBLX，BLXF，BLV，BLVV，BLX BBLX，BLXF，BLV，BLX，LJ，LMY BBLX，BLXF，BLV，BLX ZLL，ZLL_{11}，VLV，YJV，XLV，ZLQ
潮湿或特殊潮湿的环境	(1)绝缘线瓷瓶明配线(敷设高度大于 3.5m) (2)绝缘线穿塑料管，钢管明敷和暗敷 (3)电缆明敷	BBLX，BLXF，BLV，BLX BBLX，BLXF，BLV，BLX ZLV_{11}，VLV，YJV，XLV
多少环境(不包括火灾及爆炸危险尘埃)	(1)绝缘线瓷珠、瓷瓶明配线 (2)绝缘线穿钢管明敷或暗敷 (3)电缆明敷设或放在沟中	BBLX，BLXF，BLV，BLVV，BLX BBLX，BLXF，BLV，BLX ZLL，ZLV_{11}，VLV，YJV，XLV，ZLQ
有腐蚀性的环境	(1)塑料线瓷珠，瓷瓶明配 (2)绝缘线穿塑料管有敷或暗敷 (3)电缆明敷	BLV，BLVV BBLX，BLXF，BLV，BV，BVX VLV，YJV，ZLL_{11}，XLV

（续）

环境特征	线路敷设方式	常用导线、电缆型号
有火灾危险的环境	(1)绝缘线瓷瓶明配线 (2)绝缘线穿钢管明敷或暗敷 (3)电缆明敷或放在沟中	BBLX，BLV，BLX BBLX，BLV，BLX ZLL，XLQ，VLV，YJV，XLV，XLHF
有爆炸危险的环境	(1)绝缘线穿钢管明敷或暗敷 (2)电缆明敷	BBX，BV，BX ZL_{120}，ZQ_{20}，VV_{20}

表9-27 按机械强度允许的导线最小截面

用途	导线最小截面（mm^2）			用途	导线最小截面（mm^2）		
	铝线	铜线	铜芯软线		铝线	铜线	铜芯软线
照明用灯头引下线				移动式用电设备用导线			
民用建筑，屋内							
工业建筑，屋内	1.5	0.5	0.4	生活用			0.2
屋外	2.5	0.8	0.5	生产用			1
架设在绝缘支持件上的绝缘导线，其支持点间距为	2.5	1	1	爆炸危险场所穿近敷设的			
				绝缘导线Q-1，G-1			
<1m，屋内	1.5	1		级场所		2.5	
屋外	2.5	1.5		电力、照明、控制			
1～2m，屋内	2.5	1		Q-2级场所		1.5	
屋外	2.5	1.5		电力	4	1.5	
≤6m	4	2.5		照明	2.5	1.5	
≤12m	6	2.5		控制			
≤25m	10	4		Q-3，G-2级场所	2.5	1.5	
固定数设护套线	2.5	1		电力、照明		1.5	
穿管数设的绝缘导线	2.5	1	1	控制			

按允许温升选择导线的载面：由于绝缘材料限定了导线的最高工作温度超过此温度则因加速绝缘材料的老化和导体材料性能的变化而导致故障。一般导线的最高允许工作温度为65℃。环境温度取法的最热月份的平均温度与环境温度之差值，为最高允许温升。最高允许

温升与导线的载流量、环境温度和导线的敷设方式等因素有关。

载流量即导线中流过的电流大小 I(A)，它是温升的热源。若导线的电阻为 R(Ω)，则在时间 t(s)内的发热量 Q = I2Rt(J)。该热量一部分用于使导线温度升高，另一部分散失于周围空间。当发热量等于散热量时，则导线的温度不再升高，而稳定在某一个高于环境温度的温度上。可见，当环境温度固定时，截流量 I 和温升是对应的。

环境温度是影响温升的因素。环境温度越高，散热就越差，则长期允许载流量就应越小，反之，长期允许截流量就越大。产品标定时都对环境温度作了规定。在空气中明敷有 25℃、30℃、35℃、40℃四种，埋土敷设有 20℃、25℃、30℃三种，而热绝缘材料有 50℃、55℃、60℃、65℃四种，当实际温度与此规定不符时，应对载流量进行校正。校正系数表 9-28 所示。

表9-28　不同环境温度时载流量的校正系数Kt 值

线芯工作温度(℃)	环境温度(℃)								
	5	10	15	20	25	30	35	40	45
90	1.14	1.11	1.08	1.03	1.0	0.960	0.920	0.875	0.830
80	1.17	1.13	1.09	1.04	1.0	0.954	0.905	0.853	0.798
70	1.20	1.15	1.10	1.05	1.0	0.940	0.880	0.815	0.745
65	1.22	1.17	1.12	1.06	1.0	0.935	0.865	0.791	0.707
60	1.25	1.20	1.13	1.07	1.0	0.926	0.845	0.756	0.655
50	1.34	1.26	1.18	1.09	1.0	0.895	0.775	0.633	0.447

敷设方式也是影响温升的因素。当导线或电缆多要穿管或并行敷设且相距较近时，因散热条件恶化，加上交流邻近效应，使导线交流阻抗增大，发热加剧，故应使载流量减小。当 S≥2d 时可不作修正，S 为导线间距，d 为导线直径。

敷设方式校正系数表 9-29。导体的长期允许载流量 I_m在有关手册中有表可查。

表9-29　穿电线的钢管或塑料管在空气中多根并列敷设载流量的校正系数K_0值

管子并列敷设系数	2~4	>4
载流量校正系数 K_0值	0.95	0.90

选择导线截面时可用如下公式进行：

$$I_f \leqslant I_m$$

式中 I_f——经负荷计算求出计算电流(A)；

I_m——查表得出的长期允许载流量(A)。

根据值，结合导线型号、敷设方式和环境温度等，查相应表格即可得出导线载面积 S(mm^2)。按允许温升所选导线截面，能满足发热条件，可做到物尽其用，节省投资。但在电能水泵和电压损失方面却较大，电费也高。

按允许电压损失选择导线截面：端子电压对用电设备的工作特性和寿命有很大影响，故对用电设备端子电压的偏移有具体的规定，见表 9-30。

表9-30 用电设备端子电压偏移允许值 (%)

名称	电压偏移允许值	名称	电压偏移允许值
电动机		照明灯	
正常情况下	+5 ~ -5	视觉要求较高的场所	+5 ~ -2.5
特殊情况下	+5 ~ -10	一般工作场所	+5 ~ -5
		事故、道路、警卫照明	+5 ~ -10
		其他用电设备，无特殊规定	+5 ~ -5

导线中电压损失与导线的材料、长度、载面、负荷大小及分布情况因素有关。

在设计中，一般是按照允许温升进行导线截面的选择的，按允许电压损失进行校核，并应满足机械强度的要求(如图 9-44)。

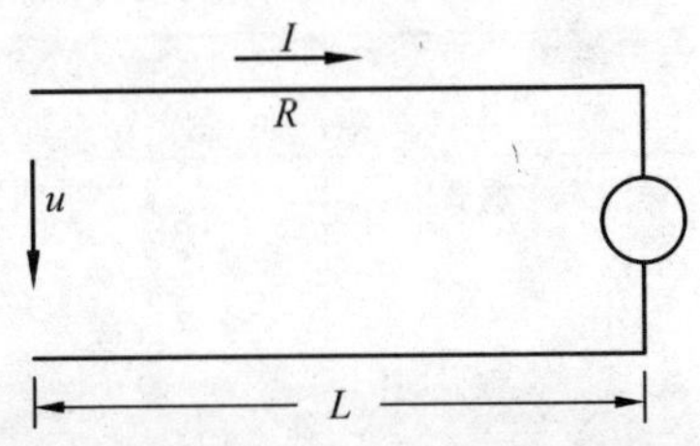

图 9-44 单相供电电压损失计算图

(2)线路的布置

建筑内外供电电源与用电设备(或与配电盘，或与建筑物)之间的边线方式分树干式、放射式和混合式 3 种。

①树干式

各用电设备(或配电盘、建筑物)共用一条供电线路。优点是节省导线，缺点是可靠性较低。

②放射式

各用电设备(或配电盘、建筑物)均由电源以单独的线路供电。优点是供电可靠性较高，缺点是用导线多，投资大。

③混合式

介于以上二者之间。

(3)线路的敷设

建筑内无论是配电线路还是信号线路，若按构造区分，均可分为导线和电缆两大类，两者各有不同的敷设方式和要求。

①导线的敷设

导线又可分裸导线和绝缘导线两大类。

布线方式的确定：导线的布线方式是根据导线的类别，按导线的使用方式来选择确定的。

裸导线布线，应着重考虑安全。室内裸导线距地面高度应不低于3.5m。采用网孔遮拦时应不低于2.5m。用网眼不大于20mm×20mm的遮栏遮护时，相互净距不应小于100mm。用板状遮栏遮护时，不应小于50mm。裸导线的线间及裸导线至建筑物表面的净距，不应小于表9-31中所列数值。

表9-31 裸导线线间及裸导线至建筑物表面最小净距

布线方式	最小距离(m)	固定点间距(m)	导线最小间距(mm)	
			屋内布线	屋外布线
导线水平敷设时				
屋内	2.5	≤1.5	35	100
屋外	2.7	>1.5~3	50	100
导线垂直敷设时				
屋内	1.8	>3~6	70	100
屋外	2.7	>6	100	150

表9-32 绝缘导线建筑物的最小间距 (mm)

布线方式	最小间距	布线方式	最小间距
		在窗户下	800
水平敷设时垂直间距在阳台、平台上和跨越建筑物质	2500	垂直敷设时至阳台、窗户的水平间距	400
在窗户上	300	导线至墙壁和构架的间距(挑檐下除外)	35

穿管布线适宜于易燃、易爆、潮湿或有腐蚀性的场所，以及对建筑美观要求较高的场所。布线方式分明敷(M)和暗敷(A)两种。明敷时固定点最大间距不得超过表9-33所列的数值。暗敷于楼板上的应避免交叉，以免垫层过厚。若埋地时，不宜穿过设备和建筑物的基础，以防基础下沉时折断。

表9-33　管线明敷时固定点间最大间距

管子类别	管径(公称口径)(mm)				
	15~20	25~32	40	50	63~100
钢管(m)	1.5	2	2	2.5	3.5
电线管(m)	1	1.5	2	2	—
硬塑料管(m)	1	1.5	1.5	2	2

注：钢管和硬塑料管指内径，电线管指外径。

如前所述，穿线管分钢管(又称水煤气管，记以G)、电线管(又称薄壁钢管，记以DG)和硬塑料管(记以SG)3种。

钢管适用于潮湿场所明敷、埋地暗敷和防爆场所。电线管适用于干燥场所的明敷和暗敷。在有腐蚀性的场所宜选用硬塑料管。

为便于施工和维护，直管长度不得超过45m。有一个弯(90°~105°)时，长度不超过30m；有两个弯时，不超过20m；有三个弯时，不超过12m。否则，应加设接线盒(箱)，或将管径放大一级。

不同回路、不同电压、不同电流种类的导线不得共管。可共管穿线的情况有：一台电动机的所有回路(包括控制回路)、照明花灯的供电回路电压相同的同类照明支线(但不宜超过8根)等。工作照明与事故照明线路不得共管，互为备用的线路不得共管。

多线共管时，导线总载面不应超过管子内载面面积的40%。穿孔机线管管径选择有表可查。

无论是明敷或暗敷，敷设位置均分埋地(D)、沿墙(Q)、沿顶棚(P)等多种。QM表示沿墙明敷，DA表示埋地暗敷。

在大型工业厨房中还常采用钢索布线。

②电缆的敷设

a. 埋地敷设：这种敷设方式有施工简单、投资少、散热条件好等优点，应考虑采用。埋深不应小于0.7m，上下各铺100mm厚的软土或砂层，上盖保护板。应敷于冻土层之下。不得在其他管道上面或下面平等敷设。电缆在沟内应波状放置，预留1.5%长度，以免冷缩受拉。无铠装电缆引出地面时，高度1.8m以下部分应穿钢管或加强保护，以免机械损伤(电气专用房间除外)。电缆应与其他管道设施保持规定的距离。在含有腐蚀性物质的土壤中或有地电流的地方。电缆不宜直接埋地。如果必须埋地时，就宜选用塑料护套电缆或防腐电缆。

b. 电缆沟敷设：采用这种敷设方式时室内电缆沟的盖板应与室内地面齐平。在易积水、积灰处宜用水泥砂浆或沥青将盖板缝隙抹死。经常开启的电缆沟盖板。室外电缆沟的盖板宜高出地面100mm，以减少地面上的水流入沟内。当有碍交通和排水时，采用有覆盖层的电缆沟，盖板顶低于地面300mm。沟盖板一般采用钢筋混凝土盖板，每块重量以两人能提起为宜，一般不超过50kg。沟内应考虑分段排水，每50m设一集水井，沟底向集水井应有不小于0.5%的坡度。电缆沟进户处应设有防火隔墙。

c. 电缆穿管敷设：采用这种敷设方式时管内径不能小于电缆外径的1.5倍。管的弯曲半径为管外径的10倍，且不应小于所用电缆的最小弯曲半径。电缆穿过时，若无弯头，长度就不宜超过50m；有一个弯头时，不宜超过20m；有两个弯头时，应设电缆井，电缆中间接线盒应放在电缆井内，接线盒周围应有火灾延燃设施。电缆穿管的最小内径见表9-34。

表9-34 电缆穿保护管的最小内径

三芯电缆芯线截面(mm^2)			四芯电缆芯线截面(mm^2)	保护管最小内径(mm)
1kV	6kV	10kV	≤1kV	
≤70	≤25(≤10)	—	≤50	50
95～150(95～120)	35～70(16～70)	≤50	70～120	70
185(150～185)	95～150(95～120)	70～120	150～185	80
240	185～240(150～240)	150～240	240	100

注：表中包括号内截面用塑料护套电缆。

电缆在室内埋地、穿墙或穿楼板时，应穿管保护。水平明敷时距地应不小于2.5m。垂直明敷时，高度1.8m以下部分应有防止机械损伤的措施。

线路敷设除以上共同部分外，对有些电气系统的布线尚可能有其他特殊的形式。

9.4.2 开关设备

开关设备是用于控制电路通断的设备。它可根据生产工艺要求，产生相应的动作使电路接通或断开，按照产生动作的方式，可分为自动电器(如前所述的接触器等)和手动电器两类。下面只介绍一些手动开关。

(1)刀开关

刀开关又称刀闸。一般用在低压(不超过500V)电路中，用于通、断交直流电源。

刀开关的结构如图9-45所示。基刀夹座和刀极通常用紫铜或花雕铜制作。刀开关分单极、双极及多极几种。一般刀开关由于触头分断速度慢，灭弧困难，只用于切断小电流。为使刀闸断弧快，切断电流大，制成附有消弧快断刀极的刀开关当刀开关合闸时，快断刀极先接通电路。当分闸时，主刀极先离开刀夹座，尔后，快断刀极在弹簧拉力作用下迅速切断电路。快断刀极保护了主刀极不被电弧灼伤。快断刀极被电弧灼伤后可以单独更换。600A以上的刀开关，附装有断弧角头或灭弧罩。

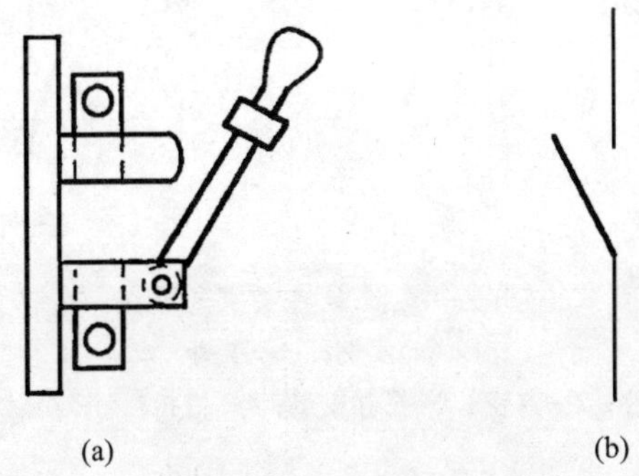

图9-45 刀开关的结构图

(a)实例；(b)图例

刀开关主要用作电源输入开关，用于机器长期停止运行或检修电路时切断电源用。但一般也可用于切断交流380V及以下的额定负载，作为小容量照明设备和电动机不频繁工作时的操作开关国产刀开关有

HD11、HS11 等系列。照明配电多采用 HK1 型胶盖开关。

负荷开关是由带有速断刀极的刀开关与熔断器组合而成的，又称铁壳开关。常来控制小容量异步电动机的不频繁启动和停车。

刀开关在接通和断开时均需手动操作。而下面讲到的自动空气开关，在合闸时需要手动，而分闸却可以自动实现，这是一种多功能的开关设备。

(2) 自动空气开关

自动空气开关通常应用在 500V 以下的交直流电路中。其动作情况是手动合闸、自动跳闸，帮同时可用作线路的故障(过载、短路、欠压、失压等)保护。

①基本结构和工作原理

自动空气开关的基本构造如图 9-46 所示。

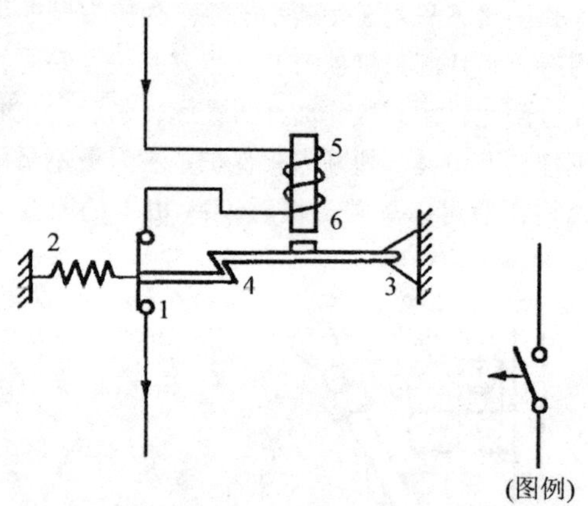

图 9-46 过载自动空气开关

(a)实例；(b)图例

1—接触刀片；2—弹簧；3—搭扣支点；4—搭扣；5—电磁铁；6—衔铁

电路中电流正常时，电磁铁中的吸力小，不能将搭扣吸上，使动接触刀片保持在闭合位置。当过载或短路时，电流增大到一定数值，电磁铁的吸力增大到能吸动搭扣上的衔铁，使搭扣脱扣，在弹簧的作用下，接触刀片跳开，将电路切断，完成过载或短路保护。

欠压(失压)自动空气开关的构造如图 9-47 所示。电磁线圈接在线电压上。电压正常时，电磁吸力可以将搭扣吸住，使线路保持接通。当欠压(或失压)时，电磁吸力变小，在弹簧的作用下，搭扣被拉开，同时，接触刀片迅速被拉开，切断电路。

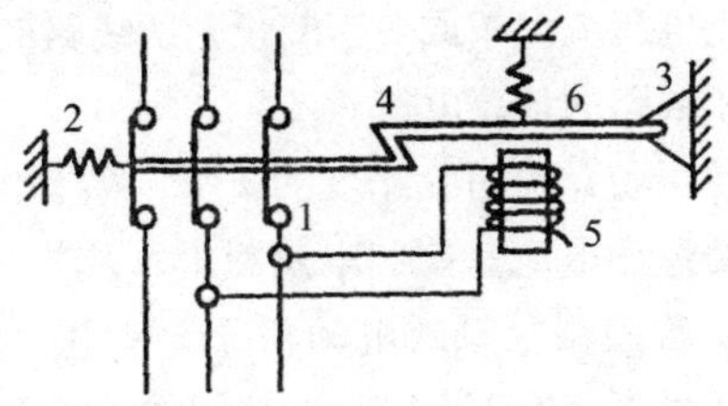

图 9-47　欠压自动空气开关

1—接触刀片；2—弹簧；3—搭扣支点；4—搭扣；5—电磁铁；6—衔铁

国产自动空气开关有 DZ 和 DW 系列等多种，在线路图中一般只画出其触头。

欠压自动空气开关可装在事故供电路路中，实现从工作电源向事故电源的自动切换，如图 9-48 所示。

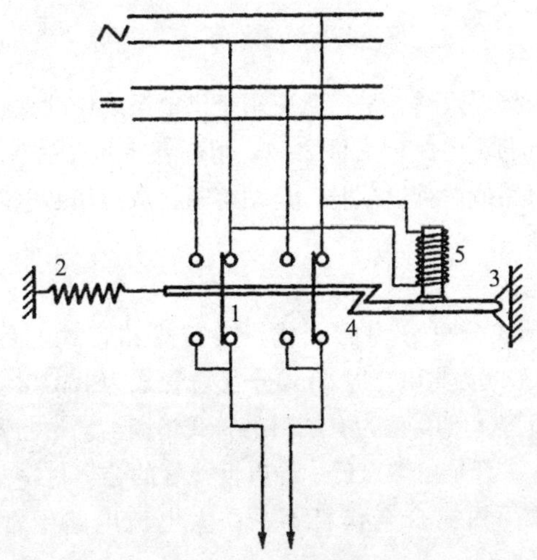

图 9-48　自动空气开关

1—接触刀片；2—弹簧；3—搭扣支点；4—搭扣；5—电磁铁；6—衔铁

②选择自动空气开关时应考虑如下几方面的因素

按工作条件选择自动空气开关的型号和结构。在低压配电、电动机控制和建筑照明线路中常采用框架式和塑料外壳式。对于半导体整流装置，宜采用快速自动开关。

按线路的额定参数选择自动空气开关的额定电压和额定电流。自动空气开关的额定电压应大于或等于装设它的线路额定电压，其额定电流应大于或等于线路的计算电流。

根据不同的使用场合选用脱扣器的类型一般均附有过流脱扣器，以保护短路和大的过程电流。控制电动机时，应有欠压、失压保护，故需失压脱扣器。若控制鼠笼式电动机，为使电动机在启动时不跳闸，不能起过载和短路保护作用应设置热脱扣器或有延时的过电流脱扣器。应通过计算对脱扣器的动作电流进行整定（也可通过实验进行调整）。

由上可见，对于供电线路，不仅应考虑在正常情况下利用开关设备（执行设备）对其进行通断，而且还应考虑在故障情况下能对其进行保护。自动空气开关能同时起到这两种作用。带熔断器的刀闸（如HK1 型刀闸）用的设备和元件称为“保护设备”。

9.4.3 保护设备

（1）熔断器

熔断器俗称保险丝，是广泛应用于供电系统中的保护电器，也是单台用电设备的重要保护元件之一。熔断器串接于被保护的电路中，当电路发生短路或严重过载时，自动熔断，从而切断电路，使线路和设备不致损坏。

①类型

按结构形式分可分为插入式、旋塞式和管式三种。插入式为 RC1A 型，旋塞式为 RL1 型，管式分普通管式为 RM10 型和具有强灭弧性能的 RT0 型。RT0 型为有填料的管式熔断器。熔断器中起主要作用的熔体部分，都是由熔点低、导电性能好的合金材料制成的，在小电流电路中常用铅锡合金作材料，在大电流电路中常用铜体熔体材料。

②选择熔断器应考虑如下一些因素

根据供电对象和线路的特性选择熔断器的类型。例如，对于低压配电柜，因所带负载多，要求切断能力较大，宜选用 RT0 型熔断器。在用于照明、中小容量电动机的供电线路或控制电路等电流不大的电路中，可采用 RL1 型旋塞式或 RC1A 型瓷插式熔断器。对于中小型异步电动机，若短路电流不大且短路机会也不多时，宜选用 RM10 型熔断器。对要求快速动作的场合，宜选用 RS 型快速熔断器。

根据线路负载电流选择熔断器的熔体。A 值与熔体的安秒特性、电流大小及电动机的启动情况等因素有关，可查表 9-35 确定。

表9-35　熔断器技术数据及A 值选择表

熔断器型号	熔体材料	熔体额定电流（A）	A 值	
			电动机轻载启动	电动机重载启动
RT0	铜	≤50 60～200 >200	2.5 3.5 4	2 3 3
RM10	锌	≤60 80～200 >200	2.5 3 3.5	2 2.5 3
RM1	锌	10～350	2.5	2
RL1	铜、银	≤60 80～100	2.5 3	2 2.5

熔断器额定电压不应低于线路额定电压。熔断器额定电流大于或等于熔体的额定电流。

(2)热继电器

热继电器是以被控对象发热状态为动作信号的一种保护电器，常用于电动机的过载保护。

①双金属片热继电器的构造和工作原理

双金属片热继电器的构造如图 9-49(a)所示。双金属片是由线膨胀系数不同的两种金属碾压而成的。上面的线胀系数小，下面的线胀数大，受热同上弯。发热元件串接于被保护设备的主电路中。当设备过载时，电流增大，经过一不定式的时间，双金属片受热弯曲到一定程度则脱开扣杆，在弹簧的作用下杠杆转动，使常闭触头断开，进而使被保护设备断电，得到保护。

经一不定式时间冷却后，双金属片恢复原状其触点有的可自动复位，有的需手动复位。

双金属片热继电器的发热方式分直接发热式和间接发热式两种。

目前常用的型号有 JRO、JR5、JR15、JR16 等。按双金属片的数目不同可将继电器分为两相结构和三相结构两种。

②图例和代表符号

热继电器一般用 RJ 表示，在线路图中一般只画出其发热元件和触点，如图 9-49(b)所示。发热元件用粗实线画。接入主线路中。触点用细实线画，接入控制线路中。

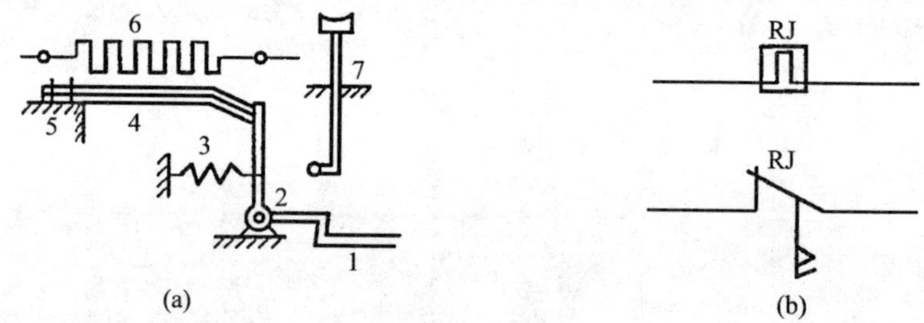

图 9-49 热继电器

(a)实例；(b)图例

1—线路触点；2—杠杆；3—弹簧；4—双金属片；5—双金属片固定点；6—发热元件；7—限位器

9.4.4 配电箱

配电箱是接受电能和分配电能的装置。对于用电量较小的农村建筑物，可只安装一个配电箱。对于多层建筑物可以在某层(如二层)设置总配电箱，并由此引出干线到其他楼层设置的层间分配电箱。

在平面图上只能表示配电箱的位置和安装方式，配电箱内安装的开关、熔断器、电度表等电气元件必须在系统图中表明。配电箱较多时，要进行编号，如 MX1 - 1， - 2 等。选定产品时，应在旁边标明型号，自制配电箱应画出箱内电气元件布置图。

如果是三相配电箱，三相电源的零线不能接开关和熔断器，应直接接在配电箱内的零线板上。零线板固定在配电箱内的一个金属条上，每一单相回路所需的零线都可以从零线板上引出。

一般住宅建筑中，配电箱内的总开关、支路开关可选用胶盖刀闸，这种开关可以带负荷操作，而且开关里的熔丝还可以作短路保护。现在多数采用自动开关对照明线路进行控制和保护。

为了计量负荷消耗的电能，在配电箱内要装设电度表。考虑到三相照明负荷的不平衡，故在计量三相电能时应采用三相四线制电度表。对于民用住宅，应采用一户一表，以便控制和管理。

控制、保护和计量装置的型号、规格应标注在图上电气元件的旁边，在总配电箱内设有电度表进行总电能的计量，该表的型号及规格为5～10A，并设置总的漏电保护开关。分配电箱（即用户配电箱，向每单元每层的两个用户供电）内装有DZ12-6011单极自动开关，分别控制各层的照明、插座、抽水机、空调机专用设备支路。

9.4.5 插座和开关

插座和开关是照明系统中常用的设备。插座分单相和三相，型式分明装和暗装两种。若不加以说明，明装式插座和开关通常距地面1.3～1.4m，插座可距地面0.3m. 跷板（或板把）开关若不加以说明，明装式通常距地面1.4m。拉线开关分普通式和防水式，安装高度或距地面3m，或距顶0.3m。插座是线路中最容易发生故障的地方，如需要安装较多的插座时，可考虑专设一条支线供电，以提高照明线路的可靠性。

插座接线规定：单相两线是左零右相，单相三线是左零右相上接地。

室内照明线路布线，若是明敷设时，为了布线整齐美观，应沿墙水平方向或沿墙垂直方向走线，尽量不走或少走顶棚；若是暗敷设时可以最短的路径走线，导线穿墙的次数应减至最少。

9.4.6 CATV系统的主要设备

各国电视频道都不一样，因而采用的制式也不一样，我国在电视频道上规定每8MHz为一个频道所占用的带宽。目前已规定“Ⅰ”频段划分为5个频道；“Ⅲ”频段划分为7全频道；“Ⅳ”频段划分为12个频道；“V”频段划分为44个频道。总共在甚高频（VHF）段有12个频道；在特高频（UHF）段有56个频道，具体频率可参阅相关手册。

（1）天线

CATV系统所使用的接收天线与一般家用天线并没有本质的区别，它接收载有图像和伴音信号的空间各类电视信号（如无线电视信号、调频广播信号、微波传输电视信号和卫星电视信号）电磁波，使之变成感应电压和电流，并经过电缆传输到CATV系统，它是电视信号进入电视机的门户。对C波段微波和卫星电视信号大多采用抛物面天线；对 VHF(甚高频)、UHF(特高频)电视信号和调频信号大多采用引向天线(多单元天线)。系统信号的质量好坏主要取决于天线接收信号能力的高低。因此为了保证好的收视效果，常选用方向性强、增益高的天线，并将其架设在易于接收、干扰少、反射波少的住家屋顶高处。

①引向天线

共用天线电视系统中，一般最常用的是引向天线。它由一个辐射器(即有源振子)、一个反射器和多个无源振子组成，结构如图 9-50 所示。

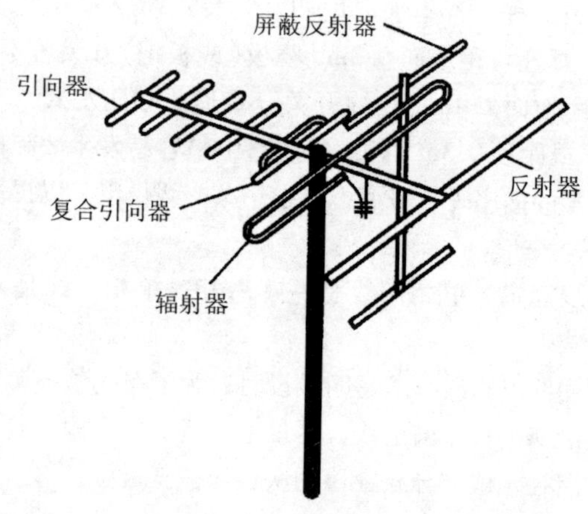

图 9-50　VHF 引向天线结构外形示意图

在有源振子前的若干个无源振子，统称为引向器。引向器越多，则天线增益越高，方向性越强。但其数目也不宜过多，否则会使天线频带变窄，输入阻抗降低。

引向天线有单频道的，也有多频道或全频道的。由于引向天线具有简单轻便、架设容易、方向性好、增益高等优点，因此得到广泛的应用。

②抛物面天线

抛物面天线是卫星电视广播地面站使用的设备，现在也有一些家庭使用小型抛物面天线。它一般由反射面、背架及馈源与支撑件组成。它的结构如图 9-51 所示。卫星电视广播地面站用的天线反射面板一般分为两种形式，一种是板状，另一种是网状面板，对于C频段电视接收两种形式都可满足要求。相同口径的抛物面天线，板状要比网状接收效果好，而网状防风能力强。

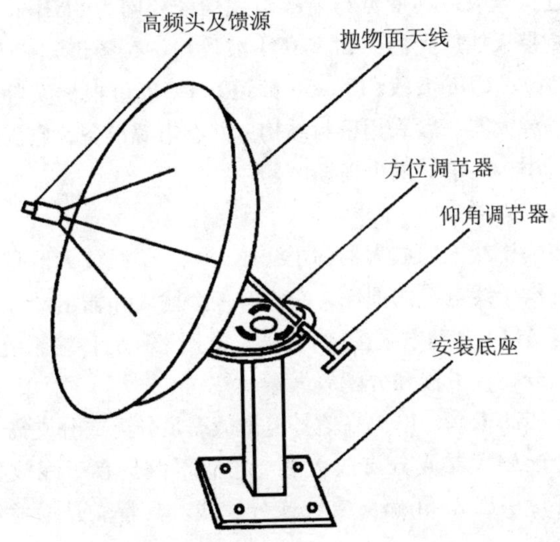

图9-51 抛物面天线的结构示意图

天线一般架设在建筑物最高部位，尽可能与建筑物保持6m以上的距离，还要避开电磁干扰和考虑防雷安全(通常做法是天线架竖杆顶部设避雷针，其引下线引至天线架基座底部与接地装置作良好的连接)。

(2)放大器

将输入的微弱信号放大从而得到较强的信号输出，这种设备称为信号放大器，一般简称为放大器。在CATV系统中有天线放大器、干线放大器、分支放大器和分配放大器、线路延长放大器等，其工作原理基本相似，只是根据设置场合要求其构造和技术指标有所差异。

①天线放大器

直接与天线相连的放大器称天线放大器。天线放大器的主要功能是放大场强较弱地区的接收信号。在电视场强较高的地区，可将天线输出信号直接送至信号分配网络，因为天线输出的信号足够推动若干台电视机；而在场强较弱的地区；因天线输出的信号功率不够，不能同时间向大量电视机提供足够的信号电平，所以应安装天线放大器。

常用的天线放大器有两种：一种是单频道天线放大器，只对某一电视信号进行放大，其带宽与射频电视信号相同为8MHz；另一种是分波段的宽带天线放大器，如VHF Ⅰ波段(1～5频道)、VHF Ⅱ波段(6～12频道)、UHF波段(13～56频道)。一般可根据实际需要配合使用。天线放大器一般采用密封结构，并有电源没备，它安装屋顶天线竖杆上，用传入信号的电缆馈电。

②干线放大器

用于传输干线上的放大器称干线放大器。干线放大器是安装在干线上，以补偿干线电缆的损耗，它具有一个输入和输出端。干线放大器一般带有ALC(自动电平控制)电路；常用于双向传输系统。

③干线分支放大器和分配放大器

用于干线的末端，以提高信号电平值满足分配或分支需要的放大器，称为分配放大器或分支放大器。它们不但具有干线放大器的功能，而且还可引出2～4路分支线或分配线。其特点是增益和输出电平值均较高。

④线路延长放大器。

通常安装在支干线上，用来补偿分支损耗、插入损耗和电缆损耗，因起到线路延长的作用而由此得名。在结构上线路延长放大器只有一个输入端和输出端，外形体积也较小。它同样也要求有高电平输出。

(3)混合器和分波器

混合器是将所接收的两路或多路信号混合在一起合成一路输送出去，而彼此又不互相干扰的一种设备。混合器在CATV系统的前端能将多路电视信号(无线电视接收信号、卫星电视信号、调频广播信号、放像设备信号等)混合成一路射频输出，共用一根同轴电缆进行传输。将一个输入端(覆盖某个频段)上的信号分离成两路或多路输出，每路输出都覆盖着该频段某一部分的装置，称为分波器，也称频段分离器。它在电路结构上，相当于分配器或定向耦合器的反向使用。

(4)分配器

将一路高频信号的电平能量平均地分成两路或两路以上的输出装

置，称为分配器。分配器的作用是将输入信号均等地分配到各路输出线路中、且各路输出线路上的信号互不影响，具有相互隔离的作用。它主要用于线路信号能量的平均分配，可用于前端系统和分配系统。分配器的接出端不能开路或短路，否则会造成输入端严重的不匹配。常见的有二分配器、三分配器、四分配器和六分配器。

(5)分支器

分支器是从干线(或支干线)上取出一小部分信号馈送到各用户终端，而大部分信号仍传送给干线的器件。目前，我国生产的分支器有甲分支(串接单元)、二分支和四分支等规格。

(6)同轴电缆和光缆

在分配网络中各元件之间均用馈线连接。现在馈线一般采用同轴电缆，它是信号传输的通路，分为主干线、干线、分支线等。同轴电缆是由同轴的内外两个导体组成，内导体是单股实心导线作芯线，外导体为金属编织网作屏蔽网，外包塑料套、保护层，电视信号在内外导体之间的绝缘介质中传输。在共用天线电视系统中均使用特性阻抗为75Ω 的同轴电缆。

同轴电缆不能与有强电流的线路并行敷设，也不能靠近低频信号线路，如广播线和载波电话线。

电视电缆在室内可采用明敷或暗敷，新建建筑物内线路应尽量采用暗敷，一般用金属管或塑料管作保护管，在电磁干扰严重的地区，宜选用金属管。线路应尽量短直，减少接头，管长超过 25m 时，须加接线盒，电缆的连接应在盒内进行，线路作明敷时，要求管线横平竖直，并采用压线卡固定，一般每米长线路不少于一个卡子。

(7)用户终端盒

用户终端盒又称终端盒、用户盒、用户端插座盒等。它是有线电视系统暴露于室内的部件，是系统的终端。电视机从这个插座得到电视信号。

用户接线盒有单孔盒和双孔盒两种形式。单孔盒仅输出电视信号，双孔盒既能输出电视信号又能输出调频广播信号。终端插座盒的外形和安装位置对室内装饰会产生一定的影响，其安装高度一般在室内楼地面以上 0. 3m 处。

9.5 防雷与接地

9.5.1 建筑物的防雷保护

建筑物的防雷等级按建筑物的性质分为三类：第一类，凡建筑物中有爆炸物质或经常发生瓦斯、蒸汽或生产与空气的混合物因由火花而易发生爆炸者，具有重大政治意义的民用建筑物也属于第一类；第二类，特征同第一类，但不致引起巨大破坏和人身死亡者，或当发生生产事故时，才有第一类的情况出现者；重要公共建筑物也属于第二类；第三类，凡不属于第一、第二类的一般建筑物，而需作防雷保护者。如城区高20m，郊区高15m及以上的建筑物、构筑物或历史上曾经受雷击次数较多的地区的较重要的建筑物。

应在建筑物最易受雷击的部位(如屋脊、山墙)采用避雷针或避雷带进行重点保护，接地电阻应小于10Ω。

采用避雷针保护时，易受雷击的凸出部位均应在保护范围内。

9.5.2 接地装置的敷设

电气装置的接地工程按设计要求进行施工。

电气装置由于绝缘损坏而可能带电的电气装置，其金属部分应有保护接地，应接地的部分如下：

①电机、变压器及其他电器的金属底座和外壳；

②电气设备的传动装置；

③屋内外配电装置的金属或钢筋砼构架以及靠近带电部分的金属遮栏和金属门；

④配电、控制、保护用的盘(台、箱)的框架；

⑤交、直流电力电缆的接线盒，终端盒的金属外壳和电缆的金属护层、穿线的钢管，以及电缆支架；

⑥装有避雷线的电力线路杆塔；

⑦装在配电线路杆上的电力设备；

⑧在非沥青地面的居民区内，无避雷线的小接地电流架空电力线路的金属杆塔和钢筋砼杆塔。

交流电气设备的接地应充分利用以下自然接地体，但应保证其全长为完好的电气通路。

①埋设在地下的金属管道(但可燃或有爆炸介质的管道除外)；

②金属井管；

③与大地有可靠连接的建筑物及构筑物的金属结构；

④水工构筑物及类似构筑物的金属柱。

接地装置宜采用钢材，在有腐蚀较强的场合，应采用镀锌钢或适当加大截面。导体截面及机械强度要符合设计要求，如设计无具体要求，可按表9-36选择。

表9-36　钢接地体和接地线的最小规格

种类规格及单位		地上		地下
		室内	室外	
圆钢直径(mm)		5	6	8(10)
扁钢	截面(mm^2)	24	48	48
	厚度(mm)	3	4	4(6)
角钢厚度(mm)		2	2.5	4(6)
钢管管基厚度(mm)		2.5	2.5	3.5(4.5)

注：括号中数系指直流电力网中经常流过电流的接地线和接地体的最小规格。

低压电，设备地面上外露的接地线的最小截面，如表9-37。

表9-37　低压电、设备地面上外露的接地线的最小截面（mm^2）

名称	铜	铝	钢
明敷的裸导线	4	6	12
绝缘导线	1.2	2.5	

接地体顶面埋设深度不应小于0.6m。角钢及钢管地体应垂直配置，接地体的引出线应作防腐处理，使用镀锌扁钢时，焊接部位应刷防腐漆。

接地体与建筑物的距离不宜小于1.5m，为减少相邻接地体的屏蔽作用，垂直接地体的间距不宜小于其长度的两倍，水平接地体的间距应根据设计规定，不宜小于5m。

接地线在穿过墙壁时应通过明孔或钢管保护套，电气装置的每个接地部分应单独的接地线与接地干线连接。不能一个接地线上串接几个需要接地部分。接地干线至少应在不同的两点与接地网相连接。自然接地体至少应在不同的两点与接地干线相连接。

明敷接地线应按水平或垂直敷设，但亦可与建筑物倾斜结构平行，在直线段上不应有高低起伏及弯曲等情况；支持件间的距离在水平直线部分一般为 1 ~ 1.5m，垂直部分为 1.5 ~ 2m，转弯部分为 0.5m，接地线沿墙壁水平敷设时，离地面宜保持 250 ~ 300mm 距离；与建筑物墙壁间应有 10 ~ 15mm 的间隙；接地线表面应涂黑漆，如因建筑物的设计要求，需涂其他颜色，则应在连接处及分支处涂以各宽 15mm 的两条黑带，其间距为 150mm。接地线跨越建筑物伸缩缝、沉降缝时，应用接地线本身弯成弧状代替补偿器。

接地体(线)的连接应采用焊接，焊接必须牢固无虚焊。接至电气设备上的接地线应用螺栓连接；有色金属接地线不能采用焊接时，可用螺栓连接。焊接连接应采用搭接焊，其焊接长度：①扁钢宽度的 2 倍(且至少 3 个棱边焊接)；②圆钢直径的 6 倍；③圆钢与扁钢连接时，其长度为圆钢直径的 6 倍；④扁钢与钢管(或角钢)焊接时，除应在接触部位两侧进行焊接外，并应焊以由钢带弯成的弧形(或直角形)卡子，或直接由钢带本身弯成弧形(或直角形)与钢管(或角钢)焊接。

9.5.3 避雷针(带)安装技术要求

(1) 避雷针(带)一般要求

①避雷针(带)

a. 避雷针材质及加工制造要求：避雷针采用圆钢或焊接钢管制成，一般采用圆钢，并且都应是热镀锌件。其直径不应小于下列规定：

针长 1m 以下：圆钢为 12mm，钢管为 20mm；

针长 1 ~ 2m：圆钢为 16mm，钢管为 25mm。

避雷针体可由若干节不同直径的镀锌钢管和底座组成。根据设计要求的高度，镀锌钢管的直径可为 G70、G50、G40、G25，除最下部的钢管与底座直接焊接外，其他各上一节钢管应插入下一节钢管内，插入深度应为 250mm，并在插入深度的上下两端各 60mm 处成 90°交叉钻一个小孔，将穿钉(ϕ 12 圆钢)穿入后进行焊接，同时在钢管插入口处也将钢管四周焊接(见图 9-52)，底座一般可用钢板加工，其要求为：底板 300mm × 300mm × 8mm，4 块肋板为 200mm × 100mm × 8mm，4 个底角螺栓孔为 ϕ 17(见图 9-53)。底座应安装在设计要求的混凝土基础或是横梁上，严禁直接安装在屋面上，以免破坏屋面防水层造成渗漏。

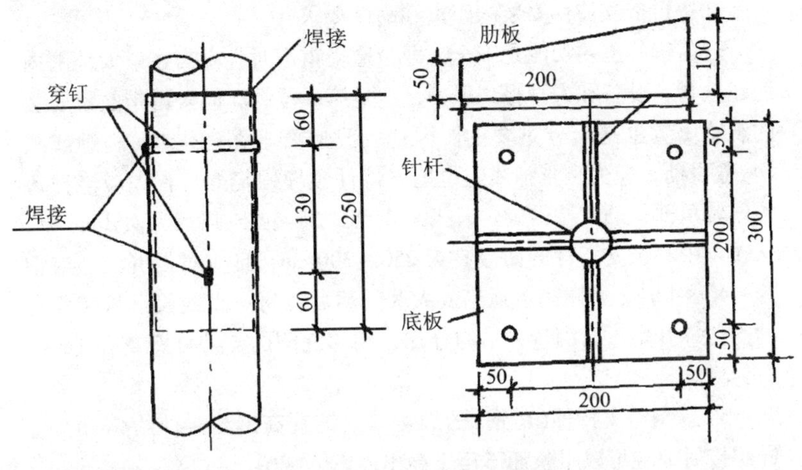

图 9-52 钢管插入示意图　　图 9-53 底座加工示意图

避雷针体与底座安装完后，其底座应不少于两处与避雷带连通。

避雷针安装的位置和高度及其保护范围应由设计决定。

避雷针安装完成后应进行校直校正，必要时应加设浪风绳进行保护(是否加设浪风绳应由设计规定，浪风绳可用镀锌钢丝绳或镀锌铁丝组成)。

b. 避雷带材质及弯曲要求：避雷带的材质一般为扁钢或圆钢，均应为热镀锌(也有用铜排的)。当采用扁钢时，最小截面为 $48mm^2$，厚度为4mm；当采用圆钢时，最小直径为8mm(根据建筑地区气象情况，设计一般采用扁钢为 -25×4，圆钢直径为12mm)。

避雷带的支持件材质一般应与避雷带材质相同，即避雷带为扁钢时，支持件也应为扁钢；避雷带为圆钢时，支持件也应为圆钢，这样可达到观感上一致。

避雷带采用扁钢时，其弯曲一般有以下3种方式：

(a)当加工立弯时，严禁采用加热方法煨弯，应用手工冷弯或机械加工的方式进行，以免损伤镀锌层，且加工后扁钢的厚度应基本不变；

(b)当加工平弯时，其弯曲半径不宜过大或过小，一般可利用

ϕ40的钢管，将扁钢紧贴在钢管上弯成90°即成；

(c)当加工扭弯时，其弯曲处长度宜为扁钢宽度的2.5~5倍。

②避雷带支持件安装的距离和高度要求

避雷带的主要功能是安全，即当遭受雷击时，应当在最大范围内使建筑物、设备和人身得到保护，这是第一位的。但避雷带敷设安装的观感质量也是十分重要的。因此，我们要求在避雷带(扁钢或圆钢)敷设前，应先测量弹线定位把支持件预埋固定好。首先应当把每一处转角部位的支持件确定，当扁钢为-25×4或圆钢为似2mm时，从转角中心至支持件的两端宜为250~300mm，且应对设置，如扁钢为-40×4时，则距离可适当放大些。然后在每一直线段上从转角处的支持件开始进行测量并平均分配，相邻之间的支持件距离在1m左右为宜。

a. 扁钢与支持件(扁钢)的焊接，扁钢宜高出支持件约5mm，这样焊接后上端可以平整而不至于高出而影响观感。

b. 焊接处焊缝应平整，不应有夹渣、咬边、焊瘤等现象。焊接后应及时清除焊渣，并在一焊接处刷红丹漆一度，面漆二度(面漆应为银粉漆)，以防锈蚀。

c. 高层建筑小屋面机房、设备房等墙面与女儿墙相连时，女儿墙上避雷带应与墙面明敷引下线连成一体；当引下线为主筋暗敷时，应从墙内主筋引下线焊接钢板处用扁钢(圆钢)引出与女儿墙扁钢(圆钢)搭接连成一体。

d. 避雷带的搭接焊焊缝处严禁用砂轮机将焊缝打磨平整。

e. 避雷带沿屋脊、屋檐、女儿墙敷设应平直，无扭曲或高低不一现象，在转角处弯曲弧度应统一。

f. 避雷带在女儿墙敷设时，一般应敷设在女儿墙的中间，当女儿墙宽度大于500mm时，则应将避雷带移向女儿墙的外侧200mm处为宜，这是因为建筑物的屋檐、屋脊、屋角、女儿墙易受雷击的缘故。避雷带在女儿墙上的保护范围为45°以内的提法是不确切的。

g. 避雷带在经过变形缝(沉降缝或伸缩缝)时应加设补偿装置。补偿装置可用同样材质弯成弧状做成。

当采用境外标准，如用铜带及配套的连接件在屋面上敷设时，可以按设计要求紧贴地面或女儿墙面敷设。

③利用金属栏杆作避雷带

a. 在金属栏杆钢管内穿一根 ϕ10 圆钢作避雷带。

b. 栏杆已全部安装完成，这时要再穿入圆钢已无法操作。应在钢管直线段对接、转角以及三通引下线等部位用镀锌扁钢或者不锈钢。值得注意的是：利用钢管作避雷带，不管施工中采用何种方法，都必须可靠地与引下线连通，同时，栏杆两端之间如有墙面，则还应将栏杆与墙内作防雷用的主钢筋可靠连通，以确保整个建筑的防雷接地连成一个整体。

④屋面连接网格要求

民用建筑的防雷根据其重要性、使用性质、发生雷电事故的可能性和后果，分为三级，屋面上敷设网格的要求为：

一级防雷建筑物：不大于 10m×10m；

二级防雷建筑物：不大于 15m×15m；

三级防雷建筑物：不大于 20m×20m。

民用建筑防雷的分级和屋面网格的敷设，均由设计决定。

(2)引下线

引下线一般可分为明敷和暗敷两种。其材质要求可为扁钢或圆钢，均应为热镀锌(利用混凝土中钢筋作引下线除外)。其规格应不小于下列数值：圆钢直径为 8mm；扁钢截面为 $48mm^2$，厚度为 4mm。

(根据气象情况，设计一般要求采用扁钢时为 -25×4，采用圆钢时直径为 12mm)。

①引下线明敷要求

引下线沿外墙面明敷时，应在表面进行弹线或吊铅垂线测量，以确保其垂直度。

引下线的固定距离：上下两端各为 250～300mm；直线段 1200～1500mm 较为妥当。

引下线的连接应采用搭接焊接，其搭接长度应按国家规范要求执行。

引下线的固定一般有以下几种方式：

a. 当引下线为扁钢时，其固定支持件也应为扁钢，固定方式可采用焊接或套箍固定(如用套箍固定时，应根据固定点个数事先将套箍套入扁钢内)(见图 9-54)。

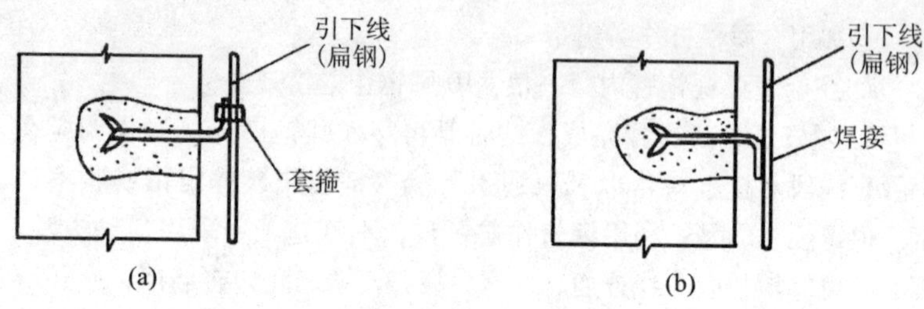

图 9-54 扁钢引下线固定方式

(a)套箍固定；(b)焊接固定

b. 当引下线为圆钢时，其固定支持件可为圆钢(焊接)，也可为扁钢(螺栓固定)，(见图 9-55)。如沿混凝土墙明敷时，可将支持件用膨胀螺栓固定在墙面上(见图 9-56)。

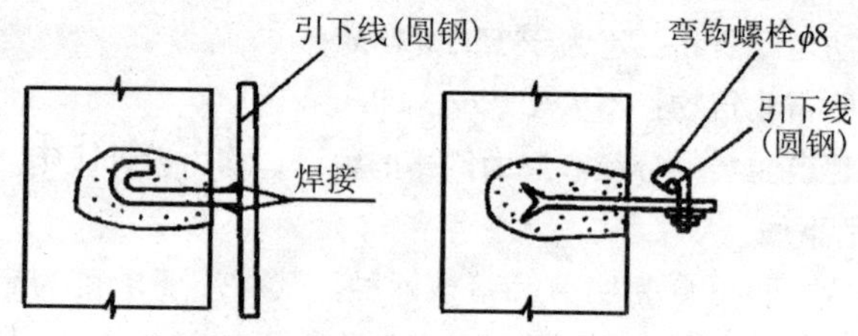

图 9-55 圆钢引下线固定方式

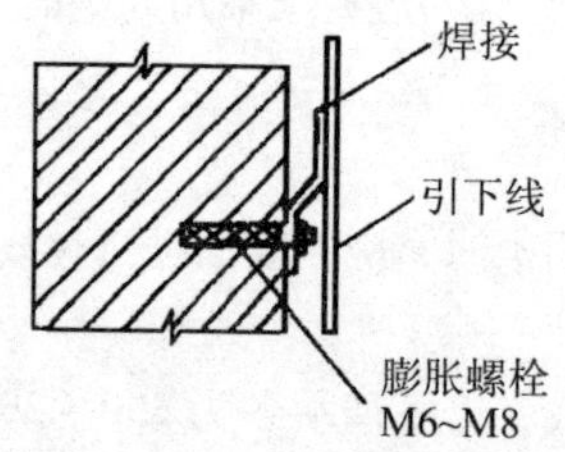

图 9-56 混凝土面引下线固定方式

c. 引下线采用焊接方法时，应对墙面采取保护措施，以免电弧污染或飞溅损伤墙面。引下线离墙面距离应宜为 15mm。

②引下线暗敷要求

引下线暗敷一般有两种情况，一种是利用混凝土柱内主钢筋作引下线；另一种则是在毛墙面完成时将扁钢紧贴墙面固定，最后再进行外墙面粉刷或贴面砖。这里主要介绍利用主钢筋作引下线的一些做法。

利用主钢筋作引下线，首先要按设计要求确定位置和根数，一般在同一柱内的引下线不宜少于2根，且应有明显的标记(一般在引下线主筋上刷一段颜色明显的油漆作标记，如红漆)，以免连接时接错钢筋。钢筋在对接处应采用搭接焊，焊接倍数为圆钢直径的6倍。当主筋较粗时还应进行多次焊接，焊接处焊缝应平整、饱满。钢筋在屋面与女儿墙上避雷带的连接应可靠，一般可在钢筋引出处焊一块100mm×100mm×8mm的钢板，同时把扁钢焊接在同一块钢板上，扁钢引至女儿墙与避雷带搭接处应采用立弯方式，以示与支持件不一，此处为引下线，且观感效果也好(见图9-57)。

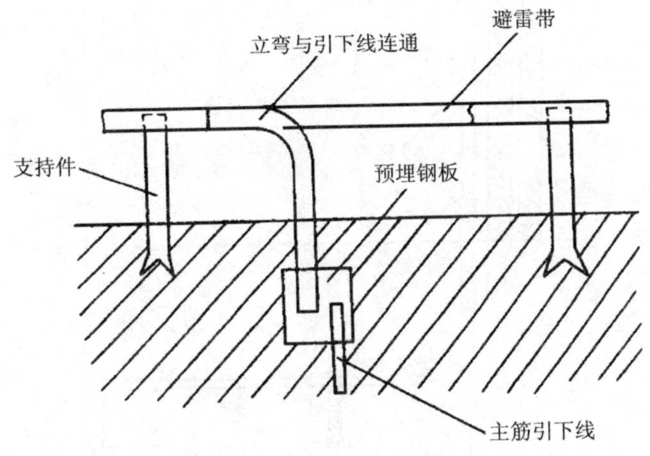

图9-57 避雷带立弯与引下线连通示意图

引下线的根数以及断接卡(测试点)的位置、数量由设计决定，建设单位或施工单位不得任意取消和修改，如确需取消或修改的应由原设计出具书面变更通知。

引下线必须与接地装置可靠连接，并根据设计和规范要求设置断接卡或测试点。

③避雷带与玻璃幕墙主金属构架的连接

随着现代高层建筑的增加，设计采用玻璃幕墙作装饰的也越来越多。当玻璃幕墙高出或与屋面、女儿墙平齐时，其所有金属主构架都必须与避雷带(网)进行可靠连接，使幕墙金属主构架与避雷带(网)连成一整体。

(3)断接卡或测试点(检测点)

建筑物采用多根引下线时，为了便于测量接地电阻以及检查引下线、接地线的连接状况，应按国家标准规范的规定设置断接卡。

①断接卡的设置

根据国家施工规范的规定，断接卡设置的高度应为1.5～1.8m，但在一个单位工程或一个小区内应统一。

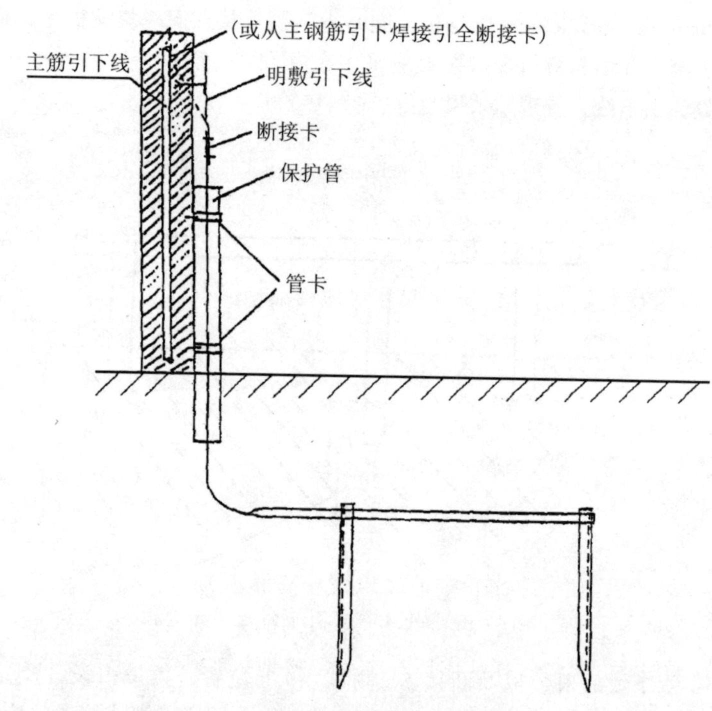

图9-58 断接卡设置示意图

断接卡的搭接长度全国通用电气标准图集要求为：上下端至螺栓孔中心各为20mm，两螺栓孔中心距离为40mm，总长度为80mm。上海地区要求为：上下端至螺栓孔中心各为25mm，两螺栓孔中心距离为50mm，总长度为100mm，这样观感较好些。搭接处固定螺栓应为镀锌件，钻孔为ϕ11mm，螺栓规格为M10×25，平垫片、弹簧垫片应齐全。固定时，螺栓应由里向外穿，螺母在外侧。

断接卡的接地线至地下 0. 3m 处应有保护措施。保护材料一般有钢管或角钢，保护管上下两端应有固定管卡，钢管管口与接地线之间应点焊成为封闭回路，管口应密封。保护管长度地面上宜为 1. 5m，地下不应小于 0. 3m（见图 9-58）。

②测试点（检测点）的设置

测试点适用于暗敷引下线并直接与暗敷接地线或基础钢筋相连接。测试点暗设于砖墙或混凝土墙内，一般应预埋接线盒，如不设接线盒的，则应在洞壁内侧用水泥砂浆抹光；接线盒或洞口外墙面应有可拆卸的固定盖板。也可从主筋引下线处焊接一块钢板并在钢板上，接一根镀锌扁钢（规格不应小于 －25 ×4）引出墙外作测试点。测试点设置的高度从室外地面至接线盒中心宜为 500mm，但在一个单位工程内应统一，最高不宜超过 800mm（设置过高影响观感）。

(4) 接地装置安装技术要求

①接地装置一般要求

接地装置一般要求，主要是对接地线与接地体材质的要求。接地线材质要求可为扁钢、圆钢等，均应为热镀锌，其规格应不小于下列数值：圆钢直径为 10mm；扁钢截面为 $100mm^2$，且厚度为 4mm。

接地体的材质要求可为角钢、圆钢、钢管等，均应为热镀锌，其规格应不小于下列数值：角钢厚度为 4mm；圆钢直径为 10mm；钢管壁厚为 3. 5mm。

②接地装置的施工

接地装置由接地线和接地体组成。接地线一般采用 －25 ×4 扁钢，当地下土壤中腐蚀性较强时，应适当加大其截面（如采用 －40 ×4）。为便于施工时将接地体打入地下，接地体宜采用角钢或钢管（一般采用 50 ×50 ×5 角钢）。

接地线与接地体的连接应采用焊接，当扁钢与钢管、扁钢与角钢焊接时，为确保连接可靠，除应在其接触部位两侧进行焊接外，并应焊以由钢带弯成的弧形（或直角形）卡子或直接由钢带本身弯成弧形（或直角形）与钢管（或角钢）焊接。焊缝应平整饱满，不应有夹渣、咬边现象。焊接后应及时清除焊渣，并应刷沥青防腐漆两道。

接地体的长度一般为 2. 5m，为了减少相邻接地体的屏蔽效应，垂直接地体间的距离一般为5m（即不宜小于垂直接地体长度的2倍），当受地方限制时可适当减小，但必须有设计的书面变更通知。

接地装置埋设的深度，当设计无要求时，从接地体的顶端至地面的深度不宜小于0.6m。

（5）防雷接地电阻的测试

防雷接地电阻的数值应符合设计规定。当设计无要求时，一般建筑物的接地电阻值不应大于10Ω；当建筑物采用共用接地（建筑物内其他接地系统与防雷接地共用一个接地体）方式时，其接地电阻值应不大于1Ω。

接地电阻测试一般可采用接地电阻测试仪，常用的型号规格为ZC-29型、ZC-54型。

目前市场上也有较为先进的钳式接地电阻测试仪，型号规格为CA6411/6413。其测试灵活方便，便于携带，且不受测试场地限制，但其价格偏高。

（6）避雷针（带）及接地装置质量检查

①避雷针（带）质量检查

a. 避雷针质量检查主要有以下几点

（a）核查施工设计图，检查避雷针安装的位置和高度应符合设计要求，当有变动时，应核查有否设计变更文件；

（b）避雷针的规格应符合设计规定，但避雷针的直径不应小于下列数值：

针长1m以下：圆钢为12mm；钢管为20mm；针长1～2m：圆钢为16mm；钢管为25mm；核查避雷针材料质保书或合格证，并对现场实物进行测量。

避雷针杆的焊接连接应牢固，底座与引下线、避雷带应可靠连接，且不应少于2处，焊接处应及时作防腐处理。检查避雷针体的垂直度，避雷针针体的垂直度偏差不应大于顶端针杆的直径。

b. 避雷带质量监督主要有以下几点

（a）避雷带及其支持件安装应位置正确，固定牢固，防腐良好。避雷带规格应符合设计要求和规范规定，当采用圆钢时，直径不应小于10mm，当采用扁钢时，厚度不应小于4mm，应用卡尺检查，并核查材料质保书。支持件应用手扳动检查是否有松动；

(b)避雷带及其明敷引下线安装应成一直线。观察检查和实测检查：避雷带应无弯曲或高低起伏不平现象，支持件在转角处应对称，直线段间距应平均一致；

(c)避雷带的弯曲(立弯、平弯、扭弯)应一致。观察检查。应注意扁钢的弯曲应为冷弯，且不应损伤镀锌层，扁钢厚度应基本不变，严禁采用热加工方法煨弯扁钢；

(d)利用金属钢管栏杆作避雷带，应核查是否符合设计图要求，重点应观察检查钢管栏杆对接焊接处有否搭接焊接，与避雷带(明、暗)及引下线应可靠连接成一个整体；

(e)避雷带搭接焊接应符合规范规定，焊缝应平整、饱满、无夹渣、咬边、焊瘤等现象，焊接处防腐处理应及时。观察检查；

(f)核查引下线的位置和根数，是否与设计要求一致，检查实物和施工图；

(g)避雷带与玻璃幕墙主金属构架的连接，应有明显搭接连接点，幕墙主金属构架与均压环应有可靠连接。核查实物，检查隐蔽验收记录。

c. 断接卡或测试点(检测点)质量检查

断接卡设置的位置应正确，高度应统一，断接卡设置数应符合设计规定。核查设计图和对实物进行测量检查。

断接卡的搭接处长度应符合要求，搭接处应紧密无缝隙，固定螺栓应为镀锌件，防松件齐全。进行观察检查。

断接卡接地线引下线处应有保护措施，保护管埋入地下深度不应小于0.3m。观察检查和核查隐蔽验收记录；

测试点的设置位置应正确，个数应符合设计规定，高度应统一。测试点扁钢截面不应小于100mm^2，厚度为4mm。当暗敷于墙体内外墙加盖板时，盖板面上宜有标志。核查设计图、观察检查和对实物测量检查。

②接地装置质量检查

接地装置质量检查主要有以下几点：

a. 埋地接地线采用扁钢的截面不应小于100mm^2，厚度不小于4mm；圆钢直径不小于10mm。接地极采用角钢厚度不小于4mm，钢管壁厚不小于3.5mm，圆钢直径不小于10mm。核查实物及质保资料中材料质保书，合格证；

b. 焊接应牢固可靠，焊缝应平整、饱满、无夹渣、咬肉等现象，焊接处防腐应及时。核查实物或隐蔽验收记录；

c. 埋设深度应符合设计要求或规范规定。核查实物或隐蔽验收记录。

③接地电阻测试质量检查

a. 接地电阻测试仪目前通常有 ZC-29 型、ZC-54 型等，不管使用何种测试仪，都应经过有关计量部门检测合格后方可使用。核查质保资料中测试记录表，应有测试仪表的型号规格，计量检测合格的编号和有效使用期限；

b. 核查设计图对防雷接地电阻的要求，核对接地电阻测试记录表中数值，当有疑问时，应进行复测。

参考文献

[1]吴迈，李雨润，骆中钊．地基基础．北京：化学工业出版社，2008.
[2]刘平，吴迈，骆中钊．砌体结构．北京：化学工业出版社，2008.
[3]皮风梅，杨洪渭，骆中钊．混凝土结构．北京：化学工业出版社，2008.
[4]建设部《城乡建设》编辑部．建筑施工技术入门．北京：中国电力出版社，2007.
[5]孙丹荣，李艳娜，骆中钊．建筑与结构技术常识．北京：化学工业出版社，2006.
[6]骆中钊，张惠芳．现代小住宅施工图集．北京：中国电力出版社，2003.
[7]骆中钊，陈友民，张仪彬．施工技术．北京：化学工业出版社，2009.
[8]骆中钊，张仪彬，陈桂波．家居装饰施工．北京：化学工业出版社，2006.
[9]聂梅生．建筑和小区给水排水．北京：中国建筑工业出版社，2000.
[10]乐嘉龙．学看给排水施工图．北京：中国电力出版社，2002.
[11]乐嘉龙．学看建筑电气施工图．北京：中国电力出版社，2002.
[12]安装教材编写组．采暖工程．北京：中国建筑工业出版社，1991.
[13]高远明，杜一民．建筑设备工程(第二版)．北京：中国建筑工业出版社，1999.
[14]余明．建筑设备．北京：中国广播电视大学出版社，2006.
[15]潘延平．质量员必读．北京：中国建筑工业出版社，2001.
[16]吴松勤等．施工员培训教材．中国集体建筑企业协会，1986.
[17]宋效巍，周耘，骆中钊．建筑设备与电器技术常识．北京：化学工业出版社，2006.